微视频学工控系列

三菱PLC零基础入门到精通

蔡杏山 编著

中国电力出版社
CHINA ELECTRIC POWER PRESS

内 容 提 要

本书以FX三代机为主介绍三菱PLC技术，全书共分9章，主要内容有PLC基础与项目实战、三菱FX3S/3G/3U系列PLC介绍、三菱PLC编程与仿真软件的使用、基本指令的使用与实例、步进指令的使用与实例、三菱FX1\2\3系列PLC应用指令全精解、PLC的扩展与模拟量模块的使用和PLC通信等。

本书具有起点低、由浅入深、语言通俗易懂等特点，并且内容结构安排符合学习认知规律，本书还配有二维码教学视频，可帮助读者更快、更直观地掌握相关技能。本书适合作为三菱PLC技术的自学图书，也适合作为职业院校电类专业的PLC教材。

图书在版编目（CIP）数据

三菱PLC零基础入门到精通/蔡杏山编著．—北京：中国电力出版社，2020.5
（微视频学工控系列）
ISBN 978-7-5198-4485-1

Ⅰ.①三…　Ⅱ.①蔡…　Ⅲ.①PLC技术　Ⅳ.①TM571.61

中国版本图书馆CIP数据核字（2020）第041713号

出版发行：中国电力出版社
地　　址：北京市东城区北京站西街19号（邮政编码100005）
网　　址：http：//www.cepp.sgcc.com.cn
责任编辑：杨　扬（y-y@sgcc.com.cn）
责任校对：黄　蓓　李　楠
装帧设计：王红柳
责任印制：杨晓东

印　　刷：三河市航远印刷有限公司
版　　次：2020年5月第一版
印　　次：2020年5月北京第一次印刷
开　　本：787毫米×1092毫米　16开本
印　　张：22.25
字　　数：636千字
定　　价：88.00元

前言

工控是指工业自动化控制，主要利用电子电气、机械、软件组合来实现工厂自动化控制，使工厂的生产和制造过程更加自动化、效率化、精确化，并具有可控性及可视性。工控技术的出现和推广带来了第三次工业革命，使工厂的生产速度和效率提高了300%以上。20世纪80年代初，国外先进的工控设备和技术进入我国，这些设备和技术大大推动了我国的制造业自动化进程，为我国现代化的建设作出了巨大的贡献。目前广泛使用的工业控制设备有PLC、变频器和触摸屏等。

PLC又称可编程序控制器，其外形像一只有很多接线端子和一些接口的箱子，接线端子分为输入端子、输出端子和电源端子，接口分为通信接口和扩展接口。通信接口用于连接计算机、变频器或触摸屏等设备，扩展接口用于连接一些特殊功能模块，增强PLC的控制功能。当用户从输入端子给PLC发送命令（如按下输入端子外接的开关）时，PLC内部的程序运行，再从输出端子输出控制信号，去驱动外围的执行部件（如接触器线圈），从而完成控制要求。PLC输出怎样的控制信号由内部的程序决定，该程序一般是在计算机中用专门的编程软件编写，再下载到PLC。

变频器是一种电动机驱动设备，在工作时，先将工频（50Hz或60Hz）交流电源转换成频率可变的交流电源并提供给电动机，只要改变输出交流电源的频率，就能改变电动机的转速。由于变频器输出电源的频率可连续变化，故电动机的转速也可连续变化，从而实现电动机无级变速调节。

触摸屏是一种带触摸显示功能的数字输入/输出设备，又称人机界面（HMI）。当触摸屏与PLC连接起来后，在触摸屏上不但可以对PLC进行操作，还可在触摸屏上实时监视PLC内部一些软元件的工作状态。要使用触摸屏操作和监视PLC，须在计算机中用专门的组态软件为触摸屏制作（又称组态）相应的操作和监视画面项目，再把画面项目下载到触摸屏。

为了让读者能更快更容易掌握工控技术，我们推出了“微视频学工控”丛书，首批图书包括《西门子PLC、变频器与触摸屏组态技术零基础入门到精通》《西门子PLC零基础入门到精通》《三菱PLC、变频器与触摸屏组态技术零基础入门到精通》和《三菱PLC零基础入门到精通》。

本丛书主要有以下特点：

◆**起点低。**读者只需具有初中文化程度即可阅读本套丛书。

◆**语言通俗易懂。**书中少用专业化的术语，遇到较难理解的内容用形象比喻说明，尽量避免复杂的理论分析和烦琐的公式推导，阅读起来会感觉十分顺畅。

◆**内容解说详细。**考虑到读者自学时一般无人指导，因此在编写过程中对书中的知识技能进行详细解说，让读者能轻松理解所学内容。

◆**图文并茂的表现方式。**书中大量采用读者喜欢的直观、形象的图表方式表现内容，使阅读变得非常轻松，不易产生阅读疲劳。

◆**内容安排符合认知规律。**本书按照循序渐进、由浅入深的原则来确定各章节内容的先后顺序，读者只需从前往后阅读图书，便会水到渠成。

◆**突出显示知识要点。**为了帮助读者掌握书中的知识要点，书中用阴影和文字加粗的方法突出显示知识要点，指示学习重点。

◆**配套教学视频。**扫码观看重要知识点的讲解和操作视频，便于读者更快、更直观地掌握相关技能。

◆**网络免费辅导。**读者在阅读时遇到难理解的问题，可登录易天电学网：www. xxITee. com，观看有关辅导材料或向老师提问进行学习，读者也可以在该网站了解本套丛书的新书信息。

本书在编写过程中得到了许多教师的支持，在此一并表示感谢。由于编者水平有限，书中的错误和疏漏在所难免，望广大读者和同仁予以批评指正。

编者

目 录

第1章

PLC基础与项目实战

1.1 认 识 PLC

1.1.1 什么是 PLC

认识 PLC

PLC 是英文 Programmable Logic Controller 的缩写，意为可编程序逻辑控制器，是一种专为工业应用而设计的控制器。世界上第一台 PLC 于 1969 年由美国数字设备公司（DEC）研制成功，随着技术的发展，PLC 的功能越来越强大，不仅限于逻辑控制，因此美国电气制造协会 NEMA 于 1980 年对它进行重命名，称为可编程控制器（Programmable Controller），简称 PC，但由于 PC 容易和个人计算机 PC（Personal Computer）混淆，故人们仍习惯将 PLC 当作可编程控制器的缩写。

由于可编程序控制器一直在发展中，至今尚未对其下最后的定义。**国际电工学会（IEC）对 PLC 最新定义为：可编程控制器是一种数字运算操作电子系统，专为在工业环境下应用而设计，它采用了可编程序的存储器，用来在其内部存储执行逻辑运算、顺序控制、定时、计数和算术运算等操作的指令，并通过数字的、模拟的输入和输出，控制各种类型的机械或生产过程，可编程控制器及其有关的外围设备，都应按易于与工业控制系统形成一个整体、易于扩充其功能的原则设计。**

图 1-1 所示为几种常见的 PLC，从左往右依次为三菱 PLC、欧姆龙 PLC 和西门子 PLC。

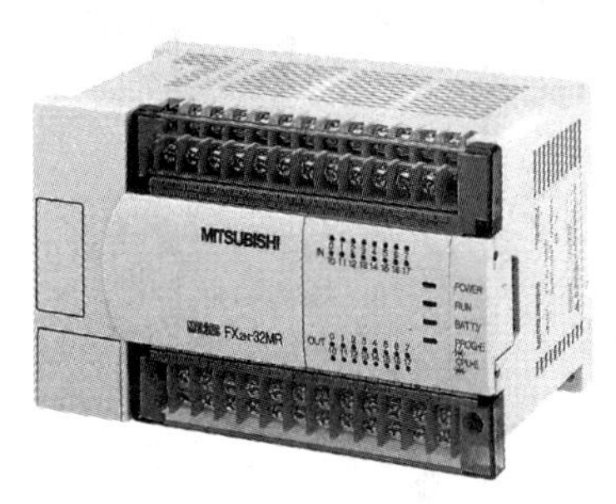

图 1-1 几种常见的 PLC

1.1.2 PLC 控制与继电器控制比较

继电器控制与
PLC 控制比较

PLC 控制是在继电器控制基础上发展起来的，为了更好地了解 PLC 控制方式，下面以电动机正转控制为例对两种控制系统进行比较。

1. 继电器正转控制

图 1-2 所示为一种常见的继电器正转控制线路，可以对电动机进行正转和停转控制，图 1-2（a）为控制电路，图 1-2（b）为主电路。

电路工作原理如下：

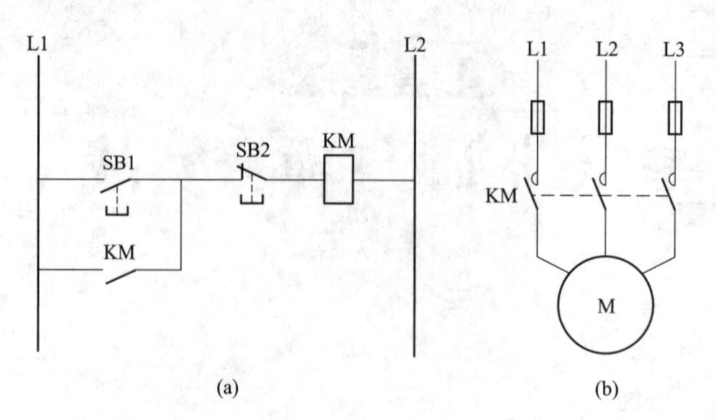

图 1-2 继电器正转控制线路

(a) 控制电路；(b) 主电路

按下启动按钮 SB1，接触器 KM 线圈得电，主电路中的 KM 主触点闭合，电动机得电运转，与此同时，控制电路中的 KM 常开自锁触点也闭合，锁定 KM 线圈得电（即 SB1 断开后 KM 线圈仍可通过自锁触点得电）。

按下停止按钮 SB2，接触器 KM 线圈失电，KM 主触点断开，电动机失电停转，同时 KM 常开自锁触点也断开，解除自锁（即 SB2 闭合后 KM 线圈无法得电）。

2. PLC 正转控制

图 1-3 所示为 PLC 正转控制线路，可以实现与图 1-2 所示的继电器正转控制线路相同的功能。PLC 正转控制线路也可分作主电路和控制电路两部分，PLC 与外接的输入、输出设备构成控制电路，主电路与继电器正转控制主线路相同。

在组建 PLC 控制系统时，除了要硬件接线外，还要为 PLC 编写控制程序，并将程序从计算机通过专用电缆传送给 PLC。PLC 正转控制线路的硬件接线如图 1-3 所示，PLC 输入端子连接 SB1（启动）、SB2（停止）和电源，输出端子连接接触器线圈 KM 和电源，PLC 本身也通过 L、N 端子获得供电。

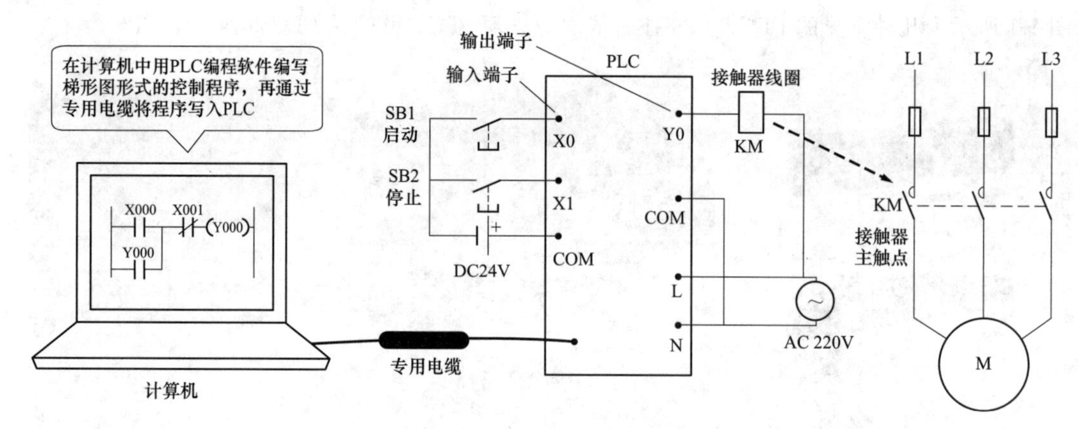

图 1-3 PLC 正转控制线路

PLC 正转控制线路工作过程如下：

按下启动按钮 SB1，有电流流过 X0 端子（电流途径：DC24V 正端→COM 端子→COM、X0 端子之间的内部电路→X0 端子→闭合的 SB1→DC 24V 负端），PLC 内部程序运行，运行结果使 Y0、COM 端子之间的内部触点闭合，有电流流过接触器线圈（电流途径：AC220V 一端→接触器线圈→Y0 端子→Y0、COM 端子之间的内部触点→COM 端子→AC 220V 另一端），接触器 KM 线圈得电，主电路中的 KM 主触点闭合，电动机运转，松开 SB1 后，X0 端子无电流流过，PLC 内部程序维持 Y0、COM 端子之间的内部触点闭合，让 KM 线圈继续得电（自锁）。

按下停止按钮 SB2，有电流流过 X1 端子（电流途径：DC24V 正端→COM 端子→COM、X1 端子之间的内部电路→X1 端子→闭合的 SB2→DC24V 负端），PLC 内部程序运行，运行结果使 Y0、COM 端子之间的内部触点断开，无电流流过接触器 KM 线圈，线圈失电，主电路中的 KM 主触点断开，电动机停转，松开 SB2 后，内部程序让 Y0、COM 端子之间的内部触点维持断开状态。

当 X0、X1 端子输入信号（即输入端子有电流流过）时，PLC 输出端会输出何种控制是由写入 PLC 的内部程序决定的，比如可通过修改 PLC 程序将 SB1 用作停转控制，将 SB2 用作启动控制。

1.2 PLC 分类与特点

1.2.1 PLC 的分类

PLC 的种类很多，下面按结构形式、控制规模和实现功能对 PLC 进行分类。

1. 按结构形式分类

按硬件的结构形式不同，PLC 可分为整体式和模块式两种，如图 1-4 所示。

整体式 PLC 又称箱式 PLC，如图 1-4（a）所示。其外形像一个方形的箱体，这种 PLC 的 CPU、存储器、I/O 接口电路等都安装在一个箱体内。整体式 PLC 的结构简单、体积小、价格低。小型 PLC 一般采用整体式结构。

模块式 PLC 又称组合式 PLC，如图 1-4（b）所示。模块式 PLC 有一个总线基板，基板上有很多总线插槽，其中由 CPU、存储器和电源构成的一个模块通常固定安装在某个插槽中，其他功能模块可随意安装在其他不同的插槽内。模块式 PLC 配置灵活，可通过增减模块来组成不同规模的系统，安装维修方便，但价格较贵。大、中型 PLC 一般采用模块式结构。

(a)

(b)

图 1-4 两种类型的 PLC

（a）整体式 PLC；（b）模块式 PLC

2. 按控制规模分类

I/O 点数（输入/输出端子的个数）是衡量 PLC 控制规模重要参数，根据 I/O 点数的多少，可将 PLC 分为小型、中型和大型 3 类。

（1）小型 PLC。其 I/O 点数小于 256 点，采用 8 位或 16 位单 CPU，用户存储器容量 4K 字以下。

（2）中型 PLC。其 I/O 点数在 256～2048 点之间，采用双 CPU，用户存储器容量 2～8K 字。

（3）大型 PLC。其 I/O 点数大于 2048 点，采用 16 位、32 位多 CPU，用户存储器容量 8～16K 字。

3. 按功能分类

根据 PLC 具有的功能不同，可将 PLC 分为低档、中档、高档 3 类。

（1）低档PLC。低档PLC具有逻辑运算、定时、计数、移位以及自诊断、监控等基本功能，有些还有少量模拟量输入/输出、算术运算、数据传送和比较、通信等功能。低档PLC主要用于逻辑控制、顺序控制或少量模拟量控制的单机控制系统。

（2）中档PLC。中档PLC除了具有低档PLC的功能外，还具有较强的模拟量输入/输出、算术运算、数据传送和比较、数制转换、远程I/O、子程序、通信联网等功能，有些还增设有中断控制、PID控制等功能。中档PLC适用于比较复杂控制系统。

（3）高档PLC。高档PLC除了具有中档PLC的功能外，还增加了带符号算术运算、矩阵运算、位逻辑运算、平方根运算及其他特殊功能函数的运算、制表及表格传送功能等。高档PLC机具有很强的通信联网功能，一般用于大规模过程控制或构成分布式网络控制系统，实现工厂控制自动化。

1.2.2 PLC的特点

PLC是一种专为工业应用而设计的控制器，它主要有以下特点。

（1）可靠性高，抗干扰能力强。为了适应工业应用要求，PLC从硬件和软件方面采用了大量的技术措施，以便能在恶劣环境下长时间可靠运行。现在大多数PLC的平均无故障运行时间已达到几十万小时，如三菱公司的一些PLC平均无故障运行时间可达30万小时。

（2）通用性强，控制程序可变，使用方便。PLC可利用齐全的各种硬件装置来组成各种控制系统，用户不必自己再设计和制作硬件装置。用户在硬件确定以后，在生产工艺流程改变或生产设备更新的情况下，无需大量改变PLC的硬件设备，只需更改程序就可以满足要求。

（3）功能强，适应范围广。现代的PLC不仅有逻辑运算、计时、计数、顺序控制等功能，还具有数字和模拟量的输入/输出、功率驱动、通信、人机对话、自检、记录显示等功能，既可控制一台生产机械、一条生产线，还可控制一个生产过程。

（4）编程简单，易用易学。目前大多数PLC采用梯形图编程方式，梯形图语言的编程元件符号和表达方式与继电器控制电路原理图相当接近，这样使大多数工厂企业电气技术人员非常容易接受和掌握。

（5）系统设计、调试和维修方便。PLC用软件来取代继电器控制系统中大量的中间继电器、时间继电器、计数器等器件，使控制柜的设计安装接线工作量大为减少。另外，PLC程序可以在计算机上仿真调试，减少了现场的调试工作量。此外，由于PLC结构模块化及很强的自我诊断能力，维修也极为方便。

1.3 PLC组成与工作原理

1.3.1 PLC的组成方框图

PLC种类很多，但结构大同小异，典型的PLC控制系统组成方框图如图1-5所示。在组建PLC控制系统时，需要给PLC的输入端子连接有关的输入设备（如按钮、触点和行程开关等），给输出端子连接有关的输出设备（如指示灯、电磁线圈和电磁阀等），如果需要PLC与其他设备通信，可在PLC的通信接口连接其他设备，如果希望增强PLC的功能，可给PLC的扩展接口连接扩展单元。

1.3.2 PLC各组成部分说明

PLC内部主要由CPU、存储器、输入接口电路、输出接口电路、通信接口和扩展接口等组成，如图1-5所示。

1. CPU

CPU又称中央处理器，是PLC的控制中心，它通过总线（包括数据总线、地址总线和控制总线）

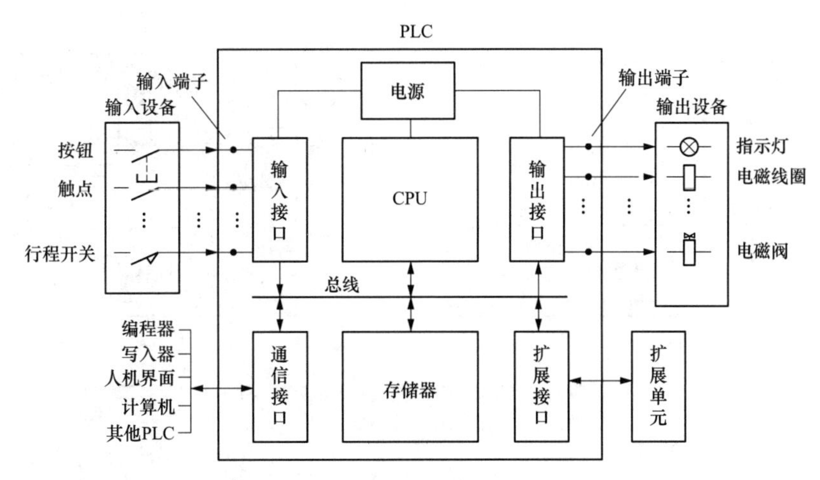

图 1-5 典型的 PLC 控制系统组成方框图

与存储器和各种接口连接，以控制它们有条不紊地工作。CPU 的性能对 PLC 的工作速度和效率有较大的影响，故大型 PLC 通常采用高性能的 CPU。

CPU 的主要功能如下。

（1）接收通信接口送来的程序和信息，并将它们存入存储器。

（2）采用循环检测（即扫描检测）方式不断检测输入接口电路送来的状态信息，以判断输入设备的状态。

（3）逐条运行存储器中的程序，并进行各种运算，再将运算结果存储下来，然后通过输出接口电路对输出设备进行有关的控制。

（4）监测和诊断内部各电路的工作状态。

2. 存储器

存储器的功能是存储程序和数据。PLC 通常配有 ROM（只读存储器）和 RAM（随机存储器）两种存储器，ROM 用来存储系统程序，RAM 用来存储用户程序和程序运行时产生的数据。

系统程序由厂家编写并固化在 ROM 存储器中，用户无法访问和修改系统程序。系统程序主要包括系统管理程序和指令解释程序。系统管理程序的功能是管理整个 PLC，让内部各个电路能有条不紊地工作。指令解释程序的功能是将用户编写的程序翻译成 CPU 可以识别和执行的代码。

用户程序是用户通过编程器输入存储器的程序，为了方便调试和修改，用户程序通常存放在 RAM 中，由于断电后 RAM 中的程序会丢失，所以 RAM 专门配有后备电池供电。有些 PLC 采用 EEPROM（电可擦写只读存储器）来存储用户程序，由于 EEPROM 存储器中的内容可用电信号擦写，并且掉电后内容不会丢失，因此采用这种存储器可不要备用电池供电。

3. 输入接口电路

输入接口电路是输入设备与 PLC 内部电路之间的连接电路，用于将输入设备的状态或产生的信号传送给 PLC 内部电路。

PLC 的输入接口电路分为开关量（又称数字量）输入接口电路和模拟量输入接口电路，开关量输入接口电路用于接受开关通断信号，模拟量输入接口电路用于接受模拟量信号。模拟量输入接口电路采用 A/D 转换电路，将模拟量信号转换成数字信号。**开关量输入接口电路采用的电路形式较多，根据使用电源不同，可分为内部直流输入接口电路、外部交流输入接口电路和外部交/直流输入接口电路。**3 种类型的开关量输入接口电路如图 1-6 所示。

图 1-6（a）为内部直流输入接口电路，输入接口电路的电源由 PLC 内部直流电源提供。当输入开关闭合时，有电流流过光电耦合器和输入指示灯（电流途径是：DC24V 右正→光电耦合器的发光

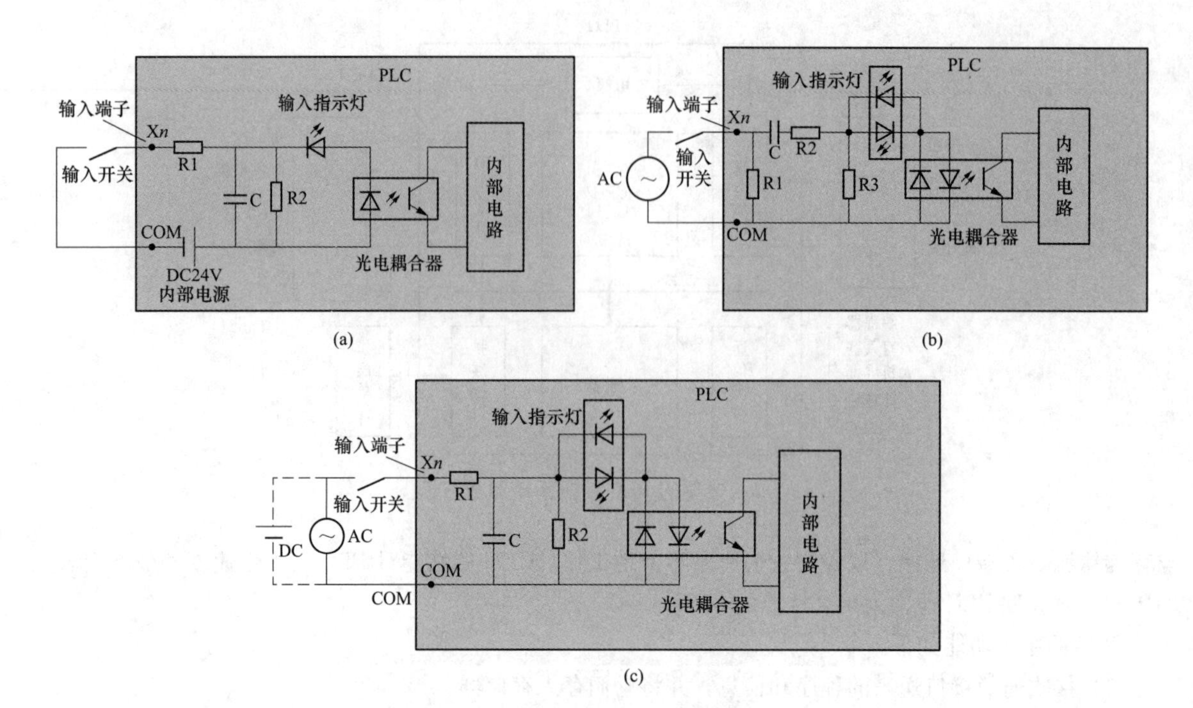

图 1-6　3 种类型的开关量输入接口电路

(a) 内部直流输入接口电路；(b) 外部交流输入接口电路；(c) 外部直/交流输入接口电路

管→输入指示灯→R1→Xn 端子→输入开关→COM 端子→DC24V 左负)，光电耦合器的光敏管受光导通，将输入开关状态传送给内部电路，由于光电耦合器内部是通过光线传递信号，故可以将外部电路与内部电路有效隔离，输入指示灯点亮用于指示输入端子有输入。输入端子 Xn 有电流流过时称作输入为 ON（或称输入为 1)。R2、C 为滤波电路，用于滤除输入端子窜入的干扰信号，R1 为限流电阻。

图 1-6（b）为外部交流输入接口电路，输入接口电路的电源由外部的交流电源提供。为了适应交流电源的正负变化，接口电路采用了双向发光管型光电耦合器和双向发光二极管指示灯。当输入开关闭合时，若交流电源 AC 极性为上正下负，有电流流过光电耦合器和指示灯（电流途径是：AC 电源上正→输入开关→Xn 端子→C、R2 元件→左正右负发光二极管指示灯→光电耦合器的上正下负发光管→COM 端子→AC 电源的下负)，当交流电源 AC 极性变为上负下正时，也有电流流过光电耦合器和指示灯（电流途径是：AC 电源下正→COM 端子→光电耦合器的下正上负发光管→右正左负发光二极管指示灯→R2、C 元件→Xn 端子→输入开关→AC 电源的上负)，光电耦合器导通，将输入开关状态传送给内部电路。

图 1-6（c）为外部直/交流输入接口电路，输入接口电路的电源由外部的直流或交流电源提供。输入开关闭合后，不管外部是直流电源还是交流电源，均有电流流过光电耦合器。

三种输出类型的 PLC

4. 输出接口电路

输出接口电路是 PLC 内部电路与输出设备之间的连接电路，用于将 PLC 内部电路产生的信号传送给输出设备。

PLC 的输出接口电路也分为开关量输出接口电路和模拟量输出接口电路。模拟量输出接口电路采用 D/A 转换电路，将数字量信号转换成模拟量信号，**开关量输出接口电路主要有继电器输出接口电路、晶体管输出接口电路和双向晶闸管（也称双向可控硅）输出接口电路 3 种类型。**3 种类型开关量输出接口电路如图 1-7 所示。

图 1-7（a）为继电器输出接口电路，当 PLC 内部电路输出为 ON（也称输出为 1）时，内部电路会输出电流流过继电器 KA 线圈，继电器 KA 常开触点闭合，负载有电流流过（电流途径：电源一端→负载→Y*n* 端子→内部闭合的 KA 触点→COM 端子→电源另一端）。由于继电器触点无极性之分，故继电器输出接口电路可驱动交流或直流负载（即负载电路可采用直流电源或交流电源供电），但触点开闭速度慢，其响应时间长，动作频率低。

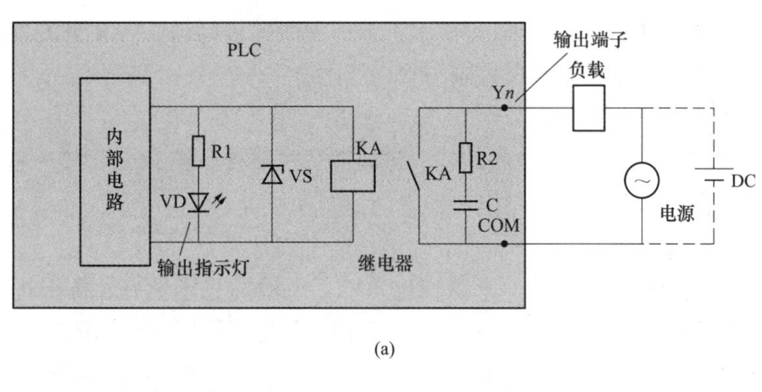

(a)

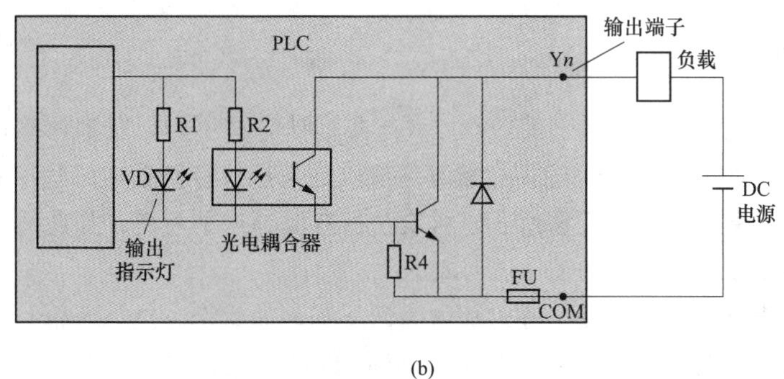

(b)

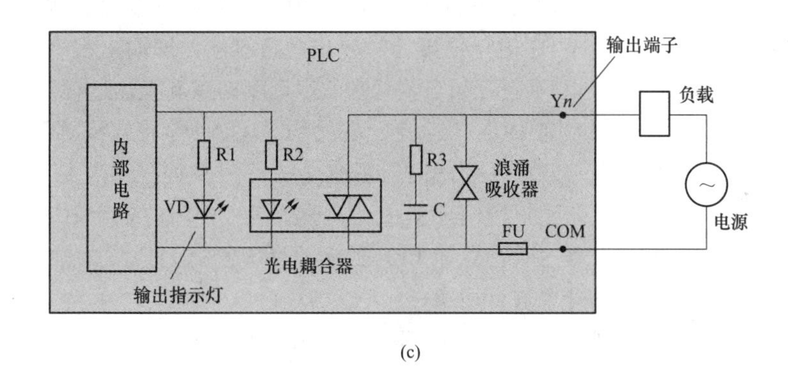

(c)

图 1-7　3 种类型开关量输出接口电路

（a）继电器输出接口电路；（b）晶体管输出接口电路；（c）双向晶闸管输出接口电路

图 1-7（b）为晶体管输出接口电路，它采用光电耦合器与晶体管配合使用。当 PLC 内部电路输出为 ON 时，内部电路会输出电流流过光电耦合器的发光管，光敏管受光导通，为晶体管基极提供电流，晶体管也导通，负载有电流流过（电流途径：DC 电源上正→负载→Y*n* 端子→导通的晶体管→COM 端子→电源下负）。由于晶体管有极性之分，故晶体管输出接口电路只可驱动直流负载（即负载电路只能使用直流电源供电）。晶体管输出接口电路是依靠晶体管导通截止实现开闭的，开闭速度快，动作频率高，适合输出脉冲信号。

图 1-7（c）为双向晶闸管输出接口电路，它采用双向晶闸管型光电耦合器，在受光照射时，光电

耦合器内部的双向晶闸管可以双向导通。双向晶闸管输出接口电路的响应速度快，动作频率高，用于驱动交流负载。

5. 通信接口

PLC 配有通信接口，PLC 可通过通信接口与监视器、打印机、其他 PLC 和计算机等设备进行通信。 PLC 与编程器或写入器连接，可以接收编程器或写入器输入的程序；PLC 与打印机连接，可将过程信息、系统参数等打印出来；PLC 与人机界面（如触摸屏）连接，可以在人机界面直接操作 PLC 或监视 PLC 工作状态；PLC 与其他 PLC 连接，可组成多机系统或联连成网络，实现更大规模控制；与计算机连接，可组成多级分布式控制系统，实现控制与管理相结合。

6. 扩展接口

为了提升 PLC 的性能，增强 PLC 控制功能，可以通过扩展接口给 PLC 加接一些专用功能模块，如高速计数模块、闭环控制模块、运动控制模块、中断控制模块等。

7. 电源

PLC 一般采用开关电源供电，与普通电源相比，PLC 电源的稳定性好、抗干扰能力强。PLC 的电源对电网提供的电源稳定度要求不高，一般允许电源电压在其额定值±15%的范围内波动。有些 PLC 还可以通过端子往外提供 24V 直流电源。

1.3.3 PLC 的工作方式

PLC 是一种由程序控制运行的设备，其工作方式与微型计算机不同，微型计算机运行到结束指令 END 时，程序运行结束。**PLC 运行程序时，会按顺序依次逐条执行存储器中的程序指令，当执行完最后的指令后，并不会马上停止，而是又重新开始再次执行存储器中的程序，如此周而复始，PLC 的这种工作方式称为循环扫描方式。** PLC 的工作过程如图 1-8 所示。

PLC 通电后，首先进行系统初始化，将内部电路恢复到起始状态，然后进行自我诊断，检测内部电路是否正常，以确保系统能正常运行，诊断结束后对通信接口进行扫描，若接有外设则与其通信。通信接口无外设或通信完成后，系统开始进行输入采样，检测输入设备（开关、按钮等）的状态，然后根据输入采样结果执行用户程序，程序运行结束后对输出进行刷新，即输出程序运行时产生的控制信号。以上过程完成后，系统又返回，重新开始自我诊断，以后不断重新上述过程。

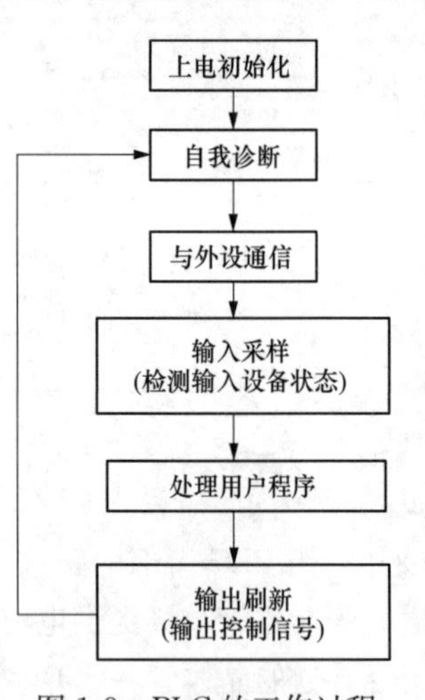

图 1-8 PLC 的工作过程

PLC 有 RUN（运行）模式和 STOP（停止）模式两个工作模式。 当 PLC 处于 RUN 模式时，系统会执行用户程序，当 PLC 处于 STOP 模式时，系统不执行用户程序。PLC 正常工作时应处于 RUN 模式，而在下载和修改程序时，应让 PLC 处于 STOP 模式。PLC 两种工作模式可通过面板上的开关进行切换。

PLC 工作在 RUN 模式时，执行图 1-8 中输入采样、处理用户程序和输出刷新所需的时间称为扫描周期，一般为 1～100ms。 扫描周期与用户程序的长短、指令的种类和 CPU 执行指令的速度有很大的关系。

1.3.4 用实例说明 PLC 程序配合硬件线路的控制过程

PLC 的用户程序执行过程很复杂，下面以 PLC 正转控制线路为例进行说明。图 1-9 所示为 PLC 正转控制线路与内部用户程序，为了便于说明，图中画出了 PLC 内部等效图。

图 1-9 PLC 内部等效图中的 X0（也可用 X000 表示）、X1、X2 称为输入继电器，它由线圈和触点两部分组成，由于线圈与触点都是等效而来，故又称为软件线圈和软件触点，Y0（也可用 Y000 表示）称为输出继电器，它也包括线圈和触点。PLC 内部中间部分为用户程序（梯形图程序），程序形式与继

电器控制电路相似，两端相当于电源线，中间为触点和线圈。

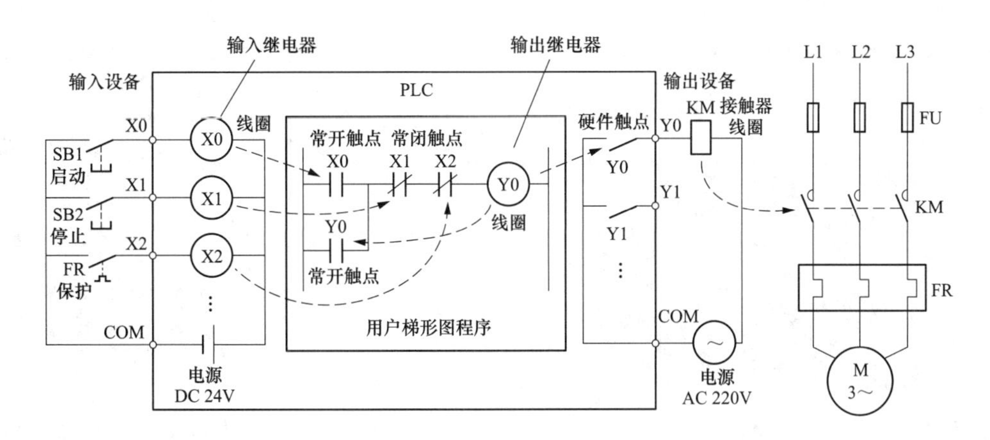

图 1-9 PLC 正转控制线路与内部用户程序

PLC 正转控制线路与内部用户程序工作过程如下：

当按下启动按钮 SB1 时，输入继电器 X0 线圈得电（电流途径：DC24V 正端→X0 线圈→X0 端子→SB1→COM 端子→24V 负端），X0 线圈得电会使用户程序中的 X0 常开触点（软件触点）闭合，输出继电器 Y0 线圈得电（得电途径：左等效电源线→已闭合的 X0 常开触点→X1 常闭触点→Y0 线圈→右等效电源线），Y0 线圈得电一方面使用户程序中的 Y0 常开自锁触点闭合，对 Y0 线圈供电进行锁定，另一方面使输出端的 Y0 硬件常开触点闭合（Y0 硬件触点又称物理触点，实际是继电器的触点或晶体管），接触器 KM 线圈得电（电流途径：AC220V 一端→KM 线圈→Y0 端子→内部 Y0 硬件触点→COM 端子→AC220V 另一端），主电路中的接触器 KM 主触点闭合，电动机得电运转。

当按下停止按钮 SB2 时，输入继电器 X1 线圈得电，它使用户程序中的 X1 常闭触点断开，输出继电器 Y0 线圈失电，一方面使用户程序中的 Y0 常开自锁触点断开，解除自锁，另一方面使输出端的 Y0 硬件常开触点断开，接触器 KM 线圈失电，KM 主触点断开，电动机失电停转。

若电动机在运行过程中长时间电流过大，热继电器 FR 动作，使 PLC 的 X2 端子外接的 FR 触点闭合，输入继电器 X2 线圈得电，使用户程序中的 X2 常闭触点断开，输出继电器 Y0 线圈马上失电，输出端的 Y0 硬件常开触点断开，接触器 KM 线圈失电，KM 主触点闭合，电动机失电停转，从而避免电动机长时间过流运行。

1.4 PLC 项目开发实战

1.4.1 三菱 FX3U 系列 PLC 硬件介绍

三菱 FX3U 系列 PLC 属于 FX 三代高端机型，图 1-10 所示为一种常用的 FX3U-32M 型 PLC 面板，在没有拆下保护盖时，只能看到 RUN/STOP 模式切换开关、RS422 端口（编程端口）、输入/输出指示灯和工作状态指示灯，如图 1-10（a）所示；拆下面板上的各种保护盖后，可以看到输入/输出端子和各种连接器，如图 1-10（b）所示。如果要拆下输入和输出端子台保护盖，应先拆下黑色的顶盖和右扩展设备连接器保护盖。

三菱 FX3U 型 PLC 面板介绍

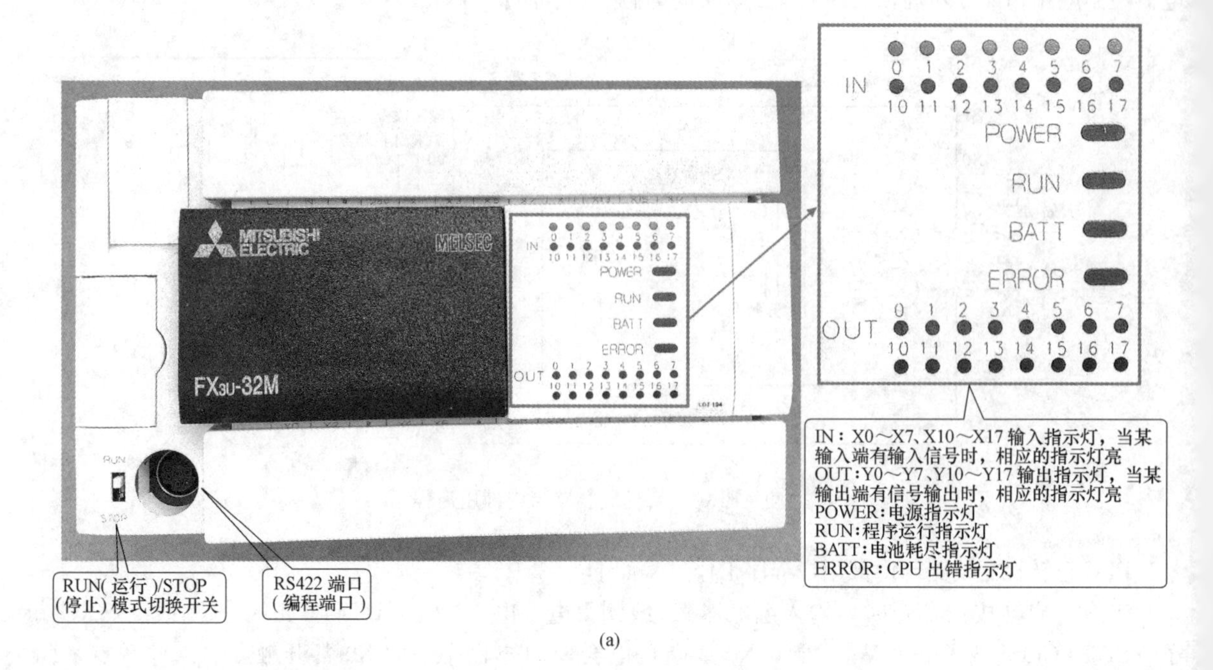

(a)

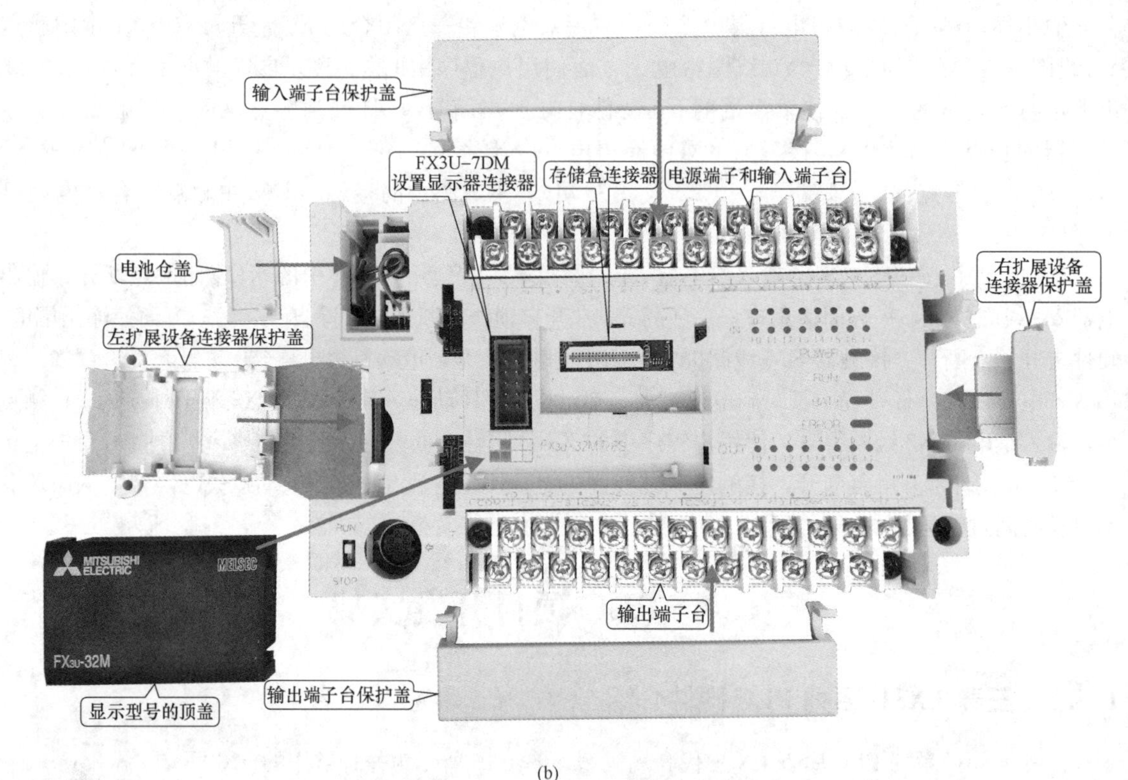

(b)

图 1-10 三菱 FX3U-32M 型 PLC 面板组成部件及名称

(a) 面板一（未拆保护盖）；(b) 面板二（拆下各种保护盖）

1.4.2 PLC 控制双灯先后点亮的硬件线路及说明

三菱 FX3U-MT/ES 型 PLC 控制双灯先后点亮的硬件线路如图 1-11 所示。

1. 电源、输入端和输出端接线

PLC控制双灯先后点亮的线路图及说明

（1）电源接线。220V交流电源的L、N、PE线分作两路：一路分别接到24V电源适配器的L、N、接地端，电源适配器将220V交流电压转换成24V直流电压输出；另一路分别接到PLC的L、N、接地端，220V电源经PLC内部AC/DC电源电路转换成24V直流电压和5V直流电压，24V电压从PLC的24V、0V端子往外输出，5V电压则供给PLC内部其他电路使用。

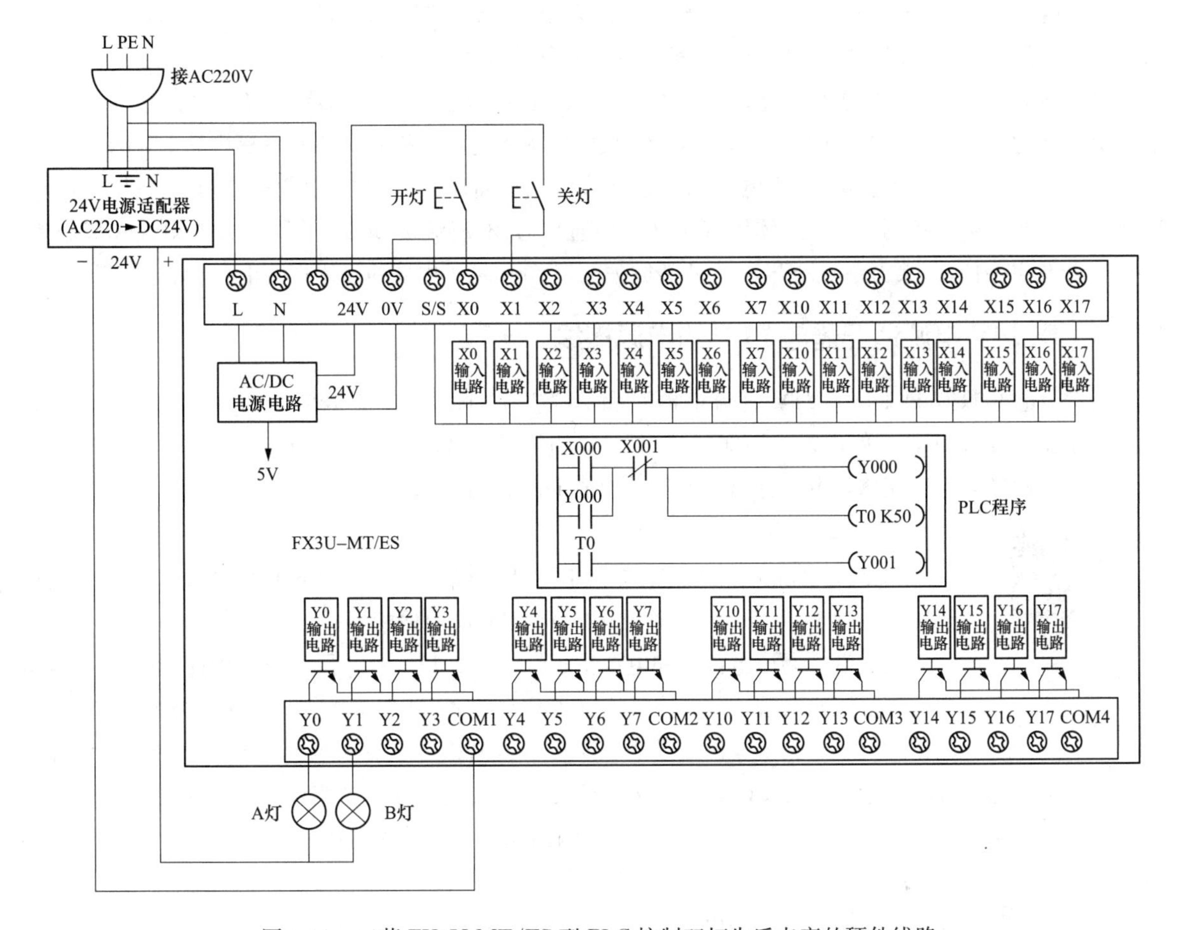

图1-11 三菱FX3U-MT/ES型PLC控制双灯先后点亮的硬件线路

（2）输入端接线。PLC输入端连接开灯、关灯两个按钮，这两个按钮一端连接在一起并接到PLC的24V端子，开灯按钮的另一端接到X0端子，关灯按钮另一端接到X1端子，另外需要将PLC的S/S端子（输入公共端）与0V端子用导线直接连接在一起。

（3）输出端接线。PLC输出端连接A灯、B灯，这两个灯的工作电压为24V，由于PLC为晶体管输出类型，故输出端电源必须为直流电源。在接线时，A灯和B灯一端连接在一起并接到电源适配器输出的24V电压正端，A灯另一端接到Y0端子，B灯另一端接到Y1端子，电源适配器输出的24V电压负端接到PLC的COM1端子（Y0～Y3的公共端）。

2. PLC控制双灯先后点亮系统的硬、软件工作过程

PLC控制双灯先后点亮系统实现的功能是：当按下开灯按钮时，A灯点亮，5s后B灯再点亮，按下关灯按钮时，A、B灯同时熄灭。

PLC控制双灯先后点亮系统的硬、软件工作过程如下：

当按下开灯按钮时，有电流流过内部的X0输入电路（电流途径是：24V端子→开灯按钮→X0端

子→X0 输入电路→S/S 端子→0V 端子），有电流流过 X0 输入电路，使内部 PLC 程序中的 X000 常开触点闭合，Y000 线圈和 T0 定时器同时得电。Y000 线圈得电一方面使 Y000 常开自锁触点闭合，锁定 Y000 线圈得电，另一方面让 Y0 输出电路输出控制信号，控制晶体管导通，有电流流过 Y0 端子外接的 A 灯（电流途径：24V 电源适配器的 24V 正端→A 灯→Y0 端→内部导通的晶体管→COM1 端→24V 电源适配器的 24V 负端），A 灯点亮。在程序中的 Y000 线圈得电时，T0 定时器同时也得电，T0 进行 5s 计时，5s 后 T0 定时器动作，T0 常开触点闭合，Y001 线圈得电，让 Y1 输出电路输出控制信号，控制晶体管导通，有电流流过 Y1 端子外接的 B 灯（电流途径：24V 电源适配器的 24V 正端→B 灯→Y0 端→内部导通的晶体管→COM1 端→24V 电源适配器的 24V 负端），B 灯也点亮。

当按下关灯按钮时，有电流流过内部的 X1 输入电路（电流途径是：24V 端子→关灯按钮→X1 端子→X1 输入电路→S/S 端子→0V 端子），有电流流过 X1 输入电路，使内部 PLC 程序中的 X001 常闭触点断开，Y000 线圈和 T0 定时器同时失电。Y000 线圈失电一方面让 Y000 常开自锁触点断开，另一方面让 Y0 输出电路停止输出控制信号，晶体管截止（不导通），无电流流过 Y0 端子外接的 A 灯，A 灯熄灭。T0 定时器失电会使 T0 常开触点断开，Y001 线圈失电，Y001 端子内部的晶体管截止，B 灯也熄灭。

1.4.3 DC24V 电源适配器与 PLC 的电源接线

PLC 供电电源有 DC24V（24V 直流电源）和 AC220V（220V 交流电源）两种类型。对于采用 220V 交流供电的 PLC，一般内置 AC220V 转 DC24V 的电源电路，对于采用 DC24V 供电的 PLC，可以在外部连接 24V 电源适配器，由其将 AC220V 转换成 DC24V 后再提供给 PLC。

DC24V 电源适配器介绍

1. DC24V 电源适配器介绍

DC24V 电源适配器的功能是将 220V（或 110V）交流电压转换成 24V 的直流电压输出。图 1-12 所示为一种常用的 DC24V 电源适配器。

接线端、调压电位器和电源指示灯如图 1-12（a）所示，电源适配器的 L、N 端为交流电压输入端，L 端接相线（也称火线），N 端接中性线（也称零线），接地端与接地线（与大地连接的导线）连接，若电源适配器出现漏电使外壳带电，外壳的漏电可以通过接地端和接地线流入大地，这样接触外壳时不会发生触电，当然接地端不接地线，电源适配器仍会正常工作。－V、＋V 端为 24V 直流电压输出端，－V 端为电源负端，＋V 端为电源正端。电源适配器上有一个输出电压调节电位器，可以调节输出电压，让输出电压在 24V 左右变化，在使用时应将输出电压调到 24V。电源指示灯用于指示电源适配器是否已接通电源。

在电源适配器上一般会有一个铭牌（标签），如图 1-12（b）所示，在铭牌上会标注型号、额定输入和输出电压电流参数，从铭牌可以看出，该电源适配器输入端可接 100～120V 的交流电压，也可以接 200～240V 的交流电压，输出电压为 24V，输出电流最大为 1.5A。

三极电源插座、插头与电源线

2. 三线电源线及插头、插座说明

图 1-13 所示为常见的三线电源线、插头和插座，其导线的颜色、插头和插座的极性都有规定标准。L 线（即相线，俗称火线）可以使用红、黄、绿或棕色导线，N 线（即中性线，俗称零线）使用蓝色线，PE 线（即接地线）使用黄绿双色线，插头的插片和插座的插孔极性规定具体如图 1-13 所示，接线时要按标准进行。

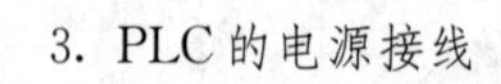

3. PLC 的电源接线

在 PLC 下载程序和工作时都需要连接电源，三菱 FX3U-MT/ES 型 PLC 没有采用 DC24V 供电，而是采用 220V 交流电源直接供电，其电源接线如图 1-14 所示。

PLC的电源接线

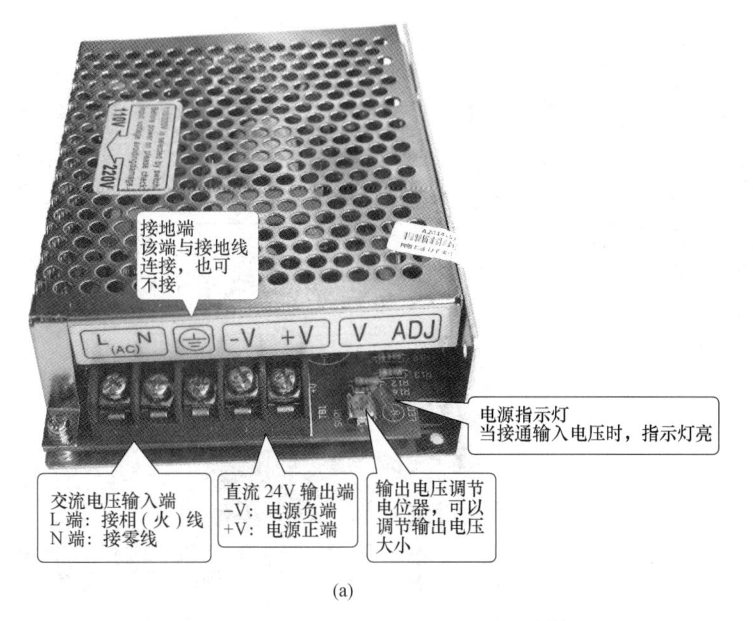

(a)

(b)

图 1-12 一种常用的 DC24V 电源适配器

（a）接线端、调压电位器和电源指示灯；（b）铭牌

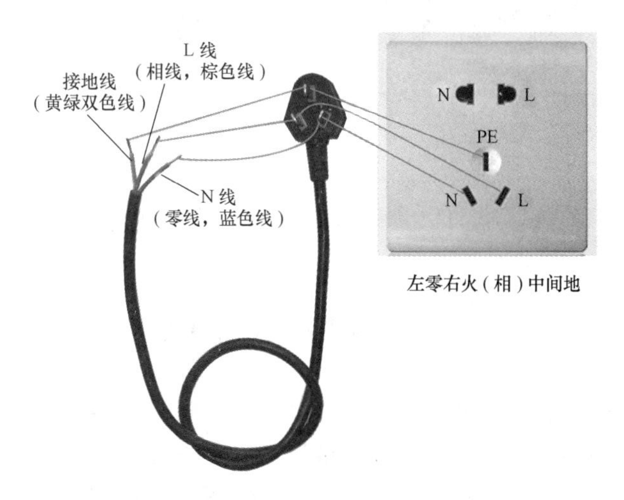

图 1-13 常见的三线电源线、插头和插座

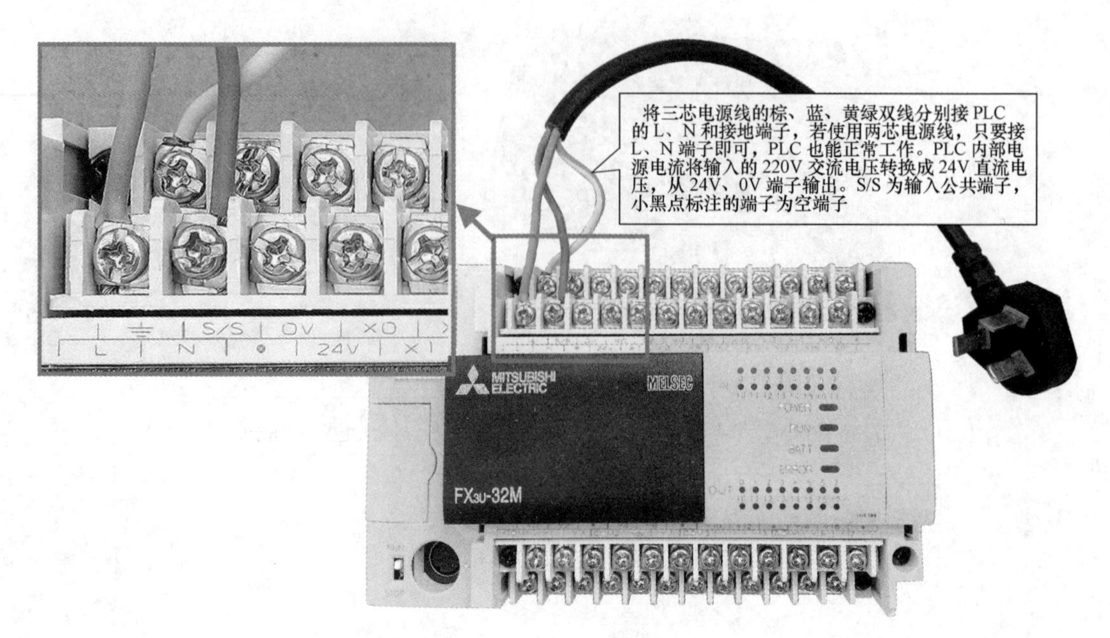

图 1-14 PLC的电源接线

1.4.4 编程电缆及驱动程序的安装

编程电缆及驱动程序的安装

1. 编程电缆

在计算机中用PLC编程软件编写好程序后，如果要将其传送到PLC，须用编程电缆（又称下载线）将计算机与PLC连接起来。三菱FX系列PLC常用的编程电缆有FX-232型和FX-USB型，其外形如图1-15所示，一些旧计算机有COM端口（又称串口，RS-232端口），可使用FX-232型编程电缆，无COM端口的计算机可使用FX-USB型编程电缆。

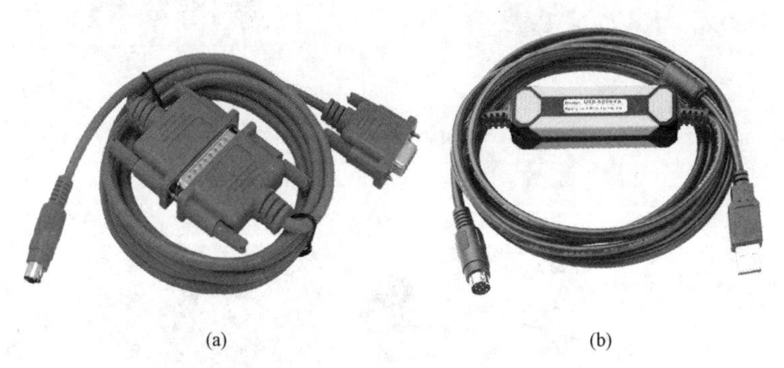

(a) (b)

图 1-15 三菱FX系列PLC常用的编程电缆

(a) FX-232型编程电缆；(b) FX-USB型编程电缆

2. 驱动程序的安装

用FX-USB型编程电缆将计算机和PLC连接起来后，计算机还不能识别该电缆，需要在计算机中安装此编程电缆的驱动程序。

FX-USB型编程电缆驱动程序的安装过程如图1-16所示。首先打开编程电缆配套驱动程序的文件夹，如图1-16（a）所示，文件夹中有一个“HL-340.EXE”可执行文件，双击该文件，将弹出图1-16（b）所示对话框，单击INSTALL（安装）按钮，即开始安装驱动程序，单击UNINSTALL（卸载）按钮，可以卸载先前已安装的驱动程序，驱动安装成功后，会弹出安装成功对话框，如图1-16（c）所示。

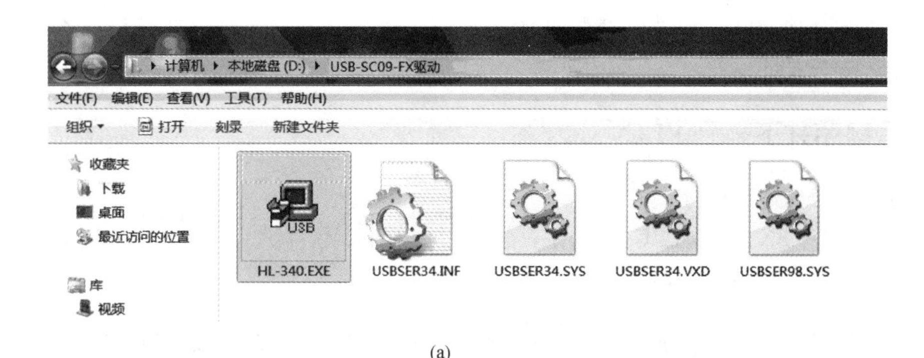

(a)

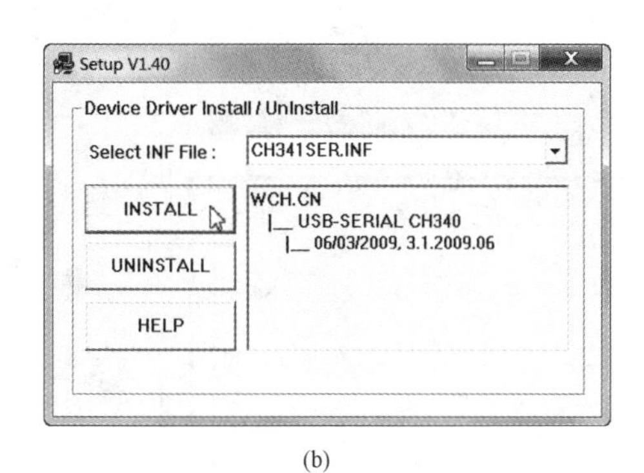

(b)

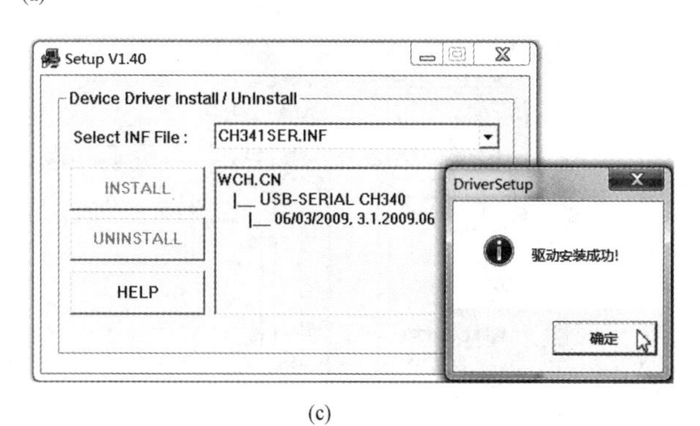

(c)

图 1-16 FX-USB 型编程电缆驱动程序的安装

(a) 打开驱动程序文件夹，执行“HL-340. EXE”文件；(b) 点击“INSTALL”开始安装驱动程序；(c) 驱动安装成功

3. 查看计算机连接编程电缆的端口号

编程电缆的驱动程序成功安装后，在计算机的“设备管理器”中可查看到计算机与编程电缆连接的端口号，如图 1-17 所示。先将 FX-USB 型编程电缆的 USB 口插入计算机的 USB 口，再在计算机桌面上右击“计算机”图标，在弹出右键菜单中选择“设备管理器”，弹出“设备管理器”对话框，其中有一项“端口（COM 和 LPT）”，若未成功安装编程电缆的驱动程序，则不会出现该项（操作系统为 WIN7 系统时），展开“端口（COM 和 LPT）”项，从中可看到一项端口信息“USB-SERIAL CH340（COM3）”，该信息表明编程电缆已被计算机识别出来，分配给编程电缆的连接端口号为 COM3，也就是说，当编程电缆将计算机与 PLC 连接起来后，计算机是通过 COM3 端口与 PLC 进行连接的，记住该

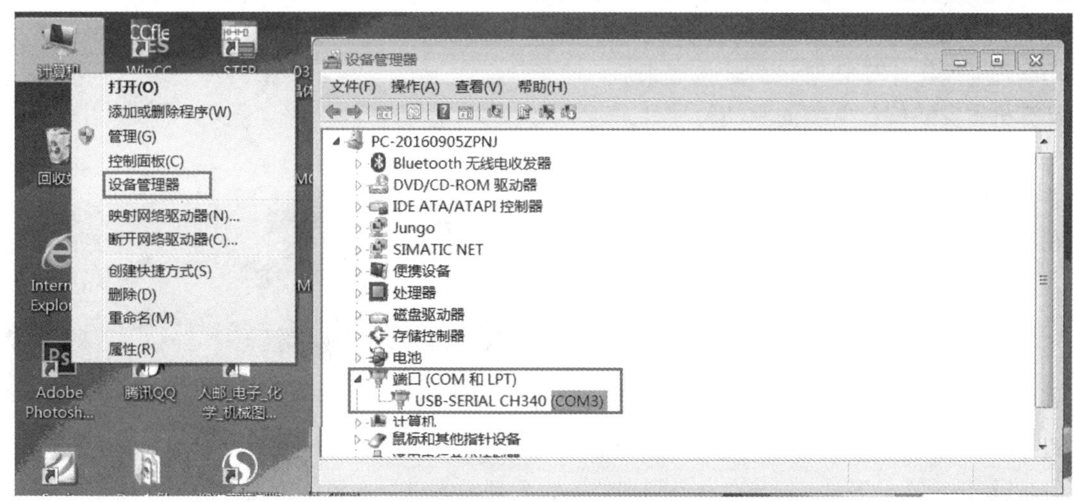

图 1-17 在设备管理器中查看计算机分配给编程电缆的端口号

端口号，在计算机与PLC通信设置时要输入或选择该端口号。如果编程电缆插在计算机不同的USB口，分配的端口号会不同。

1.4.5　编写程序并下载到PLC

1. 用编程软件编写程序

三菱FX1、FX2、FX3系列PLC可使用三菱GX Developer软件编写程序。用GX Developer软件编写的控制双灯先后点亮的PLC程序如图1-18所示。

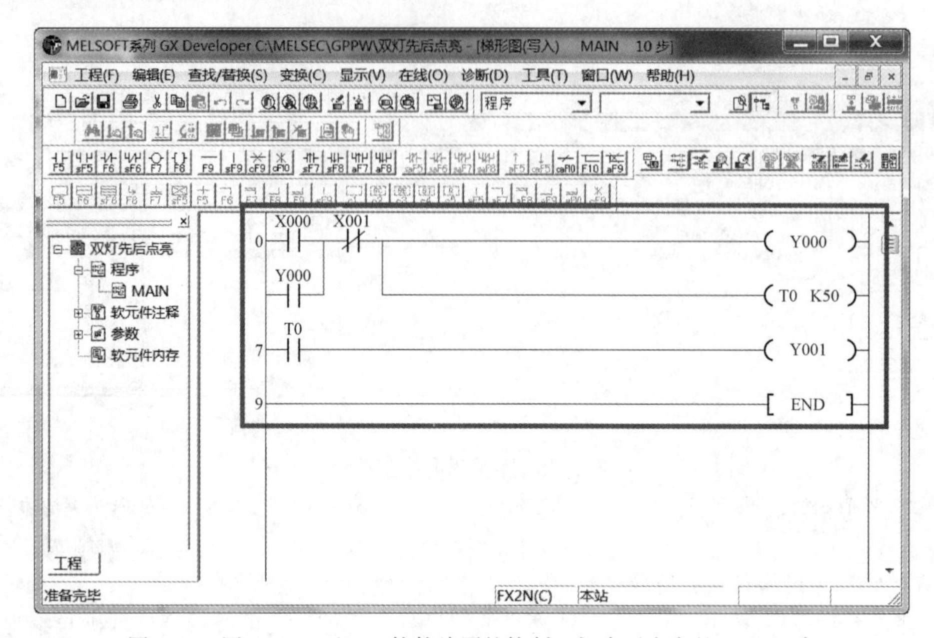

图1-18　用GX Developer软件编写的控制双灯先后点亮的PLC程序

用编程电缆连接PLC与计算机

2. 用编程电缆连接PLC与计算机

在将计算机中编写好的PLC程序下载到PLC前，需要用编程电缆将计算机与PLC连接起来，如图1-19所示。在连接时，将FX-USB型编程电缆一端的USB口插入计算机的USB口，另一端的9针圆口插入PLC的RS-422口，再给PLC接通电源，PLC面板上的POWER（电源）指示灯亮。

3. 通信设置

用编程电缆将计算机与PLC连接起来后，除了要在计算机中安装编程电缆的驱动程序外，还需要在GX Developer软件中进行通信设置，这样两者才能建立通信连接。

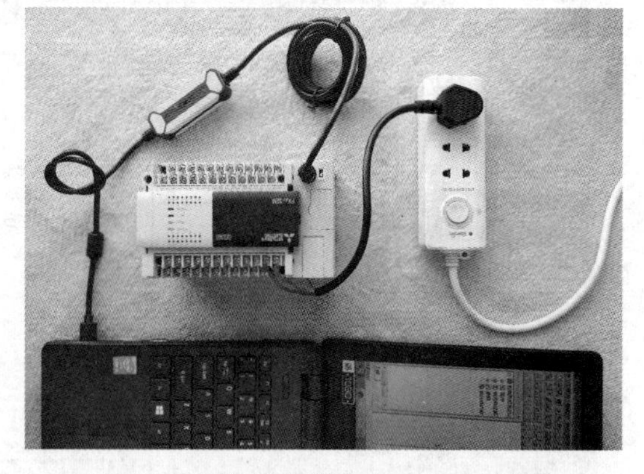

图1-19　用编程电缆连接PLC与计算机

在GX Developer软件中进行通信设置如图1-20所示。在GX Developer软件中执行菜单命令"在线"→"传输设置"，如图1-20（a）所示，将弹出"传输设置"对话框，如图1-20（b）所示，在该对话框内双击左上角的"串行USB"项，弹出"PC I/F串口详细设置"对话框，在此对话框中选中"RS-232"项，COM端口选择COM3（须与在设备管理器中查看到的端口号一致，否则无法建立通信连接），传输速度设为19.2kbit/s，然后单击"确认"按钮关闭当前的对话框，回到上一个对话框（"传输设置"

对话框），再单击对话框“确认”按钮即完成通信设置。

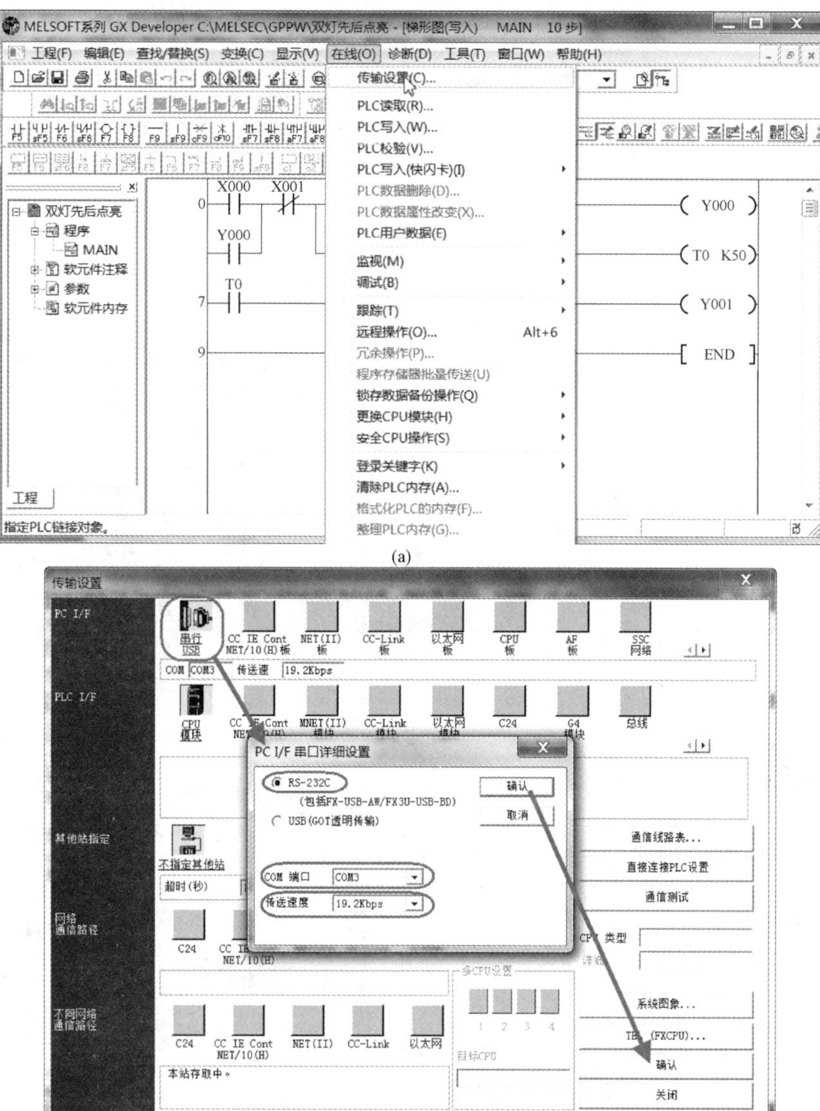

图 1-20 在 GX Developer 软件中进行通信设置

（a）在 GX Developer 软件中执行菜单命令“在线”→“传输设置”；（b）通信设置

下载程序到 PLC

4. 将程序下载到 PLC

在用编程电缆将计算机与 PLC 连接起来并进行通信设置后，就可以在 GX Developer 软件中将编写好的 PLC 程序（或打开先前已编写好的 PLC 程序）下载到（又称写入）PLC。

在 GX Developer 软件中将程序下载到 PLC 的操作过程如图 1-21 所示。在 GX Developer 软件中执行菜单命令“在线”→“PLC 写入”，若弹出图 1-21（a）所示的对话框，表明计算机与 PLC 之间未用编程电缆连接，或者通信设置错误；如果计算机与 PLC 连接正常，会弹出“PLC 写入”对话框，如图 1-21（b）所示，在该对话框中展开“程序”项，选中“MAIN（主程序）”，然后单击“执行”按钮，弹出询问是否执行写入对话框，单击“是”按钮，又会弹出一个对话框，如图 1-21（c）所示，询问是否远程让 PLC 进入 STOP 模式（PLC 在 STOP 模式时才能被写入程序，若 PLC 的 RUN/STOP 开关已处于 STOP 位置，则不会出现该对话框），单击“是”按钮，GX Developer 软件开始通过编程电缆往

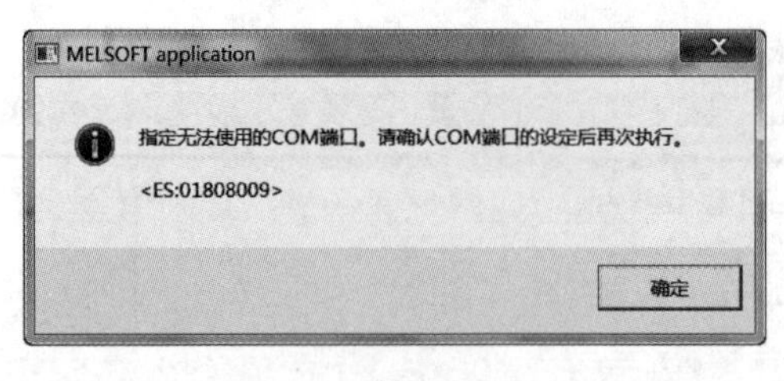

(a)

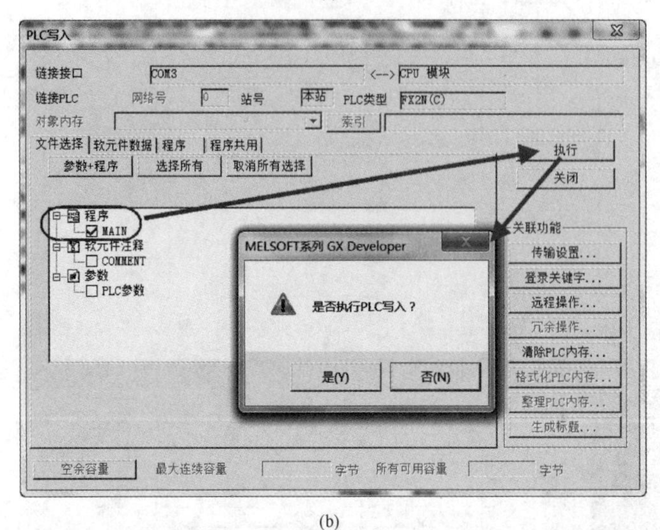

(b)

MELSOFT系列 GX Developer

是否在执行远程STOP操作后，执行CPU写入？

注意
停止PLC的控制。
请确认安全后执行。

是(Y) 否(N)

(c)

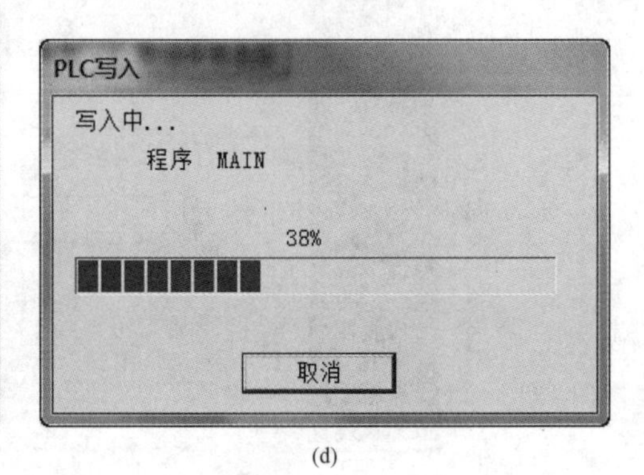

(d)

MELSOFT系列 GX Developer

PLC在停止状态。是否执行远程运行？

注意
改变PLC的控制。确认安全性后执行。

是(Y) 否(N)

(e)

(f)

图 1-21　在 GX Developer 软件下载程序到 PLC 的操作过程

(a) 对话框提示计算机与 PLC 连接不正常（未连接或通信设置错误）；(b) 选择要写入 PLC 的内容并单击“执行”按钮后弹出询问对话框；(c) 单击“是”可远程让 PLC 进入 STOP 模式；(d) 程序写入进度条；(e) 单击“是”可远程让 PLC 进入 RUN 模式；(f) 程序写入完成对话框

PLC 写入程序；图 1-21（d）为程序写入进度条，程序写入完成后，会弹出一个对话框，如图 1-21（e）所示，询问是否远程让 PLC 进入 RUN 模式，单击“是”按钮，将弹出程序写入完成对话框［见图 1-21（f）］，单击“确定”，完成 PLC 程序的写入。

1.4.6 项目实际接线

PLC 控制双灯先后点亮的实际接线

图 1-22 为 PLC 控制双灯先后点亮系统的实际接线全图。图 1- 23 为实际接线细节图，图 1-23（a）为电源适配器接线，图 1-23（b）为输出端的 A 灯、B 灯接线，图 1-23（c）为 PLC 电源和输入端的开灯、关灯按钮接线。在实际接线时，可对照图 1- 11 所示硬件线路图进行。

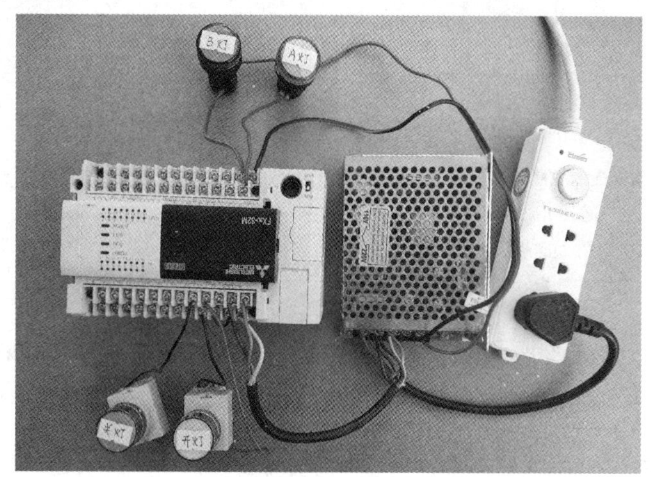

图 1-22 PLC 控制双灯先后点亮系统的实际接线全图

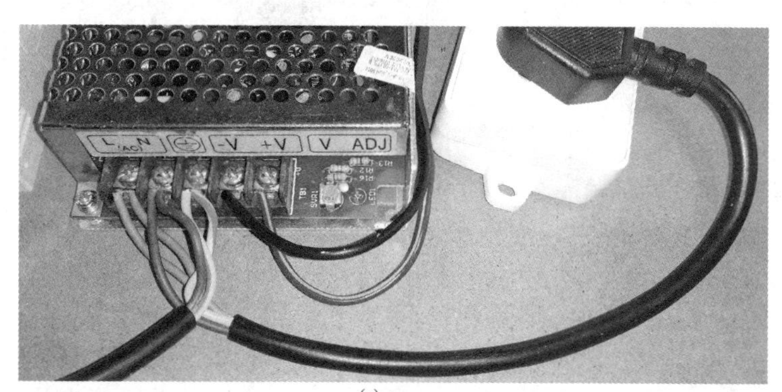

(a)

(b)

(c)

图 1-23 PLC 控制双灯先后点亮系统的实际接线细节图

（a）电源适配器接线；（b）输出端的 A 灯、B 灯接线；（c）PLC 电源和输入端的开灯、关灯按钮接线

通电测试说明
与操作演示

1.4.7 项目通电测试

PLC控制双灯先后点亮系统的硬件接线完成，程序也已经下载到PLC后，就可以给系统通电，观察系统能否正常运行，并进行各种操作测试，观察能否达到控制要求，如果不正常，应检查硬件接线和编写的程序是否正确，若程序不正确，用编程软件改正后重新下载到PLC，再进行测试。PLC控制双灯先后点亮系统的通电测试过程见表1-1。

表1-1　　PLC控制双灯先后点亮系统的通电测试过程

序号	操作说明	操作图
1	按下电源插座上的开关，220V交流电压送到24V电源适配器和PLC，电源适配器工作，输出24V直流电压（输出指示灯亮），PLC获得供电后，面板上的“POWER（电源）”指示灯亮，由于RUN/STOP模式切换开关处于RUN位置，故“RUN”指示灯也亮	
2	按下开灯按钮，PLC面板上的X0端指示灯亮，表示X0端有输入，内部程序运行，面板上的Y0端指示灯变亮，表示Y0端有输出，Y0端外接的A灯变亮	
3	5s后，PLC面板上的Y1端指示灯变亮，表示Y1端有输出，Y1端外接的B灯也变亮	

续表

序号	操作说明	操 作 图
4	按下关灯按钮，PLC 面板上的 X1 端指示灯亮，表示 X1 端有输入，内部程序运行，面板上的 Y0、Y1 端指示灯均熄灭，表示 Y0、Y1 端无输出，Y0、Y1 端外接的 A 灯和 B 灯均熄灭	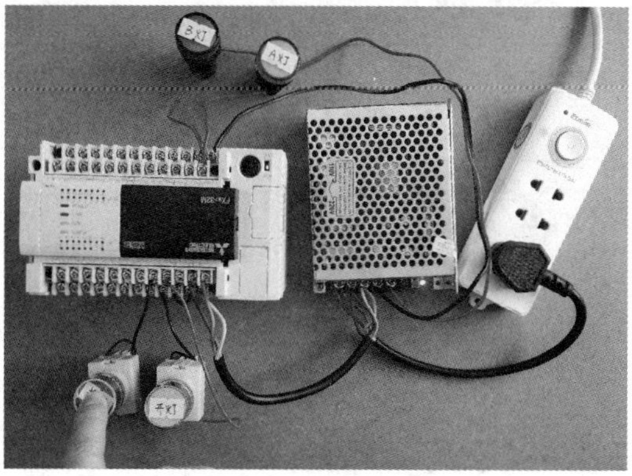
5	将 RUN/STOP 开关拨至 STOP 位置，再按下开灯按钮，虽然面板上的 X0 端指示灯亮，但由于 PLC 内部程序已停止运行，故 Y0、Y1 端均无输出，A、B 灯都不会亮	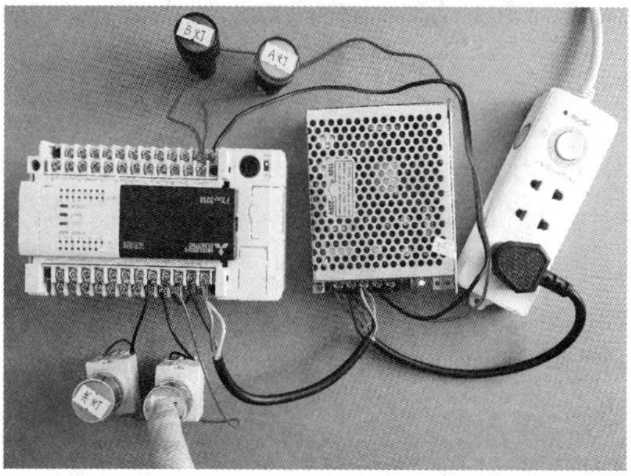

第2章 三菱FX3S/3G/3U系列PLC介绍

2.1 概　　述

2.1.1 三菱 FX 系列 PLC 的一、二、三代机

三菱 FX 系列 PLC 是三菱公司推出的小型整体式 PLC，在我国拥有量非常大，具体分为 FX1S/FX1N/FX1NC/FX2N/FX2NC/FX3SA/FX3S/FX3GA/FX3G/FX3GE/FX3GC/FX3U/FX3UC 等多个子系列，FX1S/FX1N/FX1NC 为一代机，FX2N/FX2NC 为二代机，FX3SA/FX3S/FX3GA/FX3G/FX3GE/FX3GC/FX3U/FX3UC 为三代机，因为一、二代机推出时间有一二十年，故社会的拥有量比较大，不过由于三代机性能强大且价格与二代机差不多，故越来越多的用户开始选用三代机。

FX1NC/FX2NC/FX3GC/FX3UC 分别是三菱 FX 系列的一、二、三代机变形机种，变形机种与普通机种区别主要在于：①变形机种较普通机种体积小，适合在狭小空间安装；②变形机种的端子采用插入式连接，普通机种的端子采用接线端子连接；③变形机种的输入电源只能是 24VDC，普通机种的输入电源可以使用 24VDC 或 AC 电源。

在三菱 FX3 系列 PLC 中，FX3SA/FX3S 为简易机型，FX3GA/FX3G/FX3GE/FX3GC 为基本机型，FX3U/FX3UC 为高端机型。三菱 FX3 系列 PLC 的硬件异同比较见附录 A。

2.1.2 三菱 FX 系列 PLC 的型号含义

PLC 的一些基本信息可以从产品型号了解，三菱 FX 系列 PLC 的型号如下，其含义见表 2-1。

FX2N-16MR-□-UA1/UL
① ②③④⑤ ⑥ ⑦

FX3U-16MR/ES
① ②③④⑧

表 2-1　三菱 FX 系列 PLC 的型号含义

序号	区分	内　容
①	系列名称	FX1S/FX1N/FX1NC/FX2N/FX2NC/FX3SA/FX3S/FX3GA/FX3G/FX3GE/FX3GC/FX3U/FX3UC
②	输入输出合计点数	8，16，32，48，64 等
③	单元区分	M：基本单元 E：输入输出混合扩展设备 EX：输入扩展模块 EY：输出扩展模块
④	输出形式	R：继电器 S：双向晶闸管 T：晶体管
⑤	连接形式等	T：FX2NC 的端子排方式 LT（−2）：内置 FX3UC 的 CC-Link/LT 主站功能

续表

序号	区分	内容
⑥	电源、输入输出方式	无：AC电源，漏型输出 E：AC电源，漏型输入、漏型输出 ES：AC电源，漏型/源型输入，漏型/源型输出 ESS：AC电源，漏型/源型输入，源型输出（仅晶体管输出） UA1：AC电源，AC输入 D：DC电源，漏型输入、漏型输出 DS：DC电源，漏型/源型输入，漏型输出 DSS：DC电源，漏型/源型输入，源型输出（仅晶体管输出）
⑦	UL规格（电气部件安全性标准）	无：不符合的产品　UL：符合UL规格的产品 即使是⑦未标注UL的产品，也有符合UL规格的机型
⑧	电源、输入输出方式	ES：AC电源，漏型/源型输入（晶体管输出型为漏型输出） ESS：AC电源，漏型/源型输入，源型输出（仅晶体管输出） D：DC电源，漏型输入、漏型输出 DS：DC电源，漏型/源型输入（晶体管输出型为漏型输出） DSS：DC电源，漏型/源型输入，源型输出（仅晶体管输出）

2.2 三菱FX3SA/FX3S系列PLC（三代简易机型）介绍

三菱FX3SA/FX3S是FX1S的升级机型，是FX3三代机中的简易机型，机身小巧但是性能强，自带或易于扩展模拟量和Ethernet（以太网）、MODBUS通信功能。FX3SA、FX3S的区别主要在于FX3SA只能使用交流电源（AC100～240V）供电，而FX3S有交流电源供电的机型，也有直流电源（DC24V）的机型。

2.2.1 面板说明

三菱FX3SA/FX3S基本单元（也称主机单元，可单独使用）面板外形如图2-1（a）所示，面板组成部件如图2-1（b）所示。

2.2.2 主要特性

三菱FX3SA/FX3S的主要特性如下。

（1）控制规模：10～30点（基本单元：10/14/20/30点）。

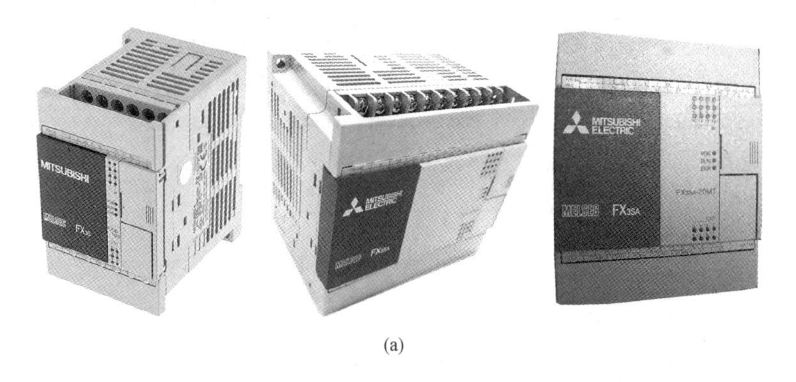

(a)

图2-1 三菱FX3SA/FX3S基本单元面板外形及组成部件（一）

（a）外形

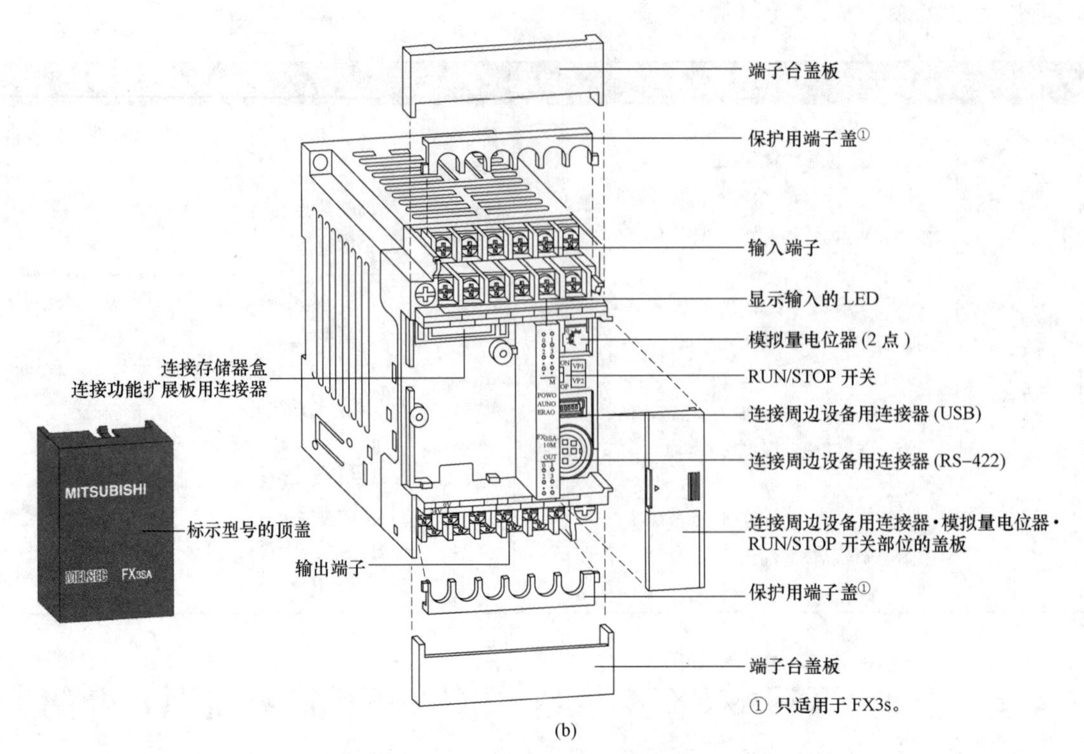

(b)

图 2-1　三菱 FX3SA/FX3S 基本单元面板外形及组成部件（二）

（b）组成部件

（2）基本单元内置 CPU、电源、数字输入/输出（有些机型内置模拟量输入功能，如 FX3S-30MR/ES-2AD)，可给基本单元安装 FX3 系列的特殊适配器和功能扩展板，但无法安装扩展单元。

（3）支持的指令数：基本指令 29 条，步进指令 2 条，应用指令 116 条。

（4）程序容量 4000 步，无需电池。

（5）支持软元件数量：辅助继电器 1536 点，定时器（计时器）138 点，计数器 67 点，数据寄存器 3000 点。

2.2.3　常用基本单元的型号及 I/O 点数

三菱 FX3SA/FX3S 常用基本单元的型号及 I/O 点数见表 2-2。

表 2-2　　三菱 FX3SA/FX3S 常用基本单元的型号及 I/O 点数

<table>
<tr><th colspan="2" rowspan="2">型　号</th><th colspan="2">点数</th><th>外形尺寸/mm</th></tr>
<tr><th>输入</th><th>输出</th><th>w×h×d</th></tr>
<tr><td rowspan="8">FX3SA
系列</td><td>FX3SA-10MR-CM</td><td rowspan="2">6</td><td rowspan="2">4</td><td rowspan="4">60×90×75</td></tr>
<tr><td>FX3SA-10MT-CM</td></tr>
<tr><td>FX3SA-14MR-CM</td><td rowspan="2">8</td><td rowspan="2">6</td></tr>
<tr><td>FX3SA-14MI-CM</td></tr>
<tr><td>FX3SA-20MR-CM</td><td rowspan="2">12</td><td rowspan="2">8</td><td rowspan="2">75×90×75</td></tr>
<tr><td>FX3SA-20MT-CM</td></tr>
<tr><td>FX3SA-30MR-CM</td><td rowspan="2">16</td><td rowspan="2">14</td><td rowspan="2">100×90×75</td></tr>
<tr><td>FX3SA-30MT-CM</td></tr>
</table>

续表

型号		点数		外形尺寸/mm
		输入	输出	w×h×d
FX3S系列	FX3S-10MT/ESS	6	4	60×90×75
	FX3S-10MR-DS			60×90×49
	FX3S-10MT/DS			
	FX3S-10MT/DSS			
	FX3S-14MT/ESS	8	6	60×90×75
	FX3S-14MR/DS			60×90×49
	FX3S-14MT/DS			
	FX3S-14MT/DSS			
	FX3S-20MT/ESS	12	8	75×90×75
	FX3S-20MR/DS			75×90×49
	FX3S-20MT/DS			
	FX3S-20MT/DSS			
	FX3S-30MT/ESS	16	14	100×90×75
	FX3S-30MR/DS			100×90×49
	FX3S-30MT/DS			
	FX3S-30MT/DSS			
	FX3S-30MR/ES・2AD			100×90×75
	FX3S-30MT/ES・2AD			
	FX3S-30MT/ESS・2AD			

2.2.4 规格概要

三菱 FX3SA/FX3S 基本单元规格概要见表 2-3。

表 2-3　　三菱 FX3SA/FX3S 基本单元规格概要

项目		规格概要
电源、输入输出	电源规格	AC 电源型*：AC100～240V 50/60Hz DC 电源型：DC24V
	消耗电量**	AC 电源型：19W(10M，14M)，20W（20M)，21W（30M) DC 电源型：6W（10M)，6.5W（14M)，7W（20M)，8.5W（30M)
	冲击电流	AC 电源型：最大 15A 5ms 以下/AC100V，最大 28A 5ms 以下/AC200V DC 电源型：最大 20A 1ms 以下/DC24V
	24V 供给电源	DC 电源型：DC24V 400mA
	输入规格	DC24V，5mA/7mA（无电压触点或漏型输入为 NPN、源型输入为 PNP 开路集电极晶体管）
	输出规格	继电器输出型：2A/1 点，8A/4 点 COM AC250V（取得 CE、UL/cUL 认证时为 240V)，DC30V 以下 晶体管输出型：0.5A/1 点，0.8A/4 点 COM，DC5～30V
内置通信端口		RS-422，USB Mini-B 各 1ch

* FX3SA 只有 AC 电源机型；

** 这是基本单元上可连接的扩展结构最大时的值（AC 电源型全部使用 DC24V 供给电源）。另外还包括输入电流部分（每点为 7mA 或 5mA)。

2.3　三菱FX3GA/FX3G/FX3GE/FX3GC系列PLC（三代标准机型）介绍

三菱FX3GA/FX3G/FX3GE/FX3GC是FX3三代机中的标准机型，这4种机型的主要区别是：FX3GA和FX3G外形功能相同，但FX3GA只有交流供电型，而FX3G既有交流供电型，也有直流供电型；FX3GE是在FX3G基础上内置了模拟量输入/输出和以太网通信功能，故价格较高；FX3GC是FX3G小型化的异形机型，只能使用DC24V供电。

三菱FX3GA、FX3G、FX3GE、FX3GC共有特性如下。

（1）支持的指令数：基本指令29条，步进指令2条，应用指令124条。

（2）程序容量32000步。

（3）支持软元件数量：辅助继电器7680点，定时器（计时器）320点，计数器235点，数据寄存器8000点，扩展寄存器24000点，扩展文件寄存器24000点。

2.3.1　三菱FX3GA/FX3G系列PLC说明

三菱FX3GA/FX3G系列PLC的控制规模为：24～128(FX3GA基本单元：24 /40/ 60点)；14～128(FX3G基本单元：14/24/40/60点)；使用CC-Link远程I/O时为256点。FX3GA只有交流供电型（AC型），FX3G既有交流供电型，也有直流供电型（DC型）。

1. 面板及组成部件

三菱FX3GA/FX3G基本单元面板外形如图2-2（a）所示，面板组成部件如图2-2（b）所示。

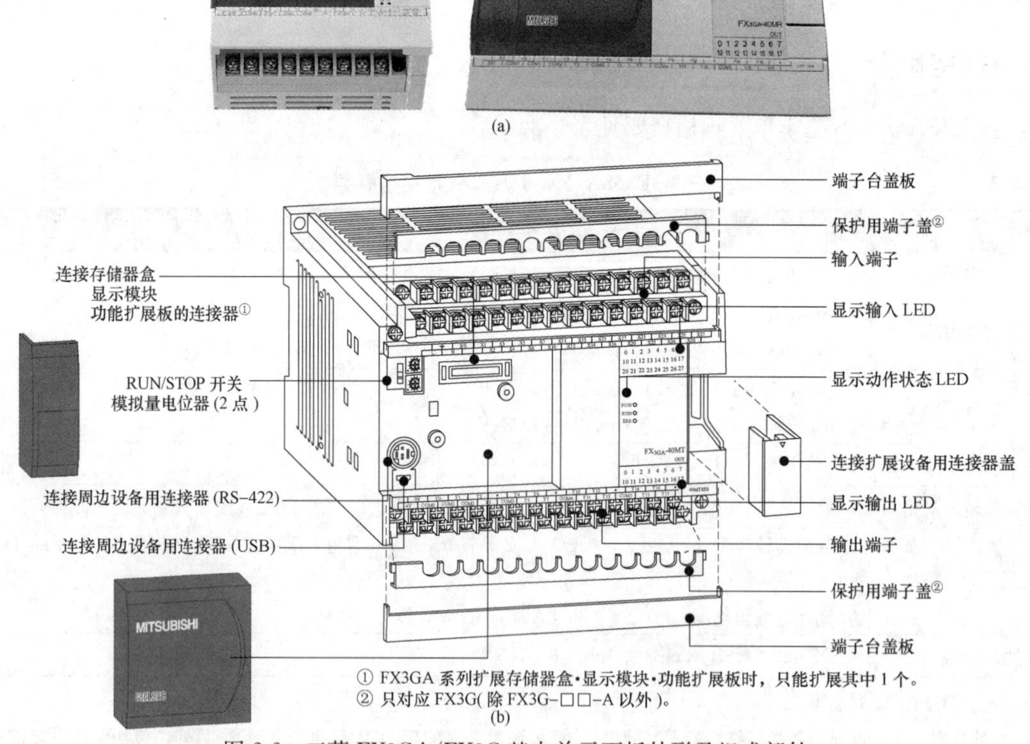

图2-2　三菱FX3GA/FX3G基本单元面板外形及组成部件

（a）外形；（b）组成部件

2. 常用基本单元的型号及 I/O 点数

三菱 FX3GA/FX3G 常用基本单元的型号及 I/O 点数见表 2-4。

表 2-4　　三菱 FX3GA/FX3G 常用基本单元型号及 I/O 点数

<table>
<tr><th colspan="2" rowspan="2">型　号</th><th colspan="2">点数</th><th>外形尺寸/mm</th></tr>
<tr><th>输入</th><th>输出</th><th>w×h×d</th></tr>
<tr><td rowspan="6">FX3GA
系列</td><td>FX3GA-24MR-CM</td><td rowspan="2">14</td><td rowspan="2">10</td><td rowspan="2">90×90×86</td></tr>
<tr><td>FX3GA-24MT-CM</td></tr>
<tr><td>FX3GA-40MR-CM</td><td rowspan="2">24</td><td rowspan="2">16</td><td rowspan="2">130×90×86</td></tr>
<tr><td>FX3GA-40MT-CM</td></tr>
<tr><td>FX3GA-60MR-CM</td><td rowspan="2">36</td><td rowspan="2">24</td><td rowspan="2">175×90×86</td></tr>
<tr><td>FX3GA-60MT-CM</td></tr>
<tr><td rowspan="18">FX3G
系列</td><td>FX3G-14MR/ES-A</td><td rowspan="6">8</td><td rowspan="6">6</td><td rowspan="10">90×90×86</td></tr>
<tr><td>FX3G-14MT/ES-A</td></tr>
<tr><td>FX3G-14MT/ESS</td></tr>
<tr><td>FX3G-14MR/DS</td></tr>
<tr><td>FX3G-14MT/DS</td></tr>
<tr><td>FX3G-14MT/DSS</td></tr>
<tr><td>FX3G-24MT/ESS</td><td rowspan="4">14</td><td rowspan="4">10</td></tr>
<tr><td>FX3G-24MR/DS</td></tr>
<tr><td>FX3G-24MT/DS</td></tr>
<tr><td>FX3G-24MT/DSS</td></tr>
<tr><td>FX3G-40MT/ESS</td><td rowspan="4">24</td><td rowspan="4">16</td><td rowspan="4">130×90×86</td></tr>
<tr><td>FX3G-40MR/DS</td></tr>
<tr><td>FX3G-40MT/DS</td></tr>
<tr><td>FX3G-40MT/DSS</td></tr>
<tr><td>FX3G-60MT/ESS</td><td rowspan="4">36</td><td rowspan="4">24</td><td rowspan="4">175×90×86</td></tr>
<tr><td>FX3G-60MR/DS</td></tr>
<tr><td>FX3G-60MT/DS</td></tr>
<tr><td>FX3G-60MT/DSS</td></tr>
</table>

3. 规格概要

三菱 FX3GA/FX3G 基本单元规格概要见表 2-5。

表 2-5　　三菱 FX3GA/FX3G 基本单元规格概要

<table>
<tr><th colspan="2">项目</th><th>规　格　概　要</th></tr>
<tr><td rowspan="5">电源、
输入/输出</td><td>电源规格</td><td>AC 电源型*：AC100～240V 50/60Hz DC 电源型：DC24V</td></tr>
<tr><td>消耗电量</td><td>AC 电源型：31W(14M)，32W(24M)，37W(40M)，40W(60M)
DC 电源型**：19W(14M)，21W(24M)，25W(40M)，29W(60M)</td></tr>
<tr><td>冲击电流</td><td>AC 电源型：最大 30A 5ms 以下/AC100V 最大 50A 5ms 以下/AC200V</td></tr>
<tr><td>24V 供给电源</td><td>AC 电源型：400mA 以下</td></tr>
<tr><td>输入规格</td><td>DC24V，5/7mA（无电压触点或漏型输入时：NPN 开路集电极晶体管，源型输入时：PNP 开路集电极晶体管）</td></tr>
</table>

续表

项目		规 格 概 要
电源、输入/输出	输出规格	继电器输出型：2A/1 点，8A/4 点 COM，AC250V（取得 CE、UL/cUL 认证时为 240V），DC30V 以下 晶体管输出型：0.5A/1 点，0.8A/4 点，DC5～30V
	输入输出扩展	可连接 FX2N 系列用扩展设备
内置通信端口		RS-422、USB 各 1ch

* FX3GA 只有 AC 电源机型；

** 为使用 DC28.8V 时的消耗电量。

2.3.2 三菱 FX3GE 系列 PLC 说明

三菱 FX3GE 是在 FX3G 基础上内置了模拟量输入/输出和以太网通信功能，其价格较高。三菱 FX3GE 的控制规模为：24～128（基本单元有 24/40 点，连接扩展 I/O 时可最多可使用 128 点），使用 CC-Link 远程 I/O 时为 256 点。

1. 面板及组成部件

三菱 FX3GE 基本单元面板外形如图 2-3（a）所示，面板组成部件如图 2-3（b）所示。

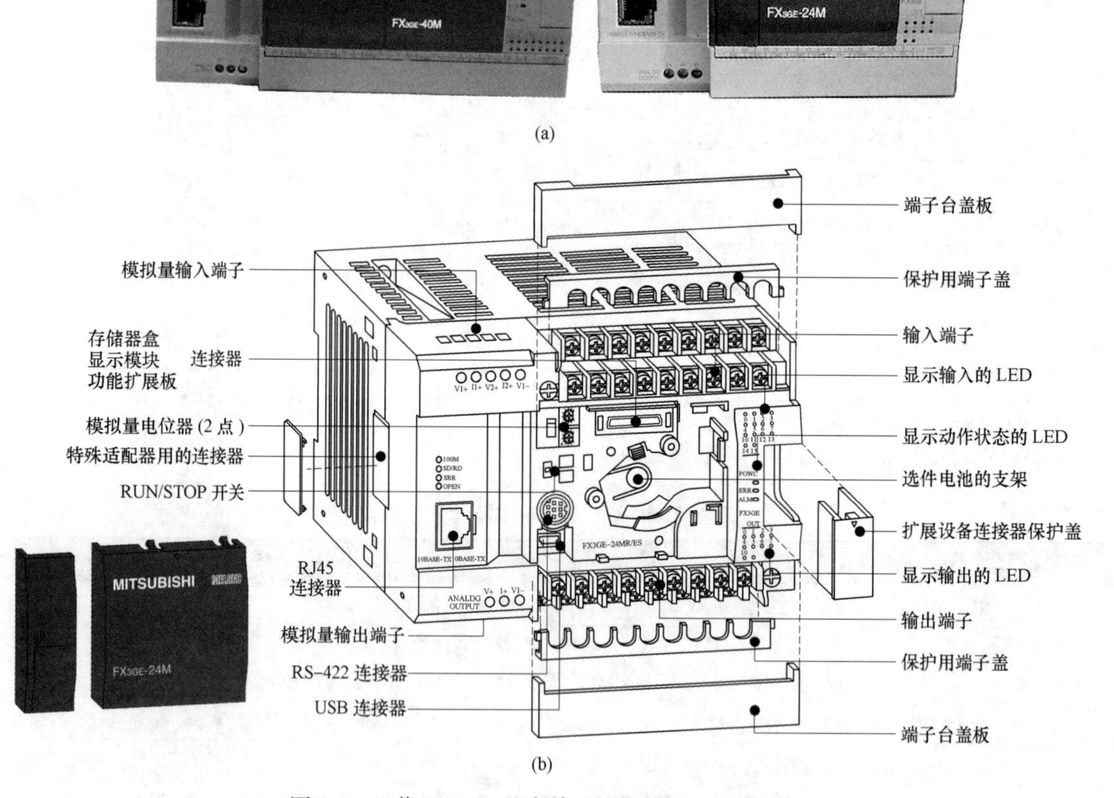

图 2-3　三菱 FX3GE 基本单元面板外形及组成部件

（a）外形；（b）组成部件

2. 常用基本单元的型号及 I/O 点数

三菱 FX3GE 常用基本单元的型号及 I/O 点数见表 2-6。

表 2-6　　三菱 FX3GE 常用基本单元的型号及 I/O 点数

型号	点数		外形尺寸/mm
	输入	输出	$w \times h \times d$
FX3GE-24MR/ES	14	10	130×90×86
FX3GE-24MT/ES			
FX3GE-24MT/ESS			
FX3GE-24MR/DS			
FX3GE 24MT/DS			
FX3GE-24MT/DSS			
FX3GE-40MR/ES	24	16	175×90×86
FX3GE-40MT/ES			
FX3GE-40MT/ESS			
FX3GE-40MR/DS			
FX3GE-40MT/DS			
FX3GE-40MT/DSS			

3. 规格概要

三菱 FX3GE 基本单元规格概要见表 2-7。

表 2-7　　三菱 FX3GE 基本单元规格概要

项目		规格概要
电源、输入/输出	电源规格	AC 电源型：AC100～240V 50/60Hz DC 电源型：DC24V
	消耗电量	AC 电源型*：32W(24M)，37W(40M) DC 电源型**：21W(24M)，25W(40M)
	冲击电流	AC 电源型：最大 30A 5ms 以下/AC100V，最大 50A 5ms 以下/AC200V DC 电源型：最大 30A 1ms 以下/DC24V
	24V 供给电源	AC 电源型：400mA 以下
	输入规格	DC24V，5/7mA（无电压触点或漏型输入时：NPN 开路集电极晶体管，源型输入时：PNP 开路集电极晶体管）
	输出规格	继电器输出型：2A/1 点，8A/4 点 COM，AC250V（取得 CE、UL/cUL 认证时为 240V），DC30V 以下 晶体管输出型：0.5A/1 点，0.8A/4 点，DC5～30V
	输入输出扩展	可连接 FX2N 系列用扩展设备
内置通信端口		RS-422，USB Mini-B，Ethernet

* 这是基本单元上可连接的扩展结构最大时的值（AC 电源型全部使用 DC24V 供给电源）。另外还包括输入电流部分（每点为 7mA 或 5mA）。

** 为使用 DC28.8V 时的消耗电量。

2.3.3 三菱 FX3GC 系列 PLC 说明

三菱 FX3GC 是 FX3G 小型化的异形机型，只能使用 DC24V 供电，适合安装在狭小的空间。三菱 FX3GC 的控制规模为 32～128（基本单元有 32 点，连接扩展 IO 时最多可使用 128 点），使用 CC-Link

远程 I/O 时可达 256 点。

1. 面板及组成部件

三菱 FX3GC 基本单元面板外形如图 2-4（a）所示，面板组成部件如图 2-4（b）所示。

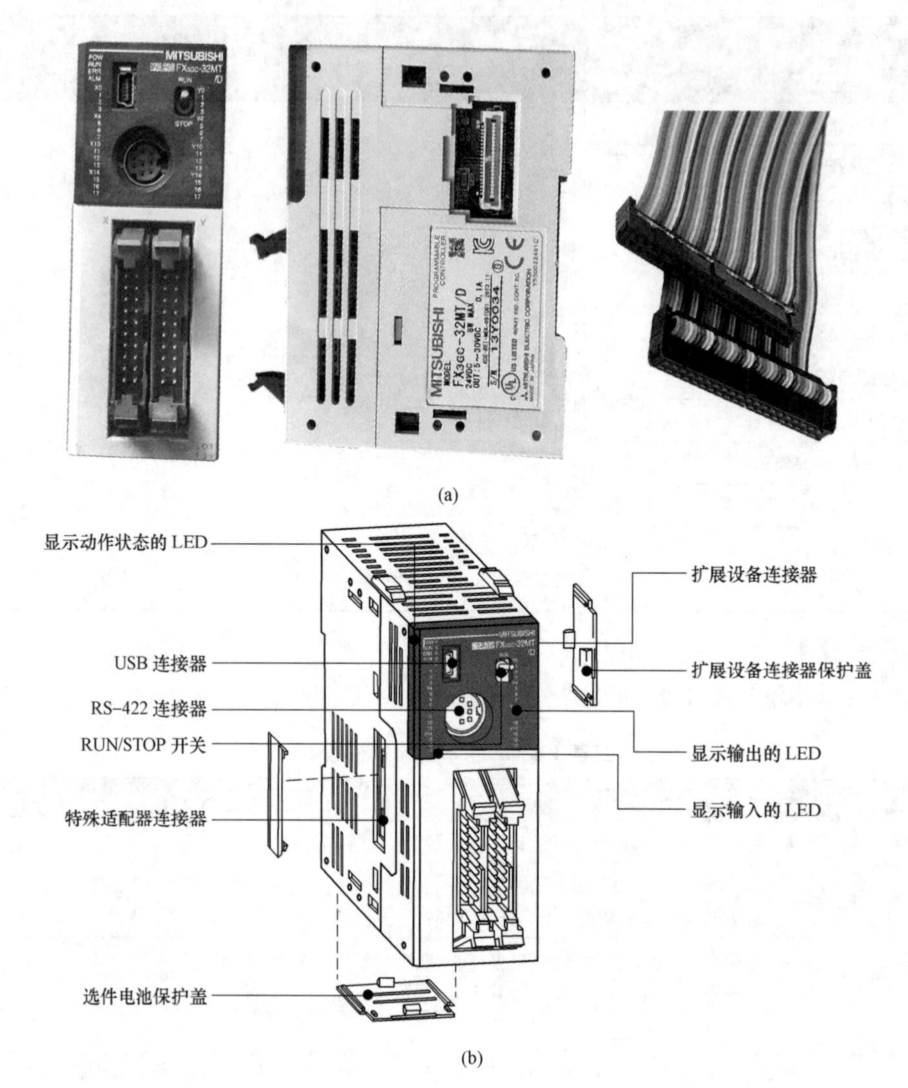

图 2-4　三菱 FX3GC 基本单元面板外形及组成部件

（a）外形；（b）组成部件

2. 常用基本单元的型号及 I/O 点数

三菱 FX3GC 常用基本单元的型号及 I/O 点数见表 2-8。

表 2-8　　三菱 FX3GC 常用基本单元的型号及 I/O 点数

型号	点数		外形尺寸/mm
	输入	输出	$w \times h \times d$
FX3GC-32MT/D	16	16	34×90×87
FX3GC-32MT/DSS			

3. 规格概要

三菱 FX3GC 基本单元规格概要见表 2-9。

表 2-9　　三菱 FX3GC 基本单元规格概要

项目		规格概要
电源、输入/输出	电源规格	DC24V
	消耗电量*	8W
	冲击电流	最大 30A 0.5ms 以下/DC24V
	输入规格	DC24V，5/7mA（无电压触点或开路集电极晶体管**）
	输出规格	晶体管输出型：0.1A/1 点（Y000～Y001 为 0.3A/1 点）DC5～30V
	输入输出扩展	可以连接 FX2NC、FX2N*** 系列用的扩展模块
内置通信端口		RS-422，USB Mini-B 各 1ch

* 该消耗电量不包括输入输出扩展模块、特殊扩展单元/特殊功能模块的消耗电量。
关于输入输出扩展模块的消耗电量（电流），请参阅 FX3GC 用户手册的硬件篇。
关于特殊扩展单元/特殊功能模块的消耗电量，请分别参阅相应手册。

** FX3GC-32MT/D 型为 NPN 开路集电极晶体管输入。FX3GC-32MT/DSS 型为 NPN 或 PNP 开路集电极晶体管输入。

*** 需要连接器转换适配器或电源扩展单元。

2.4 三菱 FX3U/FX3UC 系列 PLC（三代高端机型）介绍

三菱 FX3U/FX3UC 是 FX3 三代机中的高端机型，FX3U 是二代机 FX2N 的升级机型，FX3UC 是 FX3U 小型化的异形机型，只能使用 DC24V 供电。

三菱 FX3U/FX3UC 共有特性如下。

（1）支持的指令数：基本指令 29 条，步进指令 2 条，应用指令 218 条。

（2）程序容量 64000 步，可使用带程序传送功能的闪存存储器盒。

（3）支持软元件数量：辅助继电器 7680 点，定时器（计时器）512 点，计数器 235 点，数据寄存器 8000 点，扩展寄存器 32768 点，扩展文件寄存器 32768 点（只有安装存储器盒时可以使用）。

2.4.1 三菱 FX3U 系列 PLC 说明

三菱 FX3U 系列 PLC 的控制规模为 16～256（基本单元有 16/32/48/64/80/128 点，连接扩展 IO 时最多可使用 256 点）；使用 CC-Link 远程 I/O 时为 384 点。

1. 面板及组成部件

三菱 FX3U 基本单元面板外形如图 2-5（a）所示，面板组成部件如图 2-5（b）所示。

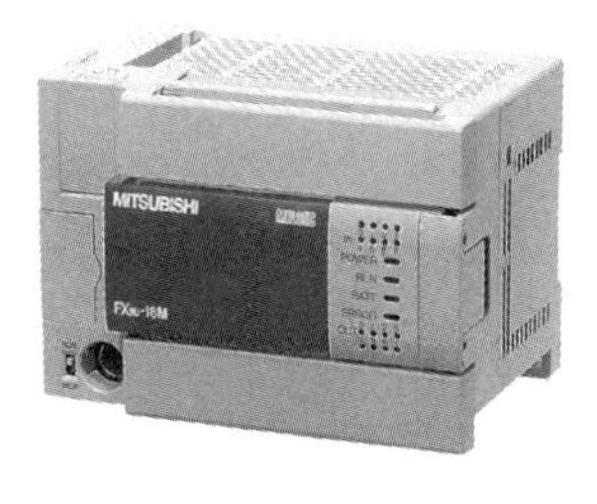

(a)

图 2-5　三菱 FX3U 基本单元面板外形及组成部件（一）
（a）外形

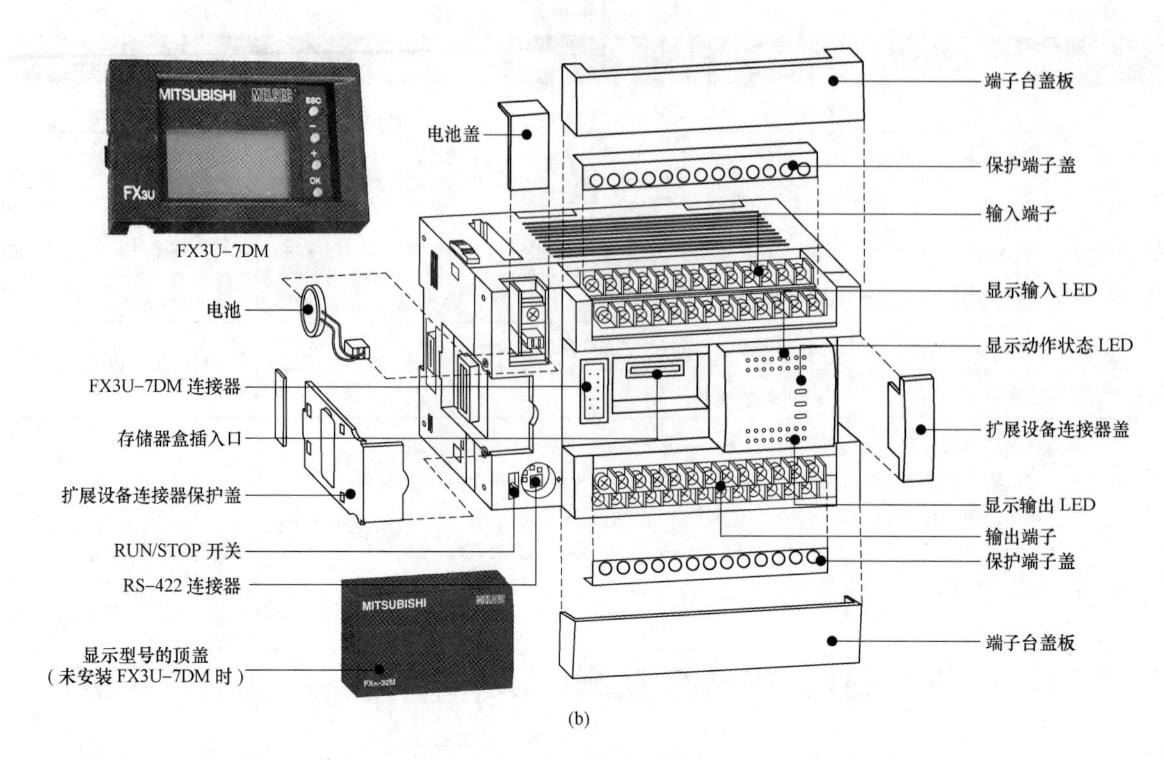

(b)

图 2-5　三菱 FX3U 基本单元面板外形及组成部件（二）

（b）组成部件

2. 常用基本单元的型号及 I/O 点数

三菱 FX3U 常用基本单元的型号及 I/O 点数见表 2-10。

表 2-10　　　　三菱 FX3U 常用基本单元型号及 I/O 点数

型　号	点数		外形尺寸/mm
	输入	输出	$w \times h \times d$
FX3U-16MR/ES-A	8	8	130×90×86
FX3U-16MT/ES-A			
FX3U-16MT/ESS			
FX3U-16MR/DS			
FX3U-16MT/DS			
FX3U-16MT/DSS			
FX3U-32MR/ES-A	16	16	150×90×86
FX3U-32MT/ES-A			
FX3U-32MT/ESS			
FX3U-32MR/DS			
FX3U-32MT/DS			
FX3U-32MT/DSS			
FX3U-32MS/ES			
FX3U-32MR/UA1			182×90×86

续表

型号	点数		外形尺寸/mm
	输入	输出	$w \times h \times d$
FX3U-48MR/ES-A	24	24	182×90×86
FX3U-48MT/ES-A			
FX3U-48MT/ESS			
FX3U-48MR/DS			
FX3U-48MT/DS			
FX3U-48MT/DSS			
FX3U-64MR/ES-A	32	32	220×90×86
FX3U-64MT/ES-A			
FX3U-64MT/ESS			
FX3U-64MR/DS			
FX3U-64MT/DS			
FX3U-64MT/DSS			
FX3U-64MS/ES			
FX3U-64MR/UA1			285×90×86
FX3U-80MR/ES-A	40	40	285×90×86
FX3U-80MT/ES-A			
FX3U-80MT/ESS			
FX3U-80MR/DS			
FX3U-80MT/DS			
FX3U-80MT/DSS			
FX3U-128MR/ES-A	64	64	350×90×86
FX3U-128MT/ES-A			
FX3U-128MT/ESS			

3. 规格概要

三菱 FX3U 基本单元规格概要见表 2-11。

表 2-11　　三菱 FX3U 基本单元规格概要

项目		规格概要
电源、输入/输出	电源规格	AC 电源型：AC100～240V 50/60Hz DC 电源型：DC24V
	消耗电量	AC 电源型：30W(16M)，35W(32M)，40W(48M)，45W(64M)，50W(80M)，65W(128M) DC 电源型：25W(16M)，30W(32M)，35W(48M)，40W(64M)，45W(80M)
	冲击电流	AC 电源型：最大 30A 5ms 以下/AC100V，最大 45A 5ms 以下/AC200V
	24V 供给电源	AC 电源 DC 输入型；400mA 以下（16M，32M）600mA 以下（48M，64M，80M，128M）
	输入规格	DC 输入型：DC24V，5/7mA（无电压触点或漏型输入时：NPN 开路集电极晶体管，源型输入时：PNP 开路集电极晶体管） AC 输入型：AC100～120V AC 电压输入

续表

项目		规格概要
电源、输入/输出	输出规格	继电器输出型：2A/1 点，8A/4 点 COM，8A/8 点 COM AC250V（取得 CE、UL/cUL 认证时为 240V），DC30V 以下 双向可控硅型：0.3A/1 点，0.8A/4 点 COM AC85～242V 晶体管输出型：0.5A/1 点，0.8A/4 点，1.6A/8 点 COM DC5～30V
	输入输出扩展	可连接 FX2N 系列用扩展设备
内置通信端口		RS-422

2.4.2 三菱 FX3UC 系列 PLC 说明

三菱 FX3UC 是 FX3U 小型化的异形机型，只能使用 DC24V 供电，适合安装在狭小的空间。三菱 FX3UC 的控制规模为 16～256（基本单元有 16/32/64/96 点，连接扩展 I/O 时最多可使用 256 点），使用 CC-Link 远程 I/O 时可达 384 点。

1. 面板及组成部件

三菱 FX3UC 基本单元面板外形如图 2-6（a）所示，面板组成部件如图 2-6（b）所示。

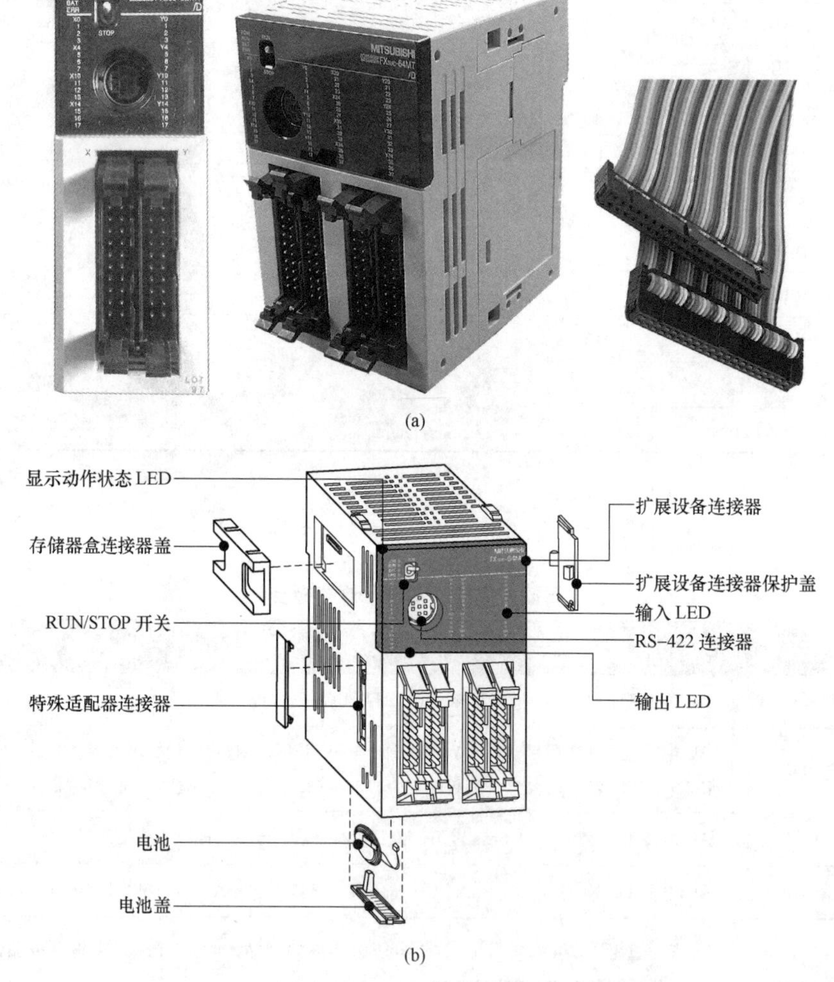

图 2-6 三菱 FX3UC 基本单元面板外形及组成部件

（a）外形；（b）组成部件

2. 常用基本单元的型号及 I/O 点数

三菱 FX3GC 常用基本单元的型号及 I/O 点数见表 2-12。

表 2-12　　三菱 FX3UC 常用基本单元的型号及 I/O 点数

型号	点数		外形尺寸/mm
	输入	输出	$w \times h \times d$
FX3UC-16MR/D-T	8	8	34×90×89
FX3UC-16MR/DS-T			
FX3UC-16MT/D			34×90×87
FX3UC-16MT/DSS			
FX3UC-16MT/D-P4			
FX3UC-16MT/DSS-P4			
FX3UC-32MT/D	16	16	34×90×87
FX3UC-32MT/DSS			
FX3UC-64MT/D	32	32	59.7×90×87
FX3UC-64MT/DSS			
FX3UC-96MT/D	48	48	85.4×90×87
FX3UC-96MT/DSS			

3. 规格概要

三菱 FX3UC 基本单元规格概要见表 2-13。

表 2-13　　三菱 FX3UC 基本单元规格概要

项目		规　格　概　要
电源、输入/输出	电源规格	DC24V
	消耗电量*	6W(16 点型)，8W(32 点型)，11W(64 点型)，14W(96 点型)
	冲击电流	最大 30A 0.5ms 以下/DC24V
	输入规格	DC24V，5/7mA（无电压触点或开路集电极晶体管**）
	输出规格	继电器输出型：2A/1 点，4A/1COM AC250V（取得 CE、UL/cUL 认证时为 240V），DC30V 以下 晶体管输出型：0.1A/1 点（Y000～Y003 为，0.3A/1 点）DC5～30V
	输入输出扩展	可以连接 FX2NC、FX2N*** 系列用扩展模块
内置通信端口		RS-422

* 该消耗电量不包括输入输出扩展模块、特殊扩展单元/特殊功能模块的消耗电量。

** FX3UC-□□MT/D 型为 NPN 开路集电极晶体管输入。FX3UC-□□MT/DSS 型为 NPN 或是 PNP 开路集电极晶体管输入。

*** 需要连接器转换适配器或电源扩展单元。

2.5　三菱 FX1/FX2/FX3 系列 PLC 电源、输入和输出端子的接线

2.5.1　电源端子的接线

三菱 FX 系列 PLC 工作时需要提供电源，其供电电源类型有 AC（交流）和 DC（直流）两种，如图 2-7 所示。AC 供电型 PLC 有 L、N 两个端子（旁边有一个接地端子），DC 供电型 PLC 有＋、－两个端

子，PLC 获得供电后会从内部输出 24V 直流电压，从 24V、0V 端（FX3 系列 PLC）输出，或从 24V、COM 端（FX1/FX2 系列 PLC）输出。三菱 FX1/FX2/FX3 系列 PLC 电源端子的接线基本相同。

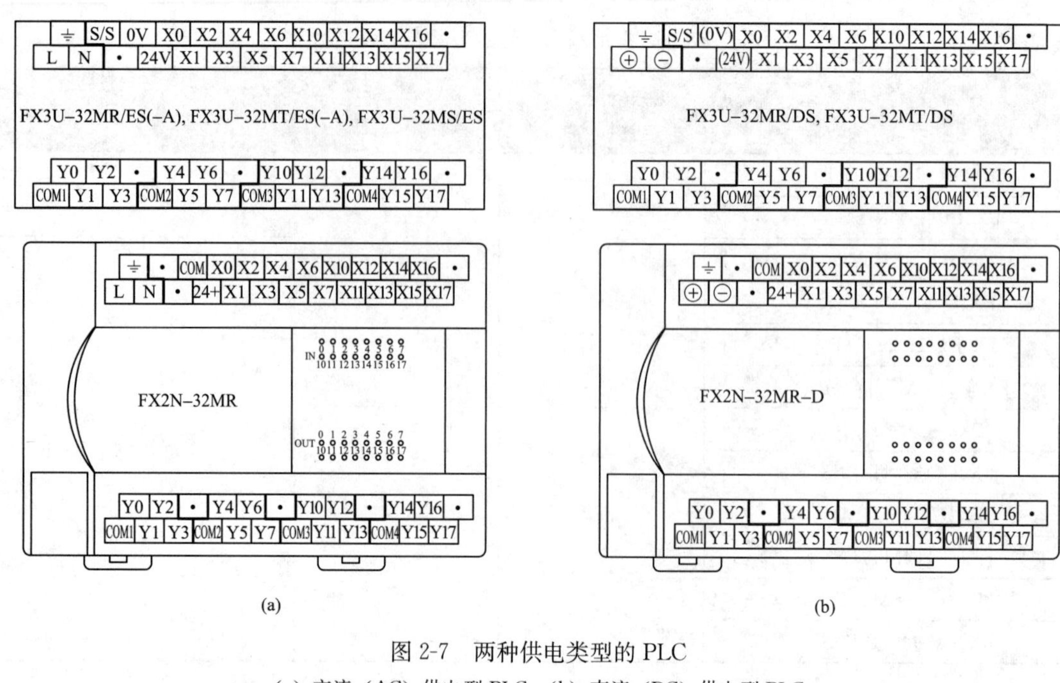

图 2-7 两种供电类型的 PLC

（a）交流（AC）供电型 PLC；（b）直流（DC）供电型 PLC

1. AC 供电型 PLC 的电源端子接线

AC 供电型 PLC 的电源端子接线如图 2-8 所示。AC100～240V 交流电源接到 PLC 基本单元和扩展单元的 L、N 端子，交流电源在内部经 AC/DC 电源电路转换得到 DC24V 和 DC5V 直流电压，这两个电压一方面通过扩展电缆提供给扩展模块，另一方面 DC24V 电压还会从 24＋、0V（或 COM）端子往外输出。

扩展单元和扩展模块的区别在于：扩展单元内部有电源电路，可以往外部输出电压，而扩展模块内部无电源电路，只能从外部输入电源。由于基本单元和扩展单元内部的电源电路功率有限，不要用一个单元的输出电源提供给所有的扩展模块。

2. DC 供电型 PLC 的电源端子接线

DC 供电型 PLC 的电源端子接线如图 2-9 所示。DC24V 电源接到 PLC 基本单元和扩展单元的＋、－端子，该电压在内部经 DC/DC 电源电路转换得 DC5V 和 DC24V，这两个电压一方面通过扩展电缆提供给扩展模块，另一方面 DC24V 电压还会从 24＋、0V（或 COM）端子往外输出。为了减轻基本单元或扩展单元内部电源电路的负担，扩展模块所需的 DC24V 可以直接由外部 DC24V 电源提供。

2.5.2 三菱 FX1/FX2/FX3GC/FX3UC 系列 PLC 的输入端子接线

PLC 输入端子接线方式与 PLC 的供电类型有关，具体可分为 AC 电源/DC 输入、DC 电源/DC 输入、AC 电源/AC 输入 3 种方式，其中 AC 电源/DC 输入型 PLC 最为常用，AC 电源/AC 输入型 PLC 使用较少。三菱 FX1NC/FX2NC/FX3GC/FX3UC 系列 PLC 主要用在空间狭小的场合，为了减小体积，其内部取消了较占空间的 AC/DC 电源电路，只能从电源端子直接输入 DC 电源，即这些 PLC 只有 DC 电源/DC 输入型。

三菱 FX1S/FX1N/FX1NC/FX2N/FX2NC/FX3GC/FX3UC 系列 PLC 的输入公共端为 COM 端子，故这些 PLC 的输入端接线基本相同。

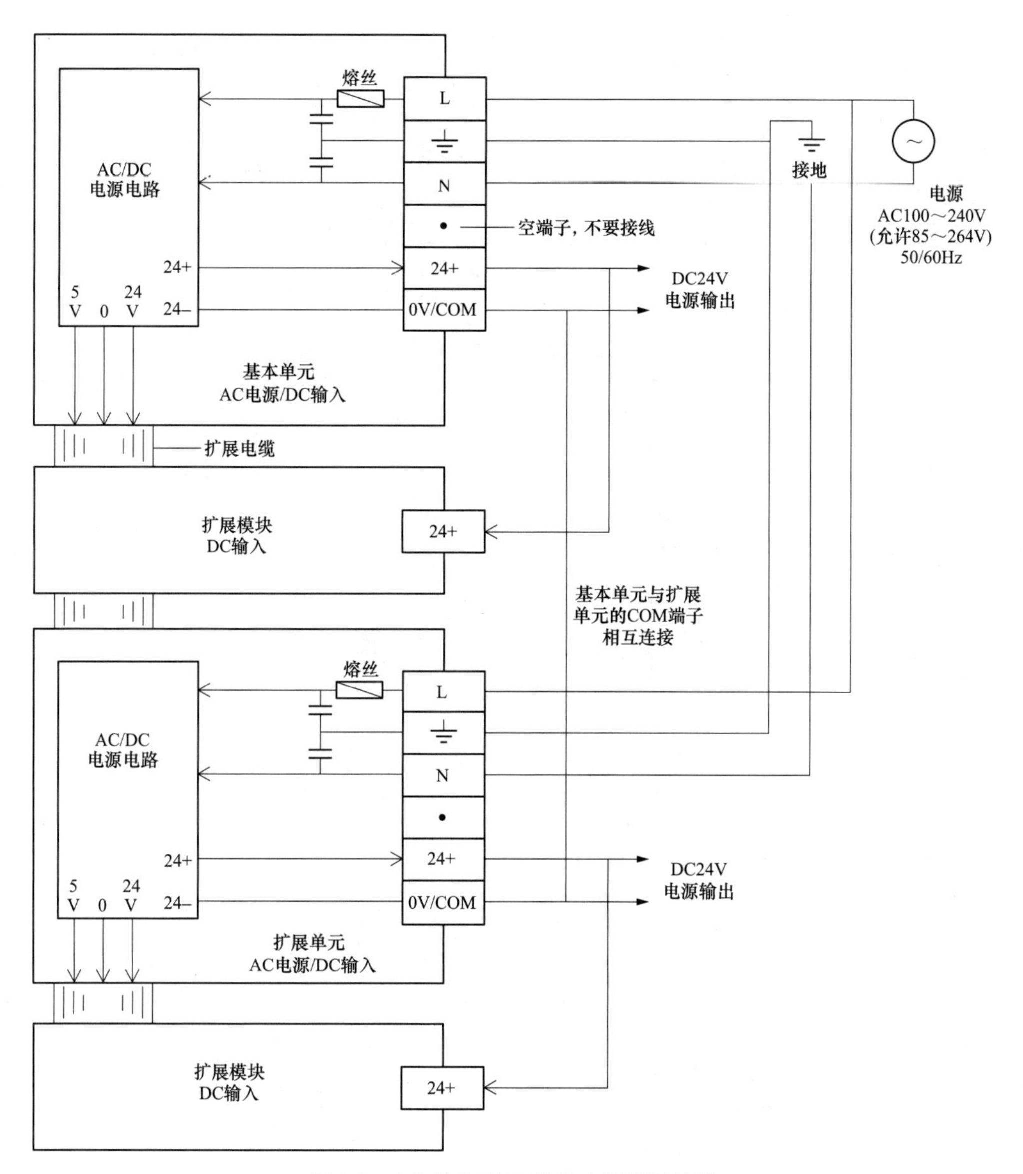

图 2-8 AC 供电型 PLC 的电源端子接线

1. AC 电源/DC 输入型 PLC 的输入接线

AC 电源/DC 输入型 PLC 的输入接线如图 2-10 所示，由于这种类型的 PLC（基本单元和扩展单元）内部有电源电路，它可为输入电路提供 DC24V 电压，在输入接线时只需在输入端子与 COM 端子之间接入开关，开关闭合时输入电路就会形成电源回路。

2. DC 电源/DC 输入型 PLC 的输入接线

DC 电源/DC 输入型 PLC 的输入接线如图 2-11 所示，该类型 PLC 的输入电路所需的电源取自电源端子外接的 DC24V 电源，在输入接线时只需在输入端子与 COM 端子之间接入开关。

3. AC 电源/AC 输入型 PLC 的输入接线

AC 电源/AC 输入型 PLC 的输入接线如图 2-12 所示，这种类型的 PLC（基本单元和扩展单元）采用 AC100～120V 供电，该电压除了供给 PLC 的电源端子外，还要在外部提供给输入电路，在输入接线时将 AC100～120V 接在 COM 端子和开关之间，开关另一端接输入端子。由于我国使用 220V 交流电压，故采用 AC100～120V 类型的 PLC 应用很少。

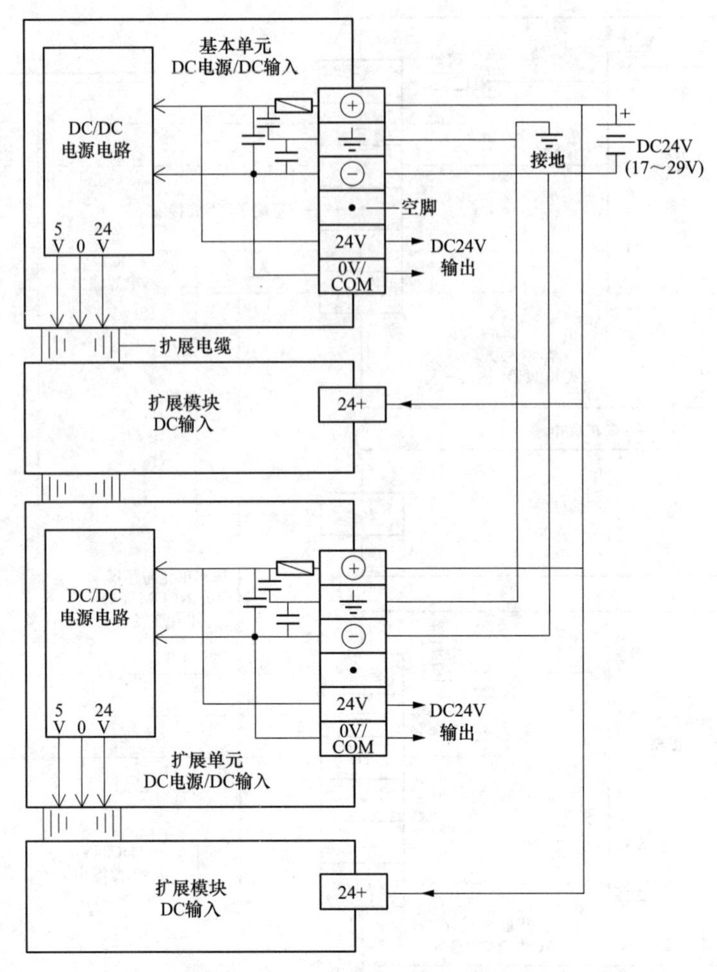

图 2-9　DC 供电型 PLC 的电源端子接线

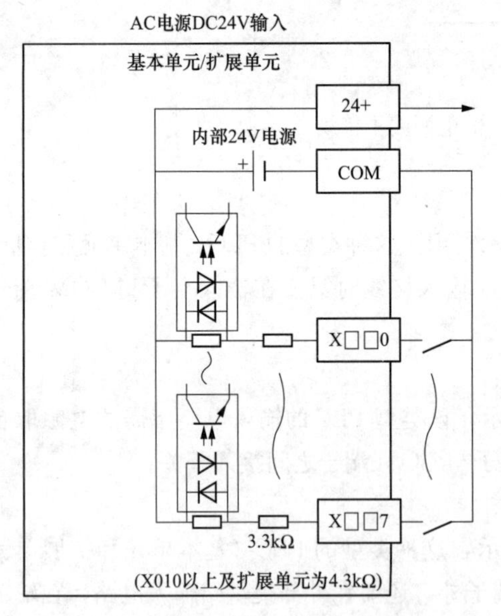

图 2-10　AC 电源/DC 输入型 PLC 的输入接线

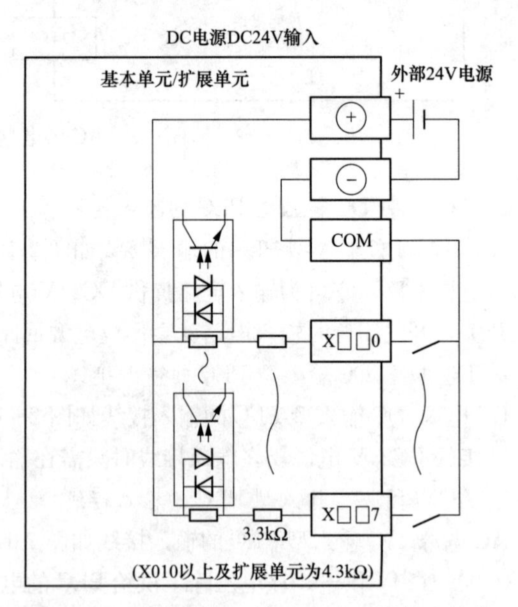

图 2-11　DC 电源/DC 输入型 PLC 的输入接线

4. 扩展模块的输入接线

扩展模块的输入接线如图 2-13 所示，由于扩展模块内部没有电源电路，它只能由外部为输入电路提供 DC24V 电压，在输入接线时将 DC24V 正极接扩展模块的 24＋端子，DC24V 负极接开关，开关另一端接输入端子。

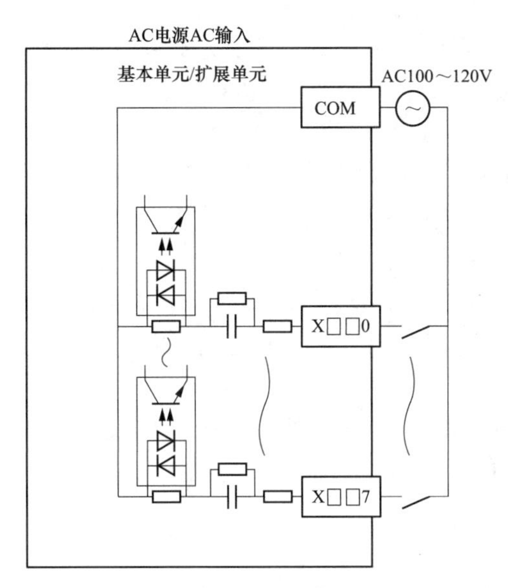

图 2-12 AC 电源/AC 输入型 PLC 的输入接线

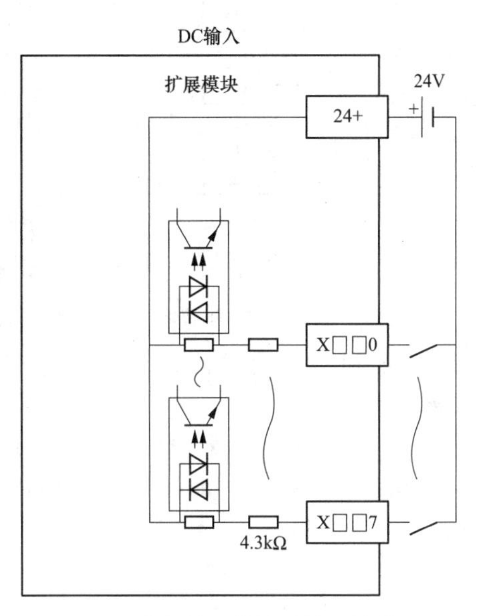

图 2-13 扩展模块的输入接线

2.5.3 三菱 FX3SA/FX3S/FX3GA/FX3G/FX3GE/FX3U 系列 PLC 的输入端子接线

在三菱 FX1S/FX1N/FX1NC/FX2N/FX2NC/FX3GC/FX3UC 系列 PLC 的输入端子中，COM 端子既作公共端，又作 0V 端，而三菱 FX3SA/FX3S/FX3GA/FX3G/FX3GE/FX3U 系列 PLC 的输入端子取消了 COM 端子（AC 输入型仍为 COM 端子），增加了 S/S 端子和 0V 端子，其中 S/S 端子用作公共端。

三菱 FX3SA/FX3S/FX3GA/FX3G/FX3GE/FX3U 系列 PLC 的输入方式有 AC 电源/DC 输入型、DC 电源/DC 输入型和 AC 电源/AC 输入型，由于三菱 FX3 系列 PLC 的 AC 电源/AC 输入型的输入端仍保留 COM 端子，故其接线与三菱 FX1、FX2 系列 PLC 的 AC 电源/AC 输入型相同。

1. AC 电源/DC 输入型 PLC 的输入接线

（1）漏型输入接线。AC 电源/DC 输入型 PLC 的漏型输入接线如图 2-14 所示。在漏型输入接线时，将 24V 端子与 S/S 端子连接，再将开关接在输入端子和 0V 端子之间，开关闭合时有电流流过输入电路，电流途径是：24V 端子→S/S 端子→PLC 内部光电耦合器的发光管→输入端子→0V 端子。电流由 PLC 输入端的公共端子（S/S 端）输入，将这种输入方式称为漏型输入，为了方便记忆理解，可将公共端子理解为漏极，电流从公共端输入就是漏型输入。

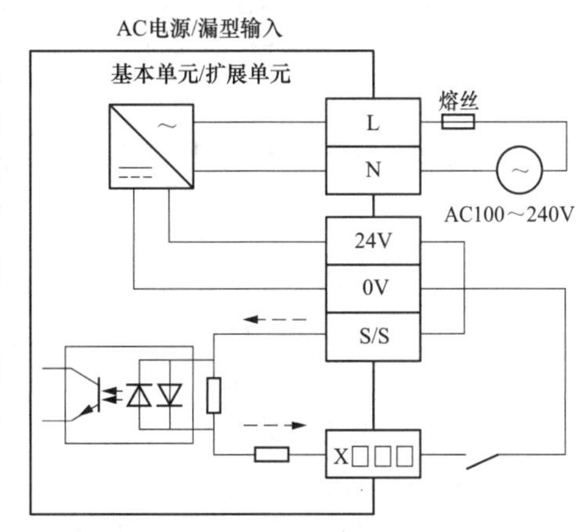

图 2-14 AC 电源/DC 输入型 PLC 的漏型输入接线

（2）源型输入接线。AC 电源 DC 输入型 PLC 的源型输入接线如图 2-15 所示。在源型输入接线时，将 0V 端子与 S/S 端子连接，再将开关接在输入端子和 24V 端子之间，开关闭合时有电流流过输入电路，电流途径是：24V 端子→开关→输入端子→PLC 内部光电耦合

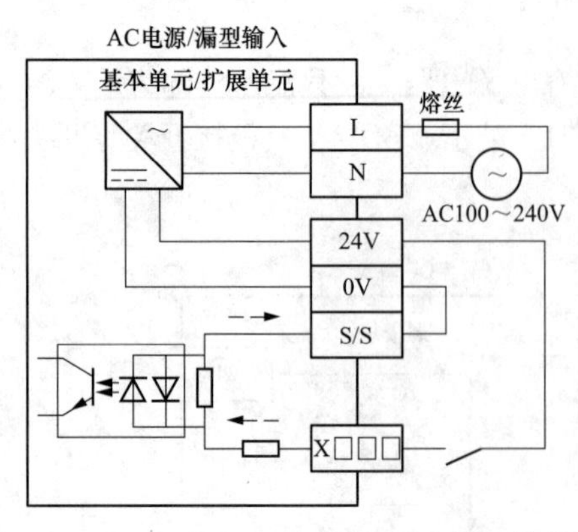

图 2-15 AC 电源型 PLC 的源型输入接线

器的发光管→S/S 端子→0V 端子。电流由 PLC 的输入端子输入，将这种输入方式称为源型输入，为了方便记忆理解，可将输入端子理解为源极，电流从输入端子输入就是源型输入。

由于 PLC 内部光电耦合器的发光管采用双向发光二极管，不管电流是从输入端子流入还是流出，均能使内部光电耦合器的光敏管导通，故在实际接线时，可根据自己的喜好任选漏型输入或源型输入其中的一种方式接线。

2. DC 电源/DC 输入型 PLC 的输入接线

(1) 漏型输入接线。DC 电源/DC 输入型 PLC 的漏型输入接线如图 2-16 所示。在漏型输入接线时，将外部 24V 电源正极与 S/S 端子连接，将开关接在输入端子和外部 24V 电源负极之间，输入电流从 S/S 端子输入（漏型输入）。也可以将 24V 端子与 S/S 端子连接起来，再将开关接在输入端子和 0V 端子之间，但这样做会使从电源端子进入 PLC 的电流增大，从而增加 PLC 出现故障的几率。

(2) 源型输入接线。DC 电源/DC 输入型 PLC 的源型输入接线如图 2-17 所示。在源型输入接线时，将外部 24V 电源负极与 S/S 端子连接，再将开关接在输入端子和外部 24V 电源正极之间，输入电流从输入端子输入（源型输入）。

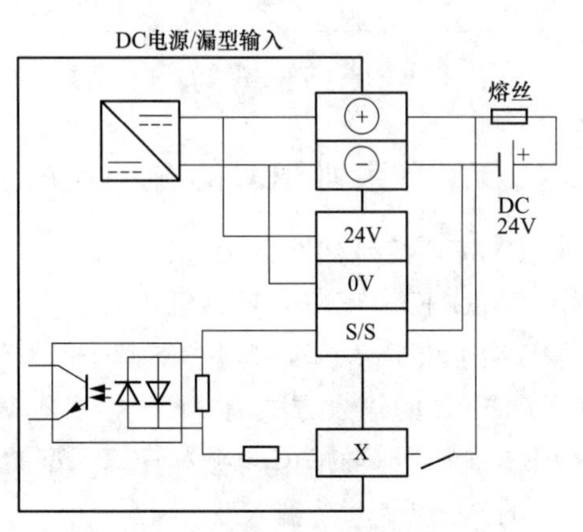

图 2-16 DC 电源/DC 输入型 PLC 的漏型输入接线

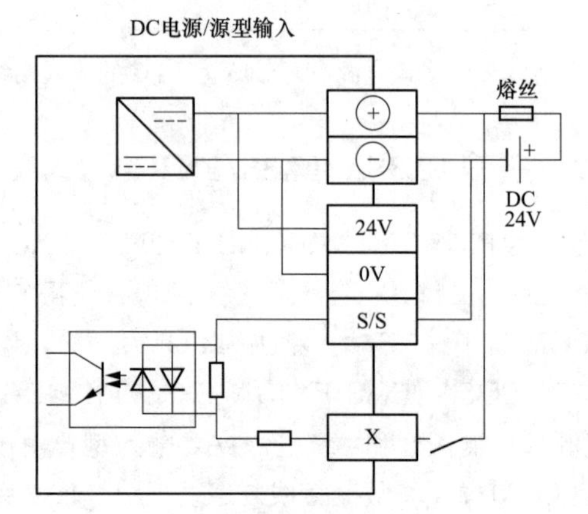

图 2-17 DC 电源/DC 输入型 PLC 的源型输入接线

2.5.4 接近开关与 PLC 输入端子的接线

PLC 的输入端子除了可以接普通触点开关外，还可以接一些无触点开关，如无触点接近开关，如图 2-18 所示，当金属体靠近探测头时，内部的晶体管导通，相当于开关闭合。根据晶体管不同，无触点接近开关可分为 NPN 型和 PNP 型，根据引出线数量不同，可分为两线式和三线式，常用无触点接近开关的符号如图 2-19 所示。

1. 三线式无触点接近开关的接线

三线式无触点接近开关的接线如图 2-20 所示。

图 2-20 (a) 为三线式 NPN 型无触点接近开关的接线，它采用漏型输入接线，在接线时将 S/S 端子与 24V 端子连接，当金属体靠近接近开关时，内部的 NPN 型晶体管导通，X000 输入电路有电流流过，电流途径是：24V 端子→S/S 端子→PLC 内部光电耦合器→X000 端子→接近开关→0V 端子，电流由公共端子（S/S 端子）输入，此为漏型输入。

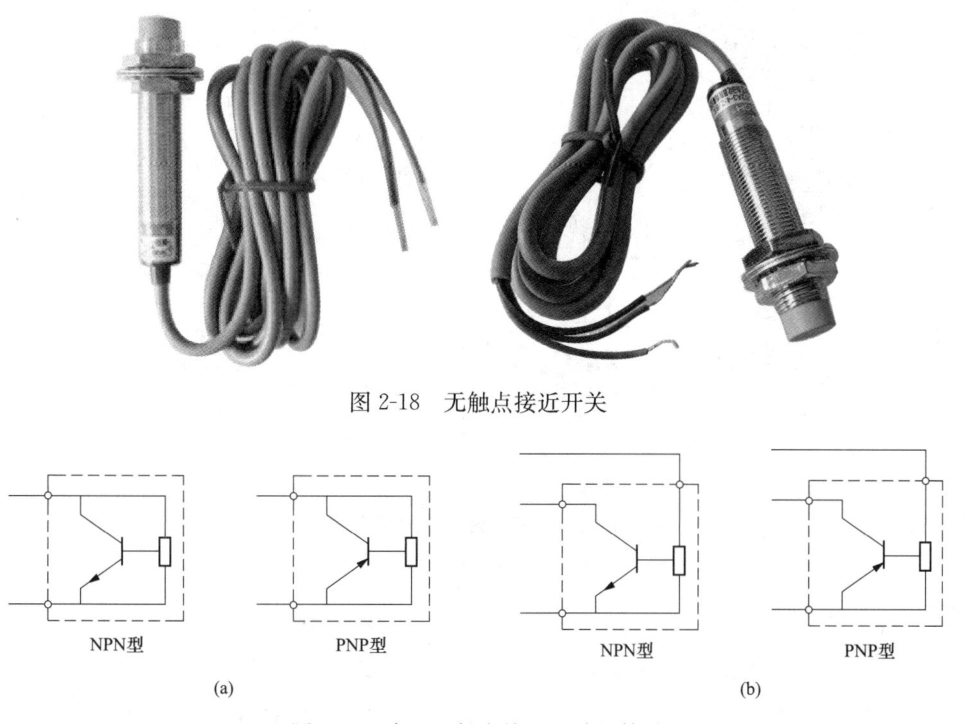

图 2-18 无触点接近开关

图 2-19 常用无触点接近开关的符号

（a）两线式；（b）三线式

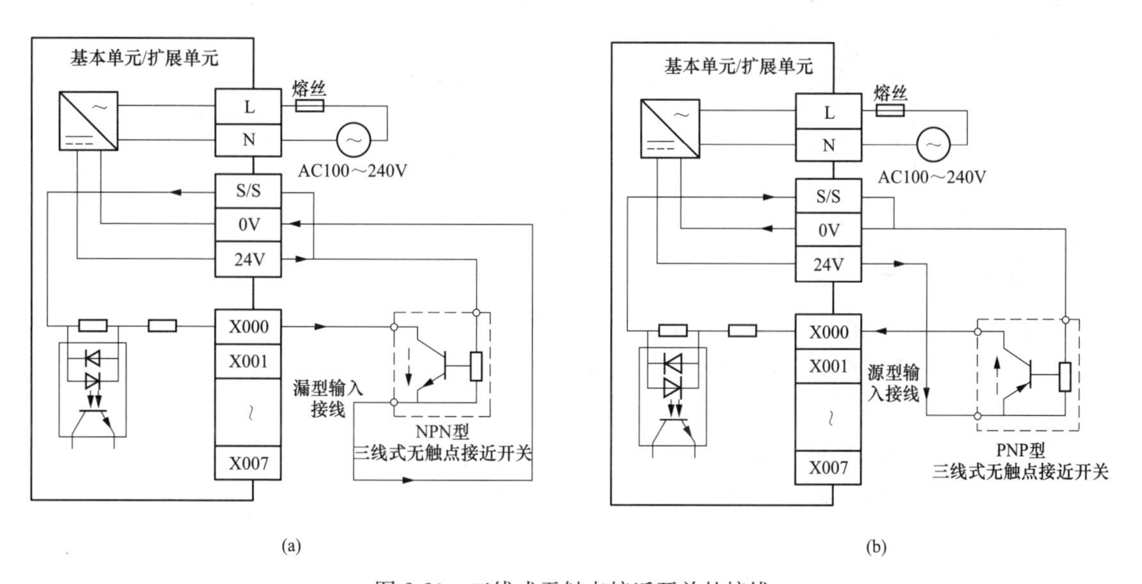

图 2-20 三线式无触点接近开关的接线

（a）NPN 型；（b）PNP 型

图 2-20（b）为三线式 PNP 型无触点接近开关的接线，它采用源型输入接线，在接线时将 S/S 端子与 0V 端子连接，当金属体靠近接近开关时，内部的 PNP 型晶体管导通，X000 输入电路有电流流过，电流途径是：24V 端子→接近开关→X000 端子→PLC 内部光电耦合器→S/S 端子→0V 端子，电流由输入端子（X000 端子）输入，此为源型输入。

2. 两线式无触点接近开关的接线

两线式无触点接近开关的接线如图 2-21 所示。

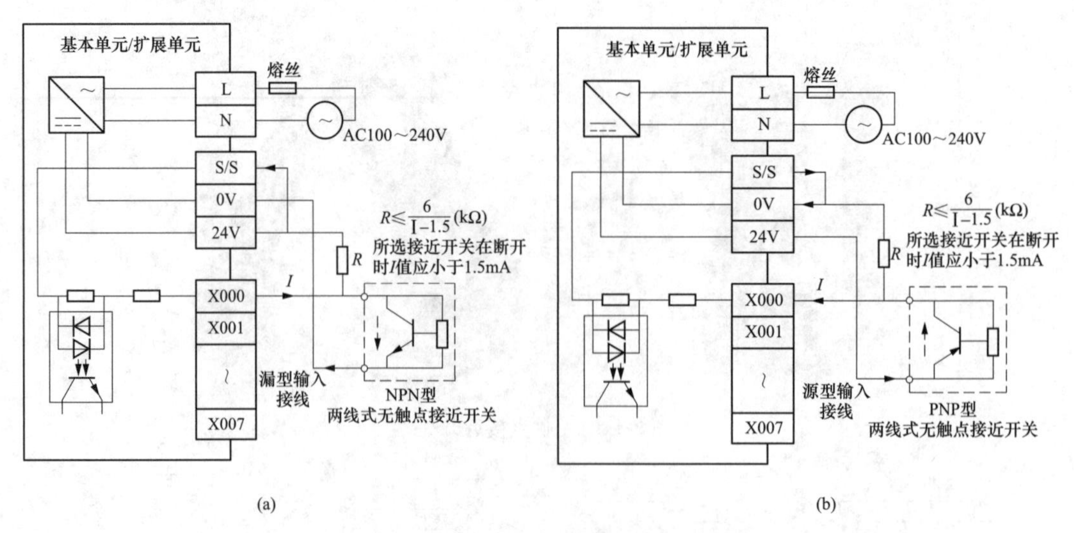

图 2-21 两线式无触点接近开关的接线

(a) NPN 型；(b) PNP 型

图 2-21 (a) 为两线式 NPN 型无触点接近开关的接线，它采用漏型输入接线，在接线时将 S/S 端子与 24V 端子连接，再在接近开关的一根线（内部接 NPN 型晶体管集电极）与 24V 端子间接入一个电阻 R，R 值的选取见图 2-21 (a)。当金属体靠近接近开关时，内部的 NPN 型晶体管导通，X000 输入电路有电流流过，电流途径是：24V 端子→S/S 端子→PLC 内部光电耦合器→X000 端子→接近开关→0V 端子，电流由公共端子（S/S 端子）输入，此为漏型输入。

图 2-21 (b) 为两线式 PNP 型无触点接近开关的接线，它采用源型输入接线，在接线时将 S/S 端子与 0V 端子连接，再在接近开关的一根线（内部接 PNP 型晶体管集电极）与 0V 端子间接入一个电阻 R，R 值的选取见图 2-21 (b)。当金属体靠近接近开关时，内部的 PNP 型晶体管导通，X000 输入电路有电流流过，电流途径是：24V 端子→接近开关→X000 端子→PLC 内部光电耦合器→S/S 端子→0V 端子，电流由输入端子（X000 端子）输入，此为源型输入。

2.5.5 输出端子接线

PLC 的输出类型有继电器输出型、晶体管输出型和晶闸管（又称双向可控硅型）输出型等，不同输出类型的 PLC，其输出端子接线有相应的接线要求。三菱 FX1/FX2/FX3 系列 PLC 输出端的接线基本相同。

1. 继电器输出型 PLC 的输出端接线

继电器输出型是指 PLC 输出端子内部采用继电器触点开关，当触点闭合时表示输出为 ON（或称输出为 1），触点断开时表示输出为 OFF（或称输出为 0）。继电器输出型 PLC 的输出端子接线如图 2-22 所示。

由于继电器的触点无极性，故输出端使用的负载电源既可使用交流电源（AC100～240V)），也可使用直流电源（DC30V 以下）。在接线时，将电源与负载串接起来，再接在输出端子和公共端子之间，当 PLC 输出端内部的继电器触点闭合时，输出电路形成回路，有电流流过负载（如线圈、灯泡等）。

2. 晶体管输出型 PLC 的输出端接线

晶体管输出型是指 PLC 输出端子内部采用晶体管，当晶体管导通时表示输出为 ON，晶体管截止时表示输出为 OFF。由于晶体管是有极性的，输出端使用的负载电源必须是直流电源（DC5～30V），晶体管输出型具体又可分为漏型输出（输出端子内接晶体管的漏极或集电极）和源型输出（输出端子内接晶体管的源极或发射极）。

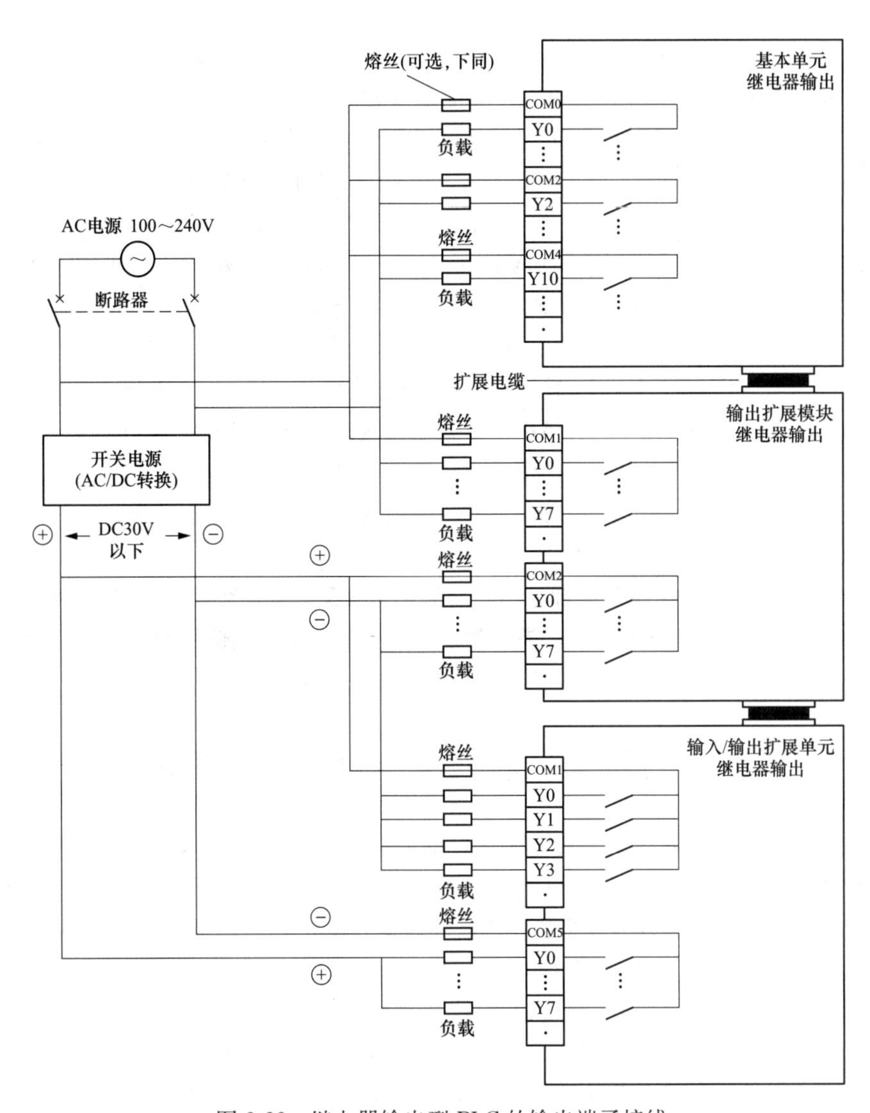

图 2-22 继电器输出型 PLC 的输出端子接线

晶体管输出型 PLC 的输出端子接线如图 2-23 所示，其中漏型输出型 PLC 输出端子接线如图 2-23（a）

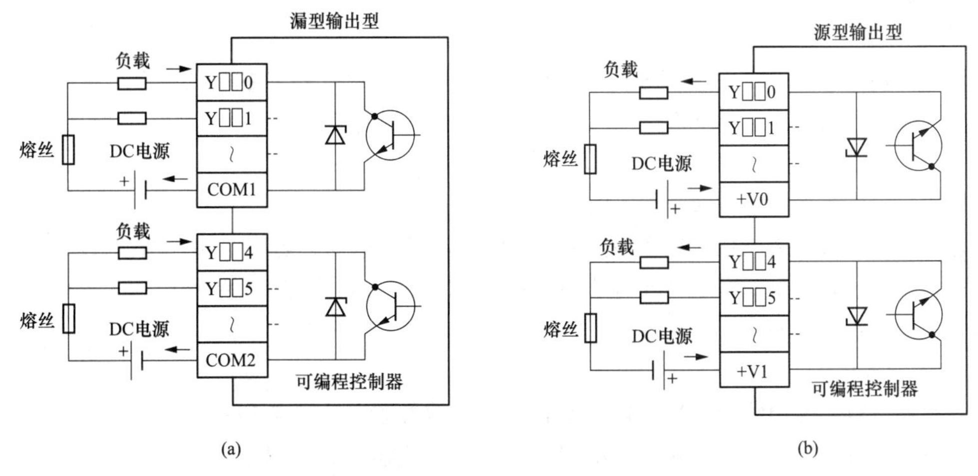

图 2-23 晶体管输出型 PLC 的输出端子接线

（a）漏型输出型；（b）源型输出型

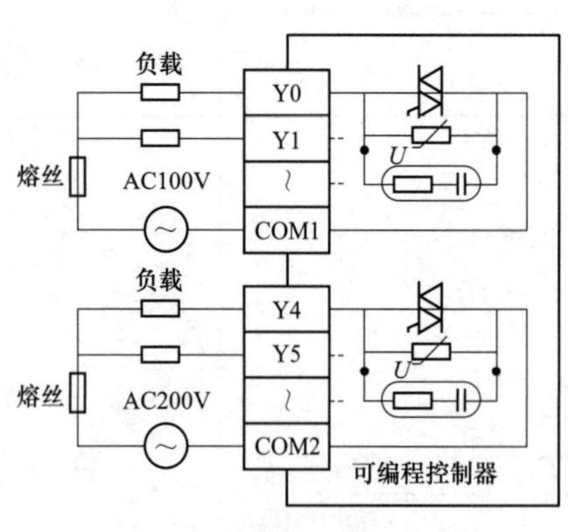

图 2-24 晶闸管输出型 PLC 的输出端子接线

所示。在接线时，漏型输出型 PLC 的公共端接电源负极，电源正极串接负载后接输出端子，当输出为 ON 时，晶体管导通，有电流流过负载，电流途径是：电源正极→负载→输出端子→PLC 内部晶体管→COM 端→电源负极。

三菱 FX1/FX2 系列晶体管输出型 PLC 的输出公共端用 COM1、COM2…表示，而三菱 FX3 系列晶体管输出型 PLC 的公共端子用＋V0、＋V1…表示。源型输出型 PLC 输出端子接线如图 2-23（b）所示（以 FX3 系列为例）。在接线时，源型输出型 PLC 的公共端（＋V0、＋V1…）接电源正极，电源负极串接负载后接输出端子，当输出为 ON 时，晶体管导通，有电流流过负载，电流途径是：电源正极→＋V＊端子→PLC 内部晶体管→输出端子→负载→电源负极。

3. 晶闸管输出型 PLC 的输出端接线

晶闸管输出型是指 PLC 输出端子内部采用双向晶闸管（又称双向可控硅），当晶闸管导通时表示输出为 ON，晶闸管截止时表示断出为 OFF。晶闸管是无极性的，输出端使用的负载电源必须是交流电源（AC100～240V）。晶闸管输出型 PLC 的输出端子接线如图 2-24 所示。

2.6 三菱 FX 系列 PLC 的软元件说明

PLC 是在继电器控制线路基础上发展起来的，继电器控制线路有时间继电器、中间继电器等，而 PLC 内部也有类似的器件，由于这些器件以软件形式存在，故称为软元件。**PLC 程序由指令和软元件组成，指令的功能是发出命令，软元件是指令的执行对象，**比如，SET 为置 1 指令，Y000 是 PLC 的一种软元件（输出继电器），“SET Y000”就是命令 PLC 的输出继电器 Y000 的状态变为 1。由此可见，编写 PLC 程序必须要了解 PLC 的指令和软元件。

PLC 的软元件很多，主要有输入继电器、输出继电器、辅助继电器、定时器、计数器、数据寄存器和常数等。三菱 FX 系列 PLC 分很多子系列，越高档的子系列，其支持指令和软元件数量越多。三菱 FX3 系列 PLC 的软件异同比较见附录 B。

2.6.1 输入继电器（X）和输出继电器（Y）

1. 输入继电器（X）

输入继电器用于接收 PLC 输入端子送入的外部开关信号，它与 PLC 的输入端子有关联，其表示符号为 X，按八进制方式编号，输入继电器与外部对应的输入端子编号是相同的。三菱 FX3U-48M 型 PLC 外部有 24 个输入端子，其编号为 X000～X007、X010～X017、X020～X027，相应内部有 24 个相同编号的输入继电器来接收这样端子输入的开关信号。

一个输入继电器可以有无数个编号相同的常闭触点和常开触点，当某个输入端子（如 X000）外接开关闭合时，PLC 内部相同编号输入继电器（X000）状态变为 ON，那么程序中相同编号的常开触点处于闭合，常闭触点处于断开。

2. 输出继电器（Y）

输出继电器（常称输出线圈）用于将 PLC 内部开关信号送出，它与 PLC 输出端子有关联，其表示符号为 Y，也按八进制方式编号，输出继电器与外部对应的输出端子编号是相同的。三菱 FX3U-48M 型 PLC 外部有 24 个输出端子，其编号为 Y000～Y007、Y010～Y017、Y020～Y027，相应内部有 24 个相同编号的输出继电器，这些输出继电器的状态由相同编号的外部输出端子送出。

一个输出继电器只有一个与输出端子关联的硬件常开触点（又称物理触点），但在编程时可使用无数个编号相同的软件常开触点和常闭触点。当某个输出继电器（如 Y000）状态为 ON 时，它除了会使相同编号的输出端子内部的硬件常开触点闭合外，还会使程序中的相同编号的软件常开触点闭合、常闭触点断开。

三菱 FX 系列 PLC 支持的输入/输出继电器见表 2-14。

表 2-14　　三菱 FX 系列 PLC 支持的输入/输出继电器

型号	FX1S	FX1N/FX1NC	FX2N/FX2NC	FX3G	FX3U/FX3UC
输入继电器	X000～X017（16 点）	X000～X177（128 点）	X000～X267（184 点）	X000～X177（128 点）	X000～X367（256 点）
输出继电器	Y000～Y015（14 点）	Y000～Y177（128 点）	Y000～Y267（184 点）	Y000～Y177（128 点）	Y000～Y367（256 点）

2.6.2　辅助继电器(M)

辅助继电器是 PLC 内部继电器，它与输入/输出继电器不同，不能接收输入端子送来的信号，也不能驱动输出端子。辅助继电器表示符号为 M，按十进制方式编号，如 M0～M499、M500～M1023 等。**一个辅助继电器可以有无数个编号相同的常闭触点和常开触点。**

辅助继电器分为一般型、停电保持型、停电保持专用型和特殊用途型 4 类。三菱 FX 系列 PLC 支持的辅助继电器见表 2-15。

表 2-15　　三菱 FX 系列 PLC 支持的辅助继电器

型号	FX1S	FX1N/FX1NC	FX2N/FX2NC	FX3G	FX3U/FX3UC
一般型	M0～M383（384 点）	M0～M383（384 点）	M0～M499（500 点）	M0～M383（384 点）	M0～M499（500 点）
停电保持型（可设成一般型）	无	无	M500～M1023（524 点）	无	M500～M1023（524 点）
停电保持专用型	M384～M511（128 点）	M384～M511（128 点，EEPROM 长久保持）M512～M1535（1024 点，电容 10 天保持）	M1024～M3071（2048 点）	M384～M1535（1152 点）	M1024～M7679（6656 点）
特殊用途型	M8000～M8255（256 点）	M8000～M8255（256 点）	M8000～M8255（256 点）	M8000～M8511（512 点）	M8000～M8511（512 点）

1. 一般型辅助继电器

一般型（又称通用型）辅助继电器在 PLC 运行时，如果电源突然停电，则全部线圈状态均变为 OFF。当电源再次接通时，除了因其他信号而变为 ON 的以外，其余的仍将保持 OFF 状态，它们没有停电保持功能。

三菱 FX3U 系列 PLC 的一般型辅助继电器点数默认为 M0～M499，也可以用编程软件将一般型设为停电保持型，软元件停电保持（锁存）点数设置如图 2-25 所示，在三菱 PLC 编程软件 GX Developer 的工程列表区双击参数项中的“PLC 参数”，弹出参数设置对话框，切换到“软元件”选项卡，从辅助继电器一栏可以看出，系统默认 M500（起始）～M1023（结束）范围内的辅助继电器具有锁存（停电保持）功能，如果将起始值改为 550，结束值仍为 1023，那么 M0～M550 范围内的都是一般型辅助继电器。

从图 2-25 中不难看出，不但可以设置辅助继电器停电保持点数，还可以设置状态继电器、定时器、计数器和数据寄存器的停电保持点数，编程时选择的 PLC 类型不同，设置界面的内容也有所不同。

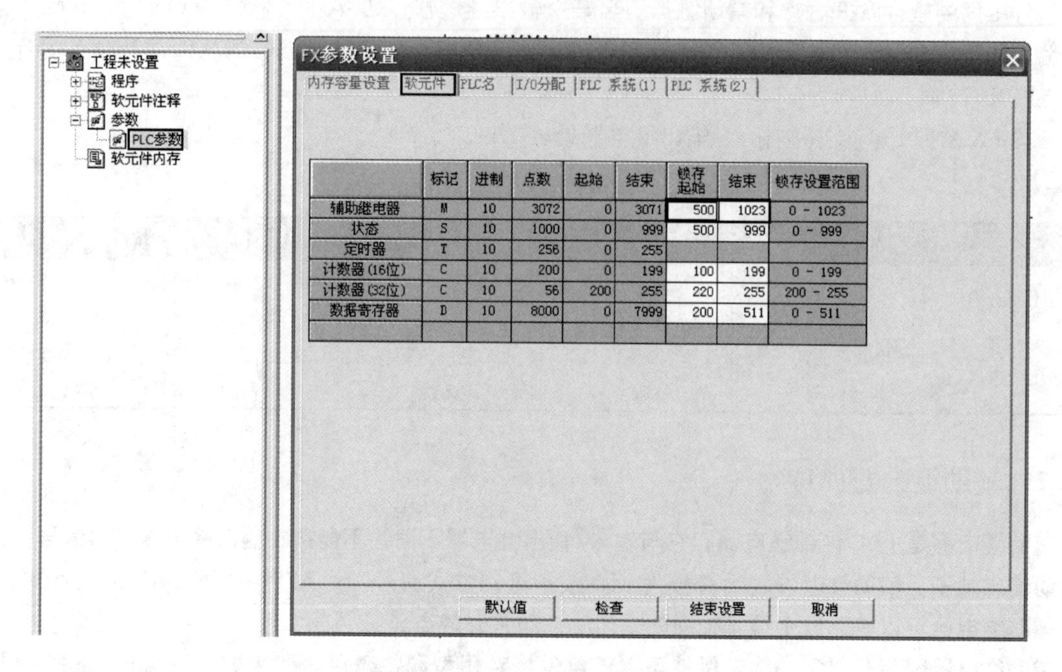

	标记	进制	点数	起始	结束	锁存起始	结束	锁存设置范围
辅助继电器	M	10	3072	0	3071	500	1023	0 - 1023
状态	S	10	1000	0	999	500	999	0 - 999
定时器	T	10	256	0	255			
计数器(16位)	C	10	200	0	199	100	199	0 - 199
计数器(32位)	C	10	56	200	255	220	255	200 - 255
数据寄存器	D	10	8000	0	7999	200	511	0 - 511

图 2-25　软元件停电保持（锁存）点数设置

2. 停电保持型辅助继电器

停电保持型辅助继电器与一般型辅助继电器的区别主要在于，前者具有停电保持功能，即能记忆停电前的状态，并在重新通电后保持停电前的状态。FX3U 系列 PLC 的停电保持型辅助继电器可分为停电保持型（M500～M1023）和停电保持专用型（M1024～M7679），**停电保持专用型辅助继电器无法设成一般型。**

图 2-26 所示为说明一般型和停电保持型辅助继电器的区别。

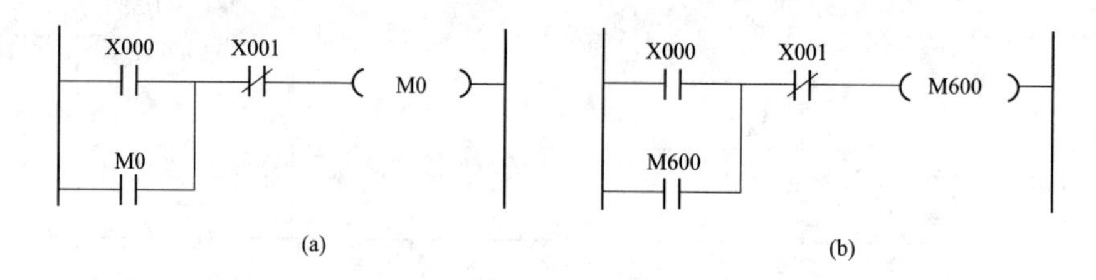

图 2-26　一般型和停电保持型辅助继电器的区别

（a）采用一般型；（b）采用停电保持型

图 2-26（a）程序采用了一般型辅助继电器，在通电时，如果 X000 常开触点闭合，辅助继电器 M0 状态变为 ON（或称 M0 线圈得电），M0 常开触点闭合，在 X000 触点断开后锁住 M0 继电器的状态值，如果 PLC 出现停电，M0 继电器状态值变为 OFF，在 PLC 重新恢复供电时，M0 继电器状态仍为 OFF，M0 常开触点处于断开。

图 2-26（b）程序采用了停电保持型辅助继电器，在通电时，如果 X000 常开触点闭合，辅助继电器 M600 状态变为 ON，M600 常开触点闭合，如果 PLC 出现停电，M600 继电器状态值保持为 ON，在 PLC 重新恢复供电时，M600 继电器状态仍为 ON，M600 常开触点仍处于闭合。若重新供电时 X001 触点处于开路，则 M600 继电器状态为 OFF。

3. 特殊用途型辅助继电器

FX3U 系列中有 512 个特殊用途型辅助继电器，可分成触点型和线圈型两大类。

（1）触点型特殊用途辅助继电器。**触点型特殊用途辅助继电器的线圈由 PLC 自动驱动，用户只可使用其触点，即在编写程序时，只能使用这种继电器的触点，不能使用其线圈。**常用的触点型特殊用途辅助继电器如下。

1）M8000：运行监视 a 触点（常开触点），在 PLC 运行中，M8000 触点始终处于接通状态，M8001 为运行监视 b 触点（常闭触点），它与 M8000 触点逻辑相反，在 PLC 运行时，M8001 触点始终断开。

2）M8002：初始脉冲 a 触点，该触点仅在 PLC 运行开始的一个扫描周期内接通，以后周期断开，M8003 为初始脉冲 b 触点，它与 M8002 逻辑相反。

3）M8011、M8012、M8013 和 M8014 分别是产生 10ms、100ms、1s 和 1min 时钟脉冲的特殊辅助继电器触点。

M8000、M8002、M8012 的时序关系如图 2-27 所示。从中可以看出，在 PLC 运行（RUN）时，M8000 触点始终是闭合的（图 2-27 中用高电平表示），而 M8002 触点仅闭合一个扫描周期，M8012 闭合 50ms、接通 50ms，并且不断重复。

（2）线圈型特殊用途辅助继电器。**线圈型特殊用途辅助继电器由用户程序驱动其线圈，使 PLC 执行特定的动作。**常用的线圈型特殊用途辅助继电器如下。

1）M8030：电池 LED 熄灯。当 M8030 线圈得电（M8030 继电器状态为 ON）时，电池电压降低，发光二极管熄灭。

2）M8033：存储器保持停止。若 M8033 线圈得电（M8033 继电器状态值为 ON），在 PLC 由 RUN→STOP 时，输出映象存储器（即输出继电器）和数据寄存器的内容仍保持 RUN 状态时的值。

3）M8034：所有输出禁止。若 M8034 线圈得电（即 M8034 继电器状态为 ON），PLC 的输出全部禁止。以图 2-28 所示的程序为例，当 X000 常开触点处于断开时，M8034 辅助继电器状态为 OFF，X001～X003 常闭触点处于闭合，使 Y000～Y002 线圈均得电，如果 X000 常开触点闭合，M8034 辅助继电器状态变为 ON，PLC 马上让所有的输出线圈失电，故 Y000～Y002 线圈都失电，即使 X001～X003 常闭触点仍处于闭合。

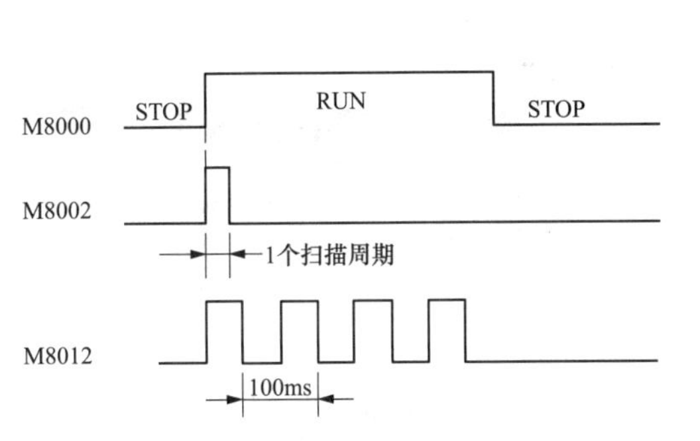

图 2-27　M8000、M8002、M8012 的时序关系图

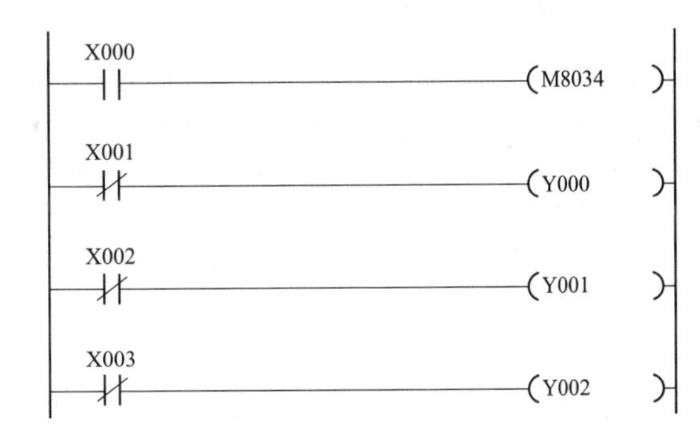

图 2-28　线圈型特殊用途辅助继电器使用举例

4）M8039：恒定扫描模式。若 M8039 线圈得电（即 M8039 继电器状态为 ON），PLC 按数据寄存器 D8039 中指定的扫描时间工作。

更多特殊用途型辅助继电器的功能可查阅三菱 FX 系列 PLC 的编程手册。

2.6.3 状态继电器（S）

状态继电器是编制步进程序的重要软元件，与辅助继电器一样，可以有无数个常开触点和常闭触

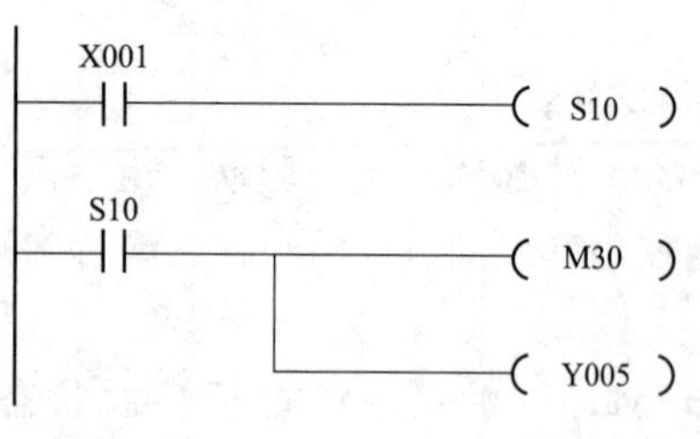

图 2-29 未使用的状态继电器可以当成辅助继电器一样使用

点，其表示符号为 S，按十进制方式编号，如 S0～S9、S10～S19、S20～S499 等。

状态器继电器可分为初始状态型、一般型和报警用途型。对于未在步进程序中使用的状态继电器，可以当成辅助继电器一样使用，如图 2-29 所示，当 X001 触点闭合时，S10 线圈得电（即 S10 继电器状态为 ON），S10 常开触点闭合。状态器继电器主要用在步进顺序程序中。

三菱 FX 系列 PLC 支持的状态继电器见表 2-16。

表 2-16 三菱 FX 系列 PLC 支持的状态继电器

型号	FX1S	FX1N、FX1NC	FX2N、FX2NC	FX3G	FX3U、FX3UC
初始状态用	S0～S9（停电保持专用）	S0～S9（停电保持专用）	S0～S9	S0～S9（停电保持专用）	S0～S9
一般用	S10～S127（停电保持专用）	S10～S127（停电保持专用）S128～S999（停电保持专用，电容 10 天保持）	S10～S499 S500～S899（停电保持）	S10～S999（停电保持专用）S1000～S4095	S10～S499 S500～S899（停电保持）S1000～S4095（停电保持专用）
信号报警用	无		S900～S999（停电保持）	无	S900～S999（停电保持）

注 停电保持型可以设成非停电保持型，非停电保持型也可设成停电保持型（FX3G 型需安装选配电池，才能将非停电保持型设成停电保持型）；停电保持专用型采用 EEPROM 或电容供电保存，不可设成非停电保持型。

2.6.4 定时器（T）

定时器又称计时器，是用于计算时间的继电器，它可以有无数个常开触点和常闭触点，其定时单位有 1ms、10ms、100ms 3 种。定时器表示符号为 T，编号也按十进制，**定时器分为普通型定时器（又称一般型）和停电保持型定时器（又称累计型或积算型定时器）。**

三菱 FX 系列 PLC 支持的定时器见表 2-17。

表 2-17 三菱 FX 系列 PLC 支持的定时器

PLC 系列	FX1S	FX1N/FX1NC/FX2N/FX2NC	FX3G	FX3U/FX3UC
1ms 普通型定时器（0.001～32.767s）	T31，1 点	—	T256～T319，64 点	T256～T511，256 点
100ms 普通型定时器（0.1～3276.7s）	T0～62，63 点	T0～199，200 点		
10ms 普通型定时器（0.01～327.67s）	T32～C62，31 点	T200～T245，46 点		
1ms 停电保持型定时器（0.001～32.767s）	—	T246～T249，4 点		
100ms 停电保持型定时器（0.1～3276.7s）	—	T250～T255，6 点		

普通型定时器和停电保持型定时器的区别如图 2-30 所示。

图 2-30（a）梯形图中的定时器 T0 为 100ms 普通型定时器，其设定计时值为 123（123×0.1s=12.3s）。当 X000 触点闭合时，T0 定时器输入为 ON，开始计时，如果当前计时值未到 123 时 T0 定时

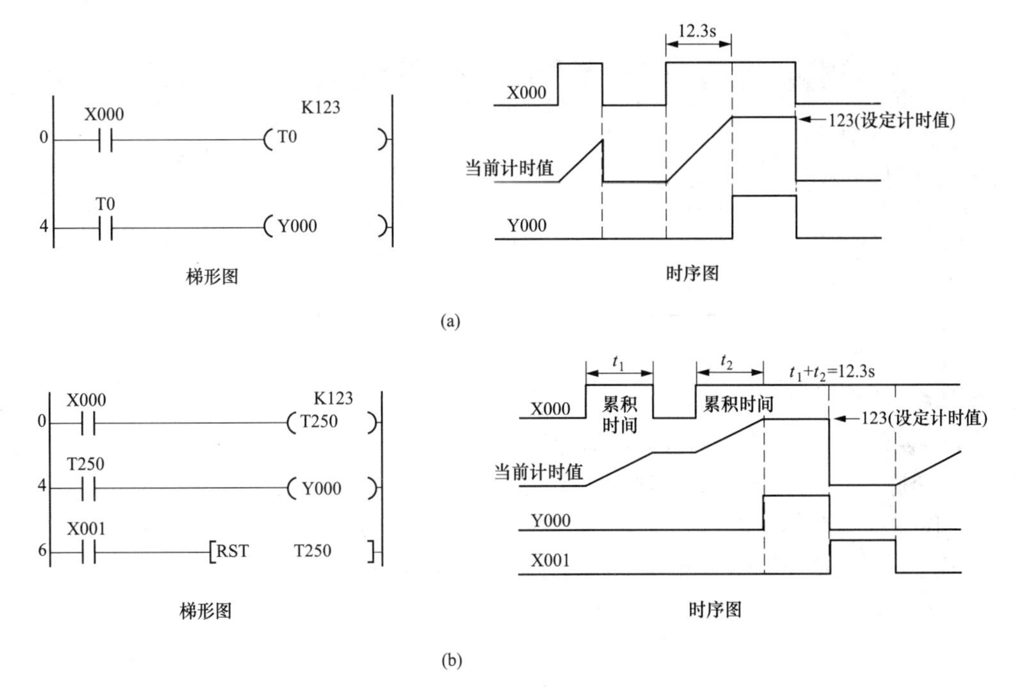

图 2-30 普通型定时器和停电保持型定时器的区别说明

（a）一般型；（b）停电保持型

器输入变为 OFF（X000 触点断开），定时器 T0 马上停止计时，并且当前计时值复位为 0，当 X000 触点再闭合时，T0 定时器重新开始计时，当计时值到达 123 时，定时器 T0 的状态值变为 ON，T0 常开触点闭合，Y000 线圈得电。普通型定时器的计时值到达设定值时，如果其输入仍为 ON，定时器的计时值保持设定值不变，当输入变为 OFF 时，其状态值变为 OFF，同时当前计时变为 0。

图 2-30（b）梯形图中的定时器 T250 为 100ms 停电保持型定时器，其设定计时值为 123（123×0.1s＝12.3s）。当 X000 触点闭合时，T250 定时器开始计时，如果当前计时值未到 123 时出现 X000 触点断开或 PLC 断电，定时器 T250 停止计时，但当前计时值保持，当 X000 触点再闭合或 PLC 恢复供电时，定时器 T250 在先前保持的计时值基础上继续计时，直到累积计时值到达 123 时，定时器 T250 的状态值变为 ON，T250 常开触点闭合，Y000 线圈得电。停电保持型定时器的计时值到达设定值时，不管其输入是否为 ON，其状态值仍保持为 ON，当前计时值也保持设定值不变，直到用 RST 指令对其进行复位，状态值才变为 OFF，当前计时值才复位为 0。

2.6.5 计数器（C）

计数器是一种具有计数功能的继电器，它可以有无数个常开触点和常闭触点。计数器可分为加计数器和加/减双向计数器。计数器表示符号为 C，编号按十进制方式，**计数器可分为普通型计数器和停电保持型计数器两种。**

三菱 FX 系列 PLC 支持的计数器见表 2-18。

表 2-18 三菱 FX 系列 PLC 支持的计数器

PLC 系列	FX1S	FX1N/FX1NC/FX3G	FX2N/FX2NC/FX3U/FX3UC
普通型 16 位加计数器（0～32767）	C0～C15，16 点	C0～C15，16 点	C0～C99，100 点
停电保持型 16 位加计数器（0～32767）	C16～C31，16 点	C16～C199，184 点	C100～C199，100 点

续表

PLC 系列	FX1S	FX1N/FX1NC/FX3G	FX2N/FX2NC/FX3U/FX3UC
普通型 32 位加减计数器（−2147483648～+2147483647）	—		C200～C219，20 点
停电保持型 32 位加减计数器（−2147483648～+2147483647）	—		C220～C234，15 点

1. 加计数器的使用

加计数器的使用如图 2-31 所示，C0 是一个普通型的 16 位加计数器。当 X010 触点闭合时，RST 指令将 C0 计数器复位（状态值变为 OFF，当前计数值变为 0），X010 触点断开后，X011 触点每闭合断开一次（产生一个脉冲），计数器 C0 的当前计数值就递增 1，X011 触点第 10 次闭合时，C0 计数器的当前计数值达到设定计数值 10，其状态值马上变为 ON，C0 常开触点闭合，Y000 线圈得电。当计数器的计数值达到设定值后，即使再输入脉冲，其状态值和当前计数值都保持不变，直到用 RST 指令将计数器复位。

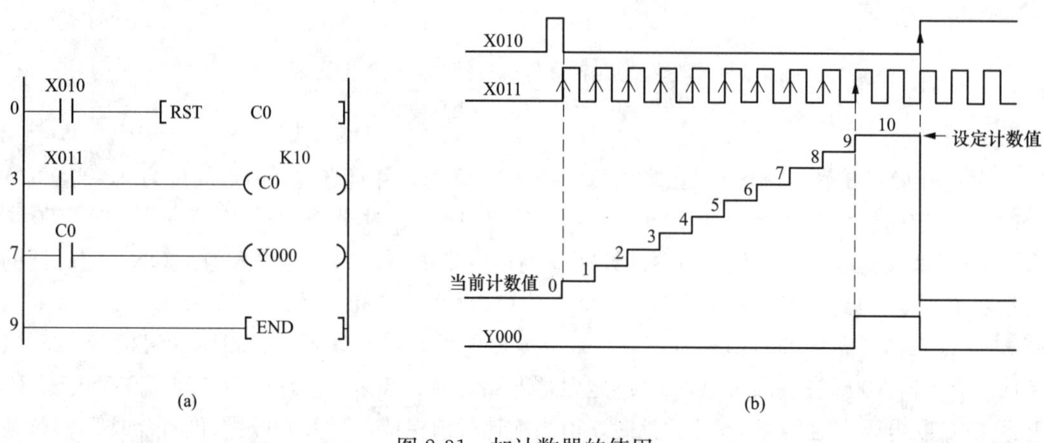

图 2-31　加计数器的使用

（a）梯形图；（b）时序图

停电保持型计数器的使用方法与普通型计数器基本相似，两者的区别主要在于：普通型计数器在 PLC 停电时状态值和当前计数值会被复位，上电后重新开始计数，而停电保持型计数器在 PLC 停电时会保持停电前的状态值和计数值，上电后会在先前保持的计数值基础上继续计数。

2. 加/减计数器的使用

三菱 FX 系列 PLC 的 C200～C234 为加/减计数器，这些计数器既可以加计数，也可以减计数，进行何种计数方式分别受特殊辅助继电器 M8200～M8234 控制，比如 C200 计数器的计数方式受 M8200 辅助继电器控制，M8200=1（M8200 状态为 ON）时，C200 计数器进行减计数，M8200=0 时，C200 计数器进行加计数。

加/减计数器在计数值达到设定值后，如果仍有脉冲输入，其计数值会继续增加或减少，在加计数达到最大值 2147483647 时，再来一个脉冲，计数值会变为最小值−2147483648，在减计数达到最小值−2147483648 时，再来一个脉冲，计数值会变为最大值 2147483647，所以加/减计数器是环形计数器。**在计数时，不管加/减计数器进行的是加计数或是减计数，只要其当前计数值小于设定计数值，计数器的状态就为 OFF，若当前计数值大于或等于设定计数值，计数器的状态为 ON。**

加/减计数器的使用如图 2-32 所示。

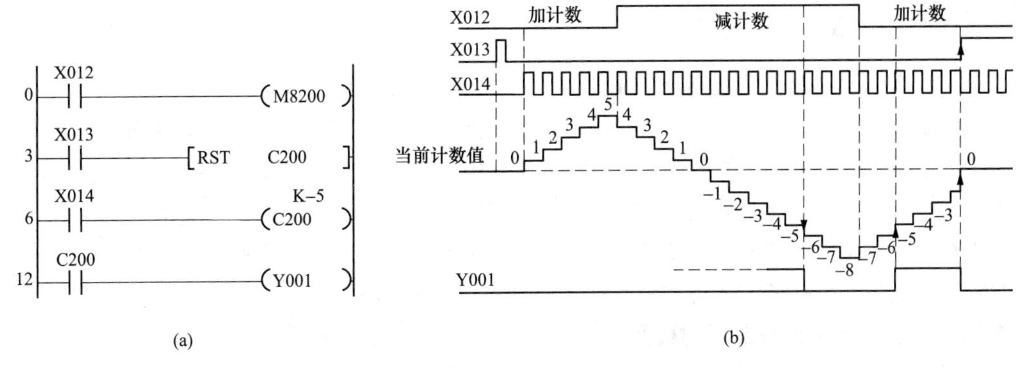

图 2-32 加/减计数器的使用

(a) 梯形图；(b) 时序图

当 X012 触点闭合时，M8200 继电器状态为 ON，C200 计数器工作方式为减计数，X012 触点断开时，M8200 继电器状态为 OFF，C200 计数器工作方式为加计数。当 X013 触点闭合时，RST 指令对 C200 计数器进行复位，其状态变为 OFF，当前计数值也变为 0。

C200 计数器复位后，将 X013 触点断开，X014 触点每通断一次（产生一个脉冲），C200 计数器的计数值就加 1 或减 1。在进行加计数时，当 C200 计数器的当前计数值达到设定值（图 2-32 中－6 增到－5）时，其状态变为 ON；在进行减计数时，当 C200 计数器的当前计数值减到小于设定值（图 2-32 中－5 减到－6）时，其状态变为 OFF。

3. 计数值的设定方式

计数器的计数值可以直接用常数设定（直接设定），也可以将数据寄存器中的数值设为计数值（间接设定）。计数器的计数值设定如图 2-33 所示。

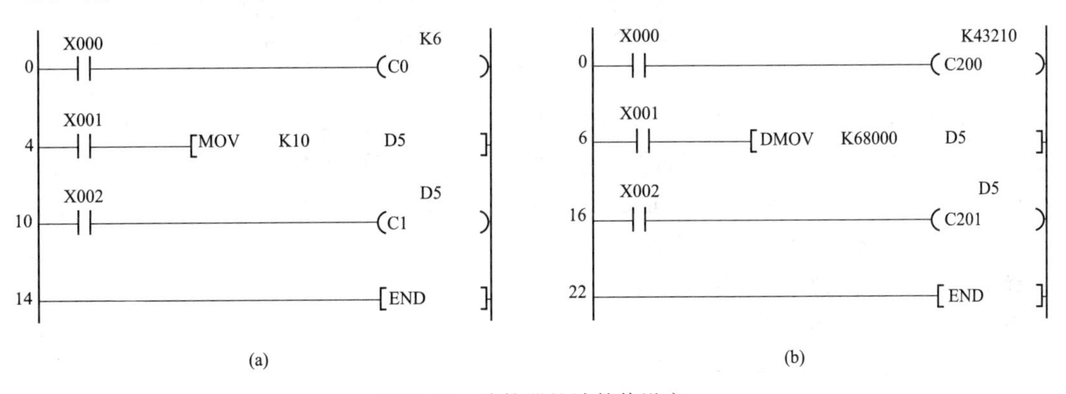

图 2-33 计数器的计数值设定

(a) 16 位计数器；(b) 32 位计数器

16 位计数器的计数值设定见图 2-33（a），C0 计数器的计数值采用直接设定方式，直接将常数 6 设为计数值，C1 计数器的计数值采用间接设定方式，先用 MOV 指令将常数 10 传送到数据寄存器 D5 中，然后将 D5 中的值指定为计数值。

32 位计数器的计数值设定见图 2-33（b），C200 计数器的计数值采用直接设定方式，直接将常数 43210 设为计数值，C201 计数器的计数值采用间接设定方式，由于计数值为 32 位，故需要先用 DMOV 指令（32 位数据传送指令）将常数 68000 传送到 2 个 16 位数据寄存器 D6、D5（两个）中，然后将 D6、D5 中的值指定为计数值，在编程时只需输入低编号数据寄存器，相邻高编号数据寄存器会自动占用。

2.6.6 高速计数器

前面介绍的普通计数器的计数速度较慢，它与PLC的扫描周期有关，一个扫描周期内最多只能增1或减1，如果一个扫描周期内有多个脉冲输入，也只能计1，这样会出现计数不准确，为此PLC内部专门设置了与扫描周期无关的高速计数器（HSC），用于对高速脉冲进行计数。三菱FX3U/3UC型PLC最高可对100kHz高速脉冲进行计数，其他型号PLC最高计数频率也可达60kHz。

三菱FX系列PLC有C235～C255共21个高速计数器（均为32位加/减环形计数器），这些计数器使用X000～X007共8个端子作为计数输入或控制端子，这些端子对不同的高速计数器有不同的功能定义，一个端子不能被多个计数器同时使用。三菱FX系列PLC的高速计数器及使用端子的功能定义见表2-19。**当使用某个高速计数器时，会自动占用相应的输入端子用作指定的功能。**

表2-19　三菱FX系列PLC的高速计数器及使用端子的功能定义

高速计数器及使用端子	单相单输入计数器											单相双输入计数器					双相双输入计数器				
	无起动/复位控制功能						有起动/复位控制功能														
	C235	C236	C237	C238	C239	C240	C241	C242	C243	C244	C245	C246	C247	C248	C249	C250	C251	C252	C253	C254	C255
X000	U/D						U/D			U/D		U	U		U		A	A		A	
X001		U/D					R			R		D	D		D		B	B		B	
X002			U/D					U/D			U/D		R		R			R		R	
X003				U/D				R			R			U		U			A		A
X004					U/D				U/D					D		D			B		B
X005						U/D			R					R		R			R		R
X006										S					S					S	
X007											S					S					S

说明：U/D-加计数输入/减计数输入；R-复位输入；S-起动输入；A-A相输入；B-B相输入。

（1）单相单输入高速计数器（C235～C245）。单相单输入高速计数器可分为无起动/复位控制功能的计数器（C235～C240）和有起动/复位控制功能的计数器（C241～C245）。**C235～C245计数器的加、减计数方式分别由M8235～M8245特殊辅助继电器的状态决定，状态为ON时计数器进行减计数，状态为OFF时计数器进行加计数。**

单相单输入高速计数器的使用举例如图2-34所示。

在计数器C235输入为ON（X012触点处于闭合）期间，C235对X000端子（程序中不出现）输入的脉冲进行计数；如果辅助继电器M8235状态为OFF（X010触点处于断开），C235进行加计数，若M8235状态为ON（X010触点处于闭合），C235进行减计数。在计数时，不管C235进行加计数还是减计数，如果当前计数值小于设定计数值−5，C235的状态值就为OFF，如果当前计数值大于或等于−5，C235的状态值就为ON；如果X011触点闭合，RST指令会将C235复位，C235当前值变为0，状态值变为OFF。

从图2-34（a）所示梯形图可以看出，计数器C244采用与C235相同的触点控制，但C244属于有专门起动/复位控制的计数器，当X012触点闭合时，C235计数器输入为ON马上开始计数，而同时C244计数器输入也为ON但不会开始计数，只有X006端子（C244的起动控制端）输入为ON时，C244才开始计数，数据寄存器D1、D0中的值被指定为C244的设定计数值，高速计数器是32位计数器，其设定值占用两个数据寄存器，编程时只要输入低位寄存器。对C244计数器复位有两种方法：①执行RST指令（让X011触点闭合）；②让X001端子（C244的复位控制端）输入为ON。

（2）单相双输入高速计数器（C246～C250）。**单相双输入高速计数器有两个计数输入端，一个为加**

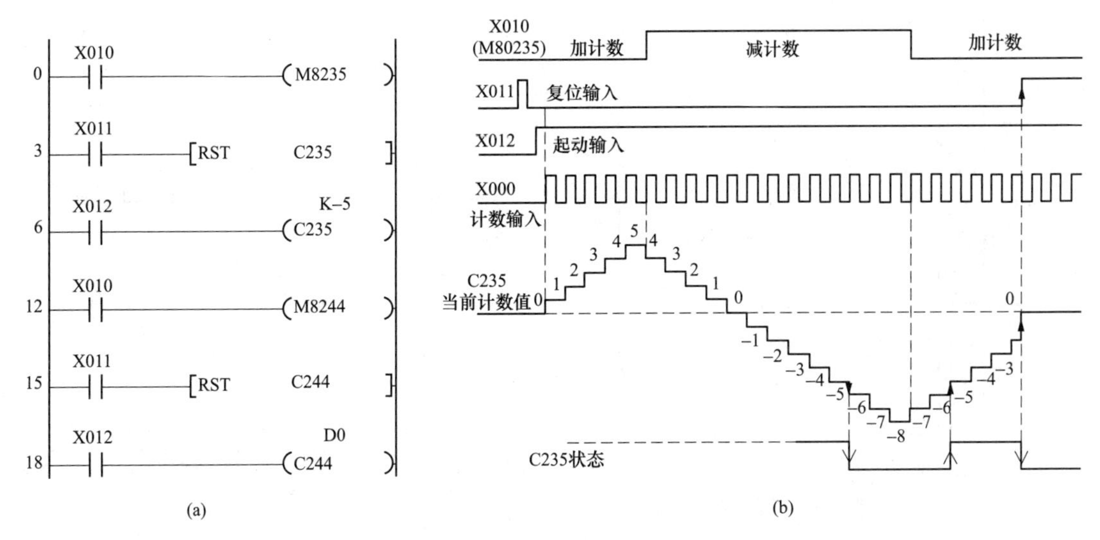

图 2-34 单相单输入高速计数器的使用举例

（a）梯形图；（b）时序图

计数输入端，一个为减计数输入端，当加计数端输入上升沿时进行加计数，当减计数端输入上升沿时进行减计数。C246～C250 高速计数器当前的计数方式可通过分别查看 M8246～M8250 的状态来了解，状态为 ON 表示正在进行减计数，状态为 OFF 表示正在进行加计数。

单相双输入高速计数器的使用举例如图 2-35 所示。当 X012 触点闭合时，C246 计数器启动计数，若 X000 端子输入脉冲，C246 进行加计数，若 X001 端子输入脉冲，C246 进行减计数。只有在 X012 触点闭合并且 X006 端子（C249 的起动控制端）输入为 ON 时，C249 才开始计数，X000 端子输入脉冲时 C249 进行加计数，X001 端子输入脉冲时 C249 进行减计数。C246 计数器可使用 RST 指令复位，C249 既可使用 RST 指令复位，也可以让 X002 端子（C249 的复位控制端）输入为 ON 来复位。

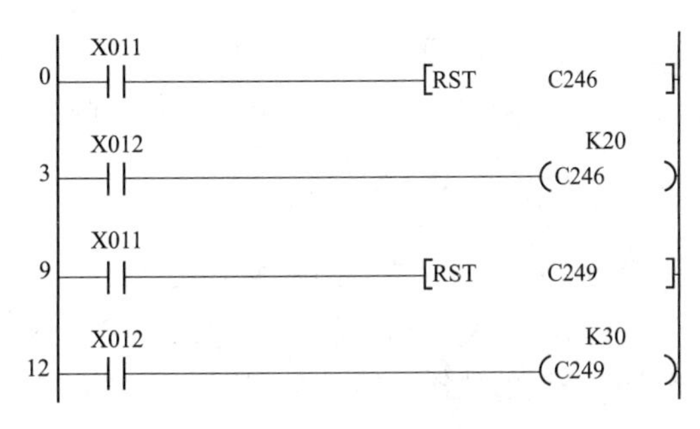

图 2-35 单相双输入高速计数器的使用举例

（3）双相双输入高速计数器（C251～C255）。**双相双输入高速计数器有两个计数输入端，一个为 A 相输入端，一个为 B 相输入端，在 A 相输入为 ON 时，B 相输入上升沿进行加计数，B 相输入下降沿进行减计数。**C251～C255 的计数方式分别由 M8251～M8255 来监控，比如 M8251=1 时，C251 当前进行减计数，M8251=0 时，C251 当前进行加计数。

双相双输入高速计数器的使用举例如图 2-36 所示。

当 C251 计数器输入为 ON（X012 触点闭合）时，启动计数，在 A 相脉冲（由 X000 端子输入）为 ON 时对 B 相脉冲（由 X001 端子输入）进行计数，B 相脉冲上升沿来时进行加计数，B 相脉冲下降沿来时进行减计数。如果 A、B 相脉冲由两相旋转编码器提供，编码器正转时产生的 A 相脉冲相位超前 B 相脉冲，在 A 相脉冲为 ON 时 B 相脉冲只会出现上升沿，如图 2-36（b）所示，即编码器正转时进行加计数，在编码器反转时产生的 A 相脉冲相位落后 B 相脉冲，在 A 相脉冲为 ON 时 B 相脉冲只会出现下降沿，即编码器反转时进行减计数。

C251 计数器进行减计数时，M8251 继电器状态为 ON，M8251 常开触点闭合，Y003 线圈得电。在计数时，若 C251 计数器的当前计数值大于或等于设定计数值，C251 状态为 ON，C251 常开触点闭合，

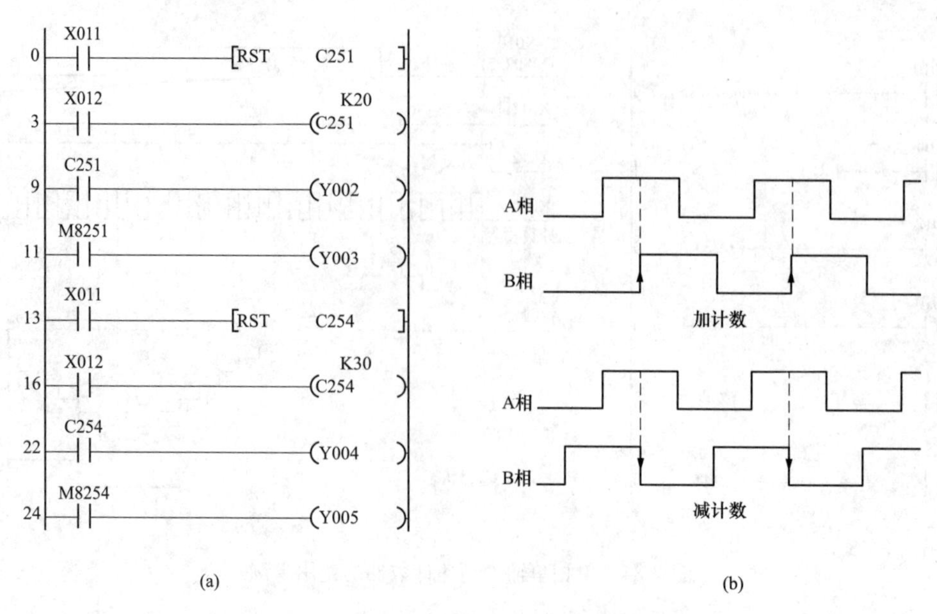

图 2-36　双相双输入高速计数器的使用举例

（a）梯形图；（b）时序图

Y002 线圈得电。C251 计数器可用 RST 指令复位，其状态变为 OFF，将当前计数值清 0。

C254 计数器的计数方式与 C251 基本类似，但启动 C254 计数除了要求 X012 触点闭合（让 C254 输入为 ON）外，还须 X006 端子（C254 的启动控制端）输入为 ON。C254 计数器既可使用 RST 指令复位，也可以让 X002 端子（C254 的复位控制端）输入为 ON 来复位。

2.6.7　数据寄存器（D）

数据寄存器是用来存放数据的软元件，其表示符号为 D，按十进制编号。一个数据寄存器可以存放 16 位二进制数，其最高位为符号位（0 表示正数，1 表示负数），一个数据寄存器可存放−32768～+32767 范围的数据。16 位数据寄存器的结构如图 2-37 所示。

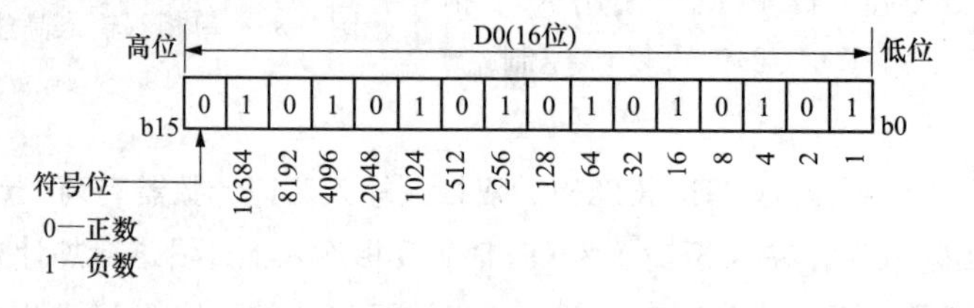

图 2-37　16 位数据寄存器的结构

两个相邻的数据寄存器组合起来可以构成一个 32 位数据寄存器，能存放 32 位二进制数，其最高位为符号位（0 表示正数，1 表示负数），两个数据寄存器组合构成的 32 位数据寄存器可存放−2147483648～+2147483647 范围的数据。32 位数据寄存器的结构如图 2-38 所示。

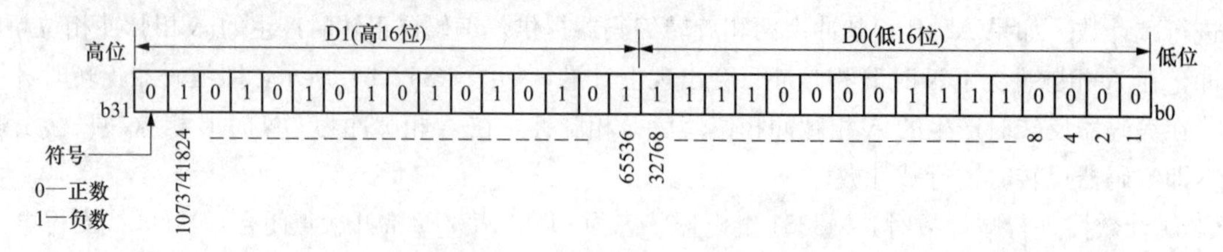

图 2-38　32 位数据寄存器的结构

三菱 FX 系列 PLC 的数据寄存器可分为一般型、停电保持型、文件型和特殊型数据寄存器。三菱 FX 系列 PLC 支持的数据寄存器点数见表 2-20。

表 2-20　　三菱 FX 系列 PLC 支持的数据寄存器点数

PLC 系列	FX1S	FX1N/FX1NC/FX3G	FX2N/FX2NC/FX3U/FX3UC
一般型数据寄存器	D0～D127，128 点	D0～D127，128 点	D0～D199，200 点
停电保持型数据寄存器	D128～D255，128 点	D128～D7999，7872 点	D200～D7999，7800 点
文件型数据寄存器	D1000～D2499，1500 点	D1000～D7999，7000 点	
特殊型数据寄存器	D8000～D8255，256 点（FX1S/FX1N/FX1NC/FX2N/FX2NC） D8000～D8511，512（FX3G/FX3U/FX3UC）		

（1）一般型数据寄存器。当 PLC 从 RUN 模式进入 STOP 模式时，所有一般型数据寄存器的数据全部清 0，如果特殊辅助继电器 M8033 为 ON，则 PLC 从 RUN 模式进入 STOP 模式时，一般型数据寄存器的值保持不变。程序中未用的定时器和计数器可以作为数据寄存器使用。

（2）停电保持型数据寄存器。停电保持型数据寄存器具有停电保持功能，当 PLC 从 RUN 模式进入 STOP 模式时，停电保持型寄存器的值保持不变。在编程软件中可以设置停电保持型数据寄存器的范围。

（3）文件型数据寄存器。文件寄存器用来设置具有相同软元件编号的数据寄存器的初始值。PLC 上电时和由 STOP 转换至 RUN 模式时，文件寄存器中的数据被传送到系统的 RAM 的数据寄存器区。在 GX Developer 软件的“FX 参数设置”对话框（见图 2-25），切换到“内存容量设置”选项卡，从中可以设置文件寄存器容量（以块为单位，每块 500 点）。

（4）特殊型数据寄存器。特殊型数据寄存器的作用是用来控制和监视 PLC 内部的各种工作方式和软元件，如扫描时间、电池电压等。在 PLC 上电和由 STOP 转换至 RUN 模式时，这些数据寄存器会被写入默认值。更多特殊型数据寄存器的功能可查阅三菱 FX 系列 PLC 的编程手册。

2.6.8　扩展寄存器（R）和扩展文件寄存器（ER）

扩展寄存器和扩展文件寄存器是扩展数据寄存器的软元件，只有 FX3GA/FX3G/FX3GE/FX3GC/FX3U 和 FX3UC 系列 PLC 才有这两种寄存器。

对于 FX3GA/FX3G/FX3GE/FX3GC 系列 PLC，扩展寄存器有 R0～R23999 共 24000 个（位于内置 RAM 中），扩展文件寄存器有 ER0～ER23999 共 24000 个（位于内置 EEPROM 或安装存储盒的 EEPROM 中）。对于 FX3U/FX3UC 系列 PLC，扩展寄存器有 R0～R32767 共 32768 个（位于内置电池保持的 RAM 区域），扩展文件寄存器有 ER0～ER32767 共 32768 个（位于安装存储盒的 EEPROM 中）。

扩展寄存器、扩展文件寄存器与数据寄存器一样，都是 16 位，相邻的两个寄存器可组成 32 位。扩展寄存器可用普通指令访问，扩展文件寄存器需要用专用指令访问。

2.6.9　变址寄存器（V、Z）

三菱 FX 系列 PLC 有 V0～V7 和 Z0～Z7 共 16 个变址寄存器，它们都是 16 位寄存器。**变址寄存器 V、Z 实际上是一种特殊用途的数据寄存器，其作用是改变元件的编号（变址）**，如 V0＝5，若执行 D20V0，则实际被执行的元件为 D25（D20＋5）。变址寄存器可以像其他数据寄存器一样进行读写，需要进行 32 位操作时，可将 V、Z 串联使用（Z 为低位，V 为高位）。

2.6.10　常数（十进制数 K、十六进制数 H、实数 E）

三菱 FX 系列 PLC 的常数主要有十进制常数、十六进制常数和实数常数 3 种类型。

十进制常数表示符号为K，如K234表示十进制数234，数值范围为：－32768～＋32767（16位），－2147483648～＋2147483647（32位）。

十六进制常数表示符号为H，如H2C4表示十六进制数2C4，数值范围为：H0～HFFFF（16位），H0～HFFFFFFFF（32位）。

实数常数表示符号为E，如E1.234、E1.234＋2分别表示实数1.234和1.234×10^{2}，数值范围为：$-1.0\times2^{128}\sim-1.0\times2^{-126}$，0，$1.0\times2^{-126}\sim1.0\times2^{128}$。

第3章 三菱PLC编程与仿真软件的使用

要让 PLC 完成预定的控制功能，就必须为它编写相应的程序。PLC 编程语言主要有梯形图语言、语句表语言和 SFC 顺序功能图语言。

3.1 编 程 基 础

3.1.1 编程语言

PLC 是一种由软件驱动的控制设备，PLC 软件由系统程序和用户程序组成。系统程序是由 PLC 制造厂商设计编制的，并写入 PLC 内部的 ROM 中，用户无法修改；用户程序是由用户根据控制需要编制的程序，再写入 PLC 存储器中。

写一篇相同内容的文章，既可以采用中文，也可以采用英文，还可以使用法文。同样地，编制 PLC 用户程序也可以使用多种语言。**PLC 常用的编程语言有梯形图语言和指令表编程语言，其中梯形图语言最为常用。**

1. 梯形图语言

梯形图语言采用类似传统继电器控制电路的符号，用梯形图语言编制的梯形图程序具有形象、直观、实用的特点，因此这种编程语言成为电气工程人员应用最广泛的 PLC 编程语言。

下面对相同功能的继电器控制电路与梯形图程序进行比较，如图 3-1 所示。

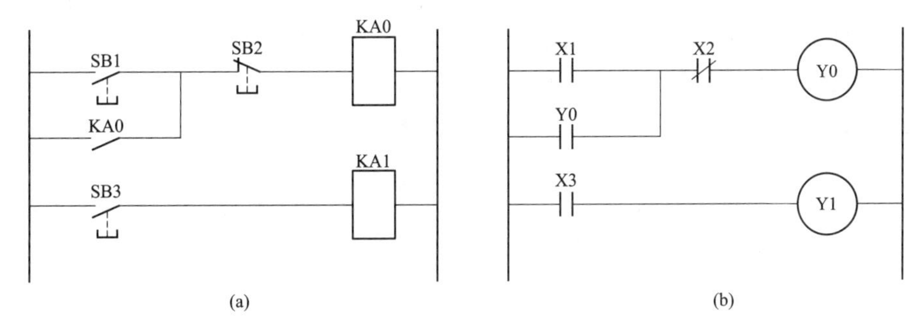

图 3-1　继电器控制电路与梯形图程序比较

(a) 继电器控制电路；(b) 梯形图程序

图 3-1 (a) 为继电器控制电路，当 SB1 闭合时，继电器 KA0 线圈得电；KA0 自锁触点闭合，锁定 KA0 线圈得电；当 SB2 断开时，KA0 线圈失电，KA0 自锁触点断开，解除锁定；当 SB3 闭合时，继电器 KA1 线圈得电。

图 3-1 (b) 为梯形图程序，当常开触点 X1 闭合（其闭合受输入继电器线圈控制，图中未画出）时，输出继电器 Y0 线圈得电，Y0 自锁触点闭合，锁定 Y0 线圈得电；当常闭触点 X2 断开时，Y0 线圈失电，Y0 自锁触点断开，解除锁定；当常开触点 X3 闭合时，继电器 Y1 线圈得电。

不难看出，两种图的表达方式很相似，不过梯形图使用的继电器是由软件来实现的，使用和修改灵活方便，而继电器控制线路需要硬件接线，修改比较麻烦。

2. 语句表语言

语句表语言与微型计算机采用的汇编语言类似，也采用助记符形式编程。在使用简易编程器对PLC进行编程时，一般采用语句表语言，这主要是因为简易编程器显示屏很小，难以采用梯形图语言编程。表3-1中是采用语句表语言编写的程序（针对三菱FX系列PLC），其功能与图3-1（b）所示梯形图程序完全相同。

表3-1　　采用语句表语言编写的程序

步号	指令	操作数	说　明
0	LD	X1	逻辑段开始，将常开触点X1与左母线连接
1	OR	Y0	将Y0自锁触点与X1触点并联
2	ANI	X2	将X2常闭触点与X1触点串联
3	OUT	Y0	连接Y0线圈
4	LD	X3	逻辑段开始，将常开触点X3与左母线连接
5	OUT	Y1	连接Y1线圈

从表3-1中的程序可以看出，语句表程序就像是描述绘制梯形图的文字。语句表程序由步号、指令、操作数和说明4部分组成，其中说明部分不是必需的，而是为了便于程序的阅读而增加的注释文字，程序运行时不执行说明部分。

3.1.2 梯形图的编程规则与技巧

1. 梯形图的编程规则

（1）梯形图每一行都应从左母线开始，从右母线结束。

（2）输出线圈右端要接右母线，左端不能直接与左母线连接。

（3）在同一程序中，一般应避免同一编号的线圈使用两次（即重复使用），若出现这种情况，则后面的输出线圈状态有输出，而前面的输出线圈状态无效。

（4）梯形图中的输入/输出继电器、内部继电器、定时器、计数器等元件触点可多次重复使用。

（5）梯形图中串联或并联的触点个数没有限制，可以是无数个。

（6）多个输出线圈可以并联输出，但不可以串联输出。

（7）在运行梯形图程序时，其执行顺序是从左到右、从上到下，编写程序时也应按照这个顺序。

2. 梯形图编程技巧

在编写梯形图程序时，除了要遵循基本规则外，还要掌握一些技巧，以减少指令条数，节省内存和提高运行速度。**梯形图编程技巧主要如下。**

（1）**串联触点多的电路应编在上方，如图3-2所示。**图3-2（a）为不合适的编制方式，应将它改为图3-2（b）的形式。

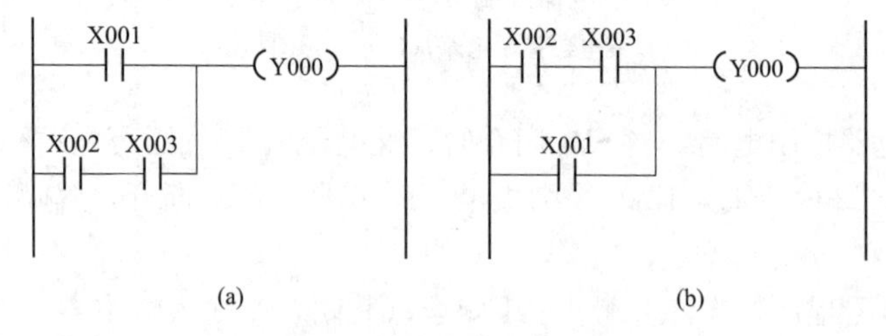

图3-2　串联触点多的电路应编在上方

（a）不合适方式；（b）合适方式

（2）**并联触点多的电路应放在左边**，如图3-3所示。

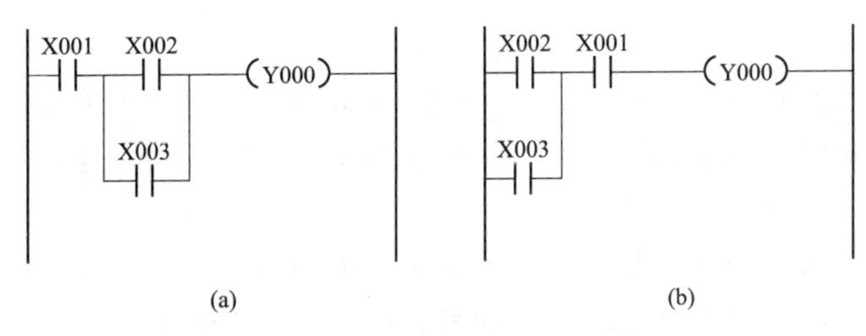

图 3-3　并联触点多的电路应放在左边

（a）不合适方式；（b）合适方式

（3）**对于多重输出电路，应将串有触点或串联触点多的电路放在下边**，如图 3-4 所示。

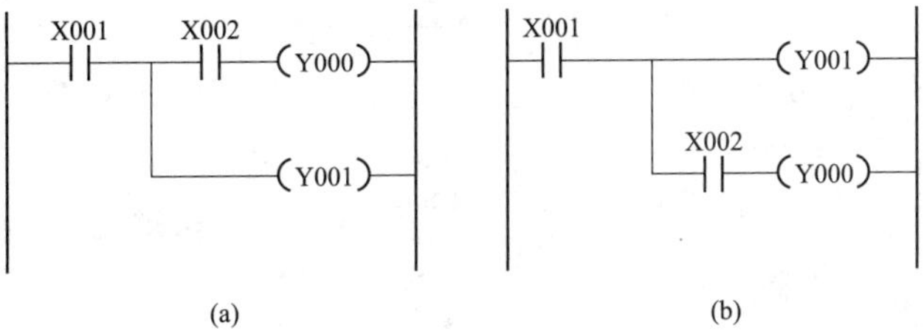

图 3-4　对于多重输出电路应将串有触点或串联触点多的电路放在下边

（a）不合适方式；（b）合适方式

（4）**如果电路复杂，可以重复使用一些触点改成等效电路，再进行编程**，如将图 3-5（a）改成图 3-5（b）所示形式。

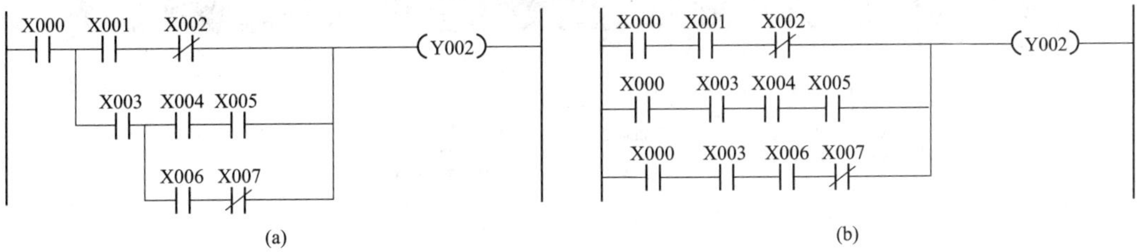

图 3-5　对于复杂电路可重复使用一些触点改成等效电路来进行编程

（a）不合适方式；（b）合适方式

3.2　三菱 GX Developer 编程软件的使用

三菱 FX 系列 PLC 的编程软件有 FXGP _WIN-C、GX Developer 和 GX Work 3 种。FXGP _WIN-C 软件体积小巧（约 2M 多）、操作简单，但只能对 FX2N 及以下档次的 PLC 编程，无法对 FX3 系列的 PLC 编程，建议初级用户使用；GX Developer 软件体积在几十到几百 M（因版本而异），不但可对 FX 全系列 PLC 进行编程，还可对中大型 PLC（早期的 A 系列和现在的 Q 系列）编程，建议初、中级用户使用；GX Work 软件体积在几百 M 到几 G，可对 FX 系列、L 系列和 Q 系列 PLC 进行编程，与 GX Developer 软件相比，除了外观和一些小细节上的区别外，最大的区别是 GX Work 支持结构化编程（类似于西门子中大型 S7-300/400 PLC 的 STEP7 编程软件），建议中、高级用户使用。

三菱 PLC 编程软件的安装与启动

3.2.1 软件的安装

为了使软件安装能顺利进行，在安装 GX Developer 软件前，建议先关掉计算机的安全防护软件（如 360 安全卫士等）。软件安装时先安装软件环境，再安装 GX Developer 编程软件。

1. 安装软件环境

在安装时，先将 GX Developer 安装文件夹（如果是一个 GX Developer 压缩文件，则先要解压）复制到某盘符的根目录下（如 D 盘的根目录下），再打开 GX Developer 文件夹，文件夹中包含有 3 个文件夹，如图 3-6 所示，打开其中的 SW8D5C-GPPW-C 文件夹，再打开该文件夹中的 EnvMEL 文件夹，找到“SETUP. EXE”文件，如图 3-7 所示，双击它就可以开始安装 MELSOFT 环境软件。

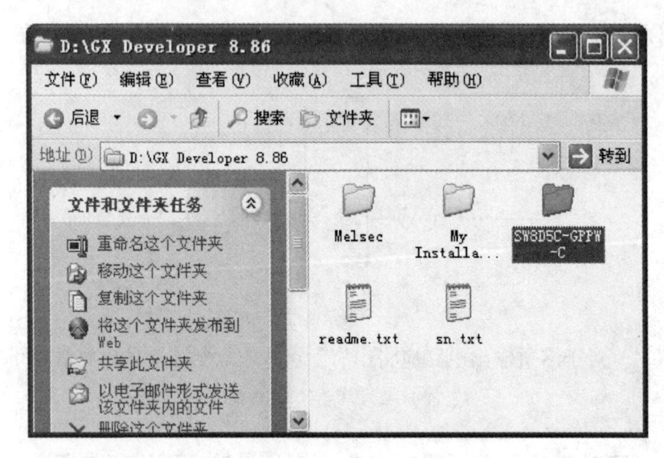

图 3-6 GX Developer 安装文件夹中包含有 3 个文件夹

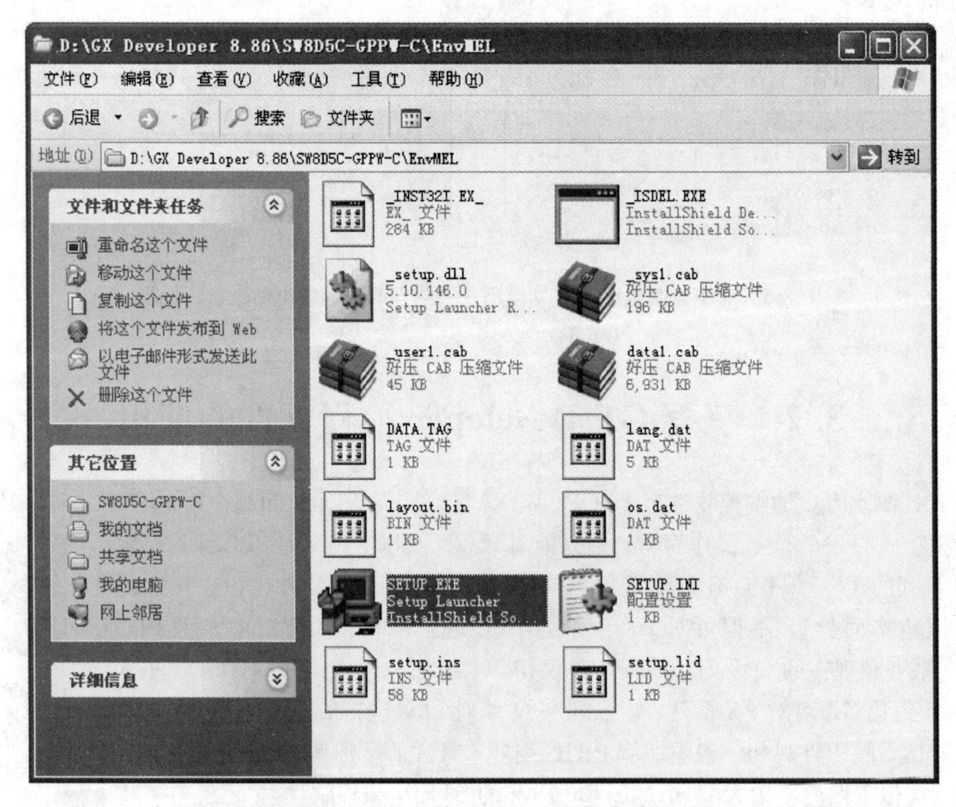

图 3-7 在 SW8D5C GPPW-C 文件夹的 EnvMEL 文件夹中找到并双击 SETUP. EXE

2. 安装 GX Developer 编程软件

软件环境安装完成后，就可以开始安装 GX Developer 软件。GX Developer 软件的安装过程见表 3-2。

表 3-2　GX Developer 软件的安装过程说明

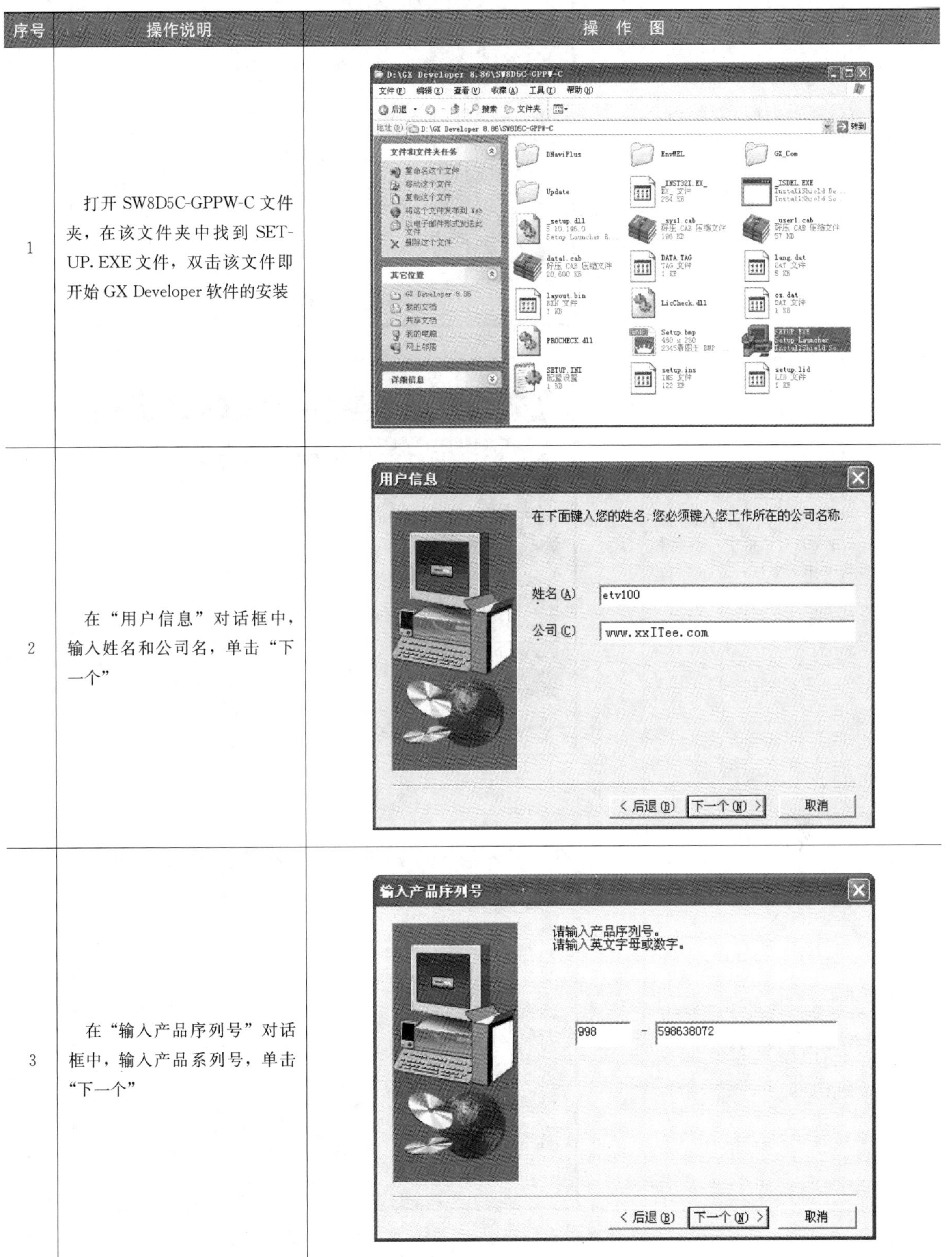

序号	操作说明	操作图
1	打开 SW8D5C-GPPW-C 文件夹，在该文件夹中找到 SETUP. EXE 文件，双击该文件即开始 GX Developer 软件的安装	
2	在“用户信息”对话框中，输入姓名和公司名，单击“下一个”	
3	在“输入产品序列号”对话框中，输入产品系列号，单击“下一个”	

续表

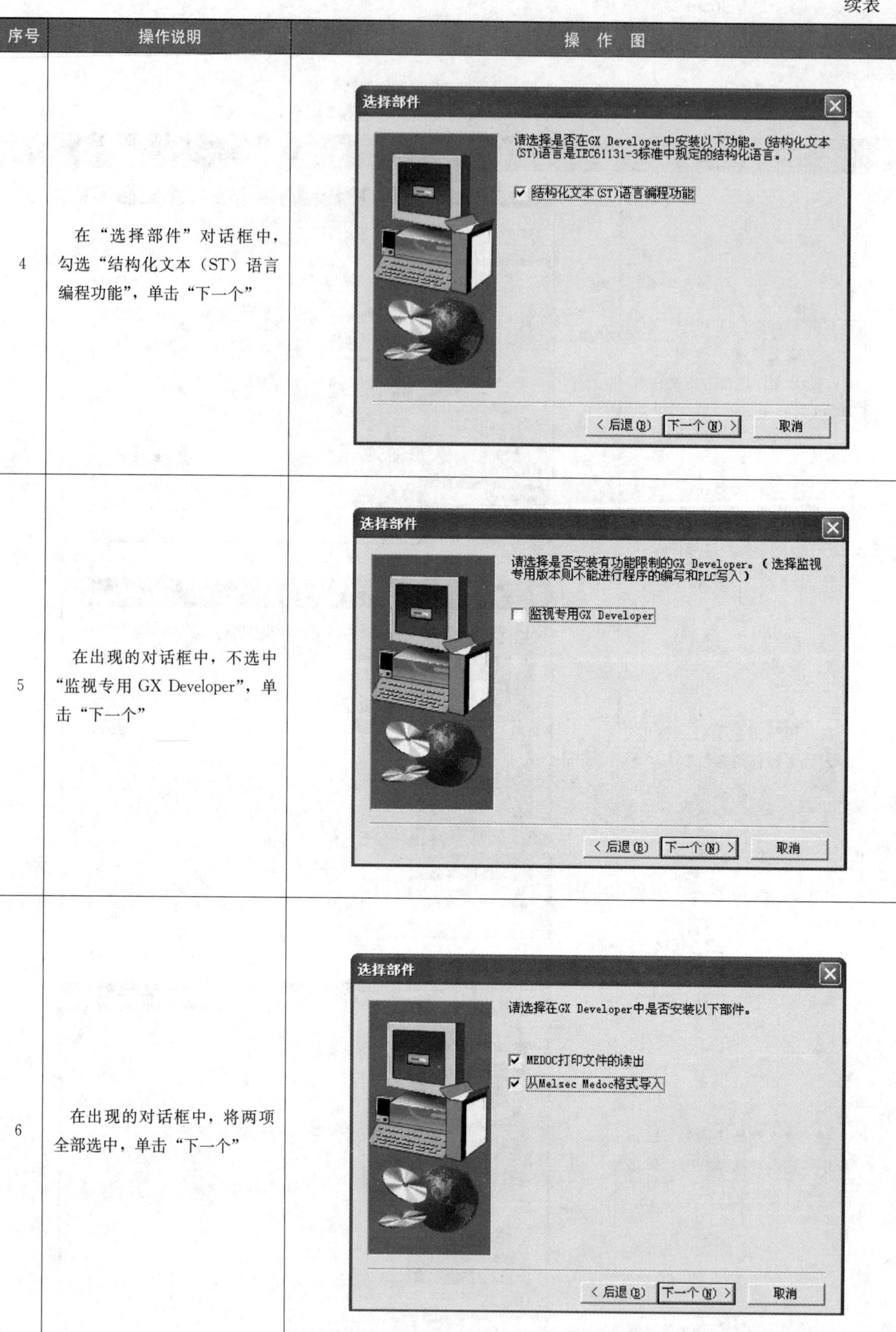

序号	操作说明	操作图
4	在“选择部件”对话框中，勾选“结构化文本（ST）语言编程功能”，单击“下一个”	
5	在出现的对话框中，不选中“监视专用 GX Developer”，单击“下一个”	
6	在出现的对话框中，将两项全部选中，单击“下一个”	

续表

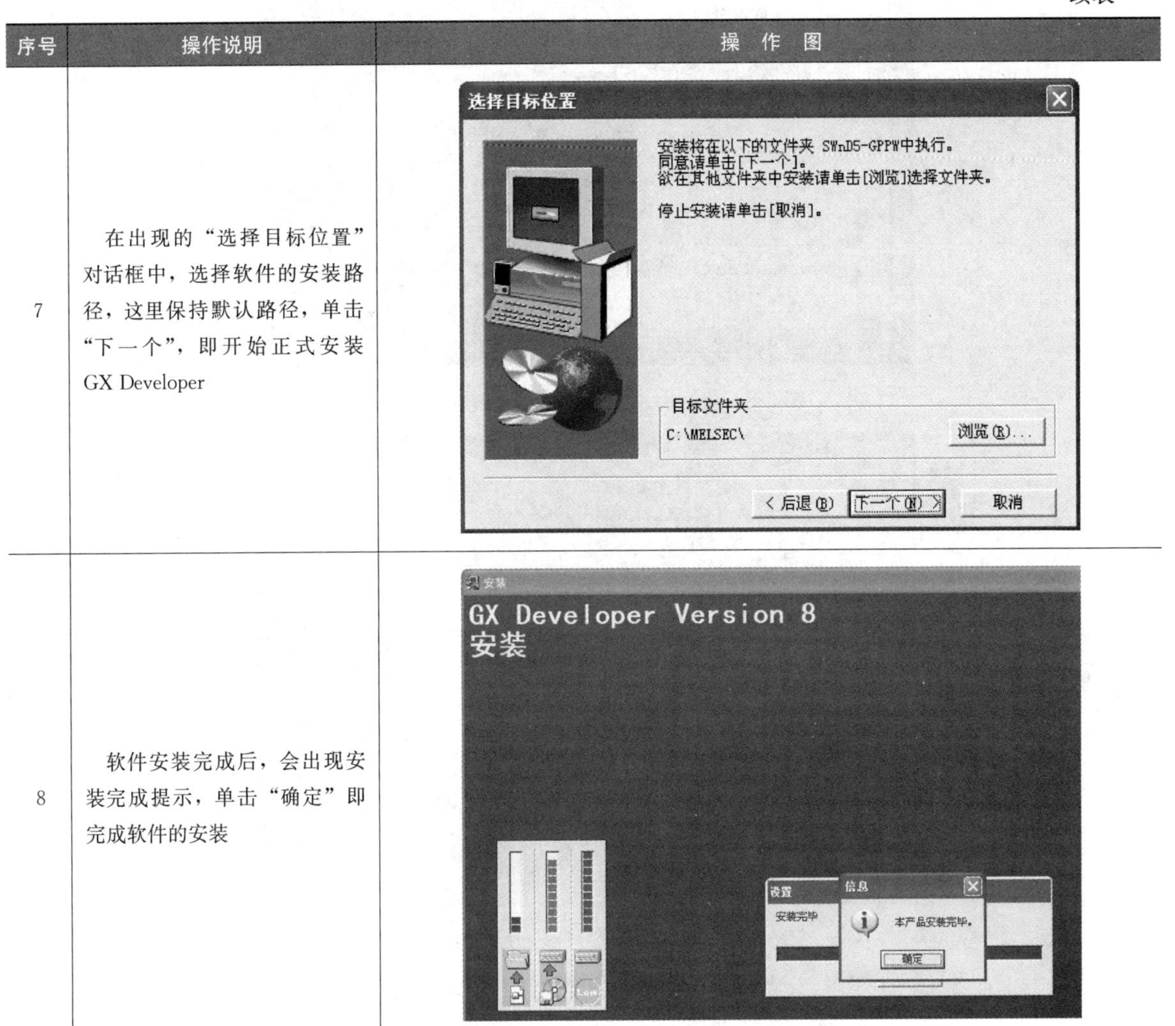

序号	操作说明	操作图
7	在出现的“选择目标位置”对话框中，选择软件的安装路径，这里保持默认路径，单击“下一个”，即开始正式安装GX Developer	
8	软件安装完成后，会出现安装完成提示，单击“确定”即完成软件的安装	

3.2.2 软件的启动与窗口及工具说明

1. 软件的启动

单击计算机桌面左下角“开始”按钮，在弹出的菜单中执行“程序→MELSOFT应用程序→GX Developer”，如图3-8所示，即可启动GX Developer软件，启动后的Gx Developer软件窗口如图3-9所示。

2. 软件窗口说明

GX Developer启动后不能马上编写程序，还需要新建一个工程，再在工程中编写程序。新建工程后（新建工程的操作方法在后面介绍），GX Developer窗口将发生一些变化。新建工程后的GX Developer软件窗口如图3-10所示。

GX Developer软件窗口有以下内容。

（1）标题栏。标题栏主要显示工程名称及保存位置。

（2）菜单栏。菜单栏有10个菜单项，通过执行这些菜单项下的菜单命令，可完成软件绝大部分功能。

（3）工具栏。工具栏提供了软件操作的快捷按钮，有些按钮处于灰色状态，表示它们在当前操作环境下不可使用。由于工具栏中的工具条较多，占用了软件窗口较大范围，可将一些不常用的工具条隐藏起来，操作方法是执行菜单命令“显示→工具条”，弹出如图3-11所示的“工具条”对话框，单击

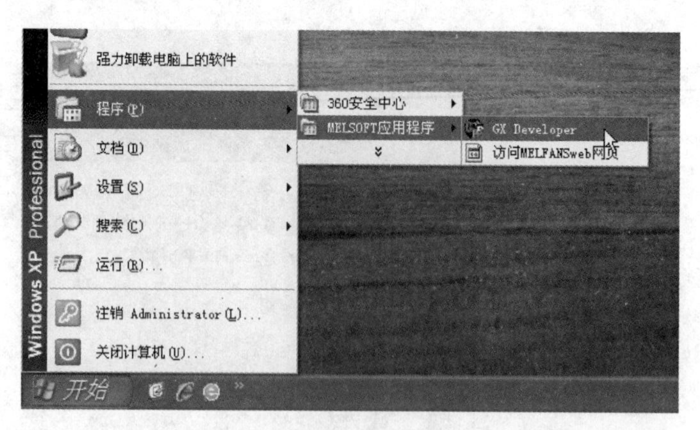

图 3-8 执行启动 GX Developer 软件的操作

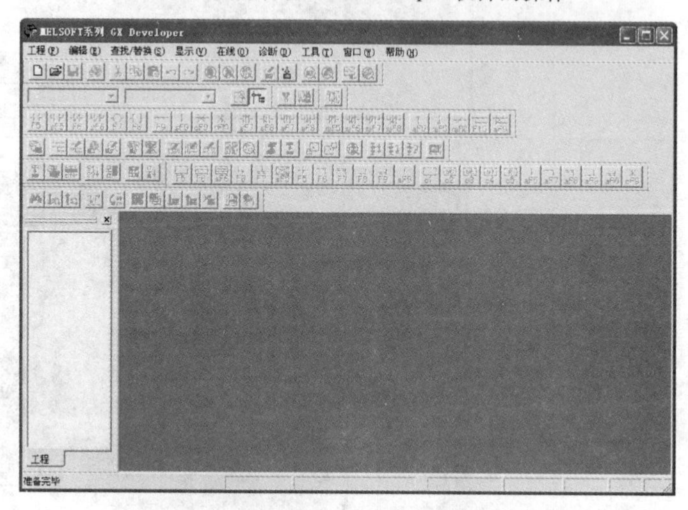

图 3-9 启动后的 GX Developer 软件窗口

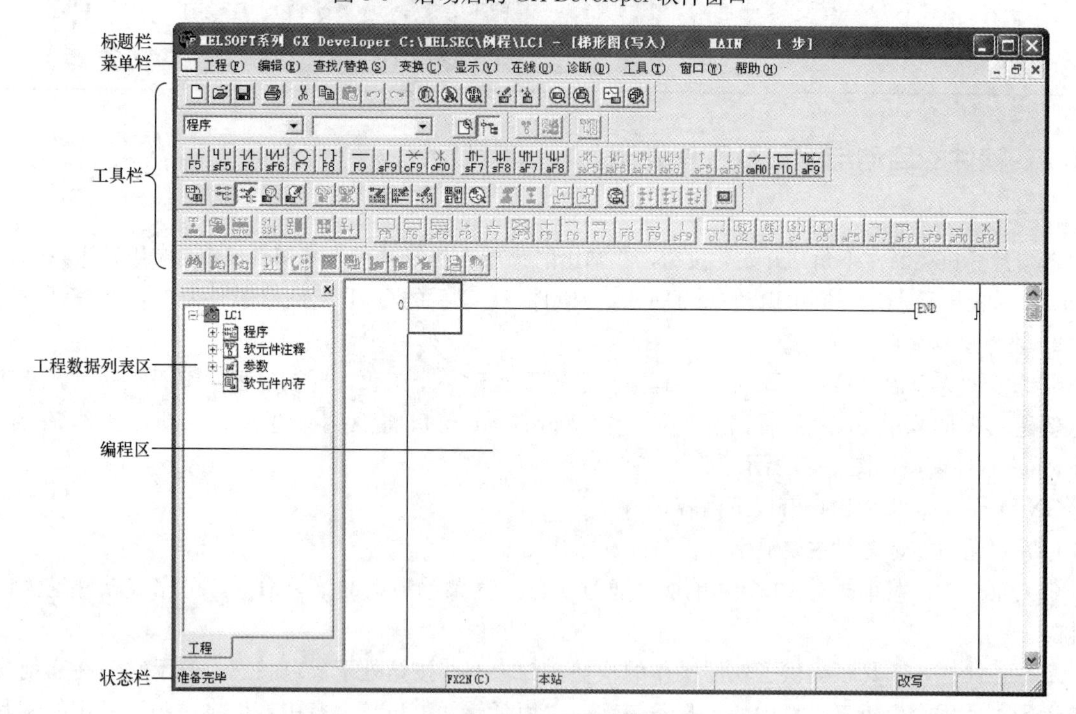

图 3-10 新建工程后的 GX Developer 软件窗口

对话框中工具条名称前的圆圈，使之变成空心圆，则这些工具条将隐藏起来，如果仅想隐藏某工具条中的某个工具按钮，可先选中对话框中的某工具条，如选中“标准”工具条，再单击“定制”，则将会弹出如图 3-12 所示的对话框，显示该工具条中所有的工具按钮，在该对话框中取消某工具按钮，如取消“打印”工具按钮，确定后，软件窗口的标准工具条中将不会显示打印按钮。如果软件窗口的工具条排列混乱，可在图 3-11 所示的工具条对话框中单击“初始化”，软件窗口所有的工具条将会重新排列，恢复到初始位置。

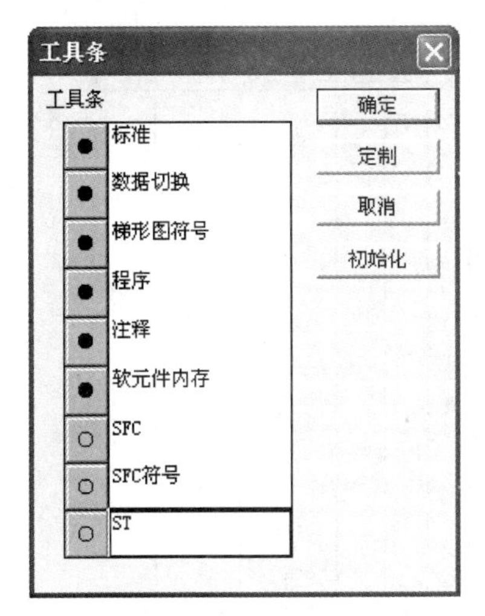

图 3-11 取消某些工具条在软件窗口的显示

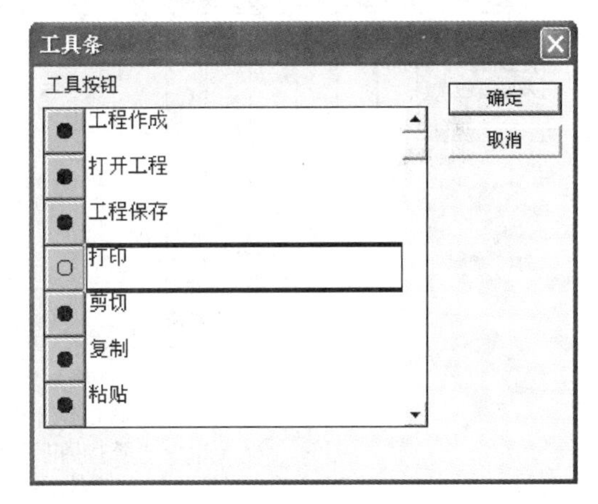

图 3-12 取消某工具条中的某些工具按钮在软件窗口的显示

（4）工程列表区。工程列表区以树状结构显示工程的各项内容（如程序、软元件注释、参数等）。当双击列表区的某项内容时，右方的编程区将切换到该内容编辑状态。如果要隐藏工程列表区，可点击该区域右上角的×，或者执行菜单命令“显示→工程数据列表”。

（5）编程区。编程区用于编写程序，可以用梯形图或指令语句表编写程序，当前处于梯形图编程状态，如果要切换到指令语句表编程状态，可执行菜单命令“显示→列表显示”。如果编程区的梯形图符号和文字偏大或偏小，可执行菜单命令“显示→放大/缩小”，将弹出图 3-13 所示的“放大/缩小”对话框，可在其中选择显示倍率。

（6）状态栏。状态栏用于显示软件当前的一些状态，如鼠标所指工具的功能提示、PLC 类型和读写状态等。如果要隐藏状态栏，可执行菜单命令“显示→状态条”。

3. 梯形图工具说明

工具栏中的工具很多，将鼠标移到某工具按钮上停住，鼠标下方会出现该按钮功能说明，如图 3-14 所示。

图 3-13 编程区显示倍率设置

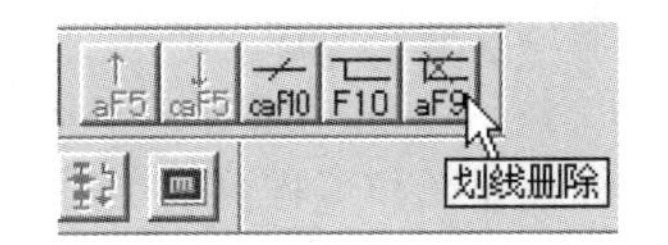

图 3-14 鼠标停在工具按钮上时会显示该按钮功能说明

下面介绍最常用的梯形图工具，其他工具在后面用到时再进行说明。梯形图工具条的各工具按钮说明如图3-15所示。

工具按钮下部的字符表示该工具的快捷操作方式，常开触点工具按钮下部标有F5，表示按下键盘上的F5键可以在编程区插入一个常开触点，sF5表示Shift键+F5键（即同时按下Shift键和F5键，也可先按下Shift键后再按F5键），cF10表示Ctrl键+F10键，aF7表示Alt键+F7键，saF7表示Shift键+Alt键+F7键。

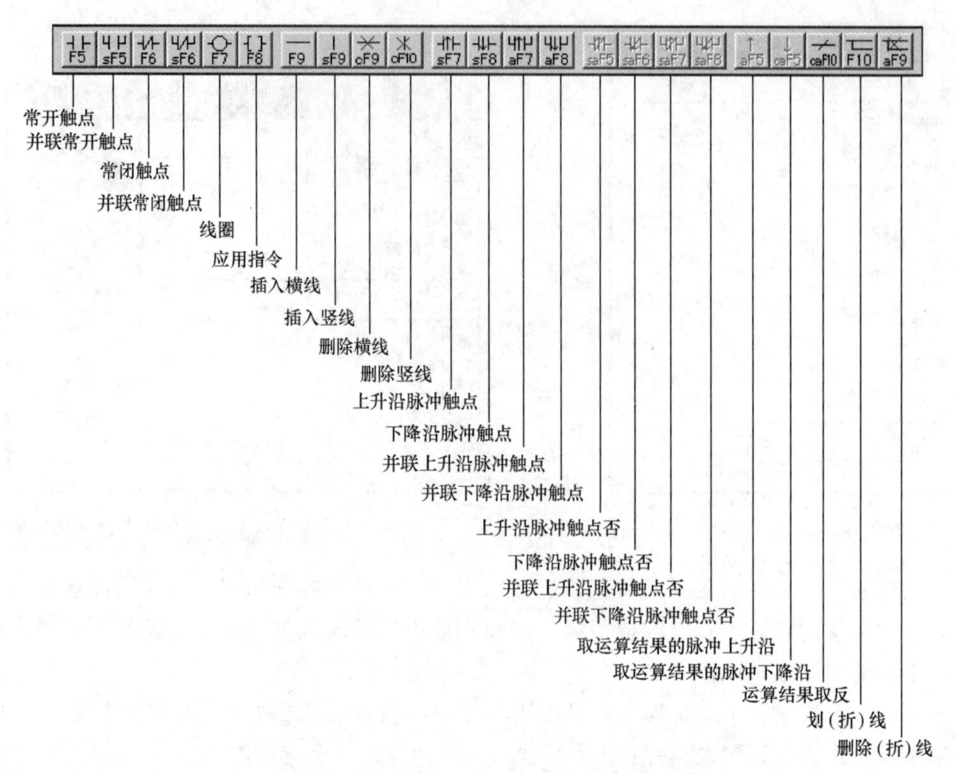

图3-15 梯形图工具条的各工具按钮说明

3.2.3 创建新工程

GX Developer软件启动后不能马上编写程序，还需要创建新工程，再在创建的工程中编写程序。

创建新工程有3种方法：①单击工具栏中的按钮；②执行菜单命令“工程→创建新工程”；③按Ctrl键+N键。采用这3种方法均可弹出“创建新工程”对话框，如图3-16所示。在对话框先选择PLC系列，见图3-16（a）；再选择PLC类型，见图3-16（b）。从对话框中可以看出，GX Developer软件可以对所有的FX系列PLC进行编程，创建新工程时选择的PLC类型要与实际的PLC一致，否则程序编写后无法写入PLC或写入出错。

由于FX3S（FX3SA）系列PLC推出时间较晚，在GX Developer软件的PLC类型栏中没有该系列的PLC供选择，可选择“FX3G”来替代。在较新版本的GX Work2编程软件中，其PLC类型栏中有FX3S（FX3SA）系列的PLC供选择。

PLC系列和PLC类型选好后，单击“确定”即可创建一个未命名的新工程，工程名可在保存时再填写。如果希望在创建工程时就设定工程名，可在创建新工程对话框中选中“设置工程名”，见图3-16（c），再在下方输入工程保存路径和工程名，也可以单击“浏览”，在弹出的图3-16（d）所示的对话框中直接选择工程的保存路径并输入新工程名称，这样就可以创建一个新工程。新建工程后的软件窗口如前图3-10所示。

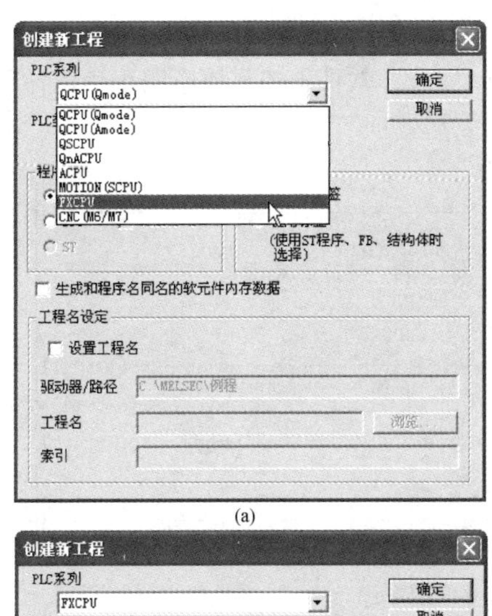

(a)

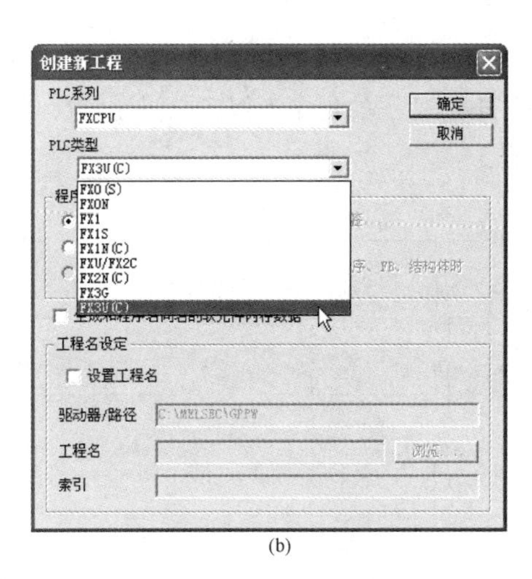

(b)

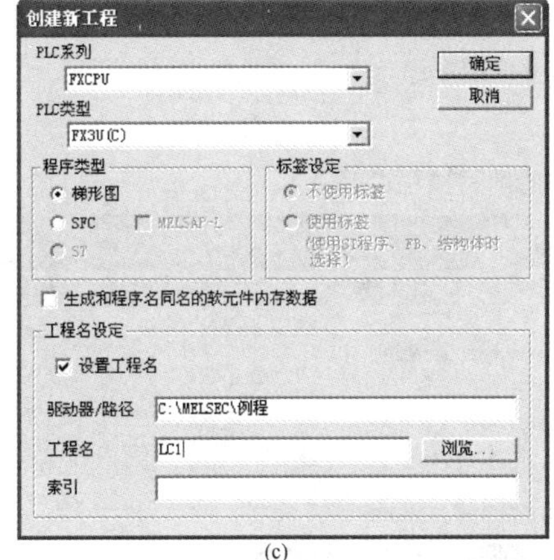

(c)

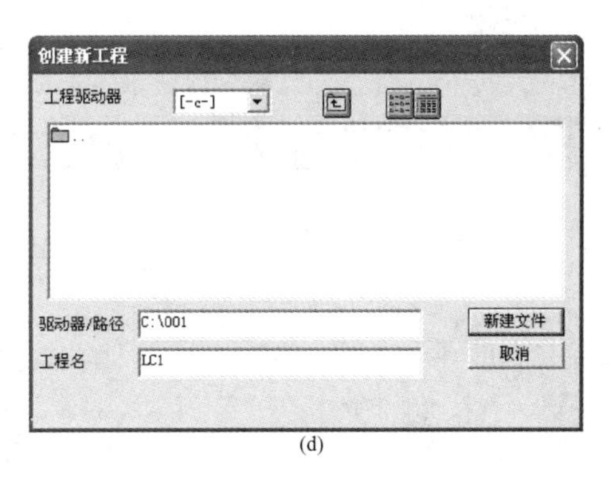

(d)

图 3-16 创建新工程

(a) 选择 PLC 系列；(b) 选择 PLC 类型；(c) 直接输入工程保存路径和工程名；(d) 用浏览方式选择工程保存路径和并输入工程名

3.2.4 编写梯形图程序

编写 PLC 程序

在编写程序时，在工程数据列表区展开“程序”项，并双击其中的“MAIN（主程序）”，将右方编程区切换到主程序编程（编程区默认处于主程序编程状态），再单击工具栏中的 （写入模式）按钮，或执行菜单命令“编辑→写入模式”，也可按键盘上的 F2 键，让编程区处于写入状态，如图 3-17 所示，如果 （监视模式）按钮或

图 3-17 在编程时需将软件设成写入模式

(读出模式）按钮被按下，在编程区将无法编写和修改程序，只能查看程序。

下面以图 3-18 所示的程序为例来说明如何在 GX Developer 软件中编写梯形图程序。梯形图程序的编写过程见表 3-3。

图 3-18　待编写的梯形图程序

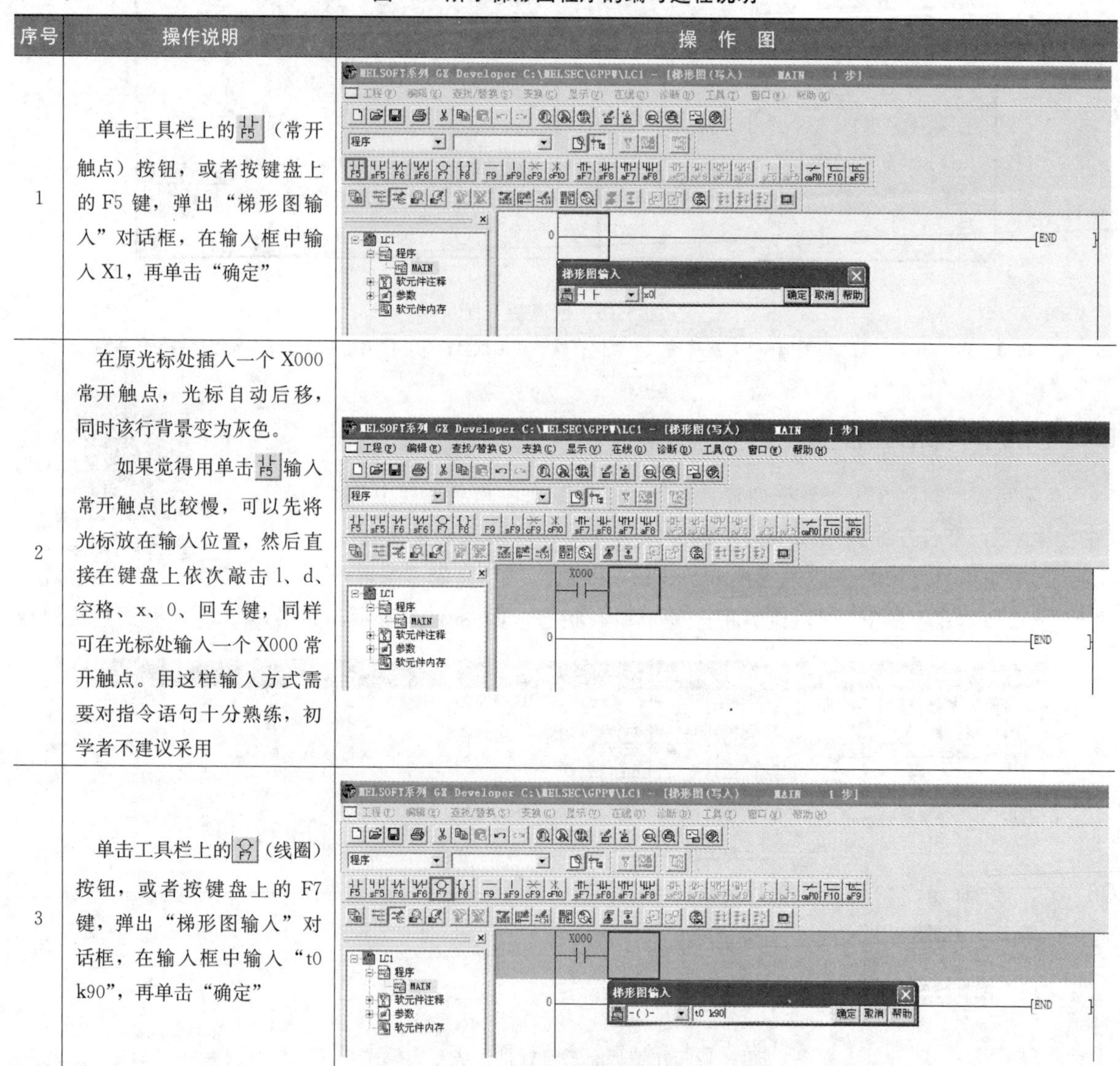

表 3-3　　　　图 3-18 所示梯形图程序的编写过程说明

序号	操作说明	操　作　图
1	单击工具栏上的 F5（常开触点）按钮，或者按键盘上的 F5 键，弹出“梯形图输入”对话框，在输入框中输入 X1，再单击“确定”	
2	在原光标处插入一个 X000 常开触点，光标自动后移，同时该行背景变为灰色。 如果觉得用单击 F5 输入常开触点比较慢，可以先将光标放在输入位置，然后直接在键盘上依次敲击 l、d、空格、x、0、回车键，同样可在光标处输入一个 X000 常开触点。用这样输入方式需要对指令语句十分熟练，初学者不建议采用	
3	单击工具栏上的 F7（线圈）按钮，或者按键盘上的 F7 键，弹出“梯形图输入”对话框，在输入框中输入“t0 k90”，再单击“确定”	

续表

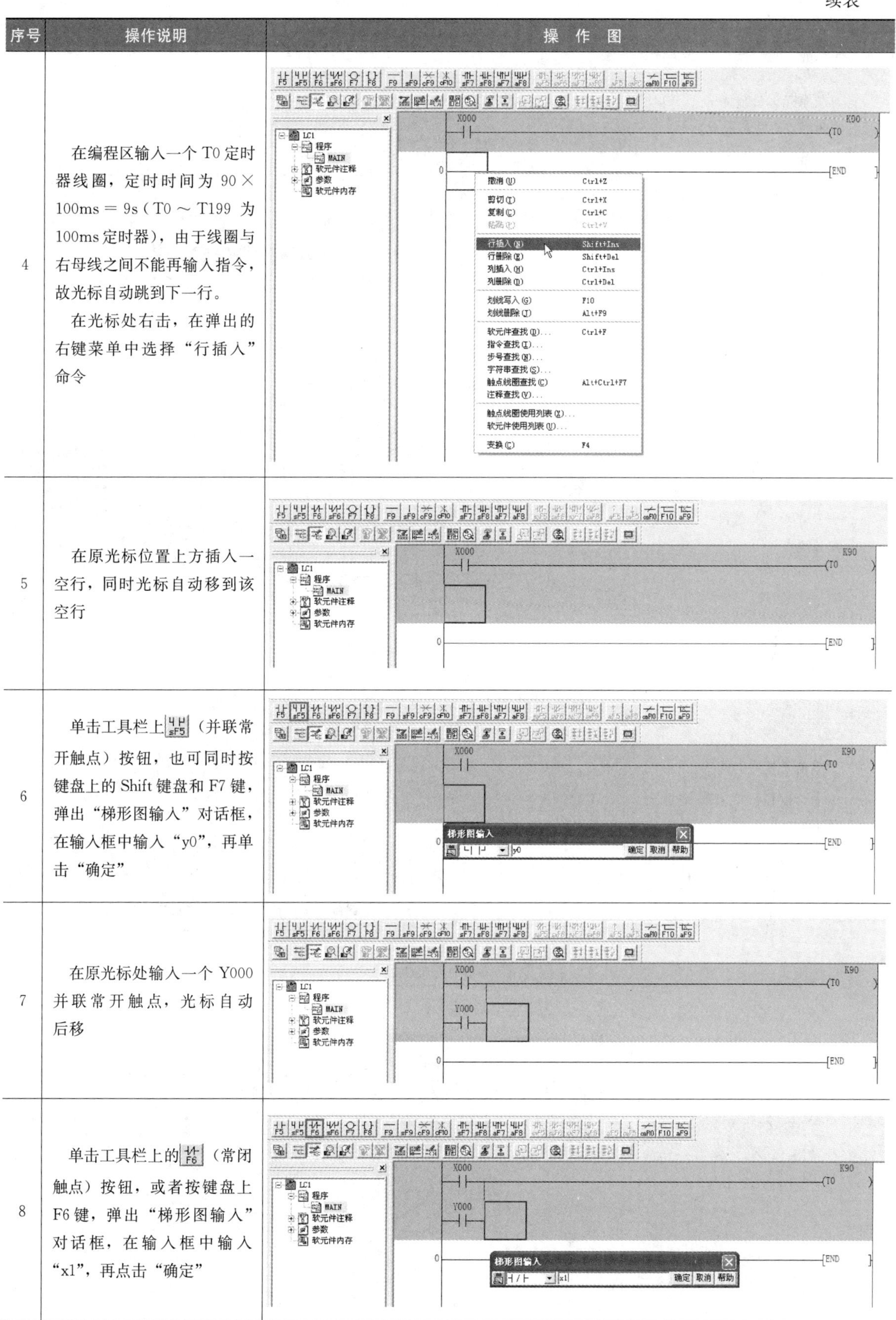

序号	操作说明	操作图
4	在编程区输入一个T0定时器线圈，定时时间为90×100ms＝9s（T0～T199为100ms定时器），由于线圈与右母线之间不能再输入指令，故光标自动跳到下一行。 在光标处右击，在弹出的右键菜单中选择“行插入”命令	
5	在原光标位置上方插入一空行，同时光标自动移到该空行	
6	单击工具栏上的（并联常开触点）按钮，也可同时按键盘上的Shift键盘和F7键，弹出“梯形图输入”对话框，在输入框中输入“y0”，再单击“确定”	
7	在原光标处输入一个Y000并联常开触点，光标自动后移	
8	单击工具栏上的（常闭触点）按钮，或者按键盘上F6键，弹出“梯形图输入”对话框，在输入框中输入“x1”，再点击“确定”	

续表

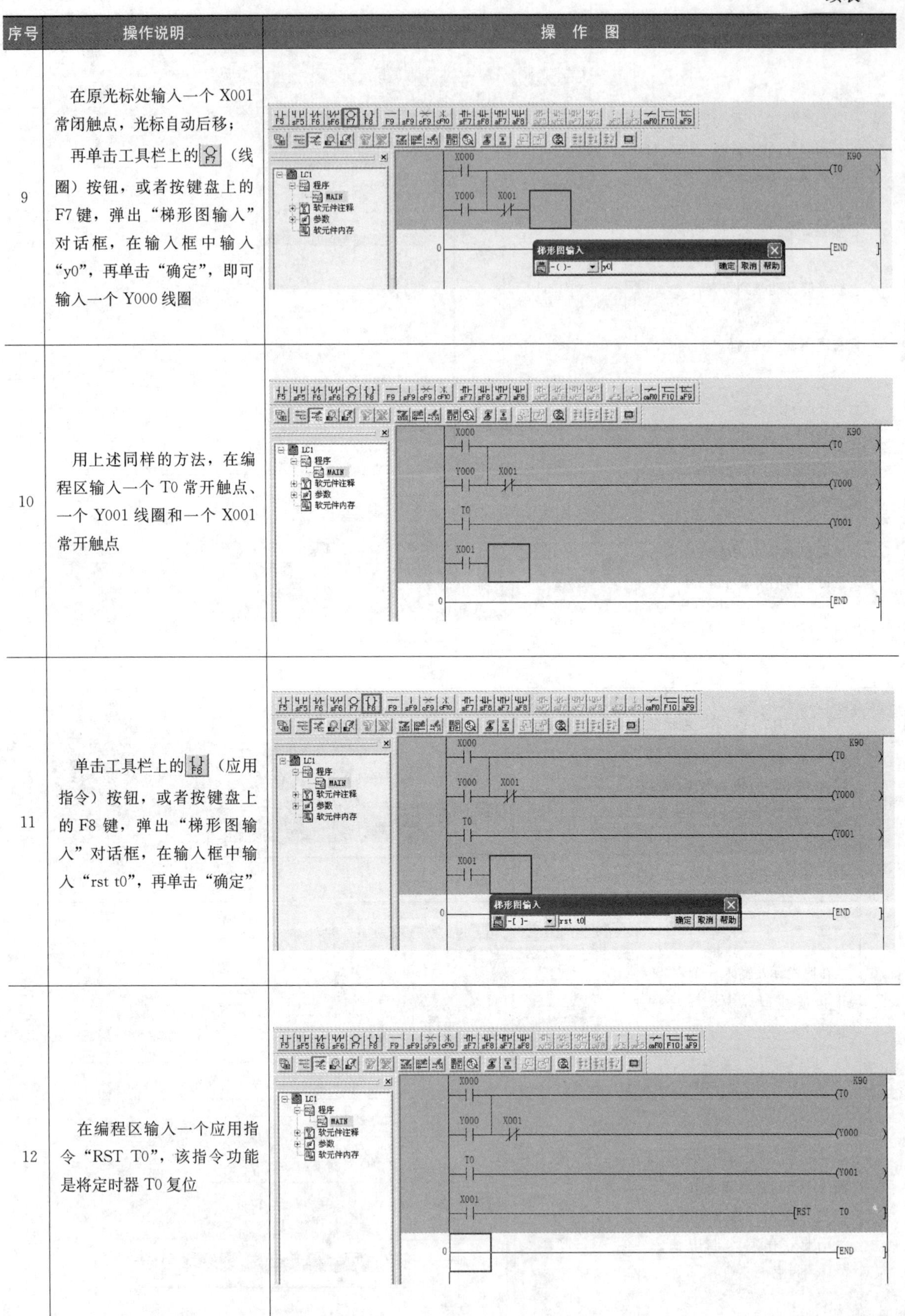

序号	操作说明	操作图
9	在原光标处输入一个X001常闭触点，光标自动后移； 再单击工具栏上的F7（线圈）按钮，或者按键盘上的F7键，弹出“梯形图输入”对话框，在输入框中输入“y0”，再单击“确定”，即可输入一个Y000线圈	
10	用上述同样的方法，在编程区输入一个T0常开触点、一个Y001线圈和一个X001常开触点	
11	单击工具栏上的F8（应用指令）按钮，或者按键盘上的F8键，弹出“梯形图输入”对话框，在输入框中输入“rst t0”，再单击“确定”	
12	在编程区输入一个应用指令“RST T0”，该指令功能是将定时器T0复位	

续表

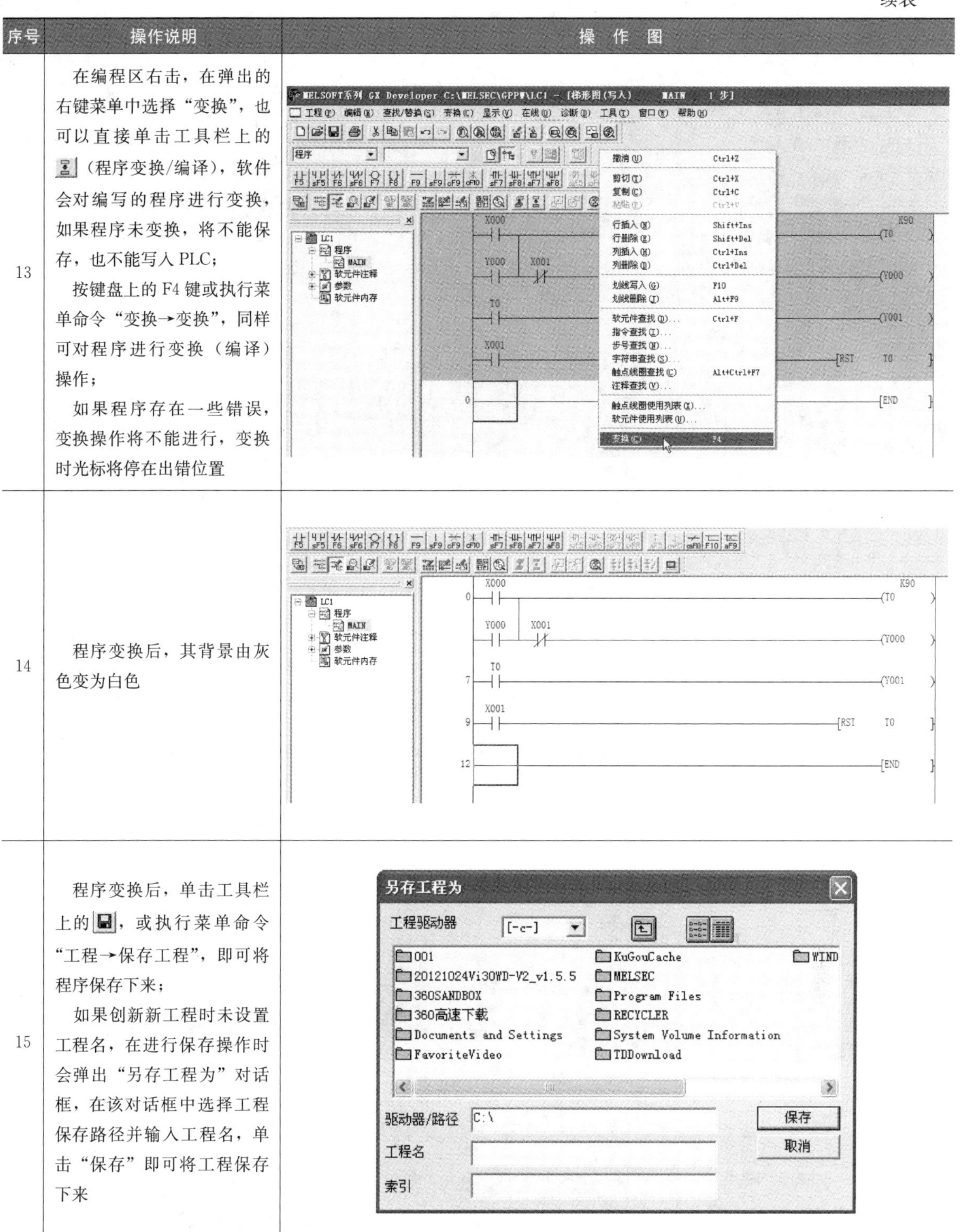

序号	操作说明	操作图
13	在编程区右击，在弹出的右键菜单中选择“变换”，也可以直接单击工具栏上的（程序变换/编译），软件会对编写的程序进行变换，如果程序未变换，将不能保存，也不能写入PLC； 按键盘上的F4键或执行菜单命令“变换→变换”，同样可对程序进行变换（编译）操作； 如果程序存在一些错误，变换操作将不能进行，变换时光标将停在出错位置	
14	程序变换后，其背景由灰色变为白色	
15	程序变换后，单击工具栏上的，或执行菜单命令“工程→保存工程”，即可将程序保存下来； 如果创新新工程时未设置工程名，在进行保存操作时会弹出“另存工程为”对话框，在该对话框中选择工程保存路径并输入工程名，单击“保存”即可将工程保存下来	

3.2.5 梯形图的编辑

1. 画线和删除线的操作

在梯形图中可以画直线和折线，不能画斜线。画线和删除线的操作说明见表3-4。

表 3-4 画线和删除线的操作说明

操作说明	操作图
画横线：单击工具栏上的F9按钮，弹出“横线输入”对话框，单击“确定”即在光标处画了一条横线，不断单击“确定”，则不断往右方画横线，单击“取消”，退出画横线	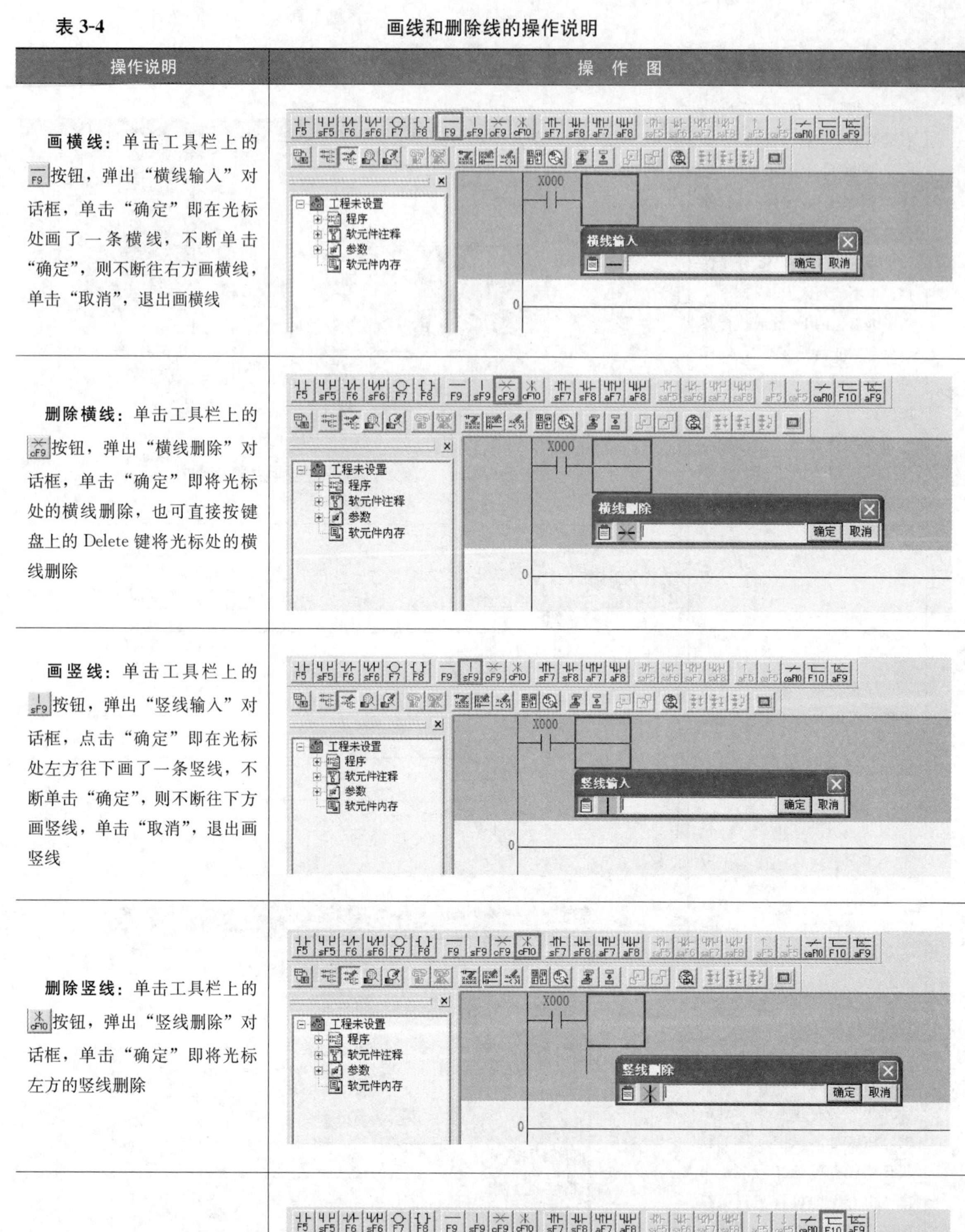
删除横线：单击工具栏上的cF9按钮，弹出“横线删除”对话框，单击“确定”即将光标处的横线删除，也可直接按键盘上的 Delete 键将光标处的横线删除	
画竖线：单击工具栏上的sF9按钮，弹出“竖线输入”对话框，点击“确定”即在光标处左方往下画了一条竖线，不断单击“确定”，则不断往下方画竖线，单击“取消”，退出画竖线	
删除竖线：单击工具栏上的cF10按钮，弹出“竖线删除”对话框，单击“确定”即将光标左方的竖线删除	
画折线：单击工具栏上的F10按钮，将光标移到待画折线的起点处，按下鼠标左键拖出一条折线，松开左键即画出一条折线	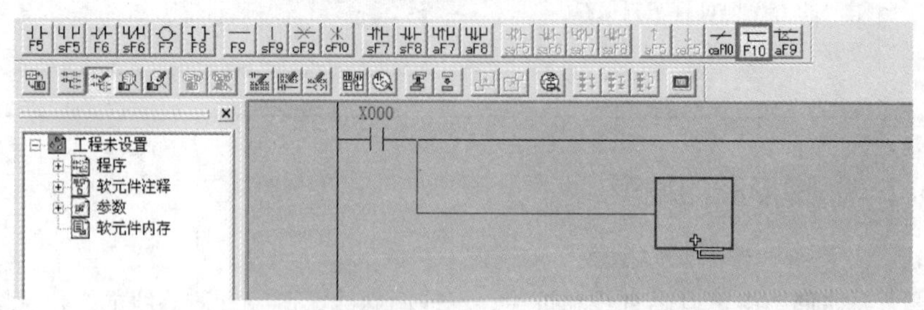

续表

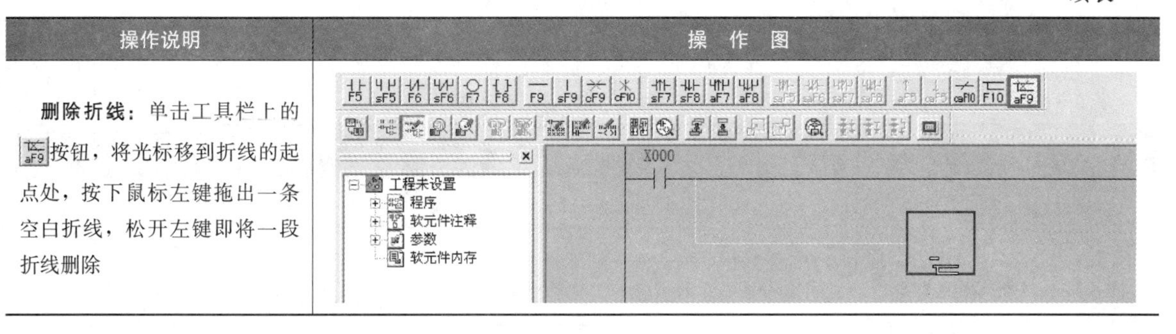

操作说明	操 作 图
删除折线：单击工具栏上的按钮，将光标移到折线的起点处，按下鼠标左键拖出一条空白折线，松开左键即将一段折线删除	

2. 删除操作

一些常用的删除操作说明见表 3-5。

表 3-5　　一些常用的删除操作说明

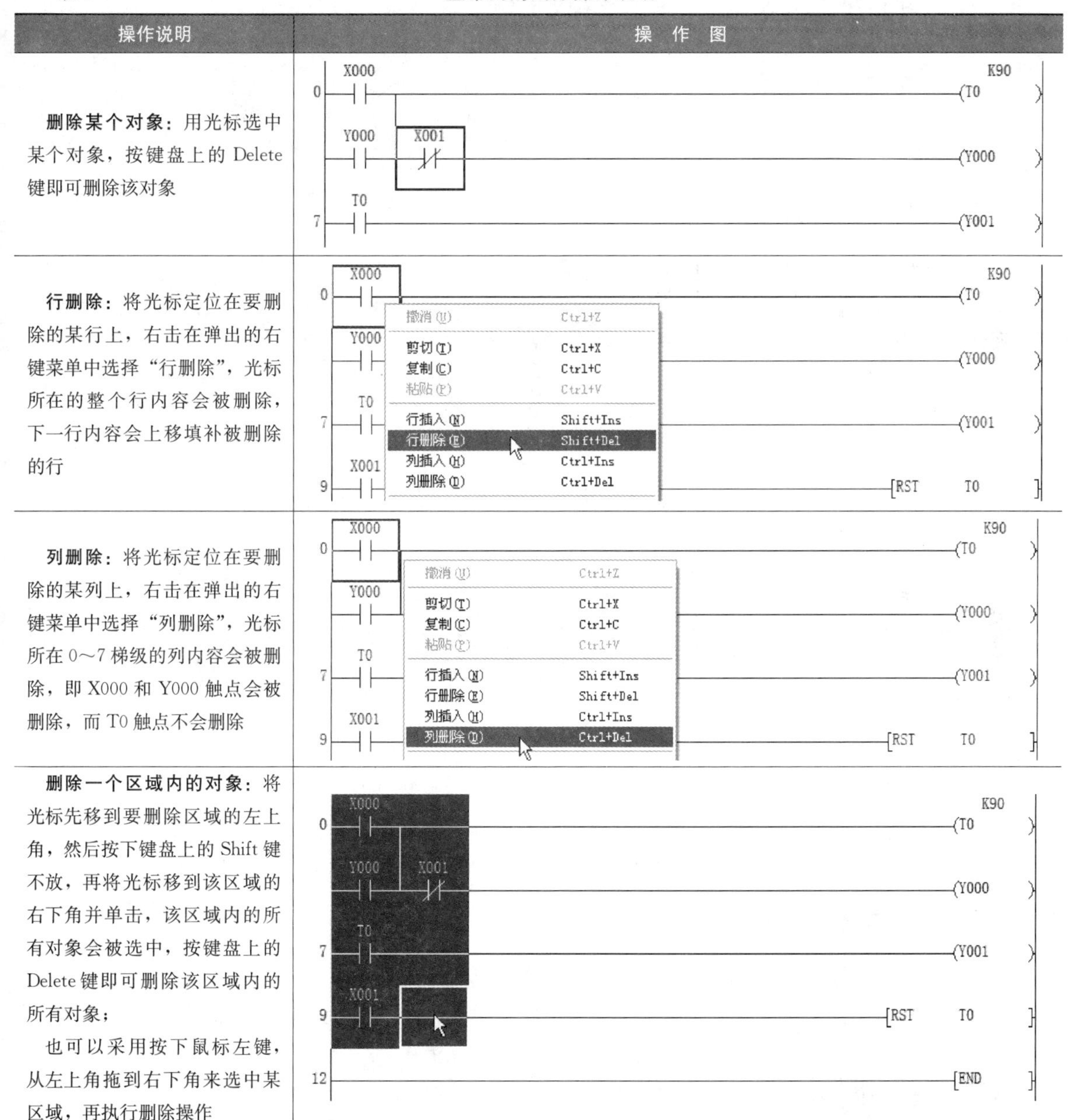

操作说明	操 作 图
删除某个对象：用光标选中某个对象，按键盘上的 Delete 键即可删除该对象	
行删除：将光标定位在要删除的某行上，右击在弹出的右键菜单中选择“行删除”，光标所在的整个行内容会被删除，下一行内容会上移填补被删除的行	
列删除：将光标定位在要删除的某列上，右击在弹出的右键菜单中选择“列删除”，光标所在 0～7 梯级的列内容会被删除，即 X000 和 Y000 触点会被删除，而 T0 触点不会删除	
删除一个区域内的对象：将光标先移到要删除区域的左上角，然后按下键盘上的 Shift 键不放，再将光标移到该区域的右下角并单击，该区域内的所有对象会被选中，按键盘上的 Delete 键即可删除该区域内的所有对象； 也可以采用按下鼠标左键，从左上角拖到右下角来选中某区域，再执行删除操作	

3. 插入操作

一些常用的插入操作说明见表 3-6。

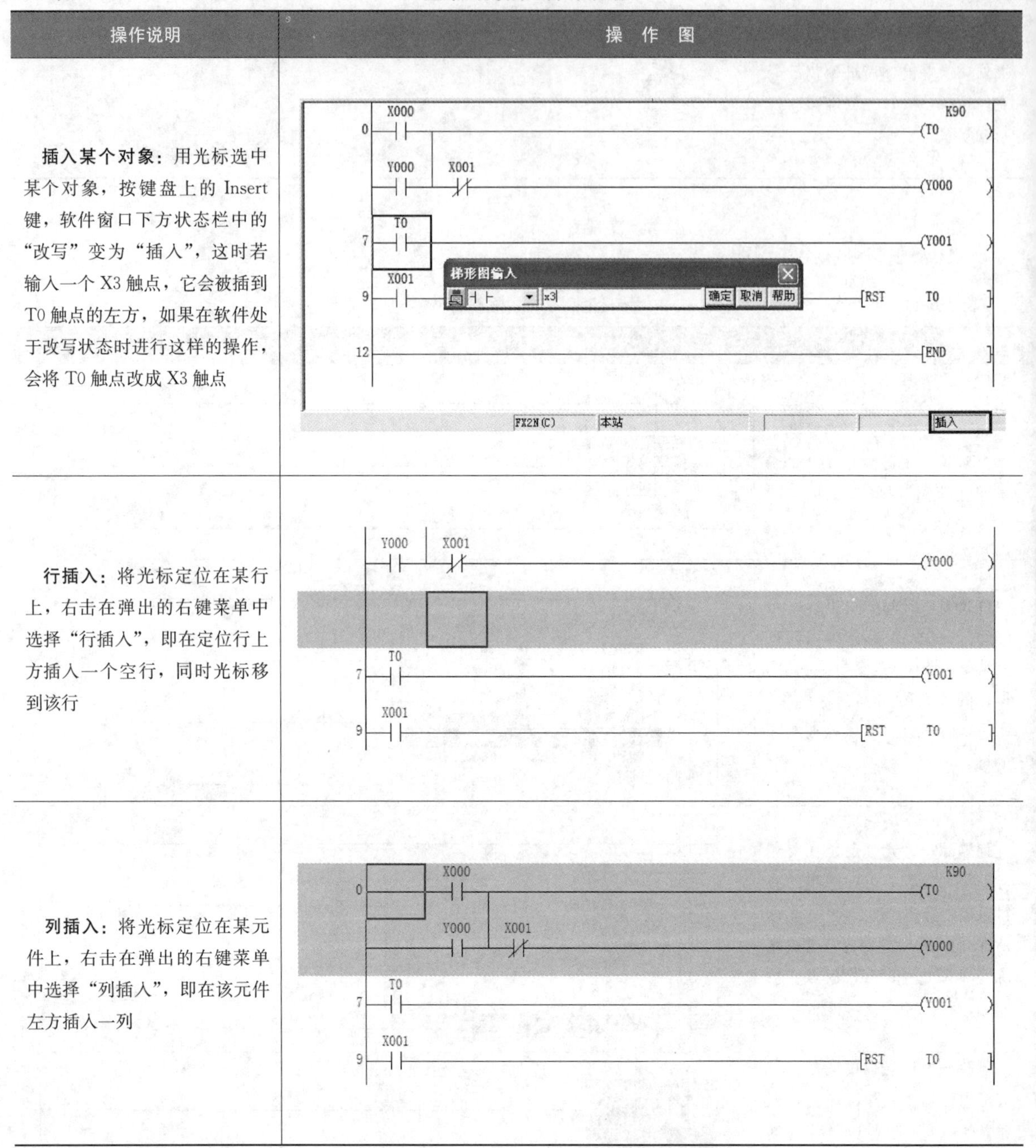

表 3-6　　　　一些常用的插入操作说明

操作说明	操 作 图
插入某个对象：用光标选中某个对象，按键盘上的 Insert 键，软件窗口下方状态栏中的“改写”变为“插入”，这时若输入一个 X3 触点，它会被插到 T0 触点的左方，如果在软件处于改写状态时进行这样的操作，会将 T0 触点改成 X3 触点	
行插入：将光标定位在某行上，右击在弹出的右键菜单中选择“行插入”，即在定位行上方插入一个空行，同时光标移到该行	
列插入：将光标定位在某元件上，右击在弹出的右键菜单中选择“列插入”，即在该元件左方插入一列	

3.2.6　查找与替换功能的使用

GX Developer 软件具有查找和替换功能，使用该功能的方法是单击软件窗口上方的“查找/替换”菜单项，弹出图 3-19 所示的菜单，选择其中的菜单命令即可执行相应的查找/替换操作。

1. 查找功能的使用

查找功能的使用说明见表 3-7。

图 3-19 “查找/替换”菜单的内容

表 3-7 **查找功能的使用说明**

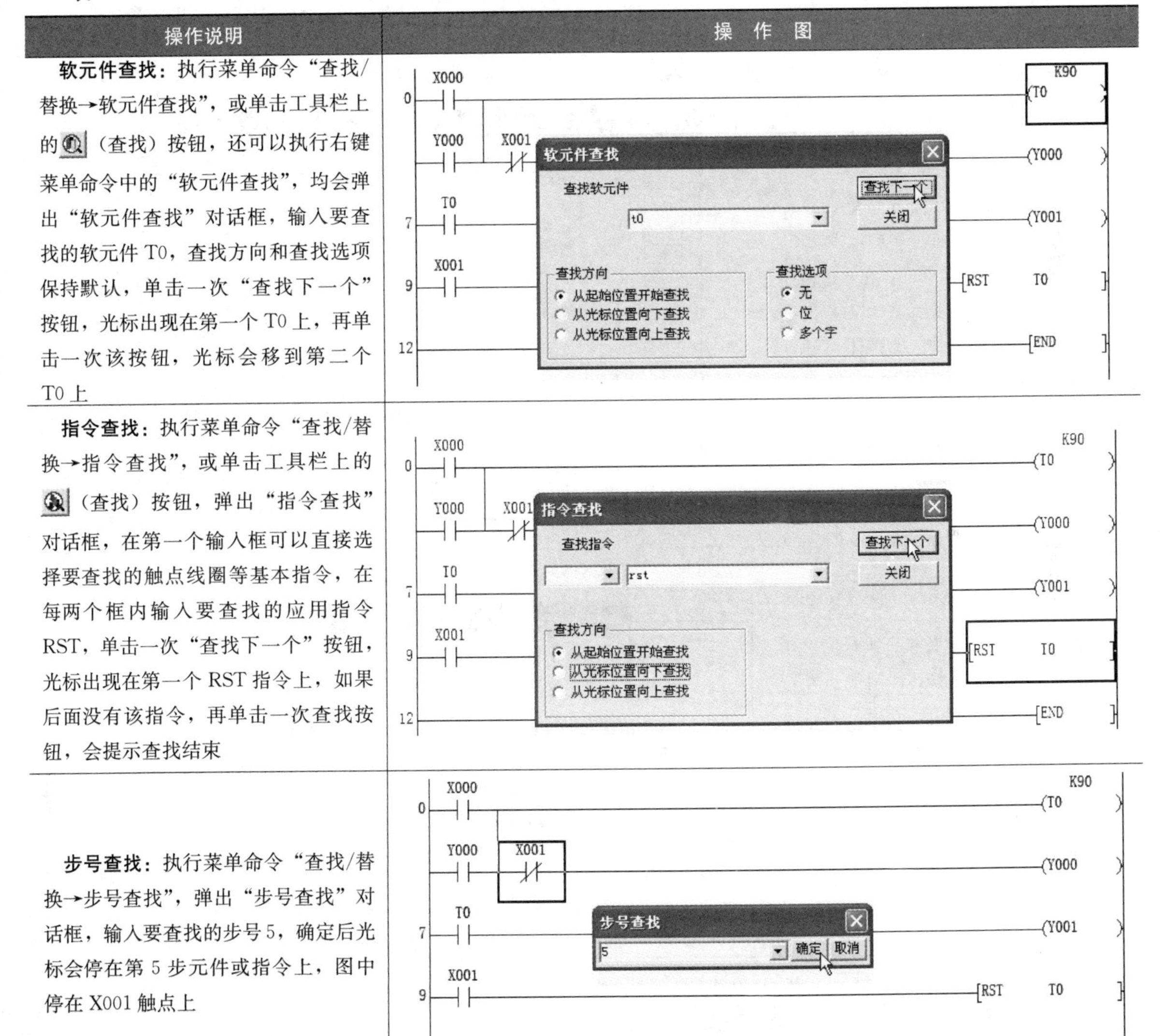

操作说明	操作图
软元件查找：执行菜单命令“查找/替换→软元件查找”，或单击工具栏上的（查找）按钮，还可以执行右键菜单命令中的“软元件查找”，均会弹出“软元件查找”对话框，输入要查找的软元件 T0，查找方向和查找选项保持默认，单击一次“查找下一个”按钮，光标出现在第一个 T0 上，再单击一次该按钮，光标会移到第二个 T0 上	
指令查找：执行菜单命令“查找/替换→指令查找”，或单击工具栏上的（查找）按钮，弹出“指令查找”对话框，在第一个输入框可以直接选择要查找的触点线圈等基本指令，在每两个框内输入要查找的应用指令 RST，单击一次“查找下一个”按钮，光标出现在第一个 RST 指令上，如果后面没有该指令，再单击一次查找按钮，会提示查找结束	
步号查找：执行菜单命令“查找/替换→步号查找”，弹出“步号查找”对话框，输入要查找的步号 5，确定后光标会停在第 5 步元件或指令上，图中停在 X001 触点上	

2. 替换功能的使用

替换功能的使用说明见表 3-8。

表 3-8　　替换功能的使用说明

操作说明	操 作 图
软元件替换：执行菜单命令“查找/替换→软元件替换”，弹出“软元件替换”对话框，输入要替换的旧软元件和新元件，单击“替换”按钮，光标出现在第一个要替换的元件上，再单击一次该按钮，旧元件即被替换成新元件，同时光标移到第二个要替换的元件上，如果单击“全部替换”，则程序中的所有旧元件都会替换成新元件； 如果希望将 X001、X002 分别替换成 X011、X012，可将对话框中的替换点数设为 2	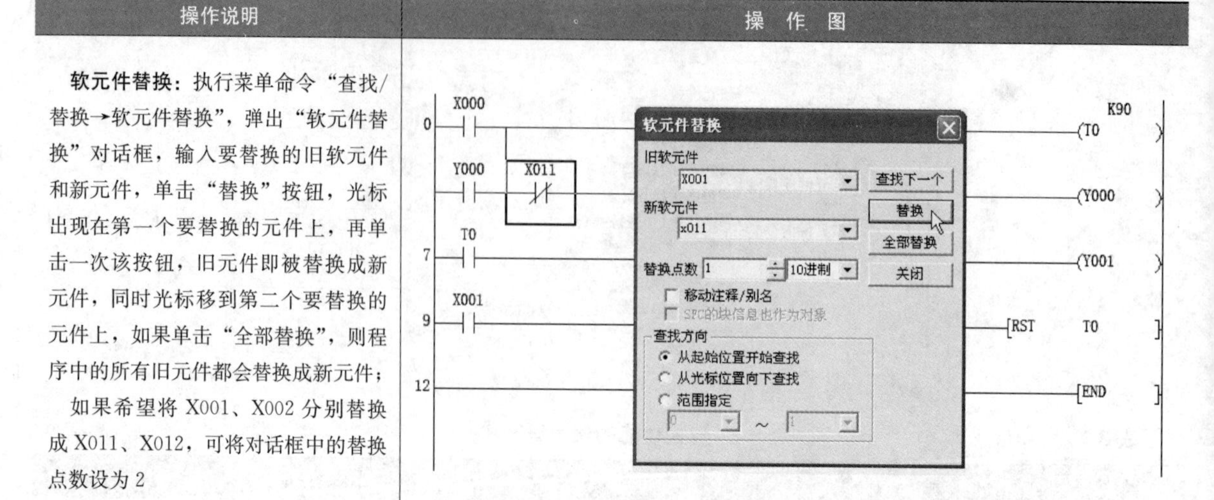
软元件批量替换：执行菜单命令“查找/替换→软元件批量替换”，弹出“软元件批量替换”对话框，在对话框中输入要批量替换的旧元件和对应的新元件，并设好点数，再单击“执行”，即将多个不同元件一次性替找换成新元件	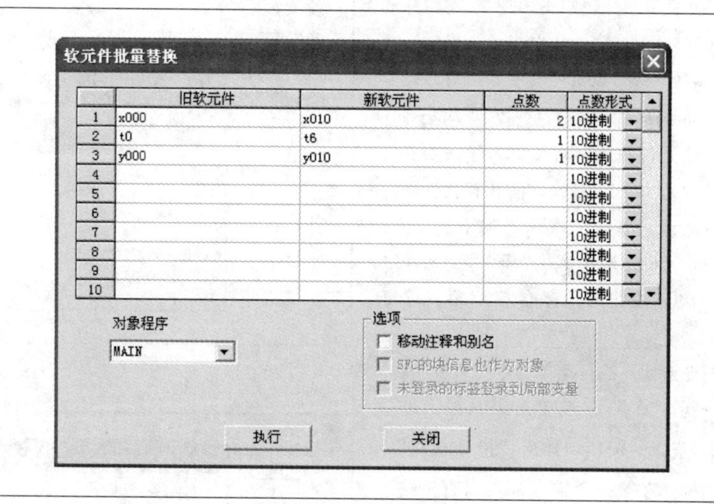
常开常闭触点互相替换：执行菜单命令“查找/替换→常开常闭触点互换”，弹出“常开常闭触点互换”对话框，输入要替换元件 X001，单击“全部替换”，程序中 X001 所有常开和常闭触点会相互转换，即常开变成常闭，常闭变成常开	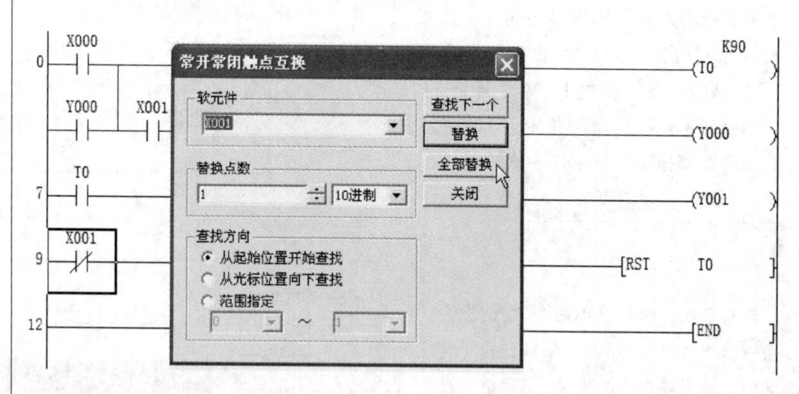

3.2.7　注释、声明和注解的添加与显示

在 GX Developer 软件中，可以对梯形图添加注释、声明和注解，图 3-20 所示为添加了注释、声明

和注解的梯形图程序。声明用于一个程序段的说明，最多允许 64 字符×n 行；注解用于对与右母线连接的线圈或指令的说明，最多允许 64 字符×1 行；注释相当于一个元件的说明，最多允许 8 字符×4 行，一个汉字占 2 个字符。

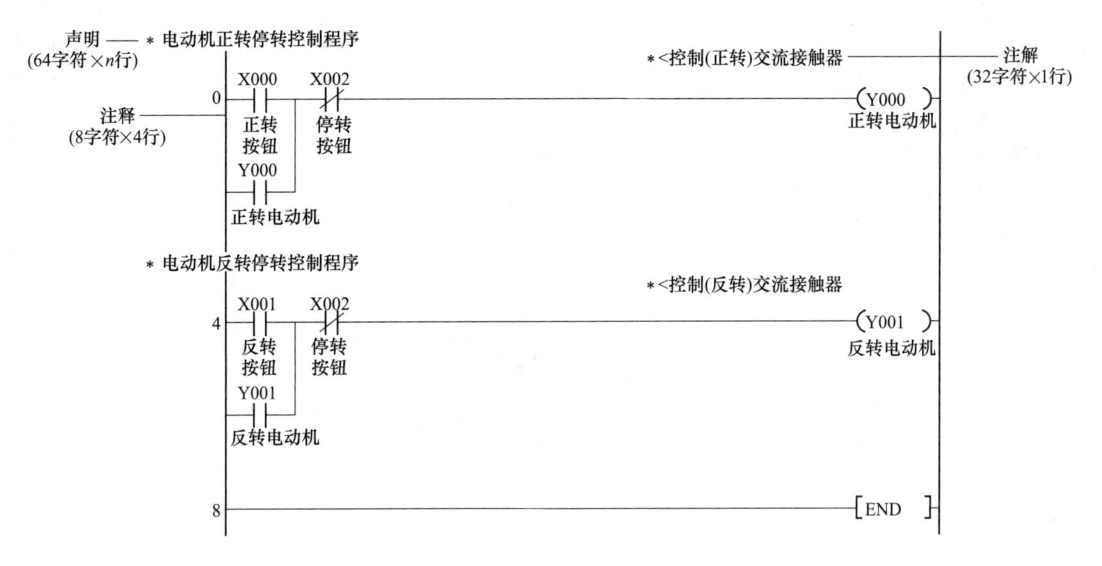

图 3-20　添加了注释、声明和注解的梯形图程序

1. 注释的添加与显示

注释的添加与显示操作说明见表 3-9。

表 3-9　注释的添加与显示操作说明

操作说明	操　作　图
单个添加注释：按下工具栏上的 (注释编辑) 按钮，或执行菜单命令“编辑→文档生成→注释编辑”，梯形图程序处于注释编辑状态，双击 X000 触点，弹出“注释输入”对话框，在输入框中输入注释文字后单击“确定”，即给 X000 触点添加了注释	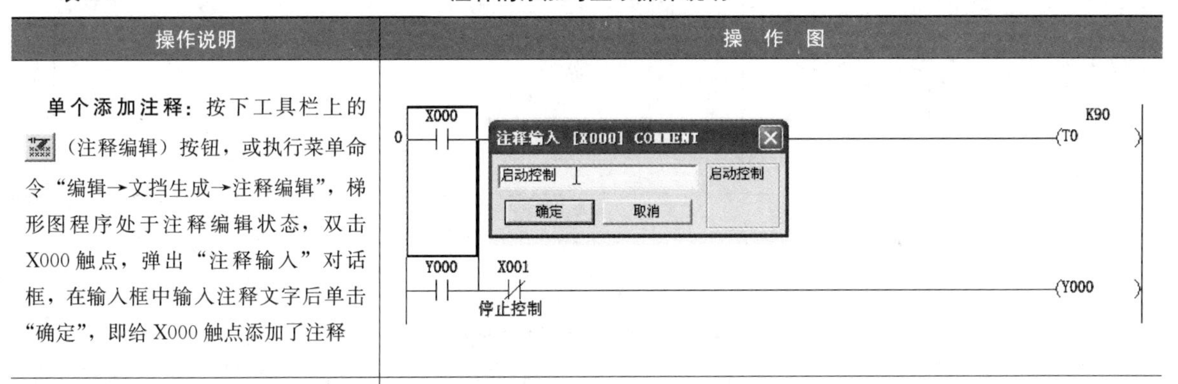
批量添加注释：在工程数据列表区展开“软元件注释”，双击“COMMENT”，编程区变成添加注释列表，在软元件名框内输入 X000，单击“显示”，下方列表区出现 X000 为首的 X 元件，梯形图中使用了 X000、X001、X002 共 3 个元件，给这 3 个元件都添加注释，再在软元件名框内输入 Y000，在下方列表区给 Y000、Y001 添加注释	

续表

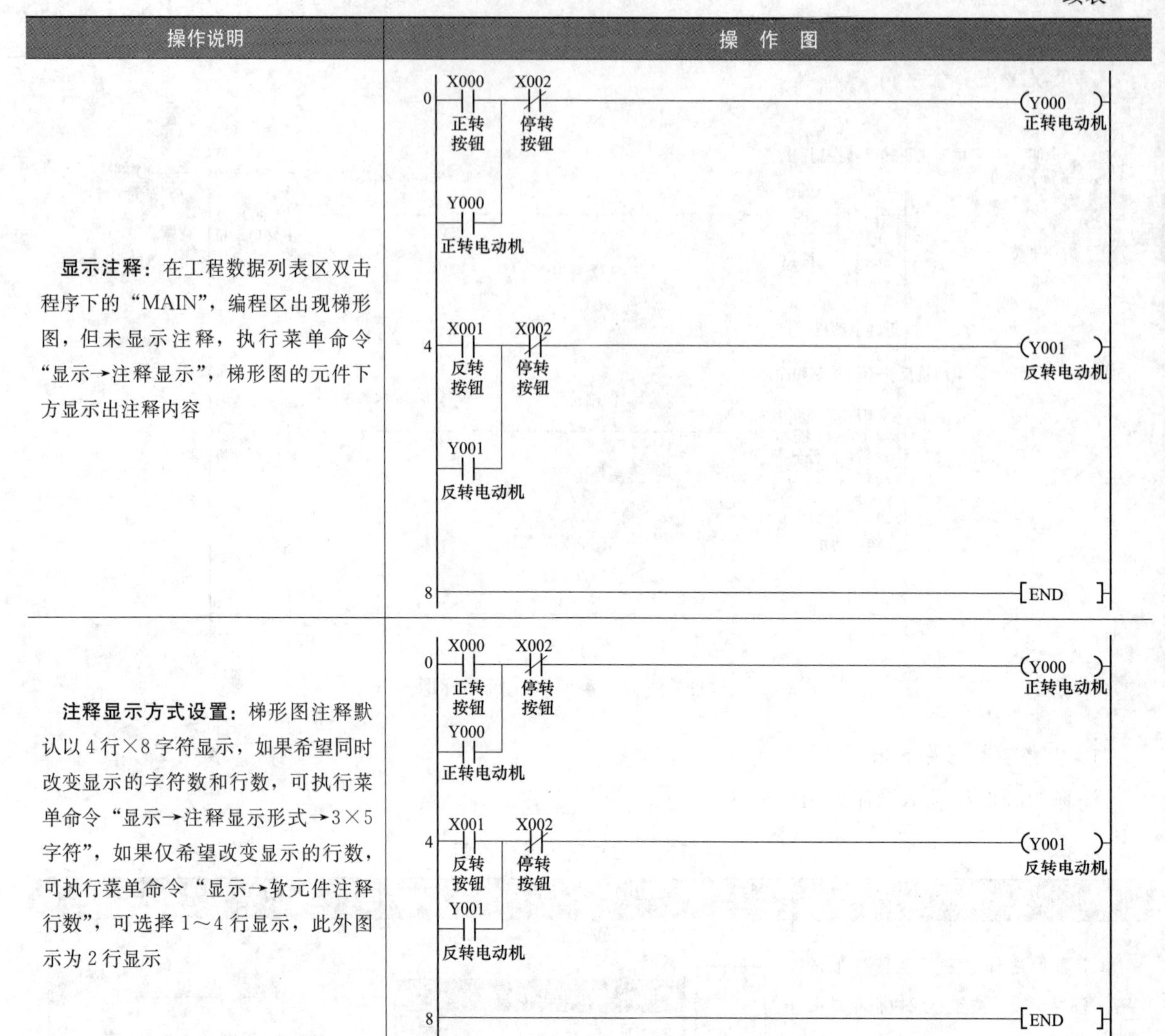

操作说明	操 作 图
显示注释：在工程数据列表区双击程序下的“MAIN”，编程区出现梯形图，但未显示注释，执行菜单命令“显示→注释显示”，梯形图的元件下方显示出注释内容	
注释显示方式设置：梯形图注释默认以4行×8字符显示，如果希望同时改变显示的字符数和行数，可执行菜单命令“显示→注释显示形式→3×5字符”，如果仅希望改变显示的行数，可执行菜单命令“显示→软元件注释行数”，可选择1～4行显示，此外图示为2行显示	

2. 声明的添加与显示

声明的添加与显示操作说明见表3-10。

表3-10　　声明的添加与显示操作说明

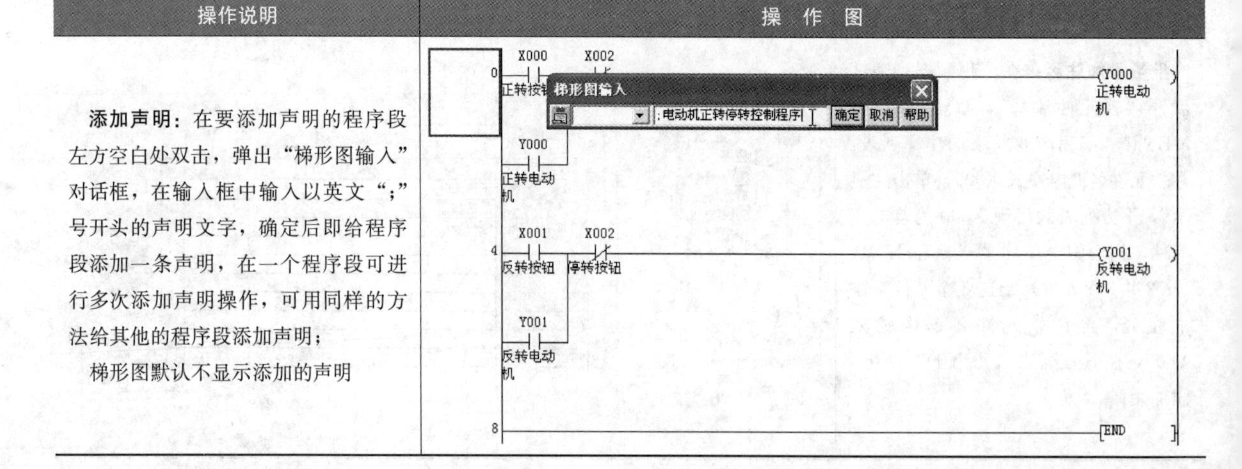

操作说明	操 作 图
添加声明：在要添加声明的程序段左方空白处双击，弹出“梯形图输入”对话框，在输入框中输入以英文“;”号开头的声明文字，确定后即给程序段添加一条声明，在一个程序段可进行多次添加声明操作，可用同样的方法给其他的程序段添加声明； 梯形图默认不显示添加的声明	

续表

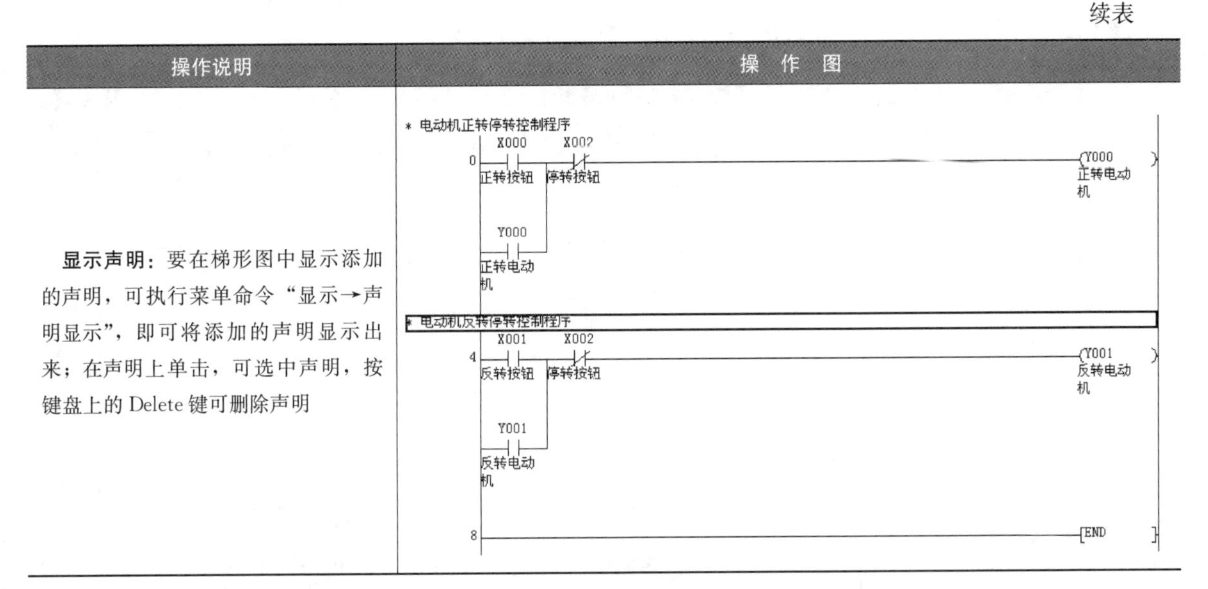

操作说明	操 作 图
显示声明：要在梯形图中显示添加的声明，可执行菜单命令“显示→声明显示”，即可将添加的声明显示出来；在声明上单击，可选中声明，按键盘上的 Delete 键可删除声明	

3. 注解的添加与显示

注解的添加与显示操作说明见表 3-11。

表 3-11　　注解的添加与显示操作说明

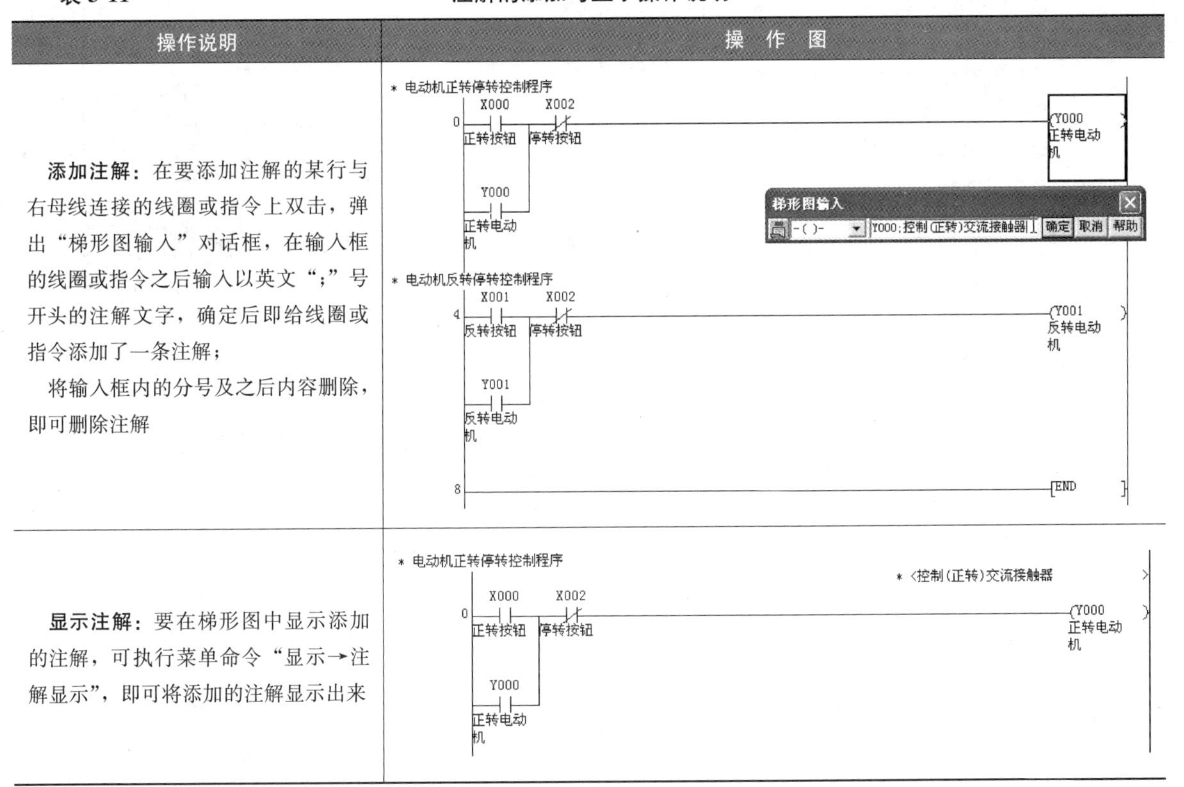

操作说明	操 作 图
添加注解：在要添加注解的某行与右母线连接的线圈或指令上双击，弹出“梯形图输入”对话框，在输入框的线圈或指令之后输入以英文“;”号开头的注解文字，确定后即给线圈或指令添加了一条注解； 将输入框内的分号及之后内容删除，即可删除注解	
显示注解：要在梯形图中显示添加的注解，可执行菜单命令“显示→注解显示”，即可将添加的注解显示出来	

3.2.8　读取并转换 FXGP/WIN 格式文件

在 GX Developer 软件推出之前，三菱 FX 系列 PLC 使用 FXGP/WIN 软件来编写程序，GX Developer 软件具有读取并转换 FXGP/WIN 格式文件的功能。读取并转换 FXGP/WIN 格式文件的操作说明见表 3-12。

表 3-12　　读取并转换 FXGP/WIN 格式文件的操作说明

序号	操作说明	操作图
1	启动 GX Developer 软件，然后执行菜单命令“工程→读取其他格式的文件→读取 FXGP（WIN）格式文件”，会弹出“读取 FXGP（WIN）格式文件”对话框	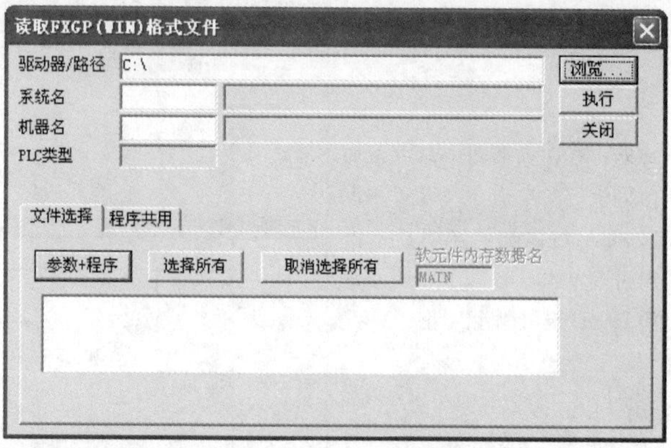
2	单击“浏览”，会弹出“打开系统名，机器名”对话框，在该对话框中选择要读取的 FXGP/WIN 格式文件，如果某文件夹中含有这种格式的文件，该文件夹是深色图标； 在该对话框中选择要读取的 FXGP/WIN 格式文件，单击“确认”返回到之前的读取对话框	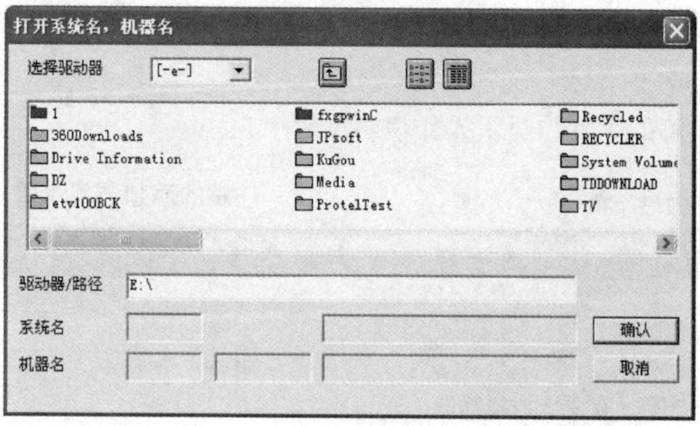
3	在读取对话框中将出现要读取的文件，将下方区域内的 3 项都选中，单击“执行”，即开始读取已选择的 FXGP/WIN 格式文件，单击“关闭”，将读取对话框关闭，同时读取的文件被转换，并出现在 GX Developer 软件的编程区，此时可执行保存操作，将转换来的文件保存下来	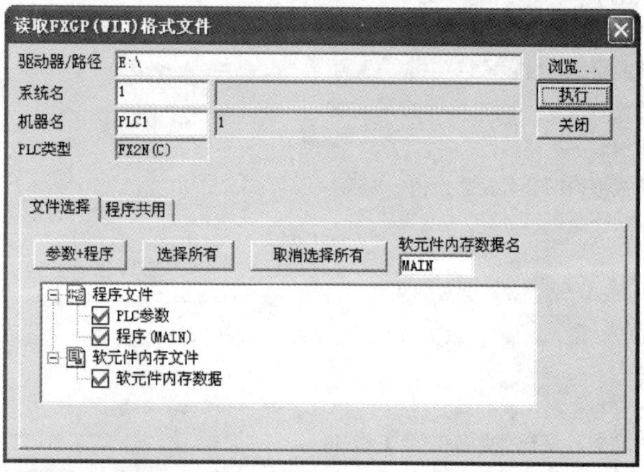

3.2.9　PLC 与计算机的连接及程序的写入与读出

1. PLC 与计算机的硬件连接

PLC 与计算机连接需要用到通信电缆，常用电缆如图 3-21 所示。FX-232AWC-H（简称 SC09）电缆如图 3-21（a）所示，该电缆含有 RS-232C/RS-422 转换器；FX-USB-AW（又称 USB-SC09-FX）电缆如图 3-21（b）所示，该电缆含有 USB/RS-422 转换器。

在选用 PLC 编程电缆时，先查看计算机是否具有 COM 接口（又称 RS-232C 接口），因为现在很多计算机已经取消了这种接口，**如果计算机有 COM 接口，可选用 FX-232AWC-H 电缆连接 PLC 和计算**

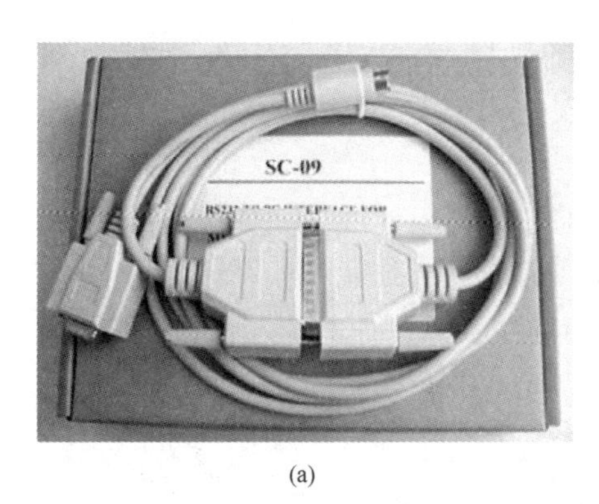

(a)

(b)

图 3-21 计算机与 FX PLC 连接的两种编程电缆

(a) FX-232AWC-H 电缆；(b) FX-USB-AW 电缆

机。在连接时，将电缆的 COM 头插入计算机的 COM 接口，电缆另一端圆形插头插入 PLC 的编程口内。

如果计算机没有 COM 接口，可选用 FX-USB-AW 电缆将计算机与 PLC 连接起来。在连接时，将电缆的 USB 头插入计算机的 USB 接口，电缆另一端圆形插头插入 PLC 的编程口内。当将 FX-USB-AW 电缆插到计算机 USB 接口时，还需要在计算机中安装该电缆配套的驱动程序。驱动程序安装完成后，在计算机桌面上右击“我的计算机”，在弹出的菜单中选择“设备管理器”，将弹出如图 3-22 所示的“设备管理器”窗口，展开其中的“端口（COM 和 LPT）”，从中可看到一个虚拟的 COM 端口，这里为 COM3，记住该编号，在 GX Developer 软件进行通信参数设置时要用到。

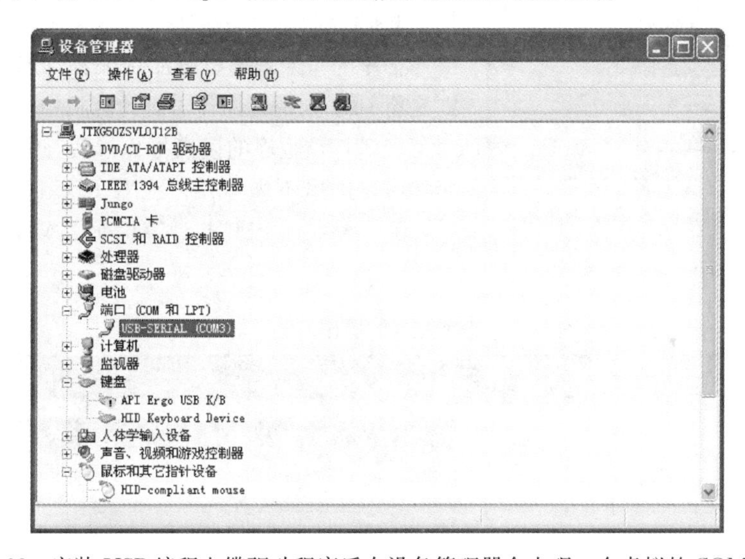

图 3-22 安装 USB 编程电缆驱动程序后在设备管理器会出现一个虚拟的 COM 端口

2. 通信设置

用编程电缆将 PLC 与计算机连接好后，再启动 GX Developer 软件，打开或新建一个工程，再执行菜单命令“在线→传输设置”，弹出“传输设置”对话框，双击左上角的“串行 USB”图标，将出现如图 3-23 所示的详细设置对话框，在该对话框中选中“RS-232C”项，COM 端口一项中选择与 PLC 连接的端口号，使用 FX-USB-AW 电缆连接时，端口号应与设备管理器中的虚拟 COM 端口号一致，在传输速度一项中选择某个速度，如 19.2kbps（19.2kbit/s），单击“确认”返回“传输设置”对话框。如果想知道 PLC 与计算机是否连接成功，可在“传输设置”对话框中单击“通信设置”，若出现图 3-24 所

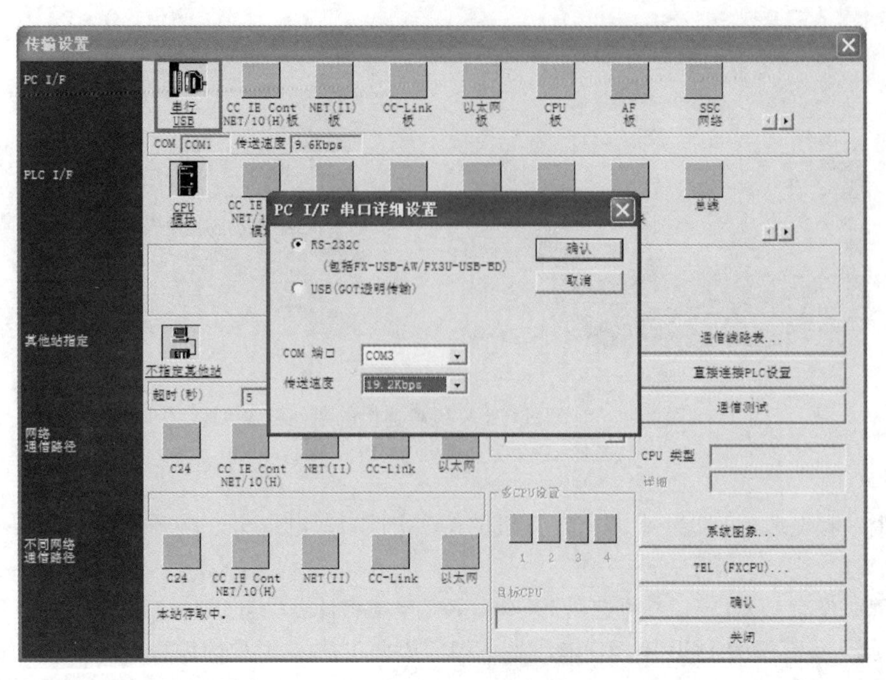

图 3-23 通信设置

图 3-24 PLC与计算机连接成功提示

示的连接成功提示，表明PLC与计算机已成功连接，单击“确认”即完成通信设置。

3. 程序的写入与读出

程序的写入是指将程序由编程计算机送入PLC，读出则是将PLC内的程序传送到计算机中。程序写入的操作说明见表3-13，程序的读出操作过程与写入基本类似，可参照学习，这里不做介绍。在对PLC进行程序写入或读出时，除了要保证PLC与计算机通信连接正常外，PLC还需要接上工作电源。

表3-13 程序写入的操作说明

序号	操作说明	操作图
1	在GX Developer软件中编写好程序并变换后，执行菜单命令“在线→PLC写入”，也可以单击工具栏上的（PLC写入）按钮，均会弹出“PLC写入”对话框，在下方选中要写入PLC的内容，一般选“MAIN”项和“参数”项，其他项根据实际情况选择，再单击“执行”	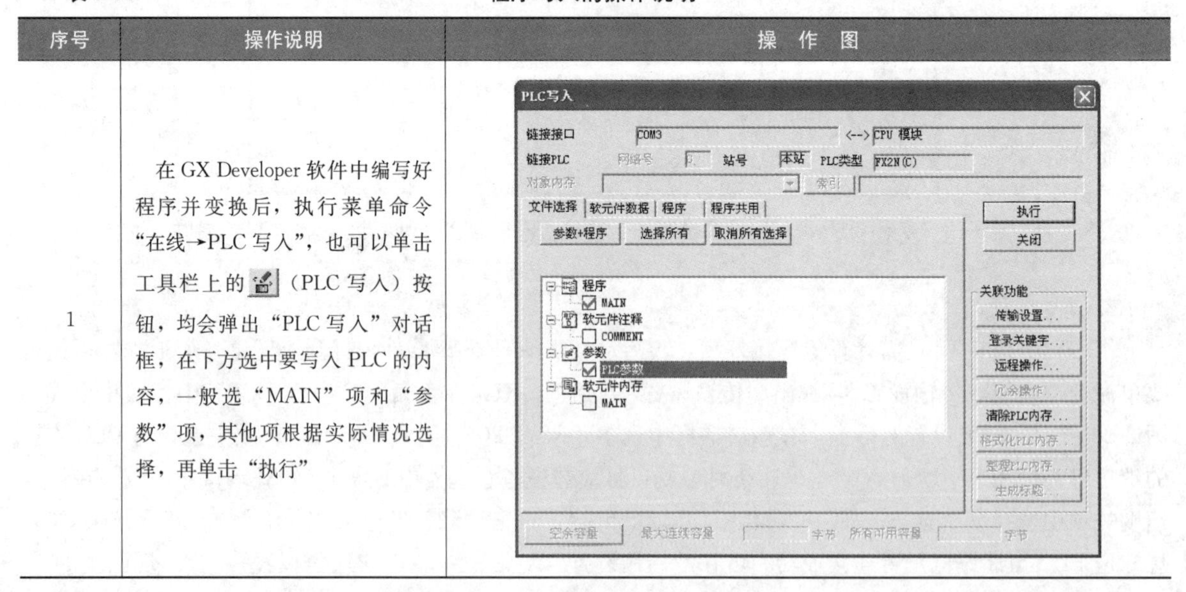

续表

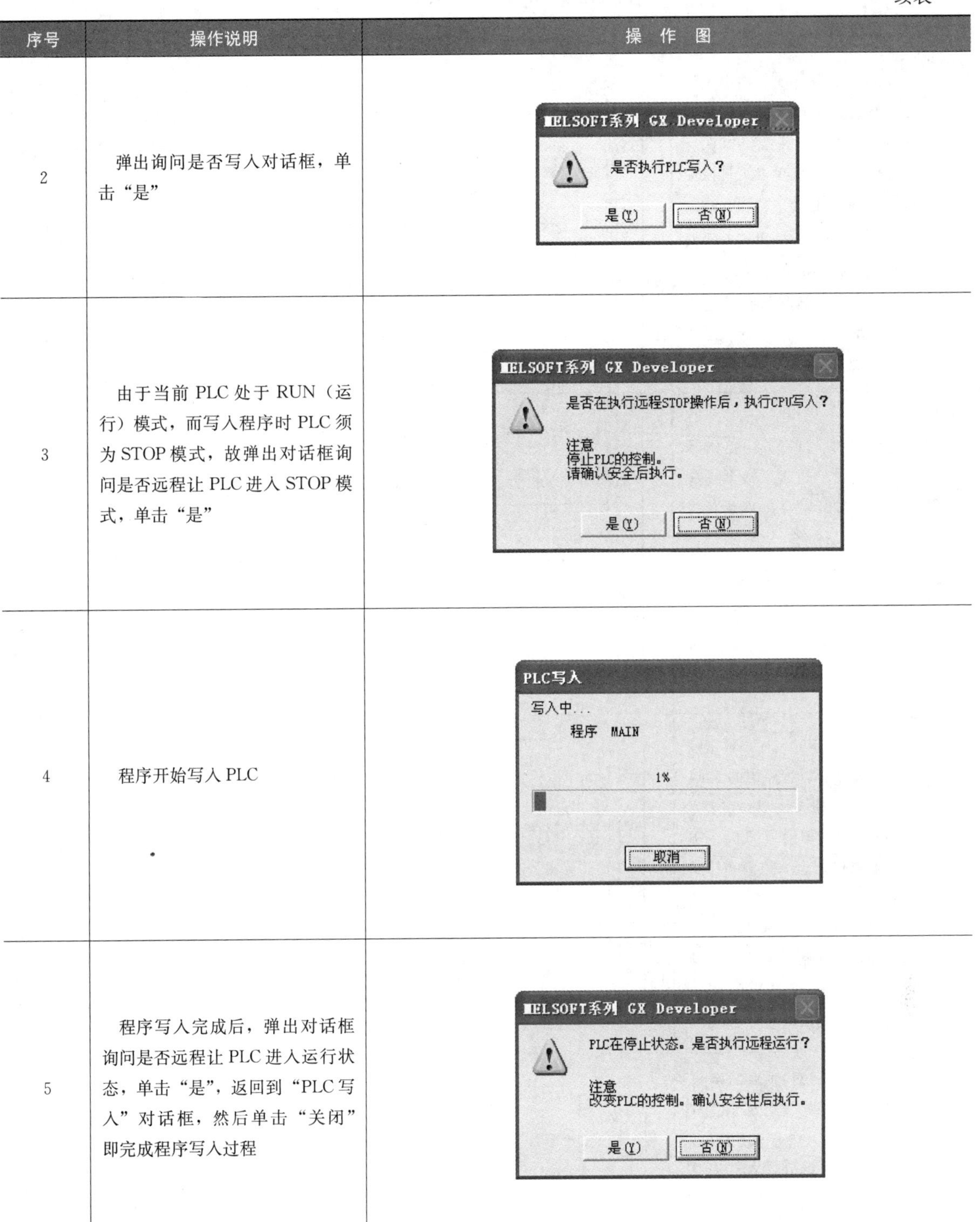

序号	操作说明	操作图
2	弹出询问是否写入对话框，单击“是”	MELSOFT系列 GX Developer 是否执行PLC写入？ 是(Y) 否(N)
3	由于当前PLC处于RUN（运行）模式，而写入程序时PLC须为STOP模式，故弹出对话框询问是否远程让PLC进入STOP模式，单击“是”	MELSOFT系列 GX Developer 是否在执行远程STOP操作后，执行CPU写入？ 注意 停止PLC的控制。 请确认安全后执行。 是(Y) 否(N)
4	程序开始写入PLC	PLC写入 写入中... 程序 MAIN 1% 取消
5	程序写入完成后，弹出对话框询问是否远程让PLC进入运行状态，单击“是”，返回到“PLC写入”对话框，然后单击“关闭”即完成程序写入过程	MELSOFT系列 GX Developer PLC在停止状态。是否执行远程运行？ 注意 改变PLC的控制。确认安全性后执行。 是(Y) 否(N)

3.2.10 在线监视PLC程序的运行

在GX Developer软件中将程序写入PLC后，如果希望看见程序在实际PLC中的运行情况，可使用软件的在线监视功能，在使用该功能时，应确保PLC与计算机间通信电缆连接正常，PLC供电正常。在线监视PLC程序运行的操作说明见表3-14。

表 3-14 在线监视 PLC 程序运行的操作说明

序号	操作说明	操作图
1	在 GX Developer 软件中先将编写好的程序写入 PLC，然后执行菜单命令"在线→监视→监视模式"，或者单击工具栏上的 (监视模式) 按钮，也可以直接按 F3 键，即进入在线监视模式，软件编程区内梯形图的 X001 常闭触点上有深色方块，表示 PLC 程序中的该触点处于闭合状态	X000 (T0 K90) 0; Y000 X001 (Y000); T0 (Y001); X001 [RST T0]; [END]
2	用导线将 PLC 的 X000 端子与 COM 端子短接，梯形图中的 X000 常开触点出现深色方块，表示已闭合，定时器线圈 T0 出现方块，已开始计时，Y000 线圈出现方块，表示得电，Y000 常开自锁触点出现方块，表示已闭合	X000 (T0 K90) 5; Y000 X001 (Y000); T0 (Y001); X001 [RST T0]; [END]
3	将 PLC 的 X000、COM 端子间的导线断开，程序中的 X000 常开触点上的方块消失，表示该触点断开，但由于 Y000 常开自锁触点仍闭合（该触点上有方块），故定时器线圈 T0 仍得电计时，当计时到达设定值 90（9s）时，T0 常开触点上出现方块（触点闭合），Y001 线圈出现方块（线圈得电）	X000 (T0 K90) 90; Y000 X001 (Y000); T0 (Y001); X001 [RST T0]; [END]
4	用导线将 PLC 的 X001 端子与 COM 端子短接，梯形图中的 X001 常闭触点上方块的方块消失，表示已断开，Y000 线圈上的方块马上消失，表示失电，Y000 常开自锁触点上的方块消失，表示断开，定时器线圈 T0 上的方块消失，停止计时并将当前计时值清 0，T0 常开触点上的方块消失，表示触点断开，X001 常开触点上有方块，表示该触点处于闭合	X000 (T0 K90) 0; Y000 X001 (Y000); T0 (Y001); X001 [RST T0]; [END]

续表

序号	操作说明	操 作 图
5	在监视模式时不能修改程序，如果监视过程中发现程序存在错误需要修改，可单击工具栏上的（写入模式）按钮，切换到写入模式，程序修改并变换后，再将修改的程序重新写入PLC，然后又切换到监视模式来监视修改后的程序运行情况； 使用“监视（写入模式）”功能，可以避免上述麻烦的操作。单击工具栏上的按钮，或执行菜单命令“在线→监视→监视（写入模式）”进入监视（写入模式），在进入监视（写入模式）时，软件先将当前程序自动写入PLC，再监视PLC程序的运行，如果对程序进行了修改并交换后，修改后的新程序又自动写入PLC，开始新程序的监视运行	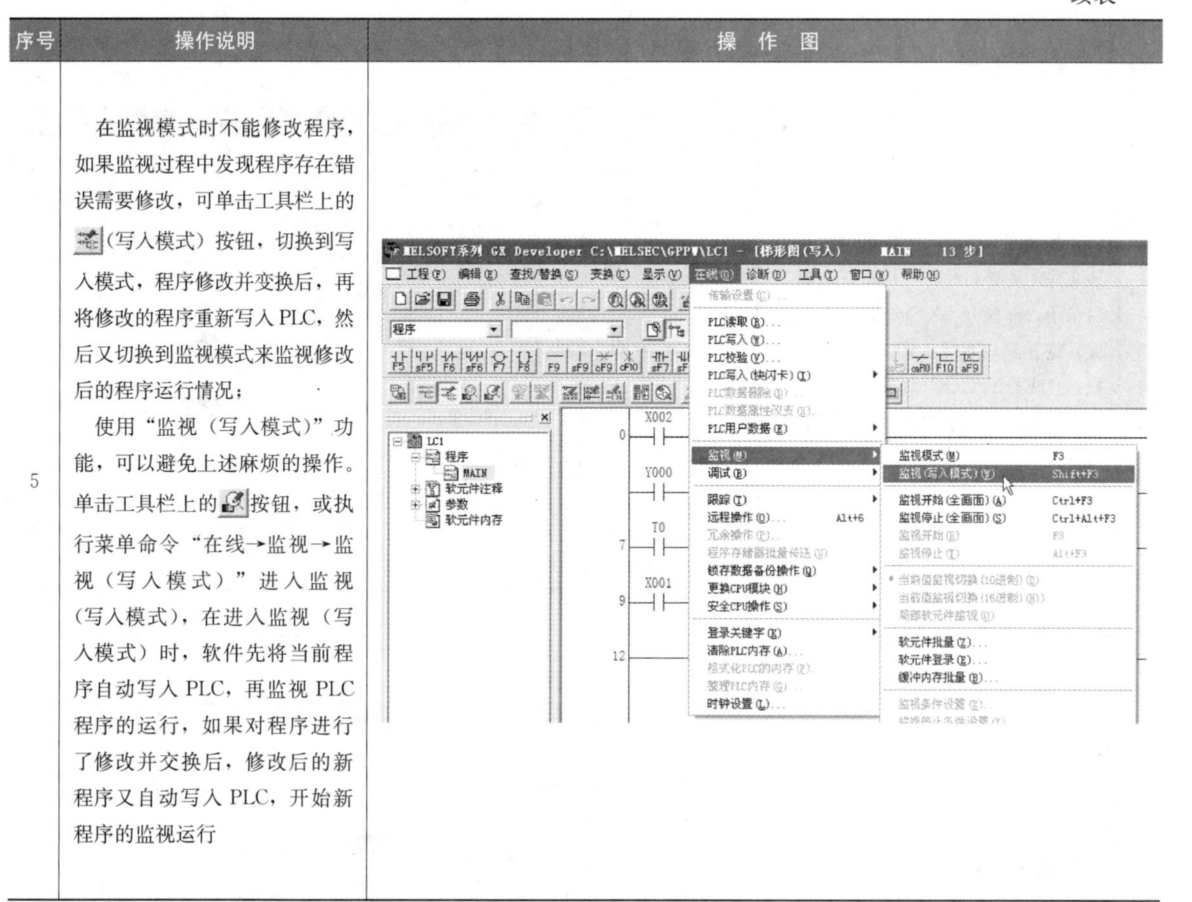

3.3 三菱 GX Simulator 仿真软件的使用

编程计算机连接实际的PLC可以在线监视PLC程序运行情况，但由于受条件限制，很多学习者并没有PLC，这时可以使用三菱GX Simulator仿真软件，安装该软件后，就相当于给编程计算机连接了一台模拟的PLC，可以将程序写入这台模拟PLC在线监视PLC程序运行。

GX Simulator软件具有以下特点：①具有硬件PLC没有的单步执行、跳步执行和部分程序执行调试功能；②调试速度快；③不支持输入/输出模块和网络，仅支持特殊功能模块的缓冲区；④扫描周期被固定为100ms，可以设置为100ms的整数倍。

GX Simulator软件支持FX1S/FX1N/FX1NC，FX2N/FX2NC绝大部分的指令，但不支持中断指令、PID指令、位置控制指令、与硬件和通信有关的指令。GX Simulator软件从RUN模式切换到STOP模式时，停电保持的软元件的值被保留，非停电保持软元件的值被清除，软件退出时，所有软元件的值被清除。

3.3.1 安装 GX Simulator 仿真软件

GX Simulator仿真软件是GX Developer软件的一个可选安装包，如果未安装该软件包，GX Developer可正常编程，但无法使用PLC仿真功能。

GXSimulator仿真软件的安装说明见表3-15。

表 3-15　　GX Simulator 仿真软件的安装说明

序号	操作说明	操作图
1	在安装时，先将 GX Simulator 安装文件夹复制到计算机某盘符的根目录下，再打开 GX Simulator 文件夹，打开其中的 EnvMEL 文件夹，找到“SETUP. EXE”文件，并双击它，就开始安装 MELSOFT 环境软件	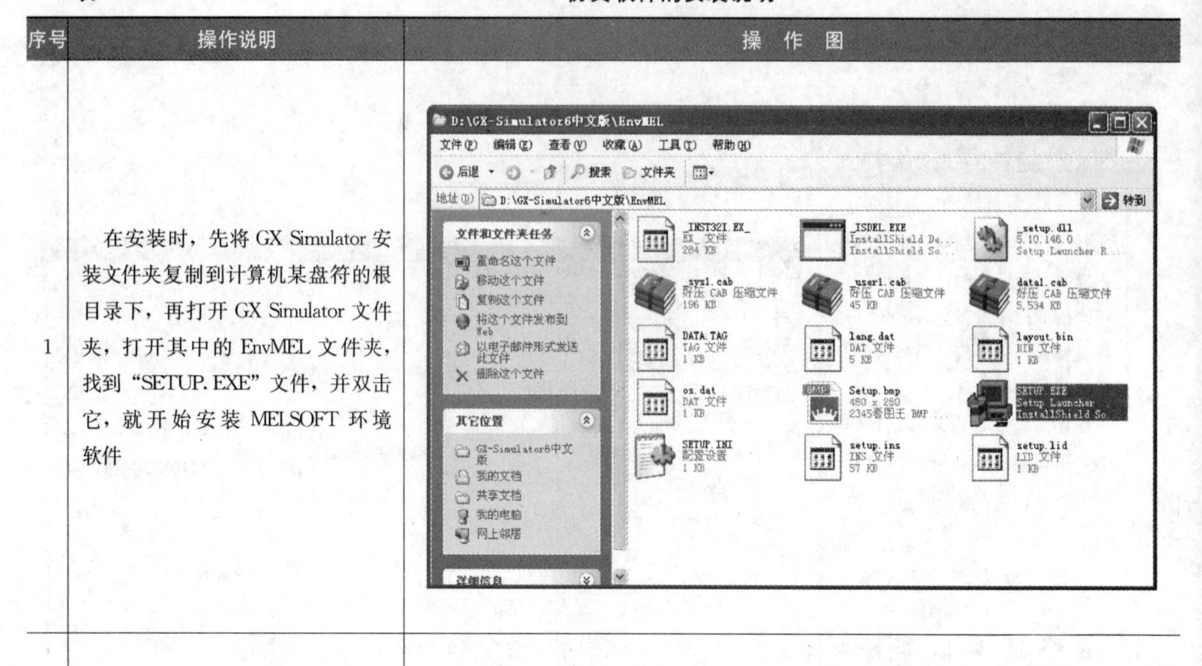
2	环境软件安装完成后，在 GX Simulator 文件夹中找到“SETUP. EXE”文件，双击该文件即开始安装 GX Simulator 仿真软件	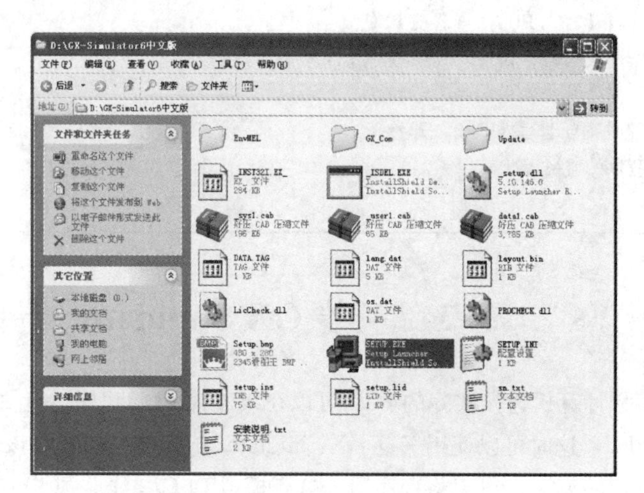
3	在出现的“输入产品 ID 号”对话框中输入产品序列号（安装本书免费提供下载的 GX Simulator 仿真软件时也可使用本序列号），单击“下一个”	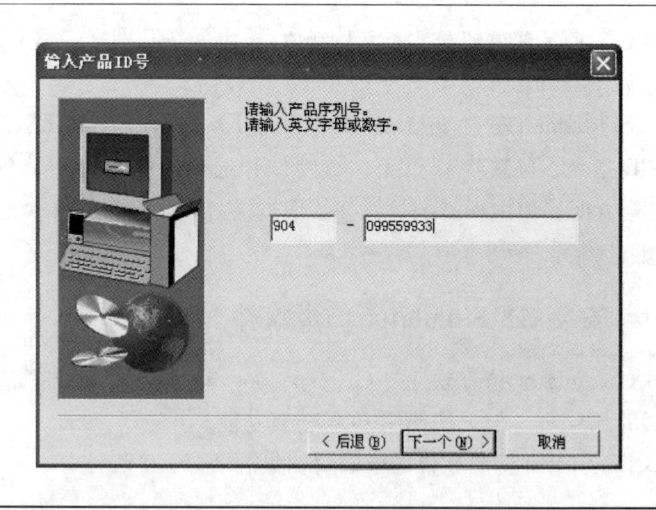

续表

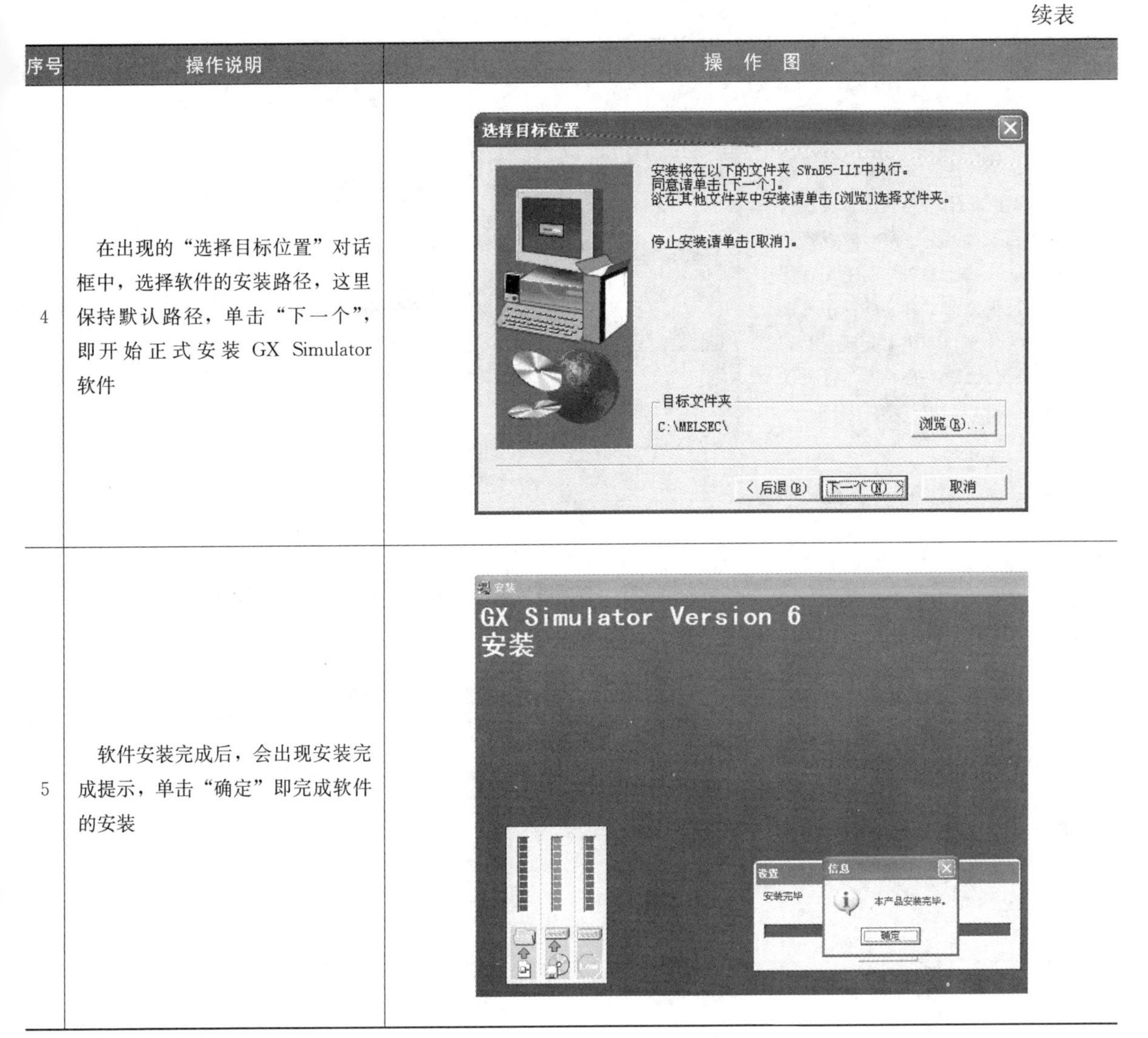

序号	操作说明	操 作 图
4	在出现的“选择目标位置”对话框中，选择软件的安装路径，这里保持默认路径，单击“下一个”，即开始正式安装 GX Simulator 软件	选择目标位置 安装将在以下的文件夹 SWnD5-LLT中执行。 同意请单击[下一个]。 欲在其他文件夹中安装请单击[浏览]选择文件夹。 停止安装请单击[取消]。 目标文件夹 C:\MELSEC\ 浏览(R)... < 后退(B) 下一个(N) > 取消
5	软件安装完成后，会出现安装完成提示，单击“确定”即完成软件的安装	GX Simulator Version 6 安装 信息 本产品安装完毕。 确定

3.3.2 仿真操作

仿真操作内容包括将程序写入模拟 PLC 中，再对程序中的元件进行强制 ON 或 OFF 操作，然后在 GX Developer 软件中查看程序在模拟 PLC 中的运行情况。仿真操作说明见表 3-16。

表 3-16 仿真操作说明

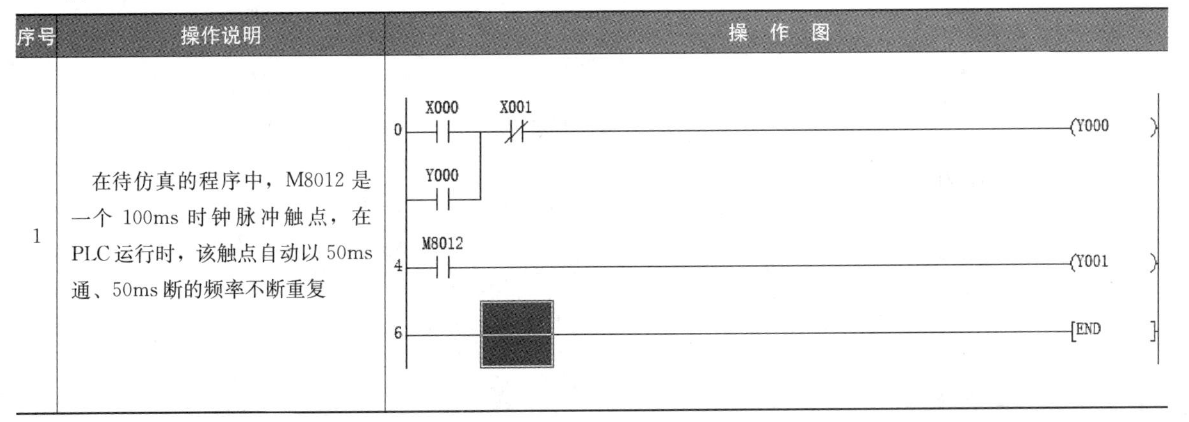

序号	操作说明	操 作 图
1	在待仿真的程序中，M8012 是一个 100ms 时钟脉冲触点，在 PLC 运行时，该触点自动以 50ms 通、50ms 断的频率不断重复	

续表

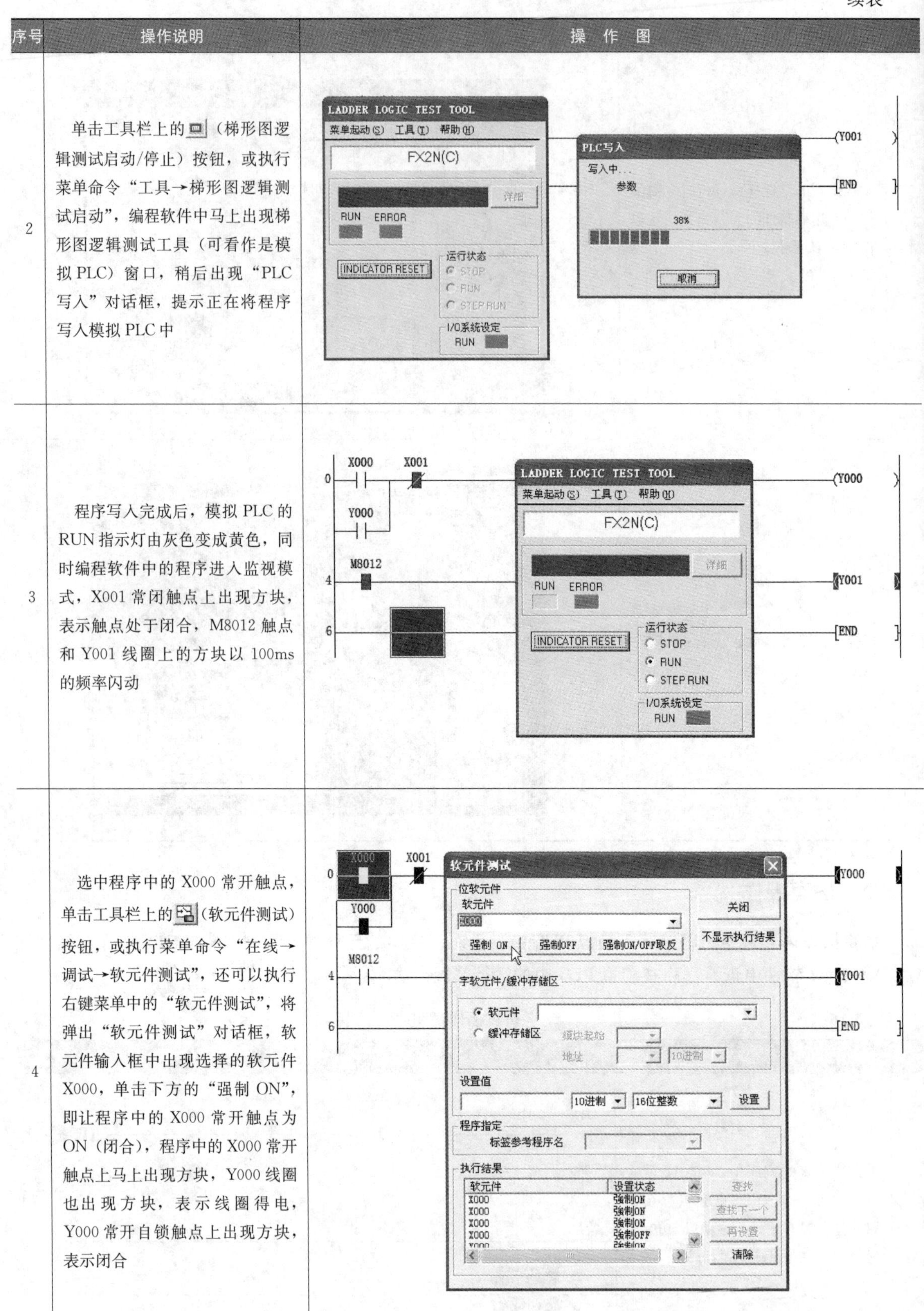

序号	操作说明	操作图
2	单击工具栏上的 (梯形图逻辑测试启动/停止）按钮，或执行菜单命令“工具→梯形图逻辑测试启动”，编程软件中马上出现梯形图逻辑测试工具（可看作是模拟PLC）窗口，稍后出现“PLC写入”对话框，提示正在将程序写入模拟PLC中	
3	程序写入完成后，模拟PLC的RUN指示灯由灰色变成黄色，同时编程软件中的程序进入监视模式，X001常闭触点上出现方块，表示触点处于闭合，M8012触点和Y001线圈上的方块以100ms的频率闪动	
4	选中程序中的X000常开触点，单击工具栏上的 (软元件测试）按钮，或执行菜单命令“在线→调试→软元件测试”，还可以执行右键菜单中的“软元件测试”，将弹出“软元件测试”对话框，软元件输入框中出现选择的软元件X000，单击下方的“强制ON”，即让程序中的X000常开触点为ON（闭合），程序中的X000常开触点上马上出现方块，Y000线圈也出现方块，表示线圈得电，Y000常开自锁触点上出现方块，表示闭合	

续表

序号	操作说明	操 作 图
5	在“软元件测试”对话框中先将 X000 常开触点强制 OFF，再在软元件输入框中输入 X001，并强制 ON，程序中的 X001 常闭触点上的方块马上消失，表示该触点断开，Y000 线圈上方块消失（线圈失电），Y000 常开自锁触点的方块也消失（断开）	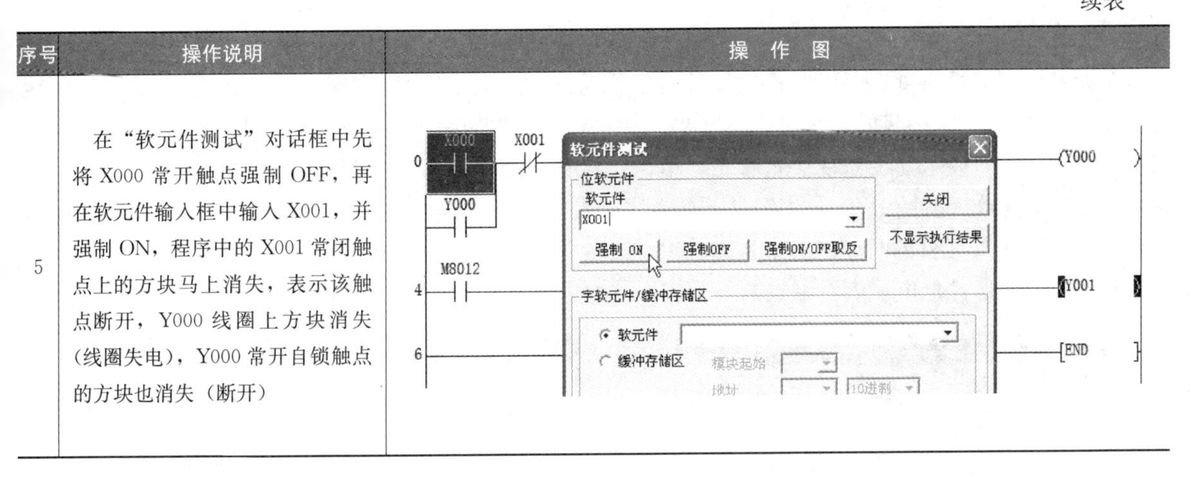

在仿真时，如果要退出仿真监视状态，可单击编程软件工具栏上的按钮，使该按钮处于弹起状态即可，梯形图逻辑测试工具窗口会自动消失。在仿真时，如果需要修改程序，可先退出仿真状态，在让编程软件进入写入模式（按下工具栏中的按钮），就可以对程序进行修改，修改并变换后再按下工具栏上的按钮，重新进行仿真。

3.3.3 软元件监视

在仿真时，除了可以在编程软件中查看程序在模拟 PLC 中的运行情况，也可以通过仿真工具了解一些软元件状态。图 3-25 所示为在设备内存监视窗口中监视软元件状态。

在梯形图逻辑测试工具窗口中执行菜单命令“菜单起动→继电器内存监视”，弹出图 3-25（a）所示的 DEVICE MEMORY MONITOR（设备内存监视）窗口，在该窗口执行菜单命令“软元件→位软元件窗口→X”，下方马上出现 X 继电器状态监视窗口，再用同样的方法调出 Y 线圈的状态监视窗口，见图 3-25（b），从中可以看出，X000 继电器有黄色背景，表示 X000 继电器状态为 ON，即 X000 常开触点处于闭合状态、常闭触点处于断开状态，Y000、Y001 线圈也有黄色背景，表示这两个线圈状态都为 ON。单击窗口上部的黑三角，可以在窗口显示前、后编号的软元件。

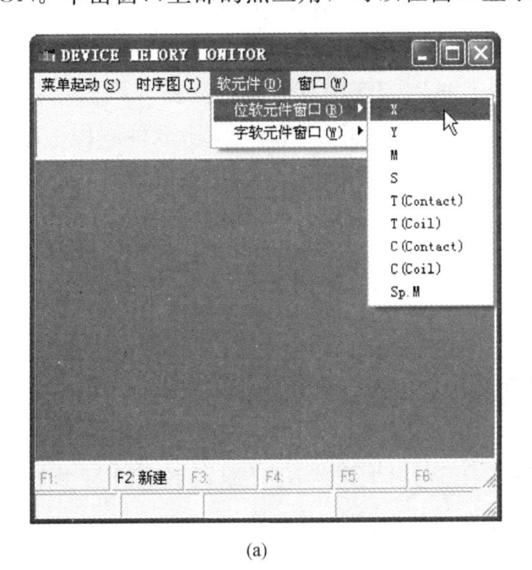

(a)

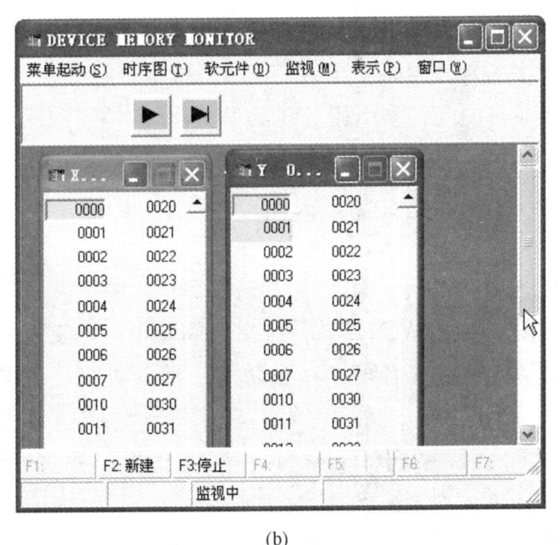

(b)

图 3-25 在设备内存监视窗口中监视软元件状态

（a）在设备内存监视窗口中执行菜单命令；（b）调出 X 继电器和 Y 线圈监视窗口

3.3.4 时序图监视

在设备内存监视窗口也可以监视软元件的工作时序图（波形图）。在图 3-25（a）所示的窗口中执行菜单命令“时序图→起动”，将弹出图 3-26（a）所示的“时序图”窗口，窗口中的“监控停止”按钮指示灯为红色，表示处于监视停止状态，单击该按钮，窗口中马上出现程序中软元件的时序图，见图 3-26（b），X000 元件右边的时序图是一条蓝线，表示 X000 继电器一直处于 ON，即 X000 常开触点处于闭合；M8012 元件的时序图为一系列脉冲，表示 M8012 触点闭合断开交替反复进行，脉冲高电平表示触点闭合，脉冲低电平表示触点断开。

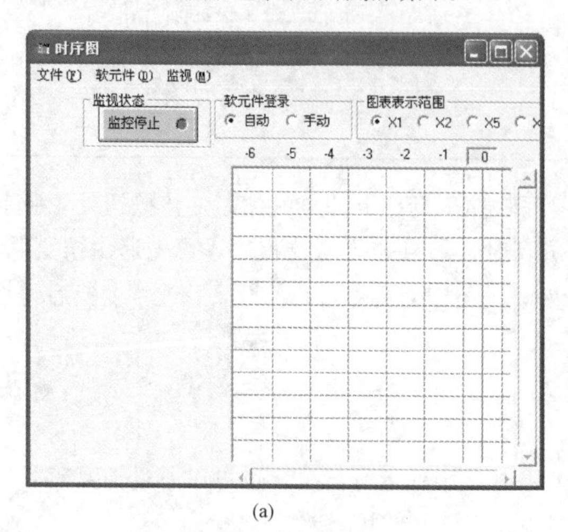

(a)

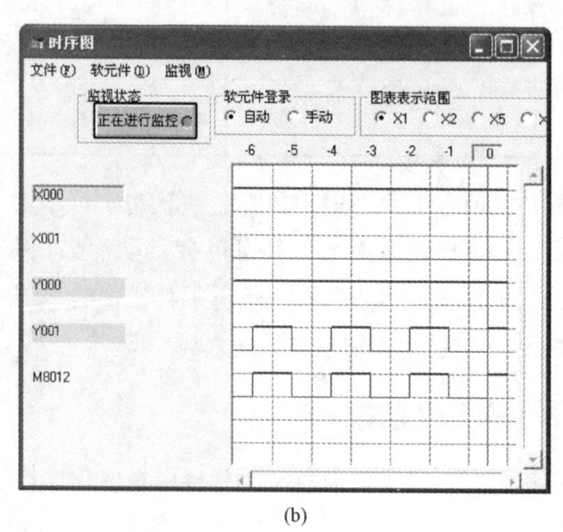

(b)

图 3-26 软元件的工作时序监视

（a）时序监视处于停止；（b）时序监视启动

3.4 三菱 FXGP/WIN-C 编程软件的使用

三菱 FXGP/WIN-C 软件也是一款三菱 PLC 编程软件，其安装文件体积不到 3MB，而三菱 GX Developer 文件体积有几十到几百兆（因版本而异），GX Work2 体积更是达几百兆到上千兆。这 3 款软件编写程序的方法大同小异，但在用一些指令（如步进指令）编写程序时存在不同，另外很多三菱 PLC 教程手册中的实例多引用 FXGP/WIN-C 软件编写的程序，因此即使用 GX Developer 软件编程，也应对 FXGP/WIN-C 软件有所了解。

3.4.1 软件的安装和启动

1. 软件的安装

三菱 FXGP/WIN-C 软件推出时间较早（不支持 64 位操作系统），新购买三菱 FX 系列 PLC 时一般不配带该软件，读者可以在互联网上搜索查找，也可到易天电学网（www.xxITee.com）免费索要该软件。

在安装时，打开 fxgpwinC 安装文件夹，找到安装文件 SETUP32.EXE，双击该文件即开始安装 FXGP/WIN-C 软件，如图 3-27 所示。

2. 软件的启动

FXGP/WIN-C 软件安装完成后，从开始菜单的“程序”项中找到“FXGP_WIN-C”图标，如图 3-28 所示，单击该图标即开始启动 FXGP/WIN-C 软件。启动完成的软件界面如图 3-29 所示。

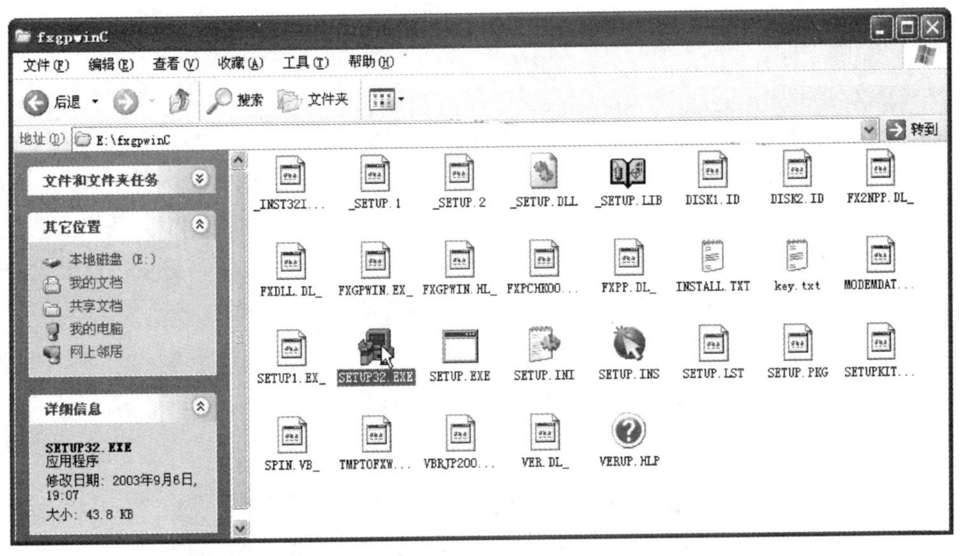

图 3-27 双击 SETUP32.EXE 文件开始安装 FXGP/WIN-C 软件

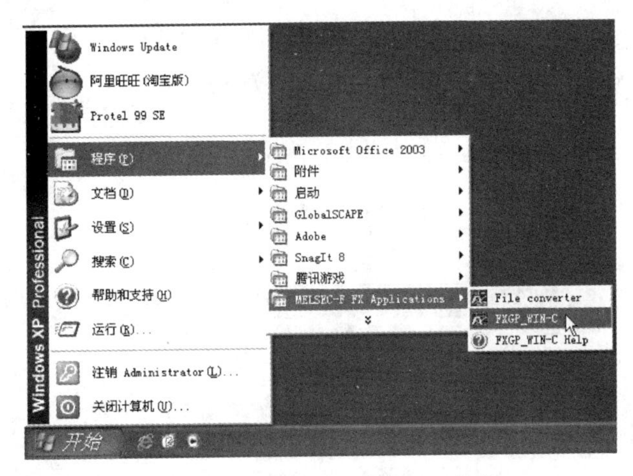

图 3-28 启动 FXGP_WIN-C 软件

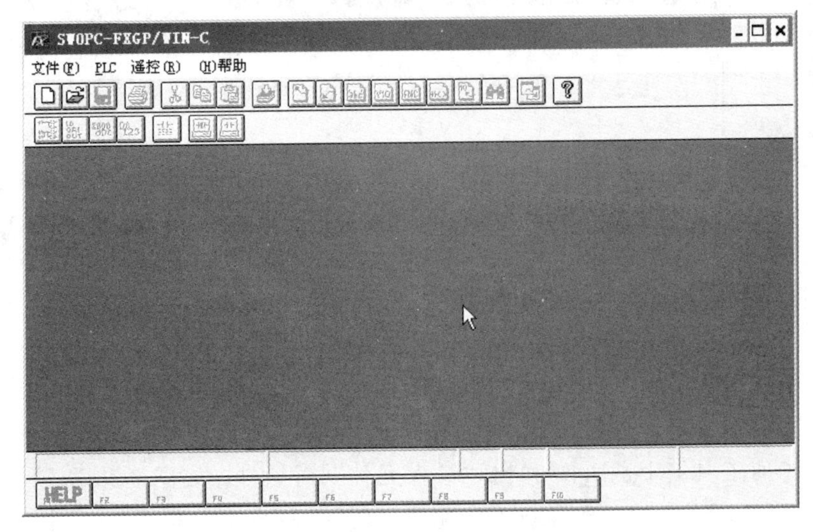

图 3-29 FXGP_WIN-C 软件界面

3.4.2 程序的编写

1. 新建程序文件

要编写程序，须先新建程序文件。新建程序文件过程如下：执行菜单命令“文件→新文件”，也可单击“□”图标，弹出“PLC类型设置”对话框，如图3-30所示，选择“FX2N/FX2NC”类型，单击“确认”，即新建一个程序文件，它提供了“指令表”和“梯形图”两种编程方式，如图3-31所示。若要编写梯形图程序，可单击“梯形图”编辑窗口右上方的“最大化”按钮，将该窗口最大化。

在窗口的右方有一个浮置的工具箱，它包含有各种编写梯形图程序的工具，各工具功能如图3-32所示。

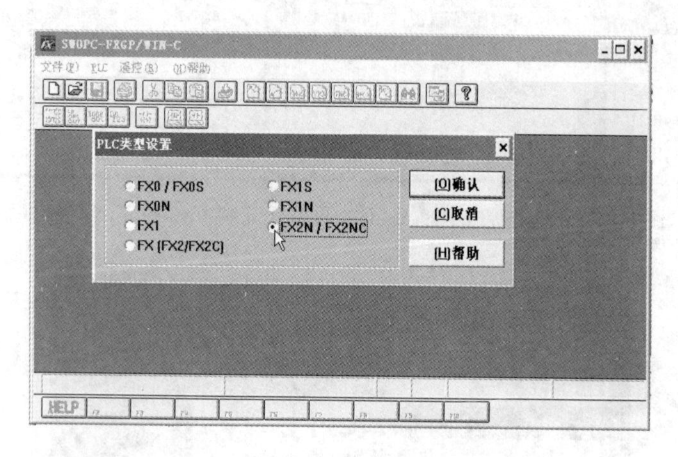

图3-30 “PLC类型设置”对话框

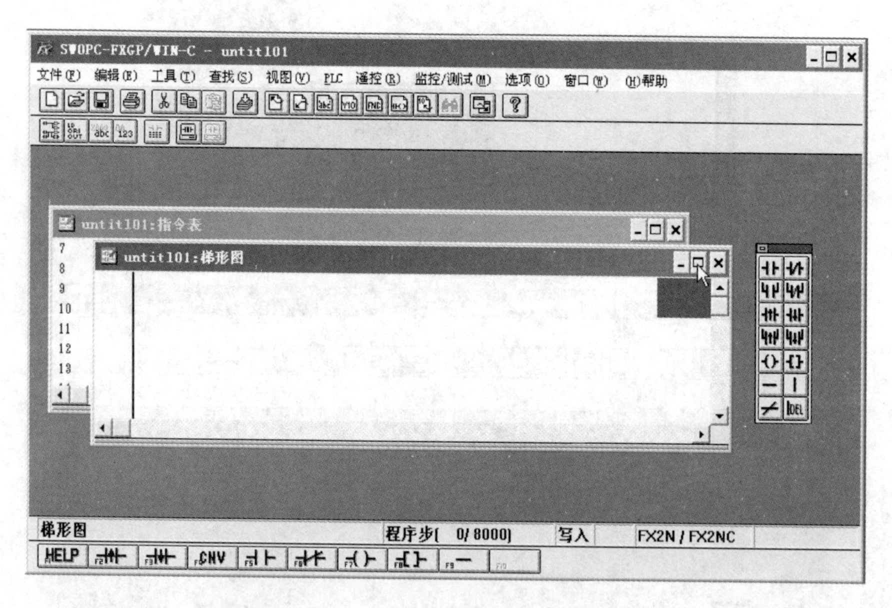

图3-31 新建的程序文件提供两种编程方式

2. 程序的编写

(1) 单击浮置的工具箱上的⊣⊢，弹出“输入元件”对话框，如图3-33所示，在该框中输入“X000”，确认后，在程序编写区出现X000常开触点，高亮光标自动后移。

(2) 单击工具箱上的〈〉，弹出“输入元件”对话框，在该框中输入“T2 K200”，如图3-34所示，确认后，在程序编写区出现定时器线圈，线圈内的“T2 K200”表示 T2 线圈是一个延时动作线圈，延迟时间为 0.1s×200=20s。

(3) 再依次使用工具箱上的┤├输入“X001”，用{ }输入“RST T2”，用┤├输入“T2”，用( )输入“Y000”。

编写完成的梯形图程序如图 3-35 所示。

若需要对程序内容时进行编辑，可用鼠标选中要操作的对象，再执行“编辑”菜单下的各种命令，就可以对程序进行复制、贴粘、删除、插入等操作。

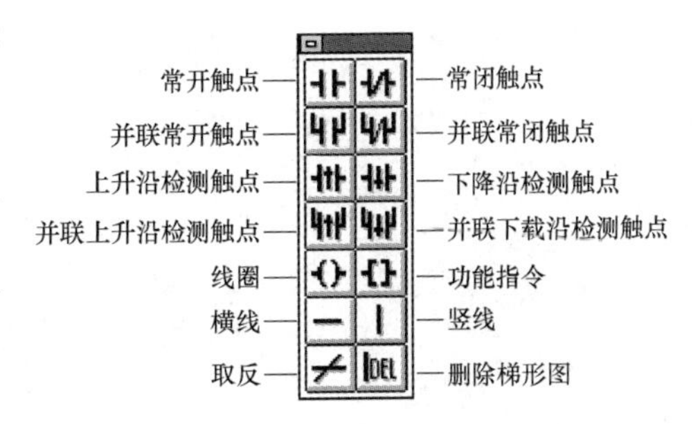

图 3-32 工具箱各工具功能说明

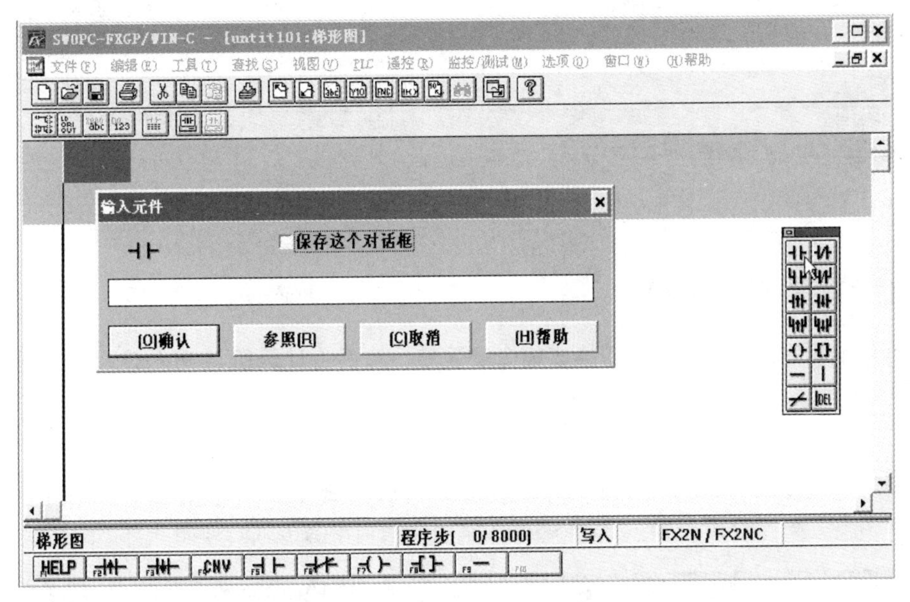

图 3-33 “输入元件”对话框

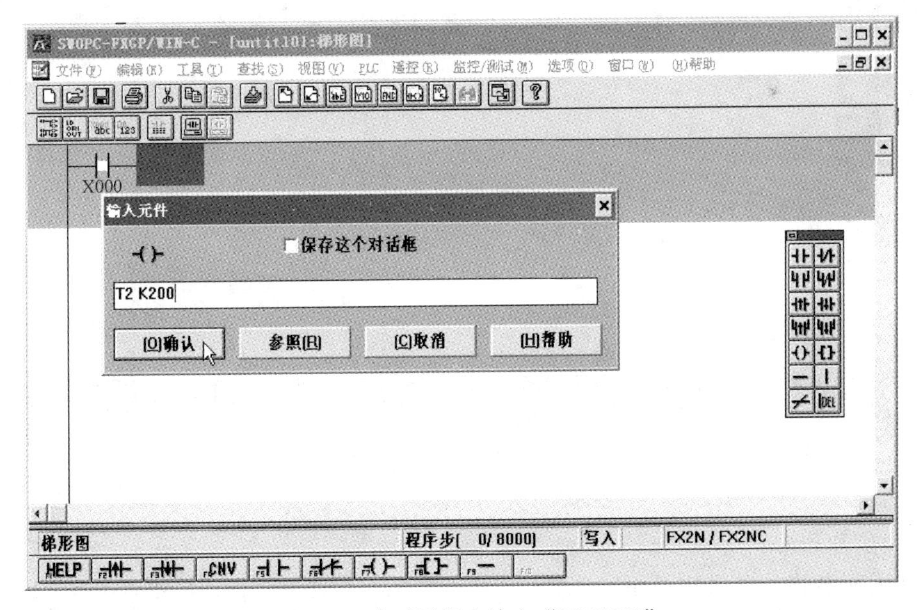

图 3-34 在对话框内输入“T2 K200”

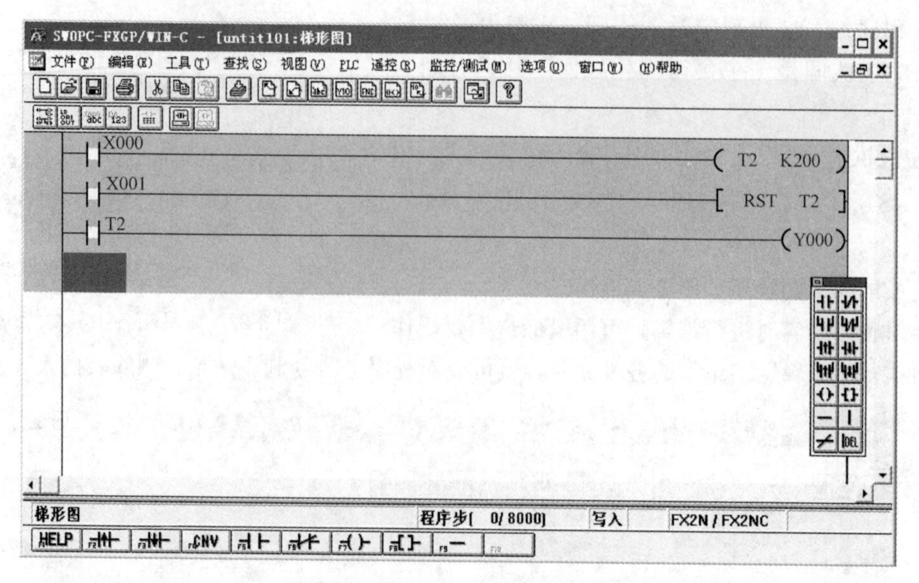

图 3-35 编写完成的梯形图程序

3.4.3 程序的转换与写入 PLC

梯形图程序编写完成后，需要先转换成指令表程序，然后将计算机与 PLC 连接好，再将程序传送到 PLC 中。

1. 程序的转换

单击工具栏中的[转换按钮]，也可执行菜单命令“工具→转换”，软件自动将梯形图程序转换成指令表程序。执行菜单命令“视图→指令表”，程序编程区就切换到指令表形式，如图 3-36 所示。

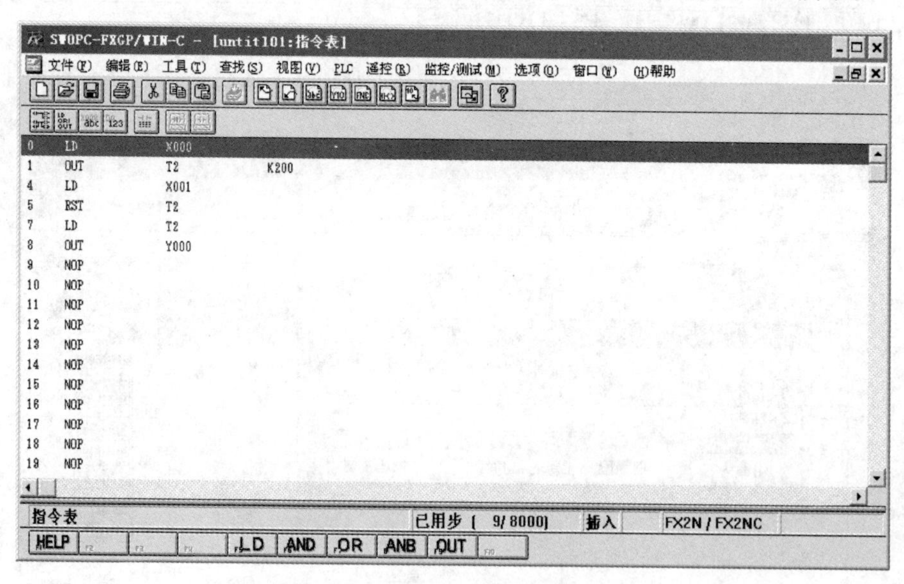

图 3-36 编程区切换到指令表形式

2. 将程序传送 PLC

要将编写好的程序传送到 PLC 中，先要将计算机与 PLC 连接好，再执行菜单命令“PLC→传送→写出”，将弹出“PC 程序写入”对话框，如图 3-37 所示，选择所有范围，确认后，编写的程序就会全部送入 PLC。

如果要修改PLC中的程序，可执行菜单命令“PLC→传送→读入”，PLC中的程序就会读入计算机编程软件中，然后就可以对程序进行修改。

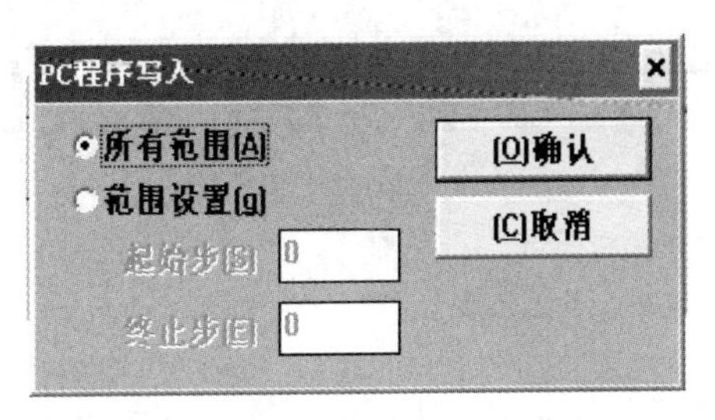

图3-37 “PC程序写入”对话框

第4章

基本指令的使用与实例

基本指令是PLC最常用的指令，也是PLC编程时必须掌握的指令。三菱FX系列PLC的一、二代机（FX1S/FX1N/FX1NC/FX2N/FX2NC）有27条基本指令，三代机（FX3SA/FX3S/FX3GA/FX3GE/FX3G/FX3GC/FX3U/FX3UC）有29条基本指令（增加了MEP、MEF指令）。

4.1 基本指令说明

4.1.1 逻辑取及驱动指令

1. 指令名称及说明

逻辑取及驱动指令名称及功能见表4-1。

表4-1 逻辑取及驱动指令名称及功能

指令名称（助记符）	功能	对象软元件
LD	取指令，其功能是将常开触点与左母线连接	X、Y、M、S、T、C、D□.b
LDI	取反指令，其功能是将常闭触点与左母线连接	X、Y、M、S、T、C、D□.b
OUT	线圈驱动指令，其功能是将输出继电器、辅助继电器、定时器或计数器线圈与右母线连接	Y、M、S、T、C、D□.b

2. 使用举例

逻辑取及驱动指令（LD、LDI、OUT）使用举例如图4-1所示。

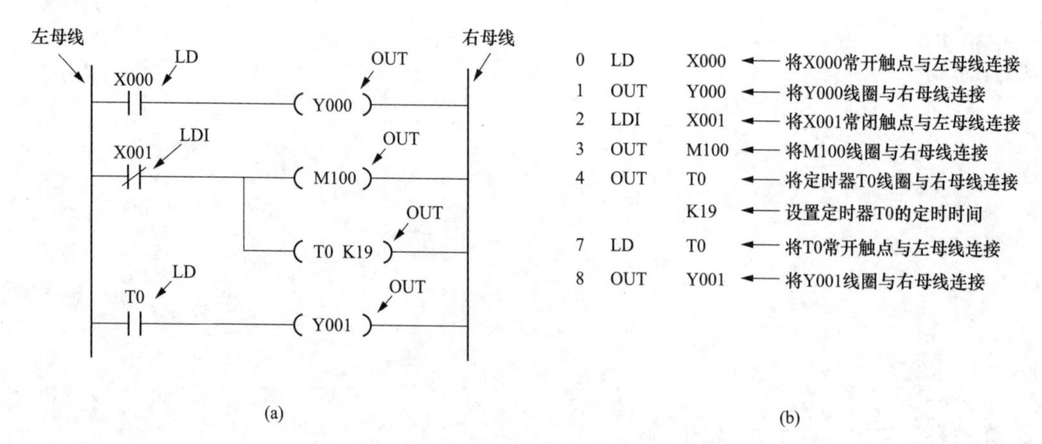

图4-1 逻辑取及驱动指令（LD、LDI、OUT）使用举例

（a）梯形图；（b）指令语句表

4.1.2 触点串联指令

1. 指令名称及说明

触点串联指令名称及功能见表 4-2。

表 4-2 触点串联指令名称及功能

指令名称（助记符）	功能	对象软元件
AND	常开触点串联指令（又称与指令），其功能是将常开触点与上一个触点串联（注：该指令不能让常开触点与左母线串接）	X、Y、M、S、T、C、D□. b
ANI	常闭触点串联指令（又称与非指令），其功能是将常闭触点与上一个触点串联（注：该指令不能让常闭触点与左母线串接）	X、Y、M、S、T、C、D□. b

2. 使用举例

触点串联指令（AND、ANI）使用举例如图 4-2 所示。

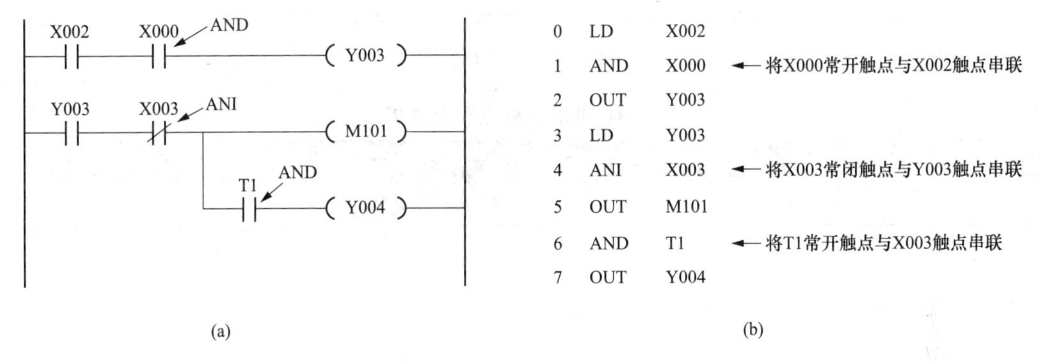

图 4-2 触点串联指令（AND、ANI）使用举例

（a）梯形图；（b）指令语句表

4.1.3 触点并联指令

1. 指令名称及说明

触点并联指令名称及功能见表 4-3。

表 4-3 触点并联指令名称及功能

指令名称（助记符）	功能	对象软元件
OR	常开触点并联指令（又称或指令），其功能是将常开触点与上一个触点并联	X、Y、M、S、T、C、D□. b
ORI	常闭触点并联指令（又称或非指令），其功能是将常闭触点与上一个触点串联	X、Y、M、S、T、C、D□. b

2. 使用举例

触点并联指令（OR、ORI）使用举例如图 4-3 所示。

4.1.4 电路块并联指令

两个或两个以上触点串联组成的电路称为串联电路块。将多个串联电路块并联起来时要用到电路块并联指令（ORB）。

1. 指令名称及说明

电路块并联指令名称及功能见表 4-4。

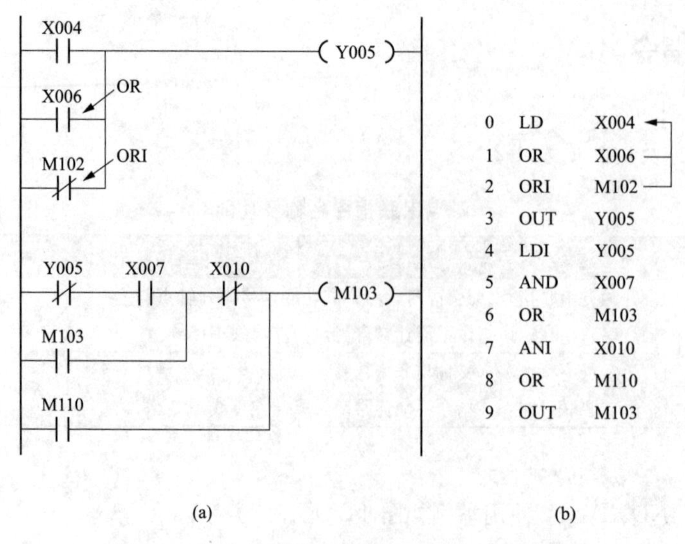

图 4-3 触点并联指令（OR、ORI）使用举例

（a）梯形图；（b）指令语句表

表 4-4 电路块并联指令名称及功能

指令名称（助记符）	功 能	对象软元件
ORB	串联电路块的并联指令，其功能是将多个串联电路块并联起来	无

2. 使用举例

电路块并联指令（ORB）使用举例如图 4-4 所示。

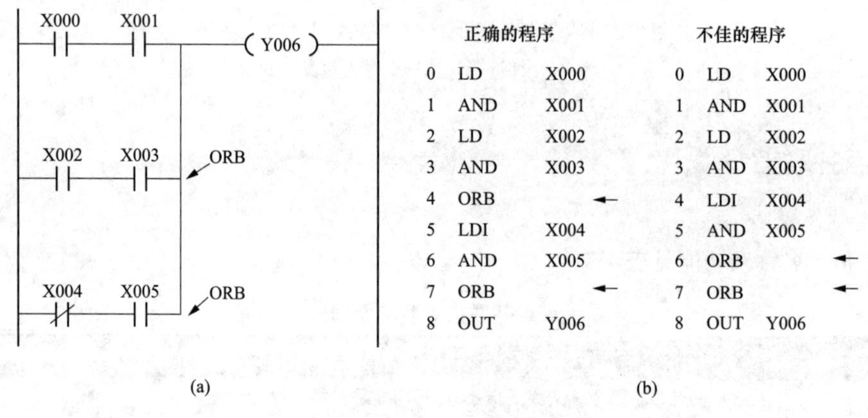

图 4-4 电路块并联指令（ORB）使用举例

（a）梯形图；（b）指令语句表

3. 使用要点说明

（1）每个电路块开始要用 LD 或 LDI，结束用 ORB。

（2）ORB 是不带操作数的指令。

（3）电路中有多少个电路块就可以使用多少次 ORB，ORB 使用次数不受限制。

（4）ORB 可以成批使用，但由于 LD、LDI 重复使用次数不能超过 8 次，编程时要注意这一点。

4.1.5 电路块串联指令

两个或两个以上触点并联组成的电路称为并联电路块。将多个并联电路块串联起来时要用到电路块串联指令（ANB）。

1. 指令名称及说明

电路块串联指令名称及功能见表 4-5。

表 4-5 电路块串联指令名称及功能

指令名称（助记符）	功　能	对象软元件
ANB	并联电路块的串联指令，其功能是将多个并联电路块串联起来	无

2. 使用举例

电路块串联指令（ANB）使用举例如图 4-5 所示。

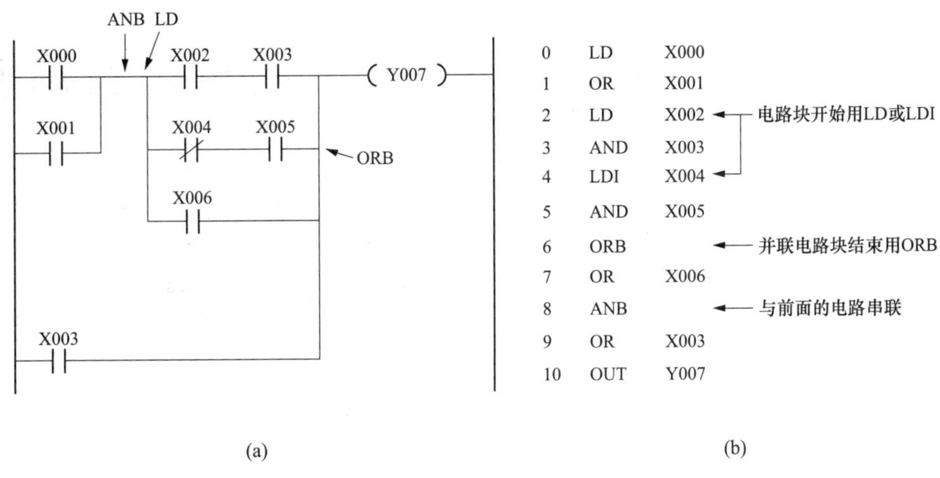

图 4-5 电路块串联指令（ANB）使用举例

（a）梯形图；（b）指令语句表

4.1.6 边沿检测指令

边沿检测指令的功能是在上升沿或下降沿时接通一个扫描周期。边沿检测指令分为上升沿检测指令（LDP、ANDP、ORP）和下降沿检测指令（LDF、ANDF、ORF）。

1. 上升沿检测指令

LDP、ANDP、ORP 为上升沿检测指令，当有关元件进行 OFF→ON 变化时（上升沿），这些指令可以为目标元件接通一个扫描周期时间，目标元件可以是输入继电器 X、输出继电器 Y、辅助继电器 M、状态继电器 S、定时器 T 和计数器。

（1）指令名称及说明。上升沿检测指令名称及功能见表 4-6。

表 4-6 上升沿检测指令名称及功能

指令名称（助记符）	功　能	对象软元件
LDP	上升沿取指令，其功能是将上升沿检测触点与左母线连接	X、Y、M、S、T、C、D□. b
ANDP	上升沿触点串联指令，其功能是将上升沿触点与上一个元件串联	X、Y、M、S、T、C、D□. b
ORP	上升沿触点并联指令，其功能是将上升沿触点与上一个元件并联	X、Y、M、S、T、C、D□. b

（2）使用举例。

上升沿检测指令（LDP、ANDP、ORP）使用举例如图 4-6 所示。

上升沿检测指令在上升沿来时可以为目标元件接通一个扫描周期时间，上升沿检测触点使用说明

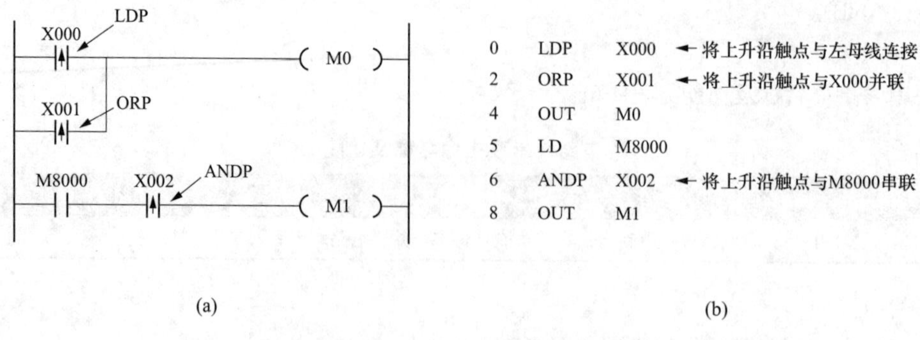

图 4-6 上升沿检测指令（LDP、ANDP、ORP）使用举例

（a）梯形图；（b）指令语句表

如图 4-7 所示，当触点 X010 的状态由 OFF 转为 ON，触点接通一个扫描周期，即继电器线圈 M6 会通电一个扫描周期时间，然后 M6 失电，直到下一次 X010 由 OFF 变为 ON。

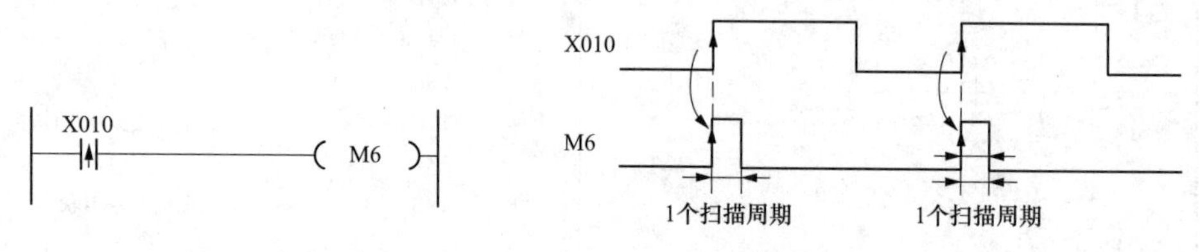

图 4-7 上升沿检测触点使用说明

2. 下降沿检测指令

LDF、ANDF、ORF 为下降沿检测指令，当有关元件进行 ON→OFF 变化时（下降沿），这些指令可以为目标元件接通一个扫描周期时间。

（1）指令名称及说明。下降沿检测指令名称及功能见表 4-7。

表 4-7 下降沿检测指令名称及功能

指令名称（助记符）	功　能	对象软元件
LDF	下降沿取指令，其功能是将下降沿检测触点与左母线连接	X、Y、M、S、T、C、D□. b
ANDF	下降沿触点串联指令，其功能是将下降沿触点与上一个元件串联	X、Y、M、S、T、C、D□. b
ORF	下降沿触点并联指令，其功能是将下降沿触点与上一个元件并联	X、Y、M、S、T、C、D□. b

（2）使用举例。下降沿检测指令（LDF、ANDF、ORF）使用举例如图 4-8 所示。

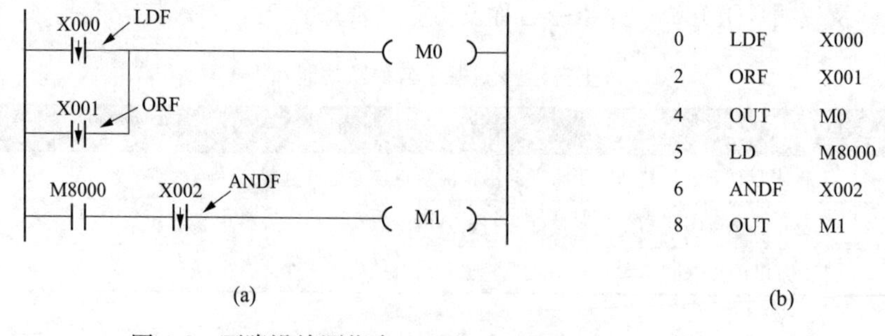

图 4-8 下降沿检测指令（LDF、ANDF、ORF）使用举例

（a）梯形图；（b）指令语句表

4.1.7 多重输出指令

三菱FX2N系列PLC有11个存储单元用来存储运算中间结果，它们组成栈存储器，用来存储触点运算结果。**栈存储器就像11个由下往上堆起来的箱子，自上往下依次为第1，2，…，11单元**，栈存储器的结构如图4-9所示。**多重输出指令的功能是对栈存储器中的数据进行操作。**

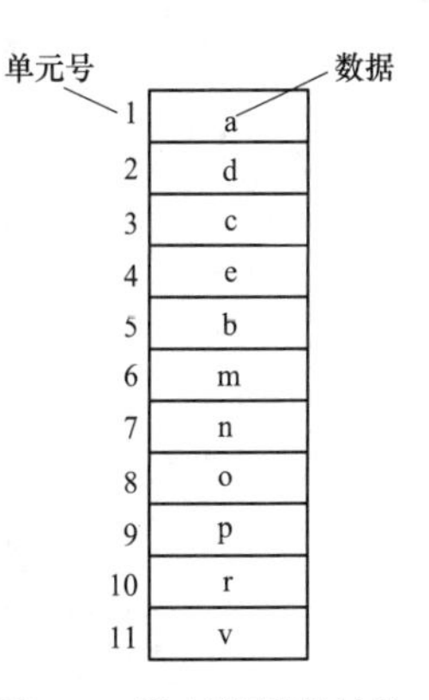

图4-9 栈存储器的结构

1. 指令名称及说明

多重输出指令名称及功能见表4-8。

2. 使用举例

多重输出指令（MPS、MRD、MPP）使用举例如图4-10～图4-12所示。

表4-8 多重输出指令名称及功能

指令名称（助记符）	功　能	对象软元件
MPS	进栈指令，其功能是将触点运算结果（1或0）存入栈存储器第1单元，存储器每个单元的数据都依次下移，即原第1单元数据移入第2单元，原第10单元数据移入第11单元	无
MRD	读栈指令，其功能是将栈存储器第1单元数据读出，存储器中每个单元的数据都不会变化	无
MPP	出栈指令，其功能是将栈存储器第1单元数据取出，存储器中每个单元的数据都依次上推，即原第2单元数据移入第1单元； MPS指令用于将栈存储器的数据都下压，而MPP指令用于将栈存储器的数据均上推，MPP在多重输出最后一个分支使用，以便恢复栈存储器	无

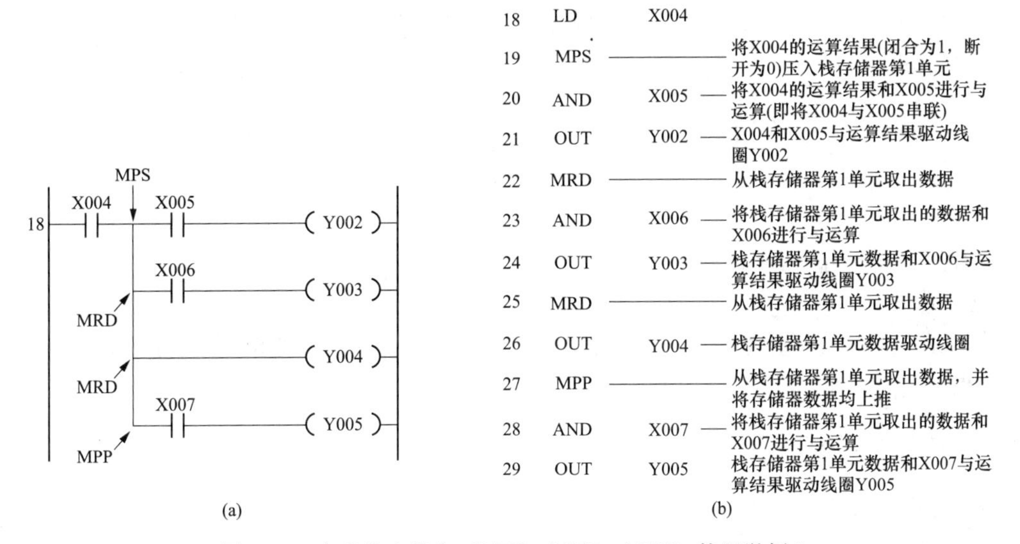

图4-10 多重输出指令（MPS、MRD、MPP）使用举例1

（a）梯形图；（b）指令语句表

3. 使用要点说明

（1）MPS和MPP指令必须成对使用，缺一不可，MRD指令有时根据情况可不用。

（2）若MPS、MRD、MPP指令后有单个常开或常闭触点串联，要使用AND或ANI指令，见图4-10（b）指令语句表中的第23、28步。

（3）若电路中有电路块串联或并联，要使用ANB或ORB指令，见图4-11（b）指令语句表中的第

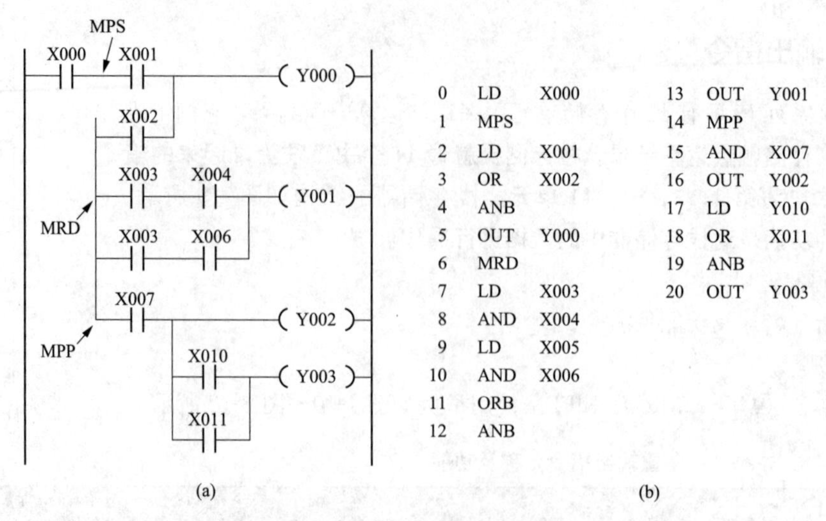

图 4-11 多重输出指令（MPS、MRD、MPP）使用举例 2

（a）梯形图；（b）指令语名表

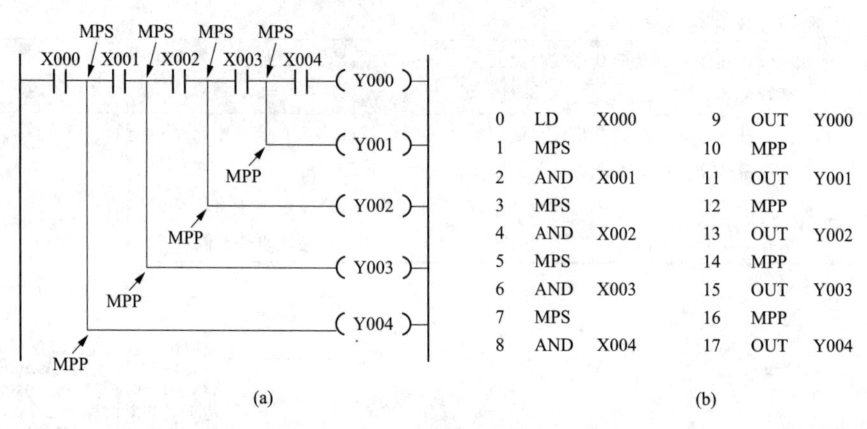

图 4-12 多重输出指令（MPS、MRD、MPP）使用举例 3

（a）梯形图；（b）指令语名表

4、11、12、19 步。

（4）MPS、MPP 连续使用次数最多不能超过 11 次，这是因为栈存储器只有 11 个存储单元，在图 4-12 中，MPS、MPP 连续使用 4 次。

（5）若 MPS、MRD、MPP 指令后无触点串联，直接驱动线圈，要使用 OUT 指令，见图 4-10（b）指令语句表中的第 26 步。

4.1.8 主控和主控复位指令

1. 指令名称及说明

主控和主控复位指令名称及功能见表 4-9。

表 4-9 主控和主控复位指令名称及功能

指令名称（助记符）	功 能	对象软元件
MC	主控指令，其功能是启动一个主控电路块工作	Y、M
MCR	主控复位指令，其功能是结束一个主控电路块的运行	无

2. 使用举例

主控和主控复位指令（MC、MCR）使用举例如图 4-13 所示。如果 X001 常开触点处于断开，MC

指令不执行，MC到MCR之间的程序不会执行，即0梯级程序执行后会执行12梯级程序，如果X001触点闭合，MC指令执行，MC到MCR之间的程序会从上往下执行。

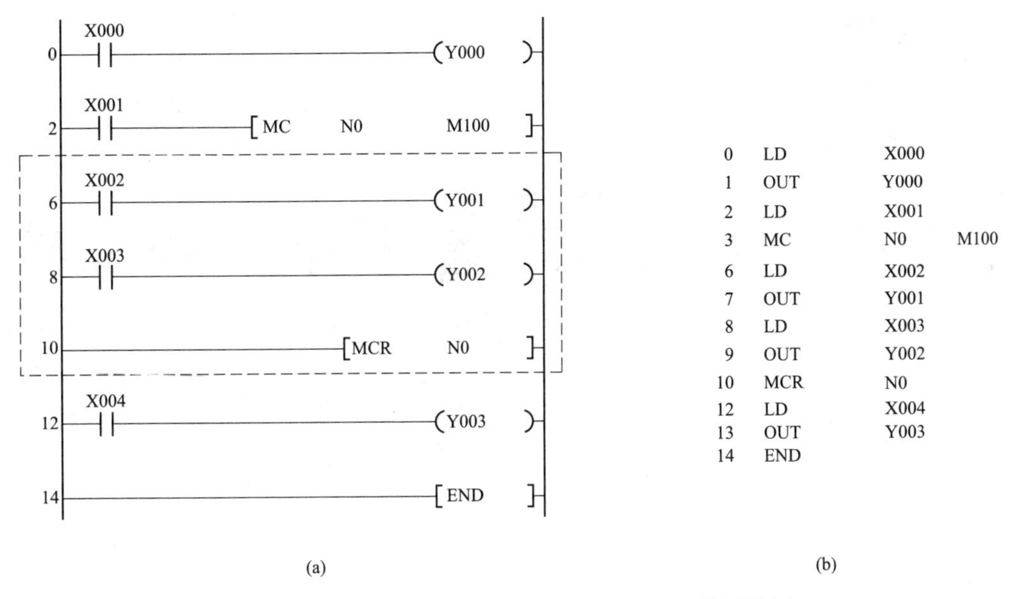

图4-13 主控和主控复位指令（MC、MCR）使用举例
（a）梯形图；（b）指令语句表

MC、MCR可以嵌套使用，如图4-14所示，当X001触点闭合、X003触点断开时，X001触点闭合使“MC N0 M100”指令执行，N0级电路块被启动，由于X003触点断开使嵌在N0级内的“MC N1 M101”指令无法执行，故N1级电路块不会执行。

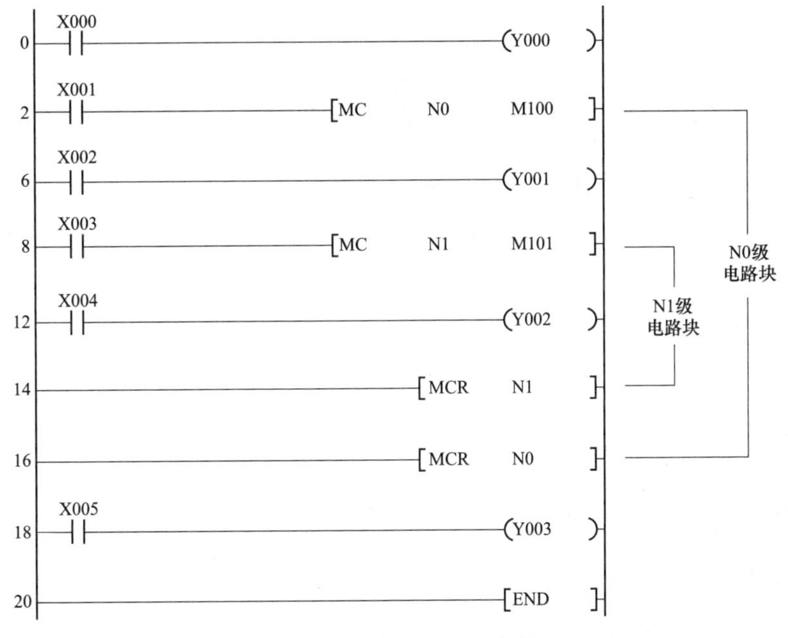

图4-14 MC、MCR的嵌套使用

如果MC主控指令嵌套使用，其嵌套层数允许最多8层（N0～N7），通常按顺序从小到大使用，MC指令的操作元件通常为输出继电器Y或辅助继电器M，但不能是特殊继电器。MCR主控复位指令

的使用次数（N0～N7）必须与MC的次数相同，在按由小到大顺序多次使用MC指令时，必须按由大到小相反的次数使用MCR返回。

4.1.9 取反指令

1. 指令名称及说明

取反指令名称及功能见表4-10。

表4-10 取反指令名称及功能

指令名称（助记符）	功能	对象软元件
INV	取反指令，其功能是将该指令前的运算结果取反	无

2. 使用举例

取反指令（INV）使用举例如图4-15所示。在绘制梯形图时，取反指令用斜线表示，当X000断开时，相当于X000＝OFF，取反变为ON（相当于X000闭合），继电器线圈Y000得电。

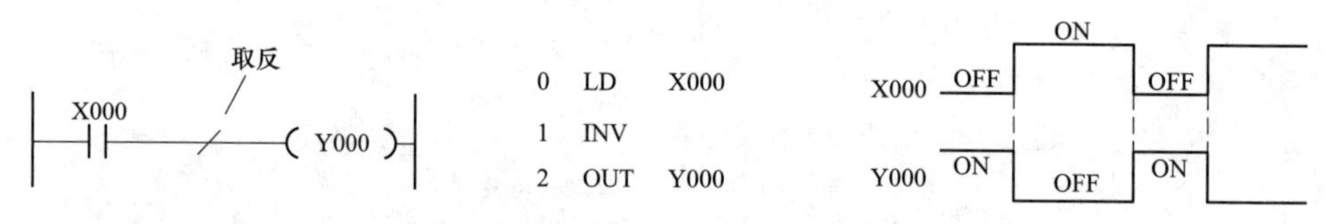

图4-15 取反指令（INV）使用举例

4.1.10 置位与复位指令

1. 指令名称及说明

置位与复位指令名称及功能见表4-11。

表4-11 置位与复位指令名称及功能

指令名称（助记符）	功能	对象软元件
SET	置位指令，其功能是对操作元件进行置位，使其动作保持	Y、M、S、D□.b
RST	复位指令，其功能是对操作元件进行复位，取消动作保持	Y、M、S、T、C、D、R、V、Z、D□.b

2. 使用举例

置位与复位指令（SET、RST）使用举例如图4-16所示。

在图4-16中，当常开触点X000闭合后，Y000线圈被置位，开始动作，X000断开后，Y000线圈仍维持动作（通电）状态，当常开触点X001闭合后，Y000线圈被复位，动作取消，X001断开后，Y000线圈维持动作取消（失电）状态。

对于同一元件，SET、RST可反复使用，顺序也可随意，但最后执行者有效。

4.1.11 结果边沿检测指令

结果边沿检测指令（MEP、MEF）是三菱FX3系列PLC三代机（FX3SA/FX3S/FX3GA/FX3GE/FX3G/FX3GC/FX3U/FX3UC）新增的指令。

1. 指令名称及说明

结果边沿检测指令名称及功能见表4-12。

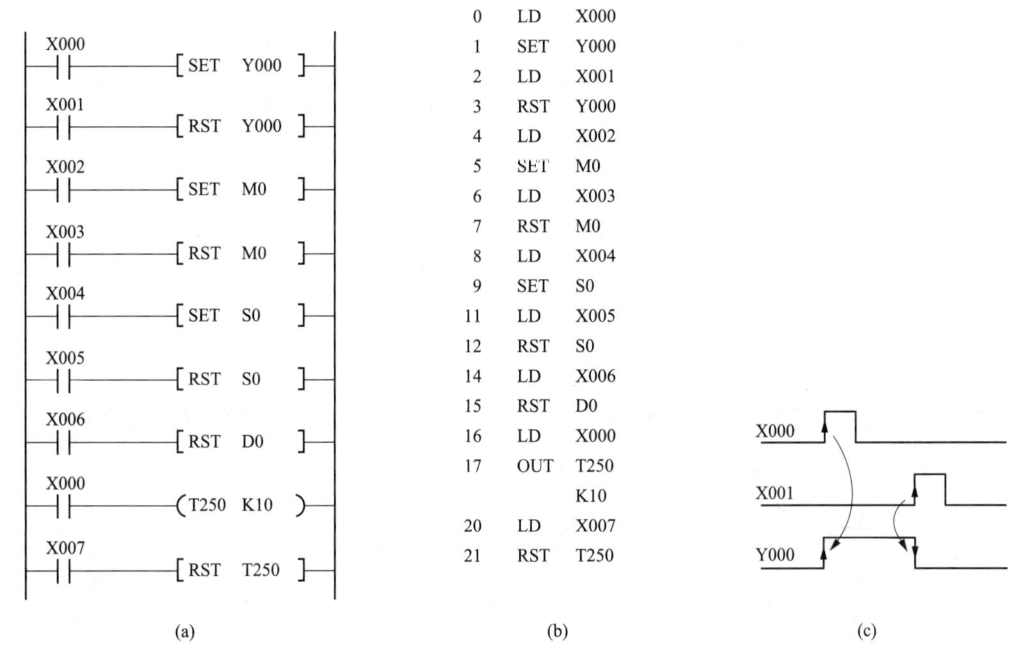

图 4-16　置位与复位指令（SET、RST）使用举例

（a）梯形图；（b）指令语句表；（c）时序图

表 4-12　　结果边沿检测指令名称及功能

指令名称（助记符）	功　能	对象软元件
MEP	结果上升沿检测指令，当该指令之前的运算结果出现上升沿时，指令为ON（导通状态），前方运算结果无上升沿时，指令为OFF（非导通状态）	无
MEF	结果下降沿检测指令，当该指令之前的运算结果出现下降沿时，指令为ON（导通状态），前方运算结果无下降沿时，指令为OFF（非导通状态）	无

2. 使用举例

结果上升沿检测指令（MEP）使用举例如图 4-17 所示。当 X000 触点处于闭合、X001 触点由断开转为闭合时，MEP 指令前方送来一个上升沿，指令导通，“SET M0”执行，将辅助继电器 M0 置 1。

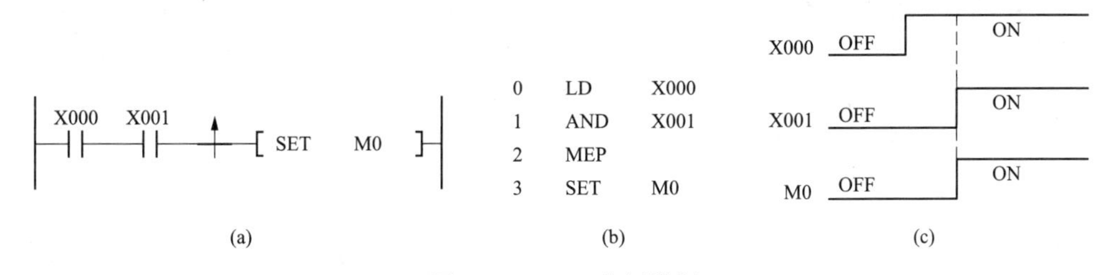

图 4-17　MEP 使用举例

（a）梯形图；（b）指令语句表；（c）时序图

（MEF）使用举例如图 4-18 所示。当 X001 触点处于闭合、X000 触点由闭合转为断开时，MEF 指令前方送来一个下降沿，指令导通，“SET M0”执行，将辅助继电器 M0 置 1。

4.1.12　脉冲微分输出指令

1. 指令名称及说明

脉冲微分输出指令名称及功能见表 4-13。

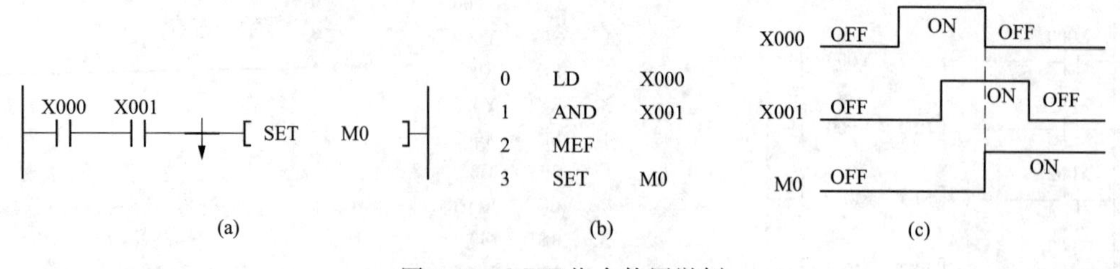

图 4-18 MEF 指令使用举例

（a）梯形图；（b）指令语句表；（c）时序图

表 4-13 脉冲微分输出指令名称及功能

指令名称（助记符）	功 能	对象软元件
PLS	上升沿脉冲微分输出指令，其功能是当检测到输入脉冲上升沿来时，使操作元件得电一个扫描周期	Y、M
PLF	下降沿脉冲微分输出指令，其功能是当检测到输入脉冲下降沿来时，使操作元件得电一个扫描周期	Y、M

2. 使用举例

脉冲微分输出指令（PLS、PLF）使用举例如图 4-19 所示。

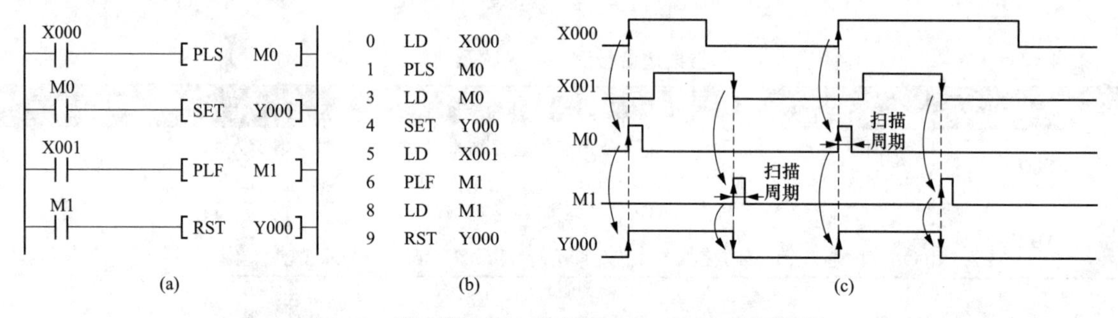

图 4-19 脉冲微分输出指令（PLS、PLF）使用举例

（a）梯形图；（b）指令语句表；（c）时序图

在图 4-19 中，当常开触点 X000 闭合时，一个上升沿脉冲加到［PLS M0］，指令执行，M0 线圈得电一个扫描周期，M0 常开触点闭合，［SET Y000］指令执行，将 Y000 线圈置位（即让 Y000 线圈得电）；当常开触点 X001 由闭合转为断开时，一个脉冲下降沿加给［PLF M1］，指令执行，M1 线圈得电一个扫描周期，M1 常开触点闭合，［RST Y000］指令执行，将 Y000 线圈复位（即让 Y000 线圈失电）。

4.1.13 空操作指令

1. 指令名称及说明

空操作指令名称及功能见表 4-14。

表 4-14 空操作指令名称及功能

指令名称（助记符）	功 能	对象软元件
NOP	空操作指令，其功能是不执行任何操作	无

2. 使用举例

空操作指令（NOP）使用举例如图 4-20 所示。**当使用 NOP 指令取代其他指令时，其他指令会被删**

除，在图 4-20 中使用 NOP 指令取代 AND 和 ANI 指令，梯形图相应的触点会被删除。如果在普通指令之间插入 NOP 指令，对程序运行结果没有影响。

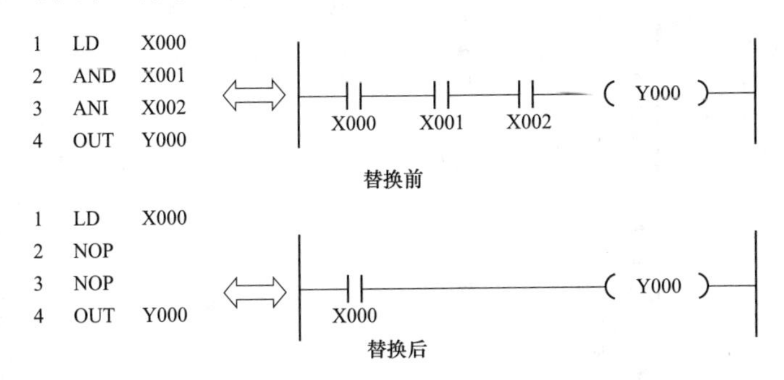

图 4-20 空操作指令（NOP）使用举例

4.1.14 程序结束指令

1. 指令名称及说明

程序结束指令名称及功能见表 4-15。

表 4-15 程序结束指令名称及功能

指令名称（助记符）	功　能	对象软元件
END	程序结束指令，当一个程序结束后，需要在结束位置用 END 指令	无

2. 使用举例

程序结束指令（END）使用举例如图 4-21 所示。**当系统运行到 END 指令处时，END 后面的程序将不会执行，系统会由 END 处自动返回，开始下一个扫描周期，如果不在程序结束处使用 END 指令，系统会一直运行到最后的程序步，延长程序的执行周期。**

另外，**使用 END 指令也方便调试程序。**当编写很长的程序时，如果调试时发现程序出错，为了发现程序出错位置，可以从前往后每隔一段程序插入一个 END 指令，再进行调试，系统执行到第一个 END 指令会返回，如果发现程序出错，表明出错位置应在第一个 END 指令之前，若第一段程序正常，可删除一个 END 指令，再用同样的方法调试后面的程序。

```
0  LD      X000
1  ⋮
2
   OUT     Y000
   END
   NOP
   NOP
   ⋮
   NOP
```

图 4-21 END 指令使用举例

4.2 PLC 基本控制线路与梯形图

4.2.1 启动、 自锁和停止控制的 PLC 线路与梯形图

启动、自锁和停止控制是 PLC 最基本的控制功能。启动、自锁和停止控制可采用线圈驱动指令（OUT），也可以采用置位指令（SET、RST）来实现。

1. 采用线圈驱动指令实现启动、自锁和停止控制

线圈驱动（OUT）指令的功能是将输出线圈与右母线连接，它是一种很常用的指令。用线圈驱动指令实现启动、自锁和停止控制的 PLC 接线图和梯形图如图 4-22 所示。

PLC 接线图与梯形图说明如下：

当按下启动按钮 SB1 时，PLC 内部梯形图程序中的启动触点 X000 闭合，输出线圈 Y000 得电，输

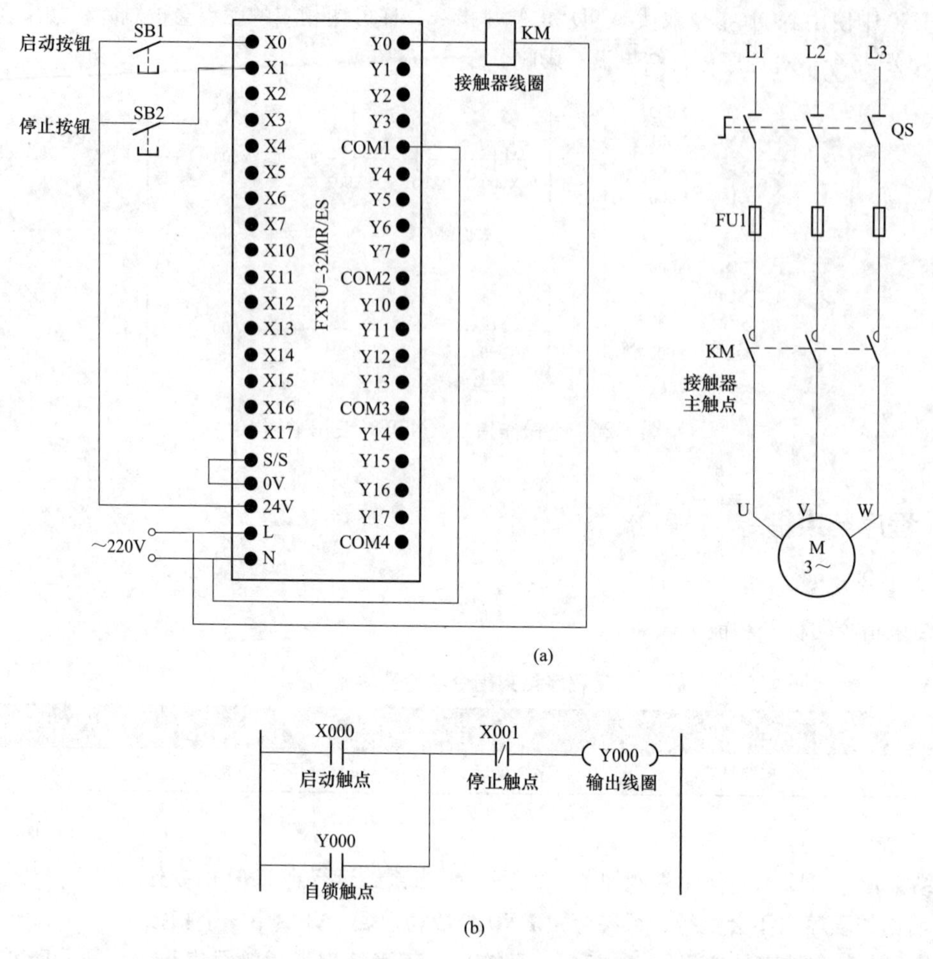

图 4-22　采用线圈驱动指令实现启动、自锁和停止控制的 PLC 接线图与梯形图

(a) PLC 接线图；(b) 梯形图

出端子 Y0 内部硬触点闭合，Y0 端子与 COM 端子之间内部接通，接触器线圈 KM 得电，主电路中的 KM 主触点闭合，电动机得电启动。

输出线圈 Y000 得电后，除了会使 Y000、COM 端子之间的硬触点闭合外，还会使自锁触点 Y000 闭合，在启动触点 X000 断开后，依靠自锁触点闭合可使线圈 Y000 继续得电，电动机就会继续运转，从而实现自锁控制功能。

当按下停止按钮 SB2 时，PLC 内部梯形图程序中的停止触点 X001 断开，输出线圈 Y000 失电，Y0、COM 端子之间的内部硬触点断开，接触器线圈 KM 失电，主电路中的 KM 主触点断开，电动机失电停转。

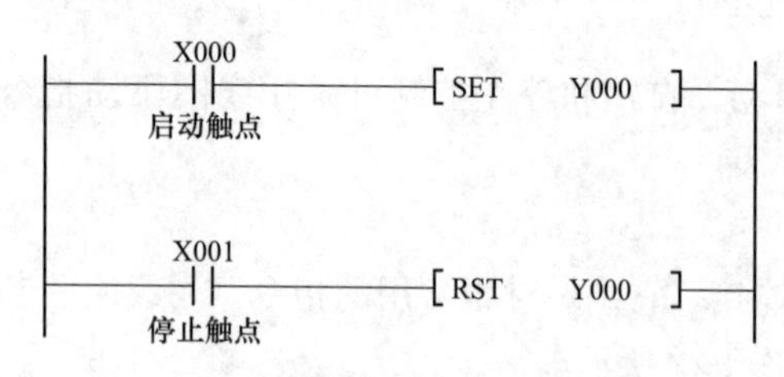

图 4-23　采用置位复位指令实现启动、自锁和停止控制的梯形图

2. 采用置位复位指令实现启动、自锁和停止控制

采用置位复位指令（SET、RST）实现启动、自锁和停止控制的梯形图如图 4-23 所示，其 PLC 接线图与图 4-22（a）是一样的。

PLC 接线图与梯形图说明如下：

当按下启动按钮 SB1 时，梯形图中的启动触点 X000 闭合，[SET Y000] 指令执行，指令执行结果将输出继电器线圈 Y000 置 1，相当于线圈 Y000 得电，使 Y0、COM

端子之间的内部硬触点接通，接触器线圈 KM 得电，主电路中的 KM 主触点闭合，电动机得电启动。

线圈 Y000 置位后，松开启动按钮 SB1、启动触点 X000 断开，但线圈 Y000 仍保持“1”态，即仍维持得电状态，电动机就会继续运转，从而实现自锁控制功能。

当按下停止按钮 SB2 时，梯形图中的停止触点 X001 闭合，[RST Y000] 指令被执行，指令执行结果将输出线圈 Y000 复位，相当于线圈 Y000 失电，Y0、COM 端子之间的内部触触点断升，接触器线圈 KM 失电，主电路中的 KM 主触点断开，电动机失电停转。

采用置位复位指令与线圈驱动都可以实现启动、自锁和停止控制，两者的 PLC 接线都相同，仅给 PLC 编写输入的梯形图程序不同。

4.2.2 正、反转联锁控制的 PLC 接线图与梯形图

正、反转联锁控制的 PLC 接线图与梯形图如图 4-24 所示。

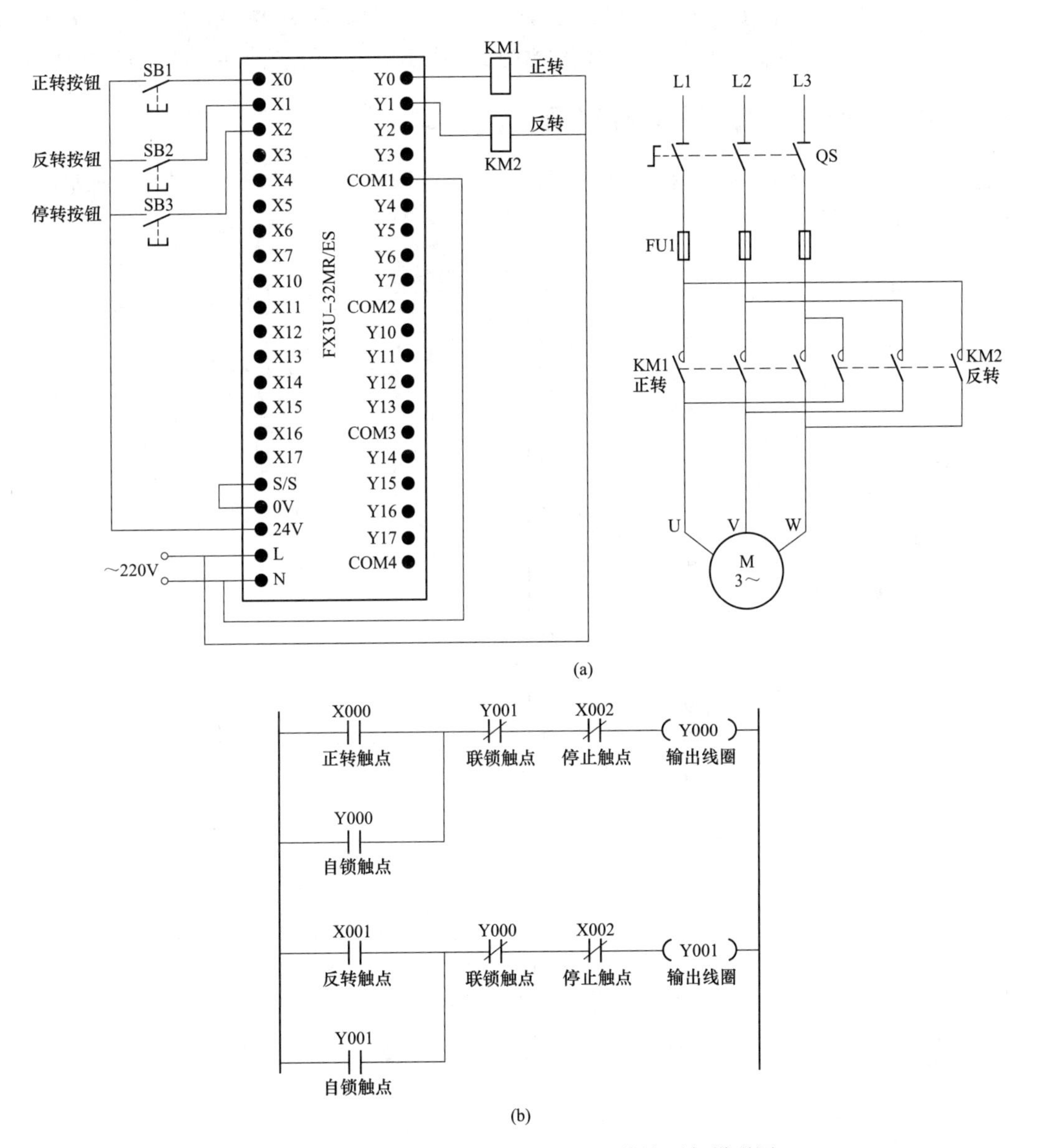

图 4-24 正、反转联锁控制的 PLC 接线图与梯形图

(a) PLC 接线图；(b) 梯形图

线路与梯形图说明如下：

(1) 正转联锁控制。按下正转按钮 SB1→梯形图程序中的正转触点 X000 闭合→线圈 Y000 得电→Y000 自锁触点闭合，Y000 联锁触点断开，Y0 端子与 COM 端子间的内部硬触点闭合→Y000 自锁触点闭合，使线圈 Y000 在 X000 触点断开后仍可得电；Y000 联锁触点断开，使线圈 Y001 即使在 X001 触点闭合（误操作 SB2 引起）时也无法得电，实现联锁控制；Y0 端子与 COM 端子间的内部硬触点闭合，接触器 KM1 线圈得电，主电路中的 KM1 主触点闭合，电动机得电正转。

(2) 反转联锁控制。按下反转按钮 SB2→梯形图程序中的反转触点 X001 闭合→线圈 Y001 得电→Y001 自锁触点闭合，Y001 联锁触点断开，Y1 端子与 COM 端子间的内部硬触点闭合→Y001 自锁触点闭合，使线圈 Y001 在 X001 触点断开后继续得电；Y001 联锁触点断开，使线圈 Y000 即使在 X000 触点闭合（误操作 SB1 引起）时也无法得电，实现联锁控制；Y1 端子与 COM 端子间的内部硬触点闭合，接触器 KM2 线圈得电，主电路中的 KM2 主触点闭合，电动机得电反转。

(3) 停转控制。按下停止按钮 SB3→梯形图程序中的两个停止触点 X002 均断开→线圈 Y000、Y001 均失电→接触器 KM1、KM2 线圈均失电→主电路中的 KM1、KM2 主触点均断开，电动机失电停转。

4.2.3 多地控制的 PLC 接线图与梯形图

多地控制的 PLC 接线图与梯形图如图 4-25 所示，其中图 4-25（b）为单人多地控制梯形图，图 4-25（c）为多人多地控制梯形图。

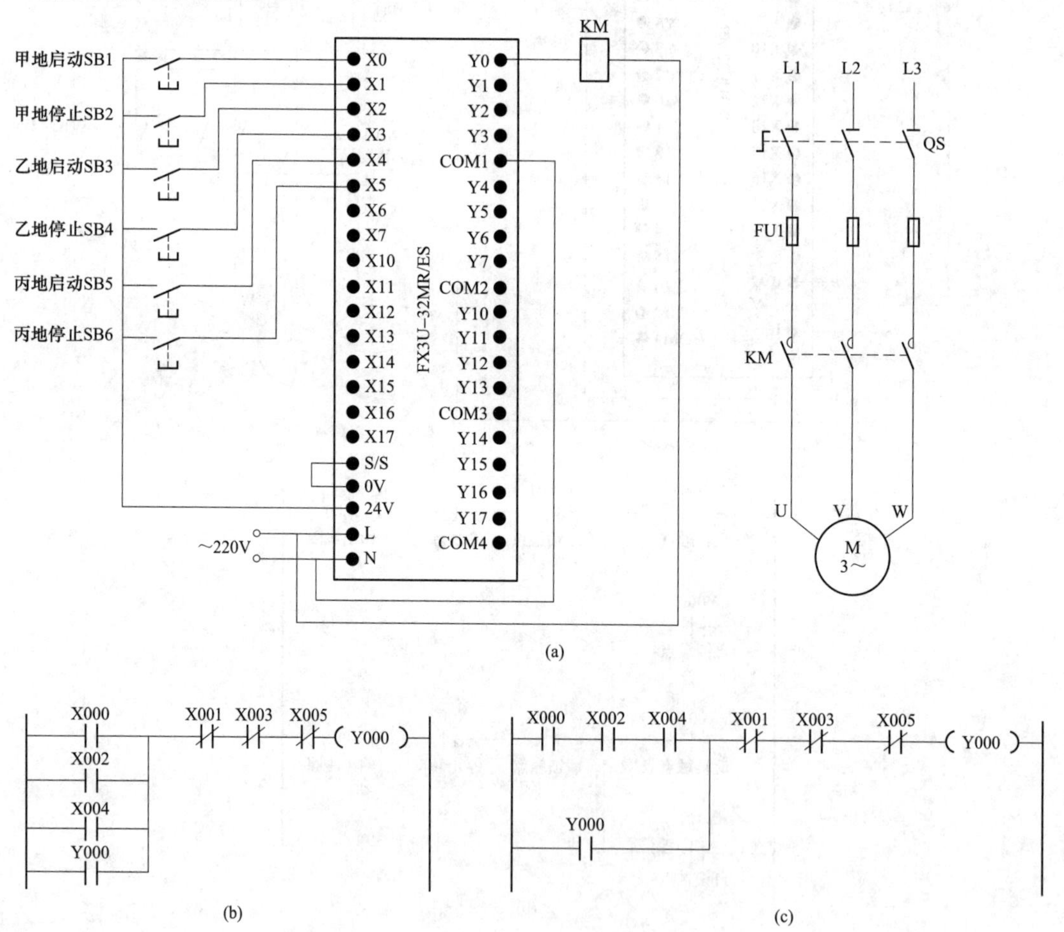

图 4-25　多地控制的 PLC 接线图与梯形图

(a) PLC 接线图；(b) 单人多地控制梯形图；(c) 多人多地控制梯形图

1. 单人多地控制

单人多地控制的 PLC 接线图和梯形图如图 4-25（a）、（b）所示。

（1）甲地启动控制。在甲地按下启动按钮 SB1 时→X000 常开触点闭合→线圈 Y000 得电→Y000 常开自锁触点闭合，Y0 端子内部硬触点闭合→Y000 常开自锁触点闭合锁定 Y000 线圈供电，Y0 端子内部硬触点闭合使接触器线圈 KM 得电→主电路中的 KM 主触点闭合，电动机得电运转。

（2）甲地停止控制。在甲地按下停止按钮 SB2 时→X001 常闭触点断开→线圈 Y000 失电→Y000 常开自锁触点断开，Y0 端子内部硬触点断开→接触器线圈 KM 失电→主电路中的 KM 主触点断开，电动机失电停转。

（3）乙地和丙地的启/停控制与甲地控制相同，利用图 4-25（b）梯形图可以实现在任何一地进行启/停控制，也可以在一地进行启动，在另一地控制停止。

2. 多人多地控制

多人多地的 PLC 控制接线图和梯形图如图 4-25（a）、（c）所示。

（1）启动控制。在甲、乙、丙 3 地同时按下按钮 SB1、SB3、SB5→线圈 Y000 得电→Y000 常开自锁触点闭合，Y0 端子的内部硬触点闭合→Y000 线圈供电锁定，接触器线圈 KM 得电→主电路中的 KM 主触点闭合，电动机得电运转。

（2）停止控制。在甲、乙、丙 3 地按下 SB2、SB4、SB6 中的某个停止按钮时→线圈 Y000 失电→Y000 常开自锁触点断开，Y0 端子内部硬触点断开→Y000 常开自锁触点断开使 Y000 线圈供电切断，Y0 端子的内部硬触点断开使接触器线圈 KM 失电→主电路中的 KM 主触点断开，电动机失电停转。

图 4-25（c）所示梯形图可以实现多人在多地同时按下启动按钮才能启动功能，在任意一地都可以进行停止控制。

4.2.4 定时控制的 PLC 接线图与梯形图

定时控制方式很多，下面介绍两种典型的定时控制的 PLC 接线图与梯形图。

1. 延时启动定时运行控制的 PLC 接线图与梯形图

延时启动定时运行控制的 PLC 接线图与梯形图如图 4-26 所示，它可以实现的功能是：按下启动按钮 3s 后，电动机启动运行，运行 5s 后自动停止。

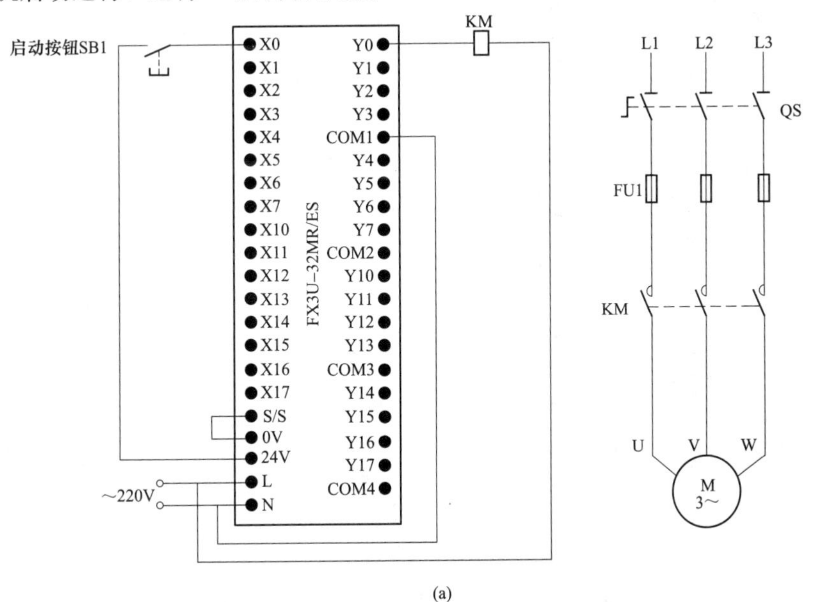

图 4-26 延时启动定时运行控制的 PLC 线路与梯形图（一）

（a）PLC 接线图

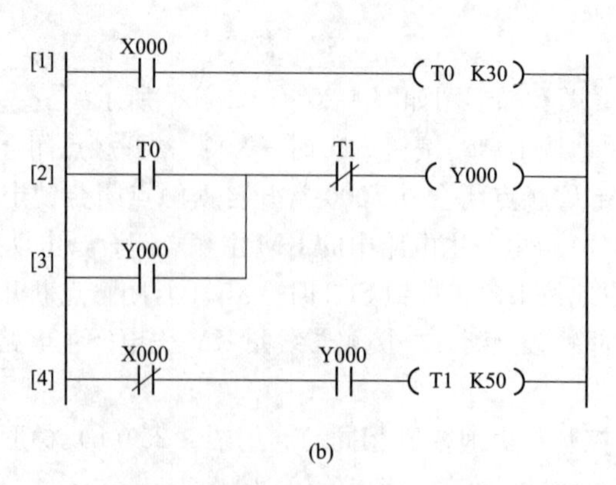

(b)

图 4-26 延时启动定时运行控制的 PLC 线路与梯形图（二）

（b）梯形图

PLC 接线图与梯形图说明如下：

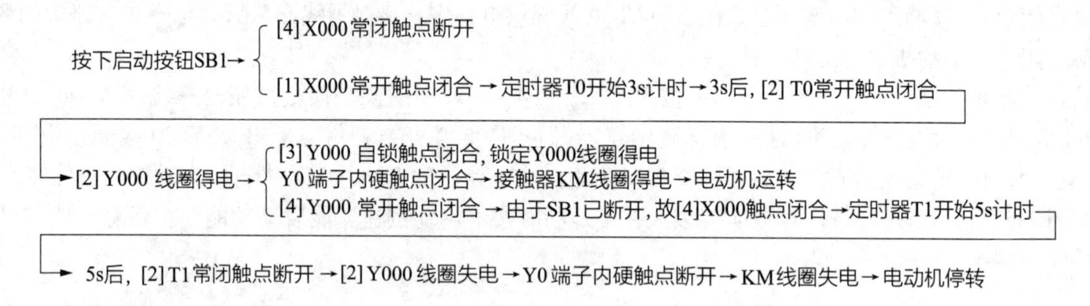

2. 多定时器组合控制的 PLC 接线图与梯形图

图 4-27 所示为一种典型的多定时器组合控制的 PLC 接线图与梯形图，它可以实现的功能是：按下启动按钮后电动机 B 马上运行，30s 后电动机 A 开始运行，70s 后电动机 B 停转，100s 后电动机 A 停转。

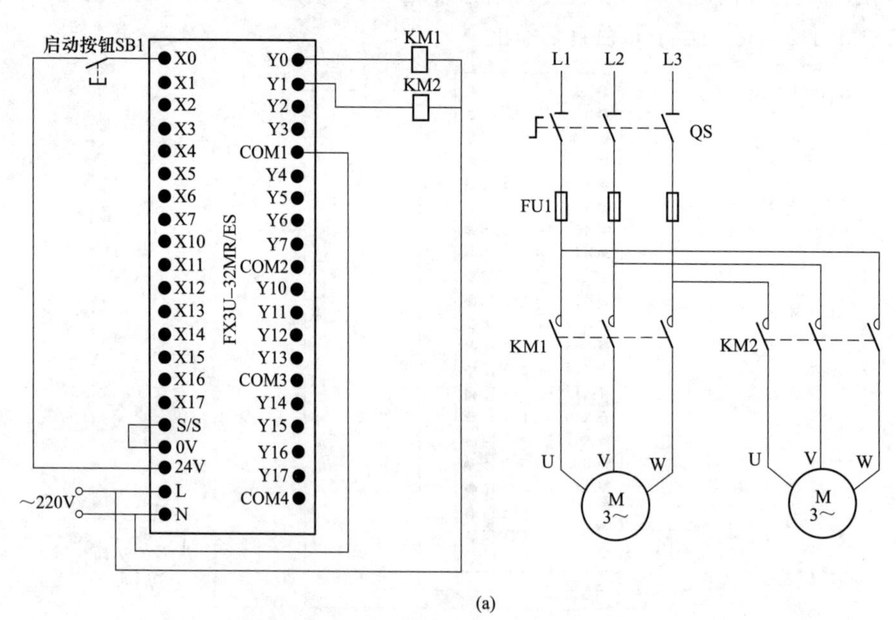

(a)

图 4-27 一种典型的多定时器组合控制的 PLC 线路与梯形图（一）

（a）PLC 接线图

[1] X000 T2 (M0)
[2] M0
[3] M0 (T0 K300)
[4] T0 (T1 K400)
[5] T1 (T2 K300)
[6] T0 (Y000)
[7] M0 T1 (Y001)

(b)

图 4-27 一种典型的多定时器组合控制的 PLC 线路与梯形图（二）
（b）梯形图

PLC 接线图与梯形图说明如下：

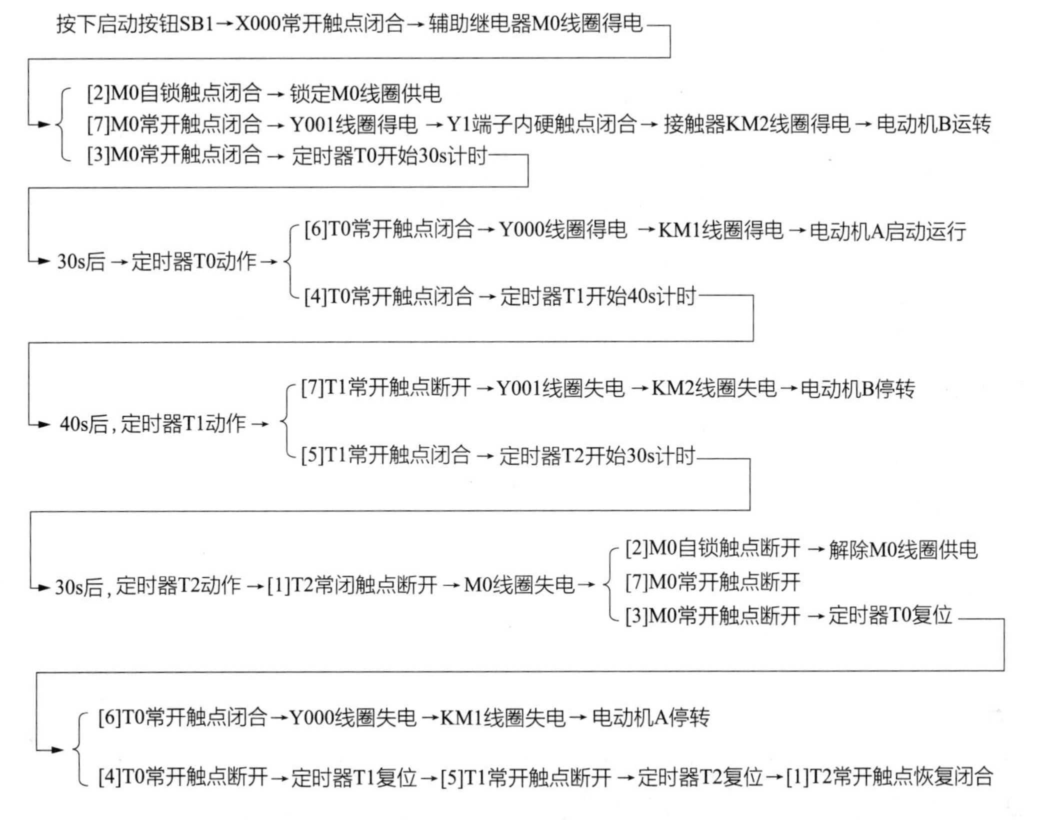

4.2.5 定时器与计数器组合延长定时控制的 PLC 接线图与梯形图

三菱 FX 系列 PLC 的最大定时时间为 3276.7s（约 54min），采用定时器和计数器可以延长定时时间。定时器与计数器组合延长定时控制的 PLC 接线图与梯形图如图 4-28 所示。

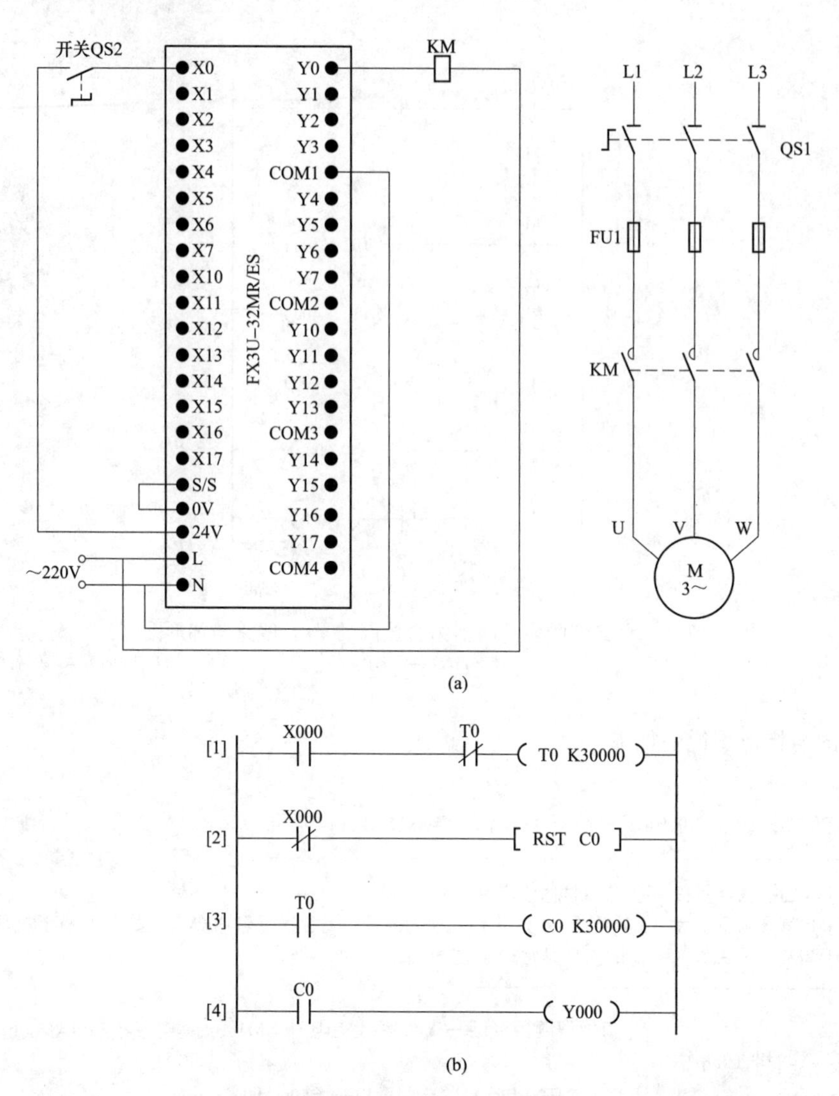

图 4-28 定时器与计数器组合延长定时控制的 PLC 线路与梯形图

（a）PLC 接线图；（b）梯形图

PLC 接线图与梯形图说明如下：

将开关QS2闭合→
- [2]X000常闭触点断开，计数器C0复位清0结束
- [1]X000常开触点闭合→定时器T0开始3000s计时→3000s后，定时器T0动作→

→
- [3]T0常开触点闭合，计数器C0值增1，由0变为1
- [1]T0常开触点断开→定时器T0复位→
  - [3]T0常开触点断开，计数器C0值保持为1
  - [1]T0常闭触点闭合→

→因开关QS2仍处于闭合，[1]X000常开触点也保持闭合→定时器T0又开始3000s计时→3000s后，定时器T0动作→

→
- [3]T0常开触点闭合，计数器C0值增1，由1变为2
- [1]T0常闭触点断开→定时器T0复位→
  - [3]T0常开触点断开，计数器C0值保持为2
  - [1]T0常闭触点闭合→定时器T0又开始计时，以后重复上述过程→

→当计数器C0计数值达到30000→计数器C0动作→[4]常开触点C0闭合→Y000线圈得电→KM线圈得电→电动机运转

图 4-28 中的定时器 T0 定时单位为 0.1s（100ms），它与计数器 C0 组合使用后，其定时时间 T=30000×0.1×30000=90000000s=25000h。若需重新定时，可将开关 QS2 断开，让［2］X000 常闭触点闭合，让“RST C0”指令执行，对计数器 C0 进行复位，然后再闭合 QS2，则会重新开始 250000h 定时。

4.2.6 多重输出控制的 PLC 接线图与梯形图

多重输出控制的 PLC 接线图与梯形图如图 4-29 所示。

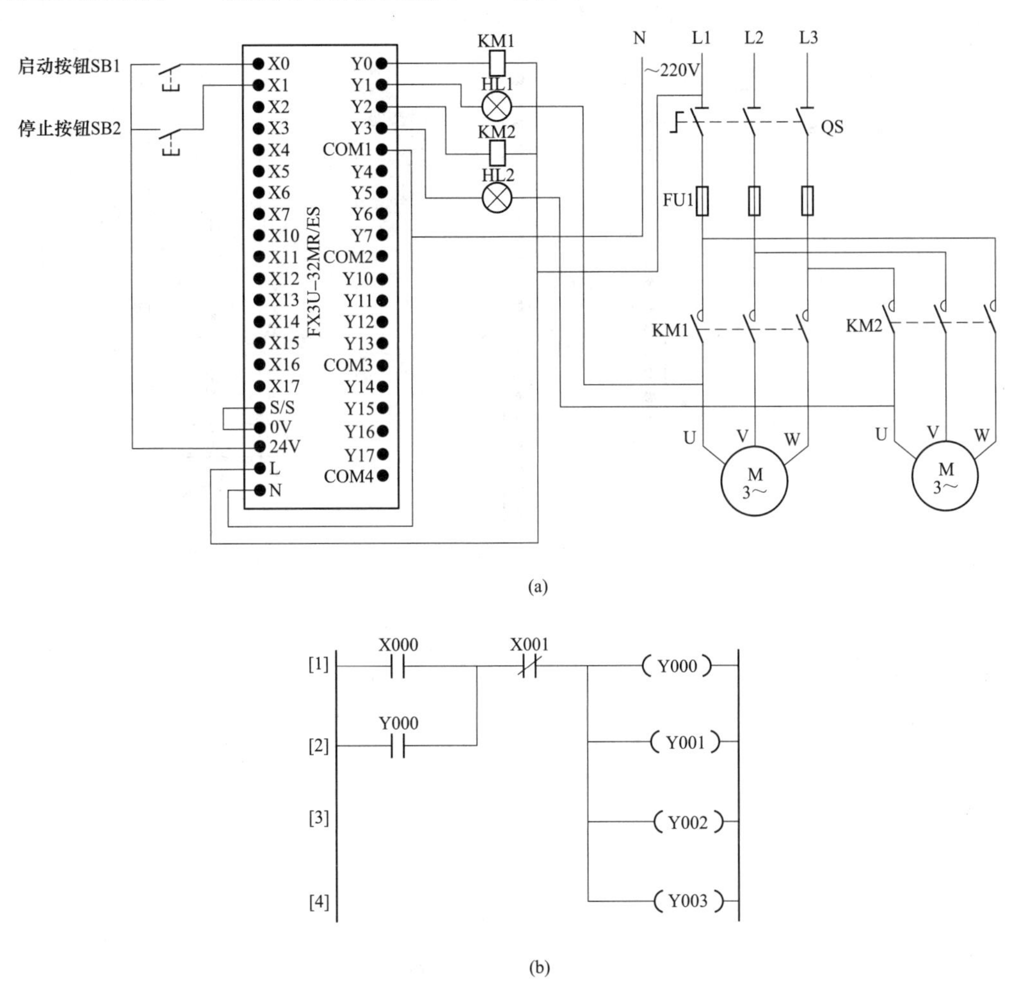

图 4-29 多重输出控制的 PLC 线路与梯形图

（a）PLC 接线图；（b）梯形图

PLC 接线图与梯形图说明如下。

（1）启动控制。

按下启动按钮SB1→X000常开触点闭合→

- Y000自锁触点闭合，锁定输出线圈Y000～Y003供电
- Y000线圈得电→Y0端子内硬触点闭合→KM1线圈得电→KM1主触点闭合
- Y001线圈得电→Y1端子内硬触点闭合
  - （以上两项）→HL1灯得电点亮，指示电动机A得电
- Y002线圈得电→Y2端子内硬触点闭合→KM2线圈得电→KM2主触点闭合
- Y003线圈得电→Y3端子内硬触点闭合
  - （以上两项）→HL2灯得电点亮，指示电动机B得电

（2）停止控制。

按下停止按钮SB2 → X001常闭触点断开

Y000自锁触点断开，解除输出线圈Y000～Y003供电
Y000线圈失电 → Y0端子内硬触点断开 → KM1线圈得电 → KM1主触点断开 → HL1灯失电熄亮，指示电动机A失电
Y000线圈失电 → Y1端子内硬触点断开
Y001线圈失电 → Y2端子内硬触点断开 → KM2线圈得电 → KM2主触点断开 → HL2灯得电熄灭，指示电动机B失电
Y003线圈失电 → Y3端子内硬触点断开

4.2.7 过载报警控制的 PLC 接线图与梯形图

过载报警控制的 PLC 接线图与梯形图如图 4-30 所示。

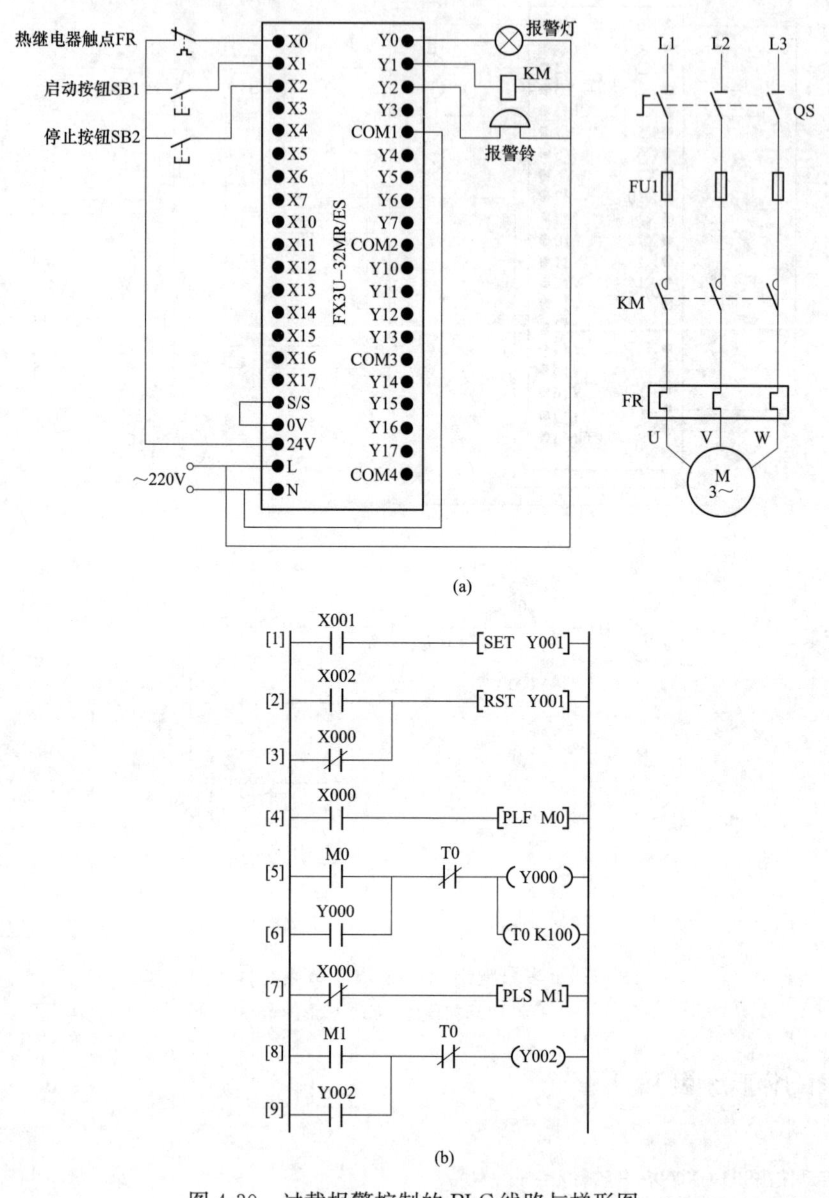

图 4-30 过载报警控制的 PLC 线路与梯形图

（a）PLC 接线图；（b）梯形图

PLC 接线图与梯形图说明如下。

（1）启动控制。按下启动按钮 SB1→［1］X001 常开触点闭合→［SET Y001］指令执行→Y001 线圈被置位，即 Y001 线圈得电→Y1 端子内部硬触点闭合→接触器 KM 线圈得电→KM 主触点闭合→电

动机得电运转。

（2）停止控制。按下停止按钮 SB2→［2］X002 常开触点闭合→［RST Y001］指令执行→Y001 线圈被复位，即 Y001 线圈失电→Y1 端子内部硬触点断开→接触器 KM 线圈失电→KM 主触点断开→电动机失电停转。

（3）过载保护及报警控制。

在正常工作时，FR过载保护触点闭合→
- [3]X000常闭触点断开，指令[RST Y001]无法执行
- [4]X000常开触点闭合，指令[PLF M0]无法执行
- [7]X000常闭触点断开，指令[PLS M1]无法执行

当电动机过载运行时，热继电器FR发热元件动作，其常闭触点FR断开→
- [3]X000常闭触点闭合→执行指令[RST Y001]→Y001线圈失电→Y1端子内硬触点断开→KM线圈失电→KM主触点断开→电动机失电停转
- [4]X000常开触点由闭合转为断开，生产一个脉冲下降沿→指令[PLF M0]执行，M0线圈得电一个扫描周期→[5]M0常开触点闭合→Y000线圈得电，定时器T0开始10s计时→Y000线圈得电，一方面使[6]Y000自锁触点闭合来锁定供电，另一方面使报警灯通电点亮
- [7]X000常闭触点由断开转为闭合，生产一个脉冲上升沿→指令[PLS M1]执行，M1线圈得电一个扫描周期→[8]M1常开触点闭合→Y002线圈得电→Y002线圈得电，一方面使[9]Y002自锁触点闭合来锁定供电，另一面使报警铃通电发声

→10s后，定时器T0动作→
- [8]T0常闭触点断开→Y002线圈失电→报警铃失电，停止报警声
- [5]T0常闭触点断开→定时器T0复位，同时Y000线圈失电→报警灯失电熄灭

4.2.8 闪烁控制的 PLC 接线图与梯形图

闪烁控制的 PLC 接线图与梯形图如图 4-31 所示。

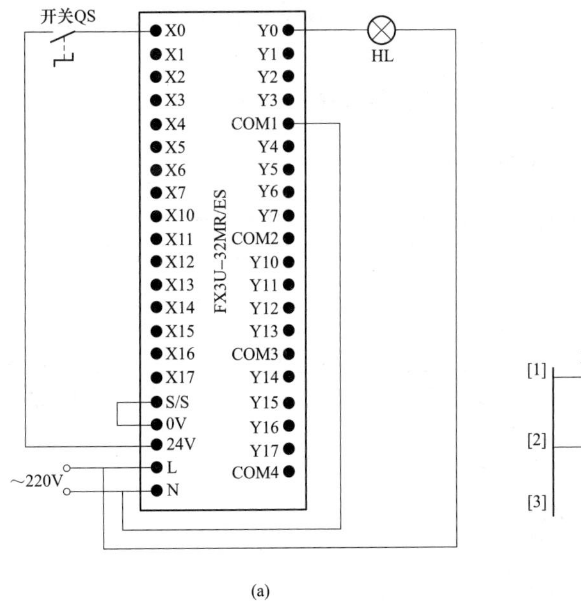

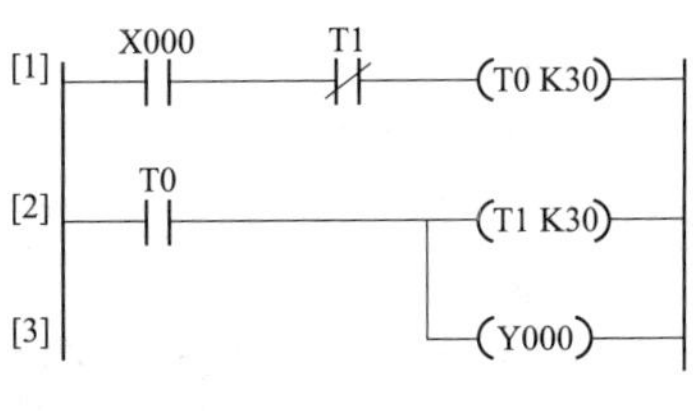

图 4-31 闪烁控制的 PLC 接线图与梯形图

（a）PLC 接线图；（b）梯形图

PLC接线图与梯形图说明如下：

将开关QS闭合→X000常开触点闭合→定时器T0开始3s计时→3s后，定时器T0动作，T0常开触点闭合→定时器T1开始3s计时，同时Y000得电，Y0端子内部硬触点闭合，灯HL点亮→3s后，定时器T1动作，T1常闭触点断开→定时器T0复位，T0常开触点断开→Y000线圈失电，同时定时器T1复位→Y000线圈失电使灯HL熄灭；定时器T1复位使T1闭合，由于开关QS仍处于闭合，X000常开触点也处于闭合，定时器T0又重新开始3s计时。

以后重复上述过程，灯HL保持3s亮、3s灭的频率闪烁发光。

4.3 喷泉的PLC控制系统开发实例

4.3.1 明确系统控制要求

系统要求用两个按钮来控制A、B、C 3组喷头工作（通过控制3组喷头的电动机来实现），3组喷头排列如图4-32所示。

系统控制要求具体如下：当按下启动按钮后，A组喷头先喷5s后停止，然后B、C组喷头同时喷，5s后，B组喷头停止、C组喷头继续喷5s再停止，而后A、B组喷头喷7s，C组喷头在这7s的前2s内停止，后5s内喷水，接着A、B、C 3组喷头同时停止3s，以后重复前述过程。按下停止按钮后，3组喷头同时停止喷水。图4-33为A、B、C 3组喷头工作时序图。

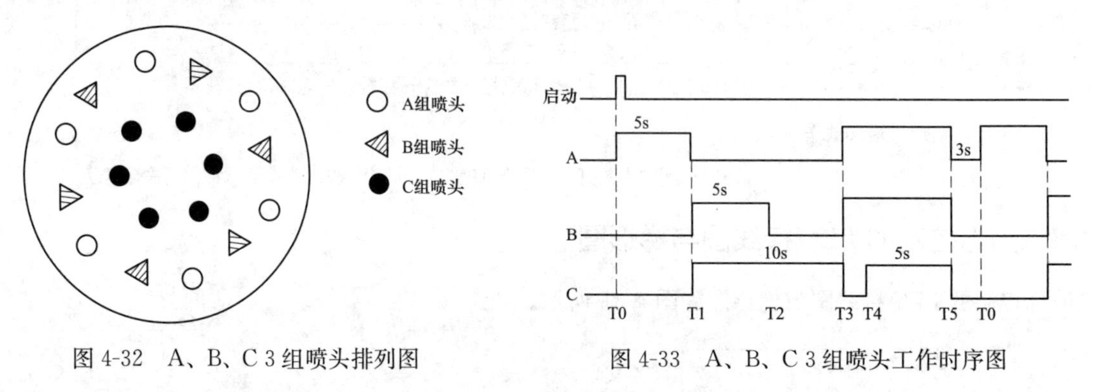

图4-32　A、B、C 3组喷头排列图　　图4-33　A、B、C 3组喷头工作时序图

4.3.2 确定输入/输出设备，并为其分配合适的I/O端子

喷泉控制需用到的输入/输出设备和对应的PLC端子见表4-16。

表4-16　喷泉控制采用的输入/输出设备和对应的PLC端子

输入			输出		
输入设备	对应PLC端子	功能说明	输出设备	对应PLC端子	功能说明
SB1	X000	启动控制	KM1线圈	Y000	驱动A组电动机工作
SB2	X001	停止控制	KM2线圈	Y001	驱动B组电动机工作
			KM3线圈	Y002	驱动C组电动机工作

4.3.3 绘制喷泉的PLC控制接线图

图4-34所示为喷泉的PLC控制接线图。

4.3.4 编写PLC控制程序

启动三菱GX Developer编程软件，编写满足控制要求的梯形图程序，编写完成的梯形图如图4-35（a）所示，可以将它转换成图4-35（b）所示的指令语句表。

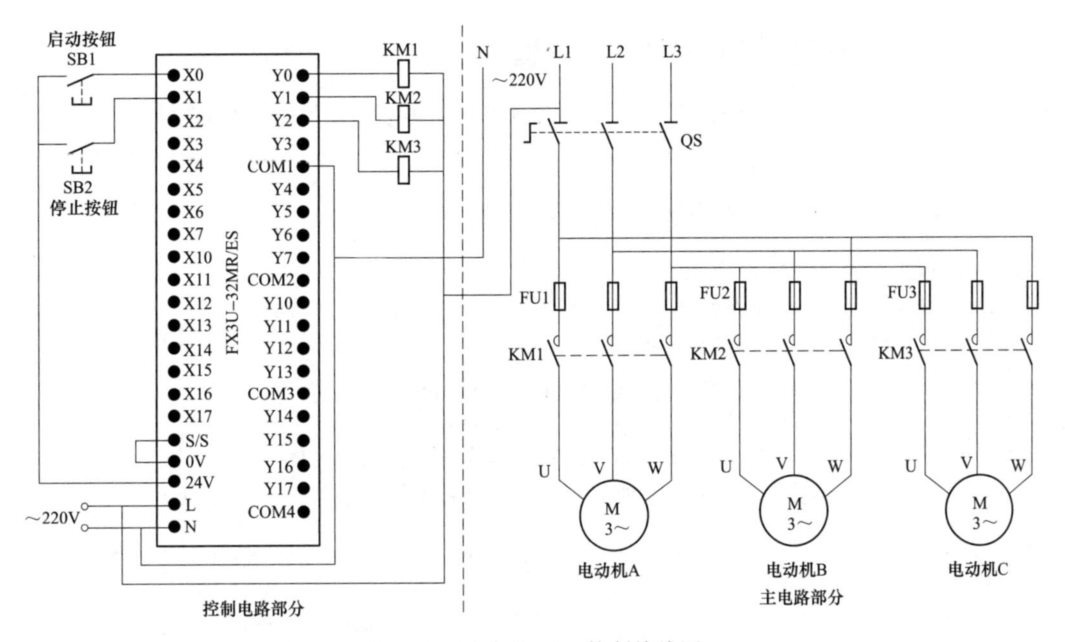

图 4-34　喷泉的 PLC 控制接线图

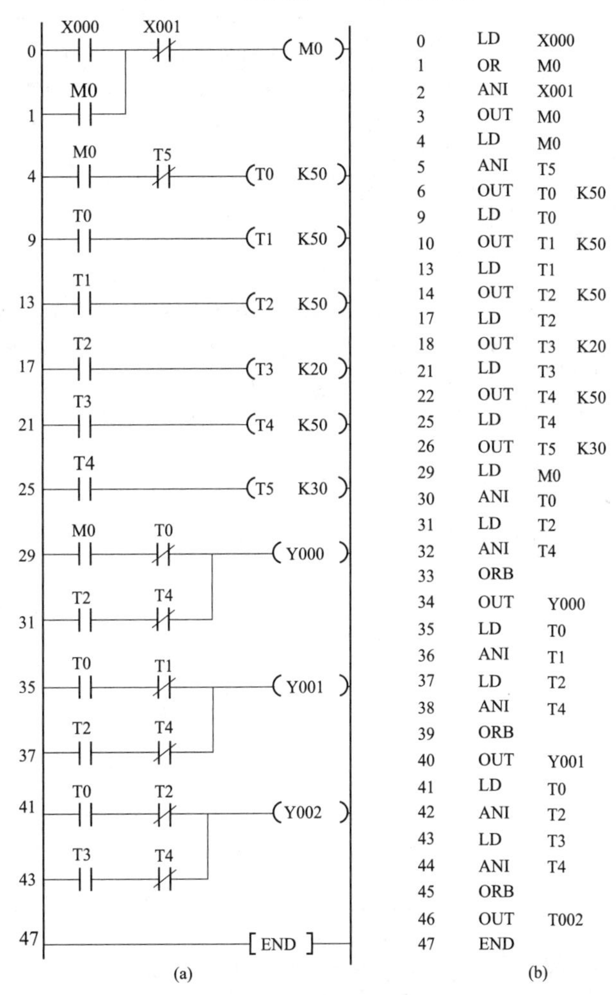

图 4-35　喷泉 PLC 控制程序

（a）梯形图；（b）指令语句表

4.3.5 详解硬件接线图和梯形图的工作原理

下面结合图 4-34 所示控制接线图和图 4-35 所示梯形图来说明喷泉控制系统的工作原理。

1. 启动控制

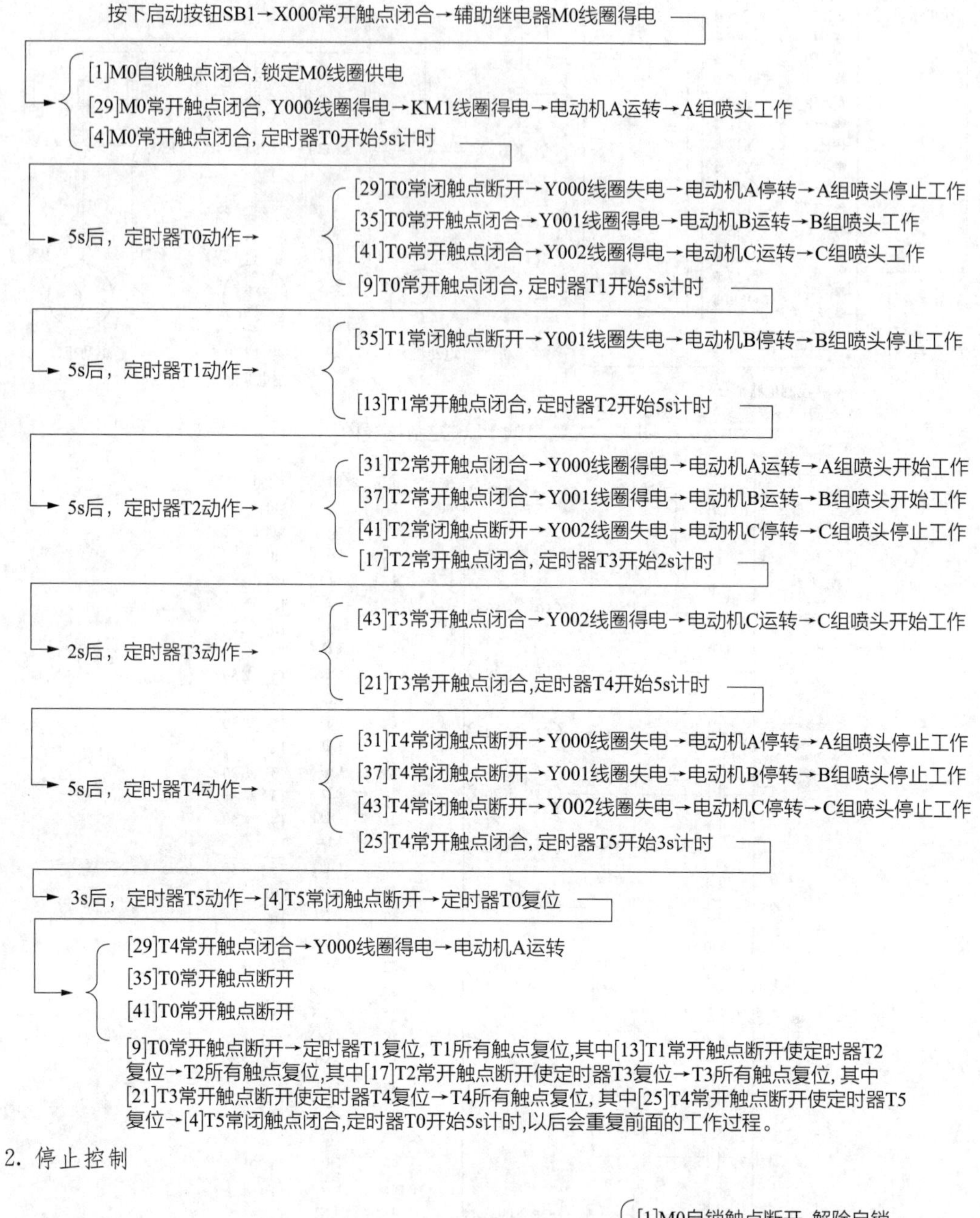

2. 停止控制

按下停止按钮SB2→X001常闭触点断开→M0线圈失电→
[1]M0自锁触点断开, 解除自锁
[4]M0常开触点断开→定时器T0复位

→T0所有触点复位, 其中[9]T0常开触点断开→定时器T1复位→T1所有触点复位, 其中[13]T1常开触点断开使定时器T2复位→T2所有触点复位, 其中[17]T2常开触点断开使定时器T3复位→T3所有触点复位, 其中[21]T3常开触点断开使定时器T4复位→T4所有触点复位,其中[25]T4常开触点断开使定时器T5复位→T5所有触点复位，其中[4]T5常闭触点闭合→由于定时器T0 T5所有触点复位, Y000～Y002线圈均无法得电→KM1～KM3线圈失电→电动机A、B、C均停转

4.4 交通信号灯的 PLC 控制系统开发实例

4.4.1 明确系统控制要求

系统要求用两个按钮来控制交通信号灯工作，交通信号灯排列如图 4-36 所示。

系统控制要求具体如下：当按下启动按钮后，南北红灯亮 25s，在南北红灯亮 25s 的时间里，东西绿灯先亮 20s 再以 1 次/s 的频率闪烁 3 次，接着东西黄灯亮 2s，25s 后南北红灯熄灭，熄灭时间维持 30s，在这 30s 时间里，东西红灯一直亮，南北绿灯先亮 25s，然后以 1 次/s 频率闪烁 3 次，接着南北黄灯亮 2s。以后重复该过程。按下停止按钮后，所有的灯都熄灭。交通信号灯的工作时序如图 4-37 所示。

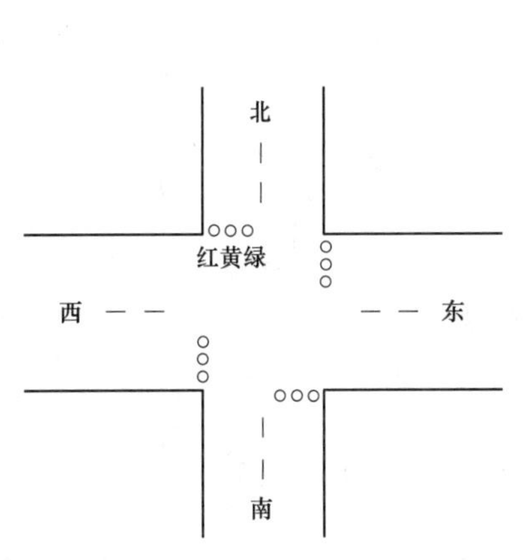

图 4-36 交通信号灯排列

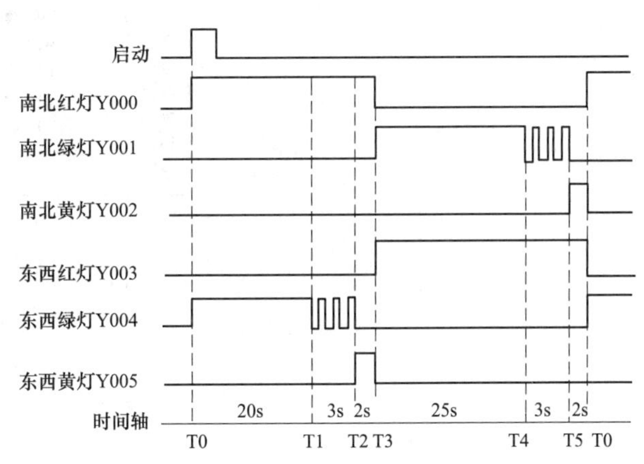

图 4-37 交通信号灯的工作时序

4.4.2 确定输入/输出设备并为其分配合适的 PLC 端子

交通信号灯控制需用到的输入/输出设备和对应的 PLC 端子见表 4-17。

表 4-17 交通信号灯控制采用的输入/输出设备和对应的 PLC 端子

输入			输出		
输入设备	对应 PLC 端子	功能说明	输出设备	对应 PLC 端子	功能说明
SB1	X000	启动控制	南北红灯	Y000	驱动南北红灯亮
SB2	X001	停止控制	南北绿灯	Y001	驱动南北绿灯亮
			南北黄灯	Y002	驱动南北黄灯亮
			东西红灯	Y003	驱动东西红灯亮
			东西绿灯	Y004	驱动东西绿灯亮
			东西黄灯	Y005	驱动东西黄灯亮

4.4.3 绘制交通信号灯的 PLC 控制接线图

图 4-38 所示为交通信号灯的 PLC 控制接线图。

4.4.4 编写 PLC 控制程序

启动三菱 GX Developer 编程软件，编写满足控制要求的梯形图程序，编写完成的梯形图如图 4-39 所示。

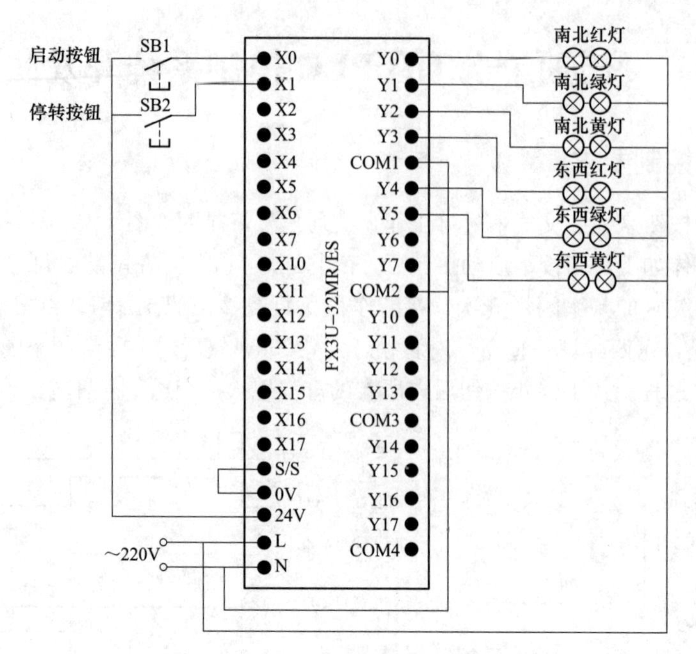

图 4-38　交通信号灯的 PLC 控制线路

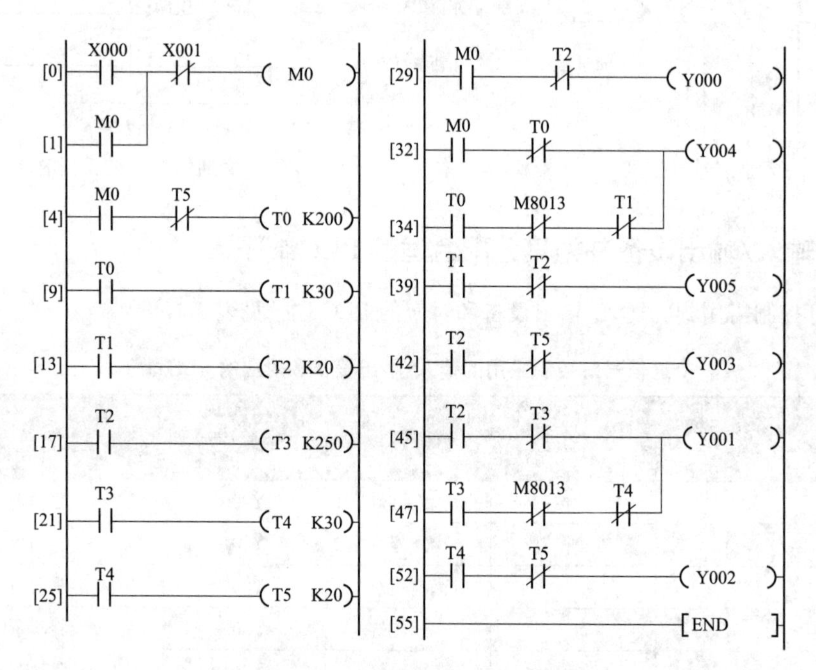

图 4-39　控制交通信号灯的梯形图

4.4.5　详解硬件接线图和梯形图的工作原理

下面对照图 4-38 所示控制接线图、图 4-37 所示时序图和图 4-39 所示梯形图控制程序来说明交通信号灯的控制原理。

在图 4-39 所示梯形图中，采用了一个特殊的辅助继电器 M8013，称作触点利用型特殊继电器，它利用 PLC 自动驱动线圈，用户只能利用它的触点，即画梯形图里只能画它的触点。M8013 是一个产生 1s 时钟脉冲的辅助继电器，其高低电平持续时间各为 0.5s，以图 4-39 所示梯形图的［34］为例，当 T0

常开触点闭合，M8013 常闭触点接通、断开时间分别为 0.5s，Y004 线圈得电、失电时间也都为 0.5s。

1. 启动控制

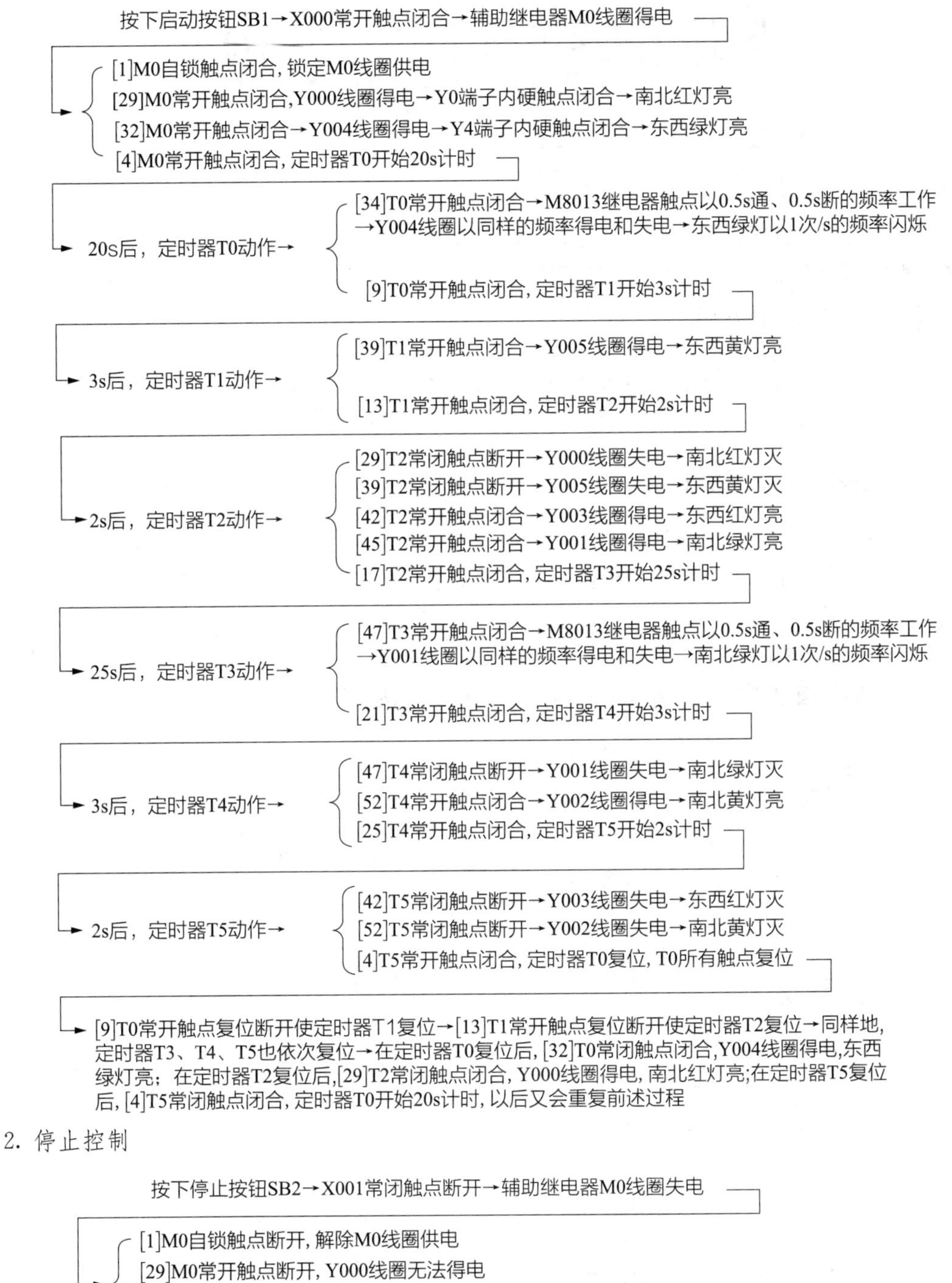

2. 停止控制

按下停止按钮SB2→X001常闭触点断开→辅助继电器M0线圈失电

[1]M0自锁触点断开，解除M0线圈供电

[29]M0常开触点断开，Y000线圈无法得电

[32]M0常开触点断开→Y004线圈无法得电

[4]M0常开触点断开，定时器T0复位，T0所有触点复位

[9]T0常开触点复位断开使定时器T1复位，T1所有触点均复位→其中[13]T1常开触点复位断开使定时器T2复位→同样地，定时器T3、T4、T5也依次复位→在定时器T1复位后，[39]T1常开触点断开，Y005线圈无法得电[3]在定时器T2复位后，[42]T2常开触点断开，Y003线圈无法得电；在定时器T3复位后，[47]T3常开触点断开，Y001线圈无法得电；在定时器T4复位后，[52]T4常开触点断开，Y002线圈无法得电→Y000～Y005线圈均无法得电，所有交通信号灯都熄灭

第5章

步进指令的使用与实例

步进指令主要用于顺序控制编程，三菱 FX 系列 PLC 有 STL 和 RET 2 条步进指令。在顺序控制编程时，通常先绘制状态转移（SFC）图，然后按照 SFC 图编写相应梯形图程序。状态转移图有单分支、选择性分支和并行分支 3 种方式。

5.1 状态转移图与步进指令

5.1.1 顺序控制与状态转移图

一个复杂的任务往往可以分成若干个小任务，当按一定的顺序完成这些小任务后，整个大任务也就完成了。**在生产实践中，顺序控制是指按照一定的顺序逐步控制来完成各个工序的控制方式。**在采用顺序控制时，为了直观表示出控制过程，可以绘制顺序控制图。

图 5-1 所示为一种 3 台电动机顺序控制图，由于每一个步骤称作一个工艺，所以又称工序图。**在 PLC 编程时，绘制的顺序控制图称为状态转移图，简称 SFC 图，**图 5-1（b）为图 5-1（a）对应的状态转移图。

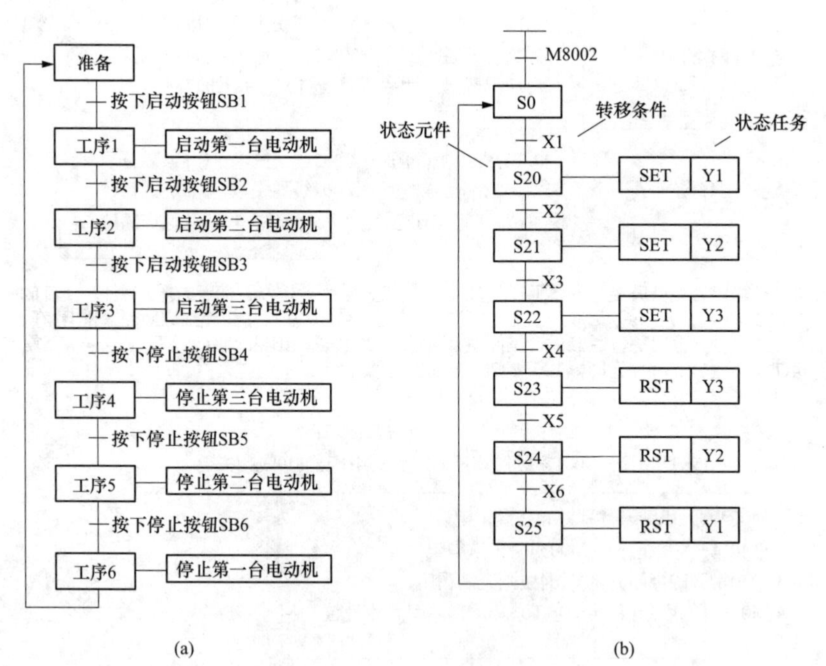

图 5-1　一种三台电动机顺序控制图

（a）工序图；（b）状态转移（SFC）图

顺序控制有转移条件、转移目标和工作任务 3 个要素。在图 5-1（a）中，当上一个工序需要转到下一个工序时必须满足一定的转移条件，如工序 1 的要转到下一个工序 2 时，须按下启动按钮 SB2，若不按下 SB2，即不满足转移条件，就无法进行下一个工序 2。当转移条件满足后，需要确定转移目标，如工序 1 的转移目标是工序 2。每个工序都有具体的工作任务，如工序 1 的工作任务是“启动第一台电动机”。

PLC 编程时绘制的状态转移图与顺序控制图相似，图 5-1（b）中的状态元件（状态继电器）S20 相当于工序 1，“SET Y1”相当于工作任务，S20 的转移目标是 S21，S25 的转移目标是 S0，M8002 和 S0 用来完成准备工作，其中 M8002 为触点利用型辅助继电器，它只有触点，没有线圈，PLC 运行时触点会自动接通一个扫描周期，S0 为初始状态继电器，要在 S0～S9 中选择，其他的状态继电器通常在 S20～S499 中选择（三菱 FX2N 系列）。

5.1.2 步进指令说明

PLC 顺序控制需要用到步进指令，三菱 FX 系列 PLC 有：STL 和 RET 2 条步进指令。

1. 指令名称与功能

指令名称及功能见表 5-1。

表 5-1　步进指令名称及功能

指令名称（助记符）	功　能
STL	步进开始指令，其功能是将步进接点接到左母线，该指令的操作元件为状态继电器 S
RET	步进结束指令，其功能是将子母线返回到左母线位置，该指令无操作元件

2. 使用举例

（1）STL 指令使用举例。STL 指令使用举例如图 5-2 所示。状态继电器 S 只有常开触点，没有常闭触点，在绘制梯形图时，输入指令“［STL S20］”即能生成 S20 常开触点，S 常开触点闭合后，其右端相当于子母线，与子母线直接连接的线圈可以直接用 OUT 指令，相连的其他元件可用基本指令写出指令语句表，如触点用 LD 或 LDI 指令。

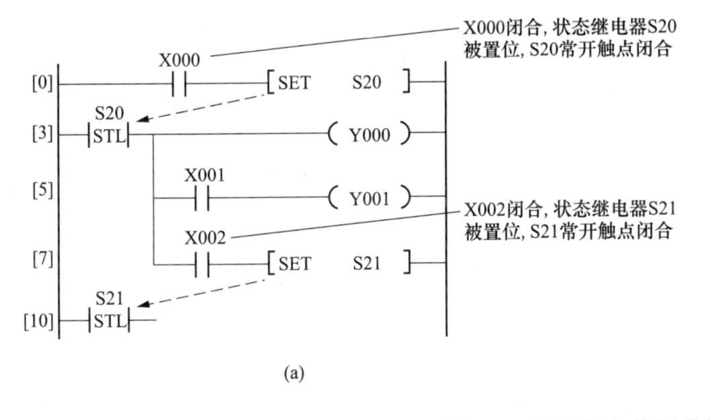

0	LD	X000	
1	SET	S20	—将状态继电器S20置1
3	STL	S20	—将S20常开触点接左母线
4	OUT	Y000	
5	LD	X001	
6	OUT	Y001	
7	LD	X002	
8	SET	S21	—将状态继电器S21置1
10	STL	S21	—将S21常开触点接左母线

(b)

图 5-2　STL 指令使用举例

（a）梯形图；（b）指令语句表

梯形图说明如下：当 X000 常开触点闭合时→［SET S20］指令执行→状态继电器 S20 被置 1（置位）→S20 常开触点闭合→Y000 线圈得电；若 X001 常开触点闭合，Y001 线圈也得电；若 X002 常开触点闭合，［SET S21］指令执行，状态继电器 S21 被置 1→S21 常开触点闭合。

（2）RET 指令使用举例。RET 指令使用举例如图 5-3 所示。RET 指令通常用在一系列步进指令的最后，表示状态流程的结束并返回主母线。

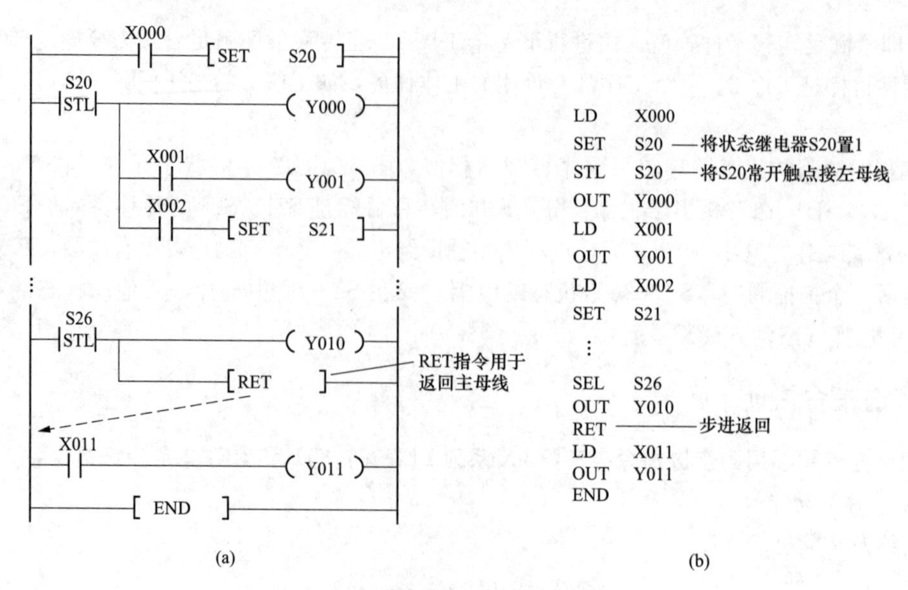

图 5-3 RET 指令使用举例

(a) 梯形图；(b) 指令语句表

5.1.3 步进指令在两种编程软件中的编写形式

在三菱 FXGP _WIN-C 和 GX Developer 编程软件中都可以使用步进指令编写顺序控制程序，但两者的编写方式有所不同。

图 5-4 所示为 FXGP _WIN-C 和 GX Developer 软件编写的功能完全相同的梯形图，虽然两者的指令语句表程序完全相同，但梯形图却有区别，FXGP _WIN-C 软件编写的步程序段开始有一个 STL 触点（编程时输入“［STL S0］”即能生成 STL 触点），而 GX Developer 软件编写的步程序段无 STL 触点，取而代之的程序段开始是一个独占一行的“［STL S0］”指令。

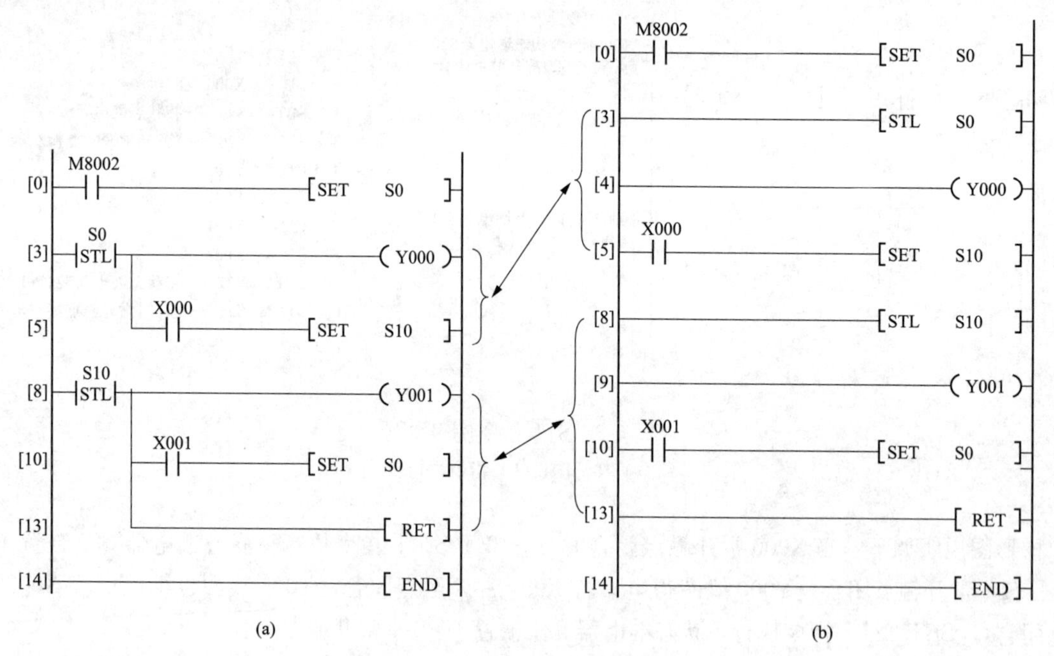

图 5-4 由两个不同编程软件编写的功能相同的梯形图

(a) 由 FXGP _WIN-C 软件编写；(b) 由 GX Developer 软件编写

5.1.4 状态转移图分支方式

状态转移图的分支方式主要有单分支方式、选择性分支方式和并行分支方式。图 5-1（b）所示的状态转移图为单分支，程序由前往后依次执行，中间没有分支，不复杂的顺序控制常采用这种单分支方式。较复杂的顺序控制可采用选择性分支方式或并行分支方式。

1. 选择性分支方式

选择性分支方式如图 5-5 所示。状态转移图如图 5-5（a）所示，在状态器 S21 后有两个可选择的分支，当 X1 闭合时执行 S22 分支，当 X4 闭合时执行 S24 分支，如果 X1 较 X4 先闭合，则只执行 X1 所在的分支，X4 所在的分支不执行。图 5-5（b）是依据图 5-5（a）画出的梯形图，图 5-5（c）则为对应的指令语句表。

三菱 FX 系列 PLC 最多允许有 8 个可选择的分支。

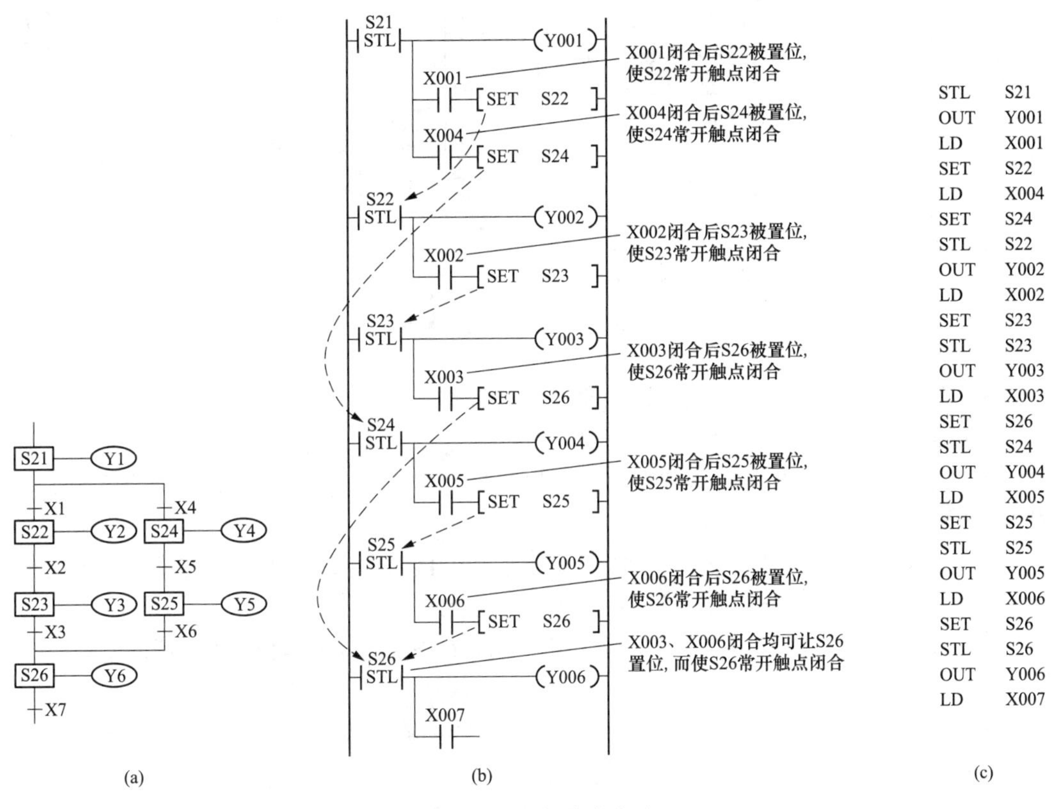

图 5-5 选择性分支方式

（a）状态转移图；（b）梯形图；（c）指令语句表

2. 并行分支方式

并行分支方式如图 5-6 所示，状态转移图如图 5-6（a）所示，在状态器 S21 后有两个并行的分支，并行分支用双线表示，当 X1 闭合时 S22 和 S24 两个分支同时执行，当两个分支都执行完成并且 X4 闭合时才能往下执行，若 S23 或 S25 任一条分支未执行完，即使 X4 闭合，也不会执行到 S26。图 5-6（b）是依据图 5-6（a）画出的梯形图，图 5-6（c）则为对应的指令语句表。

三菱 FX 系列 PLC 最多允许有 8 个并行的分支。

5.1.5 用步进指令编程注意事项

（1）初始状态（S0）应预先驱动，否则程序不能向下执行，驱动初始状态通常用控制系统的初始

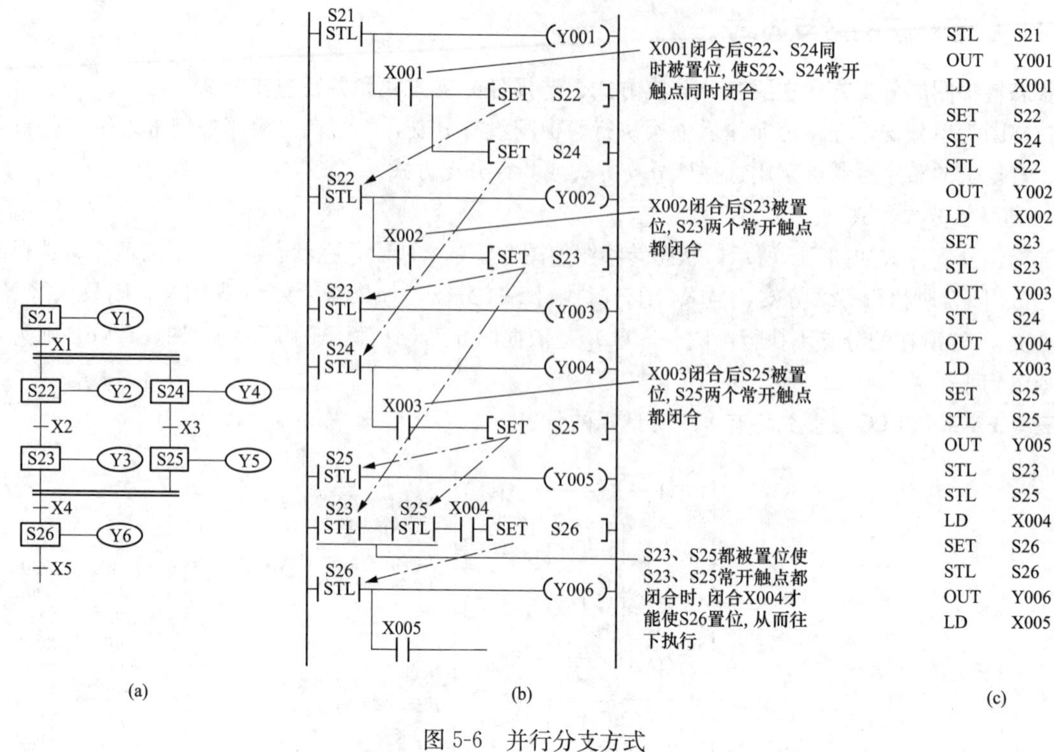

图 5-6 并行分支方式

(a) 状态转移图；(b) 梯形图；(c) 指令语句表

条件，若无初始条件，可用 M8002 或 M8000 触点进行驱动。

(2) 不同步程序的状态继电器编号不要重复。

(3) 当上一个步程序结束，转移到下一个步程序时，上一个步程序中的元件会自动复位（SET、RST 指令作用的元件除外）。

(4) 在步进顺序控制梯形图中可使用双线圈功能，即在不同步程序中可以使用同一个输出线圈，这是因为 CPU 只执行当前处于活动步的步程序。

(5) 同一编号的定时器不要在相邻的步程序中使用，在不是相邻的步程序中则可以使用。

(6) 不能同时动作的输出线圈尽量不要设在相邻的步程序中，因为可能出现下一步程序开始执行时上一步程序未完全复位，这样会出现不能同时动作的两个输出线圈同时动作，如果必须要这样做，可以在相邻的步程序中采用软联锁保护，即给一个线圈串联另一个线圈的常闭触点。

(7) 在步程中可以使用跳转指令。在中断程序和子程序中也不能存在步程序。在步程序中最多可以有 4 级 FOR/NEXT 指令嵌套。

(8) 在选择分支和并行分支程序中，分支数最多不能超过 8 条，总的支路数不能超过 16 条。

(9) 如果希望在停电恢复后继续维持停电前的运行状态时，可使用 S500～S899 停电保持型状态继电器。

5.2 液体混合装置的 PLC 控制系统开发实例

5.2.1 明确系统控制要求

两种液体混合装置如图 5-7 所示，YV1、YV2 分别为 A、B 液体注入控制电磁阀，电磁阀线圈通电时打开，液体可以流入，YV3 为 C 液体流出控制电磁阀，H、M、L 分别为高、中、低液位传感器，M

为搅拌电动机，通过驱动搅拌部件旋转使A、B液体充分混合均匀。

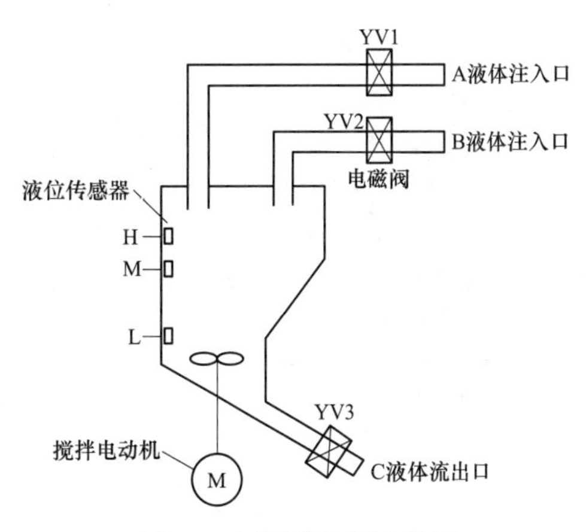

图5-7 两种液体混合装置

液体混合装置控制要求如下。

（1）装置的容器初始状态应为空的，3个电磁阀都关闭，电动机M停转。按下启动按钮，YV1电磁阀打开，注入A液体，当A液体的液位达到M位置时，YV1关闭；然后YV2电磁阀打开，注入B液体，当B液体的液位达到H位置时，YV2关闭；接着电动机M开始运转搅20s，而后YV3电磁阀打开，C液体（A、B混合液）流出，当C液体的液位下降到L位置时，开始20s计时，在此期间C液体全部流出，20s后YV3关闭，一个完整的周期完成。以后自动重复上述过程。

（2）当按下停止按钮后，装置要完成一个周期才停止。

（3）可以用手动方式控制A、B液体的注入和C液体的流出，也可以手动控制搅拌电动机的运转。

5.2.2 确定输入/输出设备并分配合适的I/O端子

液体混合装置控制需用到的输入/输出设备和对应的PLC端子见表5-2。

表5-2 液体混合装置控制采用的输入/输出设备和对应的PLC端子

输入			输出		
输入设备	对应端子	功能说明	输出设备	对应端子	功能说明
SB1	X0	启动控制	KM1线圈	Y1	控制A液体电磁阀
SB2	X1	停止控制	KM2线圈	Y2	控制B液体电磁阀
SQ1	X2	检测低液位L	KM3线圈	Y3	控制C液体电磁阀
SQ2	X3	检测中液位M	KM4线圈	Y4	驱动搅拌电动机工作
SQ3	X4	检测高液位H			
QS	X10	手动/自动控制切换（ON：自动；OFF：手动）			
SB3	X11	手动控制A液体流入			
SB4	X12	手动控制B液体流入			
SB5	X13	手动控制C液体流出			
SB6	X14	手动控制搅拌电动机			

5.2.3 绘制PLC控制接线图

图5-8所示为液体混合装置的PLC控制接线图。

5.2.4 编写PLC控制程序

1. 绘制状态转移图

在编写较复杂的步进程序时，建议先绘制状态转移图，再对照状态转移图的框架绘制梯形图。图5-9所示为液体混合装置控制的状态转移图。

2. 编写梯形图程序

启动三菱PLC编程软件，按状态转移图编写梯形图程序，编写完成的液体混合装置控制梯形图如

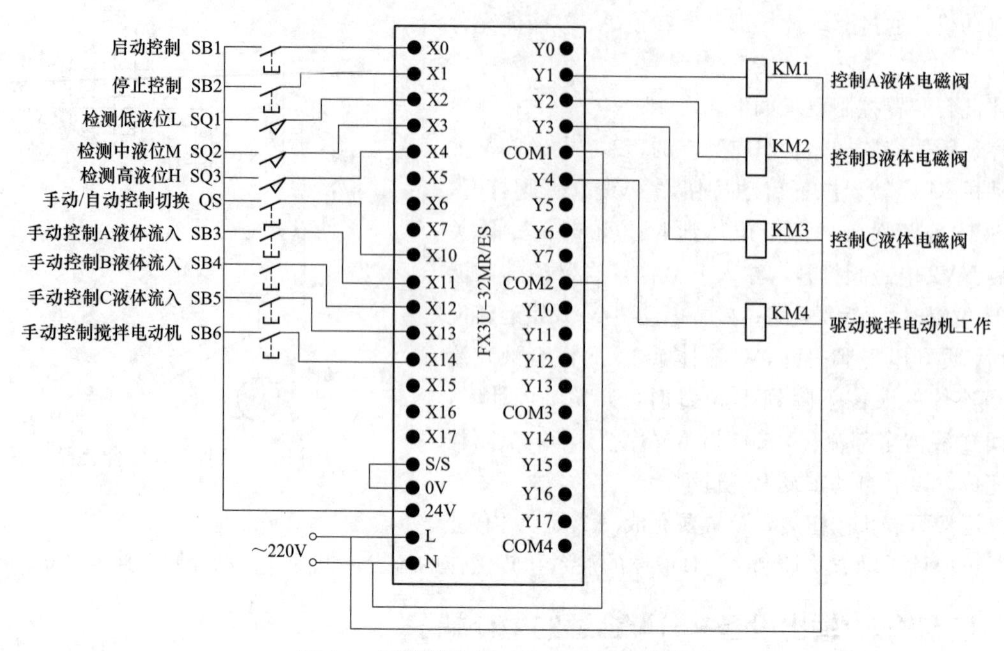

图 5-8 液体混合装置的 PLC 控制接线图

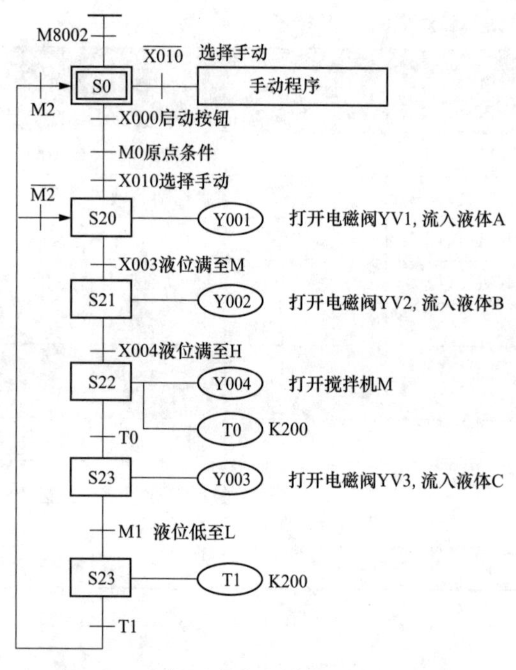

图 5-9 液体混合装置控制的状态转移图

图 5-10 所示，该程序使用三菱 FXGP/WIN-C 软件编写，也可以用三菱 GX Developer 软件编写，但要注意步进指令使用方式与 FXGP/WIN-C 软件有所不同，具体区别可见前图 5-4。

5.2.5 详解硬件接线图和梯形图的工作原理

下面结合图 5-8 所示控制接线图和图 5-10 所示梯形图来说明液体混合装置的工作原理。

液体混合装置有自动和手动两种控制方式，它由开关 QS 来决定（QS 闭合为自动控制；QS 断开为手动控制）。要让装置工作在自动控制方式，除了开关 QS 应闭合外，装置还须满足自动控制的初始条件（又称原点条件），否则系统将无法进入自动控制方式。装置的原点条件是 L、M、H 液位传感器的开关 SQ1、SQ2、SQ3 均断开，电磁阀 YV1、YV2、YV3 均关闭，电动机 M 停转。

1. 检测原点条件

图 5-10 梯形图中的第 0 梯级程序用来检测原点条件（或称初始条件）。在自动控制工作前，若装置中的 C 液体位置高于传感器 L→SQ1 闭合→X002 常闭触点断开，或 Y001～Y004 常闭触点断开（由 Y000～Y003 线圈得电引起，电磁阀 YV1、YV2、YV3 和电动机 M 会因此得电工作），均会使辅助继电器 M0 线圈无法得电，第 16 梯级中的 M0 常开触点断开，无法对状态继电器 S20 置位，第 35 梯级 S20 常开触点断开，S21 无法置位，这样会依次使 S21、S22、S23、S24 常开触点无法闭合，装置无法进入自动控制状态。

如果是因为 C 液体未排完而使装置不满足自动控制的原点条件，可手工操作 SB5 按钮，使 X013 常

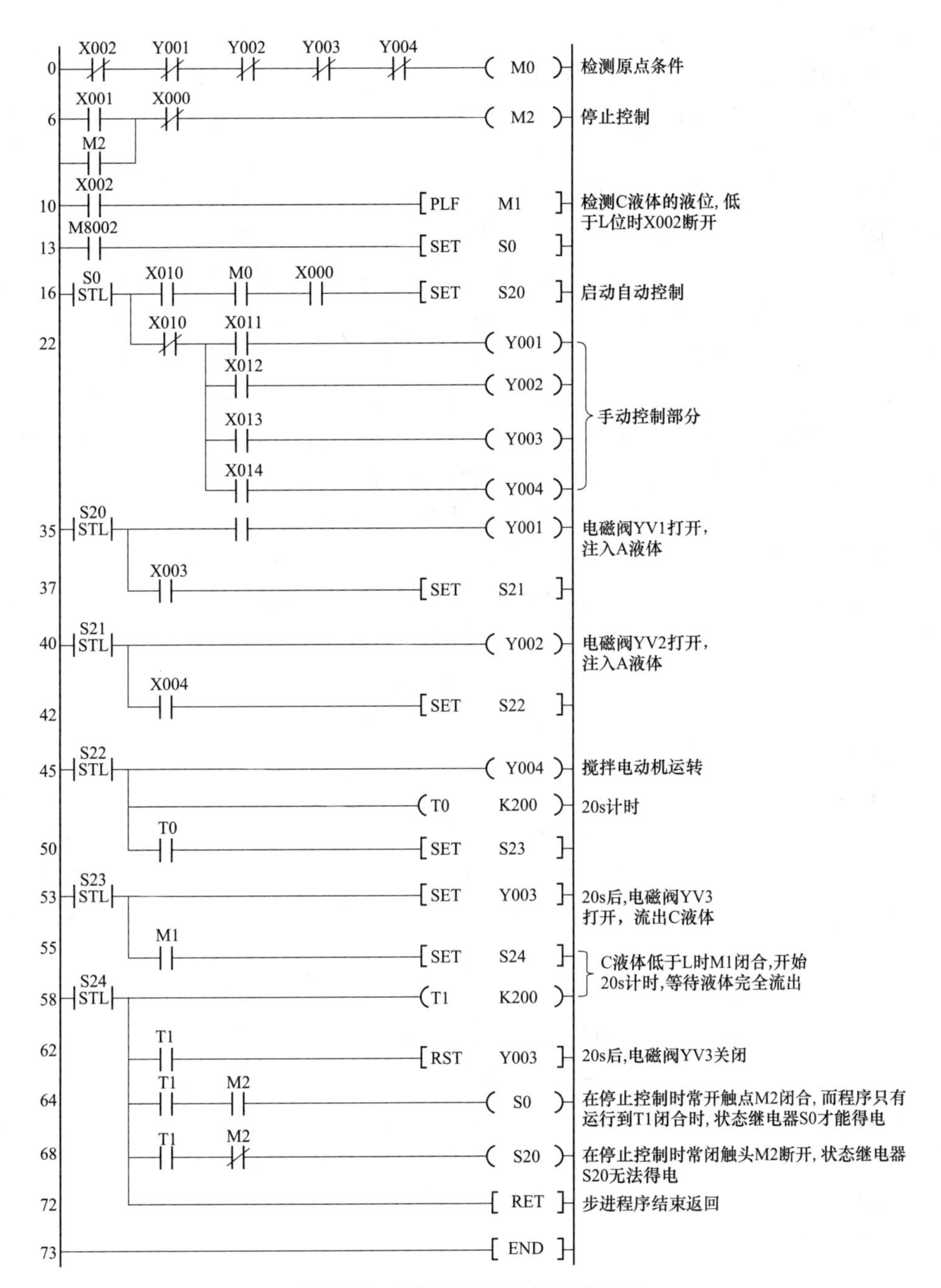

图 5-10 液体混合装置控制梯形图

开触点闭合，Y003 线圈得电，接触器 KM3 线圈得电，KM3 触点闭合接通电磁阀 YV3 线圈电源，YV3 打开，将 C 液体从装置容器中放完，液位传感器 L 的 SQ1 断开，X002 常闭触点闭合，M0 线圈得电，从而满足自动控制所需的原点条件。

2. 自动控制过程

在启动自动控制前，需要做一些准备工作，包括操作准备和程序准备。

（1）操作准备。将手动/自动切换开关 QS 闭合，选择自动控制方式，图 5-10 中［16］中的 X010 常开触点闭合，为接通自动控制程序段做准备，［22］中的 X010 常闭触点断开，切断手动控制程序段。

（2）程序准备。在启动自动控制前，第 0 梯级程序会检测原点条件，若满足原点条件，则辅助继电器线圈 M0 得电，[16] 中的 M0 常开触点闭合，为接通自动控制程序段做准备。另外，当程序运行到 M8002（触点利用型辅助继电器，只有触点没有线圈）时，M8002 自动接通一个扫描周期，“SET S0”指令执行，将状态继电器 S0 置位，[16] 中的 S0 常开触点闭合，也为接通自动控制程序段做准备。

（3）启动自动控制。按下启动按钮 SB1→[16]X000 常开触点闭合→状态继电器 S20 置位→[35]S20 常开触点闭合→Y001 线圈得电→Y1 端子内部硬触点闭合→KM1 线圈得电→主电路中 KM1 主触点闭合（图 5-8 中未画出主电路部分）→电磁阀 YV1 线圈通电，阀门打开，注入 A 液体→当 A 液体高度到达液位传感器 M 位置时，传感器开关 SQ2 闭合→[37]X003 常开触点闭合→状态继电器 S21 置位→[40]S21 常开触点闭合，同时 S20 自动复位，[35]S20 触点断开→Y002 线圈得电，Y001 线圈失电→电磁阀 YV2 阀门打开，注入 B 液体→当 B 液体高度到达液位传感器 H 位置时，传感器开关 SQ3 闭合→[42]X004 常开触点闭合→状态继电器 S22 置位→[45]S22 常开触点闭合，同时 S21 自动复位，[40]S21 触点断开→Y004 线圈得电，Y002 线圈失电→搅拌电动机 M 运转，同时定时器 T0 开始 20s 计时→20s 后，定时器 T0 动作→[50]T0 常开触点闭合→状态继电器 S23 置位→[53]S23 常开触点闭合→Y003 线圈被置位→电磁阀 YV3 打开，C 液体流出→当液体下降到液位传感器 L 位置时，传感器开关 SQ1 断开→[10]X002 常开触点断开（在液体高于 L 位置时 SQ1 处于闭合状态）→下降沿脉冲会为继电器 M1 线圈接通一个扫描周期→[55]M1 常开触点闭合→状态继电器 S24 置位→[58]S24 常开触点闭合，同时 [53]S23 触点断开，由于 Y003 线圈是置位得电，故不会失电→[58]S24 常开触点闭合后，定时器 T1 开始 20s 计时→20s 后，[62]T1 常开触点闭合，Y003 线圈被复位→电磁阀 YV3 关闭，与此同时，S20 线圈得电，[35]S20 常开触点闭合，开始下一次自动控制。

（4）停止控制。在自动控制过程中，若按下停止按钮 SB2→[6]X001 常开触点闭合→[6]辅助继电器 M2 得电→[7]M2 自锁触点闭合，锁定供电；[68]M2 常闭触点断开，状态继电器 S20 无法得电，[16]S20 常开触点断开；[64]M2 常开触点闭合，当程序运行到 [64] 时，T1 闭合，状态继电器 S0 得电，[16]S0 常开触点闭合，但由于常开触点 X000 处于断开（SB1 断开），状态继电器 S20 无法置位，[35]S20 常开触点处于断开，自动控制程序段无法运行。

3. 手动控制过程

将手动/自动切换开关 QS 断开，选择手动控制方式→[16]X010 常开触点断开，状态继电器 S20 无法置位，[35]S20 常开触点断开，无法进入自动控制；[22]X010 常闭触点闭合，接通手动控制程序→按下 SB3，X011 常开触点闭合，Y001 线圈得电，电磁阀 YV1 打开，注入 A 液体→松开 SB3，X011 常闭触点断开，Y001 线圈失电，电磁阀 YV1 关闭，停止注入 A 液体→按下 SB4 注入 B 液体，松开 SB4 停止注入 B 液体→按下 SB5 排出 C 液体，松开 SB5 停止排出 C 液体→按下 SB6 搅拌液体，松开 SB5 停止搅拌液体。

5.3 简易机械手的 PLC 控制系统开发实例

5.3.1 明确系统控制要求

简易机械手结构如图 5-11 所示。M1 为控制机械手左右移动的电动机，M2 为控制机械手上下升降的电动机，YV 线圈用来控制机械手夹紧放松，SQ1 为左到位检测开关，SQ2 为右到位检测开关，SQ3 为上到位检测开关，SQ4 为下到位检测开关，SQ5 为工件检测开关。

简易机械手控制要求如下。

（1）机械手要将工件从工位 A 移到工位 B 处。

（2）机械手的初始状态（原点条件）是机械手应停在工位 A 的上方，SQ1、SQ3 均闭合。

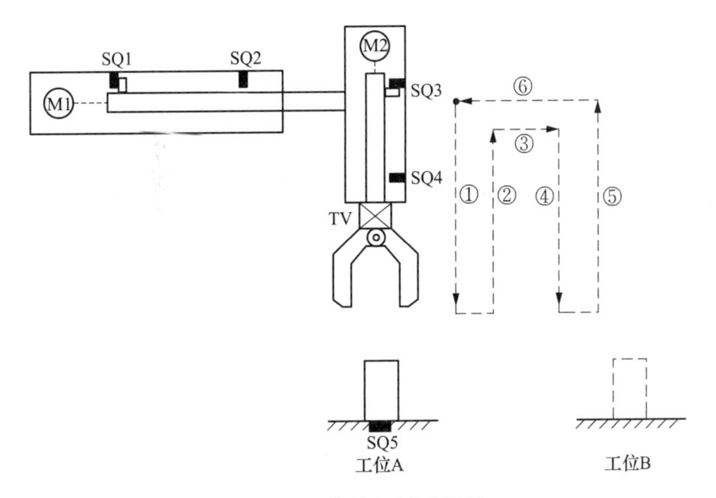

图 5-11　简易机械手结构

(3) 若原点条件满足且 SQ5 闭合（工件 A 处有工件），按下启动按钮，机械按“原点→下降→夹紧→上升→右移→下降→放松→上升→左移→原点停止”步骤工作。

5.3.2　确定输入/输出设备并分配合适的 PLC 端子

简易机械手控制需用到的输入/输出设备和对应的 PLC 端子见表 5-3。

表 5-3　　简易机械手控制采用的输入/输出设备和对应的 PLC 端子

输入			输出		
输入设备	对应端子	功能说明	输出设备	对应端子	功能说明
SB1	X0	启动控制	KM1 线圈	Y0	控制机械手右移
SB2	X1	停止控制	KM2 线圈	Y1	控制机械手左移
SQ1	X2	左到位检测	KM3 线圈	Y2	控制机械手下降
SQ2	X3	右到位检测	KM4 线圈	Y3	控制机械手上升
SQ3	X4	上到位检测	KM5 线圈	Y4	控制机械手夹紧
SQ4	X5	下到位检测			
SQ5	X6	工件检测			

5.3.3　绘制 PLC 控制接线图

图 5-12 所示为简易机械手的 PLC 控制接线图。

5.3.4　编写 PLC 控制程序

1. 绘制状态转移图

图 5-13 所示为简易机械手控制的状态转移图。

2. 编写梯形图程序

启动三菱编程软件，按照图 5-13 所示的状态转移图编写梯形图，编写完成的梯形图如图 5-14 所示。

5.3.5　详解硬件线路和梯形图的工作原理

下面结合图 5-12 所示控制接线图和图 5-14 所示梯形图来说明简易机械手的工作原理。

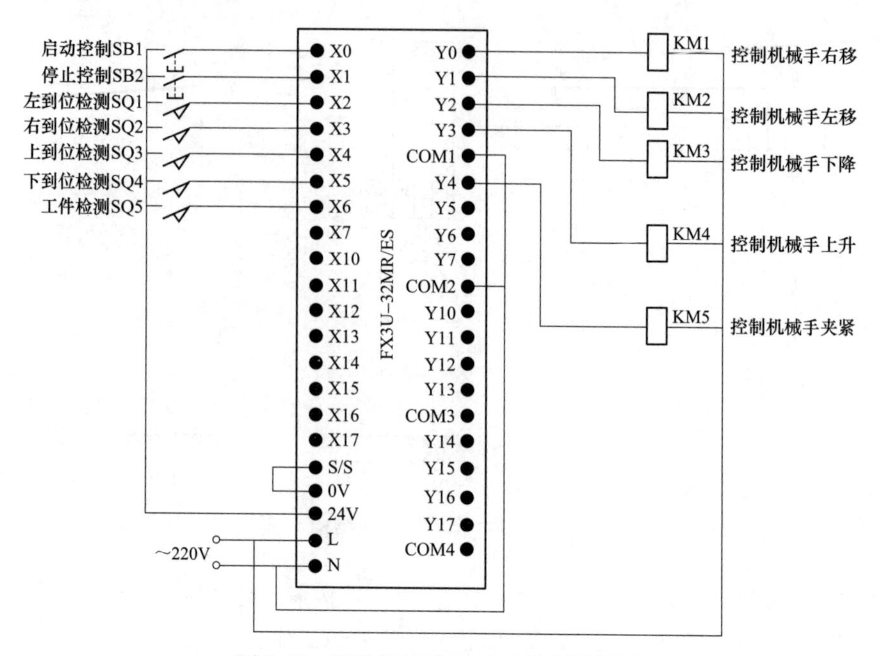

图 5-12 简易机械手的 PLC 控制接线图

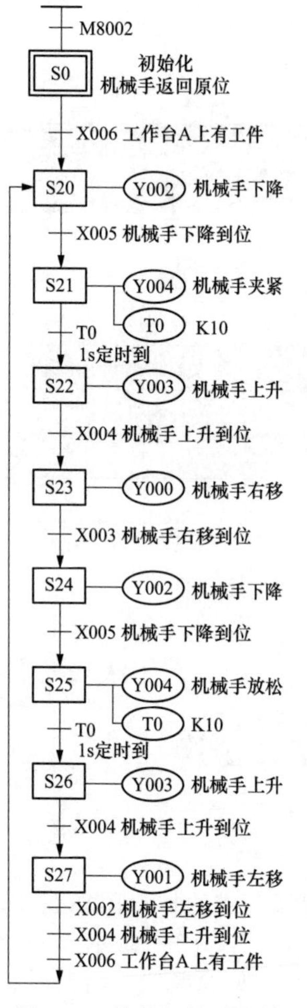

图 5-13 简易机械手控制状态转移图

武术运动员在表演武术时，通常会在表演场地某位置站立好，然后开始进行各种武术套路表演，表演结束后会收势成表演前的站立状态。同样地，大多数机电设备在工作前先要回到初始位置（相当于运动员的表演前的站立位置），然后在程序的控制下，机电设备开始各种操作，操作结束又会回到初始位置，机电设备的初始位置也称原点。

1. 初始化操作

当 PLC 通电并处于“RUN”状态时，程序会先进行初始化操作。程序运行时，M8002 会接通一个扫描周期，线圈 Y0～Y4 先被 ZRST 指令批量复位，同时状态继电器 S0 被置位，[7]S0 常开触点闭合，状态继电器 S20～S30 被 ZRST 指令批量复位。

2. 启动控制

（1）原点条件检测。[13]～[28] 之间为原点检测程序。按下启动按钮 SB1→[3]X000 常开触点闭合，辅助继电器 M0 线圈得电，M0 自锁触点闭合，锁定供电，同时 [19]M0 常开触点闭合，Y004 线圈复位，接触器 KM5 线圈失电，机械手夹紧线圈失电而放松，另外 [13][16][22]M0 常开触点也均闭合。若机械手未左到位，开关 SQ1 闭合，[13]X002 常闭触点闭合，Y001 线圈得电，接触器 KM1 线圈得电，通过电动机 M1 驱动机械手右移，右移到位后 SQ1 断开，[13]X002 常闭触点断开；若机械手未上到位，开关 SQ3 闭合，[16]X004 常闭触点闭合，Y003 线圈得电，接触器 KM4 线圈得电，通过电动机 M2 驱动机械手上升，上升到位后 SQ3 断开，[13]X004 常闭触点断开。如果机械手左到位、上到位且工位 A 有工件（开关 SQ5 闭合），则 [22]X002、X004、X006 常开触点均闭合，状态继电器 S20 被置位，[28]S20 常开触点闭合，开始控制机械手搬运工件。

（2）机械手搬运工件控制。[28]S20 常开触点闭合→Y002 线圈得电，KM3 线圈得电，通过电动机 M2 驱动机械手下移，当下移到位后，下到位

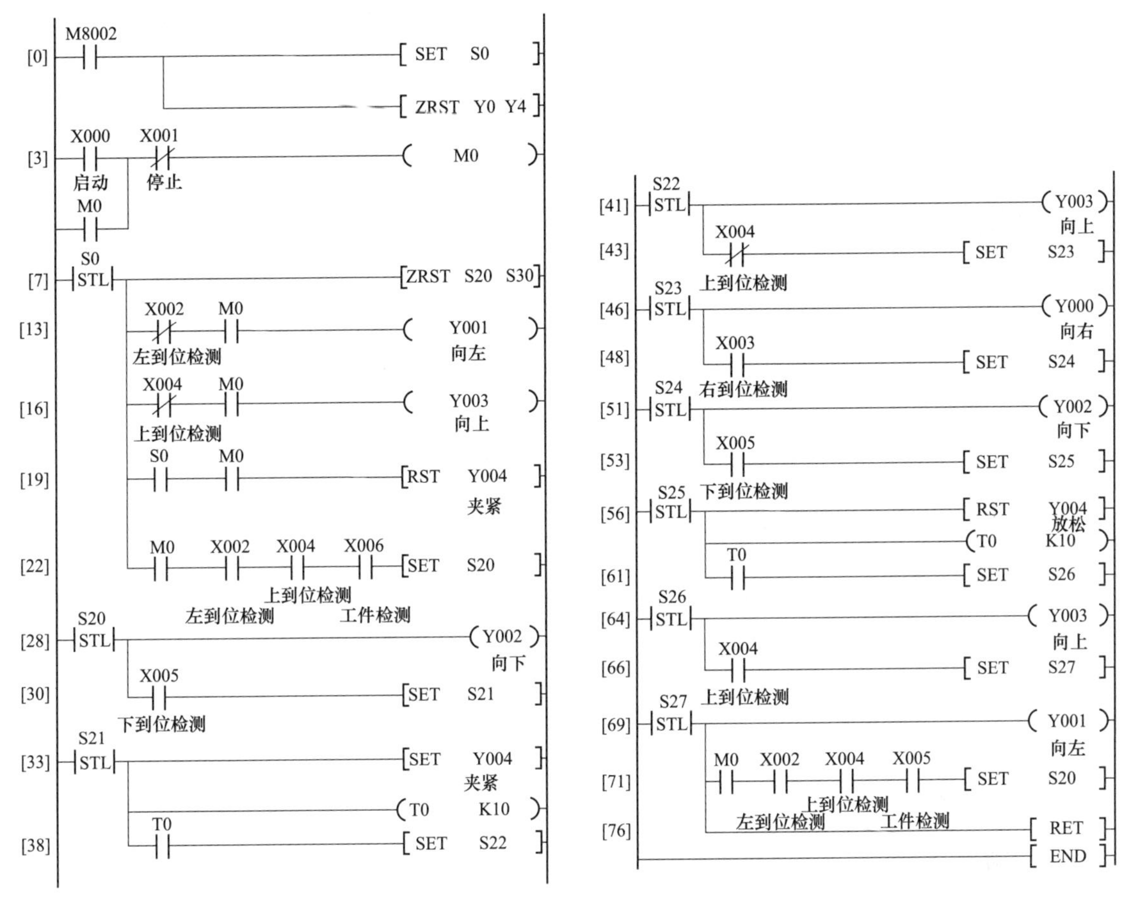

图 5-14 简易机械手控制梯形图

开关 SQ4 闭合，[30]X005 常开触点闭合，状态继电器 S21 被置位→[33]S21 常开触点闭合→Y004 线圈被置位，接触器 KM5 线圈得电，夹紧线圈得电将工件夹紧，与此同时，定时器 T0 开始 1s 计时→1s 后，[38]T0 常开触点闭合，状态继电器 S22 被置位→[41]S22 常开触点闭合→Y003 线圈得电，KM4 线圈得电，通过电动机 M2 驱动机械手上移，当上移到位后，开关 SQ3 闭合，[43]X004 常开触点闭合，状态继电器 S23 被置位→[46]S23 常开触点闭合→Y000 线圈得电，KM1 线圈得电，通过电动机 M1 驱动机械手右移，当右移到位后，开关 SQ2 闭合，[48]X003 常开触点闭合，状态继电器 S24 被置位→[51]S24 常开触点闭合→Y002 线圈得电，KM3 线圈得电，通过电动机 M2 驱动机械手下降，当下降到位后，开关 SQ4 闭合，[53]X005 常开触点闭合，状态继电器 S25 被置位→[56]S25 常开触点闭合→Y004 线圈被复位，接触器 KM5 线圈失电，夹紧线圈失电将工件放下，与此同时，定时器 T0 开始 1s 计时→1s 后，[61]T0 常开触点闭合，状态继电器 S26 被置位→[64]S26 常开触点闭合→Y003 线圈得电，KM4 线圈得电，通过电动机 M2 驱动机械手上升，当上升到位后，开关 SQ3 闭合，[66]X004 常开触点闭合，状态继电器 S27 被置位→[69]S27 常开触点闭合→Y001 线圈得电，KM2 线圈得电，通过电动机 M1 驱动机械手左移，当左移到位后，开关 SQ1 闭合，[71]X002 常开触点闭合，如果上到位开关 SQ3 和工件检测开关 SQ5 均闭合，则状态继电器 S20 被置位→[28]S20 常开触点闭合，开始下一次工件搬运。若工位 A 无工件，SQ5 断开，机械手会停在原点位置。

3. 停止控制

当按下停止按钮 SB2→[3]X001 常闭触点断开→辅助继电器 M0 线圈失电→ [6][13][16][19][22][71]M0 常开触点均断开，其中 [6]M0 常开触点断开解除 M0 线圈供电，其他 M0 常开触点断开使状态继电器 S20 无法置位，[28]S20 步进触点无法闭合，[28]～[76] 之间的程序无法运行，机械手不工作。

5.4 大小铁球分检机的 PLC 控制系统开发实例

5.4.1 明确系统控制要求

大小铁球分检机结构如图 5-15 所示。M1 为传送带电动机，通过传送带驱动机械手臂左向或右向移动；M2 为电磁铁升降电动机，用于驱动电磁铁 YA 上移或下移；SQ1、SQ4、SQ5 分别为混装球箱、小球箱、大球箱的定位开关，当机械手臂移到某球箱上方时，相应的定位开关闭合；SQ6 为接近开关，当铁球靠近时开关闭合，表示电磁铁下方有球存在。

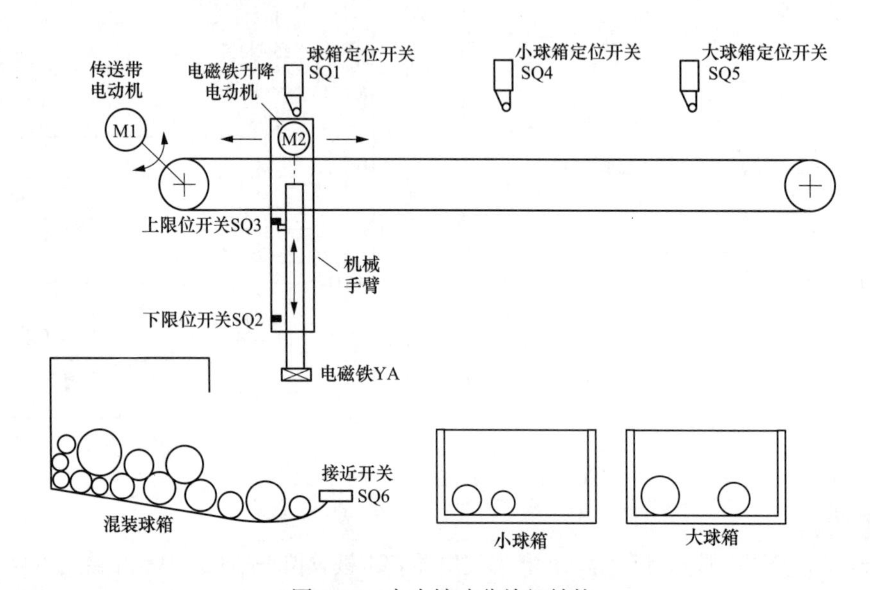

图 5-15　大小铁球分检机结构

大小铁球分检机控制要求及工作过程如下。

(1) 分检机要从混装球箱中将大小球分检出来，并将小球放入小球箱内，大球放入大球箱内。

(2) 分检机的初始状态（原点条件）是机械手臂应停在混装球箱上方，SQ1、SQ3 均闭合。

(3) 在工作时，若 SQ6 闭合，则电动机 M2 驱动电磁铁下移，2s 后，给电磁铁通电从混装球箱中吸引铁球，若此时 SQ2 处于断开，表示吸引的是大球，若 SQ2 处于闭合，则吸引的是小球，然后电磁铁上移，SQ3 闭合后，电动机 M1 带动机械手臂右移，如果电磁铁吸引的为小球，机械手臂移至 SQ4 处停止，电磁铁下移，将小球放入小球箱（让电磁铁失电），而后电磁铁上移，机械手臂回归原位，如果电磁铁吸引的是大球，机械手臂移至 SQ5 处停止，电磁铁下移，将小球放入大球箱，而后电磁铁上移，机械手臂回归原位。

5.4.2 确定输入/输出设备并分配合适的 PLC 端子

大小铁球分检机控制系统用到的输入/输出设备和对应的 PLC 端子见表 5-4。

5.4.3 绘制 PLC 控制接线图

图 5-16 所示为大小铁球分检机的 PLC 控制接线图。

表 5-4　　大小铁球分检机控制采用的输入/输出设备和对应的 PLC 端子

输入			输出		
输入设备	对应端子	功能说明	输出设备	对应端子	功能说明
SB1	X000	启动控制	HL	Y000	工作指示
SQ1	X001	混装球箱定位	KM1 线圈	Y001	电磁铁上升控制
SQ2	X002	电磁铁下限位	KM2 线圈	Y002	电磁铁下降控制
SQ3	X003	电磁铁上限位	KM3 线圈	Y003	机械手臂左移控制
SQ4	X004	小球球箱定位	KM4 线圈	Y004	机械手臂右移控制
SQ5	X005	大球球箱定位	KM5 线圈	Y005	电磁铁吸合控制
SQ6	X006	铁球检测			

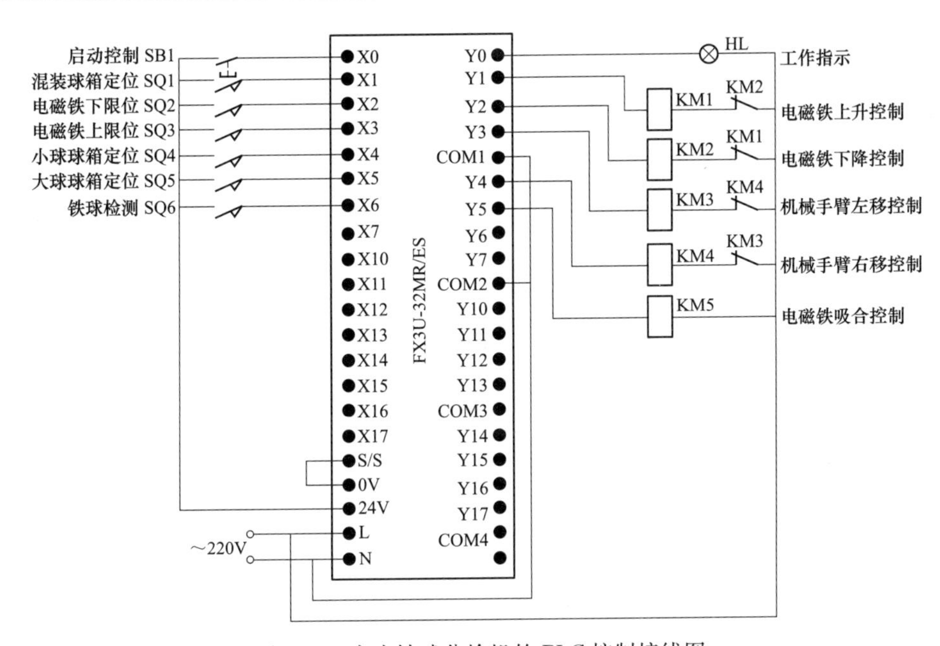

图 5-16　大小铁球分检机的 PLC 控制接线图

5.4.4 编写 PLC 控制程序

1. 绘制状态转移图

分检机检球时抓的可能为大球，也可能抓的为小球，若抓的为大球时则执行抓取大球控制，若抓的为小球则执行抓取小球控制，这是一种选择性控制，编程时应采用选择性分支方式。图 5-17 所示为大小铁球分检机控制的状态转移图。

2. 编写梯形图程序

启动三菱编程软件，根据图 5-17 所示的状态转移图编写梯形图，编写完成的梯形图如图 5-18 所示。

5.4.5 详解硬件接线图和梯形图的工作原理

下面结合图 5-15 所示分检机结构图、图 5-16 所示 PLC 控制接线图和图 5-18 所示梯形图来说明分检机的工作原理。

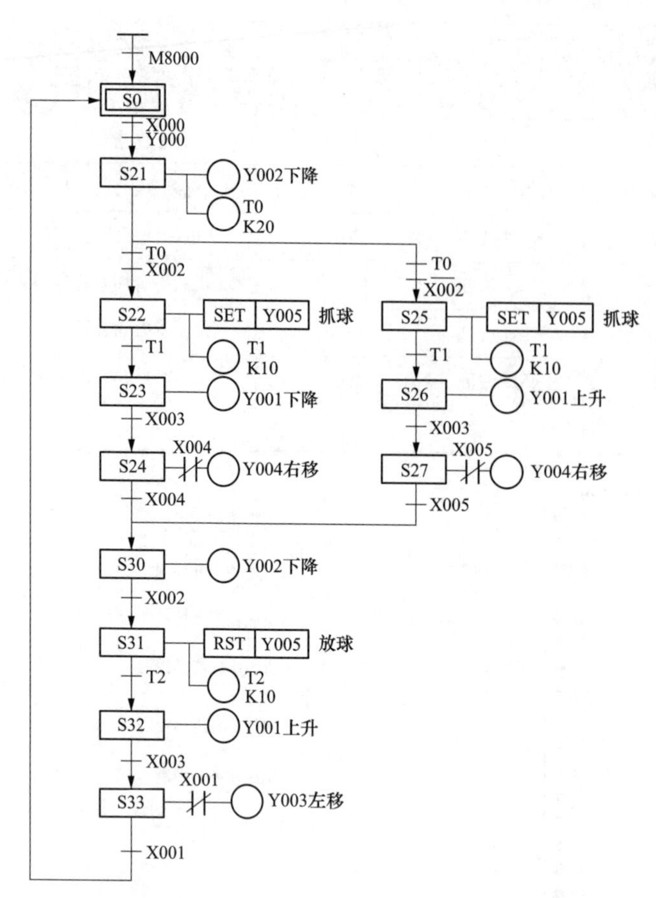

图 5-17　大小铁球分检机控制的状态转移图

1. 检测原点条件

图 5- 17 梯形图中的第 0 梯级程序用来检测分检机是否满足原点条件。分检机的原点条件如下。

(1) 机械手臂停止混装球箱上方（会使定位开关 SQ1 闭合，[0]X001 常开触点闭合）。

(2) 电磁铁处于上限位位置（会使上限位开关 SQ3 闭合，[0]X003 常开触点闭合）。

(3) 电磁铁未通电（Y005 线圈无电，电磁铁也无供电，[0]Y005 常闭触点闭合）。

(4) 有铁球处于电磁铁正下方（会使铁球检测开关 SQ6 闭合，[0] X006 常开触点闭合）。

以上 4 点都满足后，[0]Y000 线圈得电，[8]Y000 常开触点闭合，同时 Y0 端子的内部硬触点接通，指示灯 HL 亮，HL 不亮，说明原点条件不满足。

2. 工作过程

M8000 为运行监控辅助继电器，只有触点无线圈，在程序运行时触点一直处于闭合状态，M8000 闭合后，初始状态继电器 S0 被置位，[8]S0 常开触点闭合。

按下启动按钮 SB1→[8]X000 常开触点闭合→状态继电器 S21 被置位→[13]S21 常开触点闭合→[13]Y002 线圈得电，通过接触器 KM2 使电动机 M2 驱动电磁铁下移，与此同时，定时器 T0 开始 2s 计时→2s 后，[18] 和 [22]T0 常开触点均闭合，若下限位开关 SQ2 处于闭合，表明电磁铁接触为小球，[18]X002 常开触点闭合，[22]X002 常闭触点断开，状态继电器 S22 被置位，[26]S22 常开触点闭合，开始抓小球控制程序，若下限位开关 SQ2 处于断开，表明电磁铁接触为大球，[18]X002 常开触点断开，[22]X002 常闭触点闭合，状态继电器 S25 被置位，[45]S25 常开触点闭合，开始抓大球控制程序。

(1) 小球抓取过程。[26]S22 常开触点闭合后，Y005 线圈被置位，通过 KM5 使电磁铁通电抓取小球，同时定时器 T1 开始 1s 计时→1s 后，[31]T1 常开触点闭合，状态继电器 S23 被置位→[34]S23 常开触点闭合，Y001 线圈得电，通过 KM1 使电动机 M2 驱动电磁铁上升→当电磁铁上升到位后，上限位开关 SQ3 闭合，[36]X003 常开触点闭合，状态继电器 S24 被置位→[39]S24 常开触点闭合，Y004 线圈得电，通过 KM4 使电动机 M1 驱动机械手臂右移→当机械手臂移到小球箱上方时，小球箱定位开关 SQ4 闭合→[39]X004 常闭触点断开，Y004 线圈失电，机械手臂停止移动，同时 [42]X004 常开触点闭合，状态继电器 S30 被置位，[64]S30 常开触点闭合，开始放球过程。

(2) 放球并返回过程。[64]S30 常开触点闭合后，Y002 线圈得电，通过 KM2 使电动机 M2 驱动电磁铁下降，当下降到位后，下限位开关 SQ2 闭合→[66]X002 常开触点闭合，状态继电器 S31 被置位→[69]S31 常开触点闭合→Y005 线圈被复位，电磁铁失电，将球放入球箱，与此同时，定时器 T2 开始 1s 计时→1s 后，[74]T2 常开触点闭合，状态继电器 S32 被置位→[77]S32 常开触点闭合→Y001 线圈得电，通过 KM1 使电动机 M2 驱动电磁铁上升→当电磁铁上升到位后，上限位开关 SQ3 闭合，[79]

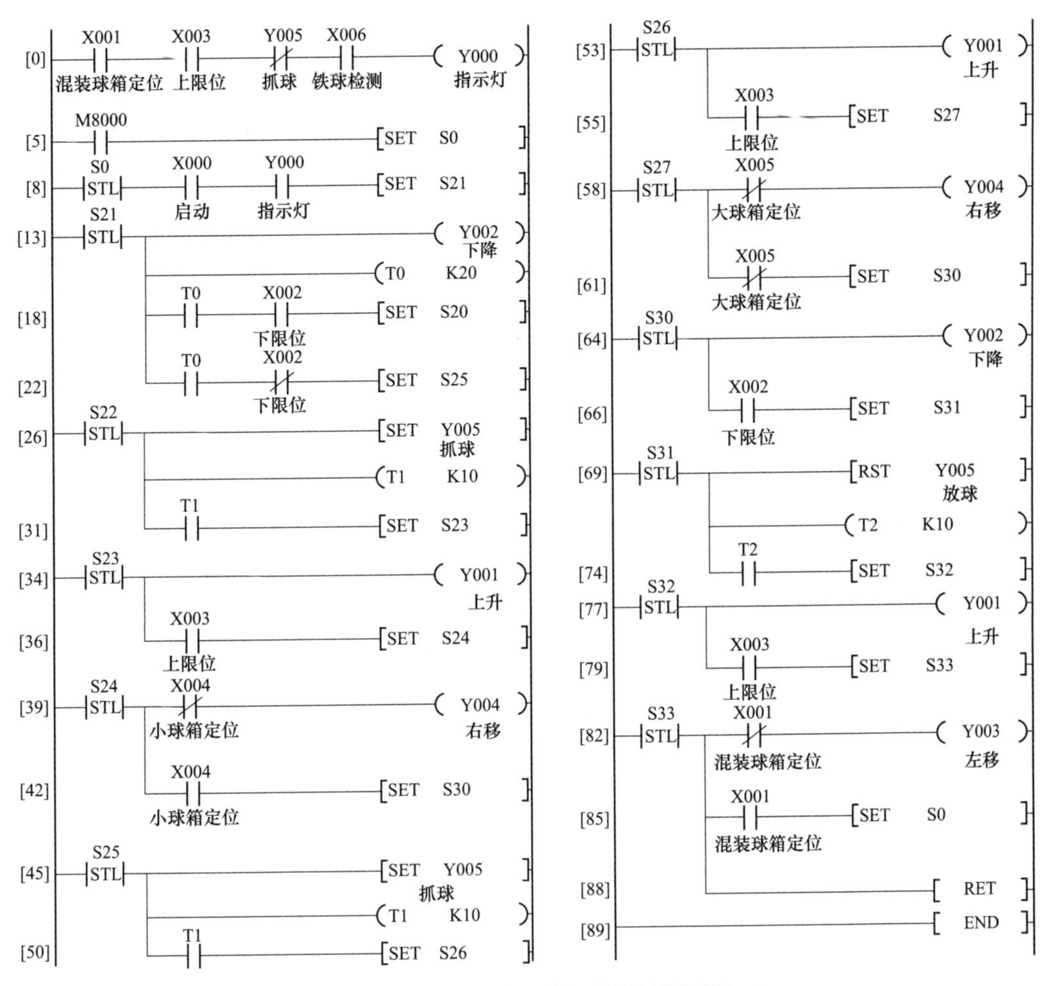

图 5-18 大小铁球分检机控制的梯形图

X003 常开触点闭合，状态继电器 S33 被置位→[82]S33 常开触点闭合→Y003 线圈得电，通过 KM3 使电动机 M1 驱动机械手臂左移→当机械手臂移到混装球箱上方时，混装球箱定位开关 SQ1 闭合→[82]X001 常闭触点断开，Y003 线圈失电，电动机 M1 停转，机械手臂停止移动，与此同时，[85]X001 常开触点闭合，状态继电器 S0 被置位，[8]S0 常开触点闭合，若按下启动按钮 SB1，则开始下一次抓球过程。

（3）大球抓取过程。[45]S25 常开触点闭合后，Y005 线圈被置位，通过 KM5 使电磁铁通电抓取大球，同时定时器 T1 开始 1s 计时→1s 后，[50]T1 常开触点闭合，状态继电器 S26 被置位→[53]S26 常开触点闭合，Y001 线圈得电，通过 KM1 使电动机 M2 驱动电磁铁上升→当电磁铁上升到位后，上限位开关 SQ3 闭合，[55]X003 常开触点闭合，状态继电器 S27 被置位→[58]S27 常开触点闭合，Y004 线圈得电，通过 KM4 使电动机 M1 驱动机械手臂右移→当机械手臂移到大球箱上方时，大球箱定位开关 SQ5 闭合→[58]X005 常闭触点断开，Y004 线圈失电，机械手臂停止移动，同时 [61]X005 常开触点闭合，状态继电器 S30 被置位，[64]S30 常开触点闭合，开始放球过程。大球的放球与返回过程与小球完全一样，不再叙述。

第6章

三菱FX1\2\3系列PLC应用指令全精解（一）

PLC 的指令分为基本指令、步进指令和应用指令（又称功能指令）。基本指令和步进指令的操作对象主要是继电器、定时器和计数器类的软元件，用于替代继电器控制线路进行顺序逻辑控制。为了适应现代工业自动控制需要，现在的 PLC 都增加大量的应用指令，应用指令使 PLC 具有强大的数据运算和特殊处理功能，从而大大扩展了 PLC 的使用范围。

三菱 FX 系列 PLC 可分为一代机（FX1S \ FX1N \ FX1NC）、二代机（FX2N \ FX2NC）和三代机（FX3SA \ FX3S \ FX3GA \ FX3G \ FX3GE \ FX3GC \ FX3U \ FX3UC），由于三代机是在一、二代机基础上发展起来的，故其指令较一代机增加了很多。一代机最多支持 118 条指令（基本指令 27 条，步进指令 2 条，应用指令 89 条），二代机最多支持 161 条指令（基本指令 27 条，步进指令 2 条，应用指令 132 条），三代机最多支持 249 条指令（基本指令 29 条，步进指令 2 条，应用指令 218 条）。

6.1 应用指令基础知识

6.1.1 应用指令的格式

应用指令由功能指令符号、功能号和操作数等组成。应用指令的格式见表 6-1（以平均值指令为例）。

表 6-1　应用指令的格式

指令名称	指令符号	功能号	操作数		
			源操作数（*S*）	目标操作数（*D*）	其他操作数（*n*）
平均值指令	MEAN	FNC45	K*n*X　K*n*Y K*n*S　K*n*M T、C、D	K*n*X　K*n*Y　K*n*S K*n*M、T、C、D、 R、V、Z、变址修饰	K*n*、H*n* *n*=1～64

1. 指令符号

指令符号用来规定指令的操作功能，一般由字母（英文单词或单词缩写）组成。上面的“MEAN”为指令符号，其含义是对操作数取平均值。

2. 功能号

功能号是应用指令的代码号，每个应用指令都有自己的功能号，如 MEAN 指令的功能号为 FNC45，在编写梯形图程序，如果要使用某应用指令，须输入该指令的指令符号，而采用手持编程器编写应用指令时，要输入该指令的功能号。

3. 操作数

操作数又称操作元件，通常由源操作数 *S*、目标操作数 *D* 和其他操作数 *n* 组成。

操作数中的 K 表示十进制数，H 表示十六进制数，*n* 为常数，X 为输入继电器，Y 为输出继电器、S 为状态继电器，M 为辅助继电器，T 为定时器，C 为计数器，D 为数据寄存器，R 为扩展寄存器（外

接存储盒时才能使用），V、Z 为变址寄存器，变址修饰是指软元件地址（编号）加上 V、Z 值得到新地址所指的元件。

如果源操作数和目标操作数不止一个，可分别用 S_1、S_2、S_3 和 D_1、D_2、D_3 表示。

图 6-1 所示为应用指令格式举例，程序的功能是在常开触点 X000 闭合时，MOV 指令执行，将十进制数 100 送入数据寄存器 D10。

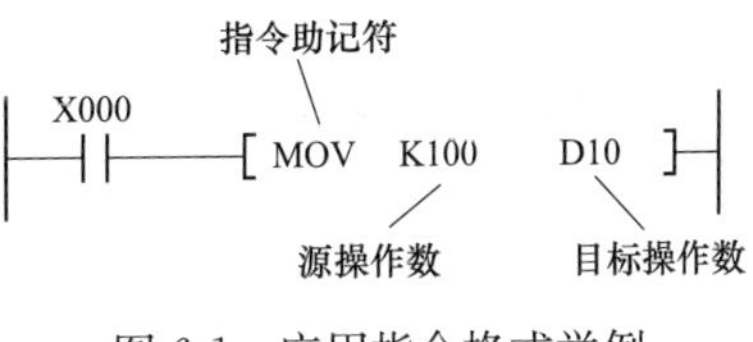

图 6-1 应用指令格式举例

6. 1. 2 应用指令的规则

1. 指令执行形式

三菱 FX 系列 PLC 的应用指令有连续执行型和脉冲执行型两种形式，如图 6-2 所示。图 6-2（a）中的 MOV 为连续执行型应用指令，当常开触点 X000 闭合后，[MOV D10 D12] 指令在每个扫描周期都被重复执行。图 6-2（b）中的 MOVP 为脉冲执行型应用指令（在 MOV 指令后加 P 表示脉冲执行），[MOVP D10 D12] 指令仅在 X000 由断开转为闭合瞬间执行一次（闭合后不再执行）。

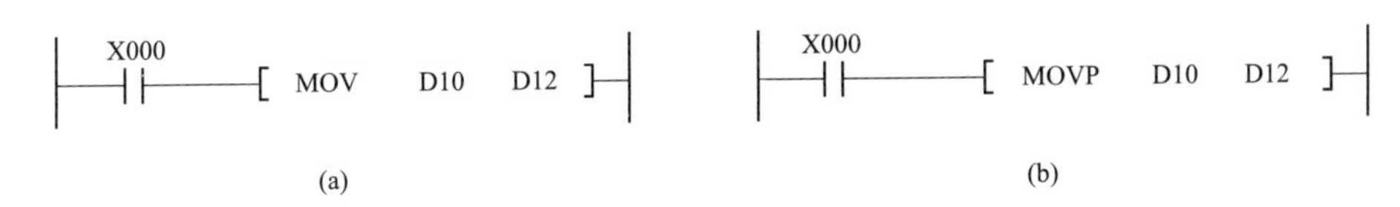

图 6-2 两种执行形式的应用指令

（a）连续执行型；（b）脉冲执行型

2. 数据长度

应用指令可处理 16 位和 32 位数据。

（1）16 位数据。16 位数据结构如图 6-3 所示，其中最高位为符号位，其余为数据位，符号位的功能是指示数据位的正负，符号位为 0 表示数据位的数据为正数，符号位为 1 表示数据为负数。

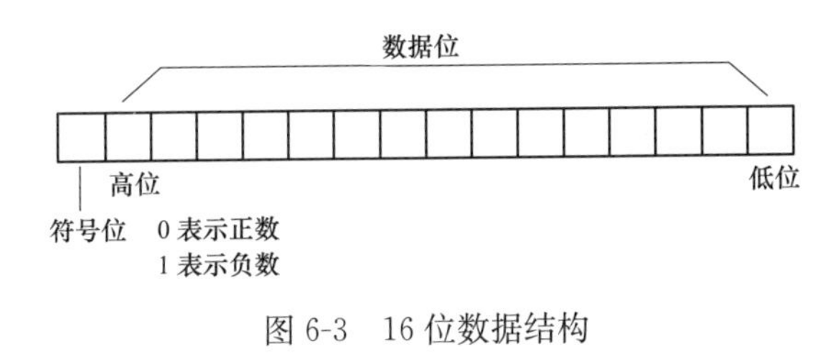

图 6-3 16 位数据结构

（2）32 位数据。**一个数据寄存器可存储 16 位数据，相邻的两个数据寄存器组合起来可以存储 32 位数据。**32 位数据结构如图 6-4 所示。

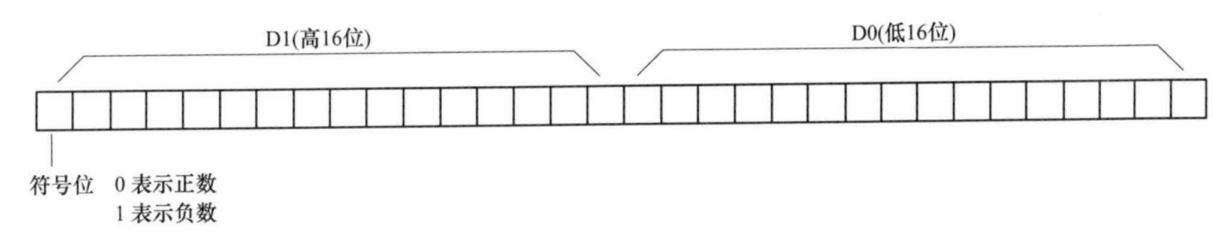

图 6-4 32 位数据结构

在应用指令前加 D 表示其处理数据为 32 位，图 6-5 所示为 16 位和 32 位数据执行指令使用举例，当常开触点 X000 闭合时，MOV 指令执行，将数据寄存器 D10 中的 16 位数据送入数据寄存器 D12，当常开触点 X001 闭合时，DMOV 指令执行，将数据寄存器 D21 和 D20 中的 16 位数据拼成 32 位送入数据寄存器 D23 和 D21，其中 D21→D23，D20→D22。脉冲执行符号 P 和 32 位数据处理符号 D 可同时使用。

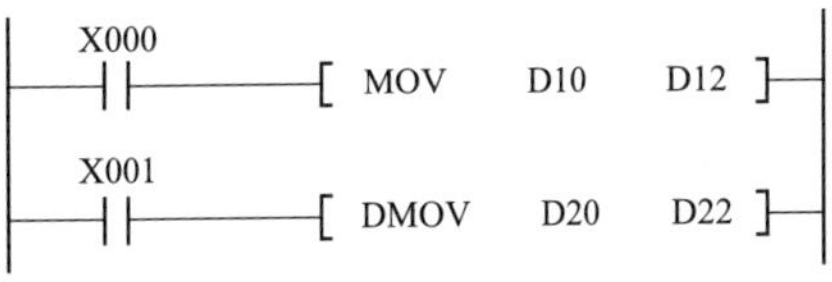

X000 [MOV D10 D12]

X001 [DMOV D20 D22]

图 6-5 16 位和 32 位数据执行指令使用举例

（3）字元件和位元件。**字元件是指处理数据的元件**，如数据寄存器和定时器、计数器都为字元件。**位元件是指只有断开和闭合两种状态的元件**，如输入继电器 X、输出继电器 Y、辅助继电器 M 和状态继电器 S 都为位元件。

多个位元件组合可以构成字元件，位元件在组合时 4 个元件组成一个单元，位元件组合可用 K*n* 加首元件来表示，*n* 为单元数，如 K1M0 表示 M0～M3 4 个位元件组合，K4M0 表示位元件 M0～M15 组合成 16 位字元件（M15 为最高位，M0 为最低位），K8M0 表示位元件 M0～M31 组合成 32 位字元件。其他的位元件组成字元件如 K4X0、K2Y10、K1S10 等。

在进行 16 位数据操作时，*n* 在 1～3 之间，参与操作的位元件只有 4～12 位，不足的部分用 0 补足，由于最高位只能为 0，所以意味着只能处理正数。在进行 32 位数据操作时，*n* 在 1～7 之间，参与操作的位元件有 4～28 位，不足的部分用 0 补足。在采用“K*n*＋首元件编号”方式组合成字元件时，首元件可以任选，但为了避免混乱，通常选尾数为 0 的元件作首元件，如 M0、M10、M20 等。

不同长度的字元件在进行数据传递时，一般按以下规则。

1）长字元件→短字元件传递数据，长字元件低位数据传送给短字元件。

2）短字元件→长字元件传递数据，短字元件数据传送给长字元件低位，长字元件高位全部变为 0。

3. 变址寄存器与变址修饰

三菱 FX 系列 PLC 有 V、Z 两种 16 位变址寄存器，它可以像数据寄存器一样进行读写操作。变址寄存器 V、Z 编号分别为 V0～V7、Z0～Z7，常用在传送、比较指令中，用来修改操作对象的元件号，如在图 6-6 左梯形图中，如果 V0＝18（即变址寄存器 V 存储的数据为 18）、Z0＝20，那么 D2V0 表示 D（2＋V0）＝D20，D10Z0 表示 D（10＋Z0）＝D30，指令执行的操作是将数据寄存器 D20 中数据送入 D30 中，因此图 6-6 中两个梯形图的功能是等效的。

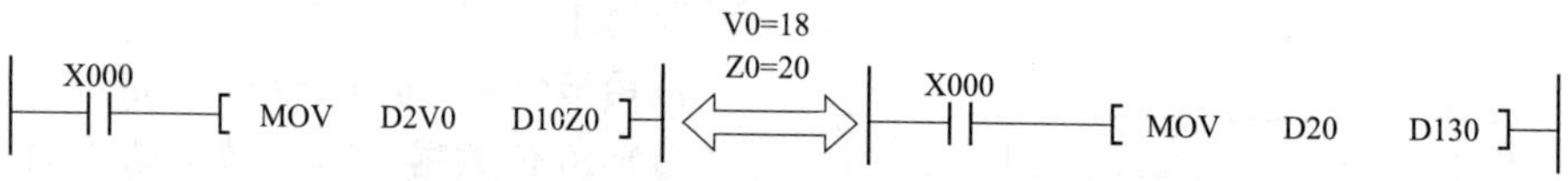

X000 [MOV D2V0 D10Z0] ⟺ (V0=18, Z0=20) X000 [MOV D20 D130]

图 6-6 变址寄存器的使用说明一

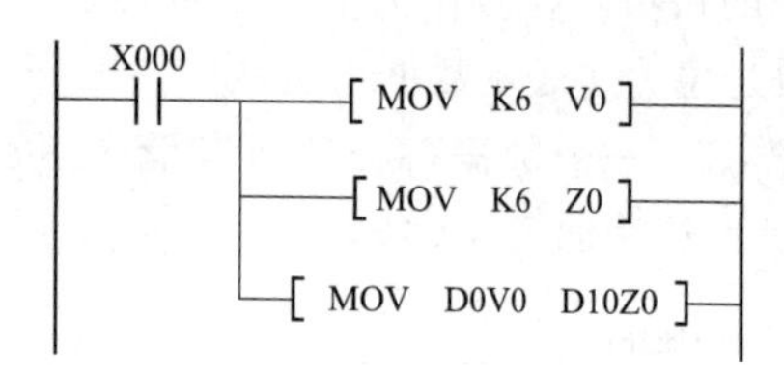

图 6-7 变址寄存器的使用说明二

变址寄存器可操作的元件有输入继电器 X、输出继电器 Y、辅助继电器 M、状态继电器 S、指针 P 和由位元件组成的字元件的首元件。比如 K*n*M0Z 允许，由于变址寄存器不能改变 *n* 的值，故 K2ZM0 是错误的。利用变址寄存器在某些方面可以使编程简化。图 6-7 中的程序采用了变址寄存器，在常开触点 X000 闭合时，先分别将数据 6 送入变址寄存器 V0 和 Z0，然后将数据寄存器 D6 中的数据送入 D16。

将软元件地址（编号）与变址寄存器中的值相加得到的结果作为新软元件的地址，称之为变址修饰。

6.1.3 PLC 数值的种类及转换

1. 数值的种类

PLC 的数值种类主要有十进制数（DEC）、八进制数（OCT）、十六进制数（HEX）、二进制数（BIN）和 BCD 数（二进制表示的十进制数）。

在 PLC 中，十进制数主要用作常数（如 K9、K18）和输入输出继电器以外的内部软元件的编号（如 M0、M9、M10），八进制数主要用作输入继电器和输出继电器的软元件编号（如 X001～X007、Y010～Y017），十六进制数主要用作常数（如 H8、H1A），二进制数主要用作 PLC 内部运算处理，

BCD数主要用作BCD数字开关和七段码显示器。

2. 数值的转换

（1）二进制数与十进制数的相互转换。**二进制数转换成十进制数的方法是：将二进制数各位数码与位权相乘后求和，就能得到十进制数。**

如，$(101.1)_2=1\times2^2+0\times2^1+1\times2^0+1\times2^{-1}=4+0+1+0.5=(5.5)_{10}$

十进制数转换成二进制数的方法是：采用除2取余法，即将十进制数依次除2，并依次记下余数，一直除到商数为0，最后把全部余数按相反次序排列，就能得到二进制数。

如，将十进制数$(29)_{10}$转换成二进制数，方法如图6-8所示。

（2）二进制与十六进制的相互转换。**二进制数转换成十六进制数的方法是：从小数点起向左、右按4位分组，不足4位的，整数部分可在最高位的左边加“0”补齐，小数点部分不足4位的，可在最低位右边加“0”补齐，每组以其对应的十六进制数代替，将各个十六进制数依次写出即可。**

如，将二进制数$(1011000110.111101)_2$转换为十六进制数，方法如图6-9所示。

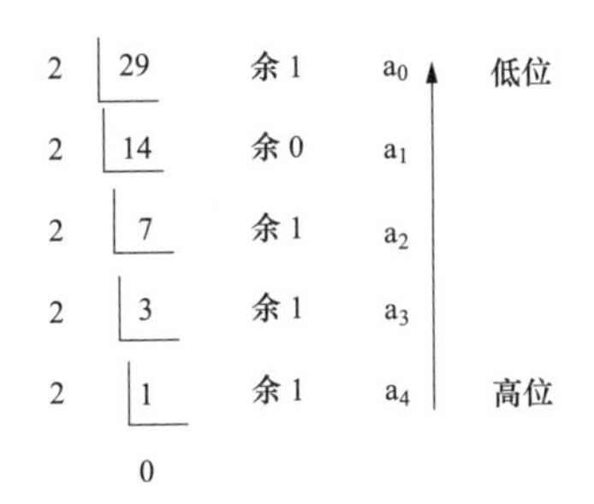

图6-8 十进制数转换成二进制数

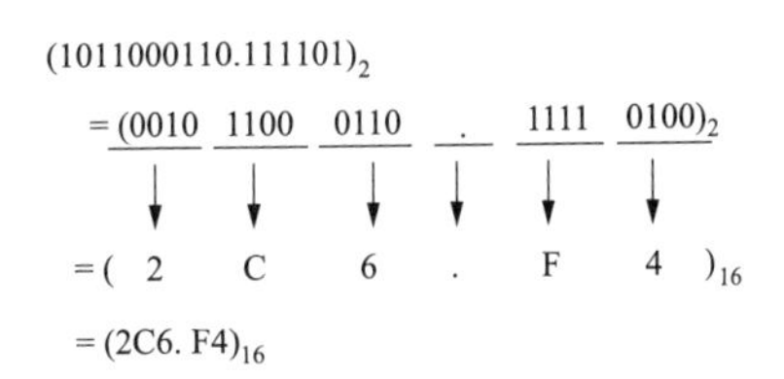

图6-9 二进制数转换成十六进制数

注：十六进制的16位数码为0、1、2、3、4、5、6、7、8、9、A、B、C、D、E、F，分别与二进制数0000、0001、0010、0011、0100、0101、0110、0111、1000、1001、1010、1011、1100、1101、1110、1111相对应。

十六进制数转换成二进制数的方法是：从左到右将待转换的十六进制数中的每个数依次用4位二进制数表示。

如，将十六进制数$(13AB.6D)_{16}$转换成二进制数，方法如图6-10所示。

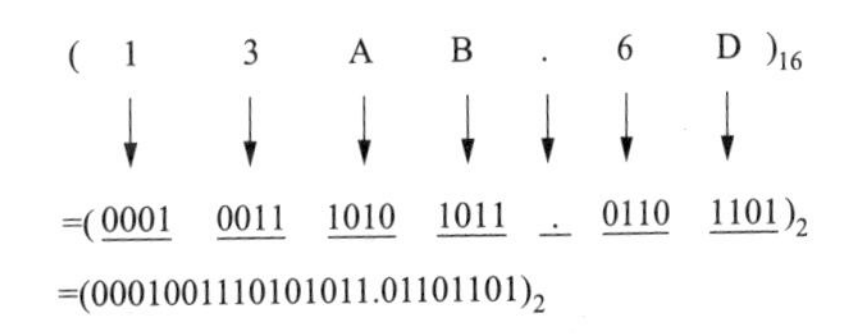

图6-10 将十六进制数转换成二进制数

（3）BCD数与十进制数的相互转换。**十进制数转换成BCD数的方法是：将十进制数的0、1、2、3、4、5、6、7、8、9分别用4位二进制数0000、0001、0010、0011、0100、0101、0110、0111、1000、1001表示，得到的数即为BCD数。**

如，十进制数15的“5”转换成BCD数为“0101”，“1”转换成BCD数为“0001”，那么15转换成BCD数为00010101。十进制数15转换成二进制数（又称BIN数）为1111。

BCD数转换成十进制数的方法是：先把BCD数按4位分成一组（从低往高，高位不足4位补0），然后将其中的0000、0001、0010、0011、0100、0101、0110、0111、1000、1001分别用0、1、2、3、4、5、6、7、8、9表示，得到的数即为十进制数。

如，BCD数010011有6位，高位补两个0后分成两组（4位一组）为0001和0011，0001用十进制数1表示，0011用十进制数3表示，则BCD数010011转换成十进制数为13。

PLC常用类型的数值对照见表6-2，比如十进制数12，用八进制数表示为14，用十六进制数表示为0C，用二进制数表示为00001100，用BCD数表示为00010010。

表 6-2　PLC常用类型的数值对照表

十进制数（DEC）	八进制数（OCT）	十六进制数（HEX）	二进制数（BIN）		BCD	
0	0	00	0000	0000	0000	0000
1	1	01	0000	0001	0000	0001
2	2	02	0000	0010	0000	0010
3	3	03	0000	0011	0000	0011
4	4	04	0000	0100	0000	0100
5	5	05	0000	0101	0000	0101
6	6	06	0000	0110	0000	0110
7	7	07	0000	0111	0000	0111
8	10	08	0000	1000	0000	1000
9	11	09	0000	1001	0000	1001
10	12	0A	0000	1010	0001	0000
11	13	0B	0000	1011	0001	0001
12	14	0C	0000	1100	0001	0010
13	15	0D	0000	1101	0001	0011
14	16	0E	0000	1110	0001	0100
15	17	0F	0000	1111	0001	0101
16	20	10	0001	0000	0001	0110
⋮	⋮	⋮	⋮	⋮	⋮	⋮
99	143	63	0110	0011	1001	1001
⋮	⋮	⋮	⋮	⋮	⋮	⋮

6.2　程序流程类指令

6.2.1　指令一览表

程序流程类指令有10条，各指令的功能号、符号、形式、名称和支持的PLC系列见表6-3。

表 6-3　程序流程类指令一览

功能号	指令符号	指令形式	指令名称	支持的PLC系列									
				FX3S	FX3G	FX3GC	FX3U	FX3UC	FX1S	FX1N	FX1NC	FX2N	FX2NC
00	CJ	─┤├─[CJ Pn]	条件跳转	○	○	○	○	○	○	○	○	○	○
01	CALL	─┤├─[CALL Pn]	子程序调用	○	○	○	○	○	○	○	○	○	○
02	SRET	──[SRET]	子程序返回	○	○	○	○	○	○	○	○	○	○
03	IRET	──[IRET]	中断返回	○	○	○	○	○	○	○	○	○	○
04	EI	──[EI]	允许中断	○	○	○	○	○	○	○	○	○	○
05	DI	──[DI]	禁止中断	○	○	○	○	○	○	○	○	○	○

续表

功能号	指令符号	指令形式	指令名称	支持的 PLC 系列									
				FX3S	FX3G	FX3GC	FX3U	FX3UC	FX1S	FX1N	FX1NC	FX2N	FX2NC
06	FEND	[FEND]	主程序结束	○	○	○	○	○	○	○	○	○	○
07	WDT	[WDT]	看门狗定时器	○	○	○	○	○	○	○	○	○	○
08	FOR	[FOR S]	循环范围的开始	○	○	○	○	○	○	○	○	○	○
09	NEXT	[NEXT]	循环范围的结束	○	○	○	○	○	○	○	○	○	○

6.2.2 指令精解

1. 条件跳转指令

(1) 指令说明。条件跳转指令说明见表 6-4。

表 6-4　条件跳转指令说明

指令名称与功能号	指令符号	指令形式与功能说明	操作数
			Pn（指针编号）
条件跳转（FNC00）	CJ（P）	[CJ Pn] 程序跳转到指针 Pn 处执行	P0～P63（FX1S），P0～P127（FX1N \ FX2N P0～P255（FX3S），P0～P2047（FX3G） P0～P4095（FX3U） Pn 可变址修饰

(2) 使用举例。条件跳转指令（CJ）使用举例如图 6-11 所示。在图 6-11（a）中，当常开触点 X020 闭合时，“CJ P9”执行，程序会跳转到 CJ 指定的标号（指针）P9 处，并从该处开始往后执行程序，跳转指令与标记之间的程序将不会执行，如果 X020 处于断开状态，程序则不会跳转，而是往下执行，当执行到常开触点 X021 所在行时，若 X021 处于闭合，执行 CJ 会使程序跳转到 P9 处。在图 6-11（b）中，当常开触点 X022 闭合时，执行 CJ 会使程序跳转到 P10 处，并从 P10 处往下执行程序。

在 FXGP/WIN-C 编程软件输入标记 P*n* 的操作如图 6-12 所示，将光标移到某程序左母线步标号处，然后敲击键盘上的“P”键，在弹出的对话框中输入数字，单击“确定”即输入标记，如图 6-12（a）所示。在 GX Developer 编程软件输入标记 P*n* 的操作如图 6-12（b）所示，在程序左母线步标号处双击，弹出“梯形图输入”对话框，输入标记号，单击“确定”即可。

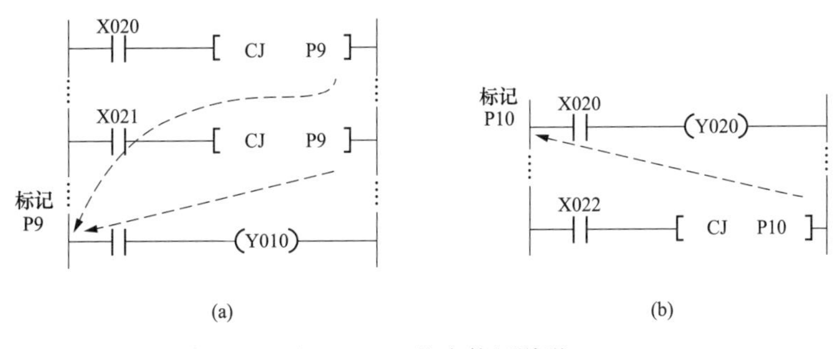

图 6-11　CJ 指令使用说明

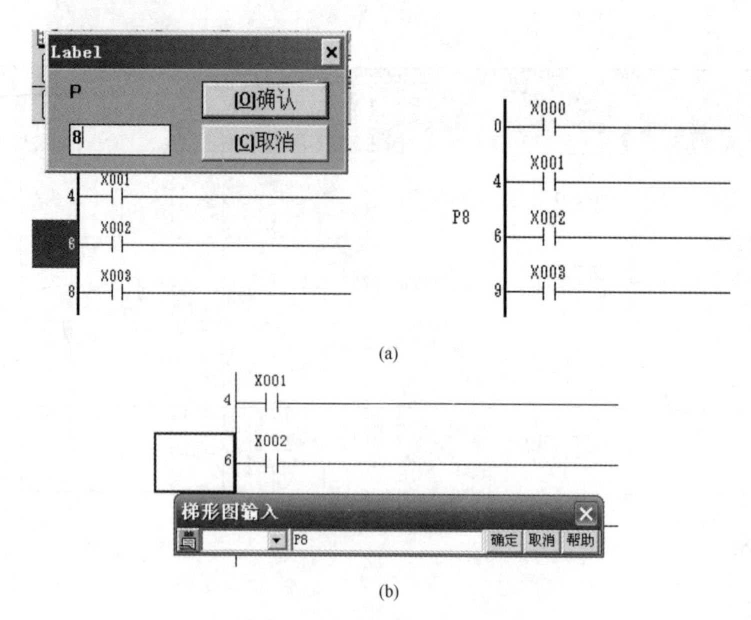

图 6-12　标记 P^n 的输入说明

2. 子程序调用和返回指令

(1) 指令说明。子程序调用和返回指令说明见表 6-5。

表 6-5　　子程序调用和返回指令说明

指令名称与功能号	指令符号	指令形式与功能说明	操作数 Pn（指针编号）
子程序调用（FNC01）	CALL（P）	[CALL Pn] 跳转执行指针 Pn 处的子程序。最多嵌套 5 级	P0～P63（FX1S），P0～P127（FX1N \ FX2N） P0～P255（FX3S）；P0～P2047（FX3G） P0～P4095（FX3U） Pn 可变址修饰
子程序返回（FNC02）	SRET	[SRET] 从当前子程序返回到上一级程序	无

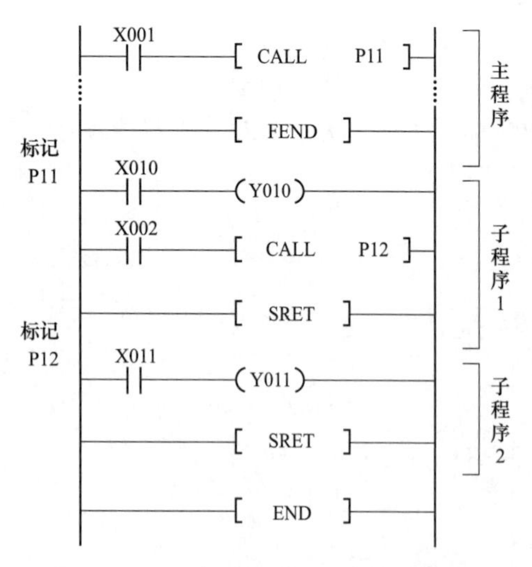

图 6-13　子程序调用和返回指令使用举例

(2) 使用举例。子程序调用和返回指令使用举例如图 6-13 所示。当常开触点 X001 闭合，指令 CALL P11 执行，程序会跳转并执行标记 P11 处的子程序 1，如果常开触点 X002 闭合，指令 CALL P12 执行，程序会跳转并执行标记 P12 处的子程序 2，子程序 2 执行到返回指令 SRET 时，会跳转到子程序 1，而子程序 1 通过其指令 SRET 返回主程序。从图 6-13 中可以看出，子程序 1 中包含有跳转到子程序 2 的指令，这种方式称为嵌套。

(3) 使用注意事项。

1) 一些常用或多次使用的程序可以写成子程序，然后进行调用。

2) 子程序要求写在主程序结束指令 FEND 之后。

3) 子程序中可做嵌套，嵌套最多可做 5 级。

4）指令 CALL 和 CJ 的操作数不能为同一标记，但不同嵌套的指令 CALL 可调用同一标记处的子程序。

5）在子程序中，要求使用定时器 T192～T199 和 T246～T249。

3. 中断指令

在生活中，人们经常会遇到这样的情况：当你正在书房看书时，突然客厅的电话响了，你就会停止看书，转而去接电话，接完电话后又接着去看书。这种停止当前工作，转而去做其他工作，做完后又返回来做先前工作的现象称为中断。

PLC 也有类似的中断现象，**当 PLC 正在执行某程序时，如果突然出现意外事情（中断输入），就需要停止当前正在执行的程序，转而去处理意外事情（即去执行中断程序），处理完后又接着执行原来的程序。**

（1）指令说明。中断指令有三条，其说明见表 6-6。

表 6-6　　中　断　指　令

指令名称与功能号	指令符号	指令形式	指　令　说　明
中断返回（FNC03）	IRET	IRET	从当前中断子程序返回到上一级程序
允许中断（FNC04）	EI	EI	开启中断
禁止中断（FNC05）	DI	DI	关闭中断

（2）使用举例。中断指令使用举例如图 6-14 所示。

1）中断允许。指令 EI 至 DI 之间或指令 EI 至 FEND 之间为中断允许范围，即程序运行到它们之间时，如果有中断输入，程序马上跳转执行相应的中断程序。

2）中断禁止。指令 DI 至 EI 之间为中断禁止范围，当程序在此范围内运行时出现中断输入，不会马上跳转执行中断程序，而是将中断输入保存下来，等到程序运行完指令 EI 时才跳转执行中断程序。

3）输入中断指针。图 6-14 中标号处的 I001 和 I101 为中断指针，其含义如图 6-15 所示。

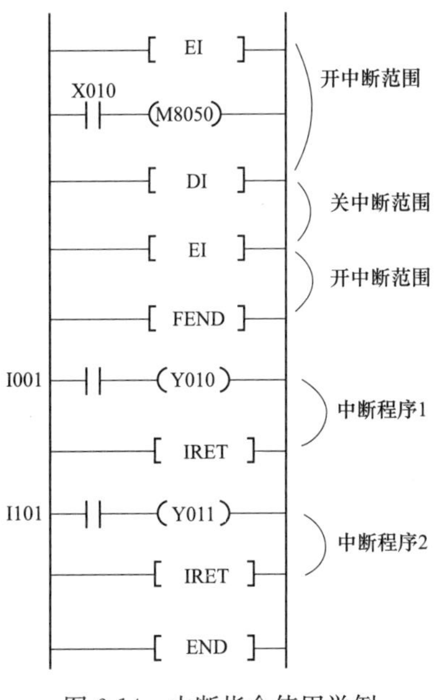

图 6-14　中断指令使用举例

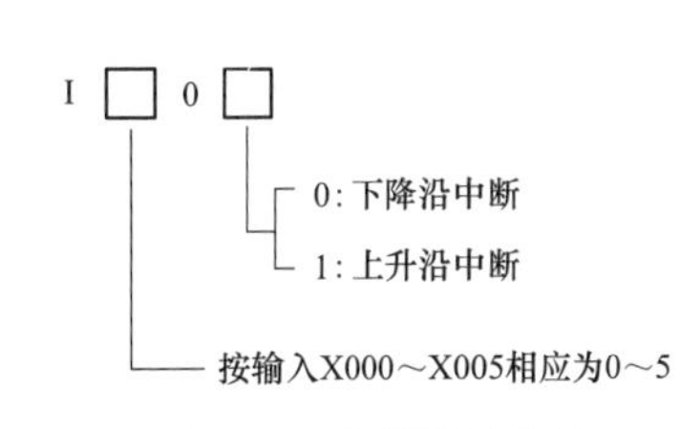

图 6-15　中断指针含义

三菱 FX 系列 PLC 可使用 6 个输入中断指针，表 6-7 列出了这些输入中断指针编号和相关内容。

表 6-7　　三菱 FX 系列 PLC 的中断指针编号和相关内容

中断输入	指针编号		禁止中断（RUN→STOP 清除）
	上升中断	下降中断	
X000	I001	I000	M8050
X001	I101	I100	M8051
X002	I201	I200	M8052
X003	I301	I300	M8053
X004	I401	I400	M8054
X005	I501	I500	M8055

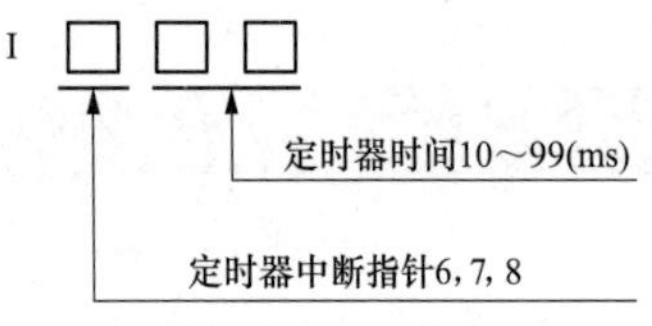

图 6-16　定时器中断指针含义

对照表 6-7 不难理解图 6-14 梯形图工作原理：当程序运行在中断允许范围内时，若 X000 触点（程序中不出现）由断开转为闭合 OFF→ON（如 X000 端子外接按钮闭合），程序马上跳转执行中断指针 I001 处的中断程序，执行到“IRET”指令时，程序又返回主程序；当程序从 EI 指令往 DI 指令运行时，若 X010 触点闭合，特殊辅助继电器 M8050 得电，则将中断输入 X000 设为无效，这时如果 X000 触点由断开转为闭合，程序不会执行中断指针 I100 处的中断程序。

4）定时器中断。当需要每隔一定的时间就反复执行某段程序时，可采用定时器中断。三菱 FX1S\FX1N 系列 PLC 无定时器中断功能，三菱 FX2N\FX3S\FX3G\FX3U 系列 PLC 可使用 3 个定时器中断指针。定时中断指针含义如图 6-16 所示。

定时器中断指针 I6□□、I7□□、I8□□可分别用 M8056、M8057、M8058 禁止（PLC 由 RUN→STOP 时清除禁止）。

5）计数器中断。当高速计数器增计数时可使用计数器中断，仅三菱 FX3U 系列 PLC 支持计数器中断。计数器中断指针含义如图 6-17 所示。

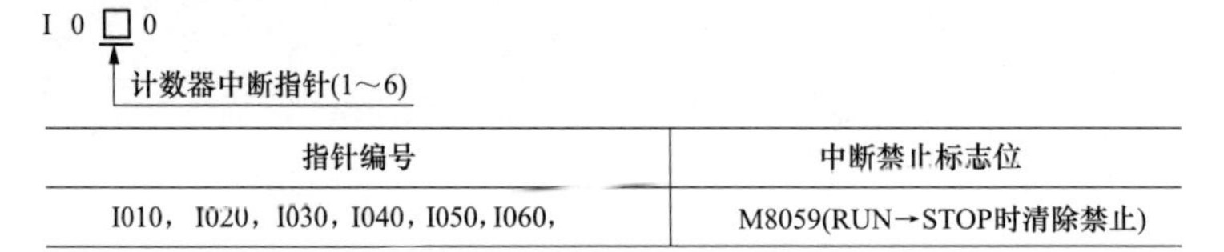

指针编号	中断禁止标志位
I010，I020，I030，I040，I050，I060，	M8059(RUN→STOP时清除禁止)

图 6-17　计数器中断指针含义

4. 主程序结束指令

（1）指令说明。主程序结束指令说明见表 6-8。

表 6-8　　主程序结构指令说明

指令名称与功能号	指令符号	指令形式	指令说明
主程序结束（FNC06）	FEND	FEND	主程序结束

（2）使用注意事项。

1）FEND 表示一个主程序结束，执行该指令后，程序返回到第 0 步。

2）多次使用 FEND 指令时，子程序或中断程序要写在最后的 FEND 指令与 END 指令之间，且必须以 RET 指令（针对子程序）或 IRET 指令（针对中断程序）结束。

5. 刷新监视定时器指令

（1）指令说明。刷新监视定时器（看门狗定时器）指令说明见表 6-9。

表 6-9　　刷新监视定时器（看门狗定时器）说明

指令名称与功能号	指令符号	指令形式	指令说明
刷新监视定时器 （FNC07）	WDT（P）	WDT	对监视定时器（看门狗定时器）进行刷新

（2）使用举例。**PLC 在运行时，若一个运行周期（从 0 步运行到 END 或 FENT）超过 200ms 时，内部运行监视定时器（又称看门狗定时器）会让 PLC 的 CPU 出错指示灯变亮，同时 PLC 停止工作。**为了解决这个问题，可使用 WDT 对监视定时器（D8000）进行刷新（清 0）。刷新监视定时器使用举例如图 6-18 所示，若一个程序运行需 240ms，可在 120ms 程序处插入一个 WDT 指令，将监视定时器 D8000 进行刷新清 0，使之重新计时。

为了使 PLC 扫描周期超过 200ms，还可以使用 MOV 指令将希望运行的时间写入特殊数据寄存器 D8000 中，如图 6- 18（b）所示，该程序将 PLC 扫描周期设为 300ms。

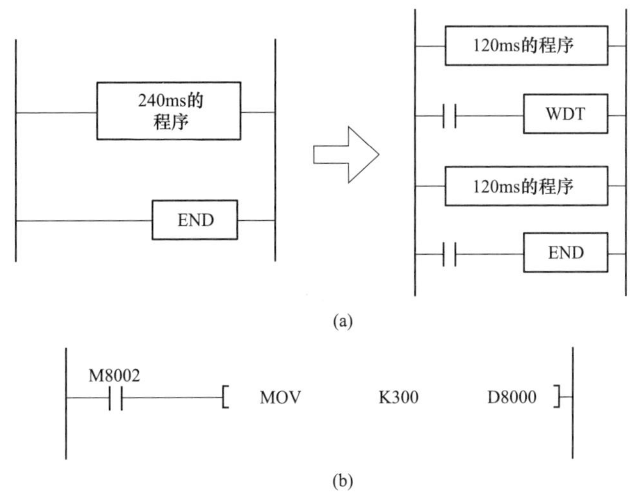

图 6-18　刷新监视定时器指令使用举例

（a）说明；（b）使用举例

6. 循环开始与结束指令

（1）指令说明。循环开始与结束指令说明见表 6-10。

表 6-10　　循环开始与结束指令说明

指令名称与功能号	指令符号	指令形式	指令说明	操作数
				S（16 位，1～32767）
循环开始 （FNC08）	FOR	FOR S	将 FOR～NEXT 之间的程序执行 S次	K、H、KnX、KnY、KnS、KnM、T、C、D、V、Z、变址修饰 R（仅 FX3G/3U）
循环结束 （FNC09）	NEXT	NEXT	循环程序结束	无

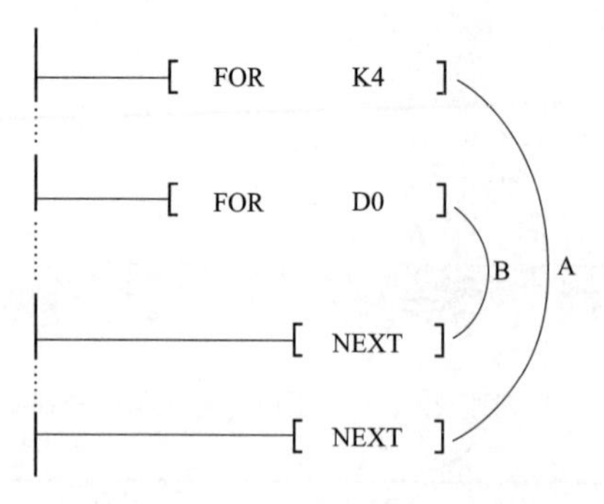

图 6-19　循环开始与结束指令使用举例

（2）使用举例。循环开始与结束指令使用举例如图 6-19 所示，指令 FOR K4 设定 A 段程序（FOR～NEXT 之间的程序）循环执行 4 次，指令 FOR D0 设定 B 段程序循环执行 D0（数据寄存器 D0 中的数值）次，若 D0=2，则 A 段程序反复执行 4 次，而 B 段程序会执行 4×2=8 次，这是因为运行到 B 段程序时，B 段程序需要反复运行 2 次，然后往下执行，当执行到 A 段程序 NEXT 指令时，又返回到 A 段程序头部重新开始运行，直至 A 段程序从头到尾执行 4 次。

（3）使用注意事项。

1）FOR 与 NEXT 之间的程序可重复执行 n 次，n 由编程设定，n=1～32767。

2）循环程序执行完设定的次数后，紧接着执行指令 NEXT 后面的程序步。

3）在 FOR～NEXT 程序之间最多可嵌套 5 层其他的 FOR～NEXT 程序，嵌套时应避免出现以下情况：①缺少指令 NEXT；②指令 NEXT 写在 FOR 指令前；③指令 NEXT 写在 FEND 或 END 之后；④指令 NEXT 个数与 FOR 不一致。

6.3　传送与比较类指令

6.3.1　指令一览表

传送与比较类指令有 14 条指令，各指令的功能号、符号、形式、名称及支持的 PLC 系列见表 6-11。

表 6-11　　传送与比较类指令一览

功能号	指令符号	指令形式	指令名称	支持的 PLC 系列									
				FX3S	FX3G	FX3GC	FX3U	FX3UC	FX1S	FX1N	FX1NC	FX2N	FX2NC
10	CMP	CMP S_1 S_2 D	比较	○	○	○	○	○	○	○	○	○	○
11	ZCP	ZCP S_1 S_2 S D	区间比较	○	○	○	○	○	○	○	○	○	○
12	MOV	MOV S D	传送	○	○	○	○	○	○	○	○	○	○
13	SMOV	SMOV S m_1 m_2 D n	位移动	○	○	○	○	○	—	—	—	○	○
14	CML	CML S D	反转传送	○	○	○	○	○	—	—	—	○	○
15	BMOV	BMOV S D n	成批传送	○	○	○	○	○	○	○	○	○	○
16	FMOV	FMOV S D n	多点传送	○	○	○	○	○	—	—	—	○	○
17	XCH	XCH D_1 D_2	交换	—	—	—	○	○	—	—	—	○	○
18	BCD	BCD S D	BCD 转换	○	○	○	○	○	○	○	○	○	○

续表

功能号	指令符号	指令形式	指令名称	支持的PLC系列									
				FX3S	FX3G	FX3GC	FX3U	FX3UC	FX1S	FX1N	FX1NC	FX2N	FX2NC
19	BIN	BIN S D	BIN转换	○	○	○	○	○	○	○	○	○	○
102	ZPUSH	ZPUSH D	变址寄存器的成批保存	—	—	—	○	○	—	—	—	—	—
103	ZPOP	ZPOP D	变址寄存器的恢复	—	—	—	○	○	—	—	—	—	—
278	RBFM	RBFM m_1 m_2 D n_1 n_2	BFM分割读出	—	—	—	○	○	—	—	—	—	—
279	WBFM	WBFM m_1 m_2 S n_1 n_2	BFM分割写入	—	—	—	○	○	—	—	—	—	—

6.3.2 指令精解

1. 比较指令

(1) 指令说明。比较指令说明见表6-12。

表6-12　比较指令说明

指令名称与功能号	指令符号	指令形式与功能说明	操作数	
			S_1、S_2（16/32位）	D（位型）
比较指令（FNC10）	(D) CMP (P)	CMP S_1 S_2 D 将S_1与S_2进行比较，若$S_1>S_2$，将D置ON，若$S_1=S_2$，将$D+1$置ON，若$S_1<S_2$，将$D+2$置ON	K、H KnX、KnY、KnS、KnM、T、C、D、V、Z、变址修饰、R（仅FX3G/3U）	Y、M、S、D□.b(仅FX3U)、变址修饰

(2) 使用举例。比较指令使用举例如图6-20所示。CMP有两个源操作数K100、C10和一个目标操作数M0（位元件），当常开触点X000闭合时，CMP执行，将源操作数K100和计数器C10当前值进行比较，根据比较结果来驱动目标操作数指定的3个连号位元件，若K100＞C10，M0常开触点闭合，若K100＝C10，M1常开触点闭合，若K100＜C10，M2常开触点闭合。

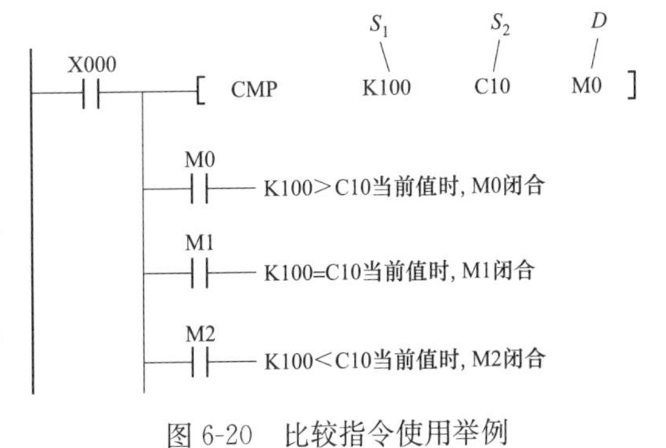

图6-20　比较指令使用举例

在指定M0为CMP的目标操作数时，M0、M1、M2这3个连号元件会被自动占用，在指令CMP执行后，这3个元件必定有一个处于ON，当常开触点X000断开后，这3个元件的状态仍会保存，要恢复它们的原状态，可采用复位指令。

2. 区间比较指令

(1) 指令说明。区间比较指令说明见表6-13。

表 6-13 区间比较指令说明

指令名称与功能号	指令符号	指令形式与功能说明	操作数	
			S_1、S_2、S（16/32位）	D（位型）
区间比较（FNC11）	(D) ZCP (P)	ZCP S_1 S_2 S D 将 S 与 S_1（小值）、S_2（大值）进行比较，若 $S<S_1$，将 D 置 1，若 $S_1 \leqslant S \leqslant S_2$，将 $D+1$ 置 1，若 $S>S_2$，将 $D+2$ 置 1	K、H K*n*X、K*n*Y、K*n*S、K*n*M T、C、D、V、Z、变址修饰 R（仅 FX3G/3U）	Y、M、S、D□. b（仅 FX3U） 变址修饰

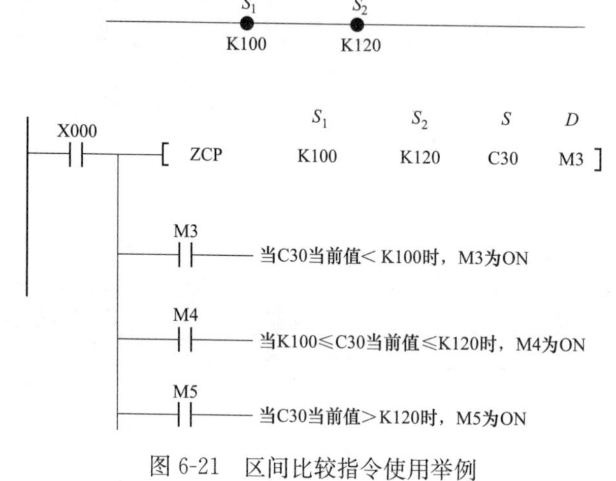

图 6-21 区间比较指令使用举例

（2）使用举例。区间比较指令使用举例如图 6-21 所示。ZCP 有 3 个源操作数和 1 个目标操作数，前两个源操作数用于将数据分为 3 个区间，再将第三个源操作数在这 3 个区间进行比较，根据比较结果来驱动目标操作数指定的 3 个连号位元件，若 C30<K100，M3 置 1，M3 常开触点闭合，若 K100≤C30≤K120，M4 置 1，M4 常开触点闭合，若 C30>K120，M5 置 1，M5 常开触点闭合。

使用区间比较指令时，要求第一源操作数 S_1 小于第二源操作数 S_2。

3. 传送指令

（1）指令说明。

传送指令格式说明见表 6-14。

表 6-14 传送指令说明

指令名称与功能号	指令符号	指令形式与功能说明	操作数	
			S（16/32位）	D（16/32位）
传送指令（FNC12）	(D) MOV (P)	MOV S D 将 S 值传送给 D	K、H K*n*X、K*n*Y、K*n*S、K*n*M T、C、D、V、Z、变址修饰 R（仅 FX3G/3U）	K*n*Y、K*n*S、K*n*M T、C、D、V、Z 变址修饰

（2）使用举例。传送指令使用举例如图 6-22 所示。当常开触点 X000 闭合时，MOV 执行，将 K100（十进制数 100）送入数据寄存器 D10 中，由于 PLC 寄存器只能存储二进制数，因此将梯形图写入 PLC 前，编程软件会自动将十进制数转换成二进制数。

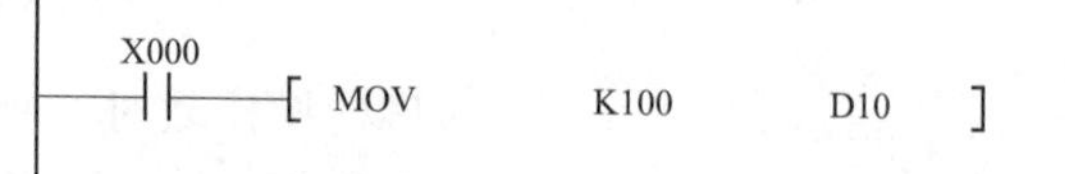

图 6-22 传送指令使用举例

4. 移位传送指令

（1）指令说明。移位传送指令说明见表 6-15。

表 6-15 移位传送指令说明

指令名称与功能号	指令符号	指令形式	操作数	
			m_1、m_2、n	*S*（16位）、*D*（16位）
移位传送（FNC13）	SMOV（P）	SMOV *S* m_1 m_2 *D* *n* 指令功能见后面的指令使用说明	常数K、H	KnX（*S*可用，*D*不可用） KnY、KnS、KnM、T、C、D、V、Z、R（仅FX3G/3U）、变址修饰

（2）使用举例。移位传送指令使用举例如图 6-23 所示。当常开触点 X000 闭合，SMOV 执行，首先将源数据寄存器 D1 中的 16 位二进制数据转换成 4 组 BCD 数，然后将这 4 组 BCD 数中的第 4 组（m_1=K4）起的低 2 组（m_2=K2）移入目标寄存器 D2 第 3 组（n=K3）起的低 2 组（m_2=K2）中，D2 中的第 4、1 组数据保持不变，再将形成的新 4 组 BCD 数转换成 16 位二进制数。如初始 D1 中的数据为 4567，D2 中的数据为 1234，执行 SMOV 后，D1 中的数据不变，仍为 4567，而 D2 中的数据将变成 1454。

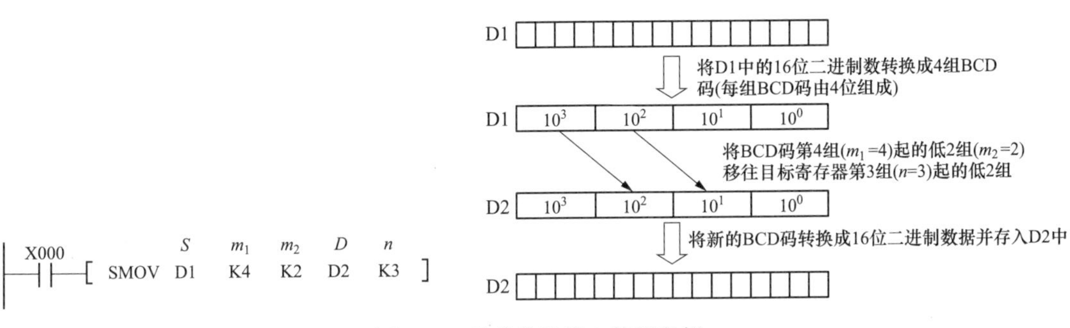

图 6-23 移位传送指令使用举例

5. 取反传送指令

（1）指令说明。取反传送指令说明见表 6-16。

表 6-16 取反传送指令说明

指令名称与功能号	指令符号	指令形式与功能说明	操作数
			S（16/32 位）、*D*（16/32 位）
取反传送（FNC14）	（D）CML（P）	CML *S* *D* 将 S 的各位数取反再传送给 D	（*S*可用K、H和KnX，*D*不可用） KnY、KnS、KnM、T、C、D、V、Z、R（仅FX3G/3U）、变址修饰

（2）使用举例。取反传送指令使用举例如图 6-24 所示，当常开触点 X000 闭合时，CML 执行，将数据寄存器 D0 中的低 4 位数据取反，再将取反的低 4 位数据按低位到高位分别送入 4 个输出继电器 Y000～Y003 中，数据传送见图 6-24（b）。

6. 成批传送指令

（1）指令说明。成批传送指令说明见表 6-17。

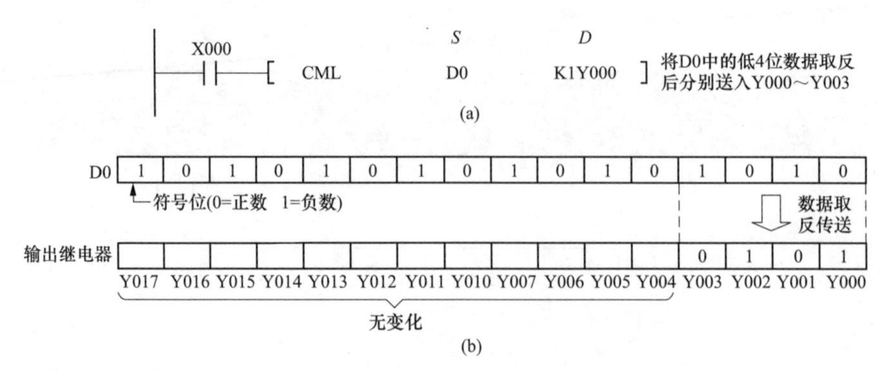

图 6-24 取反传送指令使用举例
(a) 使用举例；(b) 说明

表 6-17 成批传送指令说明

指令名称与功能号	指令符号	指令形式与功能说明	操作数	
			S（16位）、D（16位）	n（≤512）
成批传送（FNC15）	BMOV（P）	BMOV S D n 将S为起始的n个连号元件的值传送给D为起始的n个连号元件	（S可用KnX，D不可用）KnY、KnS、KnM、T、C、D、R（仅FX3G/3U）、变址修饰	K、H、D

（2）使用举例。成批传送指令使用举例如图 6-25 所示。当常开触点 X000 闭合时，BMOV 执行，将源操作元件 D5 开头的 n（$n=3$）个连号元件中的数据批量传送到目标操作元件 D10 开头的 n 个连号元件中，即将 D5、D6、D7 这 3 个数据寄存器中的数据分别同时传送到 D10、D11、D12 中。

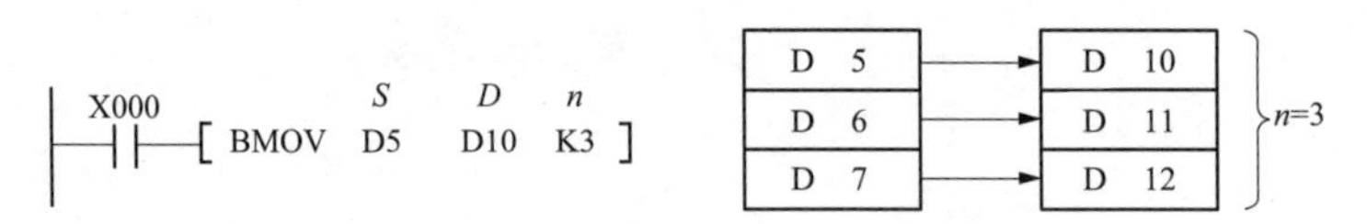

图 6-25 成批传送指令使用举例

7. 多点传送指令

（1）指令说明。多点传送指令说明见表 6-18。

表 6-18 多点传送指令说明

指令名称与功能号	指令符号	指令形式与功能说明	操作数	
			S、D（16/32位）	n（16位）
多点传送（FNC16）	（D）FMOV（P）	FMOV S D n 将S值同时传送给D为起始的n个元件	KnY、KnS、KnM、T、C、D、R（仅FX3G/3U）、变址修饰（S可用K、H、KnX、V、Z，D不可用）	K、H

（2）使用举例。多点传送指令使用举例如图 6-26 所示。当常开触点 X000 闭合时，FMOV 执行，将源操作数 0（K0）同时送入以 D0 开头的 10（n=K10）个连号数据寄存器（D0～D9）中。

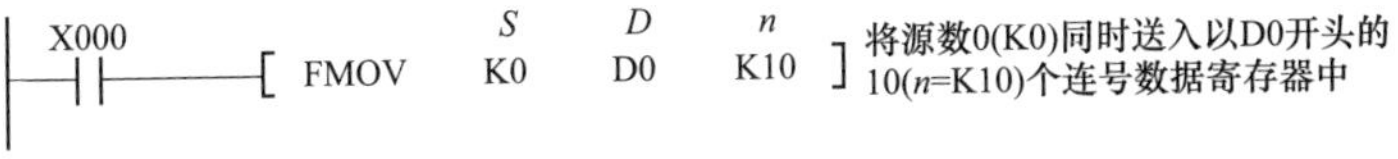

X000 [FMOV K0 D0 K10] （S D n）将源数0(K0)同时送入以D0开头的10(n=K10)个连号数据寄存器中

图 6-26 多点传送指令使用举例

8. 数据交换指令

（1）指令说明。数据交换指令说明见表 6-19。

表 6-19 数据交换指令说明

指令名称与功能号	指令符号	指令形式	操作数
			D_1（16/32 位）、D_2（16/32 位）
数据交换（FNC17）	(D) XCH (P)	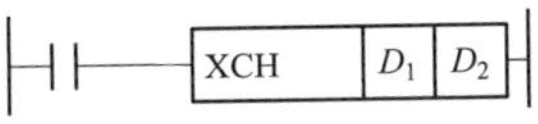 [XCH D_1 D_2] 将 D_1 和 D_2 的数据相互交换	KnY、KnS、KnM T、C、D、V、Z、R（仅 FX3G/3U）、变址修饰

（2）使用举例。数据交换指令使用举例如图 6-27 所示。当常开触点 X000 闭合时，XCHP 执行，将目标操作数 D10、D11 中的数据相互交换，若指令执行前 D10＝100、D11＝101，指令执行后，D10＝101、D11＝100，如果使用连续执行指令 XCH，则每个扫描周期数据都要交换，很难预知执行结果，所以一般采用脉冲执行指令 XCHP 进行数据交换。

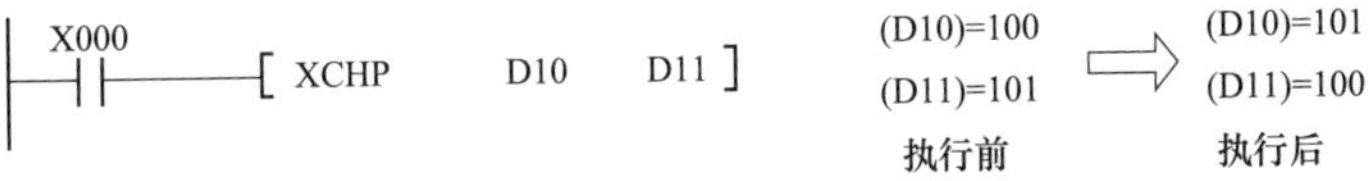

X000 [XCHP D10 D11]　(D10)=100 (D11)=101 执行前 ⇨ (D10)=101 (D11)=100 执行后

图 6-27 数据交换指令使用举例

9. BCD 转换指令（BIN→BCD）

（1）指令说明。BCD 转换指令 BIN→BCD）说明见表 6-20。

表 6-20 BCD 转换指令（BIN→BCD）说明

指令名称与功能号	指令符号	指令形式与功能说明	操作数
			S（16/32 位）、D（16/32 位）
BCD 转换（FNC18）	(D) BCD (P)	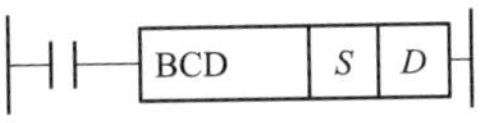 [BCD S D] 将 S 中的二进制数（BIN 数）转换成 BCD 数，再传送给 D	KnX（S 可用，D 不可用） KnY、KnS、KnM、T、C、D、V、Z、R（仅 FX3G/3U）、变址修饰

（2）使用举例。BCD 转换指令使用举例如图 6-28 所示。当常开触点 X000 闭合时，指令 BCD 执行，将源操作元件 D10 中的二进制数转换成 BCD 数，再存入目标操作元件 D12 中。

三菱 FX 系列 PLC 内部在四则运算和增量、减量运算时，都是以二进制方式进行的。

10. BIN 转换指令（BCD→BIN）

（1）指令说明。BIN 转换指令说明见表 6-21。

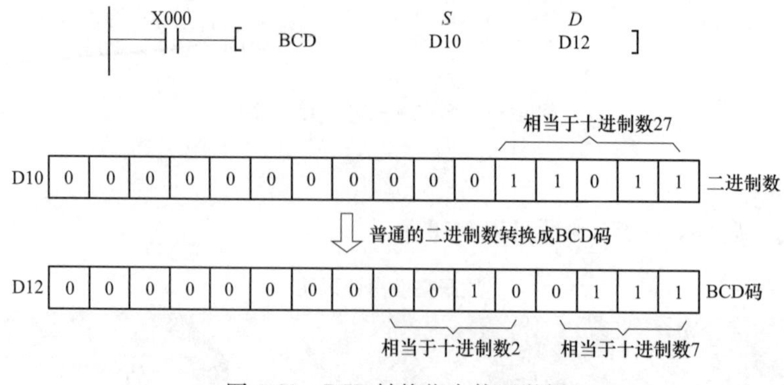

图 6-28 BCD 转换指令使用举例

表 6-21 **BIN 转换指令（BCD→BIN）说明**

指令名称与功能号	指令符号	指令形式与功能说明	操作数 *S*（16/32 位）、*D*（16/32 位）
BIN 转换 （FNC19）	（D） BIN （P）	─┤├─[BIN | *S* | *D*] 将 *S* 中的 BCD 数转换成 BIN 数，再传送给 *D*	K*n*X（S 可用，*D* 不可用） K*n*Y、K*n*S、K*n*M、T、C、D、V、Z、R（仅 FX3G/3U）、变址修饰

（2）使用举例。BIN 转换指令使用举例如图 6-29 所示。当常开触点 X000 闭合时，指令 BIN 执行，将源操作元件 X000～X007 构成的两组 BCD 数转换成二进制数码（BIN 码），再存入目标操作元件 D13 中。若 BIN 指令的源操作数不是 BCD 数，则会发生运算错误，如 X007～X000 的数据为 10110100，该数据的前 4 位 1011 转换成十进制数为 11，它不是 BCD 数，因为单组 BCD 数不能大于 9，单组 BCD 数只能在 0000～1001 范围内。

图 6-29 BIN 转换指令使用举例

11. 变址寄存器成批保存指令

（1）指令说明。变址寄存器成批保存指令说明见表 6-22。

表 6-22 **变址寄存器成批保存指令说明**

指令名称与功能号	指令符号	指令形式与功能说明	操作数 *D*（16 位）
变址寄存器成批保存（FNC102）	ZPUSH （P）	─┤├─[ZPUSH | *D*] 将变址寄存器 V0、Z0、…、V7、Z7 的数据分别保存到 *D*+1、*D*+2、…、*D*+15、*D*+16，*D* 存放成批保存的次数，每批量保存一次，*D* 值增 1	D、R

（2）使用举例。变址寄存器成批保存指令使用举例如图 6-30 所示。当常开触点 X000 闭合时，指令 ZPUSH 执行，将变址寄存器 V0、Z0、…、V7、Z7 的数据分别保存到 D1、D2、…、D15、D16，D0 存放成批保存的次数，每成批保存一次，D0 值会增 1。

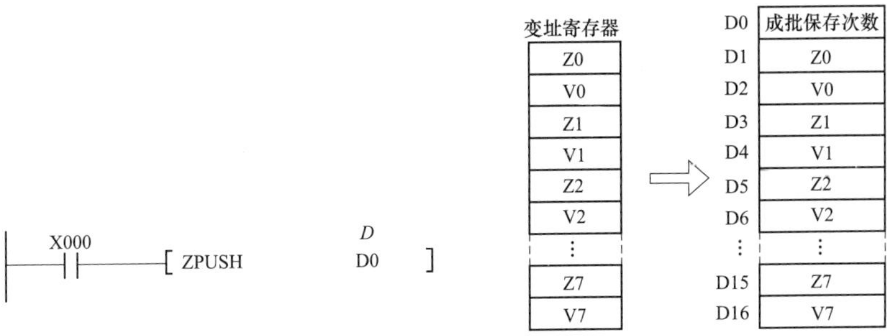

图 6-30 变址寄存器成批保存指令使用举例

12. 变址寄存器恢复指令

（1）指令说明。变址寄存器恢复指令说明见表 6-23。

表 6-23 变址寄存器恢复指令说明

指令名称与功能号	指令符号	指令形式与功能说明	操作数
			D（16 位）
变址寄存器恢复（FNC103）	ZPOP（P）	[ZPOP *D*] 将 *D*＋1、*D*＋2、…、*D*＋15、*D*＋16 中的数据分别恢复到 V0、Z0、…、V7、Z7，*D* 存放成批保存的次数，每批量恢复一次，*D* 值减 1；ZPOP 应与 ZPUSH 成对使用	D、R

（2）使用举例。变址寄存器恢复指令使用举例如图 6-31 所示。当常开触点 X000 闭合时，指令 ZPOP 执行，将 D1、D2、…、D15、D16 中的数据分别恢复到 V0、Z0、…、V7、Z7，D0 存放成批保存的次数，每成批恢复一次，D0 值会减 1。

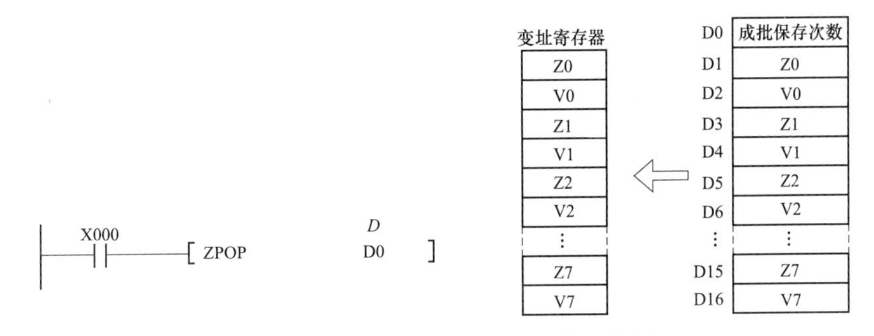

图 6-31 变址寄存器恢复指令使用举例

13. BFM 分割读出指令

（1）指令说明。BFM 分割读出指令说明见表 6-24。

表 6-24 BFM 分割读出指令说明

指令名称与功能号	指令符号	指令形式与功能说明	操作数（16 位）	
			m_1、m_2、n_1、n_2	*D*
BFM 分割读出（FNC278）	RBFM	[RBFM m_1 m_2 *D* n_1 n_2] 将与 PLC 连接的 m_1 号特殊功能单元（或模块）的 BFM#m_2 为起始的 n_1 个元件数据以每个扫描周期读取 n_2 点的方式，读出并传送给 D 为起始的 n_1 个元件	K、H、D、R m_1：0～7 m_2：0～32766 n_1、n_2：1～32767	D、R、变址修饰

（2）使用举例。当 PLC 基本单元连接特殊功能单元（或模块）时，会自动为各单元分配单元号。特殊功能单元（或模块）单元号的分配如图 6-32 所示，基本单元的单元号为 0，最靠近基本单元的特殊功能单元的单元号为 1，然后依次是 2、3…，输入输出扩展模块内部无存储器，没有单元号。特殊功能单元（或模块）内部有存储器，称为 BFM（缓冲存储区），16 位 RAM 存储器最大有 32767 点，其编号为 BFM＃0～＃32767。

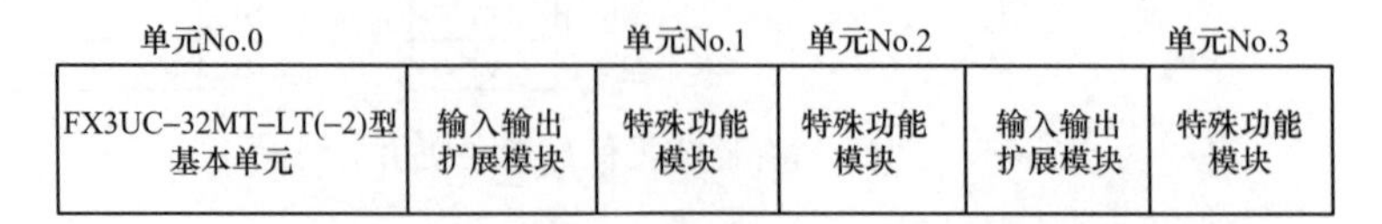

图 6-32　特殊功能单元（或模块）单元号的分配

BFM 分割读出指令的功能是将特殊功能单元（或模块）的 BFM 数据批量读入 PLC 基本单元，其使用如图 6-33 所示。当常开触点 M5 闭合时，指令 RBFM 执行，将 2 号特殊功能单元（或模块）的 BFM＃2001～＃2080 共 80 点数据以每个扫描周期读取 16 点的方式，读出并传送给 D200～D279。如果一个扫描周期读取的点数很多，为避免整个程序运行时间超出 200ms 而导致 PLC 运行出错，可将看门狗定时器 D8000 的时间值设置大于 200ms。

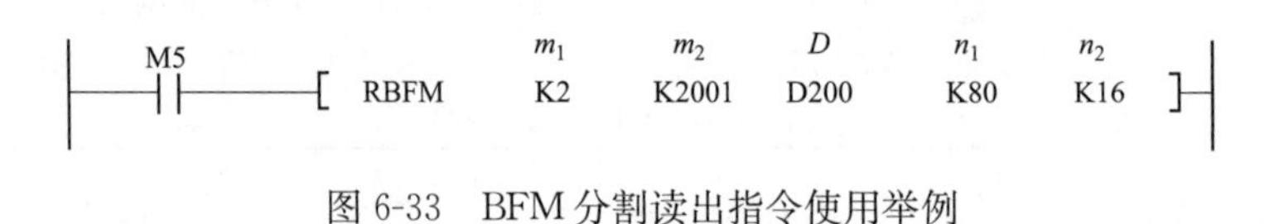

图 6-33　BFM 分割读出指令使用举例

14. BFM 分割写入指令

（1）指令说明。BFM 分割写入指令说明见表 6-25。

表 6-25　**BFM 分割写入指令说明**

指令名称与功能号	指令符号	指令形式与功能说明	操作数（16 位）	
			m_1、m_2、n_1、n_2	S
BFM 分割写入（FNC279）	WBFM	[WBFM m_1 m_2 S n_1 n_2] 以每个扫描周期写 n_2 点的方式，将 S 为起始的 n_1 个元件数据写入与 PLC 连接的 m_1 号特殊功能单元（或模块）的 BFM＃m_2 为起始的 n_1 个元件中	K、H、D、R m_1：0～7 m_2：0～32766 n_1、n_2：1～32767	D、R、变址修饰

（2）使用举例。BFM 分割写入指令的功能是将数据批量写入特殊功能单元（或模块）的 BFM。BFM 分割写入指令使用举例如图 6-34 所示。当常开触点 M0 闭合时，指令 WBFM 执行，以每个扫描周期写 16 点的方式，将 D100～D179 共 80 个元件数据写入与 PLC 连接的 2 号特殊功能单元（或模块）的 BFM＃1001～＃1080。

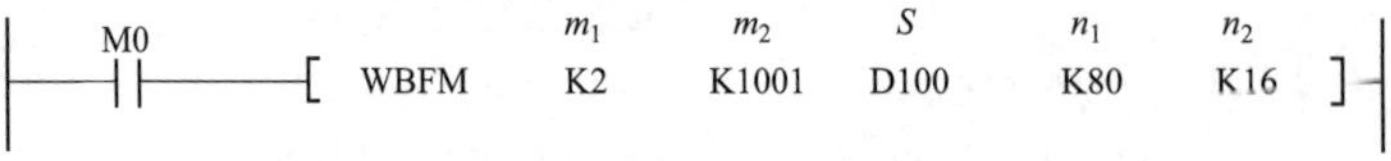

M0 —[WBFM　m_1 K2　m_2 K1001　S D100　n_1 K80　n_2 K16]

图 6-34　BFM 分割写入指令使用举例

6.4 四则运算与逻辑运算类指令

6.4.1 指令一览表

四则运算与逻辑运算类指令有 10 条指令，各指令的功能号、符号、形式、名称及支持的 PLC 系列见表 6-26。

表 6-26 四则运算与逻辑运算类指令一览

功能号	指令符号	指令形式	指令名称	支持的 PLC 系列									
				FX3S	FX3G	FX3GC	FX3U	FX3UC	FX1S	FX1N	FX1NC	FX2N	FX2NC
20	ADD	ADD S_1 S_2 D	BIN 加法运算	○	○	○	○	○	○	○	○	○	○
21	SUB	SUB S_1 S_2 D	BIN 减法运算	○	○	○	○	○	○	○	○	○	○
22	MUL	MUL S_1 S_2 D	BIN 乘法运算	○	○	○	○	○	○	○	○	○	○
23	DIV	DIV S_1 S_2 D	BIN 除法运算	○	○	○	○	○	○	○	○	○	○
24	INC	INC D	BIN 加一	○	○	○	○	○	○	○	○	○	○
25	DEC	DEC D	BIN 减一	○	○	○	○	○	○	○	○	○	○
26	WAND	WAND S_1 S_2 D	逻辑与	○	○	○	○	○	○	○	○	○	○
27	WOR	WOR S_1 S_2 D	逻辑或	○	○	○	○	○	○	○	○	○	○
28	WXOR	WXOR S_1 S_2 D	逻辑异或	○	○	○	○	○	○	○	○	○	○
29	NEG	NEG D	补码	—	—	—	○	○	—	—	—	○	○

6.4.2 指令精解

1. BIN 加法运算指令

（1）指令说明。BIN 加法运算指令说明见表 6-27。

表 6-27 BIN 加法运算指令说明

指令名称与功能号	指令符号	指令形式与功能说明	操作数
			S_1、S_2、D（三者均为 16/32 位）
BIN 加法运算（FNC20）	(D) ADD (P)	ADD S_1 S_2 D $S_1+S_2 \rightarrow D$	（S_1、S_2 可用 K、H、KnX，D 不可用）KnY、KnS、KnM、T、C、D、V、Z、R（仅 FX3G/3U）、变址修饰

（2）使用举例。BIN 加法运算指令的使用举例如图 6-35 所示。

1）在图 6-35（a）中，当常开触点 X000 闭合时，指令 ADD 执行，将两个源操元件 D10 和 D12 中的数据进行相加，结果存入目标操作元件 D14 中。源操作数可正可负，它们是以代数形式进行相加，如 5＋（－7）＝－2。

2）在图 6-35（b）中，当常开触点 X000 闭合时，指令 DADD 执行，将源操元件 D11、D10 和 D13、D12 分别组成 32 位数据再进行相加，结果存入目标操作元件 D15、D14 中。当进行 32 位数据运算时，要求每个操作数是两个连号的数据寄存器，为了确保不重复，指定的元件最好为偶数编号。

3）在图 6-35（c）中，当常开触点 X001 闭合时，指令 ADDP 执行，将 D0 中的数据加 1，结果仍存入 D0 中。当一个源操作数和一个目标操作数为同一元件时，最好采用脉冲执行型加指令 ADDP，因为若是连续型加指令，每个扫描周期指令都要执行一次，所得结果很难确定。

```
      X000        S1     S2     D
 |----| |----[ ADD   D10    D12    D14 ]     (D10) + (D12) → (D14)
                        (a)

      X000
 |----| |----[ DADD  D10    D12    D14 ]     (D11、D10) + (D13、D12) → (D15、D14)
                        (b)

      X001
 |----| |----[ ADDP  D0     K1     D0 ]      (D0) + 1 → (D0)
                        (c)
```

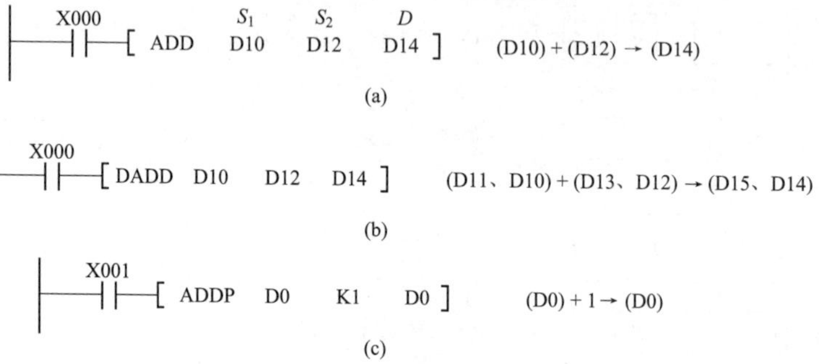

图 6-35　BIN 加法运算指令使用举例

在进行加法运算时，若运算结果为 0，0 标志继电器 M8020 会动作，若运算结果超出－32768～＋32767（16 位数相加）或－2147483648～＋2147483647（32 位数相加）范围，借位标志继电器 M8022 会动作。

2. BIN 减法运算指令

（1）指令说明。BIN 减法运算指令说明见表 6-28。

表 6-28　BIN 减法运算指令说明

指令名称与功能号	指令符号	指令形式与功能说明	操作数
			S_1、S_2、D（三者均为 16/32 位）
BIN 减法运算（FNC21）	(D) SUB (P)	─┤├─[SUB S_1 S_2 D] $S_1-S_2 \rightarrow D$	（S_1、S_2 可用 K、H、KnX，D 不可用）KnY、KnS、KnM、T、C、D、V、Z、R（仅 FX3G/3U）、变址修饰

（2）使用举例。BIN 减法指令的使用举例如图 6-36 所示。

1）在图 6-36（a）中，当常开触点 X000 闭合时，指令 SUB 执行，将 D10 和 D12 中的数据进行相减，结果存入目标操作元件 D14 中。源操作数可正可负，它们是以代数形式进行相减，如 5－（－7）＝12。

2）在图 6-36（b）中，当常开触点 X000 闭合时，指令 DSUB 执行，将源操元件 D11、D10 和 D13、D12 分别组成 32 位数据再进行相减，结果存入目标操作元件 D15、D14 中。当进行 32 位数据运算时，要求每个操作数是两个连号的数据寄存器，为了确保不重复，指定的元件最好为偶数编号。

3）在图 6-36（c）中，当常开触点 X001 闭合时，指令 SUBP 执行，将 D0 中的数据减 1，结果仍存入 D0 中。当一个源操作数和一个目标操作数为同一元件时，最好采用脉冲执行型减指令 SUBP，若是连续型减指令，每个扫描周期指令都要执行一次，所得结果很难确定。

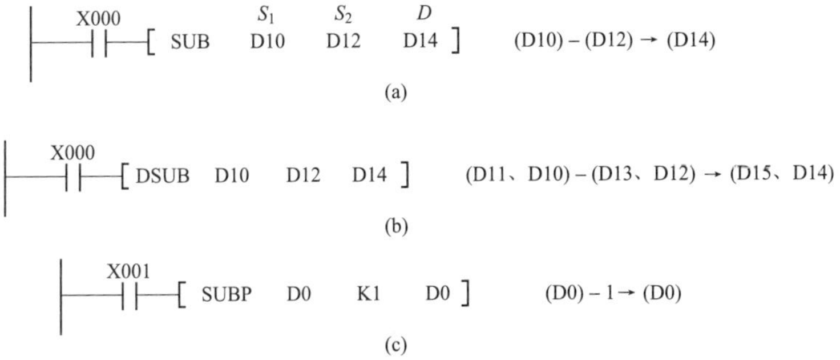

X000 [SUB D10 D12 D14] （S_1 S_2 D） (D10) − (D12) → (D14)

(a)

X000 [DSUB D10 D12 D14] (D11、D10) − (D13、D12) → (D15、D14)

(b)

X001 [SUBP D0 K1 D0] (D0) − 1 → (D0)

(c)

图 6-36 BIN 减法运算指令使用举例

在进行减法运算时，若运算结果为 0，0 标志继电器 M8020 会动作，若运算结果超出 −32768～+32767（16 位数相减）或 −2147483648～+2147483647（32 位数相减）范围，借位标志继电器 M8022 会动作。

3. BIN 乘法运算指令

（1）指令说明。BIN 乘法运算指令说明见表 6-29。

表 6-29　　BIN 乘法运算指令说明

指令名称与功能号	指令符号	指令形式与功能说明	操作数
			S_1（16/32 位）、S_2（16/32 位）、D（32/64 位）
BIN 乘法运算（FNC22）	(D) MUL (P)	[MUL S_1 S_2 D] $S_1 \times S_2 \rightarrow D$	（S_1、S_2 可用 K、H、KnX，D 不可用）KnY、KnS、KnM、T、C、D、Z、R（仅 FX3G/3U）、变址修饰

（2）使用举例。BIN 乘法运算指令使用举例如图 6-37 所示。在进行 16 位数乘积运算时，结果为 32 位，见图 6-31（a）；在进行 32 位数乘积运算时，乘积结果为 64 位，见图 6-31（b）；运算结果的最高位为符号位（0 表示正，1 表示负）。

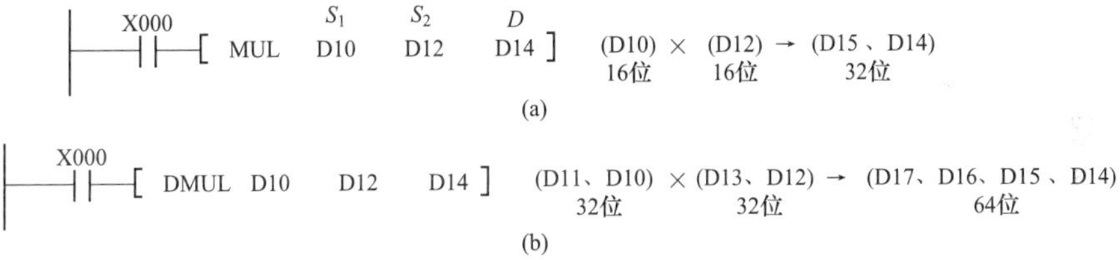

X000 [MUL D10 D12 D14] （S_1 S_2 D） (D10) × (D12) → (D15、D14)　16位 × 16位 → 32位

(a)

X000 [DMUL D10 D12 D14] (D11、D10) × (D13、D12) → (D17、D16、D15、D14)　32位 × 32位 → 64位

(b)

图 6-37 BIN 乘法运算指令使用举例

4. BIN 除法运算指令

（1）指令说明。BIN 除法运算指令说明见表 6-30。

表 6-30　　BIN 除法运算指令说明

指令名称与功能号	指令符号	指令形式与功能说明	操作数
			S_1（16/32 位）、S_2（16/32 位）、D（32/64 位）
BIN 除法运算（FNC23）	(D) DIV (P)	[DIV S_1 S_2 D] $S_1 \div S_2 \rightarrow D$	（S_1、S_2 可用 K、H、KnX，D 不可用）KnY、KnS、KnM、T、C、D、Z、R（仅 FX3G/3U）、变址修饰

（2）使用举例。BIN 除法运算指令使用举例如图 6-38 所示。在进行 16 位数除法运算时，商为 16 位，余数也为 16 位，如图 6-38（a）所示；在进行 32 位数除法运算时，商为 32 位，余数也为 32 位，如图 6-38（b）所示；商和余的最高位为符号位（0 表示正，1 表示负）。

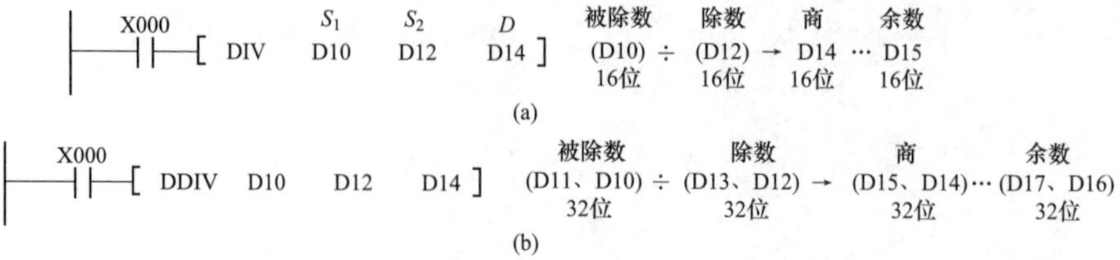

X000 ─┤├─[DIV　S_1 D10　S_2 D12　D D14]　被除数 (D10) 16位 ÷ 除数 (D12) 16位 → 商 D14 16位 … 余数 D15 16位

(a)

X000 ─┤├─[DDIV　D10　D12　D14]　被除数 (D11、D10) 32位 ÷ 除数 (D13、D12) 32位 → 商 (D15、D14) 32位 … 余数 (D17、D16) 32位

(b)

图 6-38　BIN 除法运算指令使用举例

在使用二进制除法指令时要注意：①当除数为 0 时，运算会发生错误，不能执行指令；②若将位元件作为目标操作数，无法得到余数；③当被除数或除数中有一方为负数时，商则为负，当被除数为负时，余数则为负。

5. BIN 加 1 运算指令

（1）指令说明。BIN 加 1 运算指令说明见表 6-31。

表 6-31　　BIN 加 1 运算指令说明

指令名称与功能号	指令符号	指令形式与功能说明	操作数
			D（16/32 位）
BIN 加 1 （FNC24）	(D) INC (P)	─┤├─[INC D] INC 指令每执行一次，D 值增 1 一次	KnY、KnS、KnM、T、C、D、V、Z、R（仅 FX3G/3U）、变址修饰

X000 ─┤├─[INCP　D12]　(D12)+1→(D12)

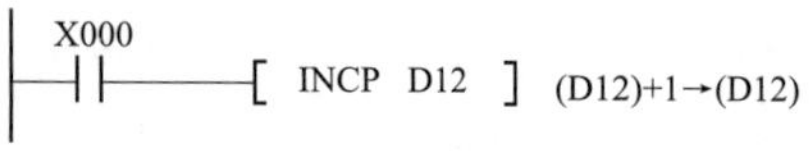

图 6-39　BIN 加 1 运算指令使用举例

（2）使用举例。BIN 加 1 运算指令使用举例如图 6-39 所示。当常开触点 X000 闭合时，指令 INCP 执行，数据寄存器 D12 中的数据自动加 1。若采用连续执行型指令 INC，则每个扫描周期数据都要增加 1，在 X000 闭合时可能会经过多个扫描周期，因此增加结果很难确定，故常采用脉冲执行型指令进行加 1 运算。

6. BIN 减 1 运算指令

（1）指令说明。BIN 减 1 运算指令说明见表 6-32。

表 6-32　　BIN 减 1 运算指令说明

指令名称与功能号	指令符号	指令形式与功能说明	操作数
			D（16/32 位）
BIN 减 1 （FNC25）	(D) DEC (P)	─┤├─[DEC D] DEC 指令每执行一次，D 值减 1 一次	KnY、KnS、KnM、T、C、D、V、Z、R（仅 FX3G/3U）、变址修饰

（2）使用举例。BIN 减 1 运算指令使用举例如图 6-40 所示。当常开触点 X000 闭合时，指令 DECP 执行，数据寄存器 D12 中的数据自动减 1。为保证 X000 每闭合一次数据减 1 一次，常采用脉冲执行型指令进行减 1 运算。

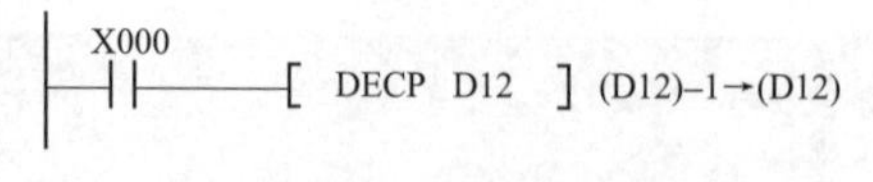

图 6-40　BIN 减 1 运算指令使用举例

7. 逻辑与指令

（1）指令说明。逻辑与指令说明见表 6-33。

表 6-33　　逻辑与指令说明

指令名称与功能号	指令符号	指令形式与功能说明	操作数
			S_1、S_2、D（均为 16/32 位）
逻辑与 （FNC26）	（D） WAND （P）	WAND S_1 S_2 D 将 S_1 和 S_2 的数据逐位进行与运算，结果存入 D	（S_1、S_2 可用 K、H、K*n*X，D 不可用）K*n*Y、K*n*S、K*n*M、T、C、D、V、Z、R（仅 FX3G/3U）、变址修饰

（2）使用举例。逻辑与指令使用举例如图 6-41 所示。当常开触点 X000 闭合时，指令 WAND 执行，将 D10 与 D12 中的数据逐位进行与运算，结果保存在 D14 中。

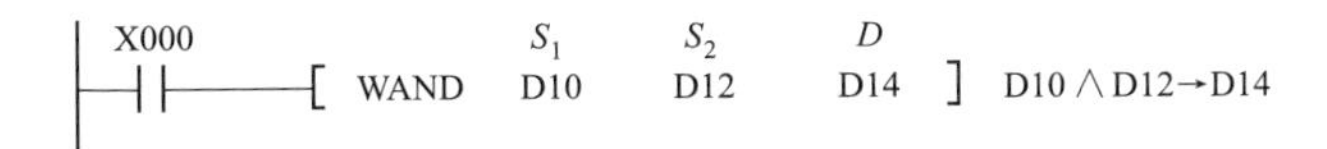

图 6-41　逻辑与指令使用举例

与运算规律是“有 0 得 0，全 1 得 1”，具体为：0 • 0=0，0 • 1=0，1 • 0=0，1 • 1=1。

8. 逻辑或指令

（1）指令说明。逻辑或指令说明见表 6-34。

表 6-34　　逻辑或指令说明

指令名称与功能号	指令符号	指令形式与功能说明	操作数
			S_1、S_2、D（均为 16/32 位）
逻辑或 （FNC27）	（D） WOR （P）	WOR S_1 S_2 D 将 S_1 和 S_2 的数据逐位进行或运算，结果存入 D	（S_1、S_2 可用 K、H、K*n*X，D 不可用）K*n*Y、K*n*S、K*n*M、T、C、D、V、Z、R（仅 FX3G/3U）、变址修饰

（2）使用举例。逻辑或指令使用举例如图 6-42 所示。当常开触点 X000 闭合时，指令 WOR 执行，将 D10 与 D12 中的数据逐位进行或运算，结果保存在 D14 中。

X000 ── [WOR　S_1 D10　S_2 D12　D D14] D10∨D12→D14

图 6-42　逻辑或指令使用举例

或运算规律是“有 1 得 1，全 0 得 0”，具体为：0+0=0，0+1=1，1+0=1，1+1=1。

9. 异或指令

（1）指令说明。逻辑异或指令说明见表 6-35。

表 6-35　　逻辑异或指令说明

指令名称与功能号	指令符号	指令形式与功能说明	操作数
			S_1、S_2、D（均为 16/32 位）
异或 （FNC28）	（D） WXOR （P）	WXOR S_1 S_2 D 将 S_1 和 S_2 的数据逐位进行异或运算，结果存入 D	K*n*Y、K*n*S、K*n*M、T、C、D、V、Z、R（仅 FX3G/3U）、变址修饰（S_1、S_2 可用 K、H、K*n*X，D 不可用）

（2）使用举例。异或指令使用举例如图 6-43 所示。当常开触点 X000 闭合时，指令 WXOR 执行，将 D10 与 D12 中的数据逐位进行异或运算，结果保存在 D14 中。

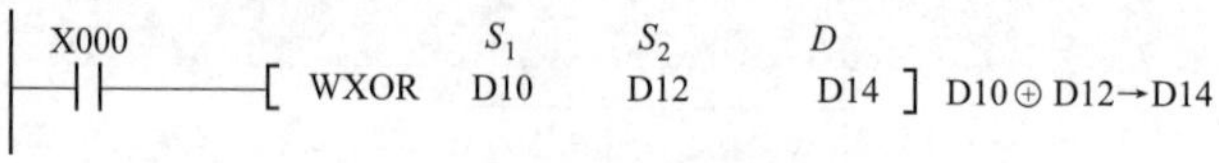

X000 ─┤├─[WXOR S_1 D10 S_2 D12 D D14] D10⊕D12→D14

图 6-43 异或指令使用举例

异或运算规律是“相同得 0，相异得 1”，具体为：0⊕0=0，0⊕1=1，1⊕0=1，1⊕1=0。

10. 补码指令

（1）指令说明。补码指令说明见表 6-36。

表 6-36 补码指令说明

指令名称与功能号	指令符号	指令形式与功能说明	操作数
			D（16/32 位）
补码（FNC29）	（D）NEG（P）	─┤├─[NEG | *D*] 将 *D* 的数据逐位取反再加 1（即将原码转换成补码）	K*n*Y、K*n*S、K*n*M、T、C、D、V、Z、R（仅 FX3G/3U）、变址修饰

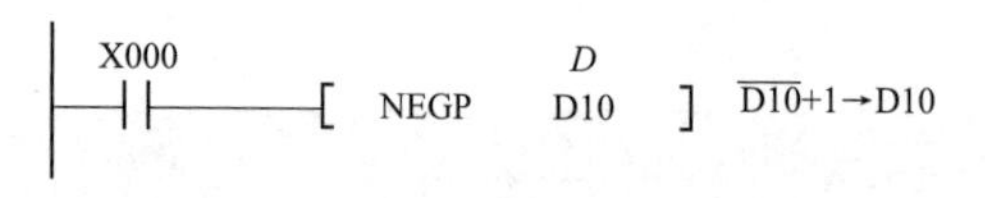

图 6-44 补码指令使用举例

（2）使用举例。补码指令使用举例如图 6-44 所示。当常开触点 X000 闭合时，指令 NEGP 执行，将 D10 中的数据逐位取反再加 1。补码指令的功能是对数据进行变号（绝对值不变），如求补前 D10=+8，求补后 D10=−8。为了避免每个扫描周期都进行求补运算，通常采用脉冲执行型求补指令 NEGP。

6.5 循环与移位类指令

6.5.1 指令一览表

循环与移位类指令有 10 条指令，各指令的功能号、符号、形式、名称及支持的 PLC 系列见表 6-37。

表 6-37 循环与移位类指令一览

功能号	指令符号	指令形式	指令名称	支持的 PLC 系列									
				FX3S	FX3G	FX3GC	FX3U	FX3UC	FX1S	FX1N	FX1NC	FX2N	FX2NC
30	ROR	─┤├─[ROR | *D* | *n*]	循环右移	○	○	○	○	○	—	—	—	○	○
31	ROL	─┤├─[ROL | *D* | *n*]	循环左移	○	○	○	○	○	—	—	—	○	○
32	RCR	─┤├─[RCR | *D* | *n*]	带进位循环右移	—	—	—	○	○	—	—	—	○	○
33	RCL	─┤├─[RCL | *D* | *n*]	带进位循环左移	—	—	—	○	○	—	—	—	○	○
34	SFTR	─┤├─[SFTR | *S* | *D* | n_1 | n_2]	位右移	○	○	○	○	○	○	○	○	○	○
35	SFTL	─┤├─[SFTL | *S* | *D* | n_1 | n_2]	位左移	○	○	○	○	○	○	○	○	○	○

续表

功能号	指令符号	指令形式	指令名称	支持的PLC系列									
				FX3S	FX3G	FX3GC	FX3U	FX3UC	FX1S	FX1N	FX1NC	FX2N	FX2NC
36	WSFR	WSFR S D n_1 n_2	字右移	○	○	○	○	○	—	—	—	○	○
37	WSFL	WSFL S D n_1 n_2	字左移	○	○	○	○	○	—	—	—	○	○
38	SFWR	SFWR S D n	移位写入［先入先出/先入后出控制用］	○	○	○	○	○	○	○	○	○	○
39	SFRD	SFRD S D n	移位读出［先入先出控制用］	○	○	○	○	○	○	○	○	○	○

6.5.2 指令精解

1. 循环右移（环形右移）指令

（1）指令说明。循环右移指令说明见表6-38。

表6-38 循环右移指令说明

指令名称与功能号	指令符号	指令形式与功能说明	操作数	
			D（16/32位）	n（16/32位））
循环右移（FNC30）	（D）ROR（P）	ROR D n 将D的数据环形右移n位	KnY、KnS、KnM、T、C、D、V、Z、R、变址修饰	K、H、D、R $n \leq 16$（16位） $n \leq 32$（32位）

（2）使用举例。循环右移指令使用举例如图6-45所示。当常开触点X000闭合时，指令RORP执行，将D0中的数据右移（从高位往低位移）4位，其中低4位移至高4位，最后移出的一位（即图中标有*号的位）除了移到D0的最高位外，还会移入进位标记继电器M8022中。为了避免每个扫描周期都进行右移，通常采用脉冲执行型指令RORP。

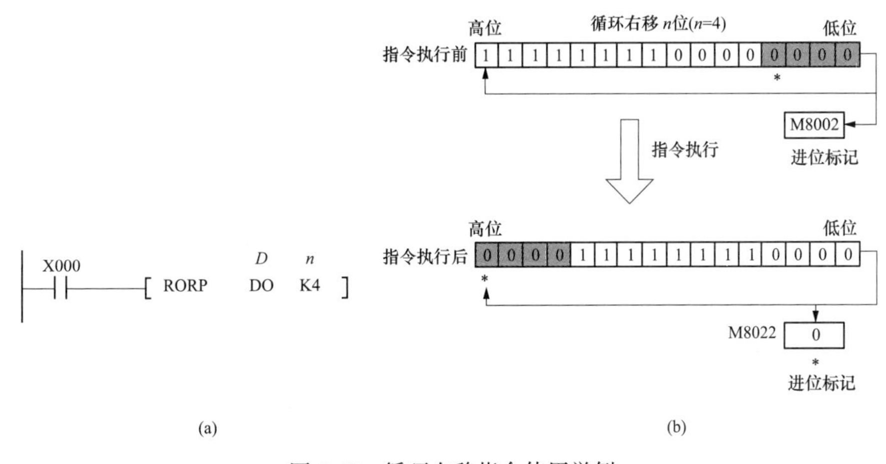

图6-45 循环右移指令使用举例

（a）指令；（b）说明

2. 循环左移（环形左移）指令

（1）指令说明。循环左移指令说明见表6-39。

表 6-39　　循环左移指令说明

指令名称与功能号	指令符号	指令形式与功能说明	操作数	
			D（16/32 位）	*n*（16/32 位）
循环左移（FNC31）	(D) ROL (P)	ROL *D* *n* 将 *D* 的数据环形左移 *n* 位	K*n*Y、K*n*S、K*n*M、T、C、D、V、Z、R、变址修饰	K、H、D、R *n*≤16（16 位） *n*≤32（32 位）

（2）使用举例。循环左移指令使用举例如图 6-46 所示。当常开触点 X000 闭合时，指令 ROLP 执行，将 D0 中的数据左移（从低位往高位移）4 位，其中高 4 位移至低 4 位，最后移出的一位（即图 6-46 中标有 * 号的位）除了移到 D0 的最低位外，还会移入进位标记继电器 M8022 中。为了避免每个扫描周期都进行左移，通常采用脉冲执行型指令 ROLP。

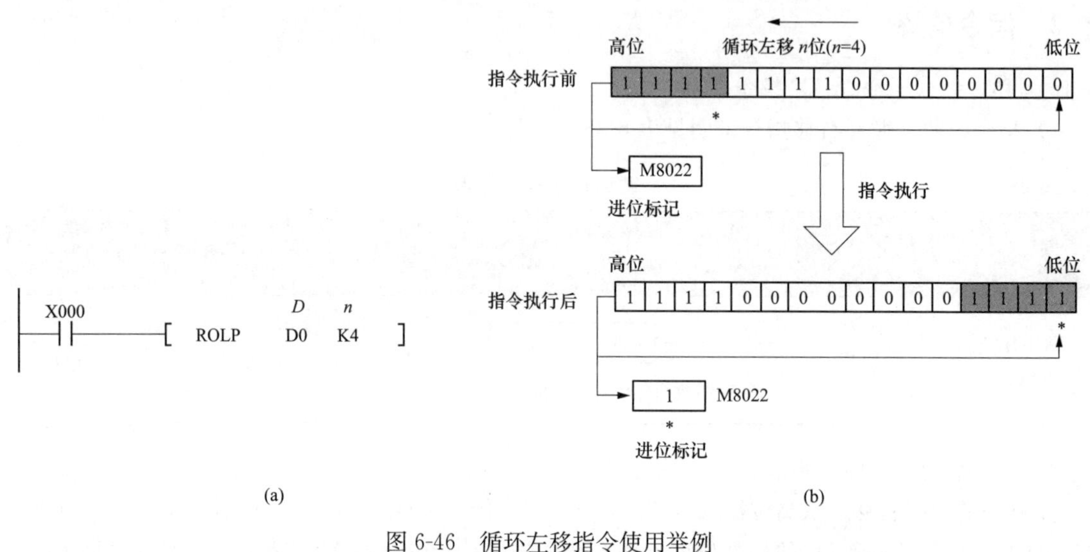

图 6-46　循环左移指令使用举例

（a）指令；（b）说明

3. 带进位循环右移指令

（1）指令说明。带进位循环右移指令说明见表 6-40。

表 6-40　　带进位循环右移指令说明

指令名称与功能号	指令符号	指令形式与功能说明	操作数	
			D（16/32 位）	*n*（16/32 位）
带进位循环右移（FNC32）	(D) RCR (P)	RCR *D* *n* 将 *D* 的数据与进位值一起环形右移 *n* 位	K*n*Y、K*n*S、K*n*M、T、C、D、V、Z、R、变址修饰	K、H、D、R *n*≤16（16 位） *n*≤32（32 位）

（2）使用举例。带进位循环右移指令使用举例如图 6-47 所示。当常开触点 X000 闭合时，指令 RCRP 执行，将 D0 中的数据右移 4 位，D0 中的低 4 位与继电器 M8022 的进位标记位（图 6-47 中为 1）一起往高 4 位移，D0 最后移出的一位（即图 6-47 中标有 * 号的位）移入 M8022。为了避免每个扫描周期都进行右移，通常采用脉冲执行型指令 RCRP。

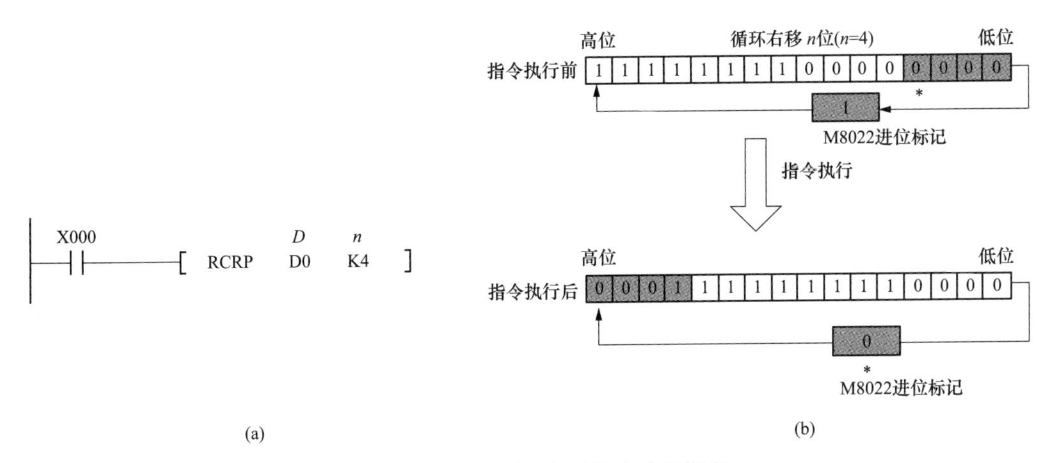

图 6-47　带进位循环右移指令使用举例

（a）指令；（b）说明

4. 带进位循环左移指令

（1）指令说明。带进位循环左移指令说明见表 6-41。

表 6-41　　带进位循环左移指令说明

指令名称与功能号	指令符号	指令形式与功能说明	操作数	
			D（16/32 位）	*n*（16/32 位）
带进位循环左移（FNC33）	（D）RCL（P）	RCL *D* *n* 将 *D* 的数据与进位值一起环形左移 *n* 位	K*n*Y、K*n*S、K*n*M、T、C、D、V、Z、R、变址修饰	K、H、D、R *n*≤16（16 位） *n*≤32（32 位）

（2）使用举例。带进位循环左移指令使用举例如图 6-48 所示。当常开触点 X000 闭合时，指令 RCLP 执行，将 D0 中的数据左移 4 位，D0 中的高 4 位与继电器 M8022 的进位标记位（图 6-48 中为 0）一起往低 4 位移，D0 最后移出的一位（即图 6-48 中标有 * 号的位）移入 M8022。为了避免每个扫描周期都进行左移，通常采用脉冲执行型指令 RCLP。

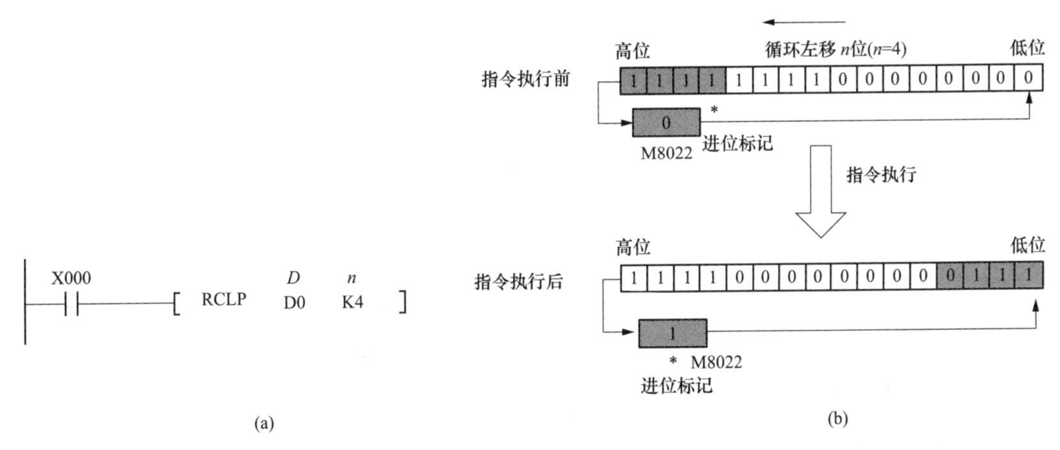

图 6-48　带进位循环左移指令使用举例

（a）指令；（b）说明

5. 位右移指令

（1）指令说明。位右移指令说明见表 6-42。

表 6-42　　位右移指令说明

指令名称与功能号	指令符号	指令形式与功能说明	操作数	
			S（位型）、D（位）	n_1（16 位）、n_2（16 位）
位右移 （FNC34）	SFTR （P）	SFTR　S　D　n_1　n_2 将 S 为起始的 n_2 个位元件值右移到 D 为起始元件的 n_1 个位元件中	Y、M、S、变址修饰 S 还支持 X、D□. b	K、H n_2 还支持 D、R $n_2 \leqslant n_1 \leqslant 1024$

（2）使用举例。位右移指令使用举例如图 6-49 所示。在图 6-49（a）中，当常开触点 X010 闭合时，指令 SFTRP 执行，将 X003～X000 4 个元件的位状态（1 或 0）右移入 M15～M0 中，见图 6-49（b）。X000 为源起始位元件，M0 为目标起始位元件，K16 为目标位元件数量，K4 为移位量。SFTRP 指令执行后，M3～M0 移出丢失，M15～M4 移到原 M11～M0，X003～X000 则移入原 M15～M12。

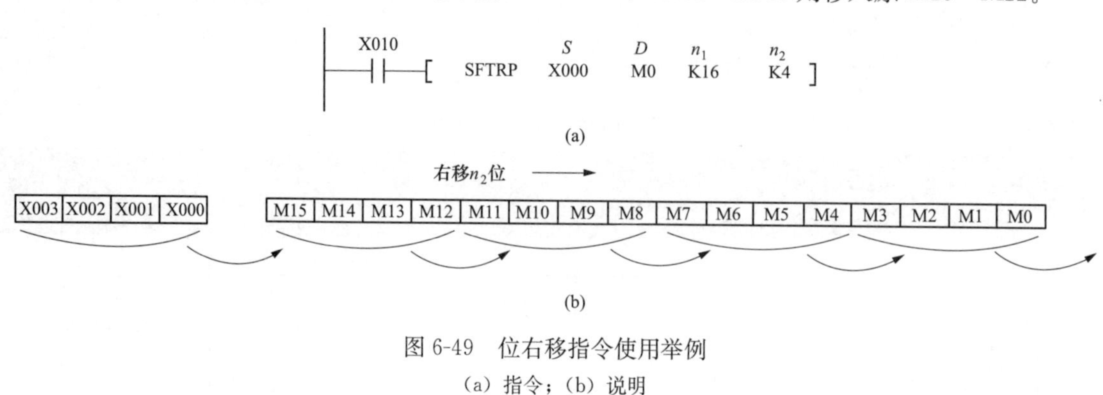

图 6-49　位右移指令使用举例
（a）指令；（b）说明

为了避免每个扫描周期都移动，通常采用脉冲执行型指令 SFTRP。

6. 位左移指令

（1）指令说明。位左移指令说明见表 6-43。

表 6-43　　位左移指令说明

指令名称与功能号	指令符号	指令形式与功能说明	操作数	
			S（位型）、D（位）	n_1（16 位）、n_2（16 位）
位左移 （FNC35）	SFTL （P）	SFTL　S　D　n_1　n_2 将 S 为起始的 n_2 个位元件的值左移到 D 为起始元件的 n_1 个位元件中	Y、M、S、变址修饰 S 还支持 X、D□. b	K、H n_2 还支持 D、R $n_2 \leqslant n_1 \leqslant 1024$

（2）使用举例。位左移指令使用举例如图 6-50 所示。在图 6-50（a）中，当常开触点 X010 闭合时，指令 SFTLP 执行，将 X003～X000 4 个元件的位状态（1 或 0）左移入 M15～M0 中，如图 6-50（b）所示。X000 为源起始位元件，M0 为目标起始位元件，K16 为目标位元件数量，K4 为移位量。SFTLP 指令执行后，M15～M12 移出丢失，M11～M0 移到原 M15～M4，X003～X000 则移入原 M3～M0。

为了避免每个扫描周期都移动，通常采用脉冲执行型指令 SFTLP。

7. 字右移指令

（1）指令说明。字右移指令说明见表 6-44。

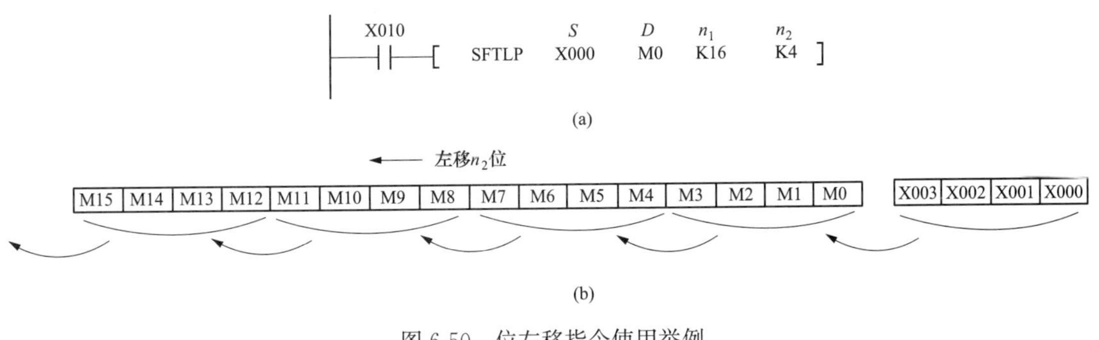

图 6-50 位左移指令使用举例

（a）指令；（b）说明

表 6-44 **字右移指令说明**

指令名称与功能号	指令符号	指令形式与功能说明	操作数	
			S（16位）、D（16位）	n_1（16位）、n_2（16位）
字右移（FNC36）	WSFR（P）	WSFR S D n_1 n_2 将 S 为起始的 n_2 个字元件的值右移到 D 为起始元件的 n_1 个字元件中	KnY、KnS、KnM、T、C、D、R、变址修饰，S还支持 KnX	K、H n_2 还支持 D、R $n_2 \leqslant n_1 \leqslant 1024$

（2）使用举例。字右移指令使用举例如图 6-51 所示。在图 6-51（a）中，当常开触点 X000 闭合时，指令 WSFRP 执行，将 D3～D0 4 个字元件的数据右移入 D25～D10 中，如图 6-51（b）所示。D0 为源起始字元件，D10 为目标起始字元件，K16 为目标字元件数量，K4 为移位量。WSFRP 指令执行后，D13～D10 的数据移出丢失，D25～D14 的数据移入原 D21～D10，D3～D0 则移入原 D25～D22。

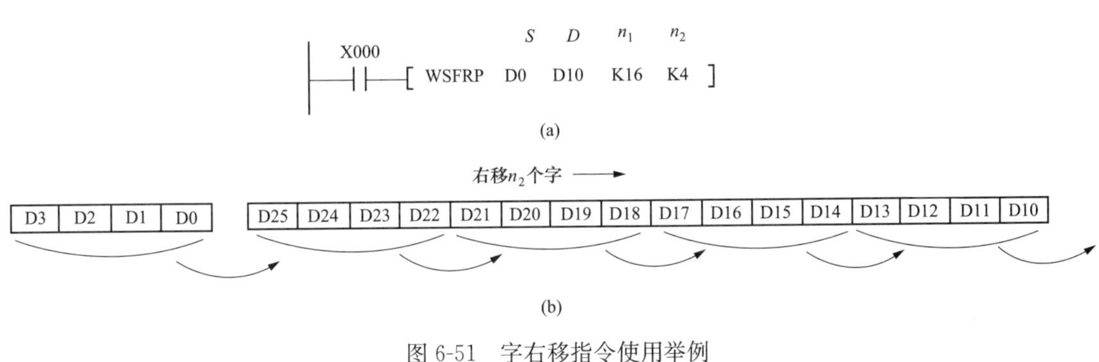

图 6-51 字右移指令使用举例

（a）指令；（b）说明

为了避免每个扫描周期都移动，通常采用脉冲执行型指令 WSFRP。

8. 字左移指令

（1）指令说明。字左移指令说明见表 6-45。

表 6-45 **字左移指令说明**

指令名称与功能号	指令符号	指令形式与功能说明	操作数	
			S（16位）、D（16位）	n_1（16位）、n_2（16位）
字左移（FNC37）	WSFL（P）	WSFL S D n_1 n_2 将 S 为起始的 n_2 个字元件的值左移到 D 为起始元件的 n_1 个字元件中	KnY、KnS、KnM、T、C、D、R、变址修饰，S还支持 KnX	K、H n_2 还支持 D、R $n_2 \leqslant n_1 \leqslant 1024$

（2）使用举例。字左移指令使用举例如图 6-52 所示。在图 6-52（a）中，当常开触点 X000 闭合时，指令 WSFLP 执行，将 D3～D0 4 个字元件的数据左移入 D25～D10 中，如图 6-52（b）所示，D0 为源起始字元件，D10 为目标起始字元件，K16 为目标字元件数量，K4 为移位量。WSFLP 指令执行后，D25～D22 的数据移出丢失，D21～D10 的数据移入原 D25～D14，D3～D0 则移入原 D13～D10。

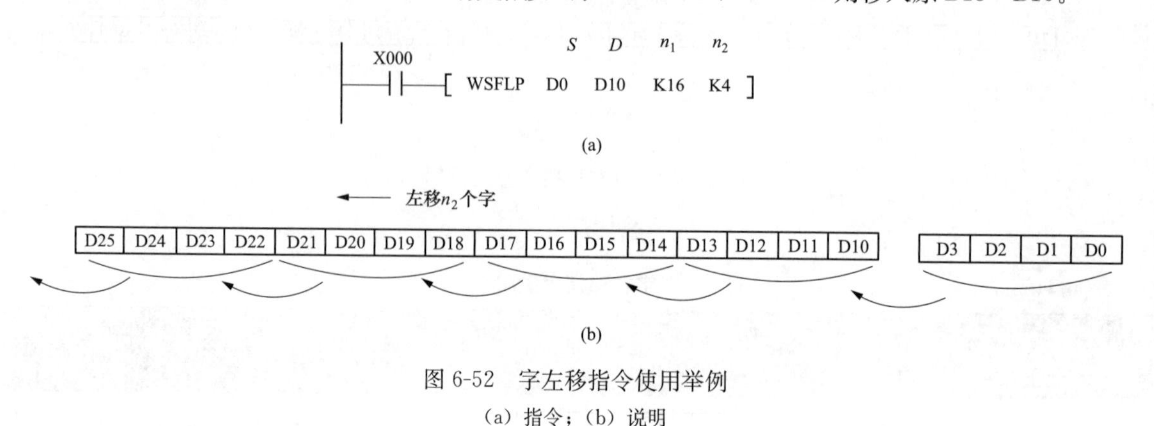

图 6-52　字左移指令使用举例

（a）指令；（b）说明

为了避免每个扫描周期都移动，通常采用脉冲执行型指令 WSFLP。

9. 移位写入（先入先出/先入后出控制用）指令

（1）指令说明。移位写入指令说明见表 6-46。

表 6-46　　移位写入指令说明

指令名称与功能号	指令符号	指令形式与功能说明	操作数	
			S（16 位）、*D*（16 位）	*n*（16 位）
移位写入（FNC38）	SFWR（P）	SFWR *S* *D* *n* 随着指令执行次数不断增加，*S* 值依次被写入 *D*+1、*D*+2、…、*D*+（*n*−1），同时 *D* 值随写入次数增加而增大，当指令执行次数超过 *n*−1 次时无法写入数据（此时 *D* 值为 *n*−1）	K*n*Y、K*n*S、K*n*M、T、C、D、R、变址修饰 *S* 还支持 K、H、K*n*X、V、Z	K、H 2≤*n*≤512

（2）使用举例。移位写入指令使用举例如图 6-53 所示。当常开触点 X000 闭合时，指令 SFWRP 执行，将 D0 中的数据写入 D2 中，同时作为指示器（或称指针）的 D1 的数据自动增 1，当 X000 触点第二次闭合时，D0 中的数据被写入 D3 中，D1 中的数据再增 1，连续闭合 X000 触点时，D0 中的数据将依次写入 D4、D5…中，D1 中的数据也会自动递增 1，当 D1 超过 *n*−1 时，所有寄存器被存满，进位标志继电器 M8022 会被置 1。

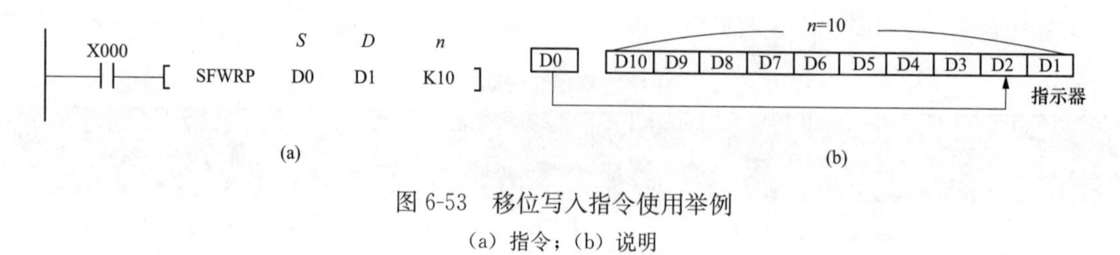

图 6-53　移位写入指令使用举例

（a）指令；（b）说明

D0 为源操作元件，D1 为目标起始元件，K10 为目标存储元件数量。为了避免每个扫描周期都移动，通常采用脉冲执行型指令 SFWRP。

10. 移位读出（先入先出控制用）指令

（1）指令说明。移位读出指令说明见表 6-47。

表 6-47 移位读出指令说明

指令名称与功能号	指令符号	指令形式与功能说明	操作数	
			S（16 位）、D（16 位）	n（16 位）
移位读出 （FNC39）	SFRD （P）	┤├─[SFRD S D n] 随着指令执行次数不断增加，D＋1、D＋2、…、D＋（n−1）的值被依次读出到 S，D 值随读出次数增加而不断减小，指令执行次数超过 n－1 次时无法读出数据（此时 D 值为 0）	KnY、KnS、KnM、T、C、D、R、变址修饰 S 还支持 K、H、KnX、V、Z	K、H 2⩽n⩽512

（2）使用举例。移位读出指令举例如图 6-54 所示。当常开触点 X000 闭合时，指令 SFRDP 执行，将 D2 中的数据读入 D20 中，指示器 D1 的数据减 1，同时 D3 数据移入 D2（即 D10～D3→D9～D2）。当连续闭合 X000 触点时，D2 中的数据会不断读入 D20，同时 D10～D3 中的数据也会由左往右不断逐字移入 D2 中，D1 中的数据会随之递减 1，当 D1 减到 0 时，所有寄存器的数据都被读出，0 标志继电器 M8020 会被置 1。

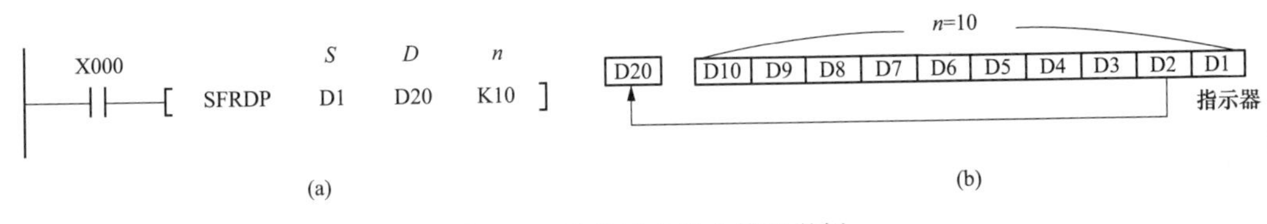

图 6-54 移位读出指令使用举例

（a）指令；（b）说明

D1 为源起始操作元件，D20 为目标元件，K10 为源操作元件数量。为了避免每个扫描周期都移动，通常采用脉冲执行型指令 SFRDP。

6.6 数据处理类指令

6.6.1 指令一览表

数据处理类指令有 22 条指令，各指令的功能号、符号、形式、名称及支持的 PLC 系列见表 6-48。

表 6-48 数据处理类指令一览

功能号	指令符号	指令形式	指令名称	支持的 PLC 系列									
				FX3S	FX3G	FX3GC	FX3U	FX3UC	FX1S	FX1N	FX1NC	FX2N	FX2NC
40	ZRST	┤├─[ZRST D_1 D_2]	成批复位	○	○	○	○	○	○	○	○	○	○
41	DECO	┤├─[DECO S D n]	译码	○	○	○	○	○	○	○	○	○	○
42	EXCO	┤├─[ENCO S D n]	编码	○	○	○	○	○	○	○	○	○	○

续表

功能号	指令符号	指令形式	指令名称	支持的PLC系列									
				FX3S	FX3G	FX3GC	FX3U	FX3UC	FX1S	FX1N	FX1NC	FX2N	FX2NC
43	SUM	SUM S D	ON位数	○	○	○	○	○	—	—	—	○	○
44	BON	BON S D n	ON位的判定	○	○	○	○	○	—	—	—	○	○
45	MEAN	MEAN S D n	平均值	○	○	○	○	○	—	—	—	○	○
46	ANS	ANS S m D	信号报警器置位	—	○	○	○	○	—	—	—	○	○
47	ANR	ANR	信号报警器复位	—	○	○	○	○	—	—	—	○	○
48	SQR	SQR S D	BIN开方运算	—	—	—	○	○	—	—	—	○	○
49	FLT	FLT S D	BIN整数→二进制浮点数转换	○	○	○	○	○	—	—	—	○	○
140	WSUM	WSUM S D n	算出数据合计值	—	—	—	○	○	—	—	—	—	—
141	WTOB	WTOB S D n	字节单位的数据分离	—	—	—	○	○	—	—	—	—	—
142	BTOW	BTOW S D n	字节单位的数据结合	—	—	—	○	○	—	—	—	—	—
143	UNI	UNI S D n	16数据位的4位结合	—	—	—	○	○	—	—	—	—	—
144	DIS	DIS S D n	16数据位的4位分离	—	—	—	○	○	—	—	—	—	—
147	SWAP	SWAP S	高低字节互换	—	—	—	○	○	—	—	—	○	○
149	SORT2	SORT2 S m_1 m_2 D n	数据排序2	—	—	—	○	○	—	—	—	—	—
210	FDEL	FDEL S D n	数据表的数据删除	—	—	—	○	○	—	—	—	—	—
211	FINS	FINS S D n	数据表的数据插入	—	—	—	○	○	—	—	—	—	—
212	POP	POP S D n	读取后入的数据［先入后出控制用］	—	—	—	○	○	—	—	—	—	—
213	SFR	SFR D n	16位数据n位右移（带进位）	—	—	—	○	○	—	—	—	—	—
214	SFL	SFL D n	16位数据n位左移（带进位）	—	—	—	○	○	—	—	—	—	—

6.6.2 指令精解

1. 成批复位指令

（1）指令说明。成批复位指令说明见表 6-49。

表 6-49 成批复位指令说明

指令名称与功能号	指令符号	指令形式与功能说明	操作数
			D_1（16位）、D_2（16位）
成批复位（FNC40）	ZRST（P）	ZRST D_1 D_2 将 D_1～D_2 所有的元件复位	Y、M、S、T、C、D、R、变址修饰（$D_1 \leqslant D_2$，且为同一类型元件）

（2）使用举例。成批复位指令使用举例如图 6-55 所示。在 PLC 开始运行时，M8002 触点接通一个扫描周期，指令 ZRST 执行，将辅助继电器 M500～M599、计数器 C235～C255 和状态继电器 S0～S127 全部复位清 0。

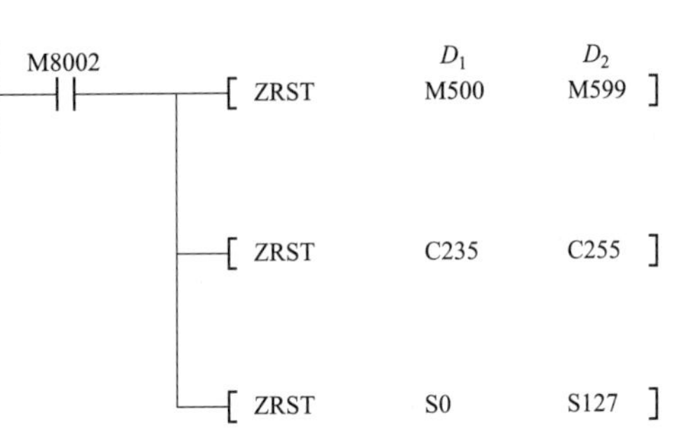

图 6-55 成批复位指令使用举例

在使用 ZRST 指令时，目标操作数 D_2 序号应大于 D_1，并且为同一系列的元件。

2. 译码指令

（1）指令说明。译码指令说明见表 6-50。

表 6-50 译码指令说明

指令名称与功能号	指令符号	指令形式与功能说明	操作数		
			S（16位）	D（16位）	n（16位）
译码（FNC41）	DECO（P）	DECO S D n 指令功能见后面的使用说明	K、H X、Y、M、S、T、C、D、R、V、Z、变址修饰	Y、M、S、T、C、D、R、变址修饰	K、H n=1～8

（2）使用举例。译码指令使用举例如图 6-56 所示。图 6-56（a）的操作数为位元件，当常开触点

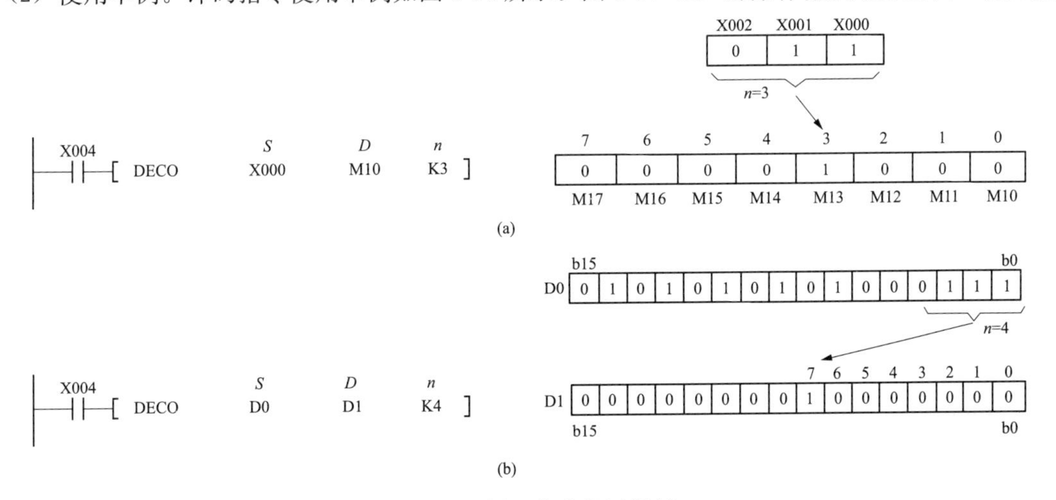

图 6-56 译码指令使用举例

（a）操作数为位元件；（b）操作数为字元件

X004 闭合时，DECO 指令执行，将 X000 为起始的 3 个连号位元件（由 n=K3 指定）组合状态进行译码，3 位数译码有 8 种结果，译码结果存入在 M17～M10（以 M10 为起始目标位元件）的 M13 中，因 X002、X001、X000 分别为 0、1、1，而 $(011)_2=3$，即指令执行结果使 M17～M10 的第 3 位 M13=1；图 6-56（b）的操作数为字元件，当常开触点 X004 闭合时，指令 DECO 执行，对 D0 的低 4 位数进行译码，4 位数译码有 16 种结果，而 D0 的低 4 位数为 0111，$(0111)_2=7$，译码结果使目标字元件 D1 的第 7 位为 1，D1 的其他位均为 0。

当 n 在 K1～K8 范围内变化时，译码则有 2～255 种结果，结果保存的目标元件不要在其他控制中重复使用。

3. 编码指令

（1）指令说明。编码指令说明见表 6-51。

表 6-51　　编码指令说明

指令名称与功能号	指令符号	指令形式与功能说明	操作数		
			S（16 位）	*D*（16 位）	*n*（16 位）
编码 （FNC42）	ENCO （P）	ENCO *S* *D* *n* 指令功能见后面的使用说明	X、Y、M、S、T、C、D、R、V、Z、变址修饰	T、C、D、R、V、Z、变址修饰	K、H n=1～8

（2）使用举例。编码指令使用举例如图 6-57 所示。图 6-57（a）的源操作数为位元件，当常开触点 X004 闭合时，指令 ENCO 执行，对 M17～M10 中的 1 进行编码（第 5 位 M15=1），编码采用 3 位（由 n=3 确定），编码结果 101（即 5）存入 D10 低 3 位中。M10 为源操作起始位元件，D10 为目标操作元件，n 为编码位数；图 6-57（b）的源操作数为字元件，当常开触点 X004 闭合时，指令 ENCO 执行，对 D0 低 8 位中的 1（b6=1）进行编码，编码采用 3 位（由 n=3 确定），编码结果 110（即 6）存入 D1 低 3 位中。

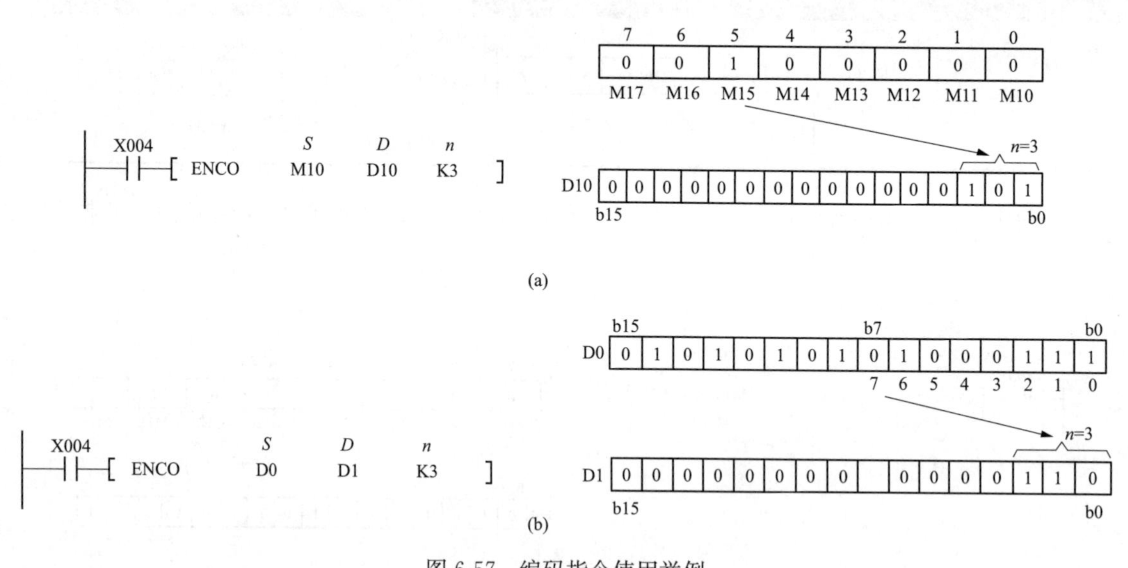

图 6-57　编码指令使用举例

（a）源操作数为位元件；（b）源操作数为字元件

当源操作元件中有多个 1 时，只对高位 1 进行编码，低位 1 忽略。

4. ON 位数指令

（1）指令说明。ON 位数指令说明见表 6-52。

表 6-52　　ON 位数指令说明

指令名称与功能号	指令符号	指令形式与功能说明	操作数	
			S（16/32 位）	*D*（16/32 位）
ON 位数 （FNC43）	（D） SUM （P）	SUM *S* *D* 计算 *S* 中 1 的总个数，再将个数值存入 *D*	K、H KnX、KnY、KnM、KnS、T、C、D、R、V、Z、变址修饰	KnY、KnM、KnS、T、C、D、R、V、Z、变址修饰

（2）使用举例。ON 位数指令使用举例如图 6-58 所示。当常开触点 X000 闭合，指令 SUM 执行，计算源操作元件 D0 中 1 的总个数，并将总个数值存入目标操作元件 D2 中，图 6-58 中，D0 中总共有 9 个 1，那么存入 D2 的数值为 9（即 1001）。

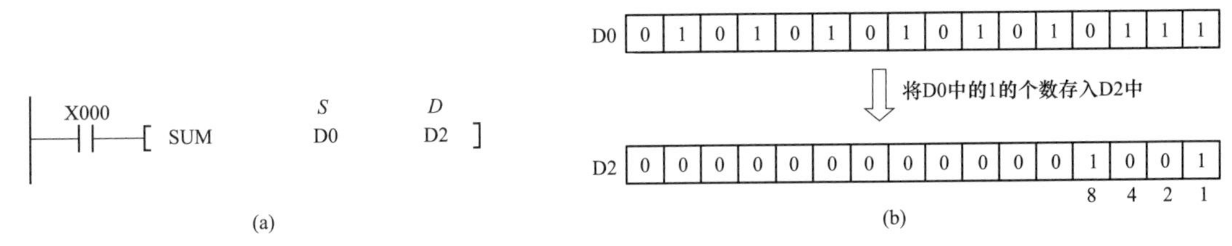

图 6-58　ON 位数指令使用举例

（a）指令；（b）说明

若 D0 中无 1，0 标志继电器 M8020 会动作，M8020＝1。

5. ON 位判定指令

（1）指令说明。ON 位判定指令说明见表 6-53。

表 6-53　　ON 位判定指令说明

指令名称与功能号	指令符号	指令形式与功能说明	操作数		
			S（16/32 位）	*D*（位型）	*n*（16/32 位）
ON 位判定 （FNC44）	（D） BON （P）	BON *S* *D* *n* 判别 *S* 的第 *n* 位是否为 1，若为 1，则让 *D* 为 1，若为 0，让 *D* 为 0	K、H KnX、KnY、KnM、KnS、T、C、D、R、V、Z、变址修饰	Y、S、M、D □.b、变址修饰	K、H、D、R *n*＝0～15（16 位操作） *n*＝0～31（32 位操作）

（2）使用举例。ON 位判定指令使用举例如图 6-59 所示。当常开触点 X000 闭合，指令 BON 执行，判别源操作元件 D10 的第 15 位（*n*＝15）是否为 1，若为 1，则让目标操作位元件 M0＝1，若为 0，M0＝0。

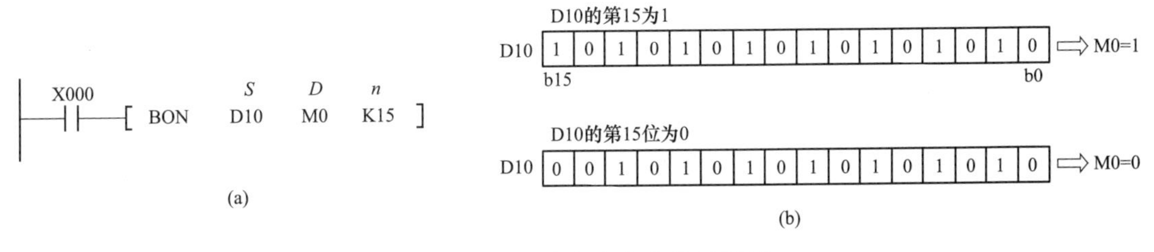

图 6-59　ON 位判定指令使用举例

（a）指令；（b）说明

6. 平均值指令

（1）指令说明。平均值指令说明见表6-54。

表6-54 平均值指令说明

指令名称与功能号	指令符号	指令形式与功能说明	操作数		
			S（16/32位）	*D*（16/32）	*n*（16/32位）
平均值（FNC45）	（D）MEAN（P）	MEAN *S* *D* *n* 计算*S*为起始的*n*个元件的数据平均值，再将平均值存入*D*	K*n*X、K*n*Y、K*n*M、K*n*S、T、C、D、R、变址修饰	K*n*Y、K*n*M、K*n*S、T、C、D、R、V、Z、变址修饰	K、H、D、R n=1～64

（2）使用举例。平均值指令使用举例如图6-60所示。当常开触点X000闭合时，指令MEAN执行，计算D0～D2中数据的平均值，平均值存入目标元件D10中。D0为源起始元件，D10为目标元件，n=3为源元件的个数。

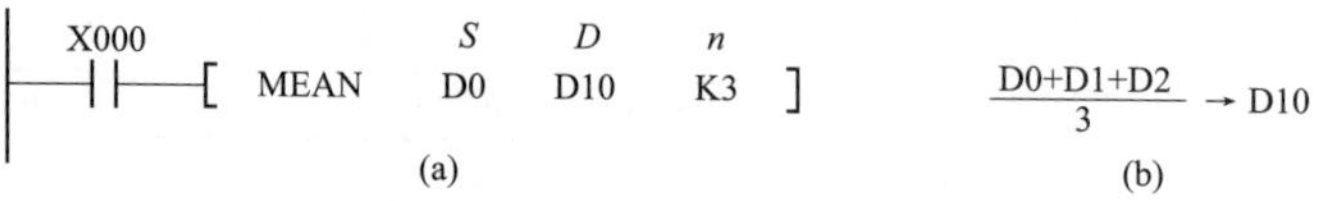

X000 [MEAN *S* D0 *D* D10 *n* K3]

(a)

$$\frac{D0+D1+D2}{3} \rightarrow D10$$

(b)

图6-60 平均值指令使用举例

（a）指令；（b）说明

7. 信号报警器置位指令

（1）指令说明。信号报警器置位指令说明见表6-55。

表6-55 信号报警器置位指令说明

指令名称与功能号	指令符号	指令形式与功能说明	操作数		
			S（16位）	*m*（16位）	*D*（位型）
信号报警器置位（FNC46）	ANS	ANS *S* *m* *D* 当*S*的计时时间（100ms×*m*）到达时，将*D*置位	（T0～T199）、变址修饰	K、H、D、R m=1～32767 （100ms单位）	（S900～S999）、变址修饰

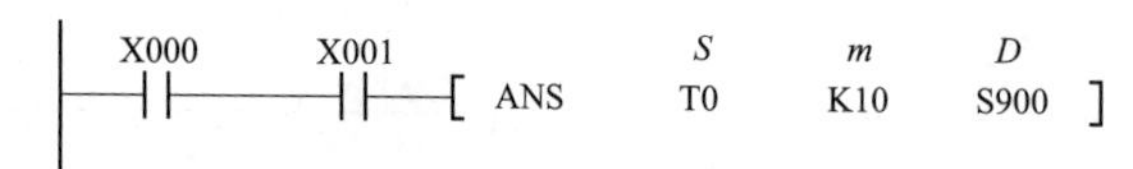

图6-61 信号报警器置位指令使用举例

（2）使用举例。信号报警器置位指令使用举例如图6-61所示。当常开触点X000、X001同时闭合时，定时器T0开始1s计时（100ms×10=1s），若两触点同时闭合时间超过1s，指令ANS会将报警状态继电器S900置位，若两触点同时闭合时间不到1s，定时器T0未计完1s即复位，指令ANS不会对S900置位。

8. 信号报警器复位指令

（1）指令说明。信号报警器复位指令说明见表6-56。

表6-56 信号报警器复位指令说明

指令名称与功能号	指令符号	指令形式与功能说明	操作数
信号报警器复位（FNC47）	ANR（P）	ANR 将处于置位状态的信号报警继电器（S900～S999）复位	无

（2）使用举例。信号报警器复位指令使用举例如图6-62所示。当常开触点X003闭合时，指令ANRP执行，将信号报警继电器S900～S999中正在动作（即处于置位状态）的报警继电器复位，若这些报警器有多个处于置位状态，在X003闭合时小编号的报警器复位，当X003再一次闭合时，则对下一个编号的报警器复位。

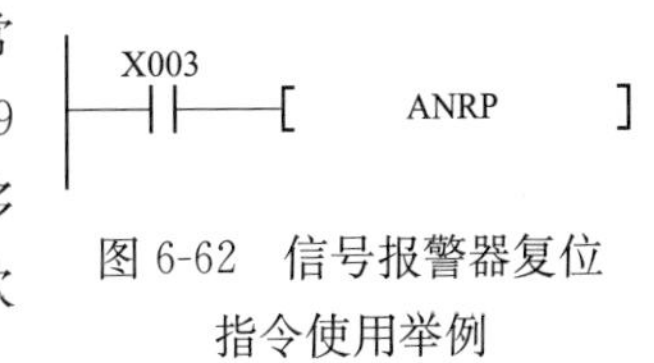

图6-62 信号报警器复位指令使用举例

如果采用连续执行型指令ANR，在X003闭合期间，每经过一个扫描周期，ANR指令就会依次对编号由小到大的报警器进行复位。

9. BIN开方运算（二进制求平方根）指令

（1）指令说明。BIN开方运算指令说明见表6-57。

表6-57 BIN开方运算指令说明

指令名称与功能号	指令符号	指令形式与功能说明	操作数	
			S（16/32位）	D（16/32位）
BIN开方运算（FNC48）	(D) SQR (P)	[SQR S D] 对S值进行开方运算，结果存入D	K、H、D、R、变址修饰	D、R、变址修饰

X000 [SQR D10 D12]　$\sqrt{D10} \rightarrow D12$

图6-63 BIN开方运算指令使用举例

（2）使用举例。BIN开方运算指令使用举例如图6-63所示。当常开触点X000闭合时，指令SQR执行，对源操作元件D10中的数进行BIN开方运算，运算结果的整数部分存入目标操作元件D12中，若存在小数部分，小数部分舍去，同时进位标志继电器M8021置位，若运算结果为0，0标志继电器M8020置位。

10. BIN整数转成浮点数指令

（1）指令说明。BIN整数转成浮点数指令说明见表6-58。

表6-58 BIN整数转成浮点数指令说明

指令名称与功能号	指令符号	指令形式与功能说明	操作数
			S（16/32位）、D（实数）
BIN整数转成浮点数（FNC49）	(D) FLT (P)	[FLT S D] 将S中的整数转换成浮点数（实数），存入D	D、R、变址修饰

（2）使用举例。BIN整数转成浮点数指令使用举例如图6-64所示。当常开触点X000闭合时，指令FLT执行，将源操作元件D10中的BIN整数转浮点数，再将浮点数存入目标操作元件D13、D12中。

X000 [FLT D10 D12]　(D10) 二进制整数 → (D13、D12) 二进制浮点数

X000 [DFLT D10 D12]　(D11、D10) 二进制整数 → (D13、D12) 二进制浮点数

图6-64 BIN整数转成浮点数指令使用举例

11. 算出数据合计值指令

（1）指令说明。算出数据合计值指令说明见表6-59。

表 6-59 算出数据合计值指令说明

指令名称与功能号	指令符号	指令形式与功能说明	操作数	
			S（16/32位）、*D*（32/64位）	*n*（16/32位）
算出数据合计值（FNC140）	(D) WSUM (P)	[WSUM *S* *D* *n*] 计算*S*为起始的*n*个数值的合计值，结果存入*D*	T、C、D、R、变址修饰	K、H、D、R

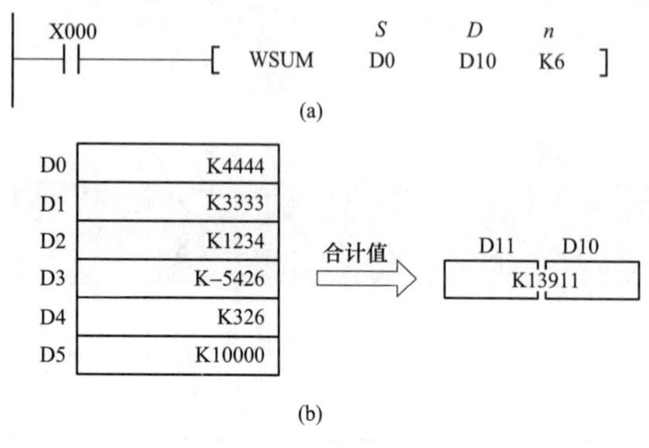

图 6-65 算出数据合计值指令使用举例

（2）使用举例。算出数据合计值指令使用举例如图 6-65 所示。当常开触点 X000 闭合时，指令 WSUM执行，计算 D0 为起始的 6 个元件（D0～D5）的 16 位数值合计值，结果以 32 位数据形式保存在 D11、D10 中。

12. 字节单位的数据分离指令

（1）指令说明。字节单位的数据分离指令说明见表 6-60。

（2）使用举例。字节单位的数据分离指令使用举例如图 6-66 所示。当常开触点 X000 闭合时，指令 WTOBP 执行，将 D0 为起始的 3 个元件（D0～D2）的数据（16 位）分成 6 个字节（8 位），存放到 D10 为起始的 6 个元件（D10～D15）的低字节中（各元件的高字节均存入 00H）。如果 *n* 值为奇数，应按 *n* 值加 1 来计算元件数量。

表 6-60 字节单位的数据分离指令说明

指令名称与功能号	指令符号	指令形式与功能说明	操作数	
			S、*D*（均为16位）	*n*（16位）
字节单位的数据分离（FNC141）	WTOB (P)	[WTOB *S* *D* *n*] 将*S*为起始的*n*/2个元件的数据（16位）分成*n*个字节（8位），存放到*D*为起始的*n*个元件的低字节中（各元件的高字节均存入00H）	T、C、D、R、变址修饰	K、H、D、R

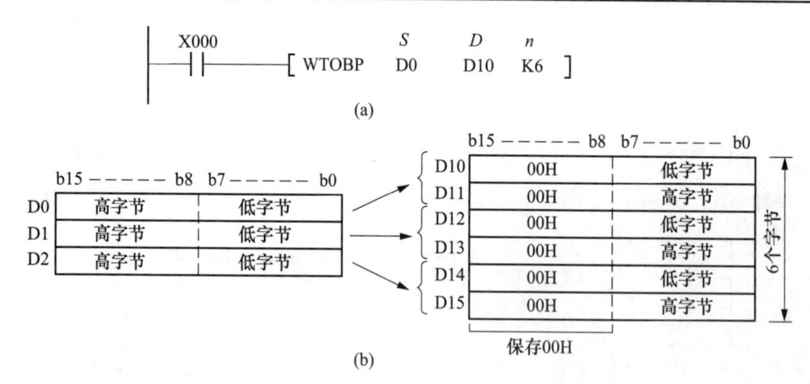

图 6-66 字节单位的数据分离指令使用举例

（a）指令；（b）说明

13. 字节单位的数据结合指令

（1）指令说明。字节单位的数据结合指令说明见表 6-61。

表 6-61 字节单位的数据结合指令说明

指令名称与功能号	指令符号	指令形式与功能说明	操作数	
			S、D（均为16位）	n（16位）
字节单位的数据结合（FNC142）	BTOW（P）	[BTOW S D n] 将S为起始的n个元件的低8位数据拼成n/2个16位数据，存到D为超始的n/2个元件中	T、C、D、R、变址修饰	K、H、D、R

（2）使用举例。字节单位的数据结合指令使用举例如图6-67所示。当常开触点X000闭合时，指令BTOWP执行，将D10为起始的6个元件（D10～D15）的低8位数据拼成3个16位数据，存入D0为起始的3个元件（D0～D2）。如果n值为奇数，应按n值加1来计算元件数量。

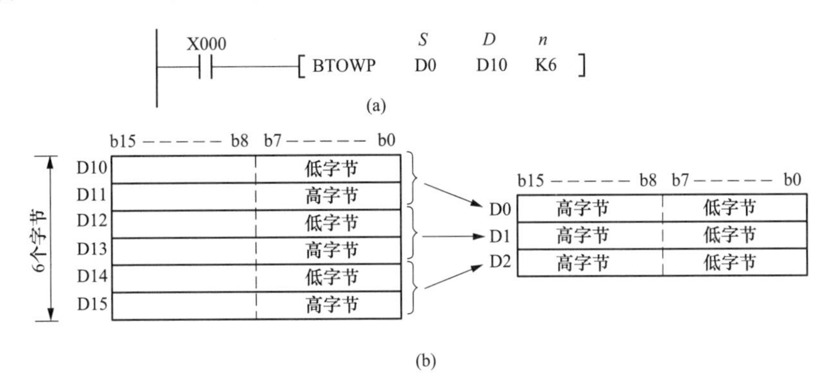

图6-67 字节单位的数据结合指令使用举例
（a）指令；（b）说明

14. 16位数据的4位结合指令

（1）指令说明。16位数据的4位结合指令说明见表6-62。

表 6-62 16位数据的4位结合指令说明

指令名称与功能号	指令符号	指令形式与功能说明	操作数	
			S、D（均为16位）	n（16位）
16位数据的4位结合（FNC143）	UNI（P）	[UNI S D n] 将S为起始的n个元件的低4位数据拼成一个16位数据（不足16位时高位补0），存入D	T、C、D、R、变址修饰	K、H、D、R n=1～4

（2）使用举例。16位数据的4位结合指令使用举例如图6-68所示。当常开触点X000闭合时，指

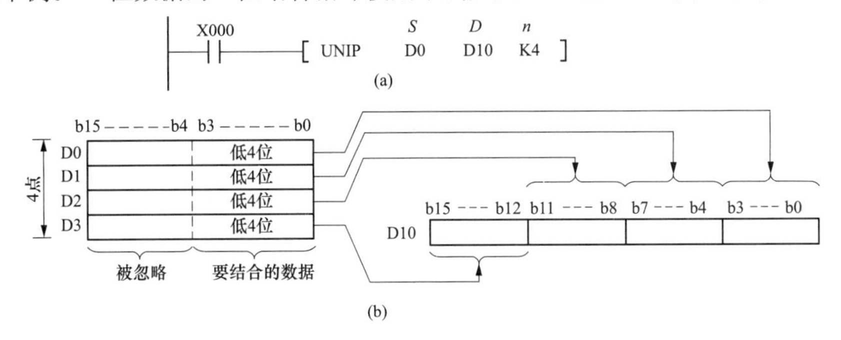

图6-68 16位数据的4位结合指令使用举例
（a）指令；（b）说明

令UNIP执行，将D0为起始的4个元件（D10～D3）的低4位数据拼成一个16位数据，存入D10。

n值的范围为1～4，在n值<4时，拼合出来的数据不足16位，这时应在高位补0。

15. 16位数据的4位分离指令

（1）指令说明。16位数据的4位分离指令说明见表6-63。

表6-63　16位数据的4位分离指令说明

指令名称与功能号	指令符号	指令形式与功能说明	操作数	
			S、*D*（均为16位）	*n*（16位）
16位数据的4位分离（FNC144）	DIS（P）	[DIS *S* *D* *n*] 将*S*数据分离成4组4位数，并将其中的*n*组4位数分别存到*D*为起始的*n*个元件的低4位（高12位补0）	T、C、D、R、变址修饰	K、H、D、R n=1～4

（2）使用举例。16位数据的4位分离指令使用举例如图6-69所示。当常开触点X000闭合时，指令DISP执行，将D10中的16位数据分离成4组4位数，再将这4组4位数分别存入D0为起始的4个元件（D0～D3）的低4位（各元件的高12位用0填充）。

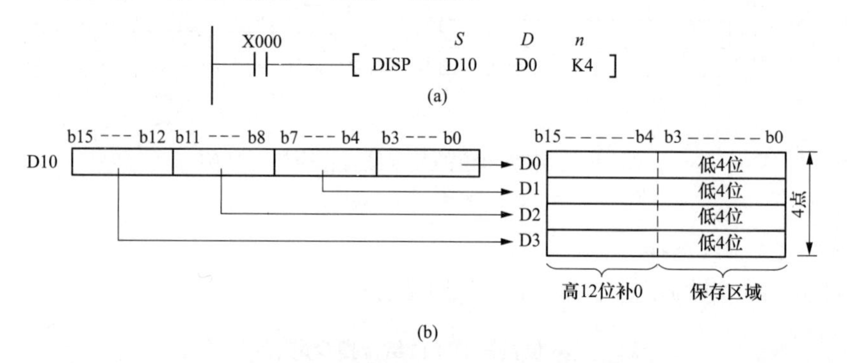

图6-69　16位数据的4位分离指令使用举例

（a）指令；（b）说明

16. 高低字节互换指令

（1）指令说明。高低字节互换指令说明见表6-64。

表6-64　高低字节互换指令说明

指令名称与功能号	指令符号	功能号	操作数
			S
高低字节互换（FNC147）	（D）SWAP（P）	[SWAP *S*] 将*S*的高8位与低8位互换	KnY、KnM、KnS、T、C、D、R、V、Z、变址修饰

（2）使用举例。高低字节互换指令使用举例如图6-70所示。图6-70（a）中的SWAPP为16位指令，当常开触点X000闭合时，指令SWAPP执行，D10中的高8位和低8位数据互换；图6-70（b）中的DSWAP为32位指令，当常开触点X001闭合时，指令DSWAPP执行，D10中的高8位和低8位数据互换，D11中的高8位和低8位数据也互换。

17. 数据排序2指令

（1）指令说明。数据排序指令说明见表6-65。

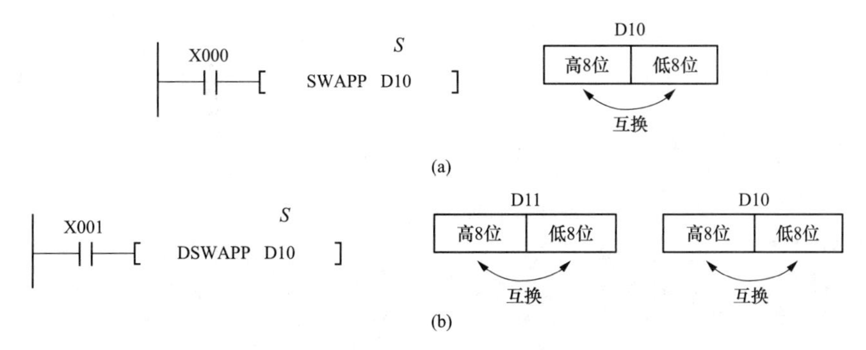

图 6-70 高低字节互换指令使用举例

（a）16 位指令；（b）32 位指令

表 6-65　　　　数据排序 2 指令说明

指令名称与功能号	指令符号	指令形与功能说明	操作数（16 位）				
			S	m_1	m_2	*D*	*n*
数据排序 2（FNC149）	（D）SORT2	┤├ [SORT2 *S* m_1 m_2 *D* *n*] 将 S 为起始的 m_1 行×m_2 列个连续元件的数据进行排序，排序以第 *n* 列作为参考并依照升序或降序进行，排序后的数据存放到 *D* 为起始的 m_1 行×m_2 列个连续元件中； M8165 决定升、降序，0 表示升序，1 表示降序	D、R	K、H、R m_1＝1～32	K、H m_2＝1～6 $m_1 \geqslant m_2$	D、R	K、H、D、R

（2）使用举例。数据排序 2 指令使用举例如图 6-71 所示。当 X010 闭合时，指令 SORT2 执行，将 D100 为起始的 5 行 4 列共 20 个元件（即 D100～D119）中的数据进行排序，排序以第 2 列作为参考且按升序排序，排序后的数据存入 D200 为起始的 5×4＝20 个连号元件中。

X010 ┤├ [SORT2　D100（*S*）　K5（m_1）　K4（m_2）　D200（*D*）　K2（*n*）]

(a)

行号＼列号	1 人员号码	2 身长	3 体重	4 年龄
1	D 100 1	D 101 150	D 102 45	D 103 8
2	D 104 2	D 105 180	D 106 50	D 107 40
3	D 108 3	D 109 160	D 110 70	D 111 30
4	D 112 4	D 113 100	D 114 20	D 115 8
5	D 116 5	D 117 150	D 118 50	D 119 45

(b)

行号＼列号	1 人员号码	2 身长	3 体重	4 年龄
1	D 200 4	D 201 100	D 202 20	D 203 8
2	D 204 1	D 205 150	D 206 45	D 207 20
3	D 208 5	D 209 150	D 210 50	D 211 45
4	D 212 3	D 213 160	D 214 70	D 215 30
5	D 216 2	D 217 180	D 218 50	D 219 40

(c)

图 6-71 数据排序 2（SORT2）指令使用举例

（a）指令；（b）排序前；（c）排序后

数据排序 2 指令的列排序由 M8165 决定升/降序，M8165＝0 时为升序，M8165＝1 时为降序，不设置时，M8165 值默认为 0。SORT2 指令功能与数据排序（SORT，FNC69）指令相似，但指令 SORT 使用的元件地址是按列递增的（指令 SORT2 的元件地址是按行递增的），且排序时只能按升序排列。

18. 数据表的数据删除指令

（1）指令说明。数据表的数据删除指令说明见表 6-66。

表 6-66 数据表的数据删除指令说明

指令名称与功能号	指令符号	指令形式与功能说明	操作数（16 位）	
			S、*D*	*n*
数据表的数据删除（FNC210）	FDEL（P）	[FDEL *S* *D* *n*] 将 *D* 为起始的数据表格的 *D*+*n* 中的数据移到 *S* 中，*D*+*n* 之后的数据均逐个前移，同时 *D* 中的数据保存数（即表格的数据点数）自动减 1	T、C、D、R、变址修饰	K、H、D、R

（2）使用举例。数据表的数据删除指令使用举例如图 6-72 所示。当常开触点 X010 闭合时，指令 FDELP 执行，将 D100 为起始的数据表格的 D102（即 D100+2）中的数据移到 D0，D102 之后的数据均逐个前移，D100 值为数据保存数（表格的数据点数），D100=5 表示表格由 5 点数据组成，表格的范围为 D101～D105，在指令 FDELP 执行一次后，D100 的值自动减 1，从 5 变为 4，表格则变成 4 点（D101～D104）数据组成。

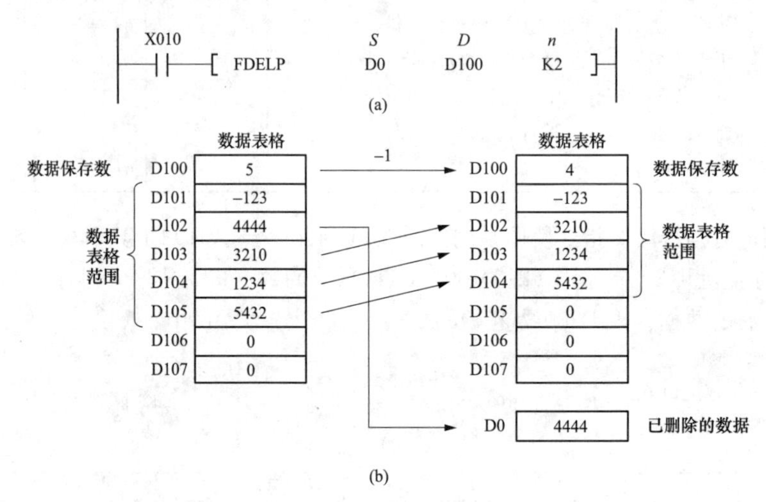

图 6-72 数据表的数据删除指令使用举例

（a）指令；（b）说明

19. 数据表的数据插入指令

（1）指令说明。数据表的数据插入指令说明见表 6-67。

表 6-67 数据表的数据插入指令说明

指令名称与功能号	指令符号	指令形式与功能说明	操作数（16 位）		
			S	*D*	*n*
数据表的数据插入（FNC211）	FINS（P）	[FINS *S* *D* *n*] 将 *S* 的数据插入 *D* 为起始的数据表格的 *D*+*n* 中，原 *D*+*n* 及之后的数据均逐个后移，同时 *D* 中的数据保存数（即表格的数据点数）自动加 1	K、H、T、C、D、R、变址修饰	T、C、D、R、变址修饰	K、H、D、R

（2）使用举例。数据表的数据插入指令使用举例如图6-73所示。当常开触点X010闭合时，指令FINSP执行，将D100的数据插入D0为起始的数据表格的D3（即D0+3）中，原D3及之后的数据均逐个往后移，D0值为数据保存数（表格的数据点数），D0=4表示表格由4点数据组成，表格的范围为D1～D4，在指令FINSP执行一次后，D0的值自动加1，从4变为5，表格则变成5点（D1～D5）数据组成。

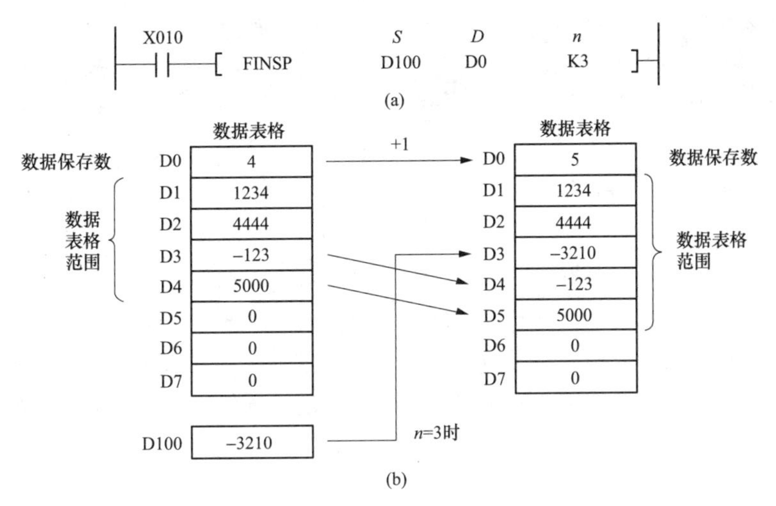

图6-73 数据表的数据插入指令使用举例

20. 读取后入的数据指令

（1）指令说明。读取后入的数据指令说明见表6-68。

表6-68 读取后入的数据指令说明

指令名称与功能号	指令符号	指令形式与功能说明	操作数（16位）		
			S	*D*	*n*
读取后入的数据（FNC212）	POP（P）	[POP *S* *D* *n*] 将*S*为起始的*n*个元件数据组成一个数据块，再按*S*中的指针值找到相应的元件，将该元件的数据读入到*D*，*S*的指针值同时减1	K*n*Y、K*n*M、K*n*S、T、C、D、R、变址修饰	K*n*Y、K*n*M、K*n*S、T、C、D、R、V、Z、变址修饰	K、H *n*=2～512

（2）使用举例。读取后入的数据指令使用举例如图6-74所示。当常开触点X000闭合时，指令

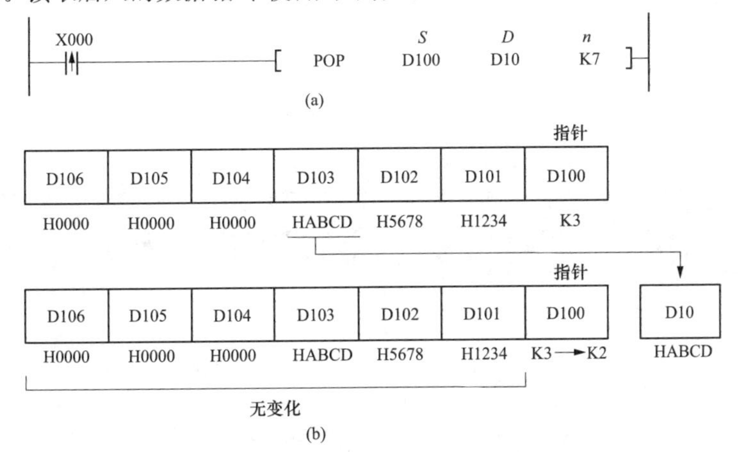

图6-74 读取后入的数据指令使用举例

POP执行，将D100为起始的7个元件（D100～D106）数据组成一个数据块，再按D100中的指针值（3）找到相应的元件（D103，即D100+3），将该元件的数据读入到D10，D100的指针值由3变为2。

21. 16位数据 *n* 位右移（带进位）指令

（1）指令说明。16位数据 *n* 位右移（带进位）指令说明见表6-69。

表6-69　16位数据 *n* 位右移（带进位）指令说明

指令名称与功能号	指令符号	指令形式与功能说明	操作数（16位）	
			D	*n*
16位数据 *n* 位右移（带进位）（FNC213）	SFR（P）	SFR *D* *n* 将 *D* 的各位值右移 *n* 个位，左边空出的 *n* 个位用0填充，右边移出的 *n* 个位除最高位的值移入M8022（进位标志继电器）外，其他位的值移出丢失	K*n*Y、K*n*M、K*n*S、T、C、D、R、V、Z、变址修饰	K、H、K*n*X、K*n*Y、K*n*M、K*n*S、T、C、D、R、V、Z *n*：0～15

（2）使用举例。16位数据 *n* 位右移带进位指令使用举例如图6-75所示。当常开触点X020闭合时，指令SFRP执行，将Y023～Y010各位的值右移4位，右边低4位(Y013～Y010)的值被移出，其中Y013值移入M8022(进位标志继电器)，Y012～Y010值移出丢失，左边空出的4位Y023～Y020用0填充。

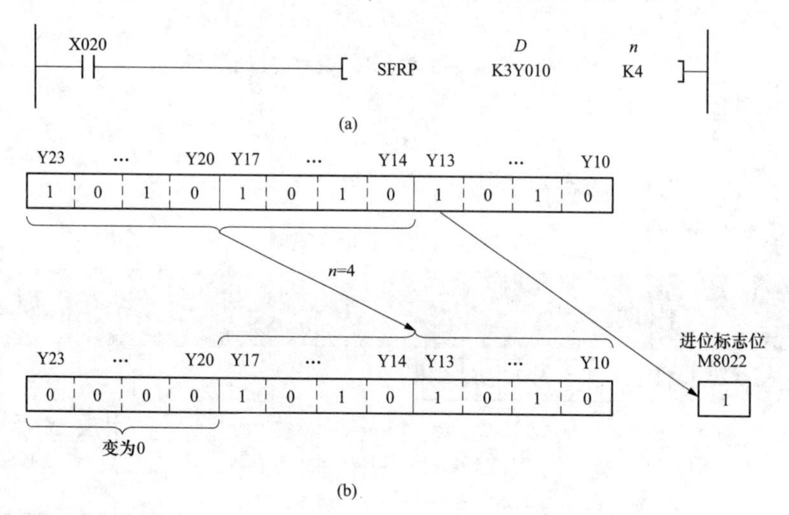

图6-75　16位数据 *n* 位右移（带进位）指令使用举例
（a）指令；（b）说明

22. 16位数据 *n* 位左移（带进位）指令

（1）指令说明。16位数据 *n* 位左移（带进位）指令说明见表6-70。

表6-70　16位数据 *n* 位左移（带进位）指令说明

指令名称与功能号	指令符号	指令形式与功能说明	操作数（16位）	
			D	*n*
16位数据 *n* 位左移（带进位）（FNC214）	SFL（P）	SFL *D* *n* 将 *D* 的各位值左移 *n* 个位，右边空出的 *n* 个位用0填充，左边移出的 *n* 个位除最低位值移入M8022（进位标志继电器）外，其他位值移出丢失	K*n*Y、K*n*M、K*n*S、T、C、D、R、V、Z、变址修饰	K、H、K*n*X、K*n*Y、K*n*M、K*n*S、T、C、D、R、V、Z *n*：0～15

（2）使用举例。16 位数据 n 位左移带进位指令使用举例如图 6-76 所示。当常开触点 X020 闭合时，指令 SFLP 执行，将 Y017～Y010 各位的值左移 3 位，右边空出的 3 位 Y012～Y010 用 0 填充，左边 3 位（Y017～Y015）除最低位 Y015 的值移入 M8022（进位标志继电器）外，其他位（Y017、Y016）的值移出丢失。

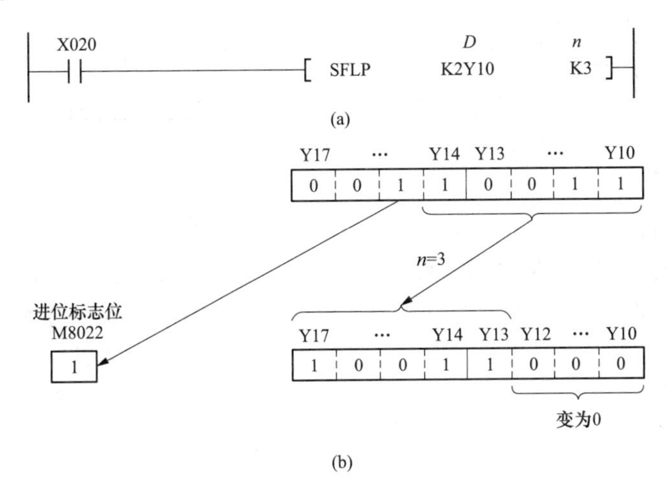

图 6-76　16 位数据 n 位左移（带进位）指令使用举例
（a）指令；（b）说明

6.7　高速处理类指令

6.7.1　指令一览表

高速处理类指令共有 11 条指令，各指令的功能号、符号、形式、名称及支持的 PLC 系列见表 6-71。

表 6-71　　**高速处理类指令一览**

功能号	指令符号	指令形式	指令名称	支持的 PLC 系列									
				FX3S	FX3G	FX3GC	FX3U	FX3UC	FX1S	FX1N	FX1NC	FX2N	FX2NC
50	REF	REF D n	输入输出刷新	○	○	○	○	○	○	○	○	○	○
51	REFF	REFF n	输入刷新（带滤波器设定）	—	—	—	○	○	—	—	—	○	○
52	MTR	MTR S D_1 D_2 n	矩阵输入	○	○	○	○	○	○	○	○	○	○
53	HSCS	HSCS S_1 S_2 D	比较置位（高速计数器用）	○	○	○	○	○	○	○	○	○	○
54	HSCR	HSCR S_1 S_2 D	比较复位（高速计数器用）	○	○	○	○	○	○	○	○	○	○
55	HSZ	HSZ S_1 S_2 S D	区间比较（高速计数器用）	○	○	○	○	○	—	—	—	○	○
56	SPD	SPD S_1 S_2 D	脉冲密度	○	○	○	○	○	○	○	○	○	○
57	PLSY	PLSY S_1 S_2 D	脉冲输出	○	○	○	○	○	○	○	○	○	○
58	PWM	PWM S_1 S_2 D	脉宽调制	○	○	○	○	○	○	○	○	○	○

续表

功能号	指令符号	指令形式	指令名称	支持的PLC系列									
				FX3S	FX3G	FX3GC	FX3U	FX3UC	FX1S	FX1N	FX1NC	FX2N	FX2NC
59	PLSR	PLSR S_1 S_2 S_3 D	带加减速的脉冲输出	○	○	○	○	○	○	○	○	○	○
280	HSCT	HSCT S_1 m S_2 D n	高速计数器表比较	—	—	—	○	○	—	—	—	—	—

6.7.2 指令精解

1. 输入/输出刷新指令

在PLC运行程序时，若通过输入端子输入信号，PLC通常不会马上处理输入信号，要等到下一个扫描周期才处理输入信号，这样从输入到处理有一段时间差；**PLC在运行程序产生输出信号时，也不是马上从输出端子输出，而是等程序运行到END时，才将输出信号从输出端子输出，**这样从产生输出信号到信号从输出端子输出也有一段时间差。如果希望PLC在运行时能即刻接收输入信号，或能即刻输出信号，可采用输入/输出刷新指令。

（1）指令说明。输入/输出刷新指令说明见表6-72。

表6-72　输入/输出刷新指令说明

指令名称与功能号	指令符号	指令形式与功能说明	操作数	
			D（位型）	n（16位）
输入/输出刷新（FNC50）	REF（P）	REF D n 将D为起始的n个元件的状态立即输入或输出	X、Y	K、H

（2）使用举例。输入/输出刷新指令使用举例如图6-77所示。图6-77（a）为输入刷新，当常开触点X000闭合时，指令REF执行，将以X010为起始元件的8个（n=8）输入继电器X010～X017刷新，即让X010～X017端子输入的信号能马上被这些端子对应的输入继电器接收。图6-77（b）为输出刷新，当常开触点X001闭合时，指令REF执行，将以Y000为起始元件的24个（n=24）输出继电器Y000～Y007、Y010～Y017、Y020～Y027刷新，让这些输出继电器能即刻往相应的输出端子输出信号。

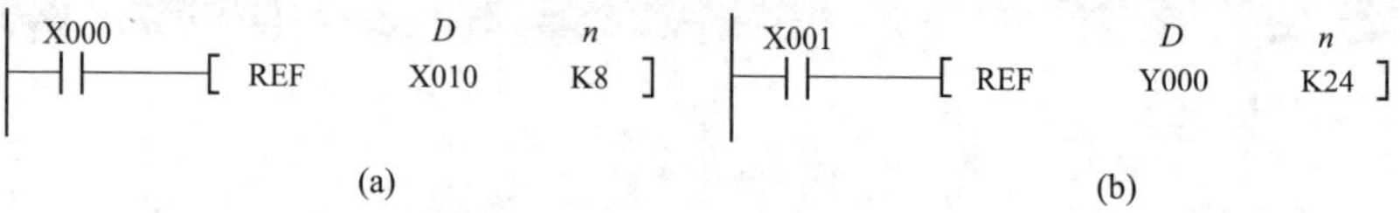

图6-77　输入/输出刷新指令使用举例

（a）输入立即刷新；（b）输出立即刷新

指令REF指定的首元件编号应为X000、X010、X020…，Y000、Y010、Y020…，刷新的点数n就应是8的整数（如8、16、24等）。

2. 输入滤波常数设定指令

为了提高PLC输入端子的抗干扰性，在输入端子内部都设有滤波器，滤波时间常数在10ms左右，可以有效吸收短暂的输入干扰信号，但对于正常的高速短暂输入信号也有抑制作用，为此PLC将一些输入端子的电子滤波器时间常数设为可调。三菱FX系列PLC将X000～X017端子内的电子滤波器时间常数设为可调，调节采用REFF指令，时间常数调节范围为0～60ms。

（1）指令说明。输入滤波常数设定指令说明见表6-73。

表 6-73　输入滤波常数设定指令说明

指令名称与功能号	指令符号	指令形式与功能说明	操作数
			n（16位）
输入滤波常数设定（FNC51）	REFF（P）	REFF n 将X000～X017的输入滤波常数设为$n\times$1ms	K、H、D、R n=0～60

（2）使用举例。输入滤波常数设定指令使用举例如图6-78所示。当常开触点X010闭合时，指令REFF执行，将X000～X017端子的滤波常数设为1ms（n=1），该指令执行前这些端子的滤波常数为10ms，该指令执行后这些端子时间常数为1ms，当常开触点X020闭合时，指令REFF执行，将X000～X017端子的滤波常数设为20ms（n=20），此后至END或FEND处，这些端子的滤波常数为20ms。

当X000～X007端子用作高速计数输入、速度检测或中断输入时，它们的输入滤波常数自动设为50μs。

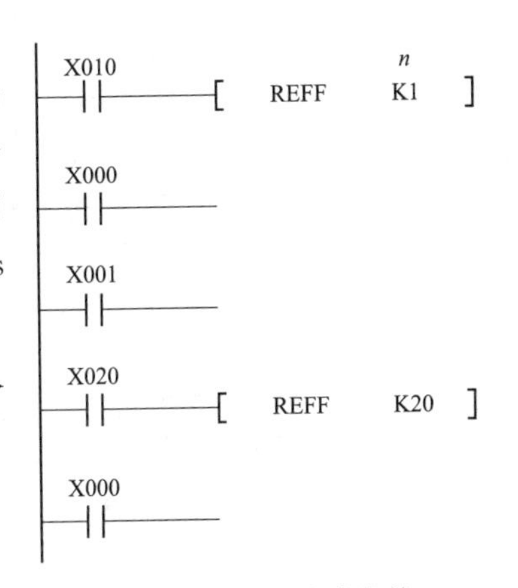

图6-78　输入滤波常数设定指令使用举例

3. 矩阵输入指令

（1）指令说明。矩阵输入指令说明见表6-74。

（2）矩阵输入电路。PLC通过输入端子来接收外界输入信号，由于输入端子数量有限，若采用一个端子接受一路信号的普通输入方式，很难实现大量多路信号输入，PLC采用矩阵输入电路可以有效解决这个问题，如图6-79所示。

表 6-74　矩阵输入指令说明

指令名称与功能号	指令符号	指令形式与功能说明	操作数			
			S（位型）	D_1（位型）	D_2（位型）	n（16位）
矩阵输入（FNC52）	MTR	MTR S D_1 D_2 n 指令功能说明见后面的使用说明	X	Y	Y、M、S	K、H n=2～8

图6-79（a）为PLC矩阵输入电路，它采用X020～X027端子接收外界输入信号，这些端子外接3组由二极管和按键组成的矩阵输入电路，这三组矩阵电路一端都接到X020～X027端子，另一端则分别接PLC的Y020、Y021、Y022端子。在工作时，Y020、Y021、Y022端子内硬触点轮流接通，如图6-79（b）所示，当Y020接通（ON）时，Y021、Y022断开，当Y021接通时，Y020、Y022断开，当Y022接通时，Y020、Y021断开，然后重复这个过程，一个周期内每个端子接通时间为20ms。

在Y020端子接通期间，若第一组输入电路中的某个按键按下，如M37按键按下，X027端子输出的电流（24V端子→S/S端子→X027内部输入电路→X027端子流出）经二极管、按键流入Y020端子，并经Y020端子内部闭合的硬触点从COM5端子流出到0V端子，X027端子有电流输出，相当于该端子有输入信号，该输入信号在PLC内部被转存到辅助继电器M37中。在Y020端子接通期间，若按第二组或第三组中某个按键，由于此时Y021、Y022端子均断开，故操作这两组按键均无效。在Y021端子接通期间，X020～X027端子接受第二组按键输入，在Y022端子接通期间，X020～X027端子接受第三组按键输入。

在采用图6-79（a）形式的矩阵输入电路时，如果将输出端子Y020～Y027和输入端子X020～X027全部利用起来，则可以实现8×8=64个开关信号输入，由于Y020～Y027每个端子接通时间为20ms，

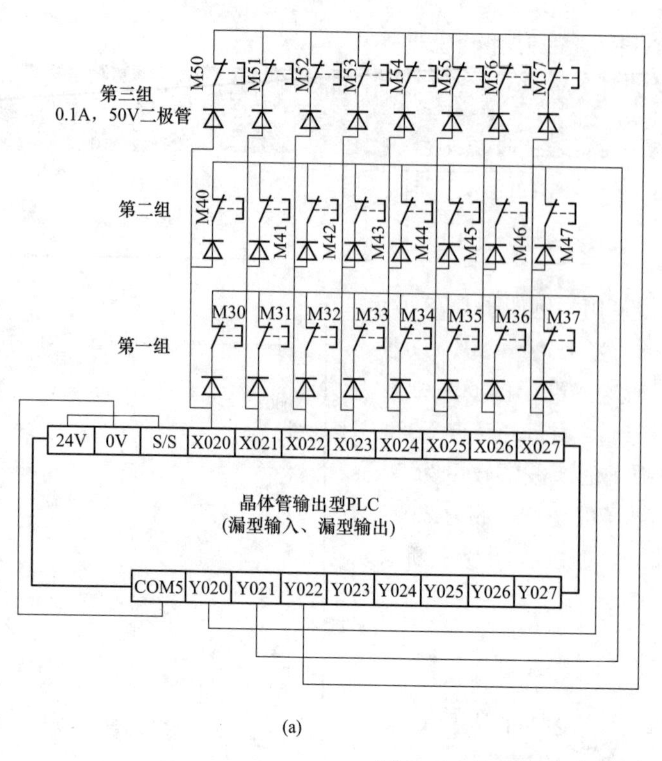

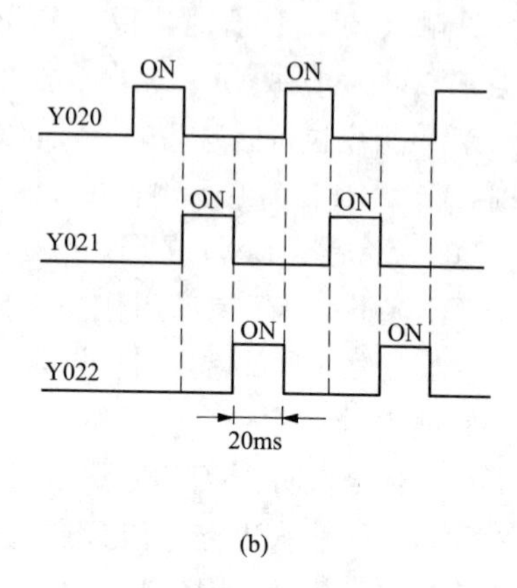

图 6-79 一种 PLC 矩阵输入电路

（a）硬件电路；（b）时序图

故矩阵电路的扫描周期为 8×20ms=160ms。对于扫描周期长的矩阵输入电路，若输入信号时间小于扫描周期，可能会出现输入无效的情况，如在图 6-79（a）中，若在 Y020 端子刚开始接通时按下按键 M52，按下时间为 30ms 再松开，由于此时 Y022 端子还未开始导通（从 Y020 到 Y022 导通时间间隔为 40ms），故操作按键 M52 无效，因此矩阵输入电路不适用于要求快速输入的场合。

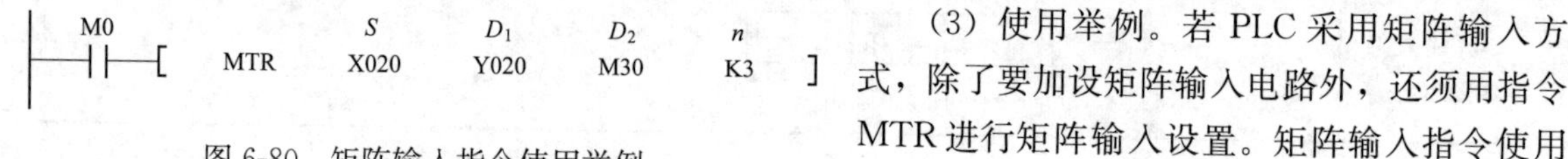

图 6-80 矩阵输入指令使用举例

（3）使用举例。若 PLC 采用矩阵输入方式，除了要加设矩阵输入电路外，还须用指令 MTR 进行矩阵输入设置。矩阵输入指令使用举例如图 6-80 所示。当触点 M0 闭合时，指令 MTR 执行，将 X020 为起始编号的 8 个连号元件作为矩阵输入，将 Y020 为起始编号的 3 个（$n=3$）连号元件作为矩阵输出，将矩阵输入信号保存在以 M30 为起始编号的 3 组 8 个连号元件（M30～M37、M40～M47、M50～M57）中。

4. 高速计数器比较置位指令

（1）指令说明。高速计数器比较置位指令说明见表 6-75。

表 6-75　　　高速计数器比较置位指令说明

指令名称与功能号	指令符号	指令形式与功能说明	操作数		
			S_1（32 位）	S_2（32 位）	D（位型）
高速计数器比较置位（FNC53）	(D) HSCS	HSCS S_1 S_2 D 将 S_2 高速计数器当前值与 S_1 值比较，两者相等则将 D 置 1	K、H KnX、KnY、KnM、KnS、T、C、D、R、Z、变址修饰	C、变址修饰（C235～C255）	Y、M、S、D□.b、变址修饰

（2）使用举例。高速计数器比较置位指令使用举例如图 6-81 所示。当常开触点 X010 闭合时，指令 DHSCS 执行，若高速计数器 C255 的当前值变为 100（99→100 或 101→100），将 Y010 置 1。

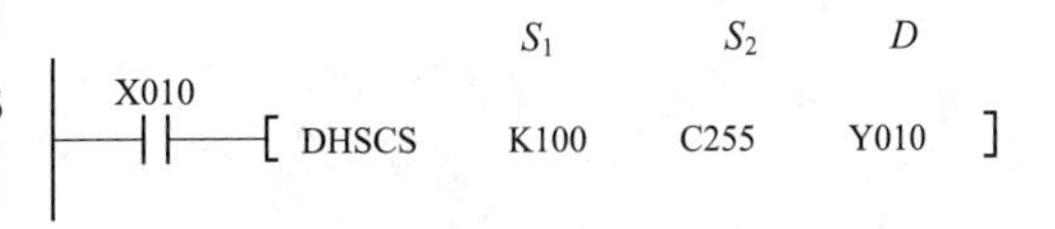

图 6-81 高速计数器比较置位指令使用举例

5. 高速计数器比较复位指令

（1）指令说明。高速计数器比较复位指令说明见表 6-76。

表 6-76 **高速计数器比较复位指令说明**

指令名称与功能号	指令符号	指令形式与功能说明	操作数		
			S_1（32 位）	S_2（32 位）	D（位型）
高速计数器比较复位（FNC54）	（D）HSCR	HSCR S_1 S_2 D 将 S_2 高速计数器当前值与 S_1 值比较，两者相等则将 D 置 0	K、H KnX、KnY、KnM、KnS、T、C、D、R、Z、变址修饰	C、变址修饰（C235～C255）	Y、M、S、C、D□.b、变址修饰

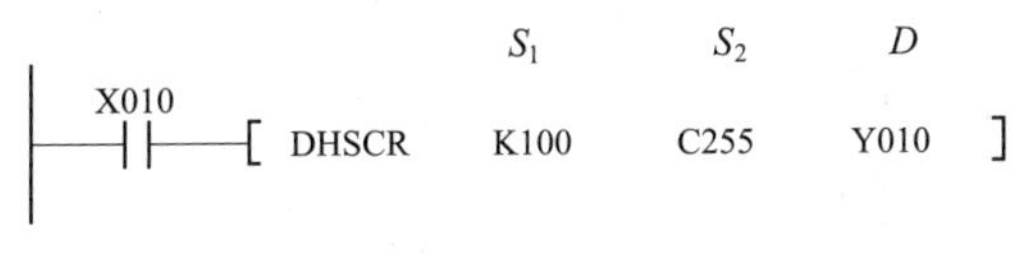

图 6-82 高速计数器比较复位指令使用举例

（2）使用举例。高速计数器比较复位指令使用举例如图 6-82 所示。当常开触点 X010 闭合时，指令 DHSCR 执行，若高速计数器 C255 的当前值变为 100（99→100 或 101→100），将 Y010 复位（置 0）。

6. 高速计数器区间比较指令

（1）指令说明。高速计数器区间比较指令说明见表 6-77。

表 6-77 **高速计数器区间比较指令说明**

指令名称与功能号	指令符号	指令形式与功能说明	操作数		
			S_1（32 位）、S_2（32 位）	S（32 位）	D（位型）
高速计数器区间比较（FNC55）	（D）HSZ	HSZ S_1 S_2 S D 将 S 高速计数器当前值与 S_1、S_2 值比较，$S<S_1$ 时将 D 置位，$S_1 \leqslant S \leqslant S_2$ 时将 $D+1$ 置位，$S>S_2$ 时将 $D+2$ 置位	K、H KnX、KnY、KnM、KnS、T、C、D、R、Z、变址修饰（$S_1 \leqslant S_2$）	C、变址修饰（C235～C255）	Y、M、S、D□.b、变址修饰

（2）使用举例。高速计数器区间比较指令使用举例如图 6-83 所示。在 PLC 运行期间，M8000 触点始终闭合，高速计数器 C251 开始计数，同时指令 DHSZ 执行，当 C251 当前计数值<1000 时，让输出继电器 Y000 为 ON，当 1000⩽C251 当前计数值⩽2000 时，让输出继电器 Y001 为 ON，当 C251 当前计数值>2000 时，让输出继电器 Y003 为 ON。

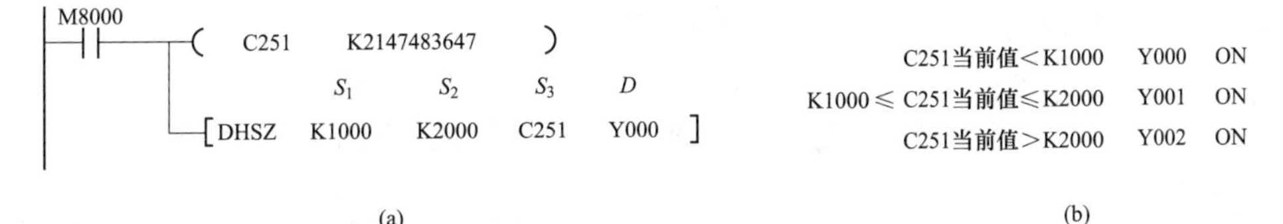

图 6-83 高速计数器区间比较指令使用举例

（a）指令；（b）说明

7. 脉冲密度（速度检测）指令

（1）指令说明。脉冲密度指令说明见表 6-78。

表 6-78　　脉冲密度指令说明

指令名称与功能号	指令符号	指令形式与功能说明	操作数		
			S_1（位型）	S_2（16/32 位）	D（16/32 位）
脉冲密度（FNC56）	(D) SPD	SPD S_1 S_2 D 计算 S_1 端在 S_2 时间（单位 ms）输入脉冲的个数，个数值存入 D	X0～X5（FX2N/3S）、X0～X7（FX3G/3U）、变址修饰	K、H、KnX、KnY、KnM、KnS、T、C、D、R、V、Z、变址修饰	T、C、D、R、V、Z、变址修饰

（2）使用举例。脉冲密度指令使用举例如图 6-84 所示。当常开触点 X010 闭合时，指令 SPD 执行，计算 X000 输入端子在 100ms 输入脉冲的个数，并将个数值存入 D0 中，指令还使用 D1、D2，其中 D1 用来存放当前时刻的脉冲数值（会随时变化），到 100ms 时复位，D2 用来存放计数的剩余时间，到 100ms 时复位。

采用旋转编码器配合 SPD 指令可以检测电动机的转速。旋转编码器结构如图 6-85 所示，旋转编码器盘片与电动机转轴连动，在盘片旁安装有接近开关，盘片凸起部分靠近接近开关时，开关会产生脉冲输出，n 为编码器旋转一周输出的脉冲数。在测速时，先将测速用的旋转编码器与电动机转轴连接，编码器的输出线接 PLC 的 X0 输入端子，再根据电动机的转速计算公式 $N=\left(\frac{60\times D}{n\times S_2}\times10^3\right)$ r/min 编写梯形图程序。

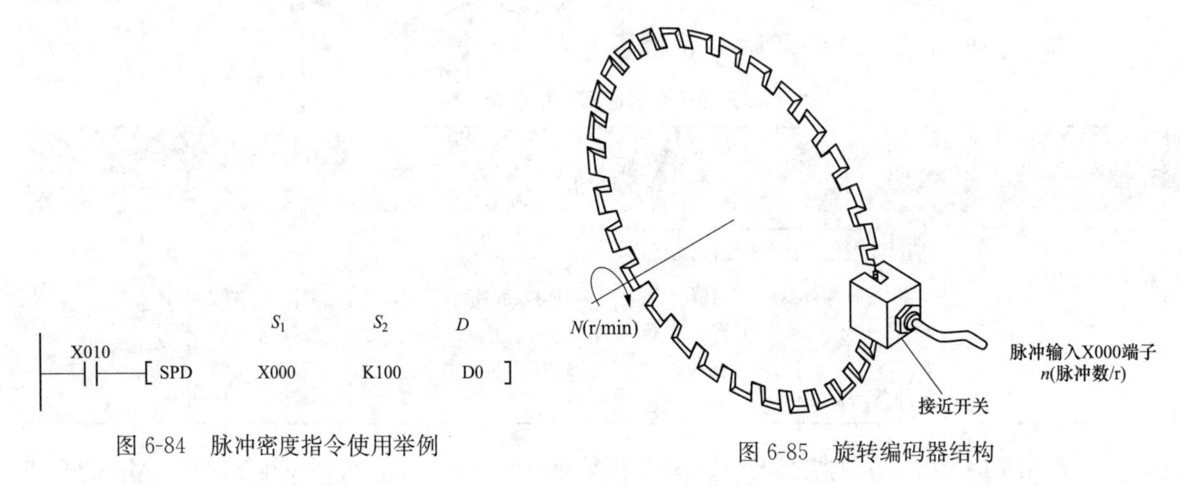

图 6-84　脉冲密度指令使用举例

图 6-85　旋转编码器结构

设旋转编码器的 $n=360$，计时时间 $S_2=100$ms，则 $N=\left(\frac{60\times D}{n\times s_2}\times10^3\right)$ r/min$=\left(\frac{60\times D}{360\times100}\times10^3\right)$ r/min$=\left(\frac{5\times D}{3}\right)$ r/min。电动机转速检测程序如图 6-86 所示。

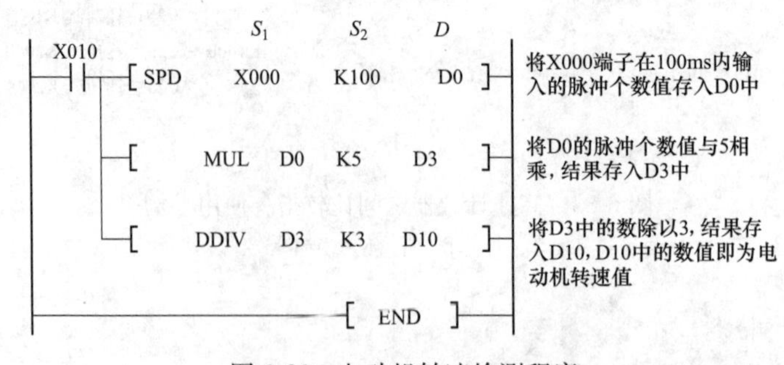

图 6-86　电动机转速检测程序

8. 脉冲输出指令

（1）指令说明。脉冲输出指令说明见表 6-79。

表 6-79　　脉冲输出指令说明

指令名称与功能号	指令符号	指令形式与功能说明	操作数	
			S_1、S_2（均为 16/32 位）	D（位型）
脉冲输出（FNC57）	（D）PLSY	PLSY S_1 S_2 D 让 D 端输出频率为 S_1、占空比为 50%的脉冲信号，脉冲个数由 S_2 指定	K、H、KnX、KnY、KnM、KnS、T、C、D、R、V、Z、变址修饰	Y0 或 Y1（晶体管输出型型基本单元）

（2）使用举例。脉冲输出指令使用举例如图 6-87 所示。当常开触点 X010 闭合时，指令 PLSY 执行，让 Y000 端子输出占空比为 50%的 1000Hz 脉冲信号，产生脉冲个数由 D0 指定。

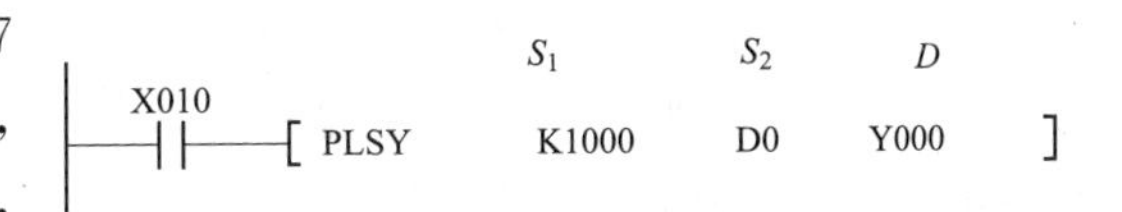

图 6-87　脉冲输出指令使用举例

脉冲输出指令使用要点如下。

1）S_1 为输出脉冲的频率，对于 FX2N 系列 PLC，频率范围为 10～20kHz；S_2 为要求输出脉冲的个数，对于 16 位操作元件，可指定的个数为 1～32767，对于 32 位操作元件，可指定的个数为 1～2147483647，如指定个数为 0，则持续输出脉冲；D 为脉冲输出端子，要求为输出端子为晶体管输出型，只能选择 Y000 或 Y001。

2）脉冲输出结束后，完成标记继电器 M8029 置 1，输出脉冲总数保存在 D8037（高位）和 D8036（低位）。

3）若选择产生连续脉冲，在 X010 断开后 Y000 停止脉冲输出，X010 再闭合时重新开始。

4）S_1 中的内容在该指令执行过程中可以改变，S_2 在指令执行时不能改变。

9. 脉冲调制指令

（1）指令说明。脉冲调制指令说明见表 6-80。

表 6-80　　脉冲调制指令说明

指令名称与功能号	指令符号	指令形式与功能说明	操作数	
			S_1、S_2（均为 16 位）	D（位型）
脉冲调制（FNC58）	PWM	PWM S_1 S_2 D 让 D 端输出脉冲宽度为 S_1、周期为 S_2 的脉冲信号。S_1、S_2 单位均为 ms	K、H、KnX、KnY、KnM、KnS、T、C、D、R、V、Z、变址修饰	Y0 或 Y1（晶体管输出型基本单元）

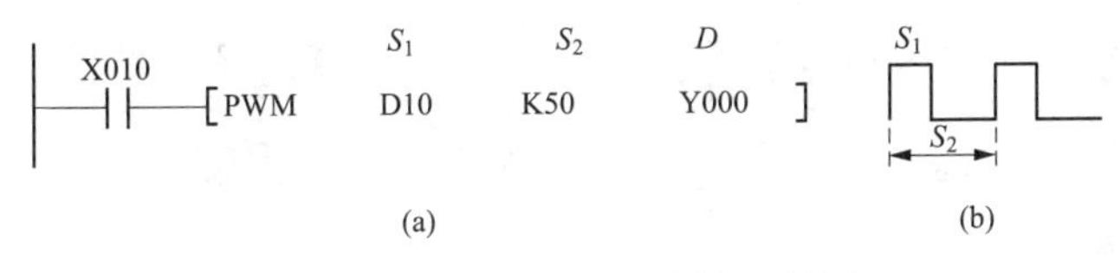

图 6-88　脉冲调制指令使用举例

（a）指令；（b）时序图

（2）使用举例。脉冲调制指令使用举例如图 6-88 所示。当常开触点 X010 闭合时，指令 PWM 执行，让 Y000 端子输出脉冲宽度为 D10、周期为 50ms 的脉冲信号。

脉冲调制指令使用要点如下。

1）S_1 为输出脉冲的宽度 t，$t=0$～32767ms；S_2 为输出脉冲的周期 T，$T=1$～32767ms，要求 $S_2>S_1$，否则会出错；D 为脉冲输出端子，只能选择 Y000 或 Y001。

2）当 X010 断开后，Y000 端子停止脉冲输出。

10. 带加减速（可调速）的脉冲输出指令

（1）指令说明。带加减速（可调速）的脉冲输出指令说明见表 6-81。

表 6-81　　带加减速（可调速）的脉冲输出指令说明

指令名称与功能号	指令符号	指令形式与功能说明	操作数	
			S_1、S_2、S_3（均为 16/32 位）	D（位型）
带加减速的脉冲输出（FNC59）	(D) PLSR	PLSR S_1 S_2 S_3 D 让 D 端输出最高频率为 S_1、脉冲个数为 S_2、加减速时间为 S_3 的脉冲信号	K、H、K*n*X、K*n*Y、K*n*M、K*n*S、T、C、D、R、V、Z、变址修饰	Y0 或 Y1（晶体管输出型型基本单元）

（2）使用举例。带加减速（可调速）的脉冲输出指令使用举例如图 6-89 所示。当常开触点 X010 闭合时，指令 PLSR 执行，让 Y000 端子输出脉冲信号，输出脉冲频率由 0 开始，在 3600ms 内升到最高频率 500Hz，在最高频率时产生 D0 个脉冲，再在 3600ms 内从最高频率降到 0。

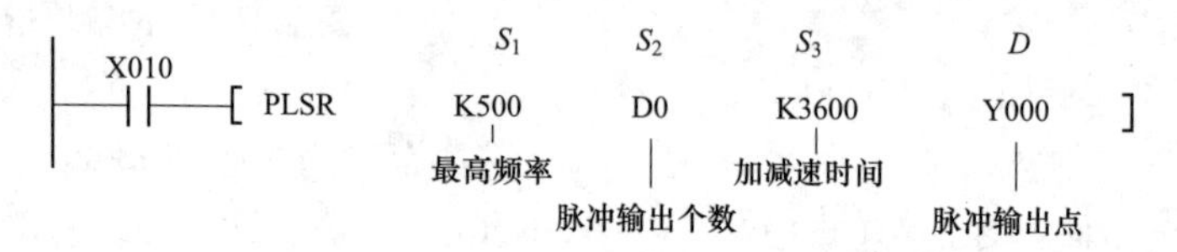

图 6-89　带加减速（可调速）的脉冲输出指令使用举例

带加减速（可调速）的输出指令使用要点如下。

1）S_1 为输出脉冲的最高频率，最高频率要设成 10 的倍数，设置范围为 10～20kHz。

2）S_2 为最高频率时输出脉冲数，该数值不能小于 110，否则不能正常输出，S_2 的范围是 110～32767（16 位操作数）或 110～2147483647（32 位操作数）。

3）S_3 为加减速时间，它是指脉冲由 0 升到最高频率（或最高频率降到 0）所需的时间。输出脉冲的一次变化为最高频率的 1/10。加减速时间设置有一定的范围，具体可用下式计算，即

$$\frac{90000}{S_1}\times 5 \leqslant S_3 \leqslant \frac{S_2}{S_1}\times 818$$

4）D 为脉冲输出点，只能为 Y000 或 Y001，且要求是晶体管输出型。

5）若 X010 由 ON 变为 OFF，停止输出脉冲，X010 再 ON 时，从初始重新动作。

6）PLSR 和 PLSY 两条指令在程序中只能使用一条，并且只能使用一次。这两条指令中的某一条与 PWM 指令同时使用时，脉冲输出点不能重复。

11. 高速计数器的表格比较指令

（1）指令说明。高速计数器的表格比较指令说明见表 6-82。

表 6-82　　高速计数器的表格比较指令说明

指令名称与功能号	指令符号	指令形式与功能说明	操作数			
			S_1（16/32 位）	S_2（32 位）	D（位型）	m、n（16 位）
高速计数器的表格比较（FNC280）	(D) HSCT	HSCT S_1 m S_2 D n 将高速计数器 S_2 的当前计数值与 S_1 为起始的 m 组数据依次比较，当计数值与某组数据相等时，让该组对应的比较输出值从 D 为起始的 n 个元件输出	D、R、变址修饰	C235～C255、变址修饰	Y、M、S、变址修饰	K、H $1\leqslant m\leqslant 128$ $1\leqslant n\leqslant 16$

（2）使用举例。高速计数器的表格比较指令使用举例如图 6-90 所示。当常开触点 X010 闭合时，指令 DHSCT 执行，将高速计数器 C235 的当前计数值与 D100～D114 组成的 5 组数据（3 个元件存储 1 组数据，其中 2 个元件存放比较数据，1 个元件存放比较相等时的输出数据）进行依次比较，当计数值与某组数据相等时，让该组对应的比较输出值从 Y000～Y002 端输出。

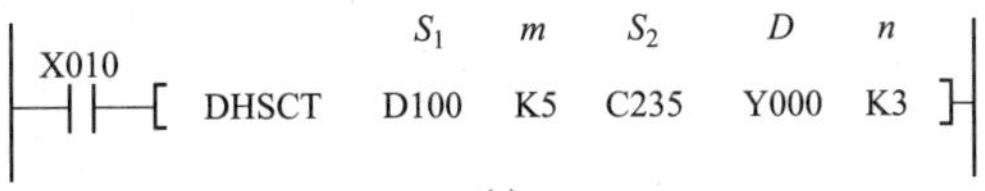

```
              S1      m     S2     D     n
 X010
─┤├──[ DHSCT  D100   K5   C235   Y000   K3 ]
```

(a)

表格编号	比较的数据	比较输出值	输出元件
1	D101、D100 (K321)	D102 (H0001)	Y000～Y002
2	D104、D103 (K432)	D105 (H0007)	
3	D107、D106 (K543)	D108 (H0002)	
4	D110、D109 (K764)	D111 (H0000)	
5	D113、D112 (K800)	D114 (H0003)	

(b)

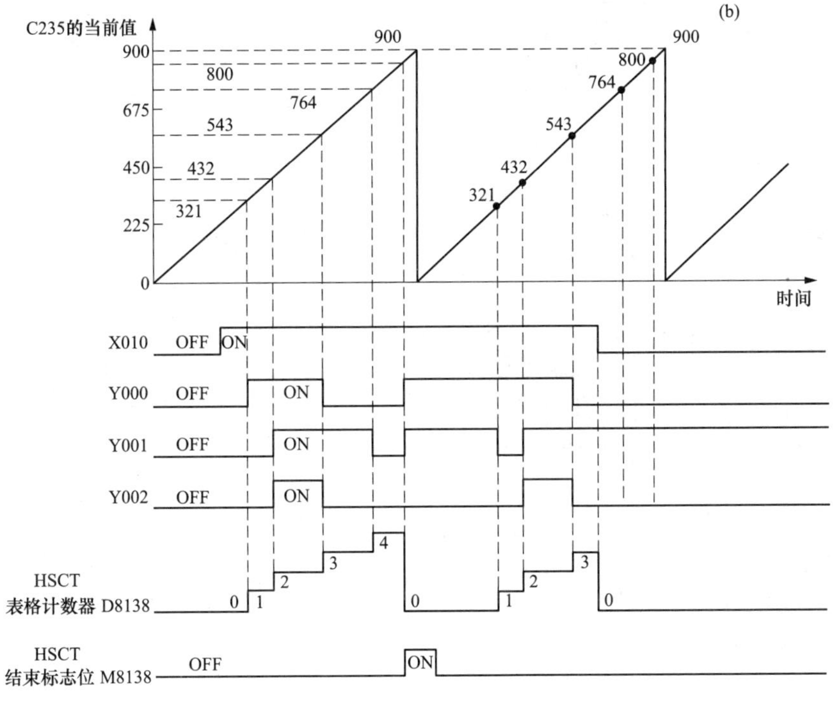

(c)

图 6-90　高速计数器的表格比较指令使用举例

（a）指令；（b）表格；（c）时序图

在图 6-90 中，在 X010 触点闭合期间，如果高速计数器 C235 的当前计数值与第 1 组数据 321（D101、D100 中存放的数据）相等，则将该组对应的比较输出值 H0001（十六进制数，由 D102 存放）从 Y002～Y000 端输出，由于只使用了 3 个输出端，16 位数值只能输出低 3 位，即 Y002～Y000 端输出为 001。在比较数据时，每比较完 1 组数据，HSCT 表格计数器 D8138 的值会增 1，比较完最后 1 组数据时，D8138 值变为 0，同时 HSCT 结束标志位 M8138 变为 1，然后又重新开始比较，直到 X010 触点断开。

6.8 方便类指令

6.8.1 指令一览表

方便类指令共有10条指令，各指令的功能号、符号、形式、名称及支持的PLC系列见表6-83。

表6-83 方便类指令一览

功能号	指令符号	指令形式	指令名称	支持的PLC系列									
				FX3S	FX3G	FX3GC	FX3U	FX3UC	FX1S	FX1N	FX1NC	FX2N	FX2NC
60	IST	IST S D_1 D_2	初始状态	○	○	○	○	○	○	○	○	○	○
61	SER	SER S_1 S_2 D n	数据检索	○	○	○	○	○	—	—	—	○	○
62	ABSD	ABSD S_1 S_2 D n	凸轮顺控绝对方式	○	○	○	○	○	○	○	○	○	○
63	INCD	INCD S_1 S_2 D n	凸轮顺控相对方式	○	○	○	○	○	○	○	○	○	○
64	TTMR	TTMR D n	示教定时器	—	—	—	○	○	—	—	—	○	○
65	STMR	STMR S m D	特殊定时器	—	—	—	○	○	—	—	—	○	○
66	ALT	ALT D	交替输出	○	○	○	○	○	○	○	○	○	○
67	RAMP	RAMP S_1 S_2 D n	斜坡信号	○	○	○	○	○	○	○	○	○	○
68	ROTC	ROTC S m_1 m_2 D	旋转工作台控制	—	—	—	○	○	—	—	—	○	○
69	SORT	SORT S m_1 m_2 D n	数据排序	—	—	—	○	○	—	—	—	○	○

6.8.2 指令精解

1. 初始化状态指令

初始化状态指令主要用于步进控制，且在需要进行多种控制时使用，使用这条指令可以使控制程序大大简化，如在机械手控制中，有手动、回原点、单步运行、单周期运行（即运行一次）和自动控制5种控制方式。在程序中采用该指令后，只需编写手动、回原点和自动控制3种控制方程序即可实现5种控制。

（1）指令说明。初始化状态指令说明见表6-84。

表6-84 初始化状态指令说明

指令名称与功能号	指令符号	指令形式与功能说明	操作数	
			S（位型）	D_1、D_2（均为位型）
初始化状态（FNC60）	IST	IST S D_1 D_2 指令功能见后面的使用说明	X、Y、M、D□.b、变址修饰	S、变址修饰 FX3G/U 可用 S20～S899 和 S1000～S4095），FX3S 可用 $S20$～$S255$

（2）使用举例。初始化状态指令的使用如图6-91所示。当M8000由OFF→ON时，指令IST执行，将X020为起始编号的8个连号元件进行功能定义（具体见后述），将S20、S40分别设为自动操作时的编号最小和最大的状态继电器。

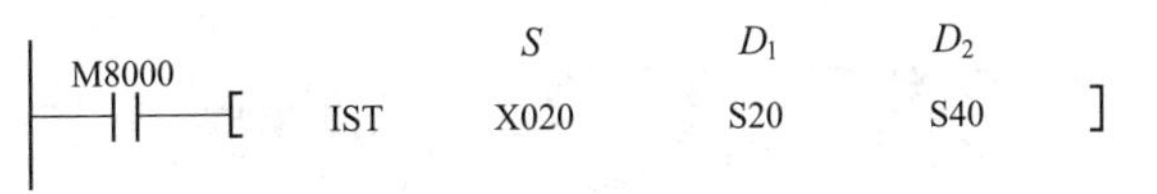

图6-91 初始化状态指令的使用

初始化状态指令的使用要点如下。

1）S为功能定义起始元件，它包括8个连号元件，这8个元件的功能定义见表6-85。

表6-85　　功能定义元件说明

X020：手动控制	X024：全自动运行控制
X021：回原点控制	X025：回原点启动
X022：单步运行控制	X026：自动运行启动
X023：单周期运行控制	X027：停止控制

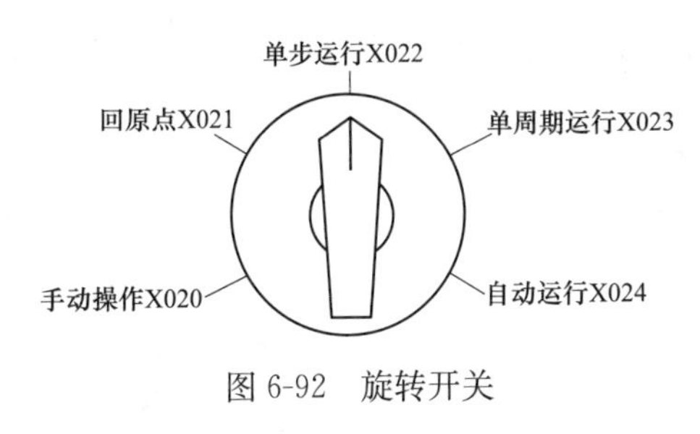

图6-92 旋转开关

表6-85中，X020～X024是工作方式选择，不能同时接通，通常选用图6-92所示的旋转开关。

2）D_1、D_2分别为自动操作控制时，实际用到的最小编号和最大编号状态继电器。

3）IST指令在程序中只能用一次，并且要放在步进顺控指令STL之前。

2. 数据检索（查找）指令

（1）指令说明。数据检索指令说明见表6-86。

表6-86　　数据检索指令说明

指令名称与功能号	指令符号	指令形式与功能说明	操作数			
			S_1（16/32位）	S_2（16/32位）	D（16/32位）	n（16/32位）
数据检索（FNC61）	（D）SER（P）	SER S_1 S_2 D n 从S_1为起始的n个连号元件中查找与S_2相同的数据，查找结果存放在D为起始的5个连号元件中	KnX、KnY、KnM、KnS、T、C、D、R、变址修饰	K、H、KnX、KnY、KnM、KnS、T、C、D、R、V、Z、变址修饰	KnY、KnM、KnS、T、C、D、R、变址修饰	K、H、D、R

（2）使用举例。数据检索指令使用举例如图6-93所示。当常开触点X010闭合时，指令SER执行，从D100为起始的10个连号元件（D100～D109）中查找与D0相等的数据，查找结果存放在D10为起始的5个连号元件D10～D14中。

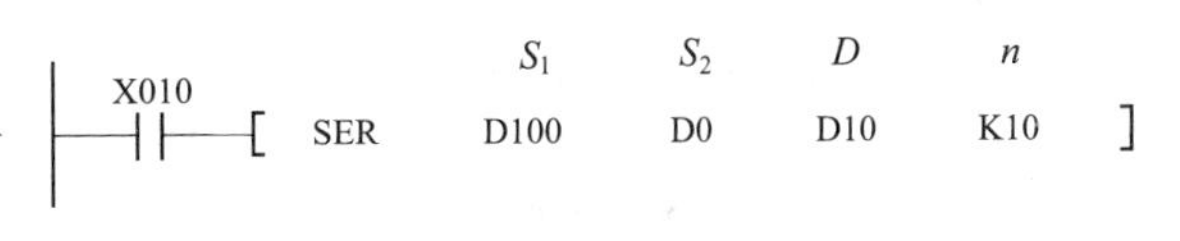

图6-93 数据检索指令使用举例

在D10～D14中，D10存放数据相同的元件个数，D11、D12分别存放数据相同的第一个和最后一个元件位置，D13存放最小数据的元件位置，D14存放最大数据的元件位置。例如在D100～D109中，D100、D102、D106中的数据都与D10相同，D105中的数据最小，D108中数据最大，那么D10＝3、D11＝0、D12＝6、D13＝5、D14＝8。

3. 凸轮控制绝对方式指令

（1）指令说明。凸轮控制绝对方式指令说明见表6-87。

表 6-87　　凸轮控制绝对方式指令说明

指令名称与功能号	指令符号	指令形式与功能说明	操作数			
			S_1（16/32 位）	S_2（16/32 位）	*D*（位型）	*n*（16）
凸轮控制绝对方式（FNC62）	（D）ABSD	ABSD S_1 S_2 *D* *n* 指令功能见后面的使用说明	K*n*X、K*n*Y、K*n*M、K*n*S、T、C、D、R、变址修饰	C、变址修饰	Y、M、S、D□.b、变址修饰	K、H（1≤*n*≤64）

（2）使用举例。凸轮控制绝对方式指令用于产生与计数器当前值对应的多个波形，使用举例如图 6-94 所示。在图 6-94（a）中，当常开触点 X000 闭合时，指令 ABSD 执行，将 M0（D）为起始的 4（*n*）个连号元件 M0～M3 作为波形输出元件，并将 C0（S_2）计数器当前计数值与 D300（S_1）为起始的 8 个连号元件 D300～D307 中的数据进行比较，然后让 M0～M3 输出与 D300～D307 数据相关的波形。M0～M3 输出波形与 D300～D307 数据的关系如图 6-94（b）所示。D300～D307 中的数据可采用 MOV 来传送，D300～D307 的偶数编号元件用来存储上升数据点（角度值），奇数编号元件存储下降数据点。

下面对照图 6-94（b）来说明图 6-94（a）梯形图工作过程：在常开触点 X000 闭合期间，X001 端子外接平台每旋转 1 度，该端子就输入一个脉冲，X001 常开触点就闭合一次（X001 常闭触点则断开一次），计数器 C0 的计数值就增 1。当平台旋转到 40 度时，C0 的计数值为 40，C0 的计数值与 D300 中的数据相等，指令 ABSD 则让 M0 元件由 OFF 变为 ON；当 C0 的计数值为 60 时，C0 的计数值与 D305 中的数据相等，指令 ABSD 则让 M2 元件由 ON 变为 OFF。C0 计数值由 60 变化到 360 之间的工作过程可对照图 6-94（b）自行分析。当 C0 的计数值达到 360 时，C0 常开触点闭合，指令“RST C0”执行，将计数器 C0 复位，然后又重新上述工作过程。

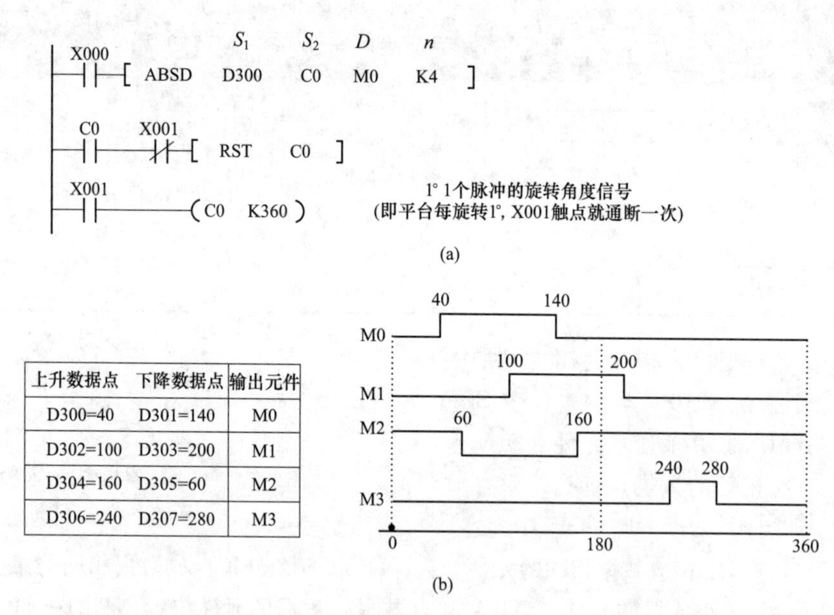

上升数据点	下降数据点	输出元件
D300=40	D301=140	M0
D302=100	D303=200	M1
D304=160	D305=60	M2
D306=240	D307=280	M3

图 6-94　凸轮控制绝对方式（ABSD）使用举例
（a）指令；（b）说明

4. 凸轮控制相对方式指令

（1）指令说明。凸轮控制相对方式指令说明见表 6-88。

表 6-88　凸轮控制相对方式指令说明

指令名称与功能号	指令符号	指令形式与功能说明	操作数			
			S_1（16位）	S_2（16位）	D（位型）	n（16）
凸轮控制相对方式（FNC63）	INCD	INCD S_1 S_2 D n 指令功能见后面的使用说明	KnX、KnY、KnM、KnS、T、C、D、R、变址修饰	C、变址修饰	Y、M、S、D□.b、变址修饰	K、H（1≤n≤64）

（2）使用举例。凸轮控制相对方式指令使用举例如图 6-95 所示。INCD 指令的功能是将 M0（D）为起始的 4（n）个连号元件 M0～M3 作为波形输出元件，并将 C0（S_2）当前计数值与 D300（S_1）为起始的 4 个连号元件 D300～D303 中的数据进行比较，让 M0～M3 输出与 D300～D304 数据相关的波形。

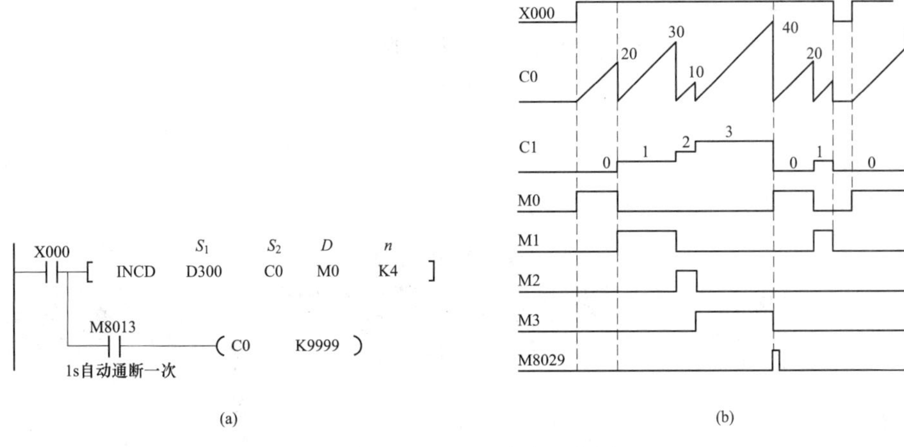

图 6-95　INCD 指令使用举例
（a）指令；（b）时序图

首先用 MOV 往 D300～D303 中传送数据，让 D300＝20、D301＝30、D302＝10、D303＝40。在常开触点 X000 闭合期间，1s 时钟辅助继电器 M8013 触点每隔 1s 就通断一次（通断各 0.5s），计数器 C0 的计数值就计 1，随着 M8013 不断动作，C0 计数值不断增大。在 X000 触点刚闭合时，M0 由 OFF 变为 ON，当 C0 计数值与 D300 中的数据 20 相等，C0 自动复位清 0，同时 M0 元件也复位（由 ON 变为 OFF），然后 M1 由 OFF 变为 ON，当 C0 计数值与 D301 中的数据 30 相等时，C0 又自动复位，M1 元件随之复位，当 C0 计数值与最后寄存器 D303 中的数据 40 相等时，M3 元件复位，完成标记辅助继电器 M8029 置 ON，表示完成一个周期，接着开始下一个周期。

在 C0 计数的同时，C1 也计数，C1 用来计 C0 的复位次数，完成一个周期后，C1 自动复位。当触点 X000 断开时，C1、C0 均复位，M0～M3 也由 ON 转为 OFF。

5. 示教定时器指令

（1）指令说明。示教定时器指令说明见表 6-89。

表 6-89　示教定时器指令说明

指令名称与功能号	指令符号	指令形式与功能	操作数	
			D（16位）	n（16位）
示教定时器（FNC64）	TTMR	TTMR D n 测量 TTMR 为 ON（输入触点闭合）的时间（单位为秒 s），时间值存入 D+1，时间值×10^n所得值存入 D	D、R、变址修饰	K、H、D、R（n＝0～2）

（2）使用举例。示教定时器指令使用举例如图 6-96 所示。指令 TTMR 的功能是测定 X010 触点的接通时间。当常开触点 X010 闭合时，指令 TTMR 执行，用 D301 存储 X010 触点当前接通时间 t_0（D301 中的数据随 X010 闭合时间变化），而将 D301 中的时间 t_0 乘以 10^n，乘积结果存入 D300 中。当触点 X010 断开时，D301 复位，D300 中的数据不变。

利用指令 TTMR 可以将按钮闭合时间延长 10 倍或 100 倍。

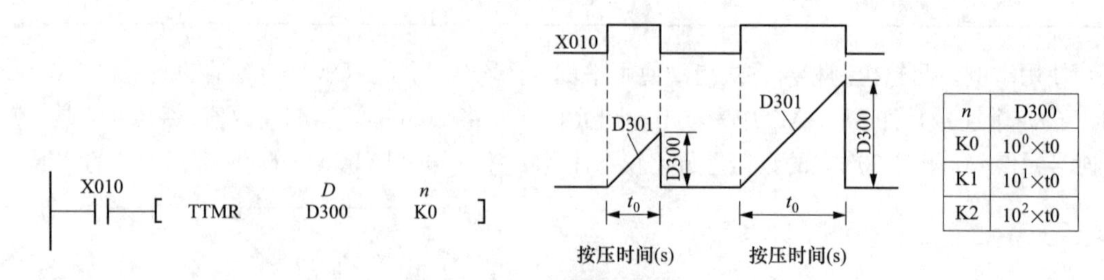

图 6-96　TTMR 指令使用举例

6. 特殊定时器指令

（1）指令说明。特殊定时器指令说明见表 6-90。

表 6-90　特殊定时器指令说明

指令名称与功能号	指令符号	指令形式与功能说明	操作数		
			S（16 位）	*N*（16 位）	*D*（位型）
特殊定时器（FNC65）	STMR	STMR *S* *m* *D* 让 S 定时器进行 *m*×100ms 的定时，从 D 为起始的 4 个连号元件产生 4 种类型的脉冲信号	T、变频修饰（T0～T199）	K、H、D、R *n*=1～32767	Y、M、S、D□. b、变址修饰

（2）使用举例。特殊定时器指令使用举例如图 6-97 所示。指令 STMR 的功能是产生延时断开定时、单脉冲定时和闪动定时。当常开触点 X000 闭合时，指令 STMR 执行，让 T10 定时器工作，从 M0 为起始的 4 个连号元件 M0～M3 产生 10s（即 100×100ms）的各种定时脉冲，其中 M0 产生 10s 延时断开定时脉冲，M1 产生 10s 单定时脉冲，M2、M3 产生闪动定时脉冲（即互补脉冲）。

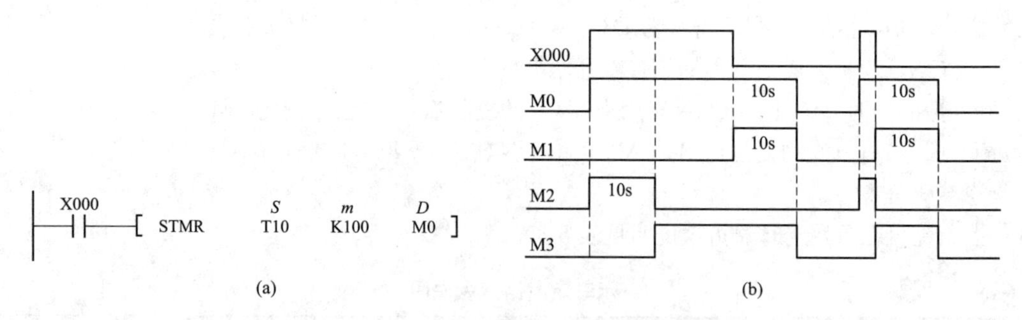

图 6-97　特殊定时器（STMR）指令使用举例

（a）指令；（b）时序图

当触点 X010 断开时，M0～M3 经过设定的值后变为 OFF，同时定时器 T10 复位。

7. 交替输出指令

（1）指令说明。交替输出指令说明见表 6-91。

表 6-91　　交替输出指令说明

指令名称与功能号	指令符号	指令形式与功能说明	操作数
			D（位型）
交替输出（FNC66）	ALT（P）	ALT *D* 当 ALT 输入由 OFF→ON 时，*D* 的状态发生反转	Y、M、S、D□. b、变址修饰

（2）使用举例。交替输出指令使用举例如图 6-98 所示。指令 ALT 的功能是产生交替输出脉冲。当常开触点 X000 由 OFF→ON 时，指令 ALT 执行，让 M0 由 OFF→ON，在 X000 由 ON→OFF 时，M0 状态不变，当 X000 再次由 OFF→ON 时，M0 由 ON→OFF。若采用连续执行型指令 ALT，在每个扫描周期 M0 状态就会改变一次，因此通常采用脉冲执行型指令 ALTP。

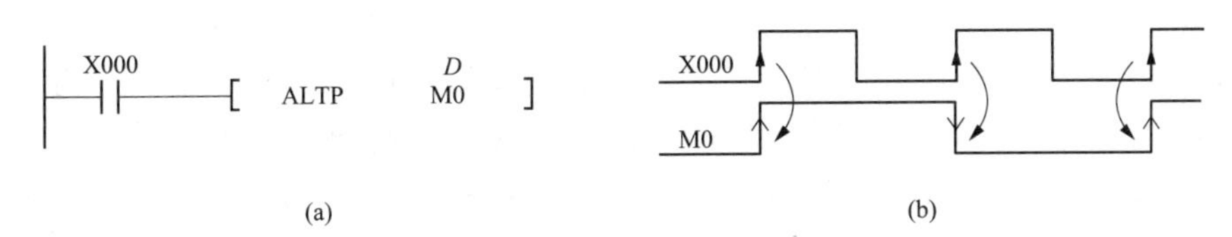

图 6-98　ALT 指令使用举例

（a）指令；（b）时序图

利用指令 ALT 可以实现分频输出，如图 6-99 所示，当 X000 按图示频率通断时，M0 产生的脉冲频率降低一半，而 M1 产生的脉冲频率较 M0 再降低一半，每使用一次指令 ALT 可进行一次 2 分频。

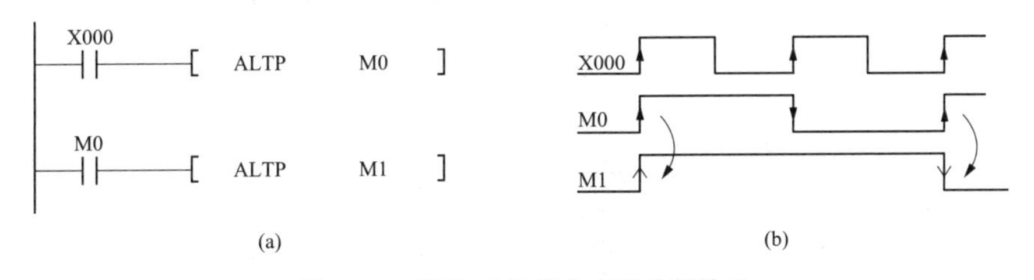

图 6-99　利用 ALT 指令实现分频输出

（a）指令；（b）时序图

利用指令 ALT 还可以实现一个按钮控制多个负载启动/停止，如图 6-100 所示，当常开触点 X000 闭合时，辅助继电器 M0 由 OFF→ON，M0 常闭触点断开，Y000 对应的负载停止，M0 常开触点闭合，Y001 对应的负载启动，X000 断开后，辅助继电器 M0 状态不变；当 X000 第二次闭合时，M0 由 ON→OFF，M0 常闭触点闭合，Y000 对应的负载启动，M0 常开触点断开，Y001 对应的负载停止。

X000 —[ALTP M0]

M0（常闭）—(Y000)

M0 —(Y001)

图 6-100　利用 ALT 指令实现一个按钮控制多个负载启动/停止

8. 斜波信号指令

（1）指令说明。斜波信号指令说明见表 6-92。

（2）使用举例。斜波信号指令使用举例如图 6-101 所示。指令 RAMP 的功能是产生斜波信号。当常开触点 X000 闭合时，指令 RAMP 执行，让 D3 值从 D1 值变化到 D2 值，变化时间为 1000 个扫描周期，扫描次数存放在 D4 中。

表 6-92　　斜波信号指令说明

指令名称与功能号	指令符号	指令形式与功能说明	操作数	
			S_1、S_2、D（均为16位）	n（16位）
斜波信号（FNC67）	RAMP	[RAMP S_1 S_2 D n] 让 D 值在 n 个扫描周期从 S_1 值变化到 S_2 值	D、R、变址修饰	K、H、D、R n=1～32767

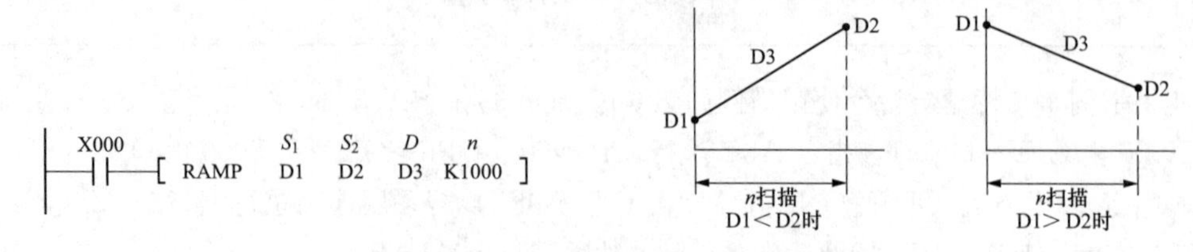

图 6-101　斜波信号指令使用举例

设置 PLC 的扫描周期可确定 D3（值）从 D1 变化到 D2 的时间。先往 D8039（恒定扫描时间寄存器）写入设定扫描周期时间（ms），设定的扫描周期应大于程序运行扫描时间，再将 M8039（定时扫描继电器）置位，PLC 就进入恒扫描周期运行方式。如果设定的扫描周期为 20ms，那么图 6-101 中的 D3（值）从 D1 变化到 D2 所需的时间应为 20ms×1000＝20s。

9. 旋转工作台控制指令

旋转工作台控制指令的功能是对旋转工作台的方向和位置进行控制，使工作台上指定的工件能以最短的路径转到要求的位置。图 6-102 所示为一种旋转工作台的结构示意图，它由转台和工作手臂两大部分组成，转台被均分成 10 个区，每个区放置一个工件，转台旋转时会使检测开关 X000、X001 产生两相脉冲，利用这两相脉冲不但可以判断转台正转/反转外，还检测转台当前旋转位置，检测开关 X002 用来检测转台的 0 位置。

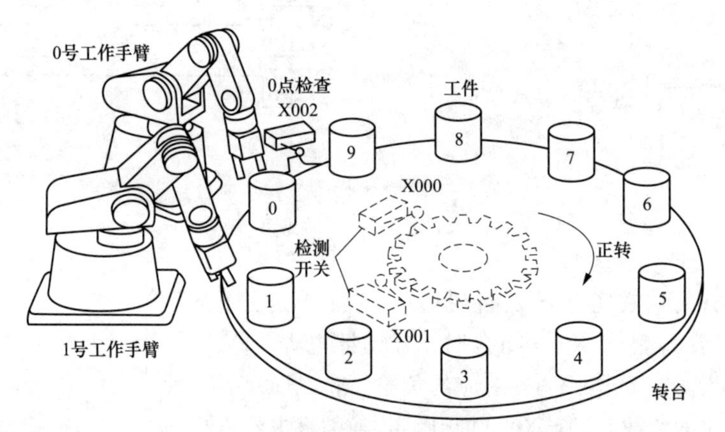

图 6-102　一种旋转工作台的结构示意图

（1）指令说明。旋转工作台控制指令说明见表 6-93。

表 6-93　　旋转工作台控制指令说明

指令名称与功能号	指令符号	指令形式与功能说明	操作数		
			S（16位）	m_1、m_2（均为16位）	D（位型）
旋转工作台控制（FNC68）	ROTC	[ROTC S m_1 m_2 D] 指令功能见后面的使用说明	D、R、变址修饰	K、H $m_1 \geqslant m_2$	Y、M、S、D□.b、变址修饰

（2）使用举例。旋转工作台控制指令使用举例如图 6-103 所示。

X010
ROTC
S
C200
m1
K10
m2
K2
D
M0

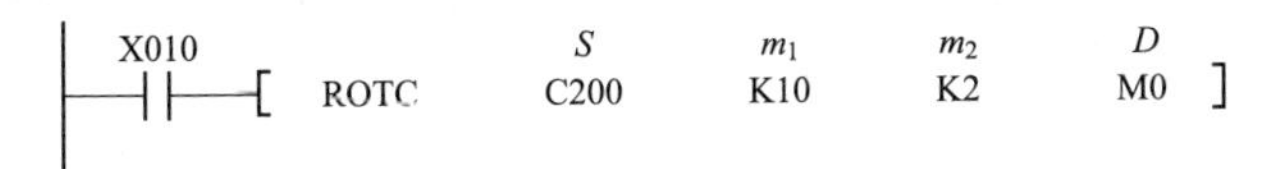

图 6-103　旋转工作台控制指令使用举例

在图 6-103 中，当常开触点 X010 闭合时，指令 ROTC 执行，将操作数 S、m_1、m_2、D 的功能定义如图 6-104 所示。

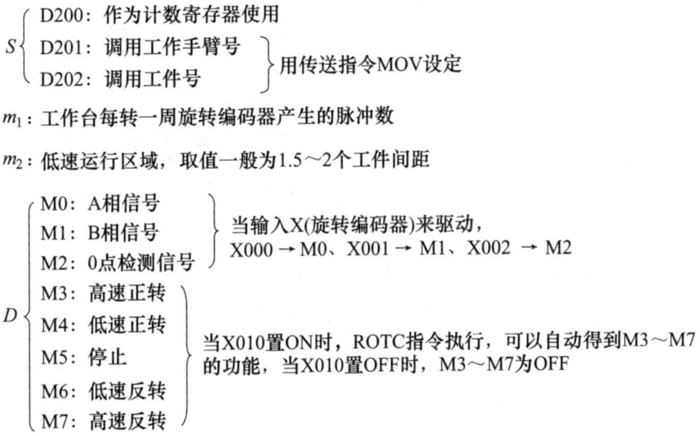

S
D200：作为计数寄存器使用
D201：调用工作手臂号
D202：调用工件号
用传送指令MOV设定
m1：工作台每转一周旋转编码器产生的脉冲数
m2：低速运行区域，取值一般为1.5～2个工件间距
D
M0：A相信号
M1：B相信号
M2：0点检测信号
当输入X(旋转编码器)来驱动，
X000 → M0、X001 → M1、X002 → M2
M3：高速正转
M4：低速正转
M5：停止
M6：低速反转
M7：高速反转
当X010置ON时，ROTC指令执行，可以自动得到M3～M7
的功能，当X010置OFF时，M3～M7为OFF

图 6-104　操作数的功能定义

（3）旋转工作台控制指令应用实例。有一个旋转工作台（见图 6-102），转台均分 10 个区，编号为 0～9，每区可放 1 个工件，转台每转一周两相旋转编码器能产生 360 个脉冲，低速运行区为工件间距的 1.5 倍，采用数字开关输入要加工的工件号，加工采用默认 1 号工作手臂。要求使用旋转工作台控制指令并将有关硬件进行合适的连接，让工作台能以最高的效率调任意一个工件进行加工。

1）硬件连接。旋转工作台的硬件连接如图 6-105 所示。4 位拨码开关用于输入待加工的工件号，旋转编码器用于检测工作台的位置信息，0 点检测信号用于告知工作台是否到达 0 点位置，启动按钮用于启动工作台运行，Y000～Y004 端子用于输出控制信号，通过控制变频器来控制工作台电机的运行。

PLC
输入工件号
4位
拨码开关
8
4
2
1
X007
X006
X005
X004
旋转
编码器
A
B
X000
X001
0点检测信号输入
X002
启动按钮
X010
Y000
Y001
Y002
Y003
正转
反转
高速
低速
变频器
U
V
W
M
工作台
驱动电机

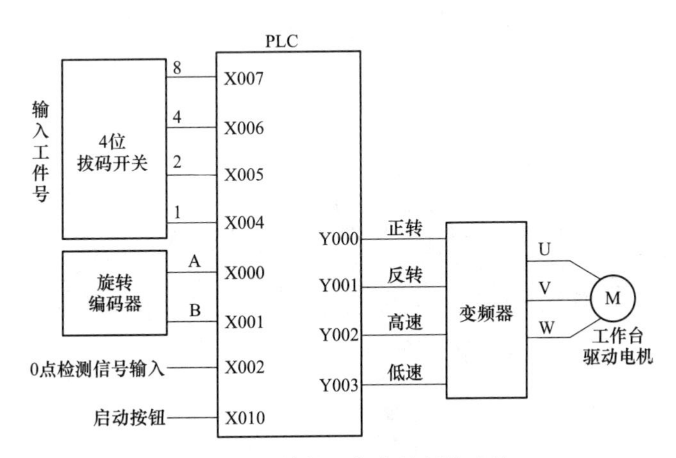

图 6-105　旋转工作台的硬件连接

2）编写程序。旋转工作台控制梯形图程序如图 6-106 所示。在编写程序时要注意，工件号和工作手臂设置与旋转编码器产生的脉冲个数有关，如编码器旋转一个工件间距产生 n 个脉冲，如 $n=10$，那

么工件号 0～9 应设为 0～90，工作手臂号应设为 0 号。在本例中，旋转编码器转一周产生 360 个脉冲，工作台又分为 10 个区，每个工件间距应产生 36 个脉冲，因此 D201 中的 1 号工作手臂应设为 36，D202 中的工件号就设为“实际工件号×36”。

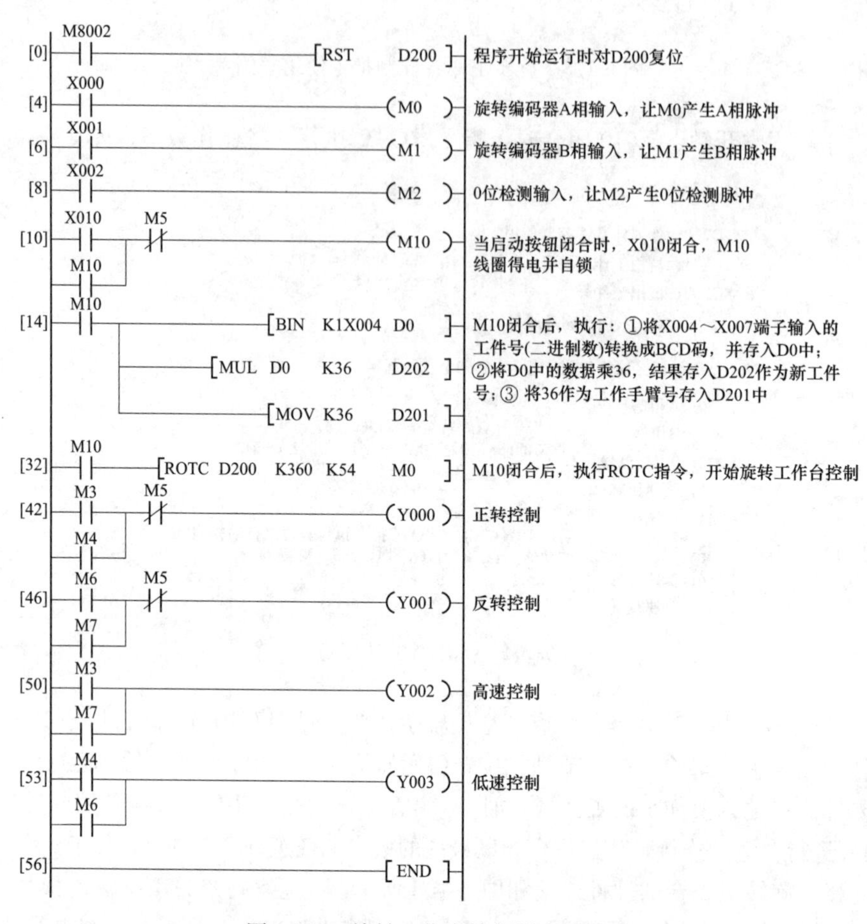

图 6-106　旋转工作台控制梯形图程序

PLC 在进行旋转工作台控制时，在执行旋转工作台控制指令时，会根据有关程序和输入信号（输入工作号、编码器输入、0 点检测输入和启动输入）产生控制信号（高速、低速、正转、反速），通过变频器来对旋转工作台电动机进行各种控制。

10. 数据排序指令

(1) 指令说明。数据排序指令说明见表 6-94。

表 6-94　数据排序指令说明

指令名称与功能号	指令符号	指令形与功能说明	操作数（16 位）				
			S	m_1	m_2	D	n
数据排序（FNC69）	SORT	[SORT S m_1 m_2 D n] 将 S 为起始的 m_1 行×m_2 列个连续元件的数据进行排序，排序按第 n 列作为参考并依照由小到大原则，排序后的数据存放到 D 为起始的 m_1 行×m_2 列个连续元件中	D、R	K、H m_1=1～32	K、H m_2=1～6 $m_1 \geqslant m_2$	D、R	K、H、D、R

（2）使用举例。数据排序指令使用举例如图6-107所示，当X010触点闭合时，指令SORT执行，将D100为起始的5行4列共20个元件（即D100～D119）中的数据进行排序，排序以第2列作为参考，排序按由小到大（升序）进行，排序后的数据存入D200为起始的5×4＝20个连号元件中。

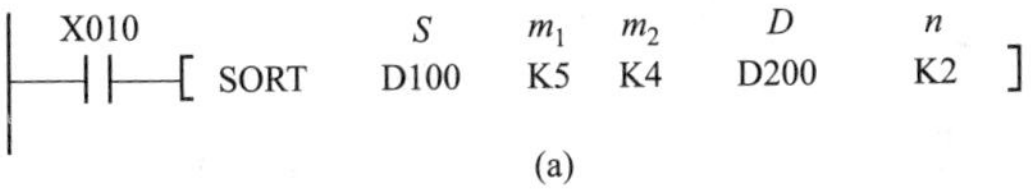

X010		S	m_1	m_2	D	n
─┤├─	SORT	D100	K5	K4	D200	K2

(a)

行号＼列号	1 人员号码	2 身长	3 体重	4 年龄
1	D100 1	D101 150	D102 45	D103 20
2	D104 2	D105 180	D106 50	D107 40
3	D108 3	D109 160	D110 70	D111 30
4	D112 4	D113 100	D114 20	D115 8
5	D116 5	D117 150	D118 50	D119 45

(b)

行号＼列号	1 人员号码	2 身长	3 体重	4 年龄
1	D200 4	D201 100	D202 20	D203 8
2	D204 1	D205 150	D206 45	D207 20
3	D208 5	D209 150	D210 50	D211 45
4	D212 3	D213 160	D214 70	D215 30
5	D216 2	D217 180	D218 50	D219 40

(c)

图6-107 数据排序指令使用举例

(a) 指令；(b) 排列前；(c) 排列后

6.9 外部I/O设备类指令

6.9.1 指令一览表

外部I/O设备类指令共有10条，各指令的功能号、符号、形式、名称及支持的PLC系列见表6-95。

表6-95 外部I/O设备类指令一览

功能号	指令符号	指令形式	指令名称	FX3S	FX3G	FX3GC	FX3U	FX3UC	FX1S	FX1N	FX1NC	FX2N	FX2NC
				支持的PLC系列									
70	TKY	┤├─[TKY S D_1 D_2]	数字键输入	—	—	—	○	○	—	—	—	○	○
71	HKY	┤├─[HKY S D_1 D_2 D_3]	十六进制数字型输入	—	—	—	○	○	—	—	—	○	○
72	DSW	┤├─[DSW S D_1 D_2 n]	数字开关	○	○	○	○	○	○	○	○	○	○
73	SEGD	┤├─[SEGD S D]	7段解码器	—	—	—	○	○	—	—	—	○	○
74	SEGL	┤├─[SEGL S D n]	7SEG时分显示	○	○	○	○	○	○	○	○	○	○
75	ARWS	┤├─[ARWS S D_1 D_2 n]	箭头开关	—	—	—	○	○	—	—	—	○	○
76	ASC	┤├─[ASC S D]	ASCII数据输入	—	—	—	○	○	—	—	—	○	○

续表

功能号	指令符号	指令形式	指令名称	支持的PLC系列									
				FX3S	FX3G	FX3GC	FX3U	FX3UC	FX1S	FX1N	FX1NC	FX2N	FX2NC
77	PR	PR *S* *D*	ASCⅡ码打印	—	—	—	○	○	—	—	—	○	○
78	FROM	FROM m_1 m_2 *D* *n*	BFM的读出	—	○	○	○	○	—	○	○	○	○
79	10	TO m_1 m_2 *S* *n*	BFM的写入	—	○	○	○	○	—	○	○	○	○

6.9.2 指令精解

1. 数字键输入指令

（1）指令说明。数字键输入指令说明见表6-96。

表6-96　　数字键输入指令说明

指令名称与功能号	指令符号	指令形式与功能说明	操作数		
			S（位型）	D_1（16/32位）	D_2（位型）
数字键输入（FNC70）	（D）TKY	TKY *S* D_1 D_2 将*S*为起始的10个连号元件的值送入D_1，同时将D_2为起始的10个连号元件中相应元件置位（也称置ON或置1）	X、Y、M、S、D□.b、变址修饰（10个连号元件）	K*n*Y、K*n*M、K*n*S、T、C、D、R、V、Z、变址修饰	Y、M、S、D□.b、变址修饰（11个连号元件）

（2）使用举例。数字键输入指令使用举例如图6-108所示。当X030触点闭合时，指令TKY执行，将X000为起始的X000～X011这10个端子输入的数据送入D0中，同时将M10为起始的M10～M19中相应的位元件置位。

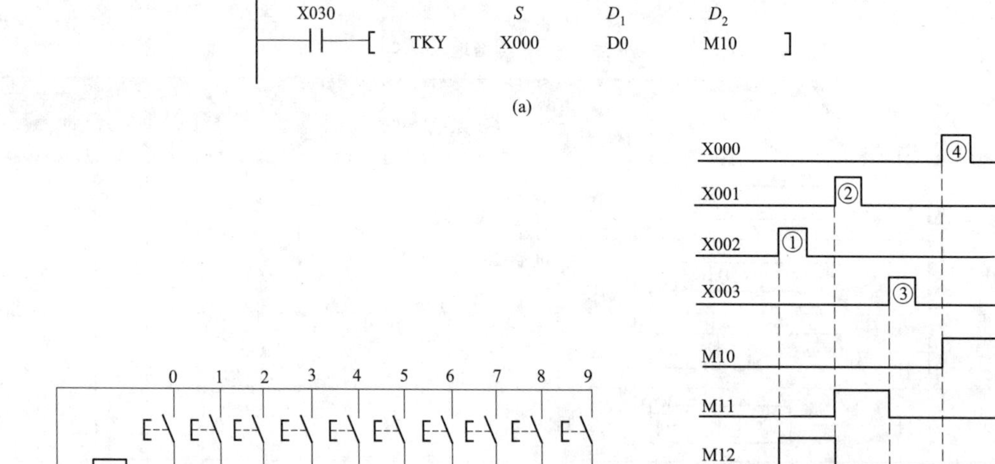

图6-108　数字键输入指令使用举例

（a）指令；（b）硬件连接；（c）时序图

使用 TKY 时，可在 PLC 的 X000～X011 这 10 个端子外接代表 0～9 的 10 个按键，如图 6-108（b）所示。当常开触点 X030 闭合时，TKY 指令执行，如果依次操作 X002、X001、X003、X000，就往 D0 中输入数据 2130，同时与按键对应的位元件 M12、M11、M13、M10 也依次被置 ON，如图 6-108（c）。当某一按键松开后，相应的位元件还会维持 ON，直到下一个按键被按下才变为 OFF。该指令还会自动用到 M20，当依次操作按键时，M20 会依次被置 ON，ON 的保持时间与按键的按下时间相同。

数字键输入指令的使用要点如下。

1）若多个按键都按下，先按下的键有效。

2）当常开触点 X030 断开时，M10～M20 都变为 OFF，但 D0 中的数据不变。

3）在 16 位操作时，输入数据范围是 0～9999，当输入数据超过 4 位，最高位数（千位数）会溢出，低位补入；在做 32 位操作时，输入数据范围是 0～99999999。

2. 十六进制数字键输入指令

（1）指令说明。十六进制数字键输入指令说明见表 6-97。

表 6-97　　十六进制数字键输入指令说明

指令名称与功能号	指令符号	指令形式与功能说明	操作数			
			S（位型）	D_1（位型）	D_2（16/32 位）	D_3（位型）
十六进制数字键输入（FNC71）	(D) HKY	HKY *S* D_1 D_2 D_3 指令功能见后面的使用说明	X、变址修饰（占用4点）	Y、变址修饰（占用4点）	T、C、D、R、V、Z、变址修饰	Y、M、S、D□.b、变址修饰（占用8点）

（2）使用举例。十六进制数字键输入指令使用举例如图 6-109 所示。在使用指令 HKY 时，一般要给 PLC 外围增加键盘输入电路，见图 6-109（b）。当 X004 触点闭合时，指令 HKY 执行，将 X000 为起始的 X000～X003 4 个端子作为键盘输入端，将 Y000 为起始的 Y000～Y003 4 个端子作为 PLC 扫描键盘输出端，D0 用来存储键盘输入信号，M0 为起始的 8 个元件 M0～M7 用来响应功能键 A～F 输入信号。

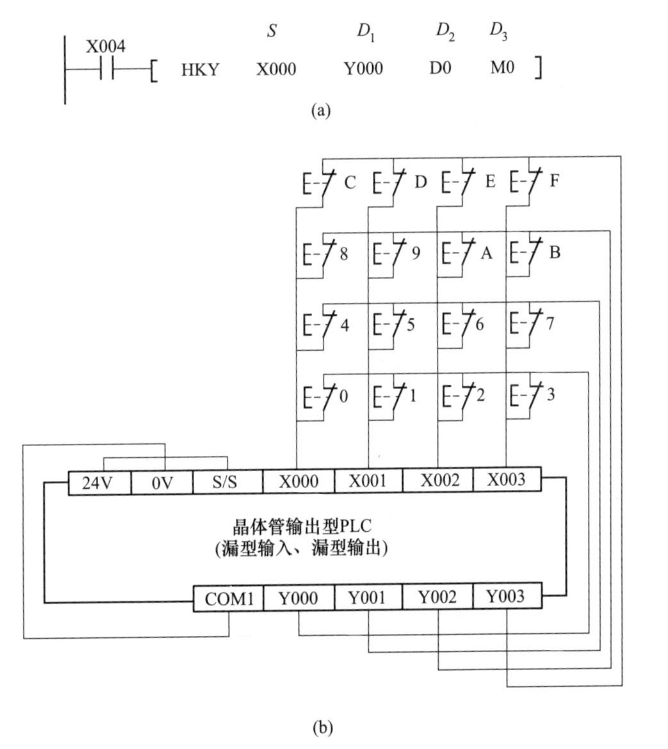

图 6-109　十六进制数字键输入指令使用举例

（a）指令；（b）硬件电路

十六进制数字键输入指令的使用要点如下。

1）利用 0～9 数字键可以输入 0～9999 数据，输入的数据以 BIN 码（二进制数）形式保存在 D0（D_2）中，若输入数据大于 9999，则数据的高位溢出，若使用 32 位操作 DHKY 指令时，可输入 0～99999999，数据保存在 D1、D0 中。按下多个按键时，先按下的键有效。

2）Y000～Y003 完成一次扫描工作后，完成标记继电器 M8029 会置位。

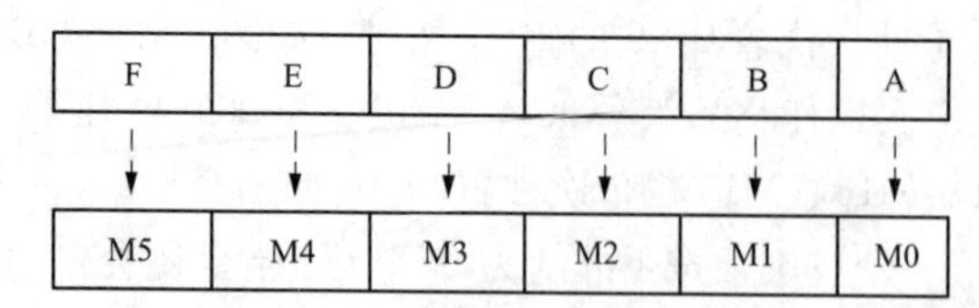

图 6-110　A～F 与 M0～M5 的对应关系

3）当操作功能键 A～F 时，M0～M7 会有相应的动作，A～F 与 M0～M5 的对应关系如图 6-110 所示。

如按下 A 键时，M0 置 ON 并保持，当按下另一键时，如按下 D 键，M0 变为 OFF，同时 D 键对应的元件 M3）置 ON 并保持。

4）在按下 A～F 某键时，M6 置 ON（不保持），松开按键 M6 由 ON 转为 OFF；在按下 0～9 某键时，M7 置 ON（不保持）。当常开触点 X004 断开时，D0（D_2）中的数据仍保存，但 M0～M7 全变为 OFF。

5）如果将 M8167 置 ON，那么可以通过键盘输入十六进制数并保存在 D0（D_2）中。如操作键盘输入 123BF，那么该数据会以二进制形式保持在 D_2 中。

6）键盘一个完整扫描过程需要 8 个 PLC 扫描周期，为防止键输入滤波延时造成存储错误，要求使用恒定扫描模式或定时中断处理。

3. 数字开关指令

（1）指令说明。数字开关指令说明见表 6-98。

表 6-98　　数字开关指令说明

指令名称与功能号	指令符号	指令形式与功能说明	操作数			
			S（位型）	D_1（位型）	D_2（16 位）	N（16 位）
数字开关（FNC72）	DSW	[DSW S D_1 D_2 n] 指令功能见后面的使用说明	X、变址修饰，占用 4 点	Y、变址修饰，占用 4 点	T、C、D、R、V、Z、变址修饰	K、H n=1、2

（2）使用举例。数字开关指令使用举例如图 6-111 所示。在使用指令 DSW 时，须给 PLC 外接相应的数字开关输入电路。PLC 与一组数字开关的硬件连接电路如图 6-111（b）所示。当常开触点 X000 闭合时，指令 DSW 执行，PLC 从 Y010～Y013 端子依次输出扫描脉冲，如果数字开关设置的输入值为 1101 0110 1011 1001（数字开关某位闭合时，表示该位输入 1），当 Y010 端子为 ON 时，数字开关的低

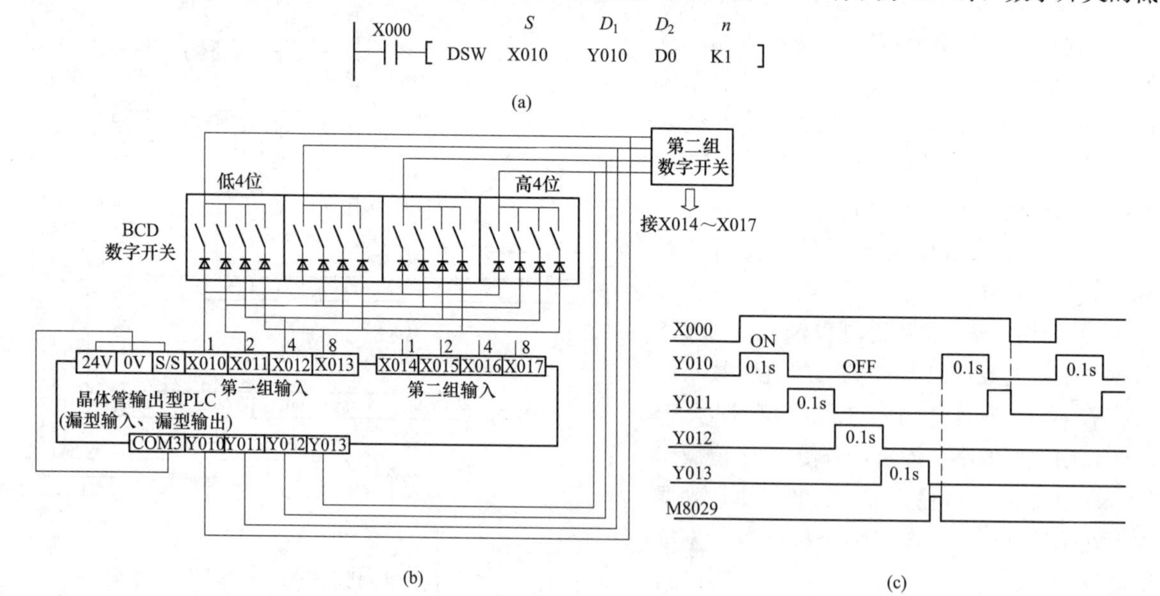

图 6-111　数字开关指令使用举例

（a）指令；（b）硬件连接；（c）时序图

4 位往 X013～X010 输入 1001，1001 被存入 D0 低 4 位，当 Y011 端子为 ON 时，数字开关的次低 4 位往 X013～X010 输入 1011，该数被存入 D0 的次低 4 位，一个扫描周期完成后，1101 0110 1011 1001 全被存入 D0 中，同时完成标继电器 M8029 置 ON。

如果需要使用两组数字开关，可将第二组数字开关一端与 X014～X017 连接，另一端则和第一组一样与 Y010～Y013 连接，当将 *n* 设为 2 时，第二组数字开关输入值通过 X014～X017 存入 D1 中。

4. 七段解码器指令

（1）指令说明。七段解码器指令说明见表 6-99。

表 6-99　　七段解码器指令说明

指令名称与功能号	指令符号	指令形式与功能说明	操作数	
			S（16 位）	*D*（16 位）
七段解码器（FNC73）	SEGD（P）	[SEGD *S* *D*] 将 *S* 的低 4 位数转换成七段码格式的数据，存入 *D*	K、H、K*n*X、K*n*Y、K*n*M、K*n*S、T、C、D、R、V、Z、变址修饰	K*n*Y、K*n*M、K*n*S、T、C、D、R、V、Z、变址修饰

（2）使用举例。七段解码器指令使用举例如图 6-112 所示。当常开触点 X000 闭合时，指令 SEGD 执行，将 D0 中的低 4 位二进制数（代表十六进制数 0～F）转换成七段显示格式的数据，再保存在 Y000～Y007 中。4 位二进制数与七段显示格式数对应关系见表 6-100。

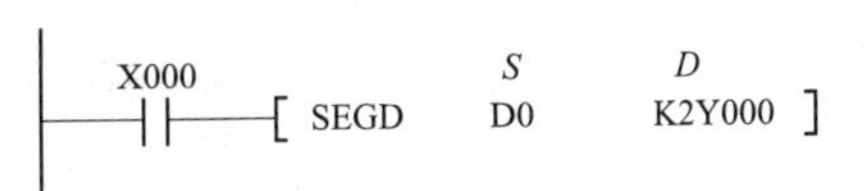

图 6-112　SEGD 指令使用举例

表 6-100　　4 位二进制数与七段显示格式数对应关系

S		7 段码构成	D								显示数据
十六进制	二进制		B7	B6	B5	B4	B3	B2	B1	B0	
0	0000	B0 B5 B6 B1 B4 B2 B3	0	0	1	1	1	1	1	1	0
1	0001		0	0	0	0	0	1	1	0	1
2	0010		0	1	0	1	1	0	1	1	2
3	0011		0	1	0	0	1	1	1	1	3
4	0100		0	1	1	0	0	1	1	0	4
5	0101		0	1	1	0	1	1	0	1	5
6	0110		0	1	1	1	1	1	0	1	6
7	0111		0	0	1	0	0	1	1	1	7
8	1000		0	1	1	1	1	1	1	1	8
9	1001		0	1	1	0	1	1	1	1	9
A	1010		0	1	1	1	0	1	1	1	A
B	1011		0	1	1	1	1	1	0	0	b
C	1100		0	0	1	1	1	0	0	1	C
D	1101		0	1	0	1	1	1	1	0	d
E	1110		0	1	1	1	1	0	0	1	E
F	1111		0	1	1	1	0	0	0	1	F

（3）用七段解码器指令（SEGD）驱动七段码显示器。利用指令 SEGD 可以驱动 7 段码显示器显示字符，七段码显示器外形与结构如图 6-113 所示，它是由 7 个发光二极管排列成“8”字形，根据发光

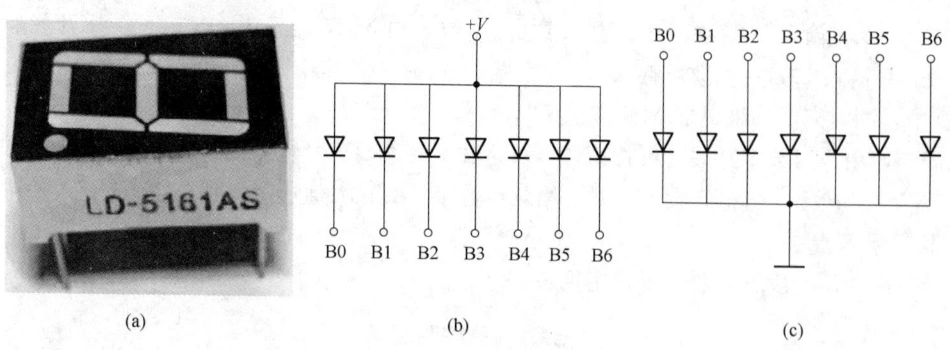

图 6-113　七段码显示器外形与结构
(a) 外形；(b) 共阳极；(c) 共阴极

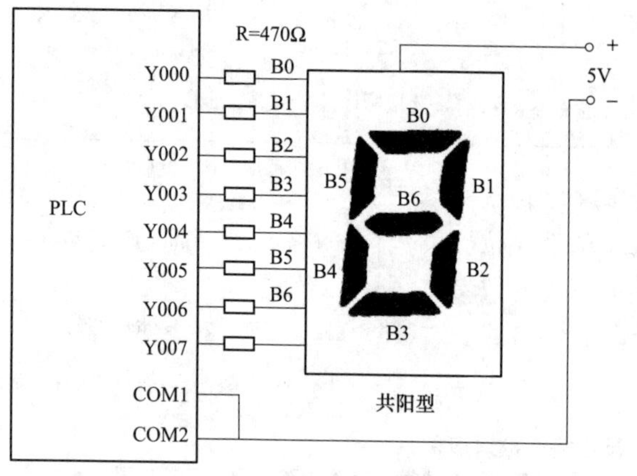

图 6-114　PLC 与七段码显示器连接

二极管共用电极不同，可分为共阳极和共阴极两种。PLC 与七段码显示器连接如图 6-114 所示。在图 6-112 所示的梯形图中，设 D0 的低 4 位二进制数为 1001，当常开触点 X000 闭合时，SEGD 指令执行，1001 被转换成七段显示格式数据 01101111，该数据存入输出继电器 Y007～Y000，Y007～Y000 端子输出 01101111，七段码显示管 B6、B5、B3、B2、B1、B0 段亮（B4 段不亮），显示十进制数“9”。

5. 七段码锁存（SEG 码时分显示）指令

（1）关于带锁存的七段码显示器。普通的七段码显示器显示一位数字需用到 8 个端子来驱动，若显示多位数字则要用到大量引线，很不方便。**采用带锁存的七段码显示器可实现用少量几个端子来驱动显示多位数字。**带锁存的七段码显示器与 PLC 的连接如图 6-115 所示。

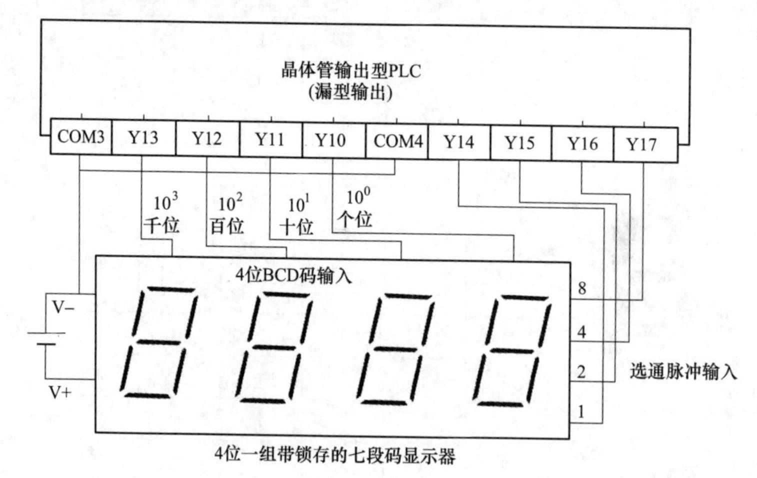

图 6-115　带锁存的七段码显示器与 PLC 的连接电路

下面以显示 4 位十进制数“1836”为例来说明电路工作原理。首先 Y13、Y12、Y11、Y10 端子输出“6”的 BCD 数“0110”到显示器，经显示器内部电路转换成“6”的七段码格式数据“01111101”，与此同时 Y14 端子输出选通脉冲，该选通脉冲使显示器的个位数显示有效（其他位不能显示），显示器个数显示“6”；然后 Y13、Y12、Y11、Y10 端子输出“3”的 BCD 数“0011”到显示器，给显示器内部电路转换成“3”的七段码格式数据“01001111”，同时 Y15 端子输出选通脉冲，该选通脉冲使显示器的十位数显示有效，显示器十位数显示“3”；在显示十位的数字时，个位数的七段码数据被锁存下来，故个位的数字仍显示，采用同样的方法依次让显示器百、千位分别显示 8、1，结果就在显示器上显示出“1836”。

（2）七段码锁存（7SEG 码时分显示）指令说明。七段码锁存指令说明见表 6-101。

表 6-101　　七段码锁存指令说明

指令名称与功能号	指令符号	指令形式与功能说明	操作数		
			S（16 位）	*D*（位型）	*n*（16 位）
七段码锁存（FNC74）	SEGL	[SEGL *S* *D* *n*] 指令功能见后面的使用说明	K、H、K*n*X、K*n*Y、K*n*M、K*n*S、T、C、D、R、V、Z、变址修饰	Y、变址修饰	K、H（一组时 *n*=0～3，两组时 *n*=4～7）

（3）使用举例。七段码锁存指令使用举例如图 6-116 所示，当 X000 闭合时，指令 SEGL 执行，将 D0（S）中的数据（0～9999）转换成 BCD 数并形成选通信号，再从 Y010～Y017 端子输出，去驱动带锁存功能的七段码显示器，使之以十进制形式直观显示 D0 中的数据。

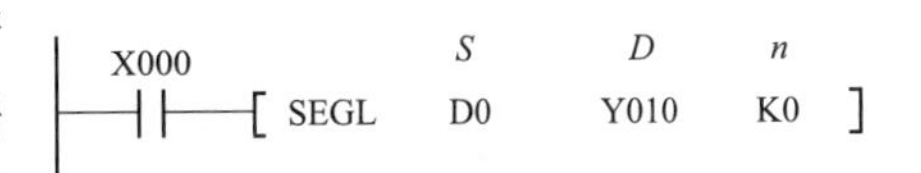

图 6-116　七段码锁存指令使用举例

指令中 *n* 的设置与 PLC 输出类型、BCD 数和选通信号有关，具体见表 6-102。如 PLC 的输出类型=负逻辑（即输出端子内接 NPN 型三极管）、显示器输入数据类型=负逻辑（如 6 的负逻辑 BCD 数为 1001，正逻辑为 0110）、显示器选通脉冲类型=正逻辑（即脉冲为高电平），若是接 4 位一组显示器，则 *n*=1，若是接 4 位两组显示器，*n*=5。

表 6-102　　PLC 输出类型、BCD 数、选通信号与 *n* 的设置关系

PLC 输出类型		显示器数据输入类型		显示器选通脉冲类型		*n* 取值	
PNP	NPN	高电平有效	低电平有效	高电平有效	低电平有效	4 位一组	4 位两组
正逻辑	负逻辑	正逻辑	负逻辑	正逻辑	负逻辑		
	√	√		√		3	7
	√	√			√	2	6
	√		√	√		1	5
	√		√		√	0	4
√		√		√		0	4
√		√			√	1	5
√			√	√		2	6
√			√		√	3	7

（4）4 位两组七段码锁存器与 PLC 的连接。4 位两组七段码锁存器与 PLC 的连接如图 6-117 所示，在执行 SEGL 指令时，显示器可同时显示 D10、D11 中的数据，其中 Y13～Y10 端子所接显示器显示 D10 中的数据，Y23～Y20 端子所接显示器显示 D11 中的数据，Y14～Y17 端子输出扫描脉冲（即依次输出选通脉冲），Y14～Y17 完成一次扫描后，完成标志继电器 M8029 会置 ON。Y14～Y17 端子输出的选通脉冲是同时送到两组显示器的，如 Y14 端输出选通脉冲时，两显示器分别接收 Y13～Y10 和 Y23～Y20 端子送来的 BCD 数，并在内部转换成七段码格式数据，再驱动各自的个位显示数字。

6. 方向开关（箭头开关）指令

（1）指令说明。方向开关指令说明见表 6-103。

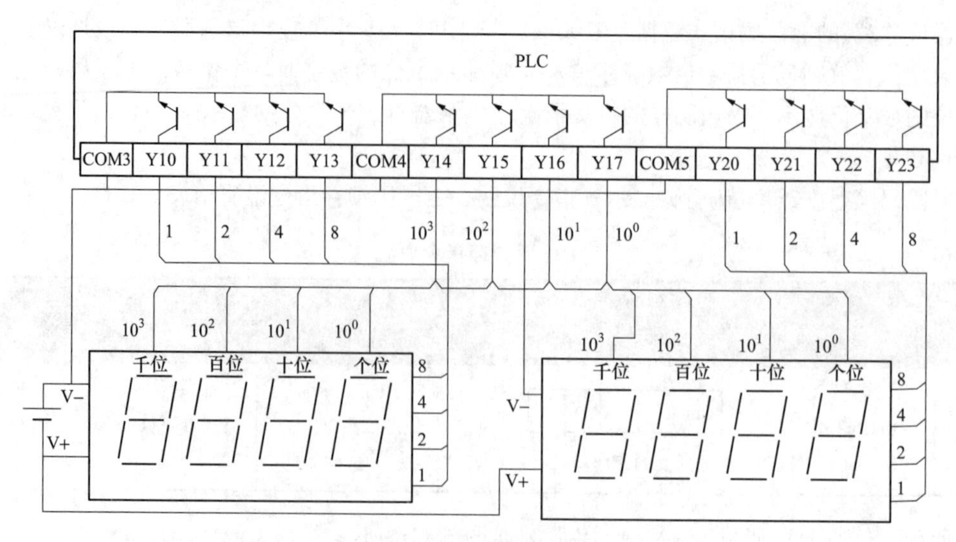

图 6-117 4 位两组七段码锁存器与 PLC 的连接

表 6-103 方向开关指令说明

指令名称与功能号	指令符号	指令形式与功能说明	操作数			
			S（16位）	D_1（16位）	D_2（位型）	n（16位）
方向开关（FNC75）	ARWS	ARWS S D_1 D_2 n 指令功能见后面的使用说明	X、Y、M、S、D□.b、变址修饰	T、C、D、R、V、Z、变址修饰	Y、变址修饰	K、H（n=0～3）

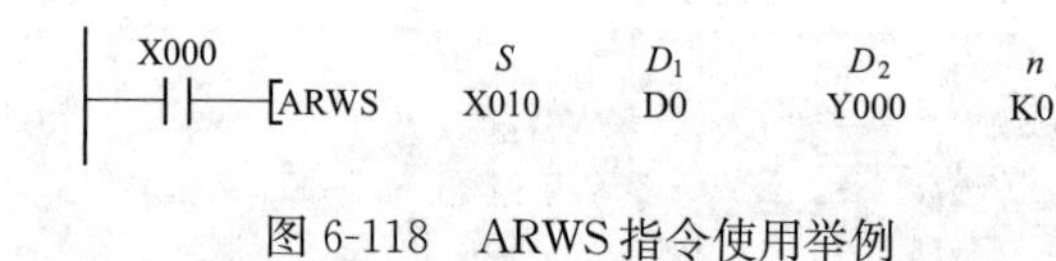

图 6-118 ARWS 指令使用举例

（2）使用举例。方向开关指令使用举例如图 6-118 所示。指令 ARWS 不但可以像指令 SEGL 一样，能将 D0（D_1）中的数据通过 Y000～Y007（D_2）端子驱动七段码锁存器显示出来，还可以利用 S 指定的 X010～X013 端子输入来修改 D0（D_1）中的数据。n 的设置与指令 SEGL 相同，见表 6-102。

利用方向开关指令驱动并修改七段码锁存器的 PLC 连接电路如图 6-119 所示。当常开触点 X000 闭合时，指令 ARWS 执行，将 D0 中的数据转换成 BCD 数并形成选通脉冲，从 Y0～Y7 端子输出，驱动七段码锁存器显示 D0 中的数据。

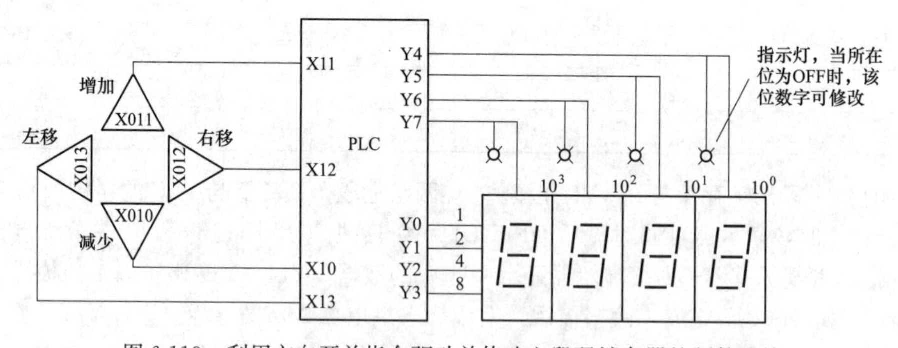

图 6-119 利用方向开关指令驱动并修改七段码锁存器的硬件连接

如果要修改显示器显示的数字（也即修改 D0 中的数据），可操作 X10～X13 端子外接的按键。显示器千位默认是可以修改的（即 Y7 端子默认处于 OFF），按压增加键 X11 或减小键 X10 可以将数字调大或调小，按压右移键 X12 或左移键 X13 可以改变修改位，连续按压右移键时，修改位变化为 10^3→10^2→10^1→10^0，当某位所在的指示灯 OFF 时，该位可以修改。

指令 ARWS 在程序中只能使用一次，且要求 PLC 为晶体管输出型。

7. ASCII 数据输入（ASCII 码转换）指令

（1）指令说明。ASCII 数据输入指令说明见表 6-104。

表 6-104　ASCII 数据输入指令说明

指令名称与功能号	指令符号	指令形式与功能说明	操作数	
			S（字符串型）	*D*（16 位）
ASCⅡ数据输入（FNC76）	ASC	ASC　*S*　*D* 将 S 字符转换成 ASCII 码，存入 D	不超过 8 个字母或数字	T、C、D、R、变址修饰

（2）使用举例。ASCII 数据输入指令使用举例如图 6-120 所示。当常开触点 X000 闭合时，指令 ASC 执行，将 ABCDEFGH 这 8 个字母转换成 ASCⅡ码并存入 D300～D303 中。如果将 M8161 置 ON 后再执行指令 ASC，ASCII 码只存入 *D* 低 8 位（要占用 D300～D307）。

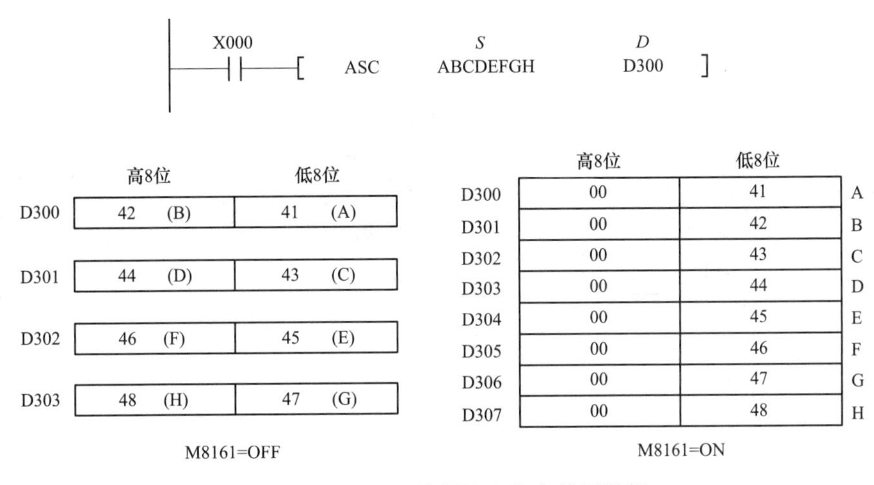

图 6-120　ASCII 数据输入指令使用举例

8. ASCII 码打印（ASCII 码输出）指令

（1）指令说明。ASCII 码打印指令说明见表 6-105。

表 6-105　ASCⅡ码打印指令说明

指令名称与功能号	指令符号	指令形式与功能说明	操作数	
			S（字符串型）	*D*（位型）
ASCⅡ码打印（FNC77）	PR	PR　*S*　*D* 将 *S*～*S*+3 中的 8 个 ASCII 码逐个并行送到 *D*～*D*+7 端输出，*D*+8 输出选通脉冲，*D*+9 输出正在执行标志	T、C、D、R、变址修饰	Y、变址修饰

（2）使用举例。ASCⅡ码打印指令使用举例如图 6-121 所示。当常开触点 X000 闭合时，指令 PR 执行，将 D300 为起始的 4 个连号元件中的 8 个 ASCII 码从 Y000 为起始的几个端子输出。在输出 ASCII 码时，先从 Y000～Y007 端输出 A 的 ASCII 码（D300 的低 8 位），然后输出 B、C、…、H，在

输出ASCII码的同时，Y010端会输出选通脉冲，Y011端输出正在执行标志，如图6-113（b）所示，Y010、Y011端输出信号去ASCII码接收电路，使之能正常接收PLC发出的ASCⅡ码。

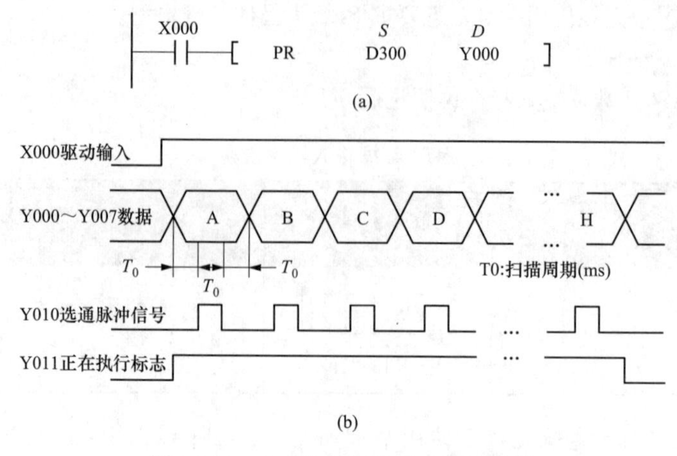

图6-121 ASCⅡ码打印指令使用举例

（a）指令；（b）时序图

9. 读特殊功能模块（BFM的读出）指令

（1）指令说明。读特殊功能模块指令说明见表6-106。

表6-106　　读特殊功能模块指令说明

指令名称与功能号	指令符号	指令形式与功能说明	操作数（16/32位）			
			m_1	m_2	D	n
读特殊功能模块（FNC78）	(D) FROM (P)	FROM m_1 m_2 D n 将单元号为 m_1 的特殊功能模块的 m_2 号BMF（缓冲存储器）的 n 点（1点为16位）数据读出给D	K、H、D、R $m_1=0\sim7$	K、H、D、R	KnY、KnM、KnS、T、C、D、R、V、Z、变址修饰	K、H、D、R

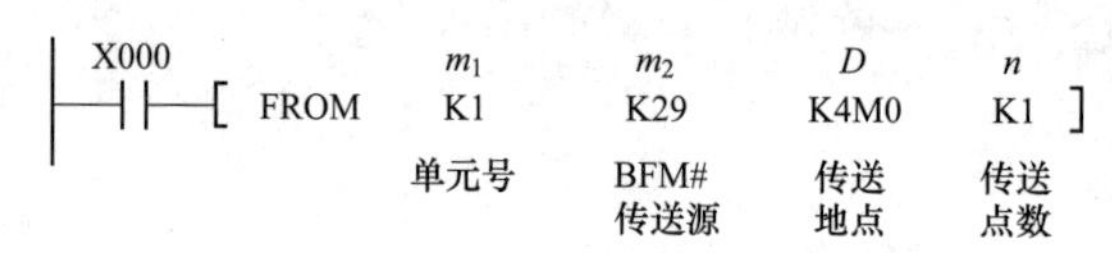

图6-122 读特殊功能模块指令使用举例

（2）使用举例。读特殊功能模块指令使用举例如图6-122所示。当常开触点X000闭合时，指令FROM执行，将单元号为1的特殊功能模块中的29号缓冲存储器（BFM）中的1点数据读入K4M0（M0～M16）。

10. 写特殊功能模块（BFM的写入）指令

（1）指令说明。写特殊功能模块指令说明见表6-107。

表6-107　　写特殊功能模块指令说明

指令名称与功能号	指令符号	指令形式与功能说明	操作数（16/32位）			
			m_1	m_2	S	n
写特殊功能模块（FNC79）	(D) TO (P)	TO m_1 m_2 S n 将 S 的 n 点（1点为16位）数据写入单元号为 m_1 的特殊功能模块的 m_2 号BMF	K、H、D、R $m_1=0\sim7$	K、H、D、R	KnY、KnM、KnS、T、C、D、R、V、Z、变址修饰	K、H、D、R

（2）使用举例。写特殊功能模块指令使用举例如图 6-123 所示。当常开触点 X000 闭合时，指令 TO 执行，将 D0 中的 1 点数据写入单元号为 1 的特殊功能模块中的 12 号缓冲存储器（BFM）中。

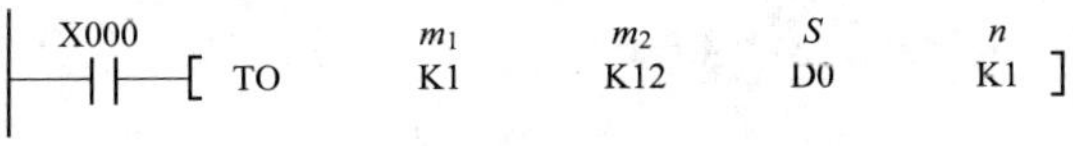

```
      X000            m1      m2      S       n
 |----| |----[ TO     K1      K12     D0      K1 ]
```

图 6-123 写特殊功能模块指令使用举例

第7章

三菱FX1\2\3系列PLC应用指令全精解（二）

7.1 外部设备SER类指令

7.1.1 指令一览表

外部设备SER类指令有9条指令，各指令的功能号、符号、形式、名称和支持的PLC系列见表7-1。

表7-1　　外部设备SER类指令一览

功能号	指令符号	指令形式	指令名称	支持的PLC系列									
				FX3S	FX3G	FX33GC	FX3U	FX3UC	FX1S	FX1N	FX1NC	FX2N	FX2NC
80	RS	RS S m D n	串行数据传送	○	○	○	○	○	○	○	○	○	○
81	PRUN	PRUN S D	八进制位传送	○	○	○	○	○	○	○	○	○	○
82	ASC1	ASCI S D n	HEX→ASCII的转换	○	○	○	○	○	○	○	○	○	○
83	HEX	HEX S D n	ASCII→HEX的转换	○	○	○	○	○	○	○	○	○	○
84	CCD	CCD S D n	校验码	○	○	○	○	○	○	○	○	○	○
85	VRRD	VRRD S D	电位器读出	○	○	—	○	○	○	○	—	○	—
86	VRSC	VRSC S D	电位器刻度	○	○	—	○	○	○	○	—	○	—
87	RS2	RS2 S m D n n_1	串行数据传送2	○	○	○	○	○	—	—	—	—	—
88	PID	PID S_1 S_2 S_3 D	PID运算	○	○	○	○	○	○	○	○	○	○

7.1.2 指令精解

1. 串行数据传送指令

（1）指令说明。串行数据传送指令说明见表7-2。

表 7-2　　　　串行数据传送指令说明

指令名称与功能号	指令符号	指令形式与指令功能	操作数	
			S、*D*（均为16位/字符串）	*m*、*n*（均为16位）
串行数据传送（FNC80）	RS	RS *S* *m* *D* *n* 在串行通信时，将*S*为起始的*m*个字节数据发送出去，接收来的数据存放在*D*为起始的*n*个字节中	D、R、变址修饰	K、H、D、R 设定范围均为0～4096

（2）通信的硬件连接。利用指令RS可以让两台PLC之间进行数据交换，首先使用FX3U-485-BD通信板将两台PLC连接好，如图7-1所示。

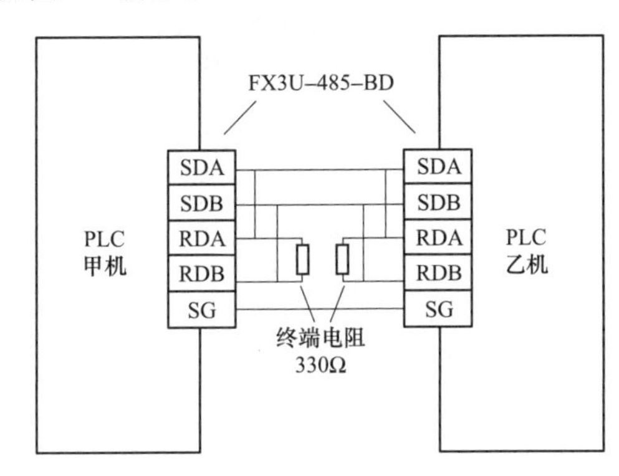

图7-1　利用RS指令通信时的两台PLC硬件连接

（3）定义发送数据的格式。在使用指令RS发送数据时，先要定义发送数据的格式，设置特殊数据寄存器D8120各位数可以定义发送数据格式。D8120各位数与数据格式关系见表7-3。

表 7-3　　　　D8120各位数与数据格式的关系

位号	名称	内容	
		0	1
b0	数据长	7倍	8倍
b1 b2	奇偶校验	b2，b1 （0，0）无校验 （0，1）奇校验 （1，1）偶校验	
b3	停止位	1倍	2倍
b4 b5 b6 b7	传送速率（bps）	b7，b6，b5，b4 （0，0，1，1）：300 （0，1，0，0）：600 （0，1，0，1）：1200 （0，1，1，0）：2400	（0，0，1，1）：4800 （1，0，0，0）：9600 （1，0，0，1）：19200
b8	起始符	无	有（D8124）
b9	终止符	无	有（D8125）
b10 b11	控制线	通常固定设为00	

续表

位号	名称	内容	
		0	1
b12	不可使用（固定为0）		
b13	和校验	通常固定设为000	
b14	协议		
b15	控制顺序		

如要求发送的数据格式为：数据长=7位、奇偶校验=奇校验、停止位=1位、传输速度=19200、无起始和终止符。D8120各位设置如图7-2所示。

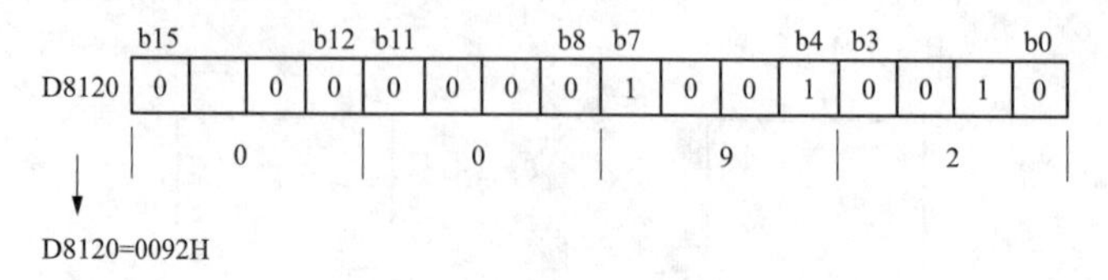

图7-2　D8120各位设置

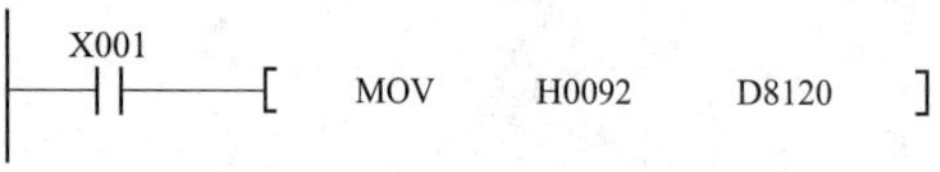

X001 ─┤├─[MOV H0092 D8120]

图7-3　将D8120设为0092H的梯形图

要将D8120设为0092H，可采用图7-3所示的程序，当常开触点X001闭合时，指令MOV执行，将十六进制数0092送入D8120（指令会自动将十六进制数0092转换成二进制数，再送入D8120）。

（4）使用举例。串行数据传送指令使用举例如图7-4所示。

图7-4　串行数据传送指令使用举例

2. 八进制位传送指令

（1）指令说明。八进制位传送指令说明见表7-4。

表7-4　　**八进制位传送指令说明**

指令名称与功能号	指令符号	指令形式与功能说明	操作数（16/32位）	
			S	*D*
八进制位传送（FNC81）	（D）PRUN（P）	─┤├─[PRUN *S* *D*] 将*S*中的八进制数传送给*D*	KnX、KnM、变址修饰（*n*=1～8，元件最低位要为0）	KnY、KnM、变址修饰（*n*=1～8，元件最低位要为0）

（2）使用举例。八进制位传送指令使用举例如图 7-5 所示。图 7-5（a）中，当常开触点 X030 闭合时，指令 PRUN 执行，将 X000～X007、X010～X017 中的数据分别送入 M0～M7、M10～M17，由于 X 采用八进制编号，而 M 采用十进制编号，尾数为 8、9 的继电器 M 自动略过。

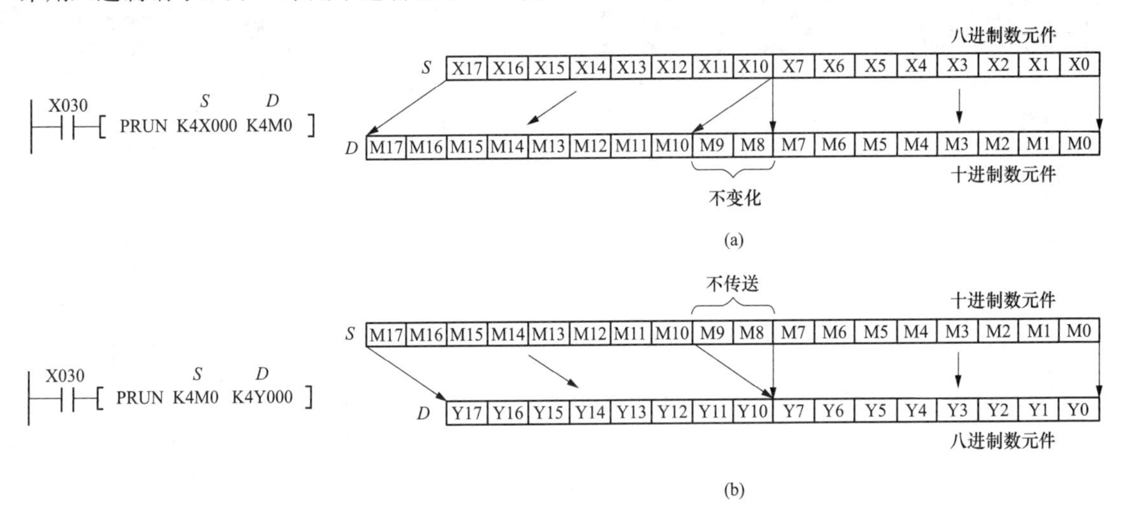

图 7-5　八进制位传送指令使用举例

（a）例 1；（b）例 2

3. 十六进制数转成 ASCII 码（HEX→ASCII 的转换）指令

（1）关于 ASCII 码知识。**ASCII 码又称美国标准信息交换码，是一种使用 7 位或 8 位二进制数进行编码的方案，最多可以对 256 个字符（包括字母、数字、标点符号、控制字符及其他符号）进行编码。** ASCII 编码表见表 7-5。计算机采用 ASCII 编码方式，当按下键盘上的 A 键时，键盘内的编码电路就将该键编码成 1000001，再送入计算机处理。

表 7-5　　ASCII 编码表

$b_7b_6b_5$ / $bb_1b_2b_1$	000	001	010	011	100	101	110	111
0000	nul	dle	sp	0	@	P	、	p
0001	soh	dcl	!	1	A	Q	a	q
0010	stx	dc2	"	2	B	R	b	r
0011	etx	dc3	#	3	C	S	c	s
0100	eot	dc4	$	4	D	T	d	t
0101	enq	nak	%	5	E	U	e	11
0110	ack	svn	&	6	F	V	f	v
0111	bel	etb	'	7	G	W	g	W
1000	bs	can	(	8	H	X	h	x
1001	ht	em	)	9	I	Y	i	y
1010	1f	sub	*	:	J	Z	j	z
1011	vt	esc	+	;	K	[	k	{
1100	ff	fs	,	<	L	\	1	|
1101	cr	gs	—	=	M	]	m	}
1110	so	rs	.	>	N	ˆ	n	～
1111	si	ns	/	?	0	_	o	del

（2）十六进制数转成ASCII码指令说明。十六进制数转成ASCII码指令说明见表7-6。

表7-6　十六进制数转成ASCII码指令说明

指令名称与功能号	指令符号	指令形式与功能说明	操作数		
			S（16位）	*D*（字符串）	*n*（16位）
十六进制数转成ASCII码（FNC82）	ASCI（P）	ASCI *S* *D* *n* 将*S*中的*n*个十六进制数转换成ASCII码，存放在*D*中	K、H、K*n*X、K*n*Y、K*n*M、K*n*S、T、C、D、R、V、Z、变址修饰	K*n*Y、K*n*M、K*n*S、T、C、D、R、变址修饰	K、H、D、R *n*=1～256

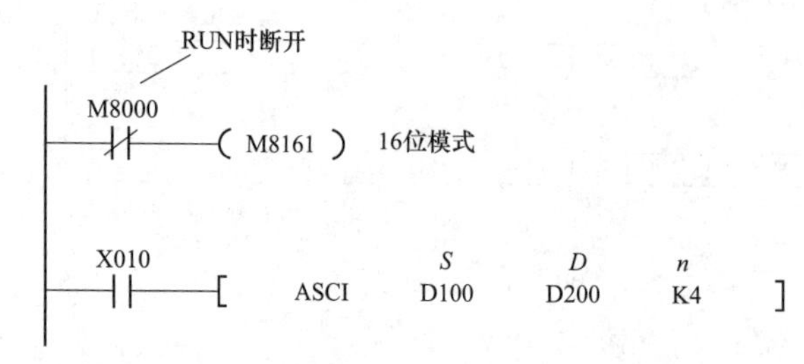

图7-6　十六进制数转成ASCII码指令使用举例

（3）使用举例。十六进制数转成ASCII码指令使用举例如图7-6所示。在PLC运行时，M8000常闭触点断开，M8161失电，将数据存储设为16位模式。当常开触点X010闭合时，指令ASCI执行，将D100存储的4个十六进制数转换成ASCII码，并保存在D200为起始的连号元件中。

当8位模式处理辅助继电器M8161＝OFF时，数据存储形式是16位，此时*D*的高8位和低8位分别存放一个ASCII码，如图7-7所示，D100中存储十六进制数0ABC，执行指令ASCI后，0、A被分别转换成ASCII码30H、41H，并存入D200中；当M8161＝ON时，数据存储形式是8位，此时*D*仅用低8位存放一个ASCII码。

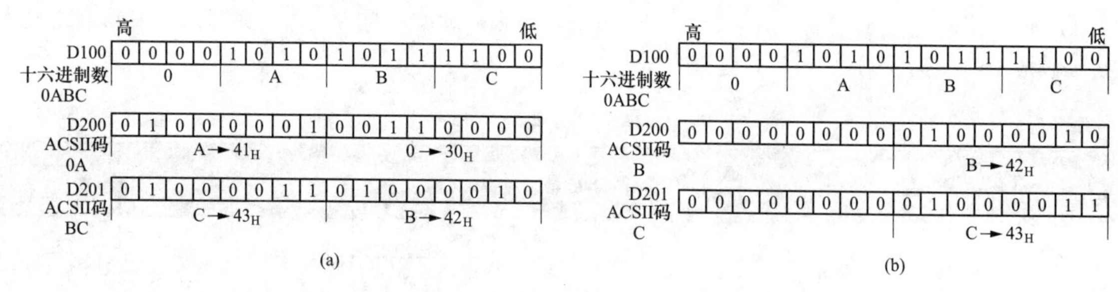

图7-7　M8161处于不同状态时ASCII指令使用举例

（a）当M8161＝OFF，*n*＝4时；（b）当M8161＝ON，*n*＝2时

4. ASCII码转成十六进制数（HEX→ASCII的转换）指令

（1）指令说明。ASCII码转成十六进制数指令说明见表7-7。

表7-7　ASCII码转成十六进制数指令说明

指令名称与功能号	指令符号	指令形式与功能说明	操作数		
			S（字符串型）	*D*（16位）	*n*（16位）
ASCII码转成十六进制数（FNC83）	HEX（P）	HEX *S* *D* *n* 将*S*中的*n*个ASCII码转换成十六进制数，存放在*D*中	K、H、K*n*X、K*n*Y、K*n*M、K*n*S、T、C、D、R、变址修饰	K*n*Y、K*n*M、K*n*S、T、C、D、R、V、Z、变址修饰	K、H、D、R *n*=1～256

（2）使用举例。ASCII码转成十六进制数指令使用举例如图7-8所示。在PLC运行时，M8000常

闭触点断开，M8161 失电，将数据存储设为 16 位模式。当常开触点 X010 闭合时，指令 HEX 执行，将 D200、D201 存储的 4 个 ASCII 码转换成十六进制数，并保存在 D100 中。

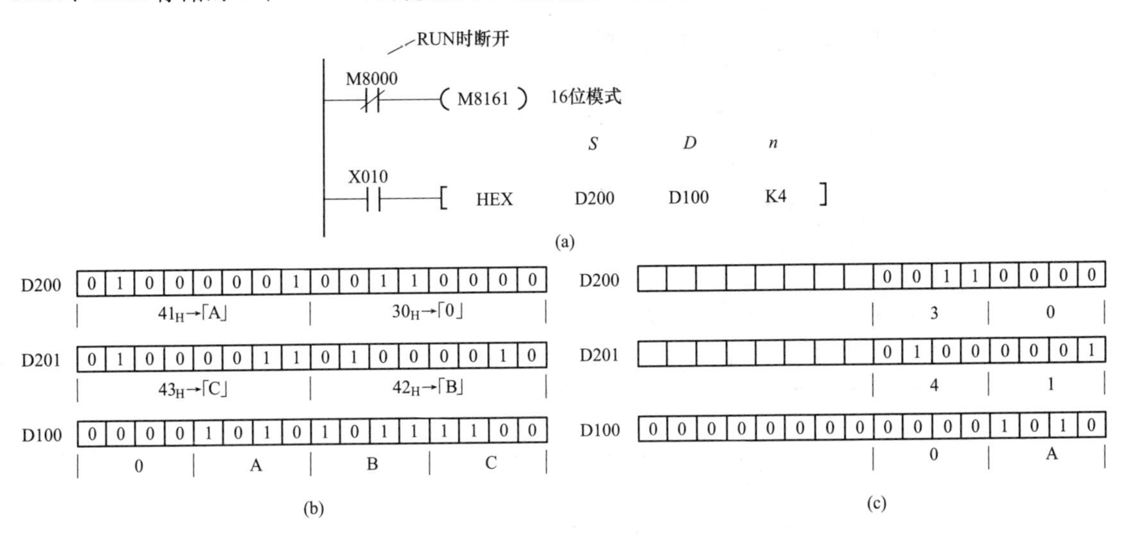

图 7-8　ASCII 码转成十六进制数指令使用举例

（a）指令；（b）当 M8161＝OFF，n＝4 时；（c）当 M8161＝ON，n＝2 时

当 M8161＝OFF 时，数据存储形式是 16 位，S 的高 8 位和低 8 位分别存放一个 ASCII 码；当 M8161＝ON 时，数据存储形式是 8 位，此时 S 仅低 8 位有效，即只用低 8 位存放一个 ASCII 码。

5. 校验码指令

（1）指令说明。校验码指令说明见表 7-8。

表 7-8　　校验码指令说明

指令名称与功能号	指令符号	指令形式与功能说明	操作数		
			S(16 位/字符串)	D(16 位/字符串)	n（16 位）
校验码（FNC84）	CCD（P）	[CCD S D n] 将 S 为起始的 n 点（8 位为 1 点）数据求总和并生成校验码，总和与校验码分别存入 D、D+1	KnX、KnY、KnM、KnS、T、C、D、R、变址修饰	KnY、KnM、KnS、T、C、D、R、变址修饰	K、H、D、R n=1～256

（2）使用举例。校验码指令使用举例如图 7-9 所示。在 PLC 运行时，M8000 常闭触点断开，M8161 失电，将数据存储设为 16 位模式。当常开触点 X010 闭合时，指令 CCD 执行，将 D100 为起始元件的 10 点数据（8 位为 1 点）进行求总和，并生成校验码，再将数据总和及校验码分别保存在 D0、D1 中。

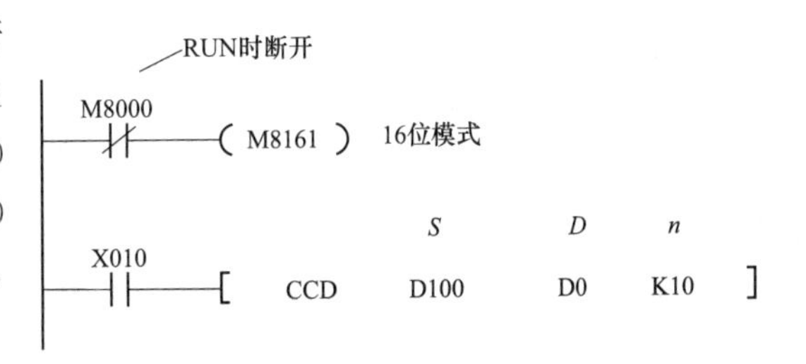

图 7-9　校验码指令使用举例

数据求总和及校验码生成说明如图 7-10 所示。在求总和时，将 D100～D104 中的 10 点数据相加，得到总和为 1091（二进数制数为 10001000011）。生成校验码的方法是：逐位计算 10 点数据中每位 1 的总数，每位 1 的总数为奇数时，生成的校验码对应位为 1，总数为偶数时，生成的校验码对应位为 0，图 7-10 中 D100～D104 中的 10 点数据的最低位 1 的总数为 3，是奇数，故生成校验码对应位为 1，10

点数据生成的校验码为1000101。数据总和存入D0中，校验码存入D1中。

S	数据内容
D 100低	K100 = 0 1 1 0 0 1 0 0
D 100高	K111 = 0 1 1 0 1 1 1 1
D 101低	K100 = 0 1 1 0 0 1 0 0
D 101高	K 98 = 0 1 1 0 0 0 1 0
D 102低	K123 = 0 1 1 1 1 0 1 1
D 102高	K 66 = 0 1 0 0 0 0 1 0
D 103低	K100 = 0 1 1 0 0 1 0 0
D 103高	K 95 = 0 1 0 1 1 1 1 1
D 104低	K210 = 1 1 0 1 0 0 1 0
D 104高	K 88 = 0 1 0 1 1 0 0 0
合计	K1091
校验	1 0 0 0 1 0 1

1的个数是奇数，校验为1
1的个数是偶数，校验为0

D0 | 0 | 0 | 0 | 0 | 0 | 1 | 0 | 0 | 0 | 1 | 0 | 0 | 0 | 0 | 1 | 1 | ⇐ 1091

D1 | 0 | 0 | 0 | 0 | 0 | 0 | 0 | 0 | 0 | 1 | 0 | 0 | 0 | 1 | 0 | 1 | ⇐ 校验

图7-10 数据求总和及校验码生成说明图

校验码指令常用于检验通信中数据是否发生错误。

6. 模拟量读出（电位器读出）指令

（1）指令说明。模拟量读出指令说明见表7-9。

表7-9 模拟量读出指令说明

指令名称与功能号	指令符号	指令形式与功能说明	操作数	
			S（16位）	*D*（16位）
模拟量读出（FNC85）	VRRD（P）	─┤├─[VRRD *S* *D*] 将模拟量调整器的*S*号电位器的模拟量值转换成二进制数（0～255），存入*D*	K、H、D、R、变址修饰 范围为0～7	K*n*Y、K*n*M、K*n*S、T、C、D、R、V、Z、变址修饰

（2）使用举例。模拟量读出指令的功能是将模拟量调整器*S*号电位器的模拟值转换成二进制数0～255，并存入*D*元件中。模拟量调整器是一种功能扩展板，FX1N-8AV-BD和FX2N-8AV-BD是两种常见的调整器，安装在PLC的主单元上，调整器上有8个电位器，编号为0～7，当电位器阻值由0调到最大时，相应转换成的二进制数由0变到255。模拟量读出指令使用举例如图7-11所示。当常开触点X000闭合时，指令VRRD执行，将模拟量调整器的0号电位器的模拟值转换成二进制数，再保存在D0中，当常开触点X001闭合时，定时器T0开始以D0中的数作为计时值进行计时，这样就可以通过调节电位器来改变定时时间，如果定时时间大于255，可用乘法指令MUL将*D*与某常数相乘而得到更大的定时时间。

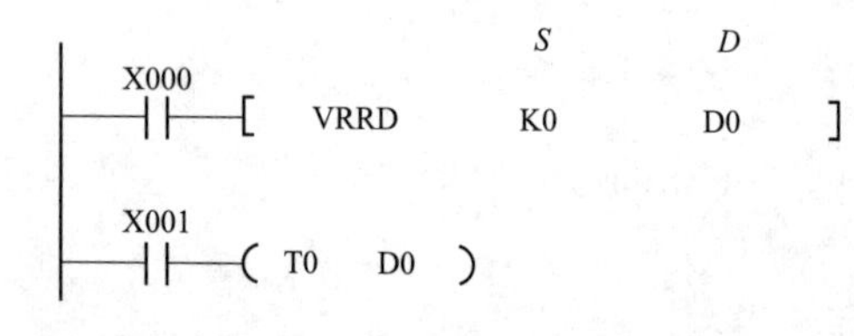

图7-11 模拟量读出指令使用举例

7. 电位器刻度指令

（1）指令说明。电位器刻度指令说明见表7-10。

表 7-10 电位器刻度指令说明

指令名称与功能号	指令符号	指令形式与功能说明	操作数	
			S（16位）	*D*（16位）
电位器刻度（FNC86）	VRSC（P）	─┤├─[VRSC | *S* | *D*] 将模拟量调整器的 *S* 号电位器的模拟量值转换成 0～10 范围的二进制数，再存入 *D*	K、H 变量号 0～7	K*n*Y、K*n*M、K*n*S、T、C、D、V、Z

（2）使用举例。电位器刻度指令是将模拟量调整器 *S* 号电位器的模拟量值转换成 0～10 范围的二进制数，再存入 *D* 元件。该指令相当于根据模拟量值高低将电位器划成 10 等分。电位器刻度指令使用举例如图 7-12 所示。当常开触点 X000 闭合时，指令 VRSC 执行，将模拟量调整器的 1 号电位器的模拟值转换成0～10 范围的二进制数，再保存在 D1 中，模拟量值为 0 时，D1 值为 0，模拟量值最大时，D1 值为 10。

利用电位器刻度指令能将电位器分成 0～10 共 11 挡，可实现一个电位器进行 11 种控制切换，程序如图 7-13 所示。当常开触点 X000 闭合时，指令 VRSC 执行，将 1 号电位器的模拟量值转换成二进制数（0～10），并存入 D1 中；当常开触点 X001 闭合时，指令 DECO（解码）执行，对 D1 的低 4 位数进行解码，4 位数解码有 16 种结果，解码结果存入 M0～M15 中，若电位器处于 1 挡，D1 的低 4 位数则为 0001，因 $(0001)_2=1$，解码结果使 M1 为 1（M0～M15 其他的位均为 0），M1 常开触点闭合，执行设定的程序。

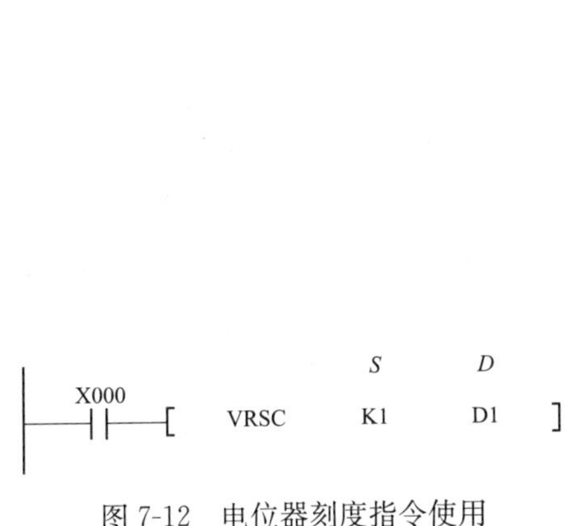

图 7-12 电位器刻度指令使用

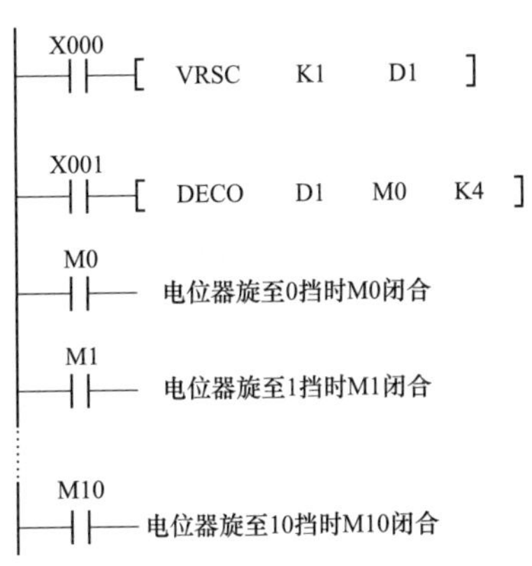

图 7-13 利用 VRSC 将电位器分成 11 挡的程序

8. 串行数据传送 2 指令

串行数据传送 2 指令可通过安装在基本单元（仅支持 FX3 系列）上的 RS-232C 或 RS-485 串行通信口进行无协议通信，从而实现数据的发送和接收。FX3G(C) 系列 PLC 也可通过内置编程端口（RS-422）进行无协议通信。

（1）指令说明。串行数据传送 2 指令说明见表 7-11。

表 7-11 串行数据传送 2 指令说明

指令名称与功能号	指令符号	指令形式与功能说明	操作数		
			S、*D*（16位/字符串）	*m*、*n*（16位）	n_1（16位）
串行数据传送 2（FNC87）	RS2	─┤├─[RS2 | *S* | *m* | *D* | *n* | n_1] 在串行通信时，使用通道 n_1（即通信口 $n1$），将 *S* 为起始的 *m* 个字节数据发送出去，接收来的数据存放在 *D* 为起始的 *n* 个字节中	D、R、变址修饰	K、H、D、R *m*、*n* 范围：0～4096	K、H n_1（通道）： 0、1、2

（2）指令用到的通信选件。在使用串行数据传送 2 指令时，需要给 PLC 基本单元安装 RS-232C 或 RS-485 通信选件，RS2 用到的通信选件见表 7-12。

表 7-12　　RS2 用到的通信选件

可编程控制器	通信的种类	选　件
FX3S	RS-232C 通信	FX3G-232-BD 或 FX3U-232ADP（-NB）（需要 FX3S-CNV-ADP）
	RS-485 通信	FX3G-485-BD（-RJ）或 FX3U-485ADP（—NB）（需要 FX3S-CNV-ADP）
FX3G	RS-232C 通信	FX3G-232-BD 或 FX3U-232ADP（-NB）（需要 FX3G-CNV-ADP） RS-232C/RS-422 转换器①（FX-232AW，FX-232AWC，FX-232AWC-H）
	RS-485 通道	FX3G-485-BD（-RJ）或 FX3U-485ADP（-MB）（需要 FX3G-CNV-ADP）
FX3GC	RS-232C 通道	FX3U-232ADP（-MB） RS-232C/RS-422 转换器①（FX-232AW，FX-232AWC，FX-232AWC-H）
	RS-485 通道	FX3U-485ADP（-MB）
FX3U，FX3UC-32MT-LT（-2）	RS-232C 通信	FX3U-232-BD 或 FX3U-232ADP（-MB）
	RS-485 通信	FX3U-485-BD 或 FX3U-485ADP（-MB）
FX3UC（D，DS，DSS）	RS-232C 通信	FX3U-232ADP（-MB）
	RS-485 通信	FX3U-485ADP（-MB）

①FX3G/FX3GC 可编程控制器中需要使用通道 0（内置编程端口 RS-422）。

（3）指令需用到的软元件。在使用 RS2 时需用到一些特殊辅助继电器和特殊数据寄存器，RS2 用到的软元件见表 7-13。

表 7-13　　RS2 用到的软元件

软元件（特殊辅助继电器）			名称	软元件（特殊数据寄存器）			名称
通道 0①	通道 1	通道 2①		通道 0①	通道 1	通道 2①	
N8371	N8401	N8421	发送等待标志位②	D8370	D8400	D8420	设定通信格式
N8372	N8402	N8422	发送请求②	—	—	—	—
N8373	N8403	N8423	接收结束标志位②	D8372	D8402	D8422	发送数据的剩余点数②
—	M8404	M8424	载波的检测标志位	D8373	D8403	D8423	接收点数的监控②
—	MB405	M8425	数据设定准备就绪（DSR）标志位③	—	D8405	D8425	通信参数的显示
—	—	—	—	D8379	D8409	D8429	设定超时时间
M8379	M8409	M8429	超时的判断标志位	D8380	D8410	D8430	报头 1、2
—	—	—	—	D8381	D8411	D8431	报头 3、4
				D8382	D8412	D8432	报尾 1、2
				D8383	D84113	D8433	报尾 3、4
				D8384	D8414	D8434	接收和校验(接收数据)
				D8385	D84115	D8435	接收和校验(计算结果)
				D8386	D8416	D8436	发送和校验
				D8389	D8419	D8439	动作模式的显示
M8062	M8063	M8438	串行通信错误④	D8062	D8062	D8438	串行通信错误代码④

①通道 0 仅支持 FX3G/FX3GC 可编程控制器。

FX3G 可编程控制器（14 点、24 点型）或 FX3S 可编程控制器时，不能使用通道 2。

②从 RUN→STOP 时清除。

③FX3U/FX3UC 可编程控制器需要 Vor. 2. 30 以上的版本才能支持。

④电源从 OFF 变为 ON 时清除。

（4）RS（FNC 80）与 RS2（FNC87）的区别。

RS 与 RS2 都是串行通信指令，RS 指令支持 FX1、FX2、FX3 系列 PLC；RS2 指令仅支持 FX3 系列 PLC，除此以外，两者还有一些区别，具体见表 7-14。

表 7-14　　RS 与 RS2 的区别

项目	RS2 指令	RS 指令	备　注
报头点数	1～4 个字符（字节）	最大 1 个字符（字节）	用 RS2 指令，报头或报尾中最多可以指定 4 个字符（字节）
报尾点数	1～4 个字符（字节）	最大 1 个字符（字节）	
和校验的附加	可以自动附加	请用户程序支持	用 RS2 指令，可以在收发的数据上自动附加和校验；但是，请务必在收发的通信帧中使用报尾
使用通道编号	通道 0、通道 1、通道 2	通道 1	用 RS2 指令时如下所示： 通道 0 只适用于 FX3G・FX3GC 可编程控制器； FX3G 可编程控制器（14 点、24 点型）或 FX3S 可编程控制器时，不能使用通道 2

使用 RS 与 RS2 时，有以下注意事项。

1）请勿使用 RS 和 RS2 同时驱动同一个通信口。

2）RS 和 RS2 与“IVCK(FNC 270)～IVMC(FNC 275)”“ ADPRW(FNC 276)”“ FLCRT(FNC 300)～FLSTRD(FNC 305)”不可以对同一个通信口使用。

3）如果需要使用报头、报尾，应在相应的特殊数据寄存器中设定报头、报尾数据，再执行 RS2。另外，驱动 RS2 时不要更改报头、报尾的值。

（5）指令使用举例。串行数据传送 2 指令使用举例如图 7-14 所示。当 M0 触点闭合时，指令 RS2 执行，使用通信口 1，将 D100 为起始的 4 个字节数据（D100 低字节、D100 高字节、D101 低字节、D101 高字节）发送出去，接收来的数据存放在 D200 为起始的 6 个字节中，即 D200～D202，每个寄存器存 2 个字节（先存低字节再存高字节）。

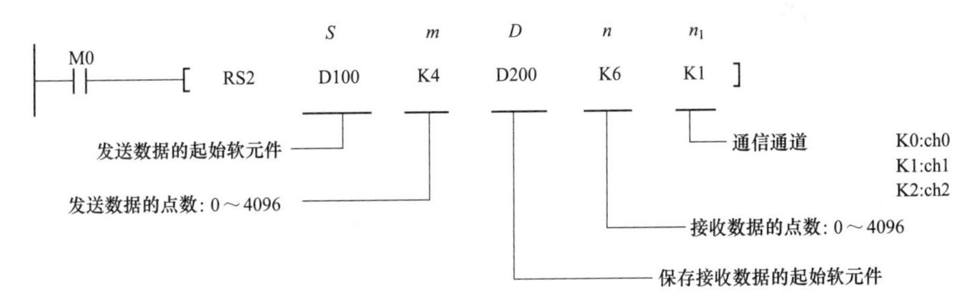

图 7-14　串行数据传送 2 指令使用举例

9. PID 运算指令

（1）关于 PID 控制。**PID 控制又称比例微积分控制，是一种闭环控制。**下面以图 7-15 所示的恒压供水系统来说明 PID 控制原理。电动机驱动水泵将水抽入水池，水池中的水除了经出水口提供用水外，还经阀门送到压力传感器，传感器将水压大小转换成相应的电信号 X_f，X_f 反馈到比较器与给定信号 X_i 进行比较，得到偏差信号 $\Delta X(\Delta X=X_i-X_f)$。

1）若 $\Delta X>0$，表明水压小于给定值，偏差信号经 PID 运算得到控制信号，控制变频器，使之输出频率上升，电动机转速加快，水泵抽水量增多，水压增大。

2）若 $\Delta X<0$，表明水压大于给定值，偏差信号经 PID 运算得到控制信号，控制变频器，使之输出

频率下降，电动机转速变慢，水泵抽水量减少，水压下降。

3）若 $\Delta X=0$，表明水压等于给定值，偏差信号经 PID 运算得到控制信号，控制变频器，使之输出频率不变，电动机转速不变，水泵抽水量不变，水压不变。

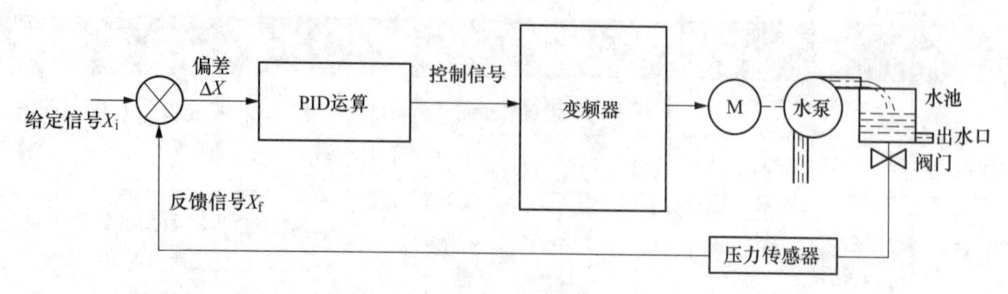

图 7-15　恒压供水系统的 PID 控制

由于控制回路的滞后性，会使水压值总与给定值有偏差。如当用水量增多水压下降时，电路需要对有关信号进行处理，再控制电动机转速变快，提高水泵抽水量，从压力传感器检测到水压下降到控制电动机转速加快，提高抽水量，恢复水压需要一定时间。通过提高电动机转速恢复水压后，系统又要将电动机转速调回正常值，这也要一定时间，在这段回调时间内水泵抽水量会偏多，导致水压又增大，又需进行反调。这样的结果是水池水压会在给定值上下波动（振荡），即水压不稳定。采用了 PID 运算可以有效减小控制环路滞后和过调问题（无法彻底消除）。**PID 运算包括 P 处理、I 处理和 D 处理。P（比例）处理是将偏差信号 ΔX 按比例放大，提高控制的灵敏度；I（积分）处理是对偏差信号进行积分处理，缓解 P 处理比例放大量过大引起的超调和振荡；D（微分）处理是对偏差信号进行微分处理，以提高控制的迅速性。**

（2）PID 运算指令说明。PID 运算指令说明见表 7-15。

表 7-15　**PID 运算指令说明**

指令名称与功能号	指令符号	指令形式与功能说明	操作数
			S_1、S_2、S_3、D
PID 运算 （FNC88）	PID	┤├──[PID S_1 S_2 S_3 D] 将 S_1 设定值与 S_2 测定值之差按 S_3 设定的参数表进行 PID 运算，运算结果存入 D	D、R

（3）使用举例。

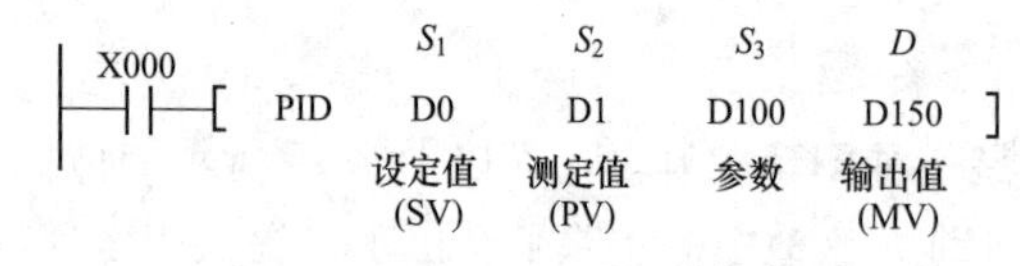

图 7-16　PID 运算指令使用举例

1）指令使用。PID 运算指令使用举例如图 7-16 所示。当常开触点 X000 闭合时，PID 运算指令执行，将 D0 设定值与 D1 测定值之差按 D100～D124 设定的参数表进行 PID 运算，运算结果存入 D150 中。

2）PID 运算指令参数设置。PID 运算的依据是 S_3 指定首地址的 25 个连号数据寄存器保存的参数表。参数表一部分内容必须在执行 PID 指令前由用户用指令写入（如用 MOV 指令），一部分留作内部运算使用，还有一部分用来存入运算结果。S_3～S_3+24 保存的参数表内容见表 7-16。

表 7-16 S_3～S_3＋24 保存的参数表内容

元件	功　能
S_3	采样时间（T_s）　1～32767（ms）（但比运算周期短的时间数值无法执行）
S_3＋1	动作方向（ACT） bit0 0—正动作（如空调控制）；1—逆动作（如加热炉控制） bit1 0—输入变化量报警无；1—输入变化量报警有效 bit2 0—输出变化量报警无；1—输出变化量报警有效 bit3 不可使用 bit4 自动调谐不动作；1—执行自动调谐 bit5 输出值上下限设定无效；1—输出值上下限设定有效 bit6～bit15 不可使用 注意不要使 bit5t 和 bit2 同时处于 ON
S_3＋2	输入滤波常数（α）　0～99［%］　0 时没有输入滤波
S_3＋3	比例增益（K_p）　1～32767［%］
S_3＋4	积分时间（$T1$）　0～32767（×100ms）0 时作为∞处理（无积分）
S_3＋5	微分增益（KD）　0～100［%］　0 时无积分增益
S_3＋6	微分时间（TD）　0～32767（×10ms）　0 时无微分处理
S_3＋7～ S_3＋19	PID 运算的内部处理占用
S_3＋20	输入变化量（增侧）报警设定值　0～32767　（S_3＋1<ACT>的 bitl＝1 时有效）
S_3＋21	输入变化量（减侧）报警设定值　0～32767　（S_3＋1<ACT>的 bitl＝1 时有效）
S_3＋22	输出变化量（增侧）报警设定值　0～32767　（S_3＋1<ACT>的 bit2＝1，bit5＝1 时有效）
	另外，输出上限设定值　－32768～32767　（S_3＋1<ACT>的 bit2＝0，bit5＝1 时有效）
S_3＋23	输出变化量（减侧）报警设计值　0～32767（S_3＋1<ACT>的 bit2＝1，bit5＝0 时有效） 另外，输出下限设定值　－32768～32767（S_3＋1<ACT>的 bit2＝0，bit5＝1 时有效）
S_3＋24	报警输出 bit0 输入变化量（增侧）溢出 bit1 输入变化量（增侧）溢出 bit2 输出变化量（增侧）溢出 bit3 输出变化量（增侧）溢出 （S_3＋1<ACT>的 bit1＝1 或 bit2＝1 时有效）

3）PID 控制应用举例。在恒压供水 PID 控制系统中，压力传感器将水压大小转换成电信号，该信号是模拟量，PLC 无法直接接收，需要用电路将模拟量转换成数字量，再将数字量作为测定值送入 PLC，将它与设定值之差进行 PID 运算，运算得到控制值，控制值是数字量，变频器无法直接接受，需要用电路将数字量控制值转换成模拟量信号，去控制变频器，使变频器根据控制信号来调制泵电机的转速，以实现恒压供水。

三菱 FX2N 型 PLC 有专门配套的模拟量输入/输出功能模块 FX0N-3A，在使用时将它用专用电缆与 PLC 连接好。PID 控制恒压供水的硬件连接如图 7-17 所示，再将模拟输入端接压力传感器，模拟量输出端接变频器。在工作时，压力传感器送来的反映压力大小的电信号进入 FX0N-3A 模块转换成数字量，再送入 PLC 进行 PID 运算，运算得到的控制值送入 FX0N-3A 转换成模拟量控制信号，该信号去调节变频器的频率，从而调节泵电机的转速。

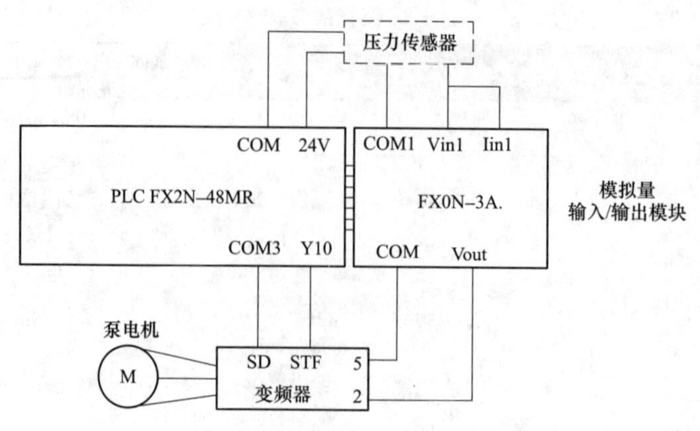

图 7-17 PID 控制恒压供水的硬件连接

7.2 浮点数运算类指令

7.2.1 指令一览表

浮点数运算类指令有 25 条，各指令的功能号、符号、形式、名称和支持的 PLC 系列见表 7-17。

表 7-17 浮点数运算类指令一览

功能号	指令符号	指令形式	指令名称	支持的 PLC 系列									
				FX3S	FX3G	FX3GC	FX3U	FX3UC	FX1S	FX1N	FX1NC	FX2N	FX2NC
110	ECMP	ECMP S_1 S_2 D	二进制浮点数比较	○	○	○	○	○	—	—	—	○	○
111	EZCP	EZCP S_1 S_2 S D	二进制浮点数区间比较	—	—	—	○	○	—	—	—	○	○
112	EMOV	EMOV S D	二进制浮点数数据传递	○	○	○	○	○	—	—	—	—	—
116	ESTR	ESTR S_1 S_2 D	二进制浮点数→字符串的转换	—	—	—	○	○	—	—	—	—	—
117	EVAL	EVAL S D	字符串→二进制浮点数的转换	—	—	—	○	○	—	—	—	—	—
118	EBCD	EBCD S D	二进制浮点数→十进制浮点数的转换	—	—	—	○	○	—	—	—	○	○
119	EBIN	EBIN S D	十进制浮点数→二进制浮点数的转换	—	—	—	○	○	—	—	—	○	○
120	EADD	EADD S_1 S_2 D	二进制浮点数加法运算	○	○	○	○	○	—	—	—	○	○
121	ESUB	ESUB S_1 S_2 D	二进制浮点数减法运算	○	○	○	○	○	—	—	—	○	○
122	EMUL	EMUL S_1 S_2 D	二进制浮点数乘法运算	○	○	○	○	○	—	—	—	○	○

续表

功能号	指令符号	指令形式	指令名称	支持的 PLC 系列									
				FX3S	FX3G	FX3GC	FX3U	FX3UC	FX1S	FX1N	FX1NC	FX2N	FX2NC
123	EDIV	EDIV S_1 S_2 D	二进制浮点数除法运算	○	○	○	○	○	—	—	—	○	○
124	EXP	EXP S D	二进制浮点数指数运算	—	—	—	○	○	—	—	—	—	—
125	LOGE	LOGE S D	二进制浮点数自然对数运算	—	—	—	○	○	—	—	—	—	—
126	LOG10	LOG10 S D	二进制浮点常用对数运算	—	—	—	○	○	—	—	—	—	—
127	ESQR	ESQR S D	二进制浮点数开方运算	○	○	○	○	○	—	—	—	○	○
128	ENEG	ENEG D	二进制浮点数符号翻转	—	—	—	○	○	—	—	—	—	—
129	INT	INT S D	二进制浮点数→BIN 整数的转换	○	○	○	○	○	—	—	—	○	○
130	SIN	SIN S D	二进制浮点数 SIN 运算	—	—	—	○	○	—	—	—	○	○
131	COS	COS S D	二进制浮点数 COS 运算	—	—	—	○	○	—	—	—	○	○
132	TAN	TAN S D	二进制浮点数 TAN 运算	—	—	—	○	○	—	—	—	○	○
133	ASIN	ASIN S D	二进制浮点数 SIN^{-1}运算	—	—	—	○	○	—	—	—	—	—
134	ACOS	ACOS S D	二进制浮点数 COS^{-1}运算	—	—	—	○	○	—	—	—	—	—
135	AIAN	ATAN S D	二进制浮点数 TAN^{-1}运算	—	—	—	○	○	—	—	—	—	—
136	RAD	RAD S D	二进制浮点数角度→弧度的转换	—	—	—	○	○	—	—	—	—	—
137	DEG	DEG S D	二进制浮点数弧度→角度的转换	—	—	—	○	○	—	—	—	—	—

7.2.2 指令精解

1. 关于浮点数的知识

浮点数是指用符号、指数和尾数组合形式表示的实数。三菱 FX 系列 PLC 的浮点数用 2 个字元件（32 位）存储。

（1）二进制 32 位浮点数的表示与存储。**二进制 32 位浮点数表达式为**

$$\text{二进制 32 位浮点数} = (-1)^{s}2^{e-127}(1.f)$$

式中，s 为符号，0 表示正数，1 表示负数；e 为指数，e=0～255，e－127=－127～128；f 为尾数，$0 \leqslant f < 1$。

二进制 32 位浮点数占用两个字（32 位）存储空间，其存储格式如图 7-18 所示。

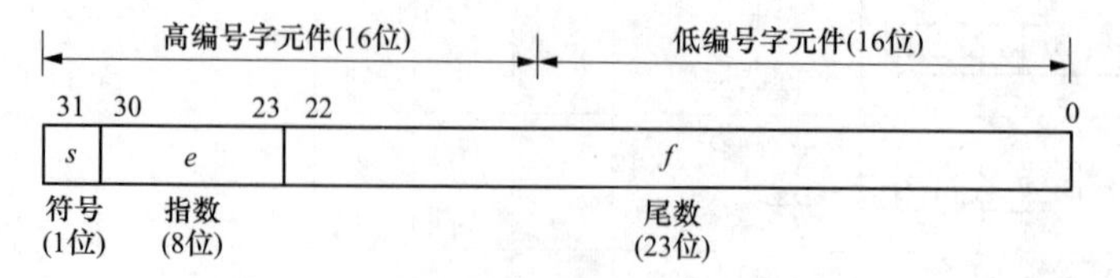

图 7-18　二进制 32 位浮点数存储格式

（2）二进制 32 位浮点数与十进制数的转换。在将二进制 32 位浮点数转换为十进制数时，只要计算"$(-1)^s 2^{e-127}(1.f)$"的值即可得到十进制数。图 7-19 所示为一个二进制 32 位浮点数，现将其转换成十进制数。

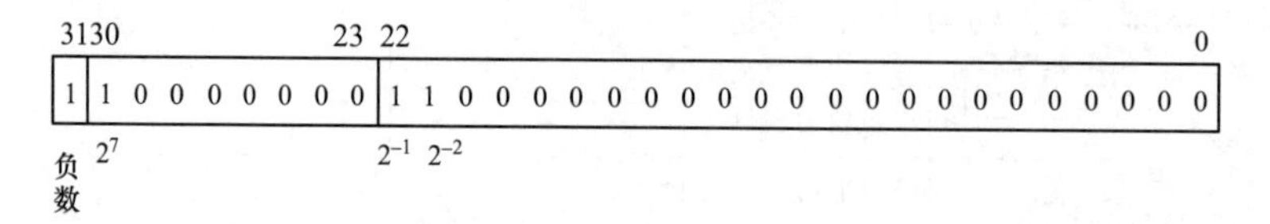

图 7-19　二进制 32 位浮点数与十进制数的转换举例

1）第 31 位（符号位）为 1，即 $s=1$，表示负数；

2）30～23 位（指数位）为 10000000，表示指数 $e=2^7=128$，$e-127=128-127=1$；

3）22～0 位（尾数位）为 110 0000 0000 0000 0000 0000 表示 $f=(2^{22}+2^{21})\times 2^{-23}=2^{-1}+2^{-2}=0.75$。

故图 7-17 中的二进制 32 位浮点数转换成十进制浮点数为

$$(-1)^s 2^{e-127}(1.f)=(-1)^1\times 2^{128-127}\times(1.75)=-3.5$$

2. 二进制浮点数比较指令

（1）指令说明。二进制浮点数比较指令说明见表 7-18。

表 7-18　　二进制浮点数比较指令说明

指令名称与功能号	指令符号	指令形式与功能说明	操作数（16/32 位）	
			S_1、S_2（实数）	D（位型）
二进制浮点数比较（FNC110）	(D) ECMP (P)	ECMP S_1 S_2 D 将 S_1 浮点数与 S_2 浮点数进行比较，若 $S_1>S_2$，将 D 置 1，若 $S_1=S_2$，将 $D+1$ 置 1，若 $S_1<S_2$，将 $D+2$ 置 1	K、H、E、D、R、变址修饰	Y、M、S、D□. b、变址修饰

（2）使用举例。二进制浮点数比较指令使用举例如图 7-20 所示。当 X010 触点闭合时，指令 DECMP 执行，将 D11、D10 中的浮点数与实数－1.23 进行比较，若 D11、D10 的值>－1.23，M0 置 1，若 D11、D10 的值=－1.23，M1 置 1，若 D11、D10 的值<－1.23，M2 置 1。

3. 二进制浮点数区间比较指令

（1）指令说明。二进制浮点数区间比较指令说明见表 7-19。

X010 [DECMP S_1 D10 S_2 E−1.23 D M0]

M0

M1 若D11、D10的值>−1.23，M0置1

若D11、D10的值＝−1.23，M1置1

M2 若D11、D10的值<−1.23，M2置1

图 7-20　二进制浮点数比较指令使用举例

表 7-19　　二进制浮点数区间比较指令说明

指令名称与功能号	指令符号	指令形式与功能说明	操作数	
			S_1、S_2、S（实数）	D（位型）
二进制浮点数区间比较（FNC111）	(D) EZCP (P)	EZCP S_1 S_2 S D 将 S 的浮点数与 S_1（小值）、S_2（大值）进行比较，若 $S<S_1$，将 D 置 1，若 $S_1 \leqslant S \leqslant S_2$，将 $D+1$ 置 1，若 $S>S_2$，将 $D+2$ 置 1	K、H、E D、R、变址修饰	Y、M、S、D□.b、变址修饰

（2）使用举例。二进制浮点数区间比较指令使用举例如图 7-21 所示。当 X000 触点闭合时，若 D30 值<E1.23−2（即 1.23×10^{-2}），将辅助继电器 M3 置 1（M3 常开触点会闭合），若 E1.23−2≤D30 值≤K120，将辅助继电器 M4 置 1，若 D30>K120，将辅助继电器 M5 置 1。

若指令中使用了常数 K、H，在执行指令时会自动将其转换成二进制浮点数进行比较。在使用区间比较指令时，要求第一源操作数 S1 小于第二源操作数 S2。

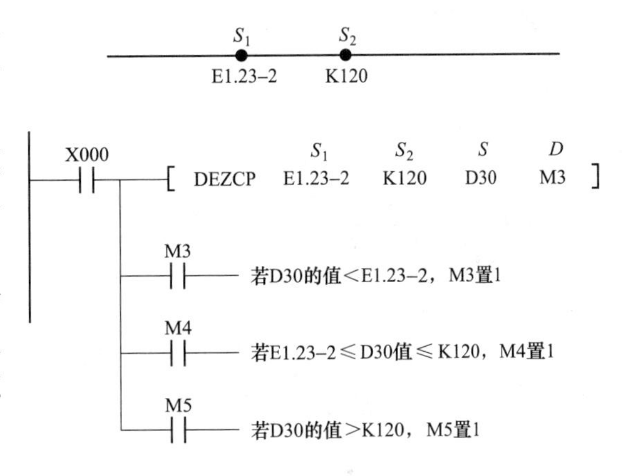

图 7-21　二进制浮点数区间比较指令使用举例

4. 二进制浮点数传送指令

（1）指令格式。二进制浮点数传送指令见表 7-20。

表 7-20　　二进制浮点数传送指令说明

指令名称与功能号	指令符号	指令形式与功能说明	操作数	
			S（实数）	D（实数）
二进制浮点数传送（FNC112）	(D) EMOV (P)	EMOV S D 将 S 的浮点数传送给 D	E、D、R、变址修饰	D、R、变址修饰

（2）使用举例。二进制浮点数传送指令使用举例如图 7-22 所示。当常开触点 X007 闭合时，指令 DEMOVP 执行，将 D11、D10 中的浮点数送入 D1、D0。

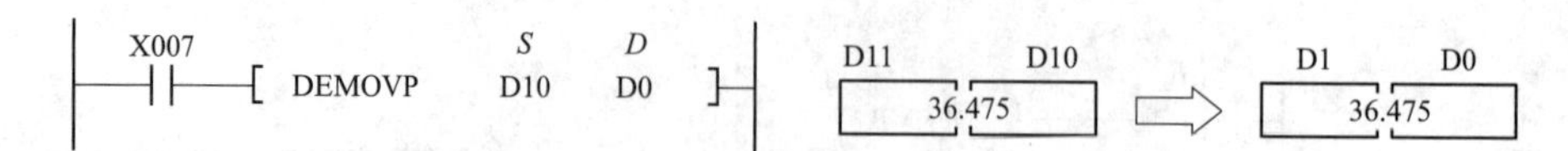

图 7-22　二进制浮点数传送指令使用举例

5. 二进制浮点数→字符串的转换指令

（1）指令说明。二进制浮点数→字符串的转换指令说明见表 7-21。

表 7-21　　二进制浮点数→字符串的转换指令

指令名称与功能号	指令符号	指令形式与功能说明	操作数		
			S_1（实数）	S_2（16 位）	D（字符串）
二进制浮点数→字符串的转换（FNC116）	（D）ESTR（P）	ESTR S_1 S_2 D 将 S 的浮点数按 S_2 的设置转换成字符串，再传送给 D	E、D、R、变址修饰	KnX、KnY、KnM、KnS、T、C、D、R、变址修饰	KnY、KnM、KnS、T、C、D、R、变址修饰

（2）使用举例。二进制浮点数→字符串的转换指令使用举例如图 7-23 所示。当常开触点 X000 闭合时，指令 DESTRP 执行，按照 R10、R11、R12 值的规定，将 R1、R0（R 为扩展寄存器，仅 FX3U/3G 支持）中的浮点数转换成字符串（字符串即字符的 ASCII 码，如字符“3”的字符串就是“3”的 ASCII 码“33H”），存放在 D0 为起始的后续元件中。

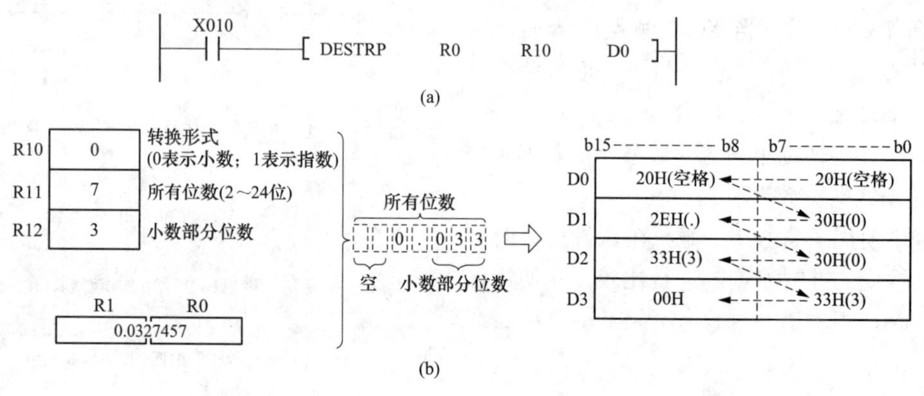

图 7-23　二进制浮点数→字符串的转换指令使用举例

（a）指令；（b）说明

6. 字符串→二进制浮点数的转换指令

（1）指令说明。字符串→二进制浮点数的转换指令说明见表 7-22。

表 7-22　　字符串→二进制浮点数的转换指令说明

指令名称与功能号	指令符号	指令形式与功能说明	操作数	
			S（字符串）	D（实数）
字符串→二进制浮点数的转换（FNC117）	（D）EVAL（P）	EVAL S D 将 S 中的字符串转换成二进制浮点数，存入 D	KnX、KnY、KnM、KnS、T、C、D、R、变址修饰	D、R、变址修饰

（2）使用举例。字符串→二进制浮点数的转换指令使用举例如图 7-24 所示。当常开触点 X000 闭合时，指令 DEVALP 执行，将 R0 为起始的连续元件中的字符串转换成二进制浮点数，存入 D1、D0。在

转换时，若去除了符号、小数点、指数部分后仍然有 7 位数以上时，应舍去第 7 位及之后的数。

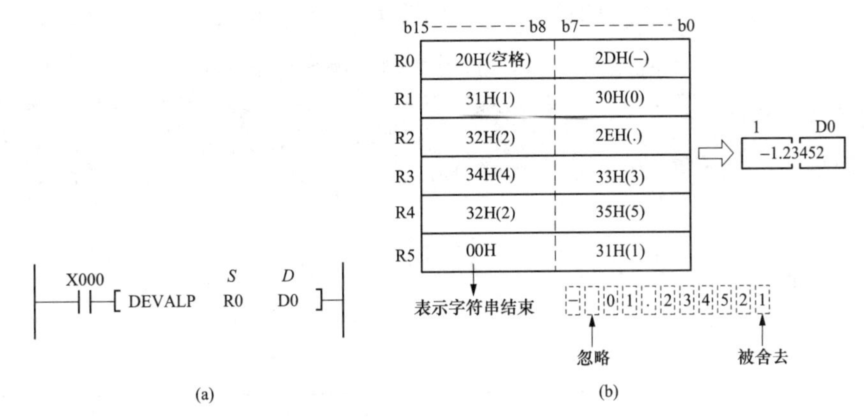

图 7-24　字符串→二进制浮点数的转换指令使用举例

（a）指令；（b）说明

7．二进制浮点数→十进制浮点数的转换指令

（1）指令说明。二进制浮点数→十进制浮点数的转换指令说明见表 7-23。

表 7-23　　二进制浮点数→十进制浮点数的转换指令说明

指令名称与功能号	指令符号	指令形式与功能说明	操作数	
			S（二进制实数）	*D*（十进制实数）
二进制浮点数→十进制浮点数的转换（FNC118）	（D）EBCD（P）	EBCD *S* *D* 将 *S* 的二进制浮点数转换成十进制浮点数，存入 *D*	D、R、变址修饰	D、R、变址修饰

（2）使用举例。二进制浮点数→十进制浮点数的转换指令的使用如图 7-25 所示。当常开触点 X000 闭合时，指令 DEBCD 执行，将 D1、D0 中的二进制浮点数转换成十进制浮点数，存入 D11、D10。

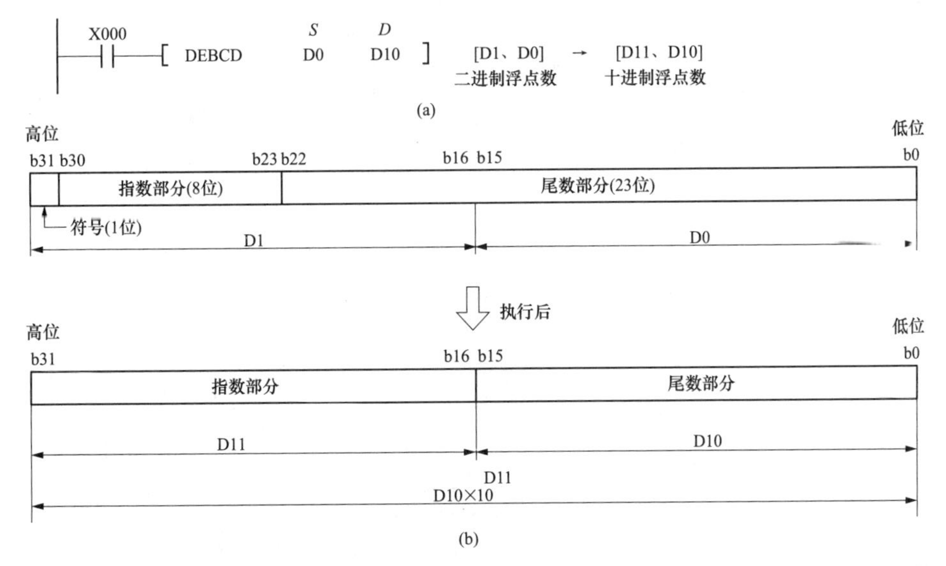

图 7-25　二进制浮点数→十进制浮点数的转换指令使用举例

（a）指令；（b）说明

8．十进制浮点数→二进制浮点数的转换指令

（1）指令说明。十进制浮点数→二进制浮点数的转换指令说明见表 7-24。

表 7-24　　十进制浮点数→二进制浮点数的转换指令说明

指令名称与功能号	指令符号	指令形式与功能说明	操作数	
			S（十进制实数）	*D*（二进制实数）
十进制浮点数→二进制浮点数的转换（FNC119）	（D）EBIN（P）	EBIN *S* *D* 将 *S* 的十进制浮点数转换成二进制浮点数，存入 *D*	D、R、变址修饰	D、R、变址修饰

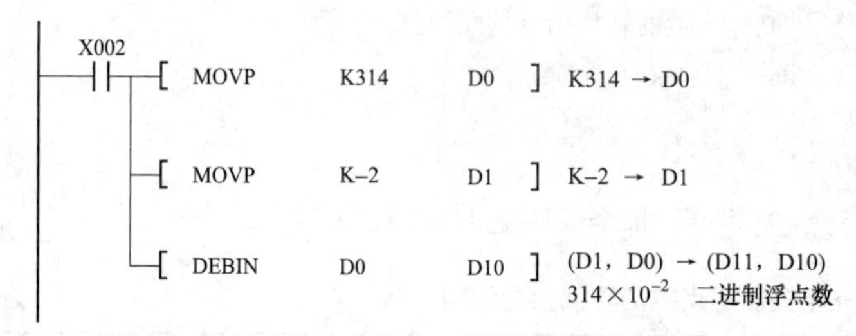

图 7-26　十进制浮点数→二进制浮点数的转换指令使用举例

（2）使用举例。十进制浮点数→二进制浮点数的转换指令使用举例如图 7-26 所示。当常开触点 X002 闭合时，先后执行两个数据传送指令 MOV，将十进制数浮点数的尾数 314 和指数 −2 分别传送到 D0、D1，然后执行指令 DEBIN，将 D1、D0 中的十进制浮点数转换成二进制数浮点数，存入 D11、D10。

9．二进制浮点数加法运算指令

（1）指令说明。二进制浮点数加法运算指令说明见表 7-25。

表 7-25　　二进制浮点数加法运算指令说明

指令名称与功能号	指令符号	指令形式与功能说明	操作数	
			S_1、S_2（实数）	*D*（实数）
二进制浮点数加法运算（FNC120）	（D）EADD（P）	EADD S_1 S_2 *D* 将 S_1、S_2 中的二进制浮点数相加，结果存入 *D*	K、H、E、D、R、变址修饰	D、R、变址修饰

（2）使用举例。二进制浮点数加法运算指令使用举例如图 7-27 所示。当常开触点 X000 闭合时，指令 DEADD 执行，将常数 150 与 D21、D20 中的浮点数相加，结果存入 D31、D30。若指令中使用了 K、H 常数，指令执行时会自动转换成二进制浮点数。

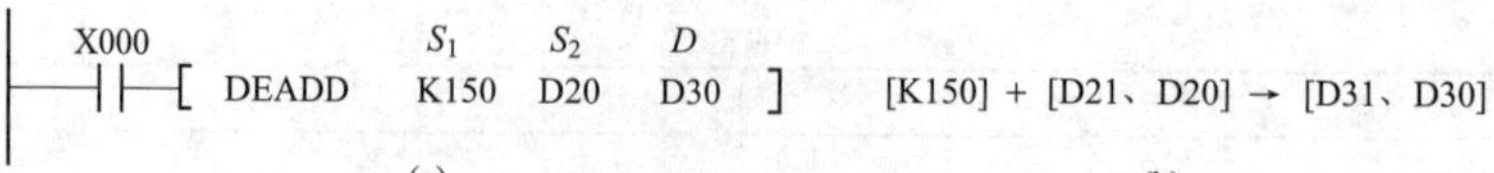

X000 [DEADD　S_1 K150　S_2 D20　*D* D30]　　[K150] + [D21、D20] → [D31、D30]

（a）　　（b）

图 7-27　二进制浮点数加法运算指令使用举例

（a）指令；（b）说明

10．二进制浮点数减法运算指令

（1）指令说明。二进制浮点数减法运算指令说明见表 7-26。

表 7-26　　二进制浮点数减法运算指令说明

指令名称与功能号	指令符号	指令形式与功能说明	操作数	
			S_1、S_2（实数）	D（实数）
二进制浮点数减法运算（FNC121）	（D）ESUB（P）	ESUB S_1 S_2 D 将 S_1、S_2 中的二进制浮点数相减，结果存入 D	K、H、E、D、R、变址修饰	D、R、变址修饰

（2）使用举例。二进制浮点数减法运算指令使用举例如图 7-28 所示。当常开触点 X000 闭合时，指令 DESUB 执行，将 D11、D10 与 D21、D20 中的浮点数相加，结果存入 D31、D30。

X000 [DESUB S_1 D10 S_2 D20 D D30]　　[D11 D10] — [D21、D20] → [D31、D30]

(a)　　(b)

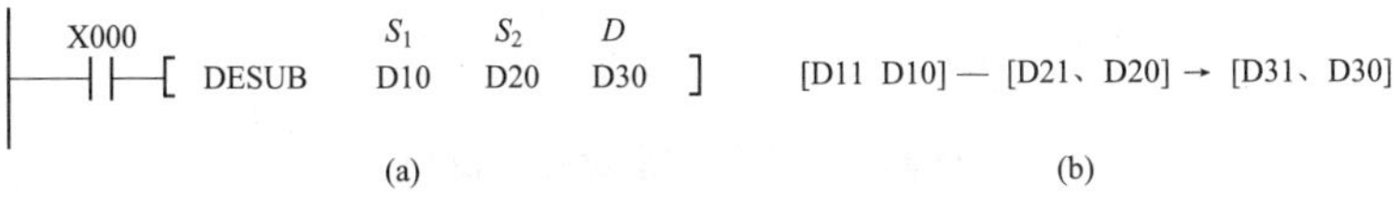

图 7-28　二进制浮点数减法运算指令使用举例

（a）指令；（b）说明

11. 二进制浮点数乘法运算指令

（1）指令说明。二进制浮点数乘法运算指令说明见表 7-27。

表 7-27　　二进制浮点数乘法运算指令说明

指令名称与功能号	指令符号	指令形式与功能说明	操作数	
			S_1、S_2（实数）	D（实数）
二进制浮点数乘法运算（FNC122）	（D）EMUL（P）	EMUL S_1 S_2 D 将 S_1、S_2 中的二进制浮点数相乘，结果存入 D	K、H、E、D、R、变址修饰	D、R、变址修饰

（2）使用举例。二进制浮点数乘法运算指令的使用如图 7-29 所示。当常开触点 X000 闭合时，指令 DEMUL 执行，将常数 150 与 D21、D20 中的二进制浮点数相乘，结果存入 D31、D30。若指令中使用了 K、H 常数，指令执行时会自动转换成二进制浮点数。

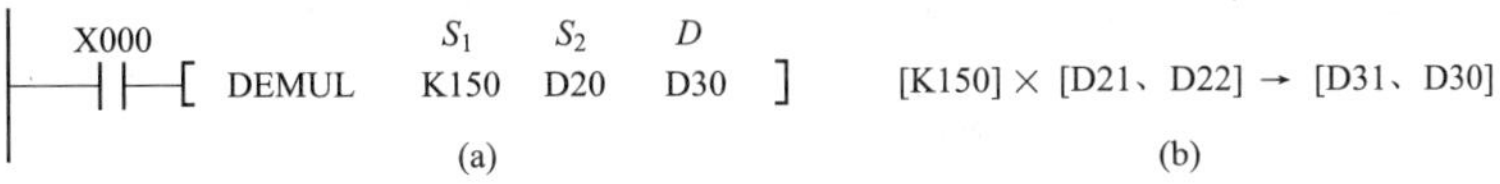

X000 [DEMUL S_1 K150 S_2 D20 D D30]　　[K150] × [D21、D22] → [D31、D30]

(a)　　(b)

图 7-29　二进制浮点数乘法运算指令使用举例

（a）指令；（b）说明

12. 二进制浮点数除法运算指令

（1）指令说明。二进制浮点数除法运算指令说明见表 7-28。

表 7-28　　二进制浮点数除法运算指令说明

指令名称与功能号	指令符号	指令形式与功能说明	操作数	
			S_1、S_2（实数）	D（实数）
二进制浮点数除法运算（FNC123）	（D）EDIV（P）	EDIV S_1 S_2 D 将 S_1、S_2 中的二进制浮点数相除，结果存入 D	K、H、E、D、R、变址修饰	D、R、变址修饰

（2）使用举例。二进制浮点数除法运算指令使用举例如图 7-30 所示。当常开触点 X000 闭合时，指令 DEDIV 执行，将 D21、D20 中的二进制浮点数与常数 150 相除，结果存入 D31、D30。若指令中使用了 K、H 常数，指令执行时会自动转换成二进制浮点数。

X000 —[DEDIV　S_1 D20　S_2 K150　D D30]

(a)

[D21、D22] ÷ [K150] → [D31、D30]

(b)

图 7-30　二进制浮点数除法运算指令使用举例

（a）指令；（b）说明

13. 二进制浮点数指数运算指令

（1）指令说明。二进制浮点数指数运算指令说明见表 7-29。

表 7-29　二进制浮点数指数运算指令说明

指令名称与功能号	指令符号	指令形式与功能说明	操作数	
			S（实数）	*D*（实数）
二进制浮点数指数运算（FNC124）	(D) EXP (P)	—┤├—[EXP *S* *D*] 计算以 e 为底、*S* 为指数的值（即求 e^S 值），结果存入 *D*，e=2.71828	E、D、R、变址修饰	D、R、变址修饰

（2）使用举例。二进制浮点数指数运算指令使用举例如图 7-31 所示。当常开触点 X000 闭合时，指令 DEXP 执行，计算 e^S 的值，其中 e=2.71828，*S* 值为 D11、D10 中的二进制浮点数，结果存入 D21、D20。

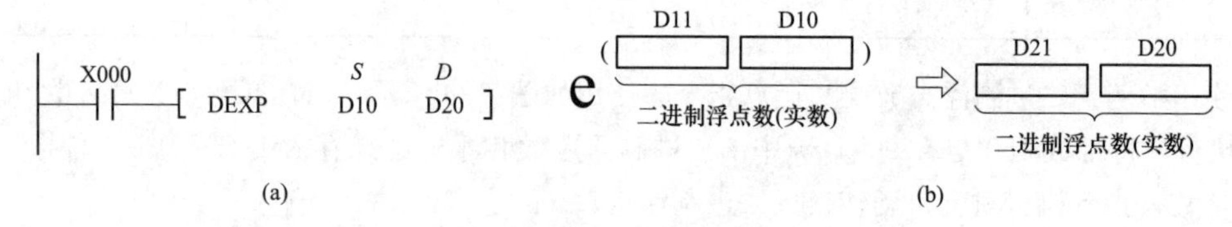

图 7-31　二进制浮点数指数运算指令使用举例

（a）指令；（b）说明

14. 二进制浮点数自然对数运算指令

（1）指令说明。二进制浮点数自然对数运算指令说明见表 7-30。

表 7-30　二进制浮点数自然对数运算指令说明

指令名称与功能号	指令符号	指令形式与功能说明	操作数	
			S（实数）	*D*（实数）
二进制浮点数自然对数运算（FNC125）	(D) LOGE (P)	—┤├—[LOGE *S* *D*] 计算 e 为底、*S* 的自然对数的值（即求 $\log_e S$ 值），结果存入 *D*，e=2.71828	E、D、R、变址修饰	D、R、变址修饰

（2）使用举例。二进制浮点数自然对数运算指令使用举例如图 7-32 所示。当常开触点 X000 闭合时，指令 DLOGE 执行，计算 $\log_e S$ 的值，其中 e=2.71828，S 值为 D11、D10 中的二进制浮点数，结果存入 D21、D20。

图 7-32　二进制浮点数自然对数运算指令使用举例
（a）指令；（b）说明

15. 二进制浮点数常用对数运算指令

（1）指令说明。二进制浮点数常用对数运算指令说明见表 7-31。

表 7-31　二进制浮点数常用对数运算指令说明

指令名称与功能号	指令符号	指令形式与功能说明	操作数	
			S（实数）	D（实数）
二进制浮点数常用对数运算（FNC126）	(D) LOG10 (P)	[LOG10 S D] 计算以 10 为底、S 的常用对数的值（即求 $\log_{10}S$ 值），结果存入 D	E、D、R、变址修饰	D、R、变址修饰

（2）使用举例。二进制浮点数常用对数运算指令使用举例如图 7-33 所示。当常开触点 X000 闭合时，指令 DLOG10 执行，计算 $\log_{10} S$ 的值，S 值为 D11、D10 中的二进制浮点数，结果存入 D21、D20。

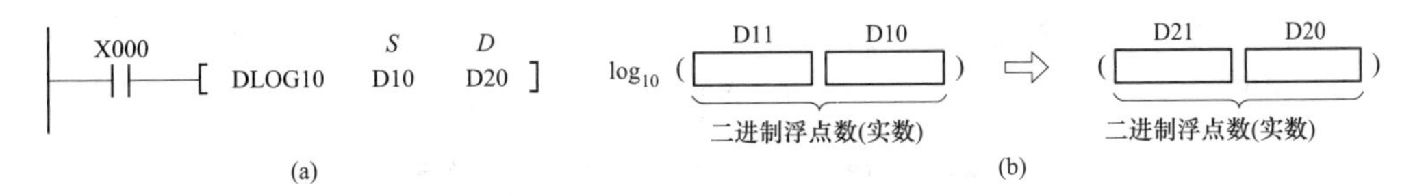

图 7-33　二进制浮点数常用对数运算指令使用举例
（a）指令；（b）说明

16. 二进制浮点数开方运算指令

（1）指令说明。二进制浮点数开方运算指令说明见表 7-32。

表 7-32　二进制浮点数开方运算指令说明

指令名称与功能号	指令符号	指令形式与功能说明	操作数	
			S（实数）	D（实数）
二进制浮点数开方运算（FNC127）	(D) ESQR (P)	[ESQR S D] 对 S 进行开方运算，结果存入 D	K、H、E、D、R、变址修饰	D、R、变址修饰

（2）使用举例。二进制浮点数开方运算指令使用举例如图 7-34 所示。当常开触点 X000 闭合时，指

令 DESQR 执行，对 D11、D10 中的二进制浮点数进行开方运算，结果存入 D21、D20。

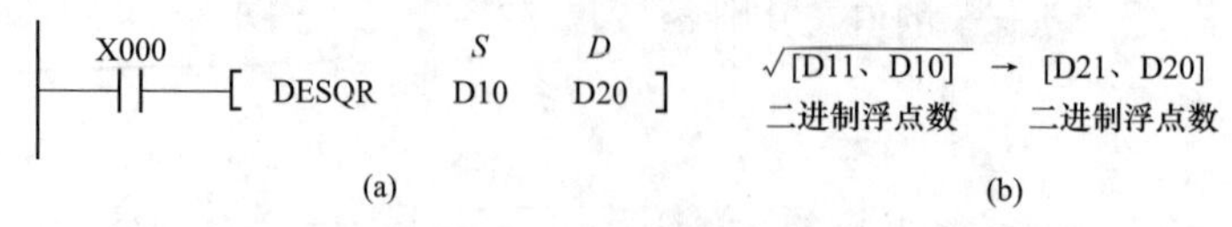

图 7-34　二进制浮点数开方运算指令使用举例

（a）指令；（b）说明

17. 二进制浮点数符号翻转指令

（1）指令说明。二进制浮点数符号翻转指令说明见表 7-33。

表 7-33　　二进制浮点数符号翻转指令说明

指令名称与功能号	指令符号	指令形式与功能说明	操作数
			D（实数）
二进制浮点数符号翻转（FNC128）	(D) ENEG (P)	ENEG *D* 将 *D* 的二进制浮点数符号变反	D、R、变址修饰

（2）使用举例。二进制浮点数符号翻转指令使用举例如图 7-35 所示。当常开触点 X000 闭合时，指令 DENEGP 执行，将 D101、D100 中的二进制浮点数进行符号翻转（正→负，负→正）。

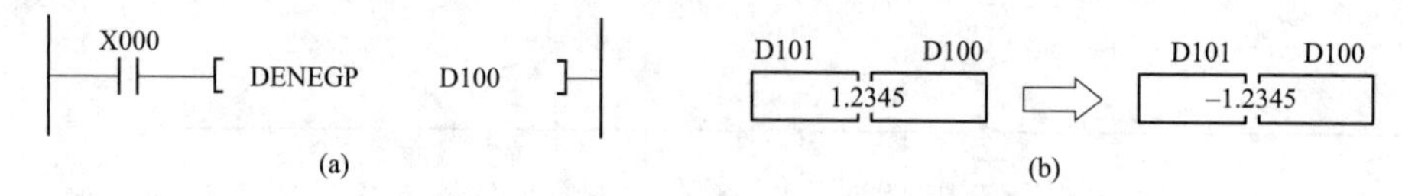

图 7-35　二进制浮点数符号翻转指令使用举例

（a）指令；（b）说明

18. 二进制浮点数→二进制整数的转换指令

（1）指令说明。二进制浮点数→二进制整数的转换指令说明见表 7-34。

表 7-34　　二进制浮点数→二进制整数的转换指令说明

指令名称与功能号	指令符号	指令形式与功能说明	操作数	
			S（实数）	*D*（16/32 位）
二进制浮点数→二进制整数的转换（FNC129）	(D) INT (P)	INT *S* *D* 将 *S* 中的二进制浮点数转换成二进制整数，存入 *D*	E、D、R、变址修饰	D、R、变址修饰

（2）使用举例。二进制浮点数→二进制整数的转换指令使用举例如图 7-36 所示。当常开触点 X000 闭合时，指令 INT 执行，将 D11、D10 中的二进制浮点数转换成二进制整数，结果存入 D20，若使用 32 位指令 DINT，则存入 D21、D20。

X000　[INT　*S* D10　*D* D20]

D11、D10 → D20
二进制浮点数　16位二进制整数
小数点以后舍去

(a)　(b)

图 7-36　二进制浮点数→二进制整数的转换指令使用举例

（a）指令；（b）说明

19. 二进制浮点数 SIN 运算指令

（1）指令说明。二进制浮点数 SIN 运算指令说明见表 7-35。

表 7-35　二进制浮点数 SIN 运算指令说明

指令名称与功能号	指令符号	指令形式与功能说明	操作数	
			S（实数）	*D*（实数）
二进制浮点数 SIN 运算 （FNC130）	（D） SIN （P）	[SIN *S* *D*] 将 *S* 的值作为角度值，计算 sin*S*，结果存入 *D*	E、D、R、 变址修饰	D、R、变址修饰

（2）使用举例。二进制浮点数 SIN 运算指令使用举例如图 7-37 所示。当常开触点 X001 闭合时，指令 DSIN 执行，将 D31、D30 中的二进制浮点数作为角度值，计算 sin（D31、D30）的值，结果存入 D101、D100。

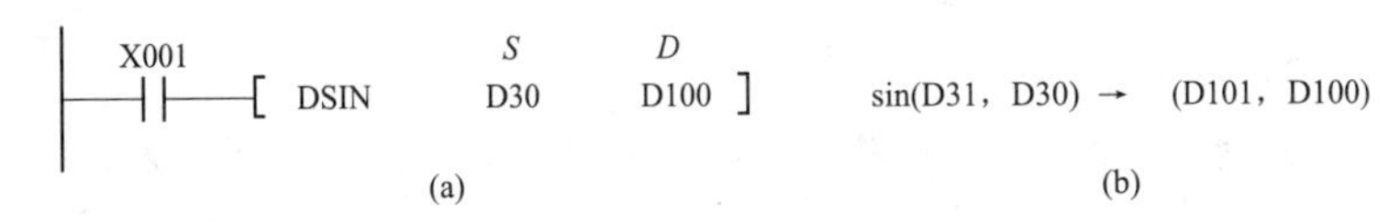

图 7-37　二进制浮点数 SIN 运算指令使用举例
（a）指令；（b）说明

20. 二进制浮点数 COS 运算指令

（1）指令说明。二进制浮点数 COS 运算指令说明见表 7-36。

表 7-36　二进制浮点数 COS 运算指令说明

指令名称与功能号	指令符号	指令形式与功能说明	操作数	
			S（实数）	*D*（实数）
二进制浮点数 COS 运算 （FNC131）	（D） COS （P）	[COS *S* *D*] 将 *S* 的值作为角度值，计算 cos*S*，结果存入 *D*	E、D、R、 变址修饰	D、R、 变址修饰

（2）使用举例。二进制浮点数 COS 运算指令使用举例如图 7-38 所示。当常开触点 X001 闭合时，指令 DCOS 执行，将 D31、D30 中的二进制浮点数作为角度值，计算 cos（D31、D30）的值，结果存入 D101、D100。

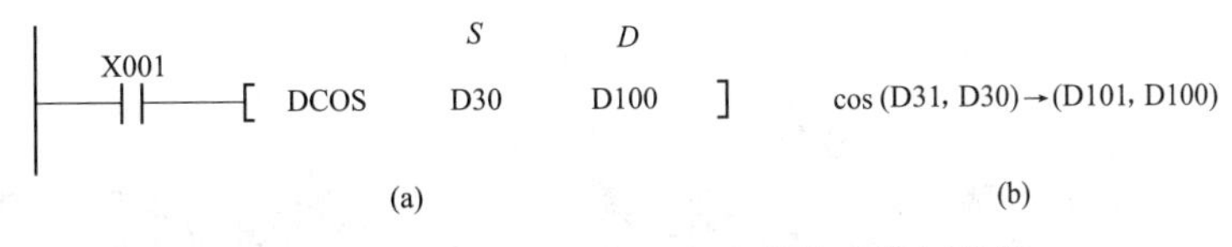

图 7-38　二进制浮点数 COS 运算指令使用举例
（a）指令；（b）说明

21. 二进制浮点数 TAN 运算指令

（1）指令说明。二进制浮点数 TAN 运算指令说明见表 7-37。

表 7-37　　二进制浮点数 TAN 运算指令说明

指令名称与功能号	指令符号	指令形式与功能说明	操作数	
			S（实数）	D（实数）
二进制浮点数 TAN 运算（FNC132）	(D) TAN (P)	TAN S D 将 S 的值作为角度值，计算 tanS，结果存入 D	E、D、R、变址修饰	D、R、变址修饰

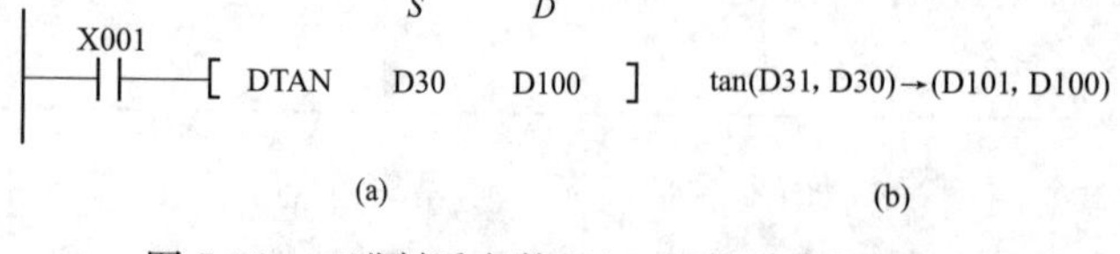

图 7-39　二进制浮点数 TAN 运算指令使用举例
（a）指令；（b）说明

（2）使用举例。二进制浮点数 TAN 运算指令使用举例如图 7-39 所示。当常开触点 X001 闭合时，指令 DTAN 执行，将 D31、D30 中的二进制浮点数作为角度值，计算 tan（D31、D30）的值，结果存入 D101、D100。

22. 二进制浮点数 SIN^{-1}运算指令

（1）指令说明。二进制浮点数 SIN^{-1}运算指令说明见表 7-38。

表 7-38　　二进制浮点数 SIN^{-1}运算指令说明

指令名称与功能号	指令符号	指令形式与功能说明	操作数	
			S（实数）	D（实数）
二进制浮点数 SIN^{-1}运算（FNC133）	(D) ASIN (P)	ASIN S D 计算 arcsinS，结果存入 D	E、D、R、变址修饰	D、R、变址修饰

（2）使用举例。二进制浮点数 SIN^{-1}运算指令使用举例如图 7-40 所示。当常开触点 X001 闭合时，指令 ASIN 执行，计算 arcsin（D31、D30）的值，结果存入 D101、D100。

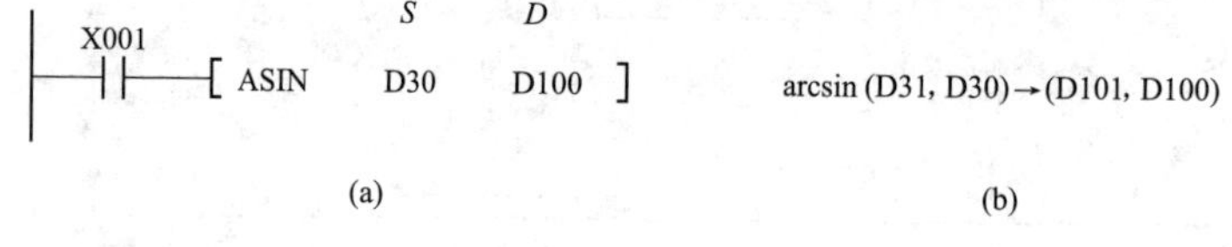

图 7-40　二进制浮点数 SIN^{-1}运算指令使用举例
（a）指令；（b）说明

23. 二进制浮点数 COS^{-1}运算指令

（1）指令说明。二进制浮点数 COS^{-1}运算指令说明见表 7-39。

表 7-39　　二进制浮点数 cos^{-1}运算指令说明

指令名称与功能号	指令符号	指令形式与功能说明	操作数	
			S（实数）	D（实数）
二进制浮点数 COS^{-1}运算（FNC134）	(D) ACOS (P)	ACOS S D 计算 arccosS，结果存入 D	E、D、R、变址修饰	D、R、变址修饰

（2）使用举例。二进制浮点数 COS^{-1} 运算指令使用举例如图 7-41 所示。当常开触点 X001 闭合时，指令 ACOS 执行，计算 arccos（D31、D30）的值，结果存入 D101、D100。

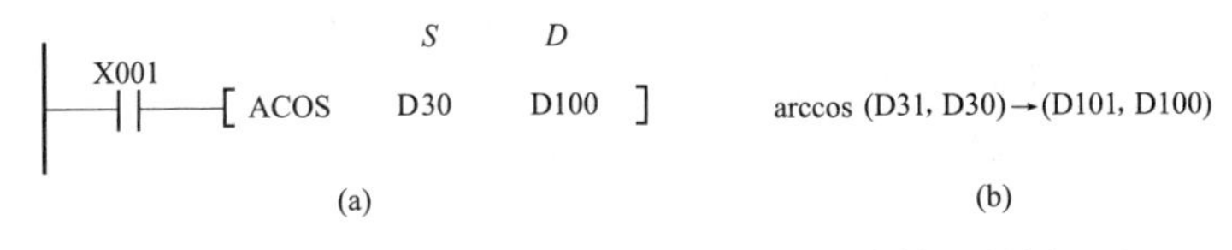

图 7-41　二进制浮点数 COS^{-1} 运算指令使用举例

（a）指令；（b）说明

24. 二进制浮点数 TAN^{-1} 运算指令

（1）指令说明。二进制浮点数 TAN^{-1} 运算指令说明见表 7-40。

表 7-40　二进制浮点数 TAN^{-1} 运算指令说明

指令名称与功能号	指令符号	指令形式与功能说明	操作数	
			S（实数）	*D*（实数）
二进制浮点数 TAN^{-1} 运算（FNC135）	（D）ATAN（P）	ATAN *S* *D* 计算 arctan*S*，结果存入 *D*	E、D、R、变址修饰	D、R、变址修饰

（2）使用举例。二进制浮点数 TAN^{-1} 运算指令的使用如图 7-42 所示。当常开触点 X001 闭合时，指令 ATAN 执行，计算 arctan（D31、D30）的值，结果存入 D101、D100。

S　D

X001 [ATAN　D30　D100]　　arctan (D31, D30)→(D101, D100)

(a)　(b)

图 7-42　二进制浮点数 TAN^{-1} 运算指令使用举例

（a）指令；（b）说明

25. 二进制浮点数角度→弧度的转换指令

角的度量有角度制和弧度制。角度制将圆周分成 360 等份，每一份为 1°，周角为 360°，平角（半周角）为 180°，直角为 90°；弧度制是将圆周上长度等于半径的弧所对应的圆心角作为 1 弧度（用 rad 或 r 表示，一般可以不写），周角为 2π 弧度，平角为 π，直角为 π/2。

角度转成弧度：弧度＝π×角度/180°，如 90°角度对应的弧度数为 π/2。

弧度转成角度：角度＝180°×弧度/π，π/3 弧度对应的角度数为 60°。

（1）指令说明。二进制浮点数角度→弧度的转换指令说明见表 7-41。

表 7-41　二进制浮点数角度→弧度的转换指令说明

指令名称与功能号	指令符号	指令形式与功能说明	操作数	
			S（实数）	*D*（实数）
二进制浮点数角度→弧度的转换（FNC136）	（D）RAD（P）	RAD *S* *D* 将 *S* 值作为角度值转换成弧度值，结果存入 *D*	E、D、R、变址修饰	D、R、变址修饰

（2）使用举例。二进制浮点数角度→弧度的转换指令使用举例如图7-43所示。当常开触点X000闭合时，指令BIN、FLT、DRAD先后执行，指令BIN将X027～X010端（16点）输入的BCD值（0120）转换成BIN值，存入D0，指令FLT将D0中的BIN值（120）转换成浮点数，存入D11、D10，指令DRAD将D11、D10中的角度值转换成弧度值，存入D21、D20。

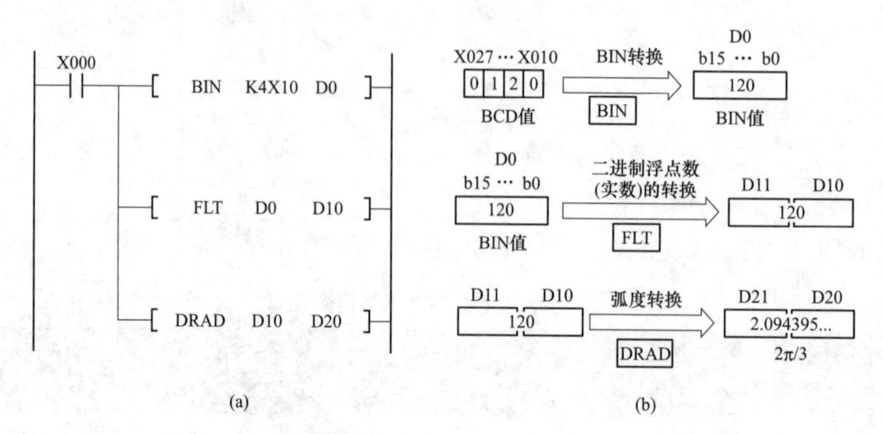

图7-43 二进制浮点数角度→弧度的转换指令使用举例

（a）指令；（b）说明

26. 二进制浮点数弧度→角度的转换指令

（1）指令说明。二进制浮点数弧度→角度的转换指令说明见表7-42。

表7-42 二进制浮点数角度→弧度的转换指令说明

指令名称与功能号	指令符号	指令形式与功能说明	操作数	
			S（实数）	*D*（实数）
二进制浮点数弧度→角度的转换（FNC137）	(D) DEG (P)	DEG *S* *D* 将*S*值作为弧度值转换成角度值，结果存入*D*	E、D、R、变址修饰	D、R、变址修饰

（2）使用举例。弧度转成角度公式为：角度＝180°×弧度/π。二进制浮点数弧度→角度的转换指令使用举例如图7-44所示。当常开触点X000闭合时，指令DDEG、INT、BCD先后执行，指令DDEG将

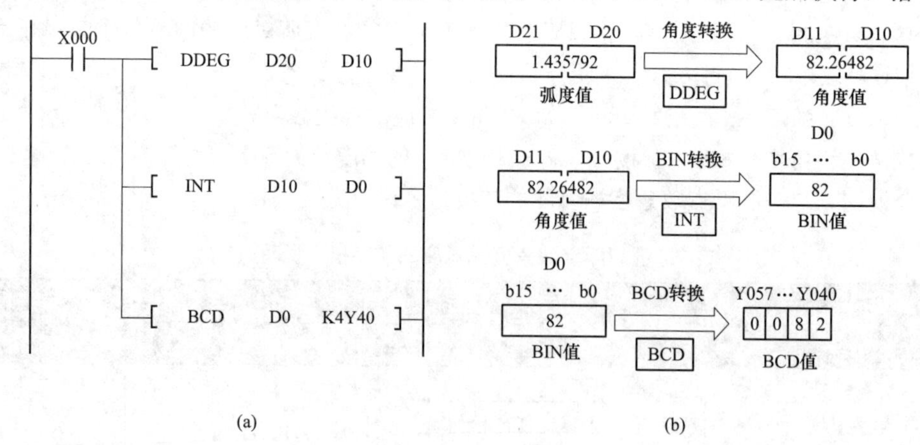

图7-44 二进制浮点数弧度→角度的转换指令使用举例

（a）指令；（b）说明

D21、D20 中的数作为弧度值转换角度值，存入 D11、D10，指令 INT 将 D11、D10 中的角度值（浮点数）转换成 BIN 值（整数），存入 D10，指令 BCD 将 D0 中的 BIN 值转换成 BCD 值，从 Y057～Y040 端（16 点）输出，输出端可以外接显示器，将角度值显示出来。

7.3 定位控制类指令

7.3.1 指令一览表

定位控制类指令有 8 条，各指令的功能号、符号、形式、名称和支持的 PLC 系列见表 7-43。

表 7-43 定位控制类指令一览

功能号	指令符号	指令形式	指令名称	支持的 PLC 系列									
				FX3S	FX3G	FX3GC	FX3U	FX3UC	FX1S	FX1N	FX1NC	FX2N	FX2NC
150	DSZR	DSZR S_1 S_2 D_1 D_2	带 DOG 搜索的原点回归	○	○	○	○	○	—	—	—	—	—
151	DVIT	DVIT S_1 S_2 D_1 D_2	中断定位	—	—	—	○	○	—	—	—	—	—
152	TBL	TBL D n	表格设定定位	—	○	○	○	○	—	—	—	—	—
155	ABS	ABS S D_1 D_2	读出 ABS 当前值	○	○	○	○	○	○	○	○	○	○
156	ZRN	ZRN S_1 S_2 S_3 D	原点回归	○	○	○	○	○	○	○	○	—	—
157	PLSV	PLSV S D_1 D_2	可变速脉冲输出	○	○	○	○	○	○	○	○	—	—
158	DRVI	DRVI S_1 S_2 D_1 D_2	相对定位	○	○	○	○	○	○	○	○	—	—
159	DRVA	DRVA S_1 S_2 D_1 D_2	绝对定位	○	○	○	○	○	○	○	○	—	—

7.3.2 指令精解

1. 带 DOG 搜索的原点回归指令

（1）指令说明。带 DOG 搜索的原点回归指令说明见表 7-44。

表 7-44 带 DOG 搜索的原点回归指令说明

指令名称与功能号	指令符号	指令形式与功能说明	操作数（位型）			
			S_1	S_2	D_1	D_2
带 DOG 搜索的原点回归（FNC150）	DSZR	DSZR S_1 S_2 D_1 D_2 指令执行时，从 D_1、D_2 端分别输出脉冲信号和方向控制信号，驱动电动机运转，通过传动机构带动工件往原点返回，当接近原点时，S_1 端输入一个近点（DOG）信号，D_1 端输出脉冲频率下降，电动机转速变慢，工件慢速移向原点，到达原点后，S_2 端输入零点信号，D_1 停止输出脉冲，工件在原点处停止	X、Y、M、S、D□. b、变址修饰	X、变址修饰 FX3U/G(C)：X000～X007 FX3S：X000～X005	Y、变址修饰	Y、M、S、D□. b、变址修饰

指令使用注意事项如下。

1）使用本指令时尽量选择晶体管输出型 PLC，若使用继电器或晶闸管输出型 PLC，请连接具有脉冲输出功能的高速输出特殊适配器（仅 FX3U 可连接）。

2）只有 FX3U（C）可使用 D□.b，但不可变址修饰。

3）对于指令中的 D1（脉冲输出端），晶体管输出型 PLC 可使用 Y000～Y002（FX3S/3GC 和 14、24 点的 FX3G 不能使用 Y002），在连接第 1 台高速输出特殊适配器时，可使用适配器的 Y000、Y001，连接第 2 台时可使用 Y002、Y003。

4）只有 FX3U 可连接高速输出特殊适配器作为脉冲输出端，在连接第 1 台时，应按 Y000（D_1，脉冲输出端）＋ Y004（D_2，旋转方向输出端）和 Y001（D_1，脉冲输出端）＋ Y005（D_2，旋转方向输出端）分配，在连接第 2 台时，应按 Y002(D_1) ＋ Y006(D_2) 和 Y003(D_1) ＋ Y007(D_2) 分配。

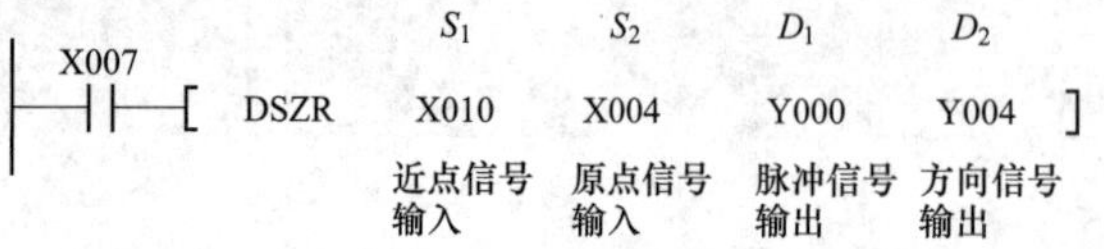

图 7-45 带 DOG 搜索的原点回归指令（DSZR）使用举例

（2）使用举例。带 DOG 搜索的原点回归指令使用举例如图 7-45 所示。当常开触点 X007 闭合时，指令 DSZR 执行，从 Y000 端输出脉冲信号且频率上升至原点回归速度，从 Y004 端输出方向控制信号（正向或反向），驱动电机正向或反回快速旋转，通过传动机构带动工件快速往原点返回，当接近原点时，X010 端输入一个近点 DOG 信号（来自近点检测开关），Y000 端输出脉冲频率下降至爬行速度，电机转速变慢，工件慢速移向原点，到达原点后，X004 端输入零点信号（来自原点检测开关），Y000 端停止输出脉冲，工件在原点处停止。

2. 中断定位指令

（1）指令说明。中断定位指令说明见表 7-45。

表 7-45　　中断定位指令说明

指令名称与功能号	指令符号	指令形式与功能说明	操作数		
			S_1、S_2(16/32 位)	D_1（位型）	D_2（位型）
中断定位 (FNC151)	(D) DVIT	DVIT S_1 S_2 D_1 D_2 指令执行时，从 D_1 输出频率为 S_2 的脉冲信号，从 D_2 输出旋转方向信号，如果 D_1 元件对应的用户中断输入特殊继电器被置 ON，D_1 再输出 S_1 个脉冲后停止输出	K、H、KnX、KnY、KnM、KnS、T、C、D、R、变址修饰	Y、变址修饰	Y、M、S、D□.b、变址修饰

指令使用注意事项如下。

1）使用本指令时尽量选择晶体管输出型 PLC，若使用继电器或晶闸管输出型 PLC，请连接具有脉冲输出功能的高速输出特殊适配器（仅 FX3U 可连接）。

2）只有 FX3U(C) 可使用 D□.b，但不可变址修饰。

3）对于指令中的 D_1（脉冲输出端），晶体管输出型 PLC 可使用 Y000～Y002(FX3S/3GC 和 14、24 点的 FX3G 不能使用 Y002)，在连接第 1 台高速输出特殊适配器时，可使用适配器的 Y000、Y001，连接第 2 台时可使用 Y002、Y003。

4）只有 FX3U 可连接高速输出特殊适配器作为脉冲输出端，在连接第 1 台时，应按 Y000(D_1，脉冲输出端）＋ Y004(D_2，旋转方向输出端）和 Y001(D_1，脉冲输出端）＋ Y005(D_2，旋转方向输出端）分配，在连接第 2 台时，应按 Y002(D_1) ＋ Y006(D_2) 和 Y003(D_1) ＋ Y007(D_2) 分配。

5）操作数 S_1 的设定范围为：－32768～＋32767（16 位，0 除外），－999999～＋999999（32 位，0 除外）。

6）操作数 S_2 的设定范围为：10～32767Hz（16 位），10～100000Hz（32 位，晶体管基本单元），10～200000Hz（32 位，高速输出特殊适配器）。

（2）使用举例。中断定位指令的使用举例如图 7-46 所示。当常开触点 X020 闭合时，指令 DDVIT 执行，从 Y000 端输出频率为 30000Hz 的脉冲信号，从 Y004 端输出旋转方向信号，如果 Y000 端对应的用户中断输入特殊继电器 M8460 被置 1，则 Y000 端再输出 200000 个脉冲后停止输出。

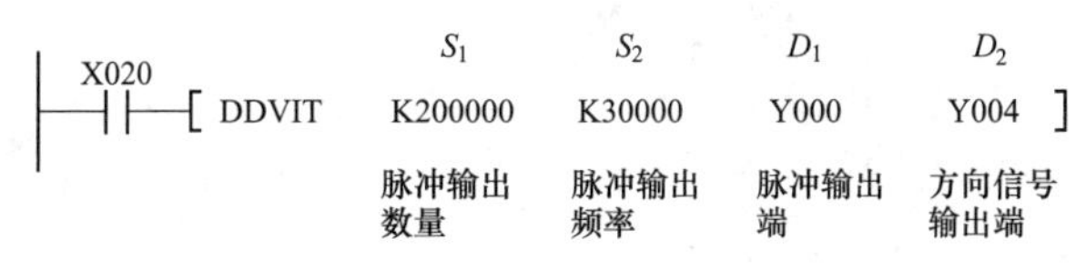

图 7-46　中断定位指令使用举例

Y000 端对应的用户中断输入特殊继电器为 M8460，Y001 端→M8461，Y002 端→M8462，Y003 端→M8463。

3. 表格设定定位指令

（1）指令说明。表格设定定位指令说明见表 7-46。

表 7-46　　表格设定定位指令说明

指令名称与功能号	指令符号	指令形式与功能说明	操作数	
			D（实数）	n（32 型）
表格设定定位（FNC152）	(D) TBL	[TBL D n] 按 n 号表格设置的定位指令类型、脉冲数和脉冲频率，从 D 端输出与之对应的脉冲信号	Y	K、H n=0～100

指令使用注意事项如下。

1）使用本指令时尽量选择晶体管输出型 PLC，若使用继电器或晶闸管输出型 PLC，请连接具有脉冲输出功能的高速输出特殊适配器（仅 FX3U 可连接）。

2）对于指令中的 D（脉冲输出端），晶体管输出型 PLC 可使用 Y000～Y002(FX3S/3GC 和 14、24 点的 FX3G 不能使用 Y002)，在连接第 1 台高速输出特殊适配器时，可使用适配器的 Y000、Y001，连接第 2 台时可使用 Y002、Y003。

3）只有 FX3U 可连接高速输出特殊适配器作为脉冲输出端，在连接第 1 台时，应按 Y000(D_1，脉冲输出端）＋ Y004(D_2，旋转方向输出端）和 Y001(D_1，脉冲输出端）＋ Y005(D_2，旋转方向输出端）分配，在连接第 2 台时，应按 Y002(D_1）＋ Y006(D_2）和 Y003(D_1）＋ Y007(D_2）分配。

（2）使用举例。表格设定定位指令使用举例如图 7-47 所示。当常开触点 X020 闭合时，指令 DTBL 执行，按编号为 1 的表格设定的定位指令类型，脉冲输出数量和脉冲频率，从 Y000 端输出与之对应的脉冲信号。

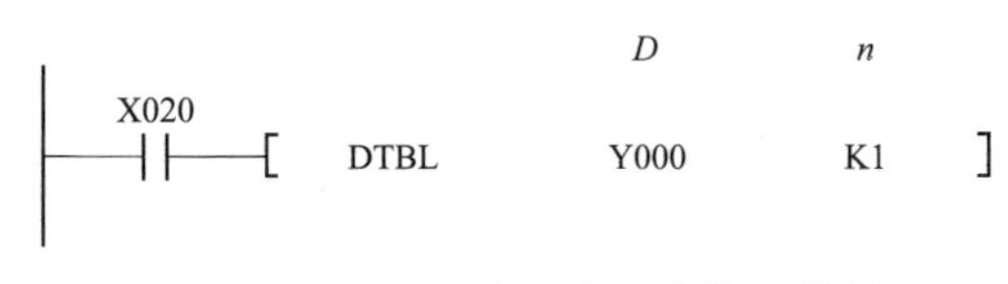

图 7-47　表格设定定位指令使用举例

（3）TBL 表的设置。TBL 指令用到的 TBL 表是在 GX Work2 编程软件中设置的，设置完成后与程序一起下载到 PLC，程序执行 TBL 指令时会调取 TBL 表格设置的内容。在 GX Work2 编程软件中设置 TBL 表的操作如图 7-48 所示。在软件的工程窗口中双击“PLC 参数”，出现“FX 参数设置”对话框，单击“存储器容量”选项卡，勾选其中的“内置定位设置”，见图 7-48（a），再单击“内置定位设置”选项卡，可以设置脉冲输出端 Y000～Y003 的一些基本参数，程序中用到哪个端子作为脉冲输出端，就设置该端子，也可以保持默认设置，见图 7-48（b），然后单击“详细设置”按钮，弹出“详细设置”对话框，单击“Y0”选项卡，在下方可以设置 Y0 端子用到的 TBL 表格内容，每个表格都可以设置 4 种类型（DVIT、PLSV、DRVI、DRVA）的定位指令，见图 7-48（c），选择好定位指令后，再设置该指令执行时的输出脉冲数和频率，在这里设置了 3 个表格的内容，见图 7-48（d），程序中的 TBL 指令用到哪个编号的表格，就会按该编号的表格设置的输出脉冲数和频率执行设置的定位指令。

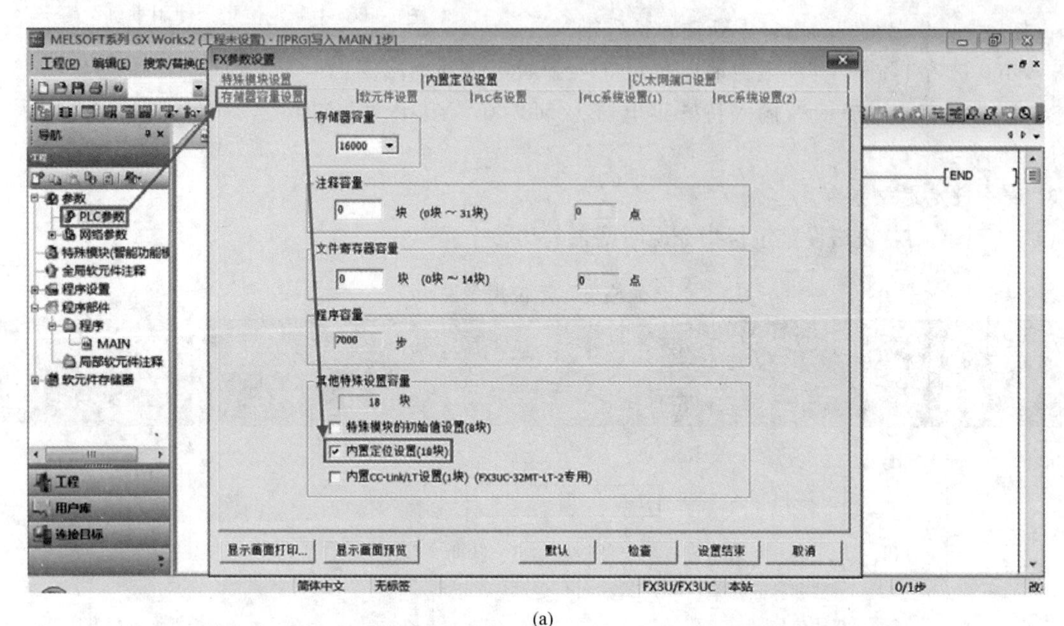

(a)

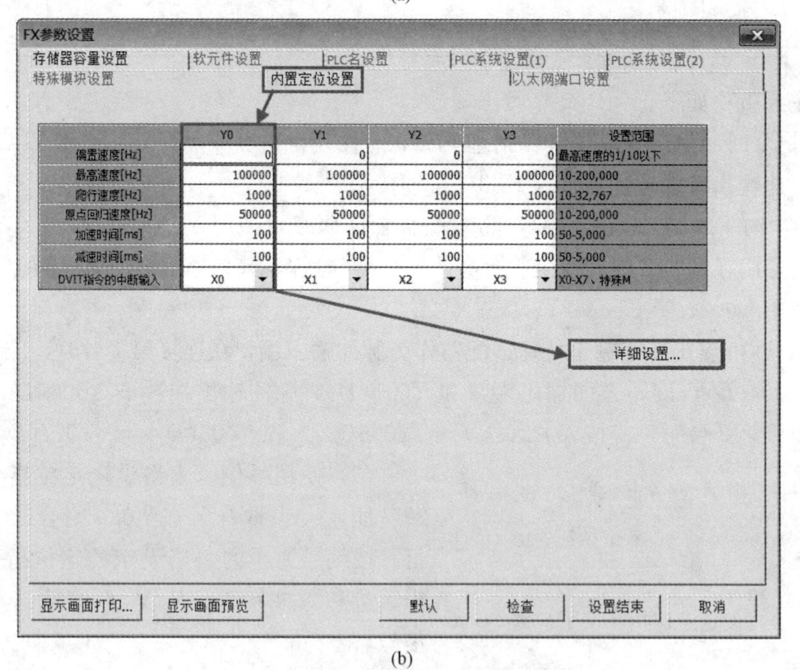

(b)

图 7-48 在 GX Work2 编程软件中设置 TBL 表的操作（一）

（a）打开“FX 参数设置”对话框；（b）设置脉冲输出端的参数

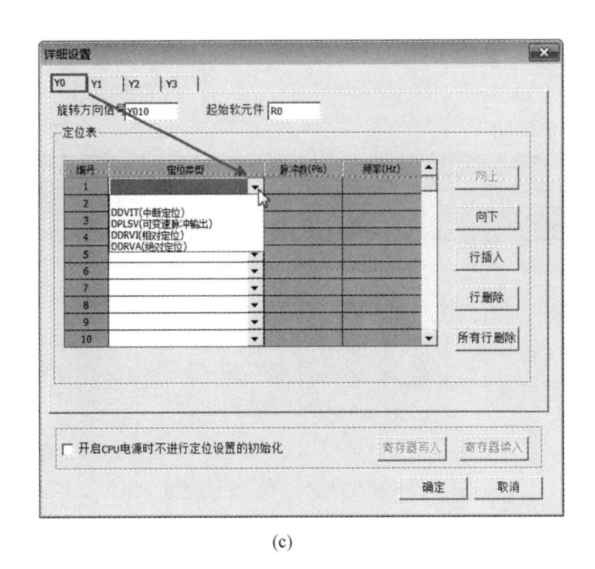

(c)

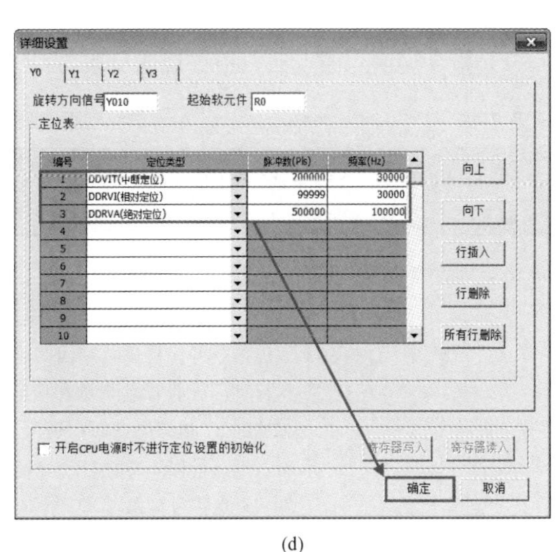

(d)

图 7-48　在 GX Work2 编程软件中设置 TBL 表的操作（二）

（c）打开 TBL 表设置对话框；（d）设置了 3 个 TBL 表的内容

4. 读出 ABS（绝对位置）当前值指令

（1）指令说明。读出 ABS 当前值指令说明见表 7-47。

表 7-47　　读出 ABS 当前值指令说明

指令名称与功能号	指令符号	指令形式与功能说明	操作数		
			S（位型）	D_1（位型）	D_2（32 型）
读出 ABS 当前值（FNC155）	（D）ABS	ABS *S* D_1 D_2 使用 ABS 指令需要 PLC 连接伺服放大器，该指令执行时，从 D_1 端往伺服放大器发出读 ABS 的控制信号，*S* 端读取伺服放大器送来的 ABS 数据，读取的数据存放在 D_2 中； 该指令可读取三菱 MR-J4□A、MR-J3□A、MR-J2（S）□A、MR-H□A 型伺服放大器（驱动器）的 ABS 值。使用本指令时请选择晶体管输出型 PLC	X、Y、M、S、D□. b、变址修饰	Y、M、S、D□. b、变址修饰	K*n*Y、K*n*M、K*n*S、T、C、D、Z、R、变址修饰

（2）使用举例。读出 ABS 当前值指令使用举例如图 7-49 所示。PLC 运行时 M8000 触点闭合，指令 DABS 执行，从 Y021、Y022、Y023 端分别往伺服放大器发出伺服 ON、传送模式和 ABS 请求信号，伺服放大器输出的 ABS 信号（ABS bit0、ABSbit1、发送数据准备完信号）从 X031、X032、X033 端送入 PLC，该 ABS 数据（32 位）存入 D8341、D8340 中。

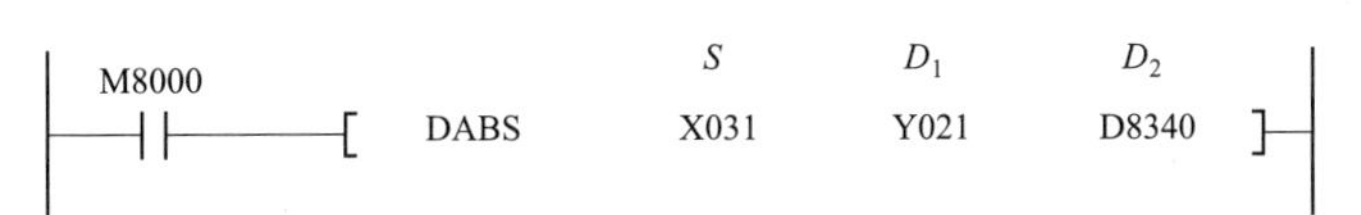

图 7-49　读出 ABS 当前值指令使用举例

5. 原点回归指令

（1）指令说明。原点回归指令说明见表 7-48。

表 7-48　　原点回归指令说明

指令名称与功能号	指令符号	指令形式与功能说明	操作数		
			S_1、S_2（16/32 位）	S_3（位型）	D（位型）
原点回归 （FNC156）	（D） ZRN	ZRN S_1 S_2 S_3 D 该指令可让机械装置回归到原点，指令执行时，从 D 端输出脉冲信号，并且频率加速到 S_1 值（原点回归速度），接近原点时，近点行程开关由 OFF→ON 并送至 S_3 端（近点信号输入），D 端输出脉冲频率马上下降到 S_2 值（爬行速度），当近点行程开关由 ON→OFF 时，D 端停止输出脉冲，原点回归结束	K、H、KnX、KnY、KnM、KnS、T、C、D、R、V、Z 变址修饰 S1：10～32767Hz（16 位），10～100000Hz（32 位） S2：10～32767Hz	X、Y、M、S、D□.b、变址修饰	Y、变址修饰

（2）使用举例。原点回归指令使用举例如图 7-50 所示。当 M12 触点闭合时，指令 DZRN 执行，从 Y000 端输出脉冲信号，并且频率加速到 30000Hz（原点回归速度），一旦接近原点，近点行程开关会送一个近点（DOG）信号到 X000 端，在近点行程开关由 OFF→ON 时，Y000 端输出脉冲频率马上下降到 1000Hz（爬行速度），在近点行程开关由 ON→OFF 时，Y000 端停止输出脉冲，原点回归结束。

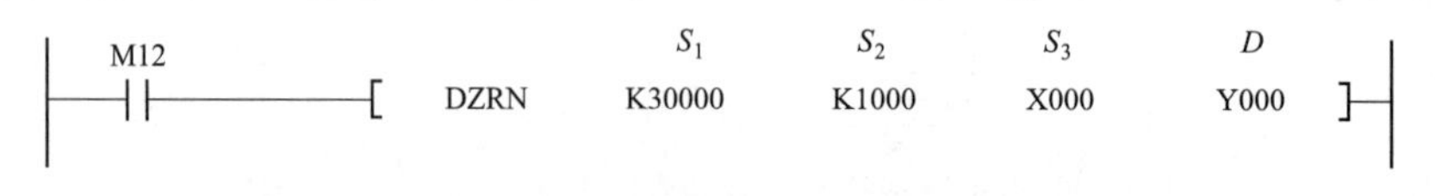

图 7-50　原点回归指令使用举例

6. 可变速脉冲输出指令

（1）指令说明。可变速脉冲输出指令说明见表 7-49。

表 7-49　　可变速脉冲输出指令说明

指令名称与功能号	指令符号	指令形式与功能说明	操作数		
			S（16/32 位）	D_1（位型）	D_2（位型）
可变速脉冲输出 （FNC157）	（D） PLSV	PLSV S D_1 D_2 指令执行时，从 D_1 端输出脉冲信号，频率为 S 值（Hz），如果 S 为正值，表示正转，D_2 端输出为 ON（1），S 为负值，表示反转，D_2 输出 OFF（0）； S 值范围：－32768～32767（16 位），－100000～100000（32 位），－200000～200000（使用高速输出特殊适配器），在 M8338=1 时 S 不可－1～＋1，在 M8338=0 时 S 不可－10～＋10	K、H、KnX、KnY、KnM、KnS、T、C、D、R、V、Z、变址修饰	Y、变址修饰	Y、M、S、D□.b、变址修饰

（2）使用举例。可变速脉冲输出指令使用举例如图7-51所示。当X020触点闭合时，指令DPLSV执行，从Y000端输出脉冲信号，脉冲信号的频率为D11、D10中的值，改变D11、D10值即可改变脉冲频率，如果D11、D10的值为正值，表示正转，Y004端输出为ON，如果D11、D10的值为负值，表示反转，Y004端输出为OFF，当X010触点断开时，指令PLSY不执行，Y000、Y004端停止输出。

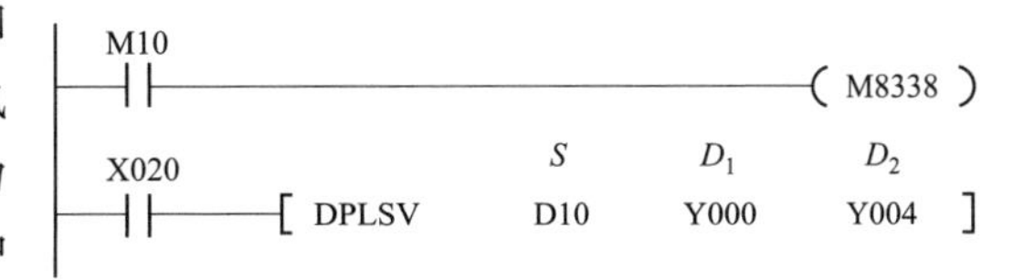

图7-51 可变速脉冲输出指令使用举例

在图7-51所示程序中，如果M10触点处于断开，加减速动作继电器M8338=0，在X020触点闭合、指令DPLSV执行时，Y000端会马上输出D11、D10值频率的脉冲信号，如果M8338=1，Y000端输出脉冲频率上升到D11、D10值需要一定时间（加速时间），在X020触点断开、指令PLSY停止执行时，Y000端不是马上停止输出脉冲，而是需要一定的时间（减速时间）让频率逐渐下降到0。

7. 相对定位指令

（1）指令说明。相对定位指令说明见表7-50。

表7-50 相对定位指令说明

指令名称与功能号	指令符号	指令形式与功能说明	操作数		
			S_1、S_2（16/32位）	D_1（位型）	D_2（位型）
相对定位（FNC158）	（D）DRVI	─┤├─[DRVI S_1 S_2 D_1 D_2] 指令执行时，从D_1端输出脉冲信号，频率为S_2值（Hz），输出脉冲个数为S_1值，S_1为正值表示正转，D_2端输出为ON，S_1为负值表示反转，D_2输出OFF； S_1值范围：−32768～32767（16位，0除外），−999999～999999（32位，0除外）； S_2值范围：10～32767（16位），10～200000（32位，使用高速输出特殊适配器），10～100000（32位，FX3S/G/U）	K、H、K*n*X、K*n*Y、K*n*M、K*n*S、T、C、D、R、V、Z、变址修饰	Y、变址修饰	Y、M、S、D□.b、变址修饰

（2）使用举例。相对定位指令使用举例如图7-52所示。当X022触点闭合时，指令DDRVI执行，从Y000端输出脉冲信号，从起始频率（基底频率）加速到30000Hz，由于脉冲数值为正，表示正转，Y004端输出为ON，当输出脉冲个数即将达到999999时，频率下降减速到0，Y000、Y004端停止输出，Y000端停止输出脉冲后，其对应的脉冲输出停止特殊继电器M8349置1（Y001→M8359，Y002→M8369）。

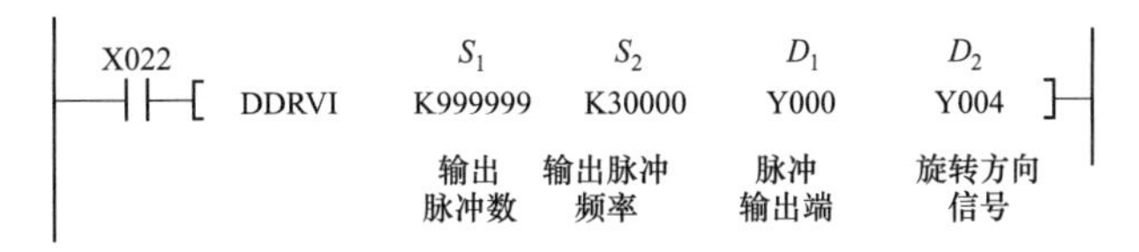

图7-52 相对定位指令使用举例

8. 绝对定位指令

（1）指令说明。绝对定位指令说明见表7-51。

表 7-51　　绝对定位指令说明

指令名称与功能号	指令符号	指令形式与功能说明	操作数		
			S_1、S_2（16/32 位）	D_1（位型）	D_2（位型）
绝对定位 （FNC159）	（D） DRVA	┤├─[DRVA S_1 S_2 D_1 D_2] 指令执行时，从 D_1 端输出脉冲信号，频率为 S_2 值（Hz），输出脉冲个数为 S_1 值，S_1 为正值表示正转，D_2 端输出为 ON，S_1 为负值表示反转，D_2 输出 OFF； S_1 值范围：－32768～32767（16 位，0 除外），－999999～999999（32 位，0 除外）； S_2 值范围：10～32767（16 位），10～200000（32 位，使用高速输出特殊适配器），10～100000（32 位 FX3S/G/U）	K、H、KnX、KnY、KnM、KnS、T、C、D、R、V、Z、变址修饰	Y、变址修饰	Y、M、S、D□.b、变址修饰

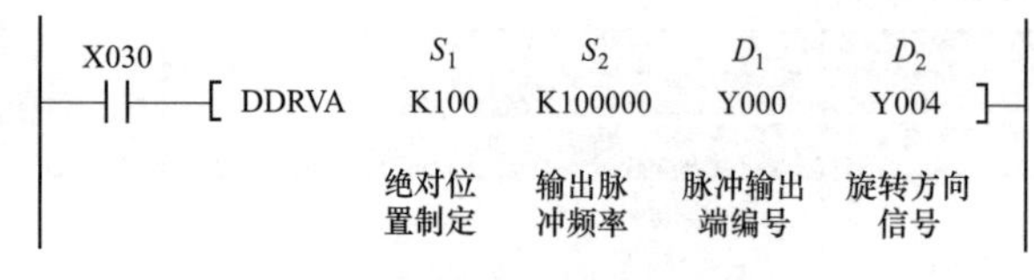

图 7-53　绝对定位指令使用举例

（2）使用举例。绝对定位指令使用举例如图 7-53 所示。当 X030 触点闭合时，指令 DDRVA 执行，从 Y000 端输出脉冲信号，脉冲信号的频率为 100000Hz，由于脉冲数值为正，表示正转，Y004 端输出为 ON，当输出脉冲个数达到 100 个时，Y000、Y004 端停止输出，Y000 对应的脉冲输出停止特殊继电器 M8349 置 1。

绝对定位指令是从原点（零点）开始以单速方式移动指定的距离（脉冲数决定距离），也称为绝对驱动方式。相对定位指令是从当前位置开始以单速方式正向或反向（由脉冲数的正负号决定）移动指定的距离，也称为相对（增量）驱动方式。

7.4　时钟运算类指令

7.4.1　指令一览表

时钟运算类指令有 9 条，各指令的功能号、符号、形式、名称和支持的 PLC 系列见表 7-52。

表 7-52　　时钟运算类指令一览

功能号	指令符号	指令形式	指令名称	支持的 PLC 系列									
				FX3S	FX3G	FX3GC	FX3U	FX3UC	FX1S	FX1N	FX1NC	FX2N	FX2NC
160	TCMP	┤├─[TCMP S_1 S_2 S_3 S D]	时钟数据比较	○	○	○	○	○	○	○	○	○	○
161	TZCP	┤├─[TZCP S_1 S_1 S D]	时钟数据区间比较	○	○	○	○	○	○	○	○	○	○
162	TADD	┤├─[TADD S_1 S_2 D]	时钟数据加法运算	○	○	○	○	○	○	○	○	○	○
163	TSUB	┤├─[TSUB S_1 S_2 D]	时钟数据减法运算	○	○	○	○	○	○	○	○	○	○

续表

功能号	指令符号	指令形式	指令名称	支持的 PLC 系列									
				FX3S	FX3G	FX3GC	FX3U	FX3UC	FX1S	FX1N	FX1NC	FX2N	FX2NC
164	HTOS	HTOS S D	时、分、秒数据的秒转换	—	—	—	○	○	—	—	—	—	—
165	STOH	STOH S D	秒数据的（时、分、秒）转换	—	—	—	○	○	—	—	—	—	—
166	TRD	TRD D	读出时钟数据	○	○	○	○	○	○	○	○	○	○
167	TWR	TWR S	写入时钟数据	○	○	○	○	○	○	○	○	○	○
169	HOU	HOUR S D_1 D_2	计时表	○	○	○	○	○	○	○	○	○	○

7.4.2 指令精解

1. 时钟数据比较指令

（1）指令说明。时钟数据比较指令说明见表 7-53。

表 7-53　　时钟数据比较指令说明

指令名称与功能号	指令符号	指令形式与功能说明	操作数		
			S_1、S_2、S_3（均为 16 位）	S（16 位）	D（位型）
时钟数据比较（FNC160）	TCMP（P）	TCMP S_1 S_2 S_3 S D 将 S_1（时值）、S_2（分值）、S_3（秒值）与 S、S+1、S+2 值比较，>、=、<时分别将 D、D+1、D+2 置位（置 1）	K、H、KnX、KnY、KnM、KnS、T、C、D、R、V、Z、变址修饰	T、C、D、R、变址修饰（占用 3 点）	Y、M、S、D□. b、变址修饰（占用 3 点）

（2）使用举例。时钟数据比较指令使用举例如图 7-54 所示。S_1 为指定基准时间的小时值（0～23），S_2 为指定基准时间的分钟值（0～59），S_3 为指定基准时间的秒钟值（0～59），S 指定待比较的时间值，其中 S、S+1、S+2 分别为待比较的小时、分、秒值，D 为比较输出元件，其中 D、D+1、D+2 分别为>、=、<时的输出元件。

当常开触点 X000 闭合时，指令 TCMP 执行，将时间值“10 时 30 分 50 秒”与 D0、D1、D2 中存储的小时、分、秒值进行比较，根据比较结果驱动 M0～M2，具体如下：

若“10 时 30 分 50 秒”大于“D0、D1、D2 存储的小时、分、秒值”，M0 被驱动，M0 常开触点闭合。

若“10 时 30 分 50 秒”等于“D0、D1、D2 存储的小时、分、秒值”，M1 驱动，M1 开触点闭合。

若“10 时 30 分 50 秒”小于“D0、D1、D2 存储的小时、分、秒值”，M2 驱动，M2 开触点闭合。

当常开触点 X000=OFF 时，指令 TCMP 停止执行，但 M0～M2 仍保持 X000 为 OFF 前时的状态。

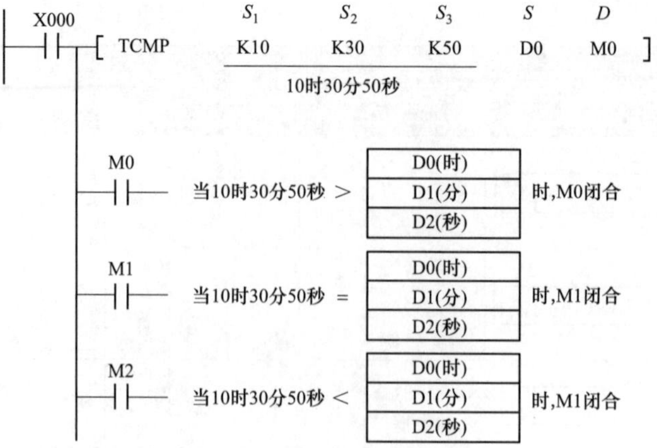

X000
TCMP
S_1 S_2 S_3 S D
K10 K30 K50 D0 M0
10时30分50秒
M0
当10时30分50秒 >
D0(时)
D1(分)
D2(秒)
时,M0闭合
M1
当10时30分50秒 =
D0(时)
D1(分)
D2(秒)
时,M1闭合
M2
当10时30分50秒 <
D0(时)
D1(分)
D2(秒)
时,M1闭合

图 7-54 TCMP 指令使用举例

2. 时钟数据区间比较指令

(1) 指令说明。时钟数据区间比较指令说明见表 7-54。

表 7-54 时钟数据区间比较指令说明

指令名称与功能号	指令符号	指令形式与功能说明	操作数	
			S_1、S_2、S（均为 16 位）	D（位型）
时钟数据区间比较（FNC161）	TZCP（P）	[TZCP S_1 S_2 S D] 将 S_1、S_2 时间值与 S 时间值比较，$S<S_1$ 时将 D 置位，$S_1\leqslant S\leqslant S_2$ 时将 $D+1$ 置位，$S>S_2$ 时将 $D+2$ 置位	T、C、D、R、变址修饰（$S_1\leqslant S_2$）（S_1、S_2、S 均占用 3 点）	Y、M、S、D□. b、变址修饰（占用 3 点）

(2) 使用举例。时钟数据区间比较指令使用举例如图 7-55 所示。S_1 指定第一基准时间值（小时、分、秒值），S_2 指定第二基准时间值（小时、分、秒值），S 指定待比较的时间值，D 为比较输出元件，S_1、S_2、S、D 都需占用 3 个连号元件。

X000
TZCP
S_1 S_2 S D
D20 D30 D0 M3
M3
当
D20(时)
D21(分)
D22(秒)
>
D0(时)
D1(分)
D2(秒)
时,M3闭合
M4
当
D20(时)
D21(分)
D22(秒)
≤
D0(时)
D1(分)
D2(秒)
≤
D30(时)
D31(分)
D32(秒)
时,M4闭合
M5
当
D0(时)
D1(分)
D2(秒)
>
D30(时)
D31(分)
D32(秒)
时,M5闭合

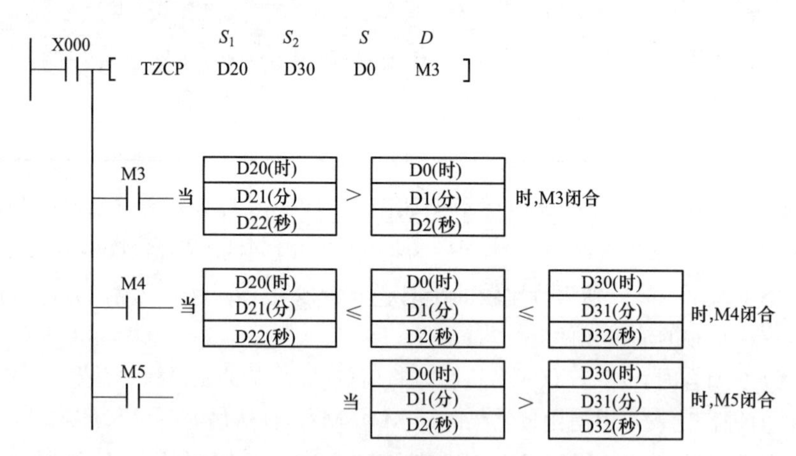

图 7-55 时钟数据区间比较指令使用举例

当常开触点 X000 闭合时，指令 TZCP 执行，将“D20、D21、D22”“D30、D31、D32”中的时间值与“D0、D1、D2”中的时间值进行比较，根据比较结果驱动 M3～M5，具体如下：

若“D0、D1、D2”中的时间值小于“D20、D21、D22”中的时间值，M3 被驱动，M3 常开触点

闭合。

若“D0、D1、D2”中的时间值处于“D20、D21、D22”和“D30、D31、D32”时间值之间，M4被驱动，M4开触点闭合。

若“D0、D1、D2”中的时间值大于“D30、D31、D32”中的时间值，M5被驱动，M5常开触点闭合。

当常开触点X000＝OFF时，指令TZCP停止执行，但M3～M5仍保持X000为OFF前时的状态。

3. 时钟数据加法指令

（1）指令说明。时钟数据加法指令说明见表7-55。

表7-55　时钟数据加法指令说明

指令名称与功能号	指令符号	指令形式与功能说明	操作数
			S_1、S_2、D（均为16位）
时钟数据加法 （FNC162）	TADD （P）	TADD S_1 S_2 D 将S_1时间值与S_2时间值相加，结果存入D	T、C、D、R、变址修饰 （S1、S2、D均占用3点）

（2）使用举例。时钟数据加法指令使用举例如图7-56所示。S_1指定第一时间值（小时、分、秒值），S_2指定第二时间值（小时、分、秒值），D保存S_1+S_2的和值，S_1、S_2、D都需占用3个连号元件。

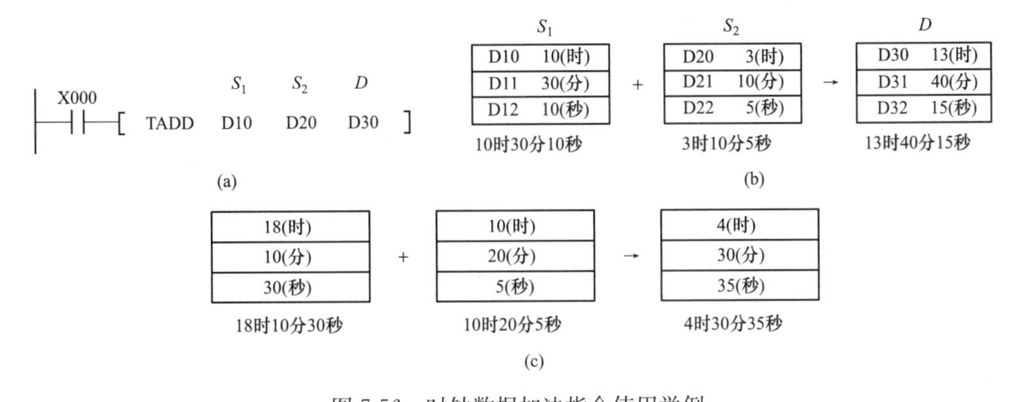

图7-56　时钟数据加法指令使用举例

（a）指令；（b）$S_1+S_2<24h$；（c）$S_1+S_2>24h$

当常开触点X000闭合时，指令TADD执行，将“D10、D11、D12”中的时间值与“D20、D21、D22”中的时间值相加，结果保存在“D30、D31、D32”中。如果运算结果超过24h，进位标志会置ON，将加法结果减去24小时再保存在D中，见图7-56（c）；如果运算结果为0，零标志会置ON。

4. 时钟数据减法指令

（1）指令说明。时钟数据减法指令说明见表7-56。

表7-56　时钟数据减法指令说明

指令名称与功能号	指令符号	指令形式与功能说明	操作数
			S_1、S_2、D（均为16位）
时钟数据减法 （FNC163）	TSUB （P）	TSUB S_1 S_2 D 将S_1时间值与S_2时间值相减，结果存入D	T、C、D、R、变址修饰 （S_1、S_2、D均占用3点）

（2）使用举例。时钟数据减法指令使用举例如图7-57所示。S_1指定第一时间值（小时、分、秒值），S_2指定第二时间值（小时、分、秒值），D保存S_1-S_2的差值，S_1、S_2、D都需占用3个连号元件。

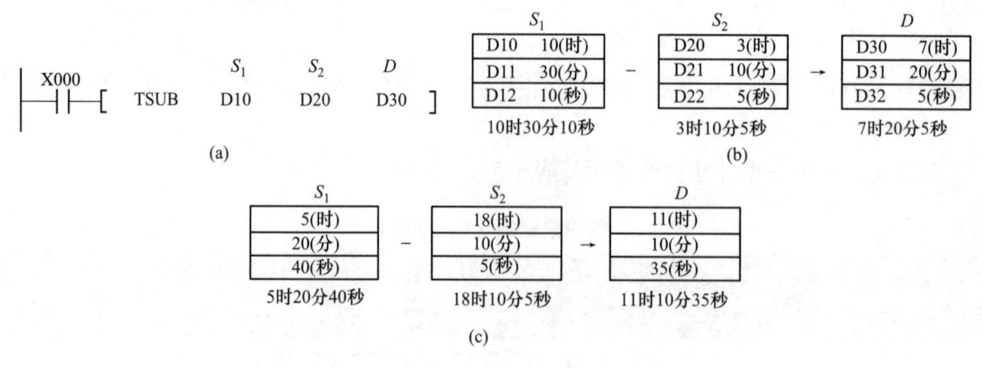

图7-57　时钟数据减法指令使用举例

（a）指令；（b）$S_1>S_2$时；（c）$S_1<S_2$时

当常开触点X000闭合时，指令TSUB执行，将“D10、D11、D12”中的时间值与“D20、D21、D22”中的时间值相减，结果保存在“D30、D31、D32”中。

如果运算结果小于0h，借位标志会置ON，将减法结果加24小时再保存在D中，见图7-57（c）。

5．时、分、秒数据的秒转换指令

（1）指令说明。时、分、秒数据的秒转换指令说明见表7-57。

表7-57　　时、分、秒数据的秒转换指令说明

指令名称与功能号	指令符号	指令形式与功能说明	操作数	
			S（16位）	*D*（16/32位）
时、分、秒数据的秒转换（FNC164）	（D）HTOS（P）	─┤├─[HTOS S D] 将*S*的时、分、秒时间值转换成秒时间值，结果存入*D*	K*n*X、K*n*Y、K*n*M、K*n*S、T、C、D、R、变址修饰	K*n*Y、K*n*M、K*n*S、T、C、D、R、变址修饰

（2）使用举例。时、分、秒数据的秒转换指令使用举例如图7-58所示。当X000触点闭合时，指令HTOS执行，将D10、D11、D12中的时、分、秒时间值转换成秒时间值，结果存入D20，如果使用32位（DHTOS）指令，秒时间值则存入D21、D20。

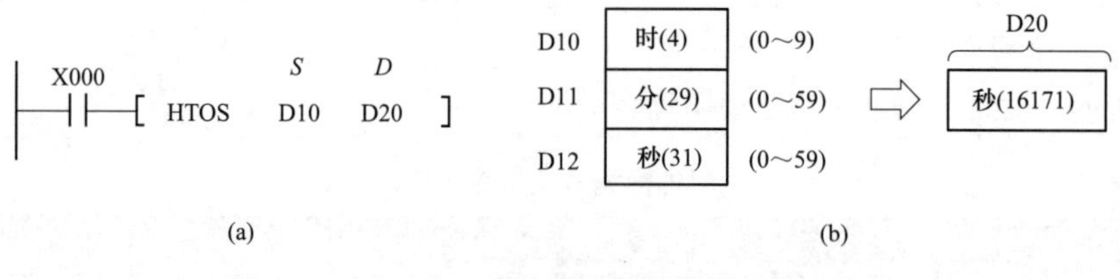

图7-58　时、分、秒数据的秒转换指令使用举例

（a）指令；（b）说明

6．秒数据的时、分、秒转换指令

（1）指令说明。秒数据的时、分、秒转换指令说明见表7-58。

表 7-58　　秒数据的时、分、秒转换指令说明

指令名称与功能号	指令符号	指令形式与功能说明	操作数	
			S（16/32 位）	*D*（16 位）
秒数据的［时、分、秒］转换（FNC165）	（D）STOH（P）	[STOH *S* *D*] 将 *S* 的秒时间值转换成时、分、秒时间值，结果存入 *D*	K*n*X、K*n*Y、K*n*M、K*n*S、T、C、D、R、变址修饰	K*n*Y、K*n*M、K*n*S、T、C、D、R、变址修饰

（2）使用举例。秒数据的时、分、秒转换指令使用举例如图 7-59 所示。当 X000 触点闭合时，指令 STOH 执行，将 D10 中的秒时间值转换成时、分、秒时间值，结果存入 D20、D21、D22，如果使用 32 位指令 DSTOH，秒时间值则取自 D11、D10。

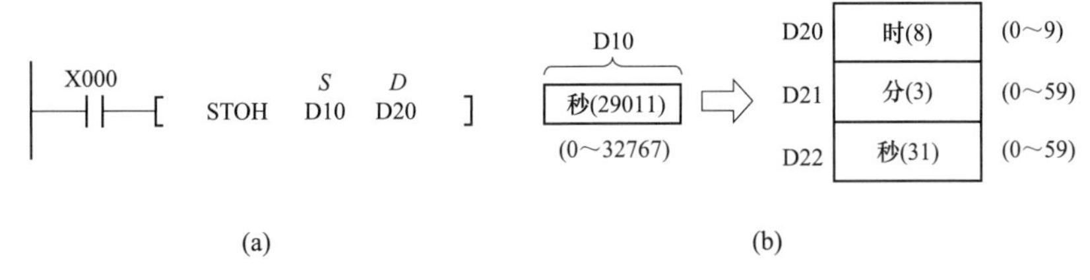

图 7-59　秒数据的时、分、秒转换指令使用举例
（a）指令；（b）说明

7. 时钟数据读出指令

（1）指令说明。时钟数据读出指令说明见表 7-59。

表 7-59　　时钟数据读出指令说明

指令名称与功能号	指令符号	指令形式与功能说明	操作数
			D（16 位）
时钟数据读出（FNC166）	TRD（P）	[TRD *D*] 将 PLC 当前的时间（年、月、日、时、分、秒、星期）读入 *D* 为起始的 7 个连号元件中	T、C、D、R、变址修饰（占用 7 点）

（2）使用举例。时钟数据读出指令使用举例如图 7-60 所示。时钟数据读出指令的功能是将 PLC 当前时间（年、月、日、时、分、秒、星期）读入 D0 为起始的 7 个连号元件 D0～D6 中。PLC 当前时间保存在实时时钟用的特殊数据寄存器 D8018～D8013、D8019 中，这些寄存器中的数据会随时间变化而变化。D0～D6 和 D8013～D8019 的内容及对应关系见图 7-60（b）。

元件	项目	时钟数据	→	元件	项目
D8018	年(公历)	0～99(工历后两位)	→	D0	年(公历)
D8017	月	1～12	→	D1	月
D8016	日	1～31	→	D2	日
D8015	时	0～23	→	D3	时
D8014	分	0～59	→	D4	分
D8013	秒	0～59	→	D5	秒
D8019	星期	0(日)～6(六)	→	D6	星期

图 7-60　时钟数据读出指令使用举例
（a）指令；（b）说明

当常开触点 X000 闭合时，指令 TRD 执行，将“D8018～D8013、D8019”中的时间值保存到（读入）D0～D7 中，如将 D8018 中的数据作为年值存入 D0 中，将 D8019 中的数据作为星期值存入 D6 中。

8. 时钟数据写入指令

（1）指令说明。时钟数据写入指令说明见表 7-60。

表 7-60　　时钟数据写入指令说明

指令名称与功能号	指令符号	指令形式与功能说明	操作数
			S（16 位）
时钟数据写入（FNC167）	TWR（P）	[TWR S] 将 S 为起始的 7 个连号元件中的时间值（年、月、日、时、分、秒、星期）分别写入 D8018～D8013、D8019	T、C、D、R、变址修饰（占用 7 点）

（2）使用举例。时钟数据写入指令使用举例如图 7-61 所示。时钟数据写入指令的功能是将 D10 为起始的 7 个连号元件 D10～D16 中的时间值（年、月、日、时、分、秒、星期）写入特殊数据寄存器 D8018～D8013、D8019 中。D10～D16 和 D8013～D8019 的内容及对应关系见图 7-61（b）。

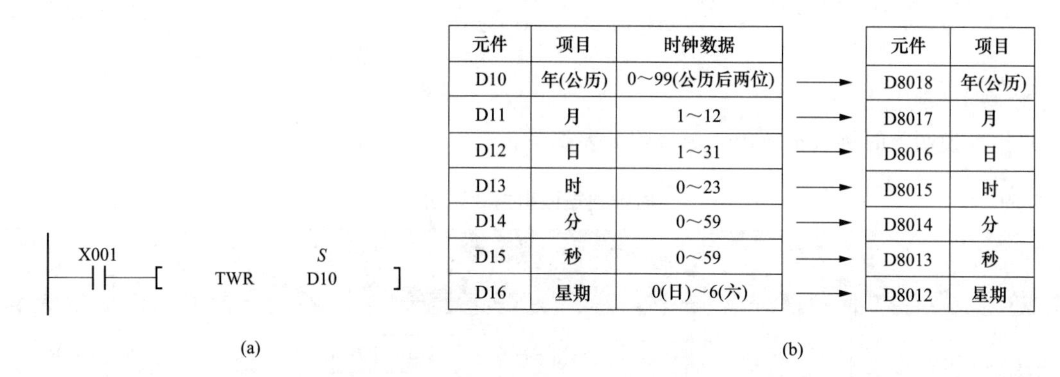

图 7-61　时钟数据写入指令使用举例

（a）指令；（b）说明

当常开触点 X001 闭合时，指令 TWR 执行，将“D10～D16”中的时间值写入 D8018～D8013、D8019 中，如将 D10 中的数据作为年值写入 D8018 中，将 D16 中的数据作为星期值写入 D8019 中。

（3）修改 PLC 的实时时钟。PLC 在出厂时已经设定了实时时钟，以后实时时钟会自动运行，如果实时时钟运行不准确，可以采用程序修改。图 7-62 所示为修改 PLC 实时时钟的梯形图程序，利用它可以将实时时钟设为 2005 年 4 月 25 日 3 时 20 分 30 秒星期二。

在编程时，先用指令 MOV 将要设定的年、月、日、时、分、秒、星期值分别传送给 D0～D6，然后用指令 TWR 将 D0～D6 中的时间值写入 D8018～D8013、D8019。在进行时钟设置时，设置的时间应较实际时间晚几分钟，当实际时间到达设定时间时马上让 X000 触点闭合，程序就将设置的时间写入 PLC 的实时时钟数据寄存器中，闭合触点 X001，M8017 置 ON，可对时钟进行±30s 修正。

PLC 实时时钟的年值默认为两位（如 2005 年），如果要改成 4 位（2005 年），可给图 7-62 所示程序追加图 7-63 所示的程序，在第二个扫描周期开始年值就为 4 位。

9. 计时表指令

（1）指令说明。计时表指令说明见表 7-61。

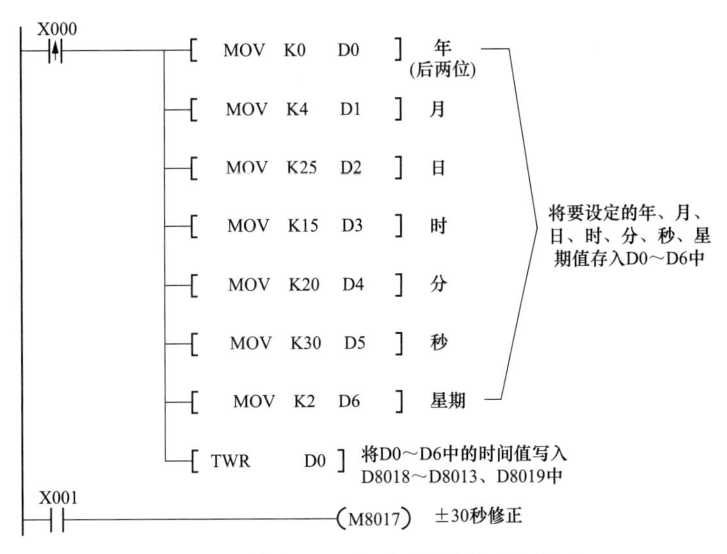

图 7-62 修改 PLC 实时时钟的梯形图程序

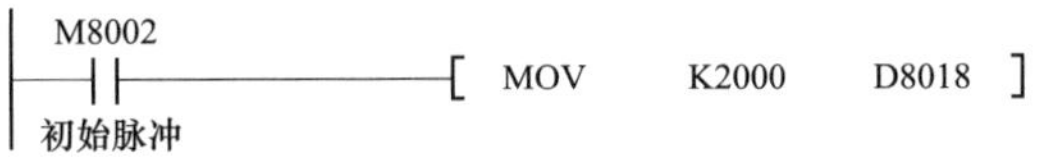

M8002 —[MOV K2000 D8018]

初始脉冲

图 7-63 将年值改为 4 位需增加的梯形图程序

表 7-61 **计时表指令说明**

指令名称与功能号	指令符号	指令形式与功能说明	操作数		
			S（16/32 位）	D_1（16/32 位）	D_2（位型）
计时表 （FNC169）	（D） HOUR	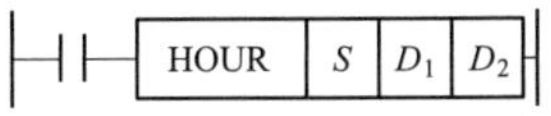 —┤├—[HOUR S D_1 D_2] 当 HOUR 指令输入为 ON 的时间累计超过 S 值时，将 D_2 置 ON，D_1 保存当前累计时间值； 如果希望断电后累计时间不会消失，可将 D_1 选用停电保持型数据寄存器	K、H、K*n*X、K*n*Y、K*n*M、K*n*S、T、C、D、R、V、Z、变址修饰	D、R、变址修饰	Y、M、S、D□. b、变址修饰

（2）使用举例。计时表指令使用举例如图 7-64 所示。当 X000 触点闭合时，指令 HOUR 执行，对 X000 闭合时间进行累计计时，一旦累计时间超过 300 小时，马上将 Y005 置 ON，D200、D201 分别保存当前累计时间的小时值和秒值（不足 1 小时的秒值）。

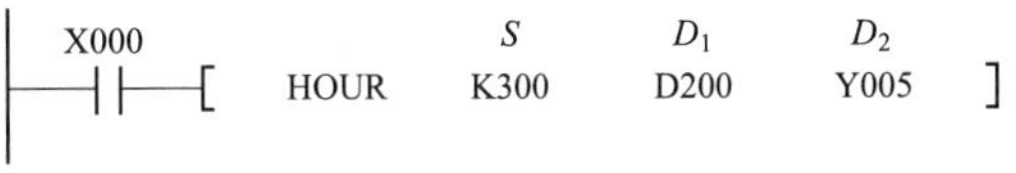

X000 —[HOUR K300（S） D200（D_1） Y005（D_2）]

图 7-64 计时表指令使用举例

7.5 外部设备类指令

7.5.1 指令一览表

外部设备类指令有 4 条，各指令的功能号、符号、形式、名称和支持的 PLC 系列见表 7-62。

表 7-62 外部设备类指令一览

功能号	指令符号	指令形式	指令名称	支持的PLC系列									
				FX3S	FX3G	FX3GC	FX3U	FX3UC	FX1S	FX1N	FX1NC	FX2N	FX2NC
170	GRY	GRY S D	格雷码的转换	○	○	○	○	○	—	—	—	○	○
171	GBIN	GBIN S D	格雷码的逆转换	○	○	○	○	○	—	—	—	○	○
176	RD3A	RD3A m_1 m_2 D	模拟量模块的读出	—	○	○	○	○	—	○	○	○	○
177	WR3A	WR3A m_1 m_2 S	模拟量模块的写入	—	○	○	○	○	—	○	○	○	○

7.5.2 指令精解

1. 有关格雷码的知识

两个相邻代码之间仅有一位数码不同的代码称为格雷码。十进制数、二进制数与格雷码的对应关系见表 7-63。

表 7-63 十进制数、二进制数与格雷码的对应关系

十进制数	二进制数	格雷码	十进制数	二进制数	格雷码
0	0000	0000	8	1000	1100
1	0001	0001	9	1001	1101
2	0010	0011	10	1010	1111
3	0011	0010	11	1011	1110
4	0100	0110	12	1100	1010
5	0101	0111	13	1101	1011
6	0110	0101	14	1110	1001
7	0111	0100	15	1111	1000

从表 7-63 可以看出，相邻的两个格雷码之间仅有一位数码不同，如 5 的格雷码是 0111，与 4 的格雷码 0110 仅最后一位不同，与 6 的格雷码 0101 仅倒数第二位不同。二进制数在递增或递减时，往往多位发生变化，3 的二进制数 0011 与 4 的二进制数 0100 同时有三位发生变化，这样在数字电路处理中很容易出错，而格雷码在递增或递减时，仅有一位发生变化，这样不容易出错，所以格雷码常用于高分辨率的系统中。

2. 二进制数转格雷码（格雷码的转换）指令

(1) 指令说明。二进制数转格雷码指令说明见表 7-64。

表 7-64 二进制数转格雷码指令说明

指令名称与功能号	指令符号	指令形式与功能说明	操作数	
			S（16/32 位）	*D*（16/32 位）
二进制数转格雷码（FNC170）	(D) GRY (P)	GRY S D 将 *S* 中的二进制数转换成格雷码并存入 *D*	K、H、K*n*X、K*n*Y、K*n*M、K*n*S、T、C、D、R、V、Z、变址修饰	K*n*Y、K*n*M、K*n*S、T、C、D、R、V、Z、变址修饰

（2）使用举例。二进制数转格雷码指令使用举例如图7-65所示。当常开触点X000闭合时，指令GRY执行，将“1234”的二进制数转换成格雷码，并存入Y23～Y20、Y17～Y10中。

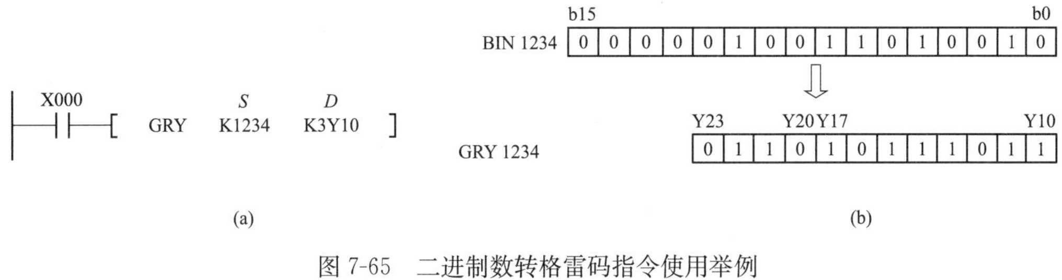

图7-65　二进制数转格雷码指令使用举例
（a）指令；（b）说明

3. 格雷码转二进制数（格雷码的逆转换）指令

（1）指令说明。格雷码转二进制数指令说明见表7-65。

表7-65　格雷码转二进制数指令说明

指令名称与功能号	指令符号	指令形式与功能说明	操作数	
			S（16/32位）	*D*（16/32位）
格雷码转二进制数（FNC171）	（D）GBIN（P）	[GBIN *S* *D*] 将*S*中的格雷码转换成二进制数并存入*D*	K、H、K*n*X、K*n*Y、K*n*M、K*n*S、T、C、D、R、V、Z、变址修饰	K*n*Y、K*n*M、K*n*S、T、C、D、R、V、Z、变址修饰

（2）使用举例。格雷码转二进制数指令使用举例如图7-66所示。当常开触点X020闭合时，指令GBIN执行，将X13～X10、X7～X0中的格雷码转换成二进制数，并存入D10中。

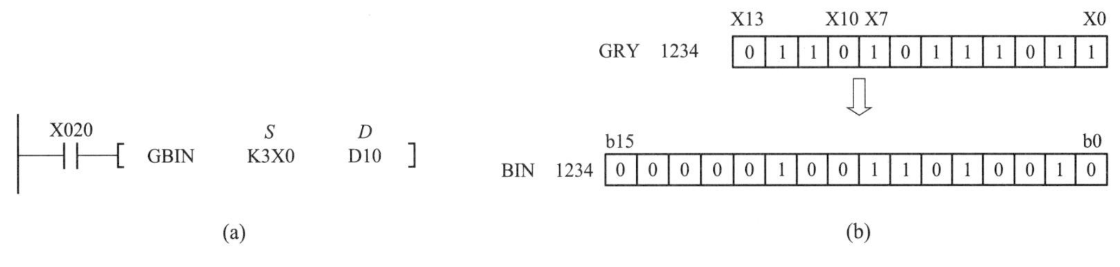

图7-66　格雷码转二进制数指令使举例
（a）指令；（b）说明

4. 模拟量模块读出指令

（1）指令说明。模拟量模块读出指令说明见表7-66。

表7-66　模拟量模块读出指令说明

指令名称与功能号	指令符号	指令形式与功能说明	操作数	
			m_1、m_2（16位）	*D*（16位）
模拟量模块读出（FNC176）	RD3A（P）	[RD3A m_1 m_2 *D*] 将m_1号特殊模块的m_2通道的数据读出到*D*	K、H、K*n*X、K*n*Y、K*n*M、KnS、T、C、D、R、V、Z、变址修饰	K*n*Y、K*n*M、K*n*S、T、C、D、R、*V*、*Z*、变址修饰

（2）使用举例。模拟量模块读出指令使用举例如图 7-67 所示。当常开触点 X010 闭合时，指令 RD3A 执行，将 0 号特殊模块 FX2N-AD（模块量输入模块）通道 1 中的模拟量读入到 PLC 的 D100。

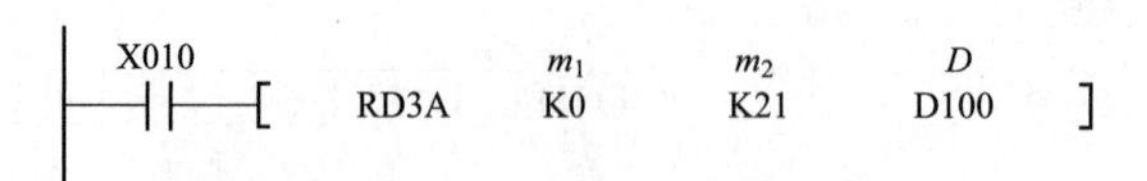

m_1：特殊模块编号
FX3G/FX3GC/FX3U/FX3UC(D、DS、DSS)系列：K0～K7
FX3UC–32MT–LT(–2)：K1～K7(K0为内置CC–Link/LT主站)
m_2：模拟量输入通道编号
FXON–3A(仅支持FX3U/3UC):K1(通道1)，(通道2)
FX2N–2AD:K21(通道1)，K22(通道2)
D：从特殊模块读出的数据存放字元件
FXON–3A(仅支持FX3U/3UC):0～255(8位)
FX2N–2AD:0～4095(12位)

图 7-67 模拟量模块读出指令使用举例

5. 模拟量模块写入指令

（1）指令说明。模拟量模块写入指令说明见表 7-67。

表 7-67 模拟量模块写入指令说明

指令名称与功能号	指令符号	指令形式与功能说明	操作数	
			m_1、m_2（16 位）	S（16 位）
模拟量模块写入（FNC177）	WR3A（P）	[WR3A m_1 m_2 S] 将 S 中的数据写入 m_1 号特殊模块的 m_2 通道	K、H、KnX、KnY、KnM、KnS、T、C、D、R、V、Z、变址修饰	KnY、KnM、KnS、T、C、D、R、V、Z、变址修饰

（2）使用举例。模拟量模块写入指令使用举例如图 7-68 所示。当常开触点 X011 闭合时，指令 WR3A 执行，将 PLC 的 D200 中的数据写入 1 号特殊模块 FX2N-DA（模块量输出模块）通道 2 中。

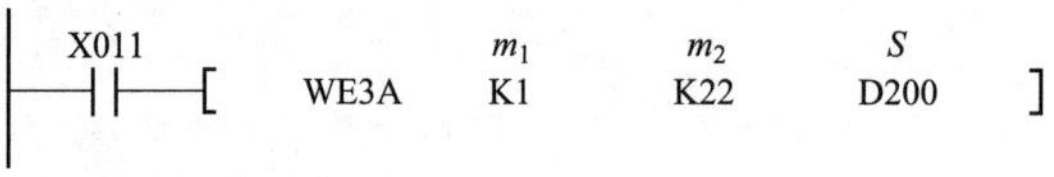

X011 [WE3A m_1 K1 m_2 K22 S D200]

m_1：特殊模块编号
FX3G/FX3GC/FX3U/FX3UC(D、DS、DSS)系列：K0～K7
FX3UG–32MT–LT(–2)：K1～K7(K0为内置CC–Link/LT主站)
m_2：模拟量输出通道编号
FXON–3A(仅支持FX3U/3UC):K1(通道1)
FX2N–2DA:K21(通道1)，K22(通道2)
S：写入特殊模块的数据存放字元件
FXON–3A(仅支持FX3U/3UC):0～255(8位)
FX2N–2DA:0～4095(12位)

图 7-68 模拟量模块写入指令使用举例

7.6 触点比较类指令

7.6.1 指令一览表

触点比较类指令有 18 条，分为：LD＊类指令、AND＊类指令和 OR＊类指令 3 类。触点比较类各指令的功能号、符号、形式、名称和支持的 PLC 系列见表 7-68。

表 7-68　　　　触点比较类指令一览

功能号	指令符号	指令形式	指令名称	支持的 PLC 系列									
				FX3S	FX3G	FX3GC	FX3U	FX3UC	FX1S	FX1N	FX1NC	FX2N	FX2NC
224	LD=	LD= S_1 S_2	触点比较 LD $S_1=S_2$	○	○	○	○	○	○	○	○	○	○
225	LD>	LD> S_1 S_2	触点比较 LD $S_1>S_2$	○	○	○	○	○	○	○	○	○	○
226	LD<	LD< S_1 S_2	触点比较 LD $S_1<S_2$	○	○	○	○	○	○	○	○	○	○
228	LD<>	LD<> S_1 S_2	触点比较 LD $S_1\neq S_2$	○	○	○	○	○	○	○	○	○	○
229	LD<=	LD<= S_1 S_2	触点比较 LD $S_1\leqslant S_2$	○	○	○	○	○	○	○	○	○	○
230	LD>=	LD>= S_1 S_2	触点比较 LD $S_1\geqslant S_2$	○	○	○	○	○	○	○	○	○	○
232	AND=	AND= S_1 S_2	触点比较 AND $S_1=S_2$	○	○	○	○	○	○	○	○	○	○
233	AND>	AND> S_1 S_2	触点比较 AND $S_1>S_2$	○	○	○	○	○	○	○	○	○	○
234	AND<	AND< S_1 S_2	触点比较 AND $S_1<S_2$	○	○	○	○	○	○	○	○	○	○
236	AND<>	AND<> S_1 S_2	触点比较 AND $S_1\neq S_2$	○	○	○	○	○	○	○	○	○	○
237	AND<=	AND<= S_1 S_2	触点比较 AND $S_1\leqslant S_2$	○	○	○	○	○	○	○	○	○	○
238	AND>=	AND>= S_1 S_2	触点比较 AND $S_1\geqslant S_2$	○	○	○	○	○	○	○	○	○	○
240	OR=	OR= S_1 S_2	触点比较 OR $S_1=S_2$	○	○	○	○	○	○	○	○	○	○
241	OR>	OR> S_1 S_2	触点比较 OR $S_1>S_2$	○	○	○	○	○	○	○	○	○	○
242	OR<	OR< S_1 S_2	触点比较 OR $S_1<S_2$	○	○	○	○	○	○	○	○	○	○
244	OR<>	OR<> S_1 S_2	触点比较 OR $S_1\neq S_2$	○	○	○	○	○	○	○	○	○	○
245	OR<=	OR<= S_1 S_2	触点比较 OR $S_1\leqslant S_2$	○	○	○	○	○	○	○	○	○	○
246	OR>=	OR>= S_1 S_2	触点比较 OR $S_1\geqslant S_2$	○	○	○	○	○	○	○	○	○	○

7.6.2 指令精解

1. 触点比较 LD*类指令

(1) 指令说明。触点比较 LD*类指令说明见表 7-69。

表 7-69　　触点比较 LD*类指令说明

指令符号（LD*类指令）	功能号	指令形式	指令功能	操作数 S_1、S_2（均为 16/32 位）
LD（D）＝	FNC224	LD= S_1 S_2	$S_1=S_2$ 时，触点闭合，即指令输出 ON	K、H、K*n*X、K*n*Y、K*n*M、K*n*S、T、C、D、R、V、Z、变址修饰
LD（D）＞	FNC225	LD> S_1 S_2	$S_1>S_2$ 时，触点闭合，即指令输出 ON	
LD（D）＜	FNC226	LD< S_1 S_2	$S_1<S_2$ 时，触点闭合，即指令输出 ON	
LD（D）＜＞	FNC228	LD<> S_1 S_2	$S_1\neq S_2$ 时，触点闭合，即指令输出 ON	
LD（D）≤	FNC229	LD<= S_1 S_2	$S_1\leqslant S_2$ 时，触点闭合，即指令输出 ON	
LD（D）≥	FNC230	LD>= S_1 S_2	$S_1\geqslant S_2$ 时，触点闭合，即指令输出 ON	

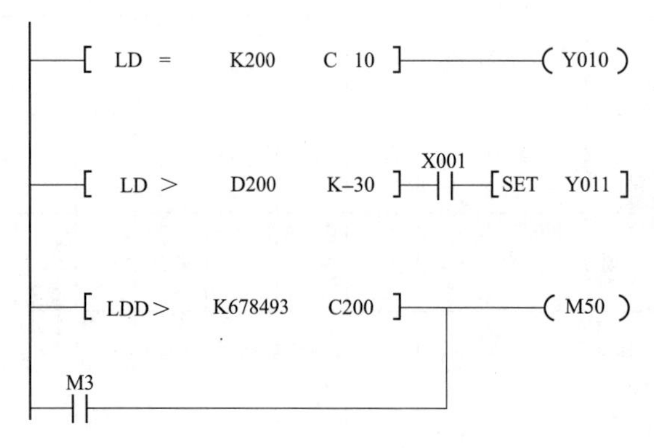

图 7-69　LD*类指令使用举例

(2) 使用举例。LD*类指令是连接左母线的触点比较指令，其功能是将 S_1、S_2 两个源操作数进行比较，若结果满足要求则执行驱动。LD*类指令使用举例如图 7-69 所示。当计数器 C10 的计数值等于 200 时，驱动 Y010；当 D200 中的数据大于－30 并且常开触点 X001 闭合时，将 Y011 置位；当计数器 C200 的计数值小于 678493 时，或者 M3 触点闭合时，驱动 M50。

2. 触点比较 AND*类指令

(1) 指令说明。触点比较 AND*类指令说明见表 7-70。

表 7-70　　触点比较 AND*类指令说明

指令符号（AND*类指令）	功能号	指令形式	指令功能	操作数 S_1、S_2（均为 16/32 位）
AND（D）＝	FNC232	AND= S_1 S_2	$S_1=S_2$ 时，触点闭合，即指令输出 ON	K、H、K*n*X、K*n*Y、K*n*M、K*n*S、T、C、D、R、V、Z、变址修饰
AND（D）＞	FNC233	AND> S_1 S_2	$S_1>S_2$ 时，触点闭合，即指令输出 ON	
AND（D）＜	FNC234	AND< S_1 S_2	$S_1<S_2$ 时，触点闭合，即指令输出 ON	

续表

指令符号（AND＊类指令）	功能号	指令形式	指令功能	操作数 S_1、S_2（均为16/32位）
AND（D）<>	FNC236	AND<> S_1 S_2	$S_1 \neq S_2$ 时，触点闭合，即指令输出 ON	K、H、KnX、KnY、KnM、KnS、T、C、D、R、V、Z、变址修饰
AND（D）⩽	FNC237	AND<= S_1 S_2	$S_1 \leqslant S_2$ 时，触点闭合，即指令输出 ON	
AND（D）⩾	FNC238	AND>= S_1 S_2	$S_1 \geqslant S_2$ 时，触点闭合，即指令输出 ON	

（2）使用举例。AND＊类指令是串联型触点比较指令，其功能是将 S_1、S_2 两个源操作数进行比较，若结果满足要求则执行驱动。AND＊类指令使用举例如图 7-70 所示。当常开触点 X000 闭合且计数器 C10 的计数值等于 200 时，驱动 Y010；当常闭触点 X001 闭合且 D0 中的数据不等于－10 时，将 Y011 置位；当常开触点 X002 闭合且 D10、D11 中的数据小于 678493 时，或者触点 M3 闭合时，驱动 M50。

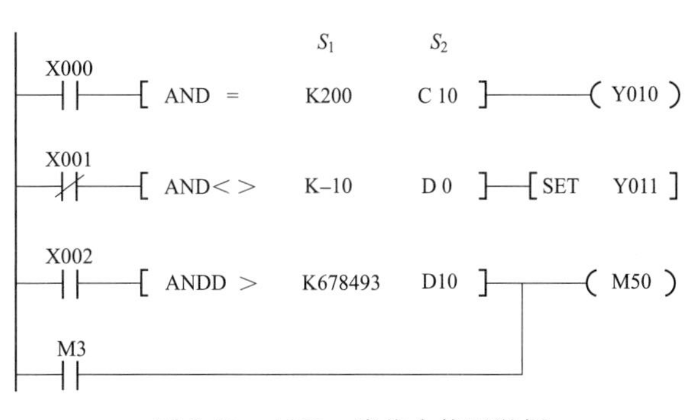

图 7-70 AND＊类指令使用举例

3. 触点比较 OR＊类指令

（1）指令说明。触点比较 OR＊类指令说明见表 7-71。

表 7-71 触点比较 OR＊类指令说明

指令符号（OR＊类指令）	功能号	指令形式	指令功能	操作数 S_1、S_2（均为16/32位）
OR（D）＝	FNC240	AND= S_1 S_2	$S_1 = S_2$ 时，触点闭合，即指令输出 ON	K、H、KnX、KnY、KnM、KnS、T、C、D、R、V、Z、变址修饰
OR（D）>	FNC241	AND> S_1 S_2	$S_1 > S_2$ 时，触点闭合，即指令输出 ON	
OR（D）<	FNC242	AND< S_1 S_2	$S_1 < S_2$ 时，触点闭合，即指令输出 ON	
OR（D）<>	FNC244	AND<> S_1 S_2	$S_1 \neq S_2$ 时，触点闭合，即指令输出 ON	
OR（D）⩽	FNC245	AND<= S_1 S_2	$S_1 \leqslant S_2$ 时，触点闭合，即指令输出 ON	
OR（D）⩾	FNC246	AND>= S_1 S_2	$S_1 \geqslant S_2$ 时，触点闭合，即指令输出 ON	

（2）使用举例。OR＊类指令是并联型触点比较指令，其功能是将 S_1、S_2 两个源操作数进行比较，若结果满足要求则执行驱动。OR＊类指令使用举例如图 7-71 所示。当常开触点 X001 闭合时，或者计数器 C10 的计数值等于 200 时，驱动 Y000；当常开触点 X002、M30 均闭合，或者 D100 中的数据大于或等于 100000 时，驱动 M60。

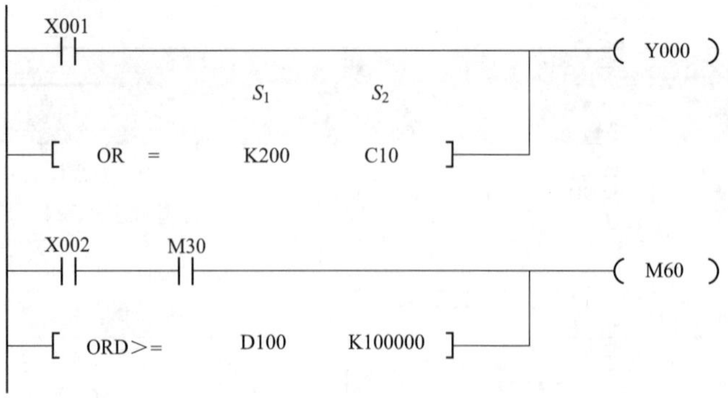

X001 —| |— (Y000)
[OR = K200 C10] (S_1 = K200, S_2 = C10)

X002 —| |— M30 —| |— (M60)
[ORD>= D100 K100000]

图 7-71　OR＊类指令使用举例

7.7 其他类指令

7.7.1 指令一览表

其他类指令有 5 条，各指令的功能号、符号、形式、名称和支持的 PLC 系列见表 7-72。

表 7-72　　　　其他类指令说明

功能号	指令符号	指令形式	指令名称	支持的 PLC 系列									
				FX3S	FX3G	FX3GC	FX3U	FX3UC	FX1S	FX1N	FX1NC	FX2N	FX2NC
182	COMRD	─┤├─[COMRD S D]	读出软元件的注释数据	—	—	—	○	○	—	—	—	—	—
184	RND	─┤├─[RND D]	产生随机数	—	—	—	○	○	—	—	—	—	—
186	DUTY	─┤├─[DUTY n_1 n_2 D]	产生定时脉冲	—	—	—	○	○	—	—	—	—	—
188	CRC	─┤├─[CRC S D n]	CRC 运算	—	—	—	○	○	—	—	—	—	—
189	HCMOV	─┤├─[HCMOV S D n]	高速计数器传送	—	—	—	○	○	—	—	—	—	—

7.7.2 指令精解

1. 读出软元件的注释数据指令

(1) 指令说明。读出软元件的注释数据指令说明见表 7-73。

表 7-73　　　　读出软元件的注释数据指令说明

指令名称与功能号	指令符号	指令形式与功能说明	操作数	
			S（软元件名）	D（字符串）
读出软元件的注释数据（FNC182）	COMRD（P）	─┤├─[COMRD S D] 读出 S 的注释内容，并将注释的各个字符的 ASCII 码依次存放在 D 为起始的连续元件中	X、Y、M、S、T、C、D、R、变址修饰	T、C、D、R、变址修饰

（2）使用举例。读出软元件的注释数据指令使用举例如图7-72所示。当X010触点闭合时，指令COMRDP执行，读取D100的注释内容“Target Line A”，并将注释内容的各个字符的ASCII码依次存放在D0为起始的连续元件中，即“T”“a”的ASCII码分别存放在D0的低、高字节中，“r”“g”的ASCII码分别存放在D1的低、高字节中。

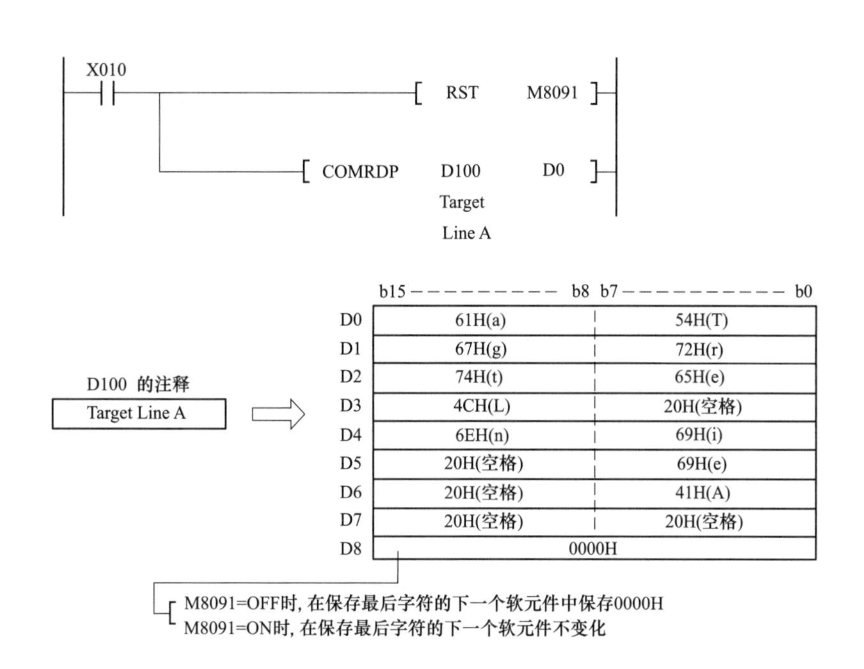

图7-72 读出软元件的注释数据指令使用举例

特殊继电器M8091（读出软元件的注释数据指令输出字符数切换信号）用于决定最后字符的下一个元件存放内容，M8091=0时，下一个元件存放0000H，M8091=1时，下一个元件存放内容不变化。

2. 产生随机数指令

（1）指令说明。产生随机数指令说明见表7-74。

表7-74 产生随机数指令说明

指令名称与功能号	指令符号	指令形式与功能说明	操作数
			D（16位）
产生随机数（FNC184）	RND（P）	RND *D* 产生0～32767范围的随机数，存入*D*	K*n*Y、K*n*M、K*n*S、T、C、D、R、变址修饰

（2）使用举例。产生随机数指令使用如图7-73所示。当X010触点闭合时，指令RND执行，产生一个0～32767范围内的随机数，存入D100。

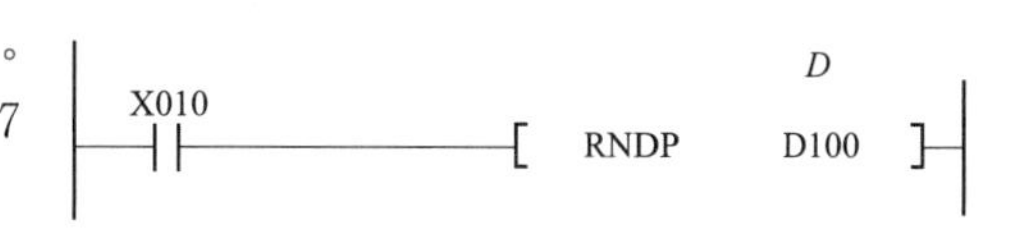

图7-73 产生随机数指令使用举例

3. 产生定时脉冲指令

（1）指令说明。产生定时脉冲指令说明见表7-75。

表 7-75　　产生定时脉冲指令说明

指令名称与功能号	指令符号	指令形式与功能说明	操作数	
			n_1、n_2（16 位）	D（位型）
产生定时脉冲 （FNC186）	DUTY （P）	┤├[DUTY n_1 n_2 D] 让 D 产生 n_1 个扫描周期 ON、n_2 个扫描周期 OFF 的脉冲信号	K、H、T、 C、D、R、 变址修饰 $n_1>0$，$n>0$	M8330～M8334 （D8330～D8334）、 变址修饰

（2）使用举例。产生定时脉冲指令使用举例如图 7-74 所示。当 X000 触点闭合时，指令 DUTY 执行，M8330 继电器产生 1 个扫描周期 ON、3 个扫描周期 OFF 的脉冲信号，与 M8330 继电器配对的 D8330 寄存器用于对扫描周期次数进行计数。

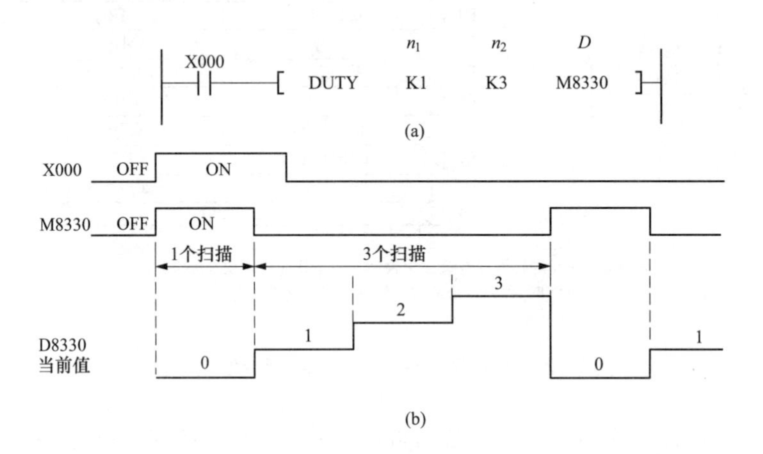

图 7-74　产生定时脉冲指令使用举例

（a）指令；（b）时序图

4. CRC（循环冗余校验）运算指令

（1）指令说明。CRC 运算指令说明见表 7-76。

表 7-76　　CRC 运算指令说明

指令名称与功能号	指令符号	指令形式与功能说明	操作数		
			S（16 位）	D（16 位）	n（16 位）
CRC 运算 （FNC188）	CRC （P）	┤├[CRC S D n] 对 S 为起始的 n 个连续字节数据进行 CRC 运算，得到 CRC 码，存入 D	KnX、KnY、 KnM、KnS、 T、C、D、R、 变址修饰 Kn＝K4	KnY、KnM、 KnS、T、 C、D、R、 变址修饰 Kn＝K4	K、H、D、R

（2）使用举例。CRC 运算指令使用举例如图 7-75 所示。当 M0 触点由 OFF 变为 ON（上升沿）时，指令 CRC 执行，对 D100 为起始的 7 个字节（D100～D103）数据进行 CRC 运算，产生 CRC 码（循环冗余校验码），存入 D0。

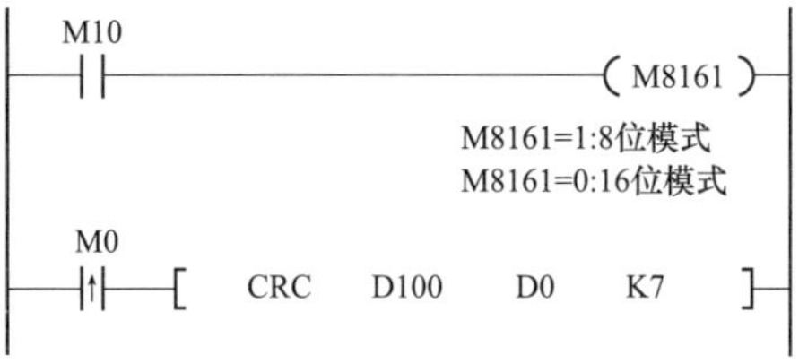

```
M10
─┤├──────────────────( M8161 )─
                M8161=1:8位模式
                M8161=0:16位模式
M0
─┤↑├──[ CRC   D100   D0   K7 ]─
```

(a)

软元件 \ 数据	数据内容		
D100	3130H	低字节	30H
		高字节	31H
D101	3332H	低字节	32H
		高字节	33H
D102	3534H	低字节	34H
		高字节	35H
D103	3436H	低字节	36H
		—	—
D0	2ACFH	低字节	GFH
		高字节	2AH

(b)

图 7-75　CRC 运算指令使用举例

（a）指令；（b）数据内容

如果 8 位处理模式继电器 M8161＝0，为 16 位处理模式，D100～D103 的高、低字节都参与 CRC 运算来得到 CRC 码，若 M8161＝1，则为 8 位处理模式，仅 D100～D103 的低字节参与 CRC 运算。

5. 高速计数器传送指令

（1）指令说明。高速计数器传送指令说明见表 7-77。

表 7-77　　高速计数器传送指令说明

指令名称与功能号	指令符号	指令形式与功能说明	操作数		
			S（32 位）	*D*（32 位）	*n*（16 位）
高速计数器传送（FNC189）	(D) HCMOV	─┤├─[HCMOV S D n]─ 将 *S* 计数器的当前计数值传送给 *D*，*n* 值决定传送时是否清除 *S* 的当前计数值，*n*＝0不清除，*n*＝1 清除	高速计数器：C235～C255 环形计数器：D8099、D8398	D、R	K、H

（2）使用举例。高速计数器传送（HCMOV）指令使用举例如图 7-76 所示。当 X010 触点闭合时，指令 DHCMOV 执行，将高速计数器 C235 的当前计数值传送到 D1、D0，传送时不清除 C236 的当前值（K0：不清除当前值；K1：清除当前值）。如果 D1、D0 中的数值（C235 的当前计数值）大于或等于 500，则驱动线圈 Y000 得电（即 Y000 为 ON）。

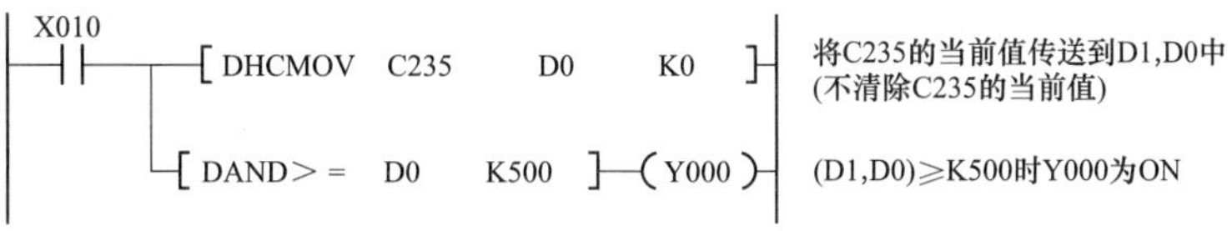

```
X010
─┤├──┬──[ DHCMOV  C235   D0   K0 ]─     将C235的当前值传送到D1,D0中
     │                                   (不清除C235的当前值)
     └──[ DAND>=  D0   K500 ]──( Y000 )─  (D1,D0)≥K500时Y000为ON
```

图 7-76　高速计数器传送指令使用举例

7.8 数据块处理类指令

7.8.1 指令一览表

数据块处理类指令有8条，各指令的功能号、符号、形式、名称和支持的PLC系列见表7-78。

表7-78　　　　数据块处理类指令一览

功能号	指令符号	指令形式	指令名称	支持的PLC系列									
				FX3S	FX3G	FX3GC	FX3U	FX3UC	FX1S	FX1N	FX1NC	FX2N	FX2NC
192	BK+	BK+ S_1 S_2 D n	数据块的加法运算	—	—	—	○	○	—	—	—	—	—
193	BK−	BK− S_1 S_2 D n	数据块的减法运算	—	—	—	○	○	—	—	—	—	—
194	BKCNP=	BKCMP= S_1 S_2 D n	数据块比较 $S_1=S_2$	—	—	—	○	○	—	—	—	—	—
195	BKCMP>	BKCMP> S_1 S_2 D n	数据块比较 $S_1>S_2$	—	—	—	○	○	—	—	—	—	—
196	BKCMP<	BKCMP< S_1 S_2 D n	数据块比较 $S_1<S_2$	—	—	—	○	○	—	—	—	—	—
197	BKCMP<>	BKCMP<> S_1 S_2 D n	数据块比较 $S_1\neq S_2$	—	—	—	○	○	—	—	—	—	—
198	BKCMP<=	BKCMP<= S_1 S_2 D n	数据块比较 $S_1\leqslant S_2$	—	—	—	○	○	—	—	—	—	—
199	BKCMP>=	BKCMP>= S_1 S_2 D n	数据块比较 $S_1\geqslant S_2$	—	—	—	○	○	—	—	—	—	—

7.8.2 指令精解

1. 数据块的加法运算指令

（1）指令说明。数据块的加法运算指令说明见表7-79。

表7-79　　　　数据块的加法运算指令说明

指令名称与功能号	指令符号	指令形式与功能说明	操作数			
			S_1	S_2	D	n
数据块的加法运算（FNC192）	（D）BK+（P）	BK+ S_1 S_2 D n 将 S_1 为起始的 n 个元件中的数据分别与 S_2 为起始的 n 个元件中的数据相加，结果分别存入 D 为起始的 n 个元件中	T、C、D、R、变址修饰	K、H、T、C、D、R、变址修饰	T、C、D、R、变址修饰	K、H、D、R

（2）使用举例。数据块的加法运算指令使用举例如图7-77所示。当X020触点闭合时，指令BK＋执行，将D100为起始的4个元件（D100～D103）中的数据分别与D150为起始的4个元件（D150～D153）中的数据相加，结果分别存入D200为起始的4个元件（D200～D203）中。

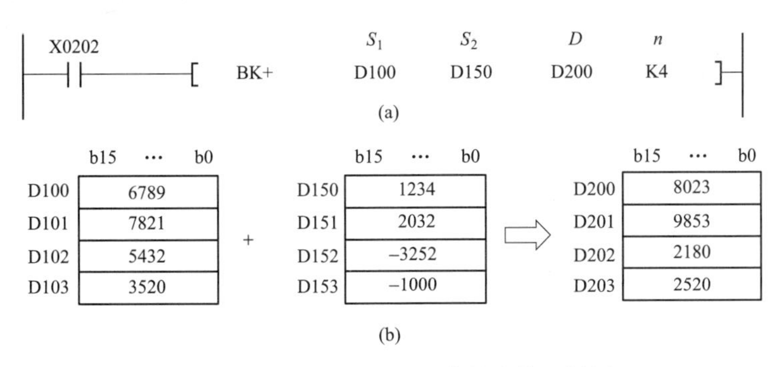

图7-77 数据块的加法运算指令使用举例

（a）指令；（b）说明

2. 数据块的减法运算指令

（1）指令说明。数据块的减法运算指令说明见表7-80。

表7-80 数据块的减法运算指令说明

指令名称与功能号	指令符号	指令形式与功能说明	操作数（16/32位）			
			S_1	S_2	D	n
数据块的减法运算（FNC193）	（D）BK-（P）	BK- S_1 S_2 D n 将S_1为起始的n个元件中的数据分别与S_2为起始的n个元件中的数据相减，结果分别存入D为起始的n个元件中	T、C、D、R、变址修饰	K、H、T、C、D、R、变址修饰	T、C、D、R、变址修饰	K、H、D、R

（2）使用举例。数据块的减法运算指令使用举例如图7-78所示。当X010触点闭合时，指令BK-执行，将D100为起始的3个（D10＝3）元件中的数据分别与常数8765相减，结果分别存入D200为起始的3个（D10＝3）元件中。

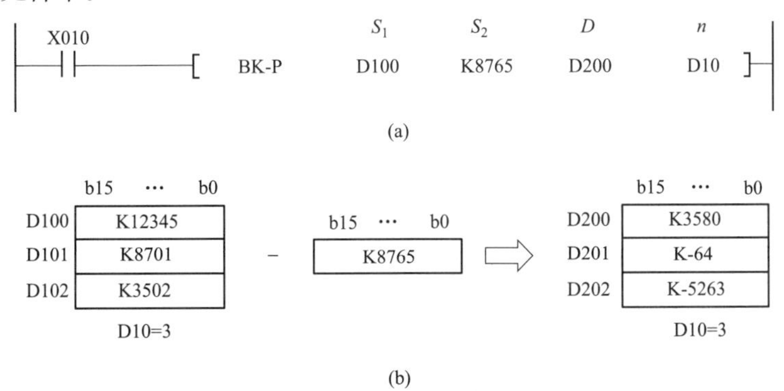

图7-78 数据块的减法运算指令使用举例

（a）指令；（b）说明

3. 数据块比较类指令

（1）指令说明。数据块比较类指令说明见表 7-81。

表 7-81 数据块比较类指令说明

<table>
<tr><th rowspan="2">指令名称与功能号</th><th rowspan="2">指令符号</th><th rowspan="2">指令形式与功能说明</th><th colspan="4">操作数（S_1、S_2、n 均为 16/32 位，D 为位型）</th></tr>
<tr><th>S_1</th><th>S_2</th><th>D</th><th>n</th></tr>
<tr><td>数据块比较
$S_1=S_2$
（FNC194）</td><td>（D）
BKCMP=
（P）</td><td>BKCMP= S_1 S_2 D n
将 S_1 为起始的 n 个元件数据与 S_2 为起始的 n 个元件数据一一对应比较，若 S_1 某个元件数据 $=S_2$ 对应元件数据，则将 D 对应元件置 ON</td><td rowspan="6">K、H、T、C、D、R、变址修饰</td><td rowspan="6">T、C、D、R、变址修饰</td><td rowspan="6">Y、M、S、D□.b、变址修饰</td><td rowspan="6">K、H、D、R</td></tr>
<tr><td>数据块比较
$S_1>S_2$
（FNC195）</td><td>（D）
BKCMP>
（P）</td><td>BKCMP> S_1 S_2 D n
将 S_1 为起始的 n 个元件数据与 S_2 为起始的 n 个元件数据一一对应比较，若 S_1 某个元件数据 $>S_2$ 对应元件数据，则将 D 对应元件置 ON</td></tr>
<tr><td>数据块比较
$S_1<S_2$
（FNC196）</td><td>（D）
BKCMP<
（P）</td><td>BKCMP< S_1 S_2 D n
将 S_1 为起始的 n 个元件数据与 S_2 为起始的 n 个元件数据一一对应比较，若 S_1 某个元件数据 $<S_2$ 对应元件数据，则将 D 对应元件置 ON</td></tr>
<tr><td>数据块比较
$S_1\neq S_2$
（FNC197）</td><td>（D）
BKCMP
<>
（P）</td><td>BKCMP<> S_1 S_2 D n
将 S_1 为起始的 n 个元件数据与 S_2 为起始的 n 个元件数据一一对应比较，若 S_1 某个元件数据 $\neq S_2$ 对应元件数据，则将 D 对应元件置 ON</td></tr>
<tr><td>数据块比较
$S_1\leqslant S_2$
（FNC198）</td><td>（D）
BKCMP⩽
（P）</td><td>BKCMP<= S_1 S_2 D n
将 S_1 为起始的 n 个元件数据与 S_2 为起始的 n 个元件数据一一对应比较，若 S_1 某个元件数据 $\leqslant S_2$ 对应元件数据，则将 D 对应元件置 ON</td></tr>
<tr><td>数据块比较
$S_1\geqslant S_2$
（FNC199）</td><td>（D）
BKCMP⩾
（P）</td><td>BKCMP>= S_1 S_2 D n
将 S_1 为起始的 n 个元件数据与 S_2 为起始的 n 个元件数据一一对应比较，若 S_1 某个元件数据 $\geqslant S_2$ 对应元件数据，则将 D 对应元件置 ON</td></tr>
</table>

（2）使用举例。数据块比较类指令使用举例如图 7-79 所示。在图 7-79（a）中，当 X020 触点闭合时，指令 BKCMP=执行，将 D100～D103 4 个元件中的数据一一对应与 D200～D203 4 个元件中的数据比较，若某两个对应元件的数据相等，则让 M10～M13 中对应的元件置 ON，因为 D101 中的数据为 2000，其对应比较的元件 D201 中的数据也为 2000，两者相等，则两者对应的比较结果元件 M11 被置 ON，M11 常开触点闭合，Y001 线圈得电（即 Y001 置 ON）。如果 D100～D103 与 D200～D203 比较结果使 M10～M13 全为 ON，块比较信号特殊继电器 M8090＝1，M8090 常开触点闭合，Y000 线圈会得电。在图 7-79（b）中，当 X010 触点闭合时，指令 BKCMP<>执行，将常数 1000 逐个与 D100～D13 4 个元件中的数据比较，若与某个元件的数据不相等，则将 D0.4～D0.7（D0 的第 4 位到第 7 位）中对应位置 ON，因为 D10、D13 中的数据与 1000 不相等，故 D0.4 位和 D0.7 位被置 ON。

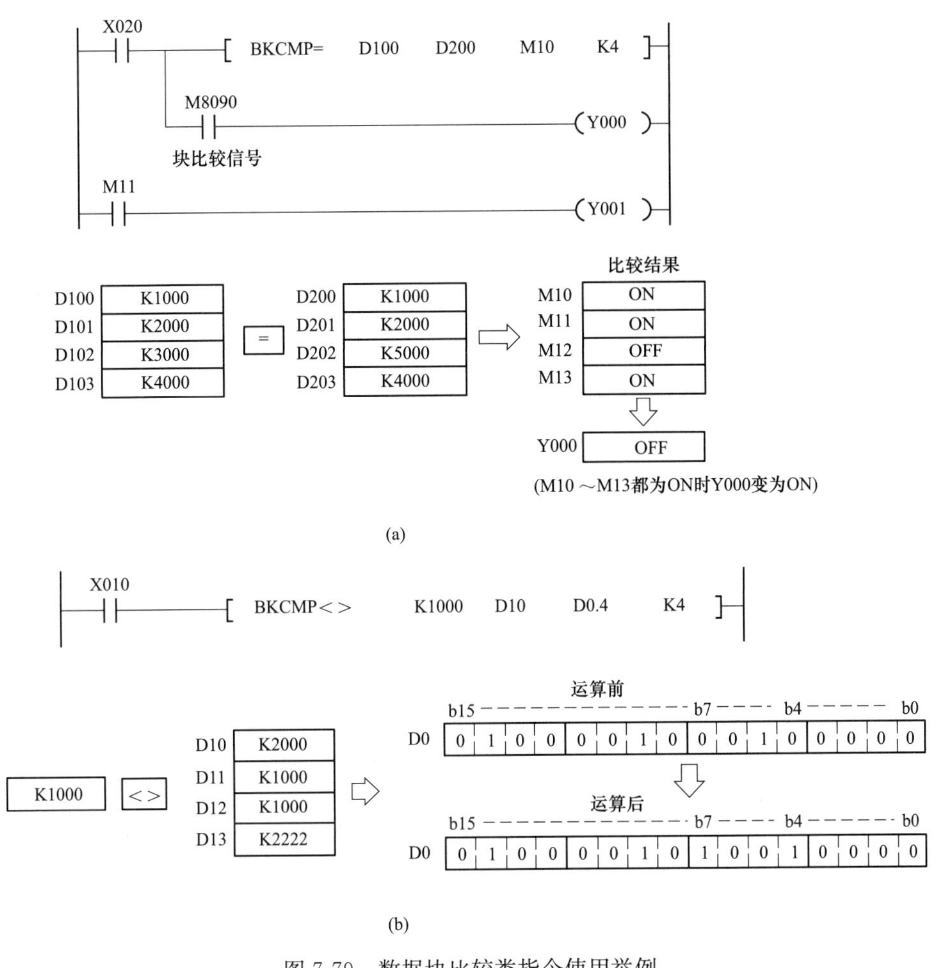

图 7-79　数据块比较类指令使用举例

（a）例 1；（b）例 2

7.9　字符串控制类指令

7.9.1　指令一览表

字符串控制类指令有 10 条，各指令的功能号、符号、形式、名称和支持的 PLC 系列见表 7-82。

表 7-82　　字符串控制类指令一览

功能号	指令符号	指令形式	指令名称	支持的 PLC 系列									
				FX3S	FX3G	FX3GC	FX3U	FX3UC	FX1S	FX1N	FX1NC	FX2N	FX2NC
200	SIR	STR S_1 S_2 D	BIN→字符串的转换	—	—	—	○	○	—	—	—	—	—
201	VAL	VAL S D_1 D_2	字符串→BIN 的转换	—	—	—	○	○	—	—	—	—	—
202	$+	$+ S_1 S_2 D	字符串的结合	—	—	—	○	○	—	—	—	—	—
203	LEN	LEN S D	检测出字符串的长度	—	—	—	○	○	—	—	—	—	—
204	RIGHT	RIGHT S D n	从字符串的右侧开始取出	—	—	—	○	○	—	—	—	—	—
205	LEFT	LEFT S D n	从字符串的左侧开始取出	—	—	—	○	○	—	—	—	—	—
206	MIDR	MIDR S_1 D S_2	从字符串中的任意取出	—	—	—	○	○	—	—	—	—	—
207	MIDW	MIDW S_1 D S_2	字符串中的任意替换	—	—	—	○	○	—	—	—	—	—
208	INSTR	INSTR S_1 S_2 D n	字符串的检索	—	—	—	○	○	—	—	—	—	—
209	$MOV	$MOV S D	字符串的传送	—	—	—	○	○	—	—	—	—	—

7.9.2　指令精解

1. BIN（二进制数）→字符串的转换指令

（1）指令说明。BIN→字符串的转换指令说明见表 7-83。

表 7-83　　BIN→字符串的转换指令说明

指令名称与功能号	指令符号	指令形式与功能说明	操作数		
			S_1（16 位）	S_2（16/32 位）	D（字符串）
BIN→字符串的转换（FNC200）	(D) STR (P)	STR S_1 S_2 D 将 S_2 中的 BIN 数据转换成字符串，转换的位数由 S_1 设定，S_1 设定总位数，S_1+1设定小数部分的位数，转换得到的字符串存入 D 为起始的连续元件	T、C、D、R、变址修饰	K、H、K*n*X、K*n*Y、K*n*M、K*n*S、T、C、D、R、V、Z、变址修饰	T、C、D、R、变址修饰

（2）使用举例。BIN→字符串的转换指令使用举例如图 7-80 所示。当 X000 触点闭合时，先从上往下依次执行 3 个 MOVP，第 1 个 MOVP 将要转换的数据 12672 传送给 D10，第 2 个 MOVP 将 6 传送给

D0，把要转换的所有位数设为6，第3个MOVP将0传送给D1，把要转换的小数位数（即小数点右边的位数）设为0，然后指令STRP执行，将D10数据（12672）的D0（6）个位转换成字符串（一个字符的ASCII码占8位），小数部分不转换（因为D1=0），转换成的字符串按低字节→高字节顺序存放在D20～D22，若符号位为正，转换成的字符串为空格（空格的ASCII码为20H），字符串之后的一个字节或一个字自动写入00H或0000H，表示字符串结束。

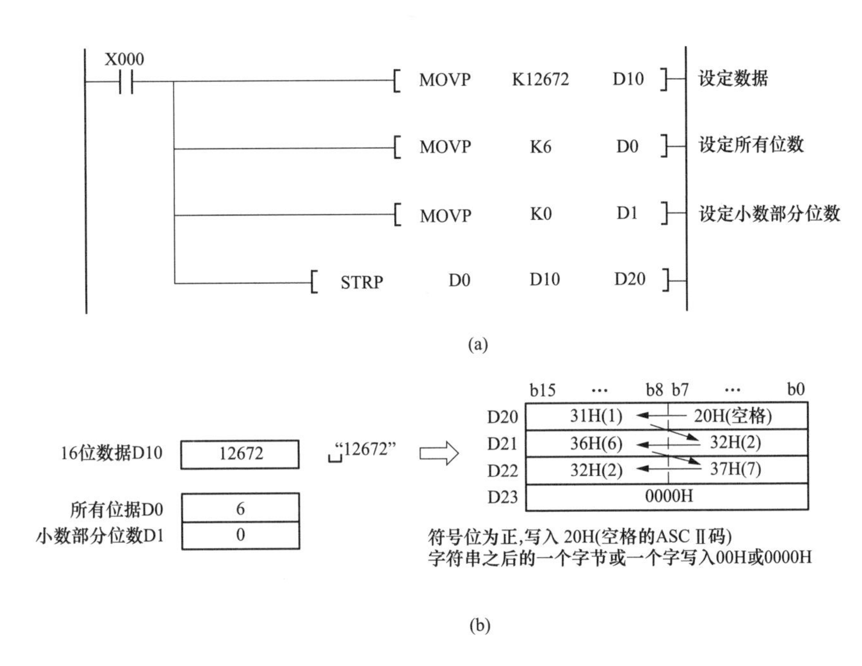

图7-80 BIN→字符串的转换指令使用举例
(a) 指令；(b) 说明

2. 字符串→BIN（二进制数）的转换指令

(1) 指令说明。字符串→BIN的转换指令说明见表7-84。

表7-84 字符串→BIN的转换指令说明

指令名称与功能号	指令符号	指令形式与功能说明	操作数	
			S（字符串）、D_1（16位）	D_2（16/32位）
字符串→BIN的转换（FNC201）	(D) VAL (P)	VAL S D_1 D_2 将S_1为起始的连续元件中的字符串转换成BIN数（二进制数），转换的总位数由D_1值决定，转换的小数点部分位数由D_1+1值决定，转换得到的BIN数存入D_2	T、C、D、R、变址修饰	KnY、KnM、KnS、T、C、D、R、变址修饰

(2) 使用举例。字符串→BIN的转换指令使用举例如图7-81所示。当X000触点闭合时，指令VALP执行，将D20为起始的连续元件中的字符串转换成BIN数（二进制数），转换的总位数由D10值决定，转换的小数点部分位数由D11值决定，转换得到的BIN数存入D0。

3. 字符串的结合指令

(1) 指令说明。字符串的结合指令说明见表7-85。

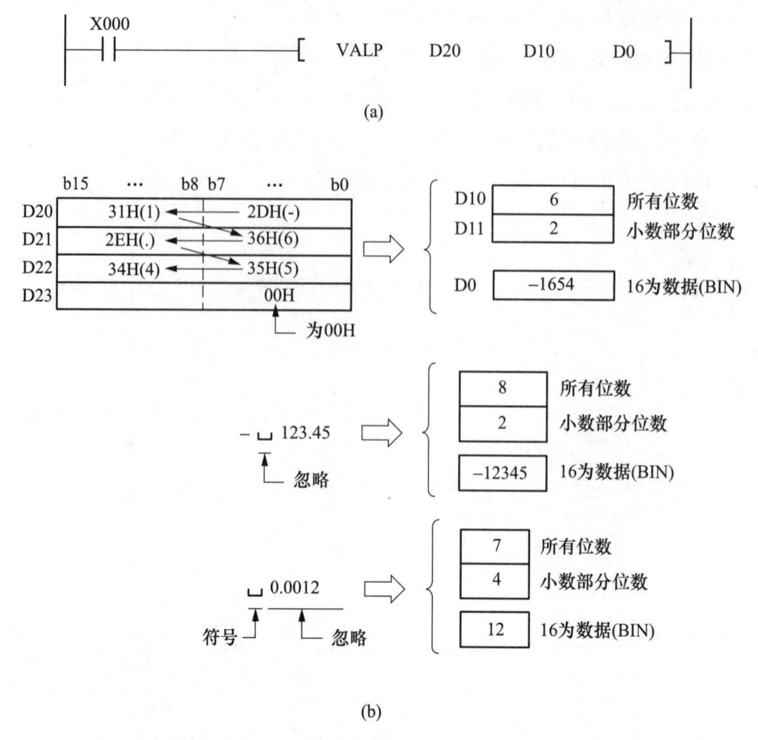

图 7-81 字符串→BIN 的转换指令使用举例

（a）指令；（b）说明

表 7-85　　字符串的结合指令说明

指令名称与功能号	指令符号	指令形式与功能说明	操作数	
			S_1、S_2	D
字符串的结合（FNC202）	\$＋（P）	[\$+ S_1 S_2 D] 将 S_1 为起始的字符串与 S_2 为起始的字符串结合起来，存在 D 为起始的连续元件中	K*n*X、K*n*Y、K*n*M、K*n*S、T、C、D、R、变址修饰	K*n*Y、K*n*M、K*n*S、T、C、D、R、变址修饰

（2）使用举例。字符串的结合指令使用举例如图 7-82 所示。当 X000 触点闭合时，指令 \$＋执行，

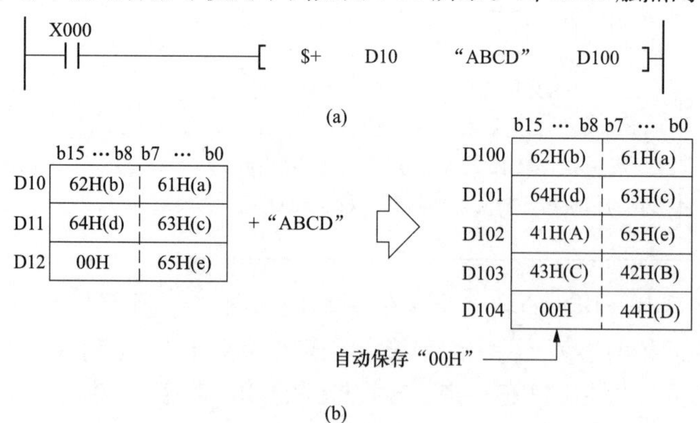

图 7-82 字符串的结合指令使用举例

（a）指令；（b）说明

将 D10 为起始的连续元件中的字符串与字符串“ABCD”结合起来，存在 D100 为起始的连续元件中。00H 表示字符串结束。

4. 检测字符串长度指令

（1）指令说明。检测字符串长度指令说明见表 7-86。

表 7-86 检测字符串长度指令说明

指令名称与功能号	指令符号	指令形式与功能说明	操作数	
			S（字符串）	*D*（16 位）
检测字符串长度（FNC203）	LEN（P）	[LEN *S* *D*] 检测 *S* 为起始的字符串的字符个数（检测到 00H 表示字符串结束），将字符串的字符个数值存入 *D*	K*n*X、K*n*Y、K*n*M、K*n*S、T、C、D、R、变址修饰	K*n*Y、K*n*M、K*n*S、T、C、D、R、变址修饰

（2）使用举例。检测字符串长度指令使用举例如图 7-83 所示。当 X000 触点闭合时，指令 LEN 执行，检测 D0 为起始的连续元件中字符串的字符个数（检测到 00H 表示字符串结束），将字符串的字符个数值存入 D10。

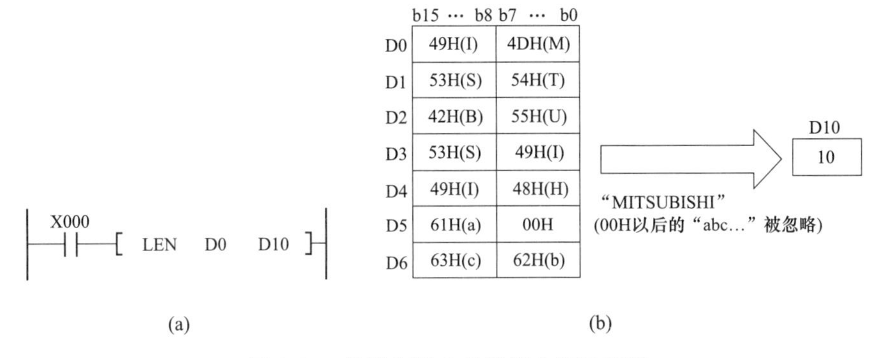

图 7-83 检测字符串长度指令使用举例

（a）指令；（b）说明

5. 从字符串的右侧开始取出指令

（1）指令说明。从字符串的右侧开始取出指令说明见表 8-87。

表 7-87 从字符串的右侧开始取出指令说明

指令名称与功能号	指令符号	指令形式与功能说明	操作数		
			S（字符串）	*D*（16 位）	*n*（16 位）
从字符串的右侧开始取出（FNC204）	RIGHT（P）	[RIGHT *S* *D* *n*] 从 S 为起始的连续元件中的字符串结束字节（00H）起，往前取出 *n* 个字符（即 *n* 个字符的 ASCII 码），存放到 *D* 为起始的连续元件中	K*n*X、K*n*Y、K*n*M、K*n*S、T、C、D、R、变址修饰	K*n*Y、K*n*M、K*n*S、T、C、D、R、变址修饰	K、H、D、R

（2）使用举例。从字符串的右侧开始取出指令使用举例如图7-84所示。当X000触点闭合时，指令RIGHTP执行，从R0（扩展寄存器）为起始的连续元件中的字符串结束字节（00H）起，往前取出4个字符（即4个字符的ASCII码），存放到D0为起始的连续元件中。

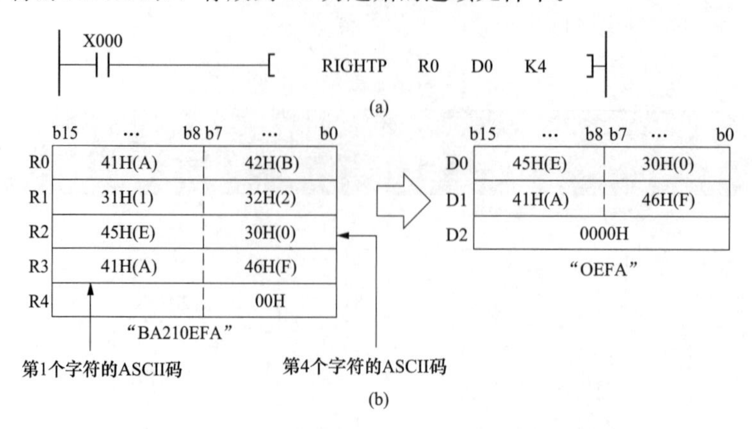

图7-84 从字符串的右侧开始取出指令使用举例
（a）指令；（b）说明

6. 从字符串的左侧开始取出指令

（1）指令说明。从字符串的左侧开始取出指令说明见表7-88。

表7-88 从字符串的左侧开始取出指令说明

指令名称与功能号	指令符号	指令形式与功能说明	操作数		
			S（字符串）	*D*（16位）	*n*（16位）
从字符串的左侧开始取出（FNC205）	LEFT（P）	[LEFT *S* *D* *n*] 从*S*为起始的连续元件中的字符串首个字符开始，往后取出*n*个字符（即*n*个字符的ASCII码），存放到*D*为起始的连续元件中	KnX、KnY、KnM、KnS、T、C、D、R、变址修饰	KnY、KnM、KnS、T、C、D、R、变址修饰	K、H、D、R

（2）使用举例。从字符串的左侧开始取出指令使用举例如图7-85所示。当X010触点闭合时，指令

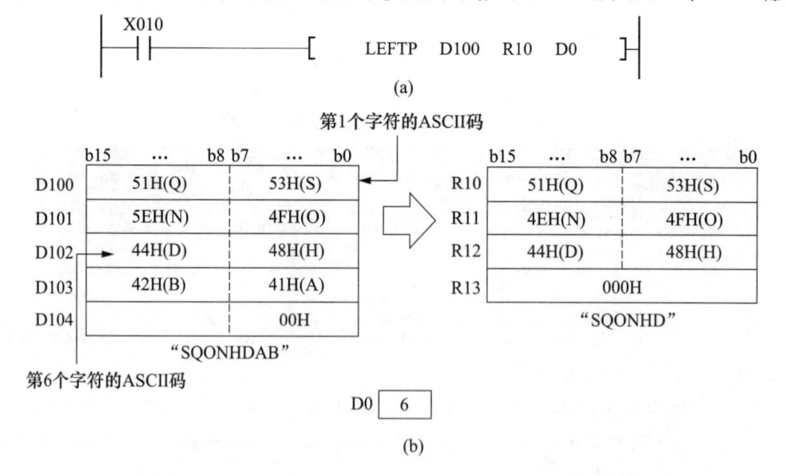

图7-85 从字符串的左侧开始取出指令使用举例
（a）指令；（b）说明

LEFTP 执行，从 D100 为起始的连续元件中的字符串首个字符开始，往后取出 D0 个字符，存放到 R10 为起始的连续元件中。

7. 从字符串任意位置取出指令

（1）指令说明。从字符串任意位置取出指令说明见表 7-89。

表 7-89　　从字符串任意位置取出指令说明

指令名称与功能号	指令符号	指令形式与功能说明	操作数		
			S_1（字符串）	D（字符串）	S_2（16 位）
从字符串任意位置取出（FNC206）	MIDR（P）	MIDR S_1 D S_2 从 S_1 为起始的连续元件中的字符串第 S_2 个字符开始，往后取出 S_2＋1 个字符，存放到 D 为起始的连续元件中	K*n*X、K*n*Y、K*n*M、K*n*S、T、C、D、R、变址修饰	K*n*Y、K*n*M、KnS、T、C、D、R、变址修饰	K*n*X、K*n*Y、K*n*M、K*n*S、T、C、D、R、变址修饰

（2）使用举例。从字符串任意位置取出指令使用举例如图 7-86 所示。当 X000 触点闭合时，指令 MIDRP 执行，从 D10 为起始的连续元件中的字符串第 R0 个字符开始，往后取出 R1 个字符，存放到 D0 为起始的连续元件中。

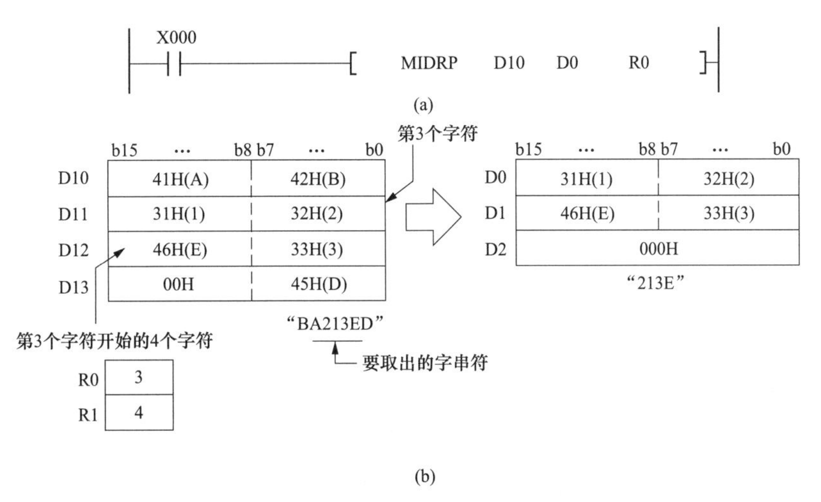

图 7-86　从字符串任意位置取出指令使用举例

（a）指令；（b）说明

8. 从字符串任意位置替换指令

（1）指令说明。从字符串任意位置替换指令说明见表 7-90。

表 7-90　　从字符串任意位置替换指令说明

指令名称与功能号	指令符号	指令形式与功能说明	操作数		
			S_1（字符串）	D（字符串）	S2（16 位）
从字符串任意位置替换（FNC207）	MIDW（P）	MIDW S_1 D S_2 从 S_1 为起始的连续元件中的字符串首个字符开始，往后取出 S_2＋1 个字符，存放到 D 为起始的第 S_2 及之后的元件中	K*n*X、K*n*Y、K*n*M、K*n*S、T、C、D、R、变址修饰	K*n*Y、K*n*M、K*n*S、T、C、D、R、变址修饰	K*n*X、K*n*Y、K*n*M、K*n*S、T、C、D、R、变址修饰

（2）使用举例。从字符串任意位置替换指令使用举例如图 7-87 所示。当 X010 触点闭合时，指令 MIDWP 执行，从 D0 为起始的连续元件中的字符串首个字符开始，往后取出 R1 个字符，存放到 D100 为起始的第 R0 及之后的元件中。

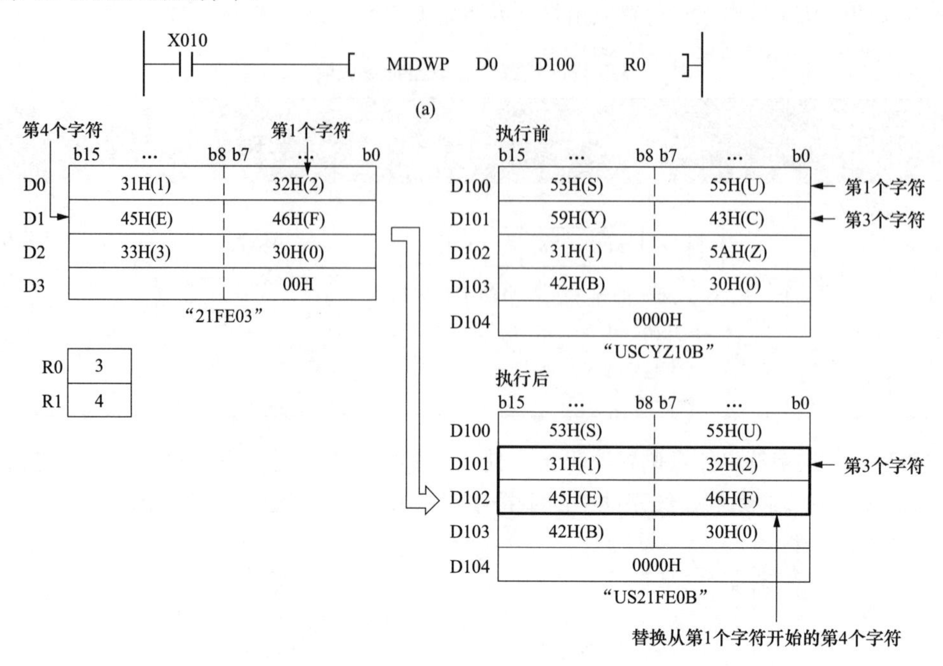

图 7-87　从字符串任意位置替换指令使用举例

（a）指令；（b）说明

9. 字符串的检索指令

（1）指令说明。字符串的检索指令说明见表 7-91。

表 7-91　字符串的检索指令说明

指令名称与功能号	指令符号	指令形式与功能说明	操作数	
			S_1（字符串）、S_2（字符串）、D（16 位）	n（16 位）
字符串的检索（FNC208）	INSTR（P）	INSTR S_1 S_2 D n 从 S_2 为起始的连续元件中的字符串第 n 个字符开始检索，检索与 S_1 为起始的连续元件中相同的字符串，将相同字符串的首个字符的位置号存入 D	T、C、D、R、变址修饰	K、H、D、R

（2）使用举例。字符串的检索指令使用举例如图 7-88 所示。当 X000 触点闭合时，指令 INSTR 执行，从 R0 为起始的连续元件中的字符串第 3 个字符开始检索，检索与 D0 为起始的连续元件中相同的字符串，将相同字符串的首个字符的位置号存入 D100。

10. 字符串的传送指令

（1）指令说明。字符串的传送指令说明见表 7-92。

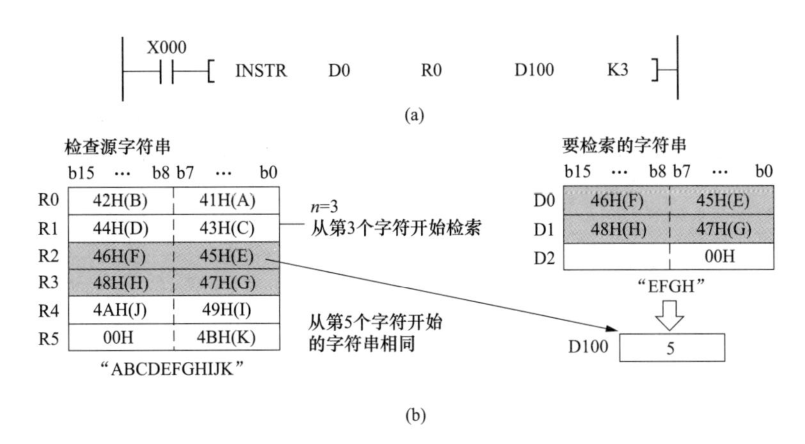

图 7-88 字符串的检索指令使用举例

（a）指令；（b）说明

表 7-92　　字符串的传送指令说明

指令名称与功能号	指令符号	指令形式与功能说明	操作数	
			S（实数）	*D*（字符串）
字符串的传送（FNC209）	$ MOV（P）	[$MOV *S* *D*] 将 *S* 为起始的连续元件中的字符串传送给 *D* 为起始的连续元件中	K*n*X、K*n*Y、K*n*M、K*n*S、T、C、D、R、变址修饰（最多 32 个字符）	K*n*Y、K*n*M、K*n*S、T、C、D、R、变址修饰

（2）使用举例。字符串的传送指令使用举例如图 7-89 所示。当 X000 触点闭合时，指令 $ MOV 执行，将 D10 为起始的连续元件中的字符串传送给 D20 为起始的连续元件中。

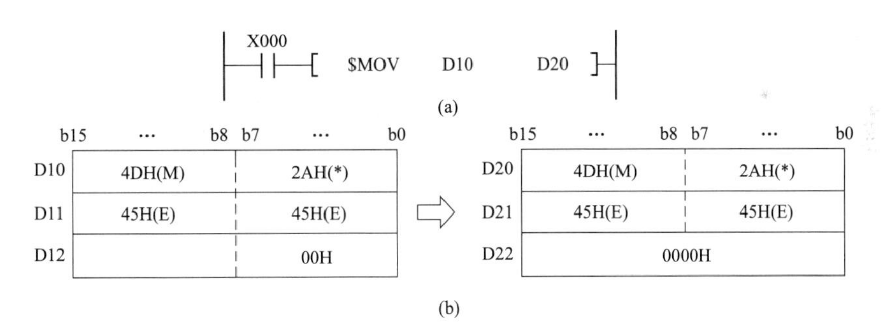

图 7-89 字符串的传送指令使用举例

（a）指令；（b）说明

7.10 数据表处理类指令

7.10.1 指令一览表

数据表处理类指令有 7 条，各指令的功能号、符号、形式、名称和支持的 PLC 系列见表 7-93。

表 7-93 数据表处理类指令一览

功能号	指令符号	指令形式	指令名称	支持的 PLC 系列									
				FX3S	FX3G	FX3GC	FX3U	FX3UC	FX1S	FX1N	FX1NC	FX2N	FX2NC
256	LIMIT	LIMIT S_1 S_2 S_3 D	上下限限位控制	—	—	—	○	○	—	—	—	—	—
257	BAND	BAND S_1 S_2 S_3 D	死区控制	—	—	—	○	○	—	—	—	—	—
258	ZONE	ZONE S_1 S_2 S_3 D	区域控制	—	—	—	○	○	—	—	—	—	—
259	SCL	SCL S_1 S_2 D	定坐标（不同点坐标数据）	—	—	—	○	○	—	—	—	—	—
260	DABIN	DABIN S D	十进制ASCII→BIN 的转换	—	—	—	○	○	—	—	—	—	—
261	BINDA	BINDA S D	BIN→十进制 ASCII 的转换	—	—	—	○	○	—	—	—	—	—
269	SCL2	SCL2 S_1 S_2 D	定坐标 2（X/Y 坐标数据）	—	—	—	○	○	—	—	—	—	—

7.10.2 指令精解

1. 上下限位控制指令

（1）指令说明。上下限位控制指令说明见表 7-94。

表 7-94 上下限位控制指令说明

指令名称与功能号	指令符号	指令形式与功能说明	操作数（16/32 位）		
			S_1、S_2	S_3	D
上下限位控制（FNC256）	(D) LIMIT (P)	LIMIT S_1 S_2 S_3 D 指令执行时，若 S_3 值<S_1 值（下限值），将 S_1 值传送给 D，若 S_1 值≤S_3 值≤S_2 值，将 S_3 值传送给 D，若 S_3 值>S_2 值（上限值），将 S_2 值传送给 D，即 D 值被限制在 S_1 值～S_2 值范围内	K、H、KnX、KnY、KnM、KnS、T、C、D、R、变址修饰	KnX、KnY、KnM、KnS、T、C、D、R、变址修饰	KnY、KnM、KnS、T、C、D、R、变址修饰

（2）使用举例。上下限位控制指令使用举例如图 7-90 所示。当 X000 触点闭合时，指令 LIMIT 执行，若 D0 值<500，将 500 传送给 D1，若 500≤D0 值≤5000，将 D0 值传送给 D1，若 D0 值>5000，将 5000 传送给 D1。

2. 死区控制指令

（1）指令说明。死区控制指令说明见表 7-95。

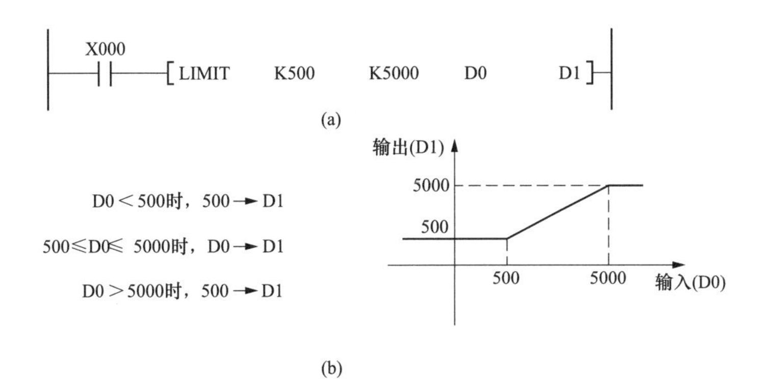

图 7-90　上下限位控制指令使用举例
（a）指令；（b）说明

表 7-95　　死区控制指令说明

指令名称与功能号	指令符号	指令形式与功能说明	操作数（16/32 位）		
			S_1、S_2	S_3	D
死区控制（FNC257）	(D) BAND (P)	BAND S_1 S_2 S_3 D 指令执行时，若 S_3 值<S_1 值（下限值），将 S_3-S_1 值传送给 D，若 S_1 值≤S_3 值≤S_2值，将 0 传送给 D，若 S_3 值>S_2 值（上限值），将 S_3-S_2 值传送给 D	K、H、KnX、KnY、KnM、KnS、T、C、D、R、变址修饰	KnX、KnY、KnM、KnS、T、C、D、R、变址修饰	KnY、KnM、KnS、T、C、D、R、变址修饰

（2）使用举例。死区控制指令使用举例如图 7-91 所示。当 X000 触点闭合时，指令 BAND 执行，若 D0 值<−1000，将 D0 值−（−1000）传送给 D1，若−1000≤D0 值≤1000，将 0 传送给 D1，若 D0 值>1000，将 D0 值−1000 传送给 D1。

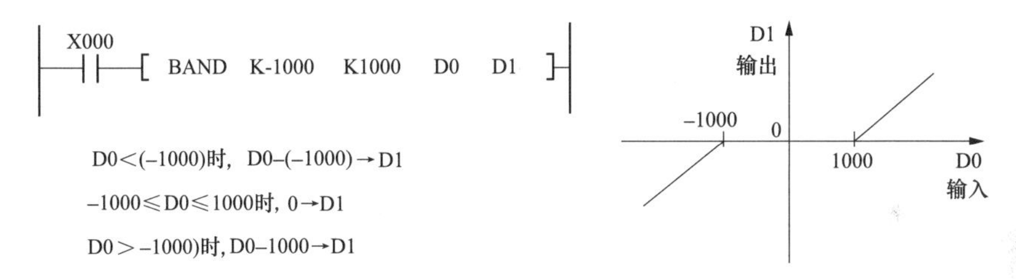

图 7-91　死区控制指令使用举例

3. 区域控制指令

（1）指令说明。区域控制指令说明见表 7-96。

表 7-96　　区域控制指令说明

指令名称与功能号	指令符号	指令形式与功能说明	操作数（16/32 位）		
			S_1、S_2	S_3	D
区域控制（FNC258）	(D) ZONE (P)	ZONE S_1 S_2 S_3 D 指令执行时，若 S_3 值<0，将 S_3+S_1 值传送给 D，若 S_3 值=0，将 0 传送给 D，若 S_3 值>0，将 S_3+S_2 值传送给 D	K、H、KnX、KnY、KnM、KnS、T、C、D、R、变址修饰	KnX、KnY、KnM、KnS、T、C、D、R、变址修饰	KnY、KnM、KnS、T、C、D、R、变址修饰

（2）使用举例。区域控制指令使用举例如图 7-92 所示。当 X000 触点闭合时，指令 ZONEP 执行，若 D0 值<0，将 D0 值+（−1000）传送给 D1，若 D0 值=0，将 0 传送给 D1，若 D0 值>0，将 D0 值+1000 传送给 D1。

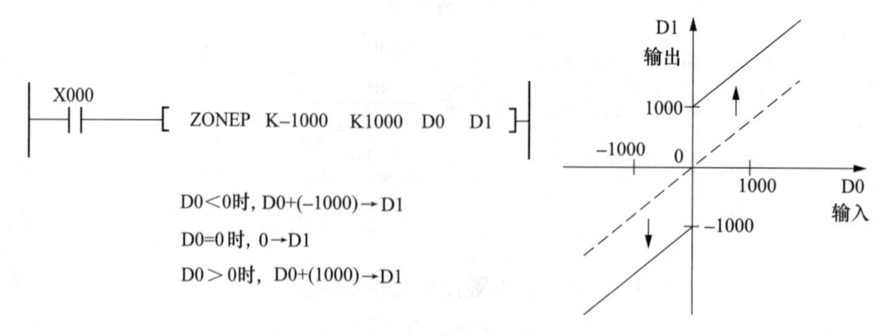

图 7-92　区域控制指令使用举例

4．定坐标指令

（1）指令说明。定坐标指令说明见表 7-97。

表 7-97　定坐标指令说明

指令名称与功能号	指令符号	指令形式与功能说明	操作数（16/32 位）		
			S_1	S_2	D
定坐标（FNC259）	（D）SCL（P）	[SCL S_1 S_2 D] 以 S_2 值确定坐标点数，以 S_2+1 及后续元件中的数据作为各点坐标的 X、Y 值，绘制坐标曲线，再在曲线上取坐标点 X=S_1 值时的 Y 值，将 Y 值传送给 D	K、H、KnX、KnY、KnM、KnS、T、C、D、R、变址修饰	D、R、变址修饰	KnY、KnM、KnS、T、C、D、R、变址修饰

（2）使用举例。定坐标指令使用举例如图 7-93 所示。PLC 运行时 M8000 触点闭合，指令 SCL 执行，以 R0 值确定坐标点数，以 R1 及后续元件中的数据作为各点坐标的 X、Y 值，绘制坐标曲线，再在曲线上取坐标点 X=D0 值时的 Y 值，将 Y 值传送给 D10。若 Y 值是小数，对小数点第 1 位采用四舍五入转换成整数。定坐标的数据表格见表 7-98。

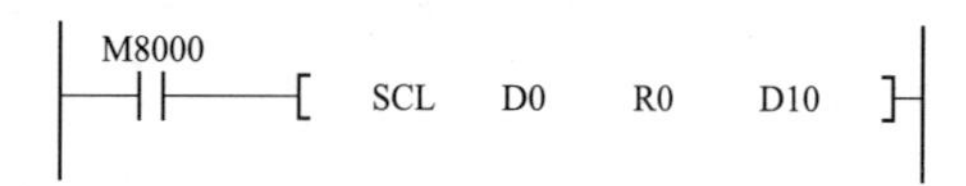

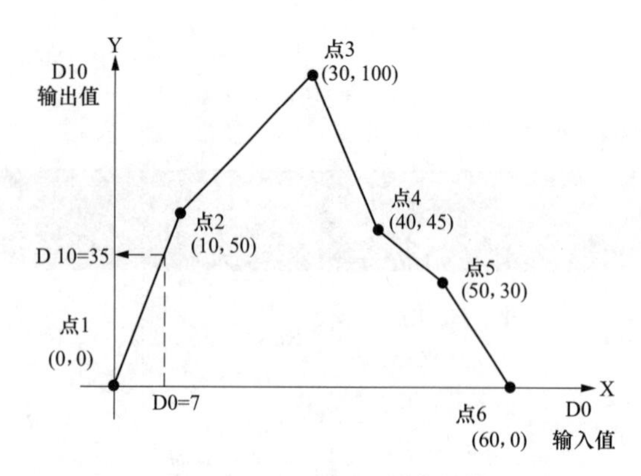

图 7-93　定坐标指令使用举例

表 7-98　定坐标的数据表格

设定项目		软元件	设定内容
坐标点数		R0	K6
点 1	X 坐标	R1	K0
	Y 坐标	R2	K0
点 2	X 坐标	R3	K10
	Y 坐标	R4	K50
点 3	X 坐标	R5	K30
	Y 坐标	R6	K100
点 4	X 坐标	R7	K40
	Y 坐标	R8	K45
点 5	X 坐标	R9	K50
	Y 坐标	R10	K30
点 6	X 坐标	R11	K60
	Y 坐标	R12	K0

5．十进制 ASCII→BIN 的转换指令

（1）指令说明。十进制 ASCII→BIN 的转换指令说明见表 7-99。

表 7-99　十进制 ASCII→BIN 的转换指令说明

指令名称与功能号	指令符号	指令形式与功能说明	操作数	
			S（字符串）	*D*（16/32 位）
十进制 ASCII→BIN 的转换（FNC260）	（D）DABIN（P）	DABIN *S* *D* 将 *S* 为起始的 3 个或 6 个（32 位操作时）连续元件中的十进制数的 ASCII 码转换成 BIN 数（二进制数），保存到 *D* 中	T、C、D、R、变址修饰	K*n*Y、K*n*M、K*n*S、T、C、D、R、V、Z、变址修饰

（2）使用举例。十进制 ASCII→BIN 的转换指令使用举例如图 7-94 所示。当 X000 触点闭合时，指令 DABIND 执行，将 D20 为起始的 3 个连续元件中的十进制数的 ASCII 码转换成 BIN（二进制数），保存到 D0。

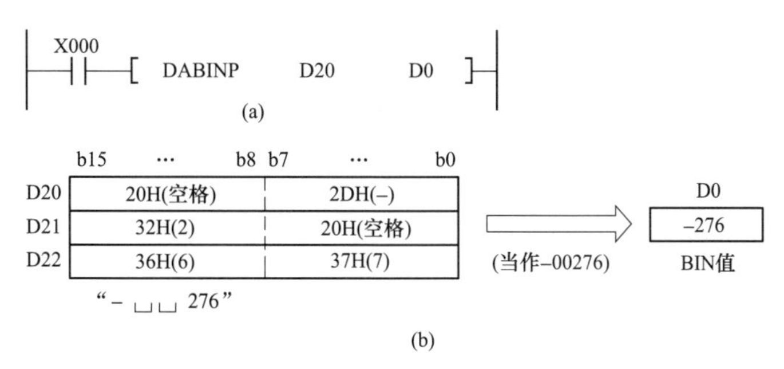

图 7-94　十进制 ASCII→BIN 的转换指令使用举例

（a）指令；（b）说明

十进制 ASCII 码即 0～9 的 ASCII 码（30H～39H），符号位为正号时用 20H（空格的 ASCII 码）表示，负号用 2DH（一的 ASCII 码），其他位的 20H（空格）、00H（NULL，空）作 30H（0）处理。

6．BIN→十进制 ASCII 的转换指令

（1）指令说明。BIN→十进制 ASCII 的转换指令说明见表 7-100。

表 7-100　BIN→十进制 ASCII 的转换指令说明

指令名称与功能号	指令符号	指令形式与功能说明	操作数	
			S（16/32 位）	*D*（字符串）
BIN→十进制 ASCII 的转换（FNC261）	（D）BINDA（P）	BINDA *S* *D* 将 *S* 中的 BIN 数（二进制数）转换成十进制 ASCII 码，保存到 *D* 为起始的连续元件中	K*n*X、K*n*Y、K*n*M、K*n*S、T、C、D、R、V、Z、变址修饰	T、C、D、R、变址修饰

（2）使用举例。BIN→十进制 ASCII 的转换指令使用举例如图 7-95 所示。当 X000 触点闭合时，指令 BINDAP 执行，将 D1000 中的 BIN 数（二进制数）转换成十进制 ASCII 码，保存到 D0 为起始的连续元件中。

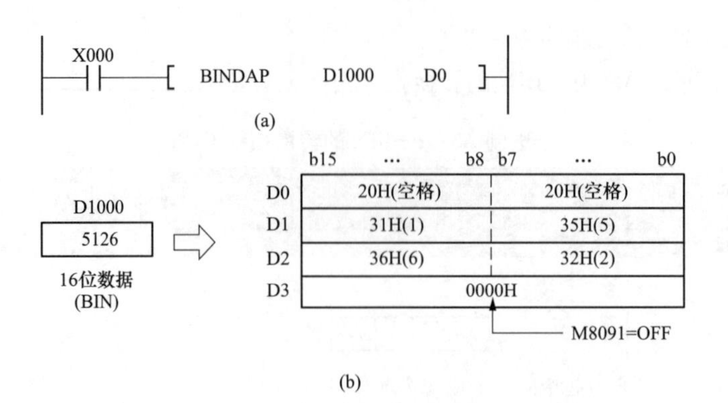

图 7-95 BIN→十进制 ASCII 的转换指令使用举例

(a) 指令；(b) 说明

十进制 ASCII 码即 0～9 的 ASCII 码（30H～39H），符号位为正号时用 20H（空格的 ASCII 码）表示，负号用 2DH（一的 ASCII 码），有效位数左边的 0（或空）用 20H（空格）补充。若 M8091＝0（默认），在字符串之后加 0000H，M8091＝1，在字符串之后不作处理。

7. 定坐标 2 指令

（1）指令说明。定坐标 2 指令说明见表 7-101。

表 7-101 定坐标 2 指令说明

指令名称与功能号	指令符号	指令形式与功能说明	操作数（16/32 位）		
			S_1	S_2	D
定坐标 2（FNC269）	(D) SCL2 (P)	SCL2 S_1 S_2 D 以 S_2 值确定坐标点数，以 S_2+1 及后续元件中的数据作为各点坐标的 X、Y 值，绘制坐标曲线，再在曲线上取坐标点 $X=S_1$ 值时的 Y 值，将 Y 值传送给 D； SCL2 指令与 SCL（FNC259）指令都是定坐标指令，两者的区别在于定坐格的表格数据结构不同，具体可见后面的使用说明	K、H、KnX、KnY、KnM、KnS、T、C、D、R、变址修饰	D、R、变址修饰	KnY、KnM、KnS、T、C、D、R、变址修饰

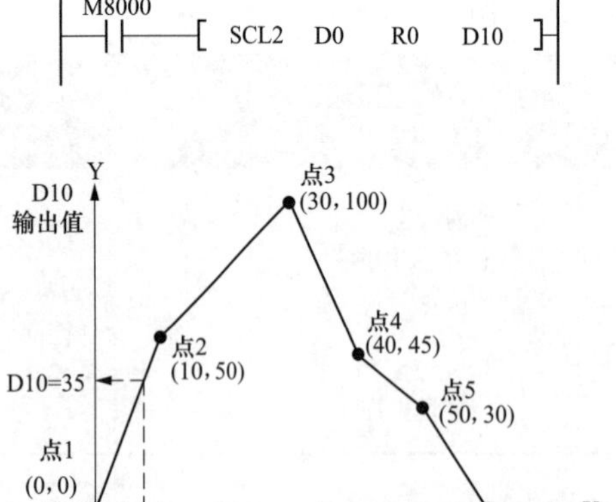

图 7-96 定坐标 2 指令使用举例

（2）使用举例。定坐标 2 指令使用举例如图 7-96 所示。PLC 运行时 M8000 触点闭合，指令 SCL2 执行，以 R0 值确定坐标点数，以 R1 及后续元件中的数据确定各点坐标的 X、Y 值，绘制坐标曲线，再在曲线上取坐标点 X＝D0 值时的 Y 值，将 Y 值传送给 D10。若 Y 值是小数，对小数点第 1 位采用四舍五入转换成整数。

指令 SCL2 与 SCL 都是定坐标指令，两者区别在于定坐标的表格数据结构不同，具体可查看表 7-102 和表 7-103 的对比。

表 7-102　　指令 SCL2 定坐标的数据表格

设定项目		软元件	设定内容
坐标点数		R0	K6
x 坐标	点 1	R1	K0
	点 2	R2	K10
	点 3	R3	K30
	点 4	R4	K40
	点 5	R5	K50
	点 6	R6	K60
y 坐标	点 1	R7	K0
	点 2	R8	K50
	点 3	R9	K100
	点 4	R10	K45
	点 5	R11	K30
	点 6	R12	K0

表 7-103　　指令 SCL 定坐标的数据表格

设定项目		软元件	设定内容
坐标点数		R0	K6
点 1	x 坐标	R1	K0
	y 坐标	R2	K0
点 2	x 坐标	R3	K10
	y 坐标	R4	K50
点 3	x 坐标	R5	K30
	y 坐标	R6	K100
点 4	x 坐标	R7	K40
	y 坐标	R8	K45
点 5	x 坐标	R9	K50
	y 坐标	R10	K30
点 6	x 坐标	R11	K60
	y 坐标	R12	K0

7.11　外部设备（变频器）通信类指令

7.11.1　指令一览表

外部设备（变频器）通信类指令有 6 条，各指令的功能号、符号、形式、名称和支持的 PLC 系列见表 7-104。

表 7-104　　外部设备（变频器）通信类指令一览

功能号	指令符号	指令形式	指令名称	支持的 PLC 系列									
				FX3S	FX3G	FX3GC	FX3U	FX3UC	FX1S	FX1N	FX1NC	FX2N	FX2NC
270	IVCK	IVCK S_1 S_2 D n	变频器的运转监视	○	○	○	○	○	—	—	—	—	—
271	IVDR	IVDR S_1 S_2 S_3 n	变频器的运转控制	○	○	○	○	○	—	—	—	—	—
272	IVRD	IVRD S_1 S_2 D n	读取变频器的参数	○	○	○	○	○	—	—	—	—	—
273	IVWR	IVWR S_1 S_2 S_3 n	写入变频器的参数	○	○	○	○	○	—	—	—	—	—
274	IVBWR	IVBWR S_1 S_2 S_3 n	成批写入变频器的参数	—	—	—	○	○	—	—	—	—	—
275	IVMC	IVMC S_1 S_2 S_3 D n	变频器的多个命令	○	○	○	○	○	—	—	—	—	—

7.11.2 指令精解

1. 变频器的运行监视指令

(1) 指令说明。变频器的运行监视指令说明见表 7-105。

表 7-105　　变频器的运行监视指令说明

指令名称与功能号	指令符号	指令形式与功能说明	操作数（16 位）		
			S_1、S_2	D	n
变频器的运行监视（FNC270）	IVCK	[IVCK S_1 S_2 D n] 从 PLC n 号通信口连接的站号为 S_1 的变频器读取其运行状态数据，读取的内容由 S_2 中的指令代码规定，指令代码功能见表 7-106	K、H、D、R、变址修饰 S_1：0～31	KnY、KnM、KnS、D、R、变址修饰	K、H n=1 或 2 （FX3S 和 14、24 点 FX3G 不能使用 2）

表 7-106　　IVCK 指令的 S2 指令代码及功能

指令代码	读取内容	通用的变频器								
		F700	A700	E700	D700	V500	F500	A500	E500	S500
H7B	运行模式	○	○	○	○	○	○	○	○	○
H6F	输出频率［速度］	○	○	○	○	○*	○	○	○	○
H70	输出电流	○	○	○	○	○	○	○	○	○
H71	输出电压	○	○	○	○	○	○	○	○	—
H72	特殊监控	○	○	○	○	○	○	○	—	—
H73	特殊监控选择号	○	○	○	○	○	○	○	—	—
H74	故障内容	○	○	○	○	○	○	○	○	○
H75	故障内容	○	○	○	○	○	○	○	○	○
H76	故障内容	○	○	○	○	○	○	○	○	—
H77	故障内容	○	○	○	○	○	○	○	○	—
H79	变频器状态监控（扩展）	○	○	○	○	—	—	—	—	—
H7A	变频器状态监控	○	○	○	○	○	○	○	○	○
H6E	读取设定频率（E2PROM）	○	○	○	○	○*	○	○	○	○
H6D	读取设定频率（RAM）	○	○	○	○	○*	○	○	○	○
H7F	键接参数的扩展设定	在本指令中，不能用S2给出指令：在 IVRD 指令中，通过指定［第 2 参数指定代码］会自动处理。								
H6C	第 2 参数的切换									

* 进行频率读出时，请在执行 IVCK 指令前向指令代码 HFF（键接参数的扩展设定）中写入“0”。没有写入“0”时，频率可能无法正常读出。

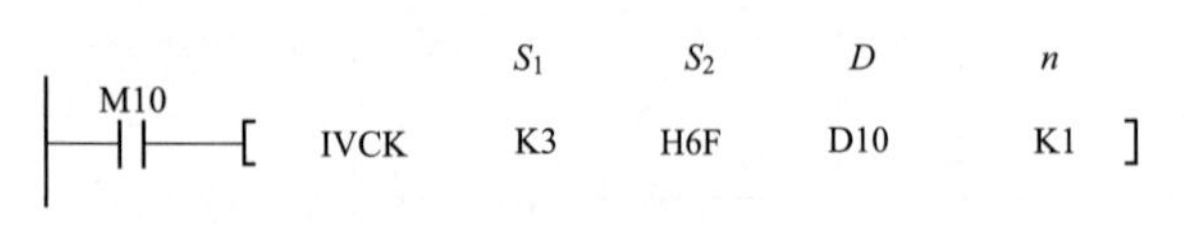

图 7-97　变频器的运行监视指令使用举例

(2) 使用举例。变频器的运行监视指令使用举例如图 7-97 所示。当 M10 触点闭合时，指令 IVCK 执行，按指令代码 H6F 的要求，从与 PLC 通信口 1 连接的 3 号变频器读取其输出频率，并将频率值保存到 D10。

2. 变频器的运行控制指令

（1）指令说明。变频器的运行控制指令说明见表7-107。

表7-107 变频器的运行控制指令说明

指令名称与功能号	指令符号	指令形式与功能说明	操作数（16位）		
			S_1、S_2	S_3	n
变频器的运行控制（FNC271）	IVDR	┤├[IVDR S_1 S_2 S_3 n]┤ 根据S_2的指令代码，将S_3值作为控制值写入与PLC n号通信口连接的站号为S_1的变频器，控制变频器的运行。S_2的指定代码功能见表7-108	K、H、D、R、变址修饰 S_1：0～31	K、H、KnX、KnY、KnM、KnS、D、R、变址修饰	K、H n=1或2（FX3S和14、24点FX3G不能使用2）

表7-108 IVDR指令的S_2指令代码及功能

指令代码	读取内容	通用的变频器								
		F700	A700	E700	D700	V500	F500	A500	E500	S500
HFB	运行模式	○	○	○	○	○	○	○	○	○
HF3	特殊监控的选择号	○	○	○	○	○	○	○	—	—
HF9	运行指令（扩展）	○	○	○	○	—	—	—	—	—
HFA	运行指令	○	○	○	○	○	○	○	○	○
HEE	写入设定频率（EEPROM）	○	○	○	○	○③	○	○	○	○
HED	写入设定频率（RAM）	○	○	○	○	○③	○	○	○	○
HFD①	变频器复位②	○	○	○	○	○	○	○	○	○
HF4	故障内容的成批清除	○	○	○	○	—	○	○	○	○
HFC	参数的全部清除	○	○	○	○	○	○	○	○	○
HFC	用户清除	○	○	○	○	—	○	○	—	—
HFF	链接参数的扩展设定	○	○	○	○	○	○	○	○	○

①由于变频器不会对指令代码HFD（变频器复位）给出响应，所以即使对没有连接变频器的站号执行变频器复位，也不会报错。此外，变频器的复位，到指令执行结束需要约2.2s。

②进行变频器复位时，需在IVDR指令的操作数S_3中指定H9696，不要使用H9966。

③进行频率读出时，需在执行IVDR指令前向指令代码HFF（链接参数的扩展设定）中写入0。没有写入0时，频率可能无法正常读出。

（2）使用举例。变频器的运行控制指令使用举例如图7-98所示。当M10触点闭合时，指令IVDR执行，根据指令代码HFA的功能，将D100中的数据作为控制值写入与PLC 1号通信口连接的站号为3的变频器，控制变频器的运行。

```
        M10         S1     S2     D      n
 ├──┤├──[ IVRD      K3     HFA    D100   K1 ]
```

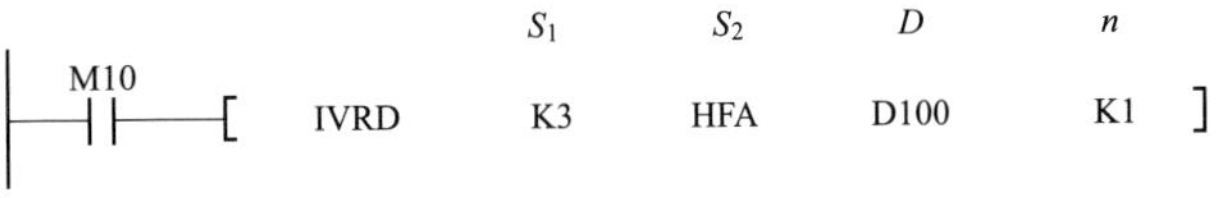

图7-98 变频器的运行控制指令使用举例

3. 读取变频器的参数指令

（1）指令说明。读取变频器的参数指令说明见表7-109。

表 7-109　　读取变频器的参数指令说明

指令名称与功能号	指令符号	指令形式与功能说明	操作数（16 位）		
			S_1、S_2	D	n
读取变频器的参数（FNC272）	IVRD	[IVRD S_1 S_2 D n] 从 PLC n 号通信口连接的站号为 S_1 的变频器中读取 S_2 号参数的参数值，参数值保存到 D	K、H、D、R、变址修饰 S_1：0～31	D、R、变址修饰	K、H n=1 或 2 （FX3S 和 14、24 点 FX3G 不能使用 2）

（2）使用举例。读取变频器的参数指令使用举例如图 7-99 所示。当 M10 触点闭合时，指令 IVRD 执行，从与 PLC 通信口 1 连接的 3 号变频器读取 7 号参数的参数值，并将参数值保存到 D100。

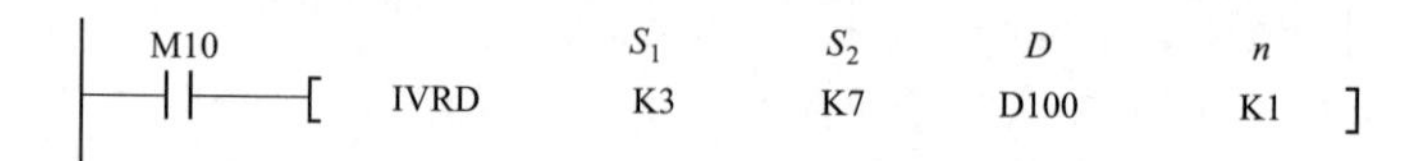

图 7-99　读取变频器的参数指令使用举例

4. 写入变频器的参数指令

（1）指令说明。写入变频器的参数指令说明见表 7-110。

表 7-110　　写入变频器的参数指令说明

指令名称与功能号	指令符号	指令形式与功能说明	操作数（16 位）	
			S_1、S_2、S_3	n
写入变频器的参数（FNC273）	IVWR	[IVWR S_1 S_2 S_3 n] 往 S_3 中的数据作为参数值，传送给 PLC n 号通信口连接的 S_1 号变频器的 S_2 号参数	K、H、D、R、变址修饰 S_1：0～31	K、H n=1 或 2 （FX3S 和 14、24 点 FX3G 不能使用 2）

（2）使用举例。写入变频器的参数指令使用举例如图 7-100 所示。当 M10 触点闭合时，指令 IVWR 执行，将 D100 中的数据作为参数值，传送给 PLC 通信口 1 连接的 3 号变频器的 7 号参数。

图 7-100　写入变频器的参数指令使用举例

5. 成批写入变频器的参数指令

（1）指令说明。成批写入变频器的参数指令说明见表 7-111。

表 7-111　　成批写入变频器的参数指令说明

指令名称与功能号	指令符号	指令形式与功能说明	操作数（16 位）		
			S_1、S_2	S_3	n
成批写入变频器的参数（FNC274）	IVBWR	[IVBWR S_1 S_2 S_3 n] 在 S_3 为起始的连续元件中设定 S_2 个参数及参数值，再将其写入 PLC n 通信口连接的 S_1 号变频器	K、H、D、R、变址修饰 S_1：0～31	D、R、变址修饰	K、H n=1 或 2 （FX3S 和 14、24 点 FX3G 不能使用 2）

（2）使用举例。成批写入变频器的参数指令使用举例如图 7-101 所示。当 M10 触点闭合时，指令 IVBWR 执行，将 D100～D107 中的 4 个参数及参数值，传送给 PLC 通信口 1 连接的 3 号变频器。在 D100～D107 中，D100、D102、D104、D106 用于指定变频器的 4 个参数编号，D101、D103、D105、D107 分别用于设定这 4 个参数的参数值。

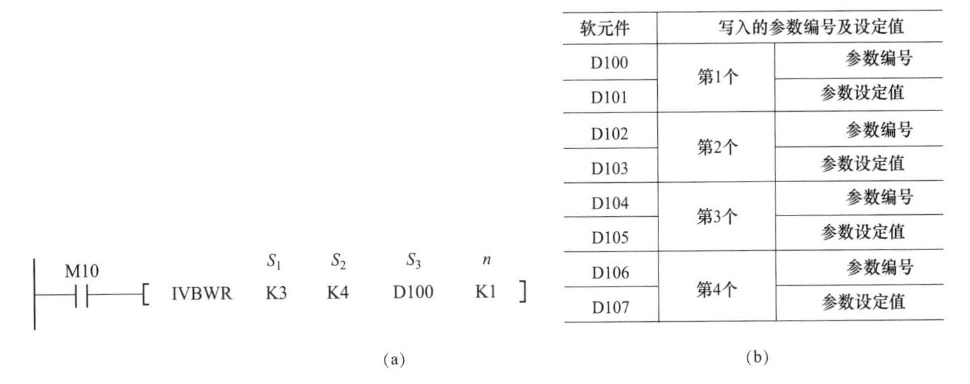

软元件	写入的参数编号及设定值	
D100	第1个	参数编号
D101		参数设定值
D102	第2个	参数编号
D103		参数设定值
D104	第3个	参数编号
D105		参数设定值
D106	第4个	参数编号
D107		参数设定值

图 7-101　成批写入变频器的参数指令使用举例

（a）指令；（b）说明

6. 变频器的多个命令指令

（1）指令说明。变频器的多个命令指令说明见表 7-112。

表 7-112　变频器的多个命令指令说明

指令名称与功能号	指令符号	指令形式与功能说明	操作数（16 位）		
			S_1、S_2	S_3、D	n
变频器的多个命令（FNC275）	IVMC	IVMC S_1 S_2 S_3 D n 根据 S_2 指令代码定义的收发数据类型，将 S_3、S_3+1 中的值分别作为运行指令（扩展）和设定频率，写入 PLC n 号通信口连接的 S_1 号变频器，同时从该变频器读取状态监控和输出频率（或特殊监控）数据，分别保存到 D 和 $D+1$	K、H、D、R、变址修饰 S_1：0～31	D、R、变址修饰	K、H n=1 或 2 （FX3S 和 14、24 点 FX3G 不能使用 2）

（2）使用举例。变频器的多个命令指令使用举例如图 7-102 所示。当 M10 触点闭合时，指令 IVMC

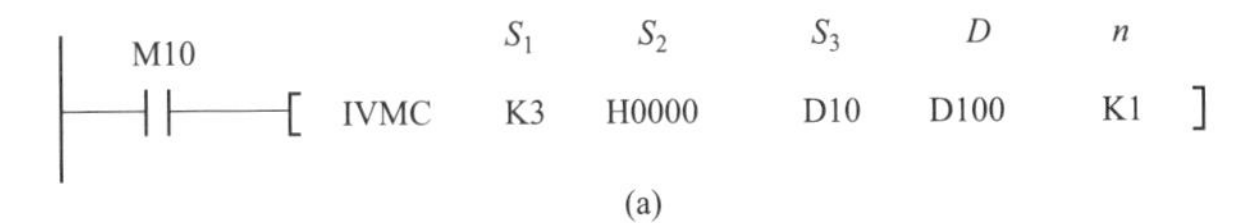

(a)

收发数据类型的指令代码(S_2)	发送数据(向变频器写入内容)		接收数据(从变频器读出内容)	
	数据1(S_3)	数据2(S_3+1)	数据1(D)	数据2(D+1)
H0000	运行指令(扩展)	设定频率(RAM)	变频器状态监控(扩展)	输出频率(转速)
H0001				特殊监控
H0010		设定频率(RAM,EEPROM)		输出频率(转速)
H0011				特殊监控

(b)

图 7-102　变频器的多个命令指令使用举例

（a）指令；（b）说明

执行，根据指令代码 H0000 定义的收发数据类型，将 D10、D11 中的值分别作为运行指令（扩展）和设定频率（RAM），写入 PLC 通信口 1 连接的 3 号变频器，同时从该变频器读取状态监控和输出频率数据，分别保存到 D100 和 D101。

7.12 扩展文件寄存器指令

7.12.1 指令一览表

扩展文件寄存器指令有 6 条，各指令的功能号、符号、形式、名称和支持的 PLC 系列见表 7-113。

表 7-113 扩展文件寄存器指令一览

功能号	指令符号	指令形式	指令名称	支持的 PLC 系列									
				FX3S	FX3G	FX3GC	FX3U	FX3UC	FX1S	FX1N	FX1NC	FX2N	FX2NC
290	LOADR	LOADR *S* *n*	读出扩展文件寄存器	—	○	○	○	○	—	—	—	—	—
291	SAVER	SAVER *S* *m* *D*	成批写入扩展文件寄存器	—	—	—	○	○	—	—	—	—	—
292	INITR	INITR *S* *n*	扩展寄存器的初始化	—	—	—	○	○	—	—	—	—	—
293	LOGR	LOGR *S* *m* D_1 *n* D_2	登录到扩展寄存器	—	—	—	○	○	—	—	—	—	—
294	RWER	RWER *S* *n*	扩展文件寄存器的删除·写入	—	○	○	○	○	—	—	—	—	—
295	INITER	INITER *S* *n*	扩展文件寄存器的初始化	—	—	—	○	○	—	—	—	—	—

7.12.2 指令精解

1. 读出扩展文件寄存器指令

（1）指令说明。读出扩展文件寄存器指令说明见表 7-114。

表 7-114 读出扩展文件寄存器指令说明

指令名称与功能号	指令符号	指令形式与功能说明	操作数（16 位）	
			S	*n*
读出扩展文件寄存器（FNC290）	LOADR（P）	LOADR *S* *n* 从 PLC 安装的存储盒闪存的 *n* 个扩展文件寄存器 ER1～ER*n* 中读出数据，并传送给 PLC 内置 RAM 的扩展寄存器 R1～R*n*	R、变址修饰	K、H、D FX3G/3GC：1≤*n*≤24000 FX3U/3UC：0≤*n*≤32767

（2）使用举例。读出扩展文件寄存器指令使用举例如图 7-103 所示，在使用该指令时，要确保存储盒已安装到 PLC 上，扩展文件寄存器是存储盒内部闪存中的存储单元。当 M10 触点闭合时，指令 LOADRP 执行，从 PLC 安装的存储盒闪存的 4000 个扩展文件寄存器 ER1～ER4000 中读出数据，并传送给 PLC 内置 RAM 的扩展寄存器 R1～R4000。

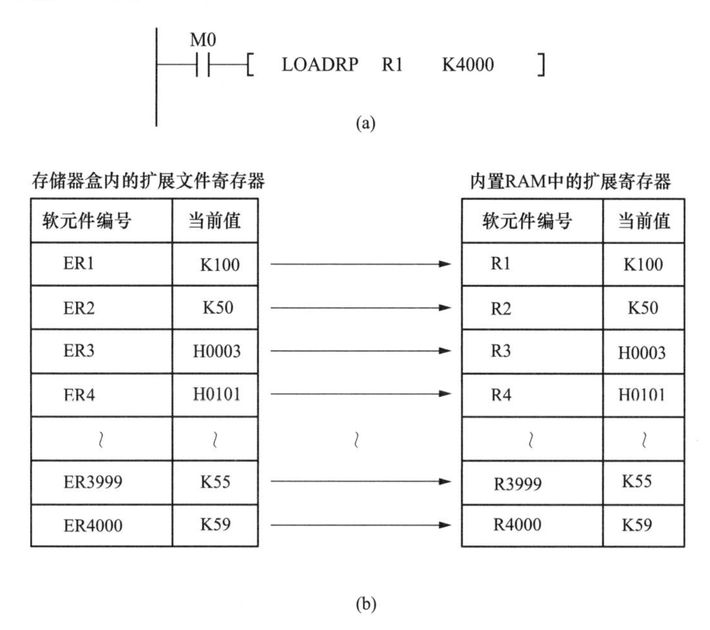

图 7-103 读出扩展文件寄存器指令使用举例

（a）指令；（b）说明

2. 成批写入扩展文件寄存器指令

（1）指令说明。成批写入扩展文件寄存器指令说明见表 7-115。

表 7-115 成批写入扩展文件寄存器指令说明

指令名称与功能号	指令符号	指令形式与功能说明	操作数（16 位）		
			S	*n*	*D*
成批写入扩展文件寄存器（FNC291）	SAVER	SAVER *S* *n* *D* 以每个扫描周期传送 *n* 点数据的方式，将 *S*～*S*＋2047 中的数据传送给相同编号的扩展文件寄存器 ER，*D* 保存已传送的数据点数	R、变址修饰	K、H 1≤*n*≤2048	D、变址修饰

（2）使用举例。成批写入扩展文件寄存器指令使用举例如图 7-104 所示。当 X000 触点闭合时，“SET M0”指令执行，M0 被置位，M0 常开触点闭合，指令 SAVER 执行。在第 1 个扫描周期将 R0～R127 共 128 个扩展寄存器的数据传送给存储盒闪存内相同编号的扩展文件寄存器 ER0～ER127，D0 保存已传送的点数 128；第 2 个扫描周期将 R128～R255 的数据传送给 ER128～ER255，D0 保存已发送的点数为

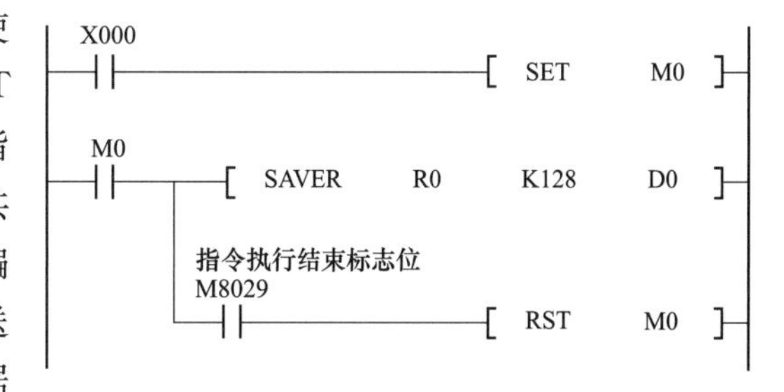

图 7-104 成批写入扩展文件寄存器指令使用举例

256；第16（即2048/128）个扫描周期将R1920～R2047的数据传送给ER1920～ER2047，D0保存已发送的点数为2047。2048点数据传送完毕，SAVER执行结束，M8029继电器置ON，M8029触点闭合，“RST M0”指令执行，M0常开触点断开，SAVER不再执行。

3. 扩展寄存器的初始化指令

（1）指令说明。扩展寄存器的初始化指令说明见表7-116。

表7-116　　扩展寄存器的初始化指令说明

指令名称与功能号	指令符号	指令形式与功能说明	操作数（16位）	
			S	*n*
扩展寄存器的初始化（FNC292）	INITR（P）	├┤├──[INITR | *S* | *n*]┤ 将*S*为起始的*n*段扩展寄存器初始化，往这些寄存器中写入HFFFF，如果PLC安装了存储盒，则同时将存储盒闪存中相同编号的*n*段扩展文件寄存器也初始化	R、变址修饰	K、H

（2）使用举例。扩展寄存器的初始化指令使用举例如图7-105所示。当X000触点闭合时，先执行一个“WDT(FNC07)”指令，将看门狗定时器复位清0，然后执行INITR，将R0为起始的1段扩展寄存器R0～R2047进行初始化，这些寄存器全部被写入HFFFF，如果PLC安装了存储盒，那么存储盒闪存中的扩展文件寄存器ER0～ER2047同时也会被初始化。指令INITR可以一次初始化16段（段0～段15）寄存器，各段寄存器的软元件范围见表7-117。

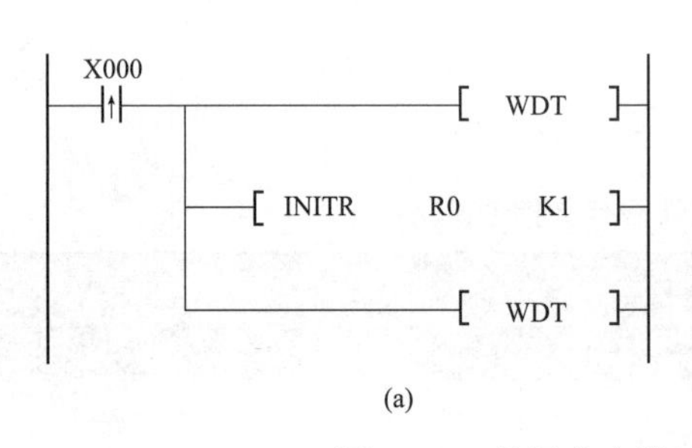

(a)

扩展寄存器(R)[内置RAM中]

软元件编号	当前值	
	执行前	执行后
R0	H1234	HFFFF
R1	H5678	HFFFF
R2	H90AB	HFFFF
≀	≀	≀
R2047	HCDEF	HFFFF

(b)

图7-105　扩展寄存器的初始化指令使用举例

（a）指令；（b）说明

表7-117　　各段寄存器的软元件范围

段编号	起始软元件编号	初始化软元件范围	段编号	起始软元件编号	初始化软元件范围
段0	R0	R0～R2047、ER0～ER2047	段8	R16384	R16384～R18431、ER16384～ER18431
段1	R2048	R2048～R4095、ER2048～ER4095	段9	R18432	R18432～R20479、ER18432～ER20479
段2	R4096	R4096～R6143、ER4096～ER6143	段10	R20480	R20480～R22527、ER20480～ER22527
段3	R6144	R6144～R8191、RE6144～ER8191	段11	R22528	R22528～R24575、ER22528～ER24575
段4	R8192	R8192～R10239、ER8192～ER10239	段12	R24576	R24576～R26623、ER24576～ER26623
段5	R10240	R10240～R12287、ER10240～ER12287	段13	R26624	R26624～R28671、ER26624～ER28671
段6	R12288	R1288～R14335、ER12288～ER14335	段14	R28672	R28672～R30719、ER28672～ER30719
段7	R14336	R14336～R16383、ER14336～ER16383	段15	R30720	R30720～R32767、ER30720～ER32767

指令 INITR 执行初始化需要较长的时间，初始化一个内置 RAM 的段扩展寄存器（R）用时不到 1ms，但若 PLC 安装了存储盒，由于需要同时初始化存储盒闪存中的段扩展文件寄存器（ER），故初始化需要 18ms，如果初始化多个段寄存器，指令 INITR 执行时间会很长，加上程序其他指令执行的总共时间可能会超过看门狗定时器（D8000）的时间（200ms），导致 PLC 出错而停止运行，故一般在指令 INITR 之前执行一个指令 WDT，将看门狗定时器复位清 0，再在指令 INITR 之后执行一个指令 WDT，让后续指令仍有 200ms 的足够时间。如果 INITR 指令初始化多段寄存器时间超出 200ms 时间，就需要将 D8000（看门狗定时器时间）的值设置大于 200ms（最大可为 32767ms）。

4. 登录到扩展寄存器指令

（1）指令说明。登录到扩展寄存器指令说明见表 7-118。

表 7-118　　登录到扩展寄存器指令说明

指令名称与功能号	指令符号	指令形式与功能说明	操作数（16 位）				
			S	m	D_1	n	D_2
登录到扩展寄存器（FNC293）	LOGR（P）	[LOGR S m D_1 n D_2] 将 D_1 为起始的 n 个段扩展寄存器（2048n 个）组成一个存储区，前 1926n 个寄存器用作数据写入区，后 122n 个寄存器用作写入位置管理区，然后将 S 为起始的 m 个元件数据传送到数据写入区，写入位置管理区寄存器通过低位到高位变 0 指示写入数据的位置。D_2 存放写入数据的点数值。每执行一次 LOGR 指令，就会往数据写入区（低→高编号）传送 m 点数据 $1 \leqslant m \leqslant 8000$，$1 \leqslant n \leqslant 16$	T、C、D、变址修饰	D、K、H	R	K、H	D、变址修饰

（2）使用举例。登录到扩展寄存器指令（LOGR）使用举例如图 7-106 所示。当 X000 触点闭合时，指令 LOGRP 执行，将 R2048 为起始的 2 个段（R2048～R6143）组成一个存储区，其中 R2048～R5898 共 3852 点（即 1926×2）用作数据写入区，R5899～R6143 共 244 点（即 122×2）用作写入位置管理区，然后将 D10、D11 的数据传送到数据写入区的 R2048、R2049，由于传送了两点数据，故写入位置管理区的 R5899 的第 0、1 位都变为 0（R5899＝HFFFC）。当 X000 触点第 2 次闭合时，指令 LOGRP 再次执行，将 D10、D11 的数据传送到数据写入区的 R2050、R2051，写入位置管理区的 R5899 的第 2、3 位也变为 0（R5899＝HFFF0）。登录到扩展寄存器指令每执行一次，D10、D11 的数据就往数据写入区传送两点数据，直到数据写入区被写满，随着数据写入区不断写入数据，写入位置管理区的低编号到高编号寄存器的低位到高位不断变为 0。

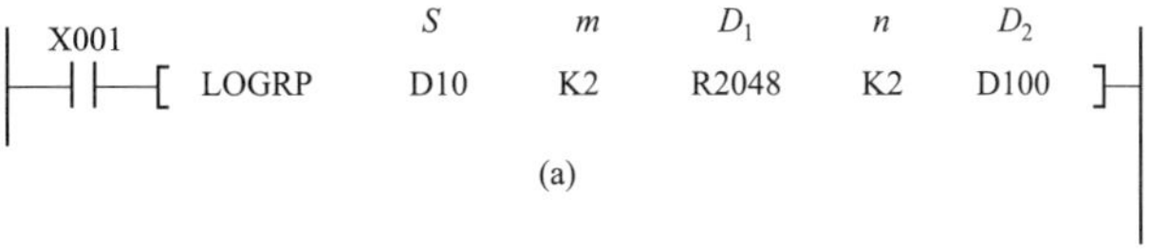

X001 [LOGRP　S D10　m K2　D_1 R2048　n K2　D_2 D100]

(a)

图 7-106　登录到扩展寄存器指令使用举例（一）

（a）指令

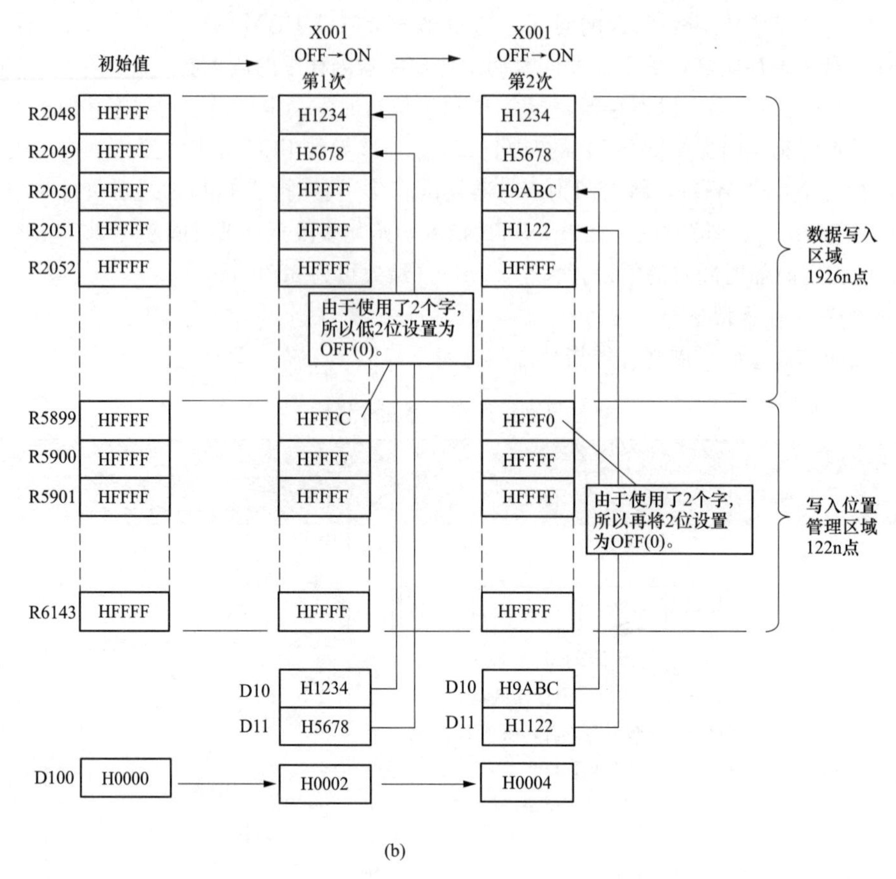

(b)

图 7-106　登录到扩展寄存器指令使用举例（二）

（(b) 说明

如果 PLC 安装了存储盒，执行指令 LOGRP 时，会同时对扩展文件寄存器（ER）作同样的操作。

5. 扩展文件寄存器的删除/写入指令

(1) 指令说明。扩展文件寄存器的删除/写入指令说明见表 7-119。

表 7-119　扩展文件寄存器的删除/写入指令说明

指令名称与功能号	指令符号	指令形式与功能说明	操作数（16 位）	
			S	*n*
扩展文件寄存器的删除/写入（FNC294）	RWER（P）	RWER *S* *n* 将 S 为起始的 *n* 个扩展寄存器的数据传送给存储盒闪存的相同编号的扩展文件寄存器。如果 PLC 没有安装存储盒，这些数据会传送到 PLC 内置 EEPROM 的相同编号的扩展文件寄存器（ER）； RWER 指令写 1 段（2048 个寄存器）数据用时约 47ms，写多段时，为避免执行时间超过 200ms 导致出错，可将 D8000 值（看门狗定时器时间值）设置大于 200ms	R、变址修饰	K、H、D FX3G（C）： 1≤*n*≤24000 FX3U（C）： 0≤*n*≤32767

(2) 使用举例。扩展文件寄存器的删除/写入指令（RWER）使用举例如图 7-107 所示。当 M100

触点闭合时，指令 RWER 执行，将 R1000 为起始的 1000 个扩展寄存器（R1000～R1099）的数据传送给存储盒闪存的扩展文件寄存器 ER1000～ER1099。

图 7-107　扩展文件寄存器的删除/写入（RWER）指令的使用

6. 扩展文件寄存器的初始化指令

（1）指令说明。扩展文件寄存器的初始化指令说明见表 7-120。

表 7-120　　扩展文件寄存器的初始化指令说明

指令名称与功能号	指令符号	指令形式与功能说明	操作数（16 位）	
			S	*n*
扩展文件寄存器的初始化（FNC295）	INITER（P）	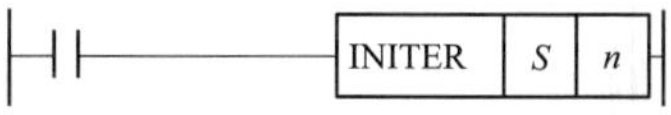 INITER *S* *n* 将 *S* 为起始的 *n* 段扩展文件寄存器（ER）全部写入 HFFFF； INITER 指令初始化 1 段（2048 个寄存器）用时约 25ms，初始化多段时，为避免执行时间超过 200ms 导致出错，可将 D8000 值（看门狗定时器时间值）设置大于 200ms	R、变址修饰	K、H

（2）使用举例。扩展文件寄存器的初始化指令使用举例如图 7-108 所示。当 X000 触点闭合时，先执行 WDR(FN07)，将看门狗定时器复位清 0，然后执行 INITER，将 ER0 为起始的 1 段扩展寄存器（R0～R2048）全部写入 HFFFF。为了让保证后续其他指令有足够的执行时间，一般在指令 INITER 之后也执行一个指令 WDR，这样为后续指令留有 200ms 的执行时间。

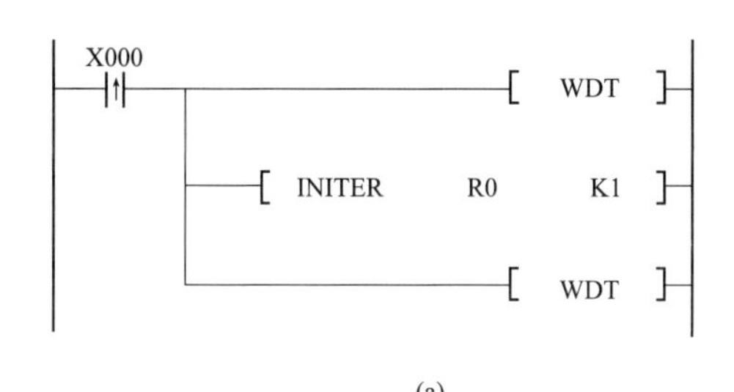

(a)

软元件编号	当前值	
	执行前	执行后
ER0	H1234	HFFFF
ER1	H5678	HFFFF
ER2	H90AB	HFFFF
≀	≀	≀
ER2047	HCDEF	HFFFF

(b)

图 7-108　扩展文件寄存器的初始化指令使用举例

（a）指令；（b）说明

第8章 PLC的扩展与模拟量模块的使用

8.1 PLC 的 扩 展

在使用PLC时，可单独使用的基本单元能满足大多数控制要求，如果需要增强PLC的控制功能，可以在基本单元基础上进行扩展，比如在基本单元上安装功能扩展板，在基本单元右边连接安装扩展单元（自身带电源电路）、扩展模块和特殊模板，在基本单元左边连接安装特殊适配器。PLC的基本单元与扩展系统如图8-1所示。三菱FX1/FX2/FX3系列PLC可连接的扩展设备及附件见附录3。

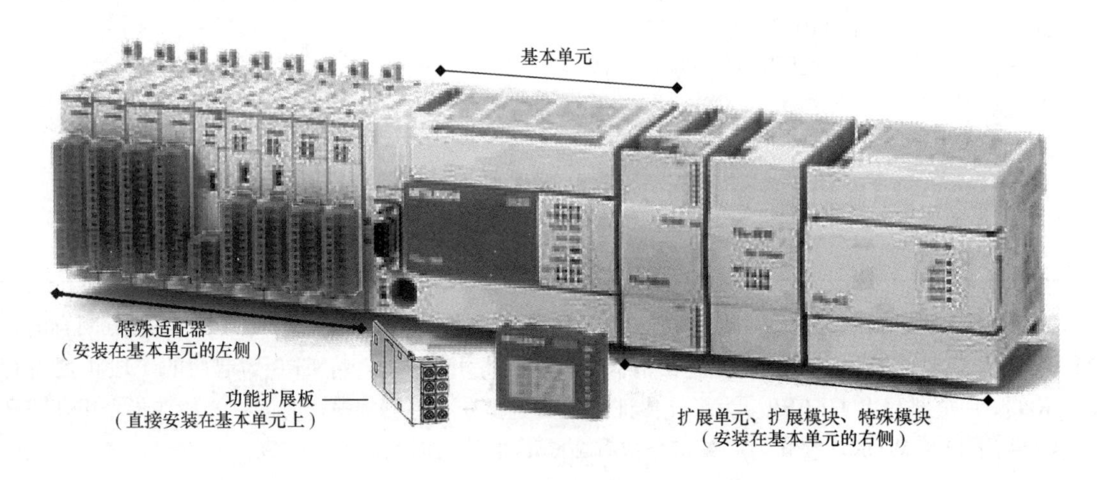

图8-1 PLC的基本单元与扩展系统

8.1.1 扩展输入/输出（I/O）的编号分配

如果基本单元的输入/输出（I/O）端子不够用，可以安装输入/输出型扩展单元（模块），以增加输入/输出端子的数量。扩展输入/输出的编号分配举例如图8-2所示。

扩展输入/输出的编号分配要点如下。

(1) 输入/输出（I/O）端子都是按八进制分配编号的，编号中的数字只有0～7，没有8、9。

(2) 基本单元右边第一个I/O扩展单元的I/O编号顺接基本单元的I/O编号，之后的I/O单元则顺接前面的单元编号。

(3) 一个I/O扩展单元至少要占用8个端子编号，无实际端子对应的编号也不能被其他I/O单元使用。图8-2中的FX2N-8ER有4个输入端子（分配的编号为X050～X053）和4个输出端子（分配的编号Y040～Y043），编号X054～X057和Y044～Y057无实际的端子对应，但仍被该模块占用。

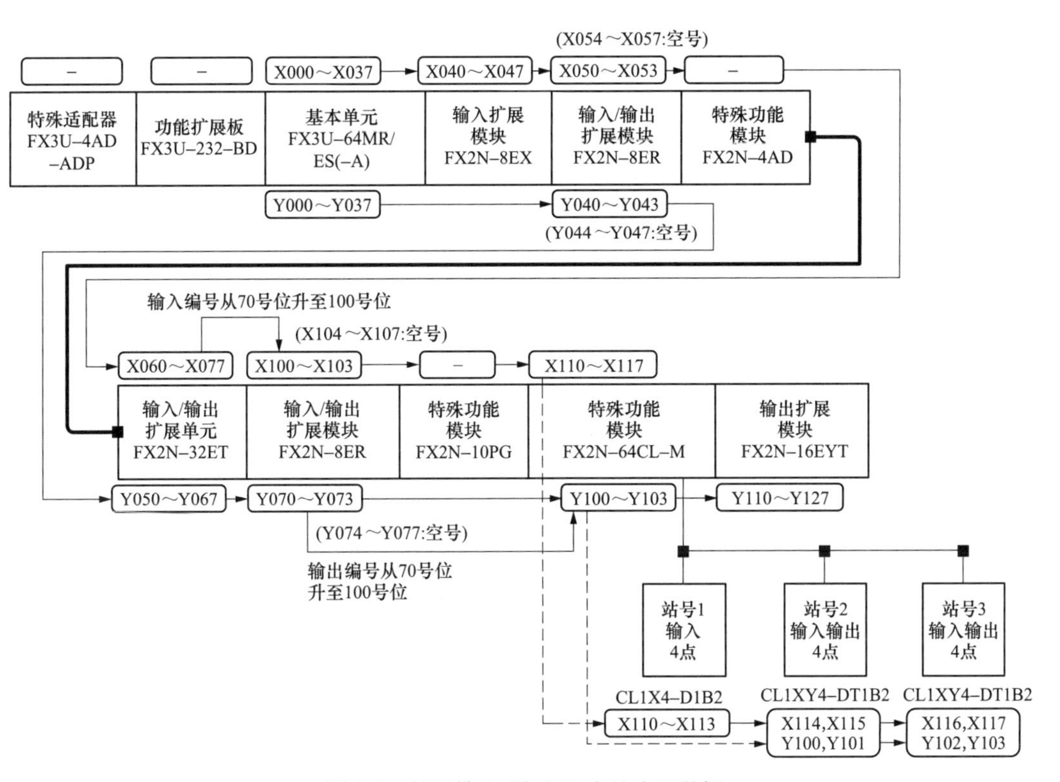

图 8-2 扩展输入/输出的编号分配举例

8.1.2 特殊功能单元/模块的单元号分配

在上电时，基本单元会从最近的特殊功能单元/模块开始，依次将单元号 0～7 分配给各特殊功能单元/模块。输入/输出扩展单元/模块、特殊功能模块 FX2N-16LNK-M、连接器转换适配器 FX2N-CNV-BC、功能扩展板 FX3U-232-BD、特殊适配器 FX3U-232ADP(-MB) 和扩展电源单元 FX3U-1PSU-5V 等不分配单元号。

特殊功能单元/模块的单元号分配举例如图 8-3 所示。FX2N-1RM（角度控制）单元在一个系统的最末端最多可以连续连接 3 台，其单元号都相同（即第 1 台的单元号）。

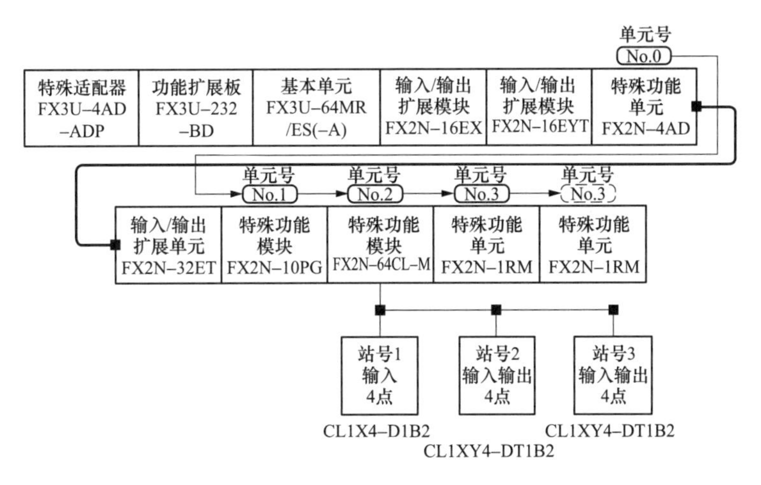

图 8-3 特殊功能单元/模块的单元号分配举例

8.2　模拟量输入模块

模拟量输入模块简称 AD 模块，其功能是将外界输入的模拟量（电压或电流）转换成数字量并存在内部特定的 BFM（缓冲存储器）中，PLC 可使用 FROM 指令从 AD 模块中读取这些 BFM 中的数字量。三菱 FX 系列 AD 模块型号很多，常用的有 FX0N-3A、FX2N-2AD、FX2N-4AD、FX2N-8AD、FX3U-4AD 等，本节以 FX2N-4AD 模块为例来介绍模拟量输入模块。

8.2.1　外形

模拟量输入模块 FX2N-4AD 的外形如图 8-4 所示。

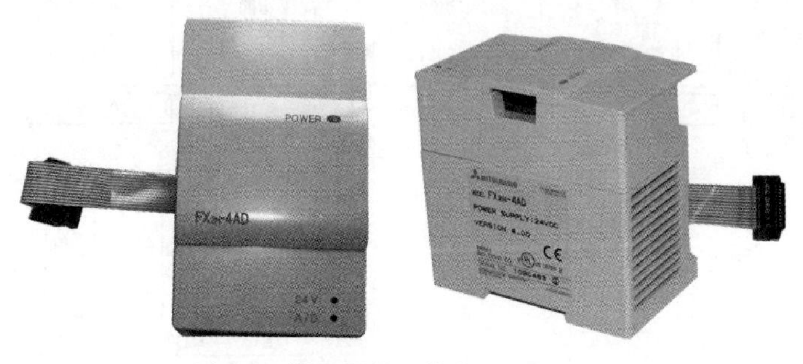

图 8-4　模拟量输入模块 FX2N-4AD

8.2.2　接线

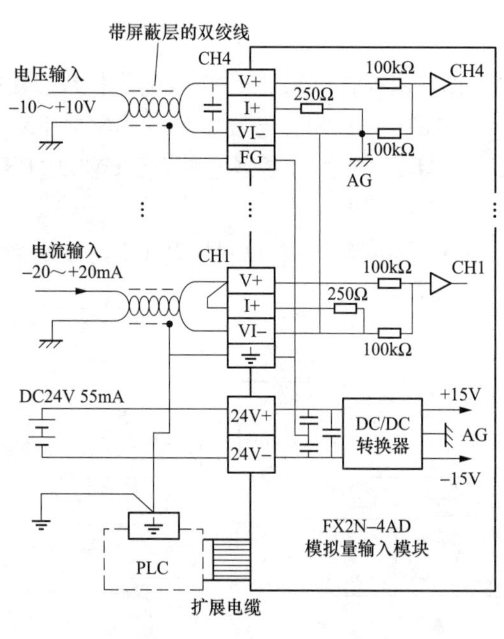

图 8-5　FX2N-4AD 模块的接线方式

FX2N-4AD 模块有 CH1～CH4 4 个模拟量输入通道，可以同时将 4 路模拟量信号转换成数字量，存入模块内部相应的缓冲存储器（BFM）中，PLC 可使用 FROM 指令读取这些存储器中的数字量。FX2N-4AD 模块有 1 条扩展电缆和 18 个接线端子（需要打开面板才能看见），扩展电缆用于连接 PLC 基本单元或上一个模块，FX2N-4AD 模块的接线方式如图 8-5 所示，每个通道内部电路均相同，且都占用 4 个接线端子。

FX2N-4AD 模块的每个通道均可设为电压型模拟量输入或电流型模拟量输入。当某通道设为电压型模拟量输入时，电压输入线接该通道的 V+、VI－端子，可接受的电压输入范围为－10～10V，为增强输入抗干扰性，可在 V+、VI－端子间接一个 0.1～0.47μF 的电容；当某通道设为电流型模拟量输入时，电流输入线接该通道的 I+、VI－端子，同时将 I+、V+端子连接起来，可接受－20～20mA 范围的电流输入。

8.2.3　性能指标

FX2N-4AD 模块的性能指标见表 8-1。

表 8-1 **FX2N-4AD 模块的性能指标**

项目	电压输入	电流输入
模拟输入范围	DC-10～10V（输入阻抗：200kΩ），如果输入电压超过±15V，单元会被损坏	DC-20～20mA（输入阻抗：250Ω），如果输入电流超过±32mA，单元会被损坏
数字输出	12 位的转换结果以 16 位二进制补码方式存储，最大值：+2047，最小值：-2048	
分辨率	5mV（10V 默认范围：1/2000）	20μA（20mA 默认范围：1/1000）
总体精度	±1%（对于-10～10V 的范围）	±1%（对于-20～20mA 的范围）
转换速度	15ms/通道（常速）、6ms/通道（高速）	
适用 PLC	FX1N/FX2N/FX2NC	

8.2.4 输入输出曲线

FX2N-4AD 模块可以将输入电压或输入电流转换成数字量，其转换关系曲线如图 8-6 所示。当某通道设为电压输入时，如果输入－10～＋10V 范围内的电压，AD 模块可将该电压转换成－2000～＋2000 范围的数字量（用 12 位二进制数表示），转换分辨率为 5mV(1000mV/2000)，如 10V 电压会转换成数字量 2000，9.995V 转换成的数字量为 1999；当某通道设为＋4～＋20mA 电流输入时，如果输入＋4～＋20mA 范围的电流，AD 模块可将该电压转换成 0～＋1000 范围的数字量；当某通道设为－20～＋20mA电流输入时，如果输入－20～＋20mA 范围的电流，AD 模块可将该电压转换成－1000～＋1000 范围的数字量。

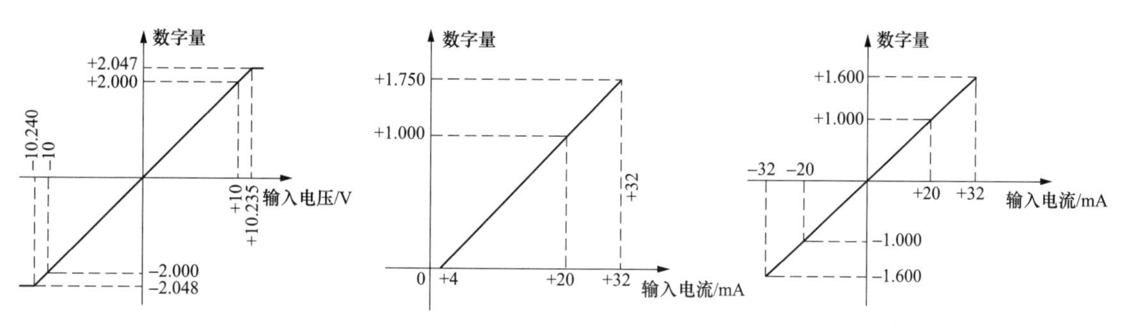

图 8-6 FX2N-4AD 模块的输入/输出转换关系曲线

8.2.5 增益和偏移说明

1. 增益

FX2N-4AD 模块可以将－10～＋10V 范围内的输入电压转换成－2000～＋2000 范围的数字量，若输入电压范围只有－5～＋5V，转换得到的数字量为－1000～＋1000，这样大量的数字量未被利用。如果希望提高转换分辨率，将－5～＋5V 范围的电压也可以转换成－2000～＋2000 范围的数字量，可通过设置 AD 模块的增益值来实现。

增益是指输出数字量为 1000 时对应的模拟量输入值。增益说明如图 8-7 所示。当 AD 模块某通道设为－10～＋10V 电压输入时，其默认增益值为 5000（即＋5V），当输入＋5V 时会转换得到数字量 1000，输入＋10V 时会转换得到数字量 2000，增益为 5000 时的输入输出关系如图 8-7（a）中 A 线所示，如果将增益值设为 2500，当输入＋2.5V 时会转换得到数字量 1000，输入＋5V 时会转换得到数字量 2000，增益为 2500 时的输入/输出关系如图 8-7（a）中 B 线所示。电流输入时同理，如图 8-7（b）所示。

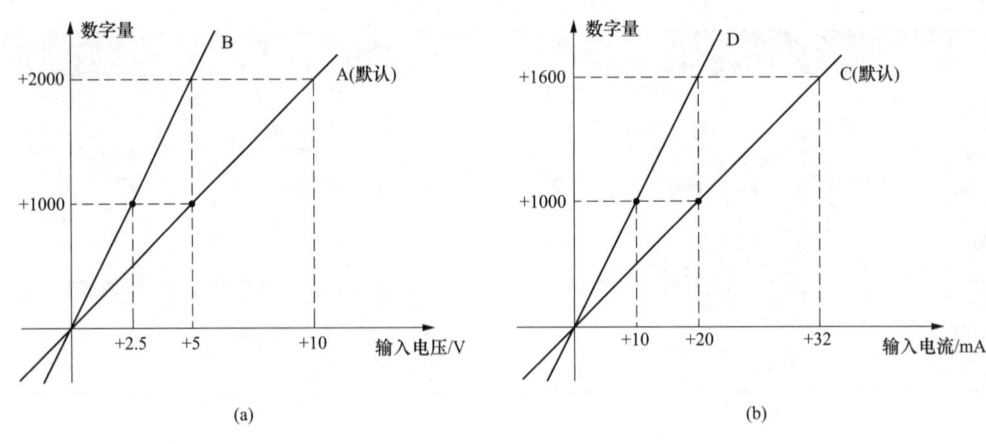

图 8-7 增益说明

(a) 电压输入时；(b) 电流输入时

2. 偏移

FX2N-4AD 模块某通道设为－10～＋10V 电压输入时，若输入－5～＋5V 电压，转换可得到－1000～＋1000 范围的数字量。如果希望将－5～＋5V 范围内的电压转换成 0～2000 范围的数字量，可通过设置 AD 模块的偏移量来实现。

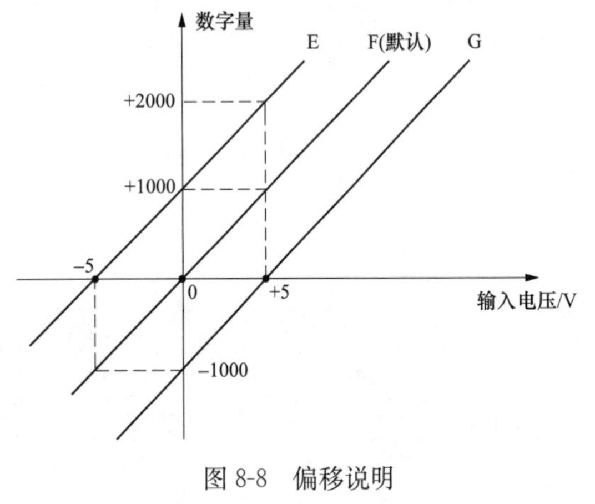

图 8-8 偏移说明

偏移量是指输出数字量为 0 时对应的模拟量输入值。偏移说明如图 8-8 所示，当 AD 模块某通道设为－10～＋10V 电压输入时，其默认偏移量为 0（即 0V），当输入－5V 时会转换得到数字量－1000，输入＋5V 时会转换得到数字量＋1000，偏移量为 0 时的输入/输出关系如图 8-8 中 F 线所示，如果将偏移量设为－5000（即－5V），当输入－5V 时会转换得到数字量 0000，输入 0V 时会转换得到数字量＋1000，输入＋5V 时会转换得到数字量＋2000，偏移量为－5V 时的输入/输出关系如图 8-8 中 E 线所示，偏移量为＋5V 时的输入/输出关系如图 8-8 中 G 线所示。

8.2.6 缓冲存储器（BFM）功能说明

FX2N-4AD 模块内部有 32 个 16 位 BFM（缓冲存储器），这些 BFM 的编号为＃0～＃31，在这些 BFM 中，有的 BFM 用来存储由模拟量转换来的数字量，有的 BFM 用来设置通道的输入形式（电压或电流输入），还有的 BFM 具有其他功能。

FX2N-4AD 模块的各个 BFM 功能见表 8-2 。

表 8-2　FX2N-4AD 模块的 BFM 功能表

BFM	内　容	
*＃0	通道初始化，默认值＝H0000	
*＃1	通道 1	平均采样次数 1～4096 默认设置为 8
*＃2	通道 2	
*＃3	通道 3	
*＃4	通道 4	

续表

<table>
<tr><th>BFM</th><th colspan="9">内　容</th></tr>
<tr><td>#5</td><td>通道 1</td><td colspan="8" rowspan="4">平均值</td></tr>
<tr><td>#6</td><td>通道 2</td></tr>
<tr><td>#7</td><td>通道 3</td></tr>
<tr><td>#8</td><td>通道 4</td></tr>
<tr><td>#9</td><td>通道 1</td><td colspan="8" rowspan="4">当前值</td></tr>
<tr><td>#10</td><td>通道 2</td></tr>
<tr><td>#11</td><td>通道 3</td></tr>
<tr><td>#12</td><td>通道 4</td></tr>
<tr><td>#13～#14</td><td colspan="9">保留</td></tr>
<tr><td>#15</td><td colspan="9">选择 A/D 转换速度：设置 0，则选择正常转换速度，15ms/通道（默认）；设置 1，则选择高速，6ms/通道</td></tr>
<tr><td>#16～#19</td><td colspan="9">保留</td></tr>
<tr><td>* #20</td><td colspan="9">复位到默认值，默认设定=0</td></tr>
<tr><td>* #21</td><td colspan="9">禁止调整偏移值、增益值。默认=（0，1），允许</td></tr>
<tr><td rowspan="2">* #22</td><td rowspan="2">偏移值、增益值调整</td><td>B7</td><td>B6</td><td>B5</td><td>B4</td><td>B3</td><td>B2</td><td>B1</td><td>B0</td></tr>
<tr><td>G4</td><td>04</td><td>G3</td><td>03</td><td>G2</td><td>02</td><td>G1</td><td>01</td></tr>
<tr><td>* #23</td><td colspan="9">偏移值　默认值=0</td></tr>
<tr><td>* #24</td><td colspan="9">增益值　默认值=5000</td></tr>
<tr><td>#25～#28</td><td colspan="9">保留</td></tr>
<tr><td>#29</td><td colspan="9">错误状态</td></tr>
<tr><td>#30</td><td colspan="9">识别码 K2010</td></tr>
<tr><td>#31</td><td colspan="9">禁用</td></tr>
</table>

注　表中带 * 号的 BFM 中的值可以由 PLC 使用 TO 指令来写入，不带 * 号的 BFM 中的值可以由 PLC 使用 FROM 指令来读取。

下面对表 8-2 中的 BFM 功能做进一步的说明。

1. #0 BFM

#0 BFM 用来初始化 AD 模块 4 个通道，即用来设置 4 个通道的模拟量输入形式，该 BFM 中的 16 位二进制数据可用 4 位十六进制数 H□□□□表示，每个□用来设置一个通道，最高位□设置 CH4 通道，最低位□设置 CH1 通道。

当□=0 时，通道设为−10～+10V 电压输入；当□=1 时，通道设为+4～+20mA 电流输入；当□=2 时，通道设为−20～+20mA 电流输入；当□=3 时，通道关闭，输入无效。

如 #0 BFM 中的值为 H3310 时，CH1 通道设为−10～+10V 电压输入，CH2 通道设为+4～+20mA 电流输入，CH3、CH4 通道关闭。

2. #1～#4 BFM

#1～#4 BFM 分别用来设置 CH1～CH4 通道的平均采样次数，如 #1 BFM 中的次数设为 3 时，CH1 通道需要对输入的模拟量转换 3 次，再将得到 3 个数字量取平均值，数字量平均值存入 #5 BFM 中。#1～#4 BFM 中的平均采样次数越大，得到平均值的时间越长，如果输入的模拟量变化较快，平均采样次数值应设小一些。

3. #5～#8 BFM

#5～#8 BFM 分别用存储 CH1～CH4 通道的数字量平均值。

4. #9～#12 BFM

#9～#12 BFM 分别用存储 CH1～CH4 通道在当前扫描周期转换来的数字量。

5. #15 BFM

#15 BFM 用来设置所有通道的模/数转换速度，若#15 BFM=0，所有通道的模/数转换速度设为15ms（普速），若#15 BFM=1，所有通道的模/数转换速度为 6ms（高速）。

6. #20 BFM

当往#20 BFM 中写入 1 时，所有参数恢复到出厂设置值。

7. #21 BFM

#21 BFM 用来禁止/允许偏移值和增益的调整。当#21 BFM 的 b1 位=1、b0 位=0 时，禁止调整偏移值和增益，当 b1 位=0、b0 位=1 时，允许调整。

8. #22 BFM

#22 BFM 使用低 8 位来指定增益和偏移调整的通道，低 8 位标记为 $G_4O_4\ G_3O_3\ G_2O_2\ G_1O_1$，当 $G_□$ 位为 1 时，则 $CH_□$ 通道增益值可调整，当 $O_□$ 位为 1 时，则 $CH_□$ 通道偏移量可调整，如#22 BFM=H0003，则#22 BFM 的低 8 位 $G_4O_4\ G_3O_3\ G_2O_2\ G_1O_1$=00000011，CH1 通道的增益值和偏移量可调整，#24 BFM 的值被设为 CH1 通道的增益值，#23 BFM 的值被设为 CH1 通道的偏移量。

9. #23 BFM

#23 BFM 用来存放偏移量，该值可由 PLC 使用 TO 指令写入。

10. #24 BFM

#24 BFM 用来存放增益值，该值可由 PLC 使用 TO 指令写入。

11. #29 BFM

#29 BFM 以位的状态来反映模块的错误信息。#29 BFM 各位错误定义见表 8-3，如#29 BFM 的 b1 位为 1（ON），表示存储器中的偏移值和增益数据不正常，为 0 表示数据正常，PLC 使用 FROM 指令读取#29 BFM 中的值可以了解 AD 模块的操作状态。

表 8-3　　#29 BFM 各位错误定义

BFM#29	ON	OFF
b0：错误	b1～b4 中任何一位为 ON， 如果 b1～b4 中任何一个为 ON，所有通道的 A/D 转换停止	无错误
b1：偏移和增益错误	在 EEPROM 中的偏移和增益数据不正常或者调整错误	增益和偏移数据正常
b2：电源故障	DC 24V 电源故障	电源正常
b3：硬件错误	A/D 转换器或其他硬件故障	硬件正常
b10：数字范围错误	数字输出值小于−2048 或大于+2047	数字输出值正常
b11：平均采样错误	平均采样数不小于 4097 或不大于 0（使用默认值 8）	平均采样设置正常 （在 1～4096 之间）
b12：偏移和增益调整禁止	禁止：BFM#21 的（b1，b0）设为（1，0）	允许 BFM#21 的（b1，b0） 设置为（1，0）

注　b4～b7、b9 和 b13～b15 没有定义。

12. #30 BFM

#30 BFM 用来存放 FX2N-4AD 模块的 ID 号（身份标识号码），FX2N-4AD 模块的 ID 号为 2010，PLC 通过读取#30 BFM 中的值来判别该模块是否为 FX2N-4AD 模块。

8.2.7　实例程序

在使用 FX2N-4AD 模块时，除了要对模块进行硬件连接外，还需给 PLC 编写有关的程序，用来设置模块的工作参数和读取模块转换得到的数字量及模块的操作状态。

1. 基本使用程序

图 8-9 是设置和读取 FX2N-4AD 模块的 PLC 程序。

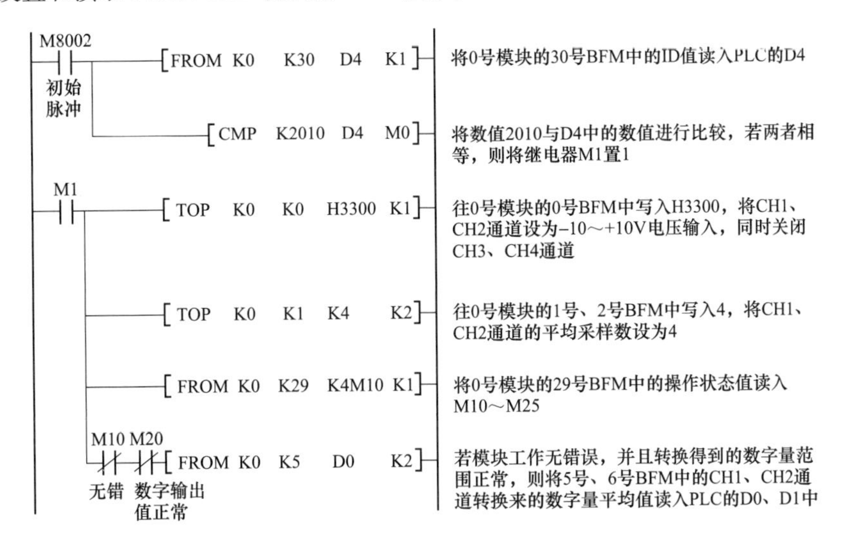

图 8-9 设置和读取 FX2N-4AD 模块的 PLC 程序

程序工作原理说明如下：当 PLC 运行开始时，M8002 触点接通一个扫描周期，首先 FROM 指令执行，将 0 号模块＃30 BFM 中的 ID 值读入 PLC 的数据存储器 D4，然后 CMP 指令（比较指令）执行，将 D4 中的数值与数值 2010 进行比较，若两者相等，表明当前模块为 FX2N-4AD 模块，则将辅助继电器 M1 置 1。M1 常开触点闭合，从上往下执行 TOP、FROM 指令（TOP 为脉冲型 TO 指令）。第一个 TOP 执行，让 PLC 往 0 号模块的＃0 BFM 中写入 H3300，将 CH1、CH2 通道设为－10～＋10V 电压输入，同时关闭 CH3、CH4 通道；然后第二个 TOP 执行，让 PLC 往 0 号模块的＃1、＃2 BFM 中写入 4，将 CH1、CH2 通道的平均采样数设为 4，接着 FROM 指令执行，将 0 号模块的＃29 BFM 中的操作状态值读入 PLC 的 M10～M25，若模块工作无错误，并且转换得到的数字量范围正常，则 M10 继电器为 0，M10 常闭触点闭合，M20 继电器也为 0，M20 常闭触点闭合，FROM 指令执行，将＃5、＃6 BFM中的 CH1、CH2 通道转换来的数字量平均值读入 PLC 的 D0、D1 中。

2. 增益和偏移量的调整程序

如果在使用 FX2N-4AD 模块时需要调整增益和偏移量，可以在图 8-9 程序之后增加图 8-10 所示的程序，当 PLC 的 X010 端子外接开关闭合时，可启动该程序的运行。

程序工作原理说明如下：当按下 PLC X010 端子外接开关时，程序中的 X010 常开触点闭合，指令 SET M30 执行，继电器 M30 被置 1，M30 常开触点闭合，3 个 TOP 指令从上往下执行。第一个 TOP 执行时，PLC 往 0 号模块的＃0 BFM 中写入 H0000，CH1～CH4 通道均被设为－10～＋10V 电压输入；第二个 TOP 执行时，PLC 往 0 号模块的＃21 BFM 中写入 1，＃21 BFM 的 b1＝0、b0＝1，允许增益/偏移量调整；第三个 TOP 执行时，往 0 号模块的＃22 BFM 中写入 0，将用作指定调整通道的所有位（b7～b0）复位，然后定时器 T0 开始 0.4s 计时。

0.4s 后，T0 常开触点闭合，又有 3 个 TO 指令从上往下执行。第一个 TOP 执行时，PLC 往 0 号模块的＃23 BFM 中写入 0，将偏移量设为 0；第二个 TOP 执行时，PLC 往 0 号模块的＃24 BFM 中写入 2500，将增益值设为 2500；第三个 TOP 执行时，PLC 往 0 号模块的＃22 BFM 中写入 H0003，将偏移/增益调整的通道设为 CH1，然后定时器 T1 开始 0.4s 计时。

0.4s 后，T1 常开触点闭合，首先 RST 指令执行，M30 复位，结束偏移/增益调整，接着 TOP 指

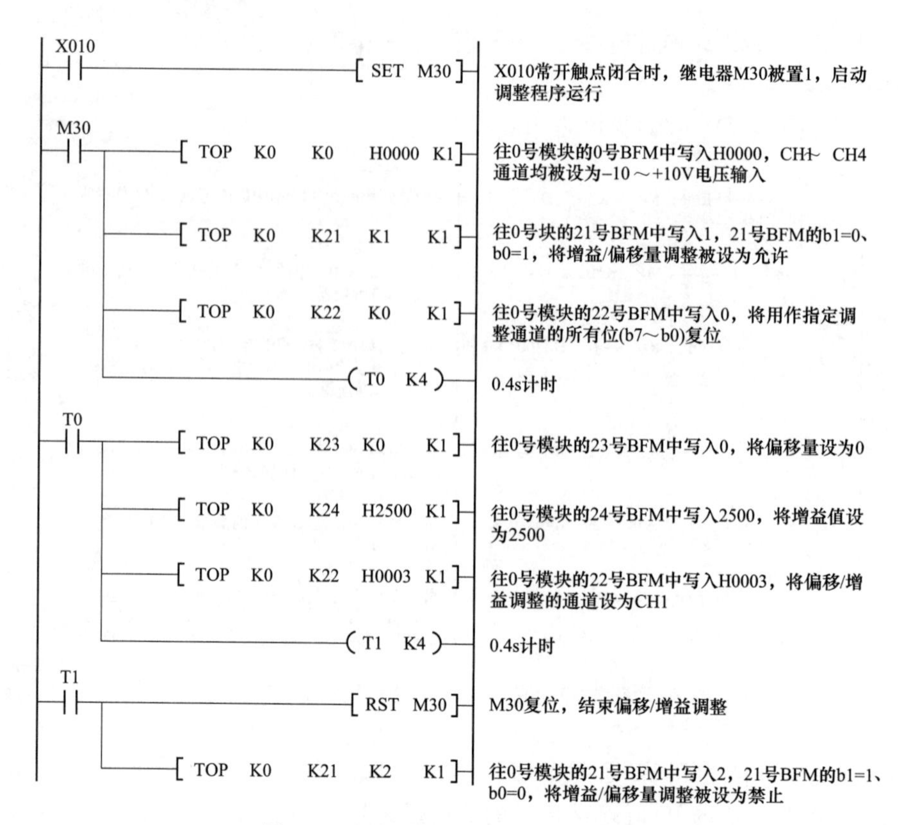

图 8-10　调整增益和偏移量的 PLC 程序

令执行，往 0 号模块的＃21 BFM 中写入 2，＃21 BFM 的 b1＝1、b0＝0，禁止增益/偏移量调整。

8.3　模拟量输出模块

模拟量输出模块简称 DA 模块，其功能是将模块内部特定 BFM（缓冲存储器）中的数字量转换成模拟量输出。三菱 FX 系列常用 DA 模块有 FX2N-2DA、FX2N-4DA 和 FX3U-4DA 等，本节以 FX2N-4DA 模块为例来介绍模拟量输出模块。

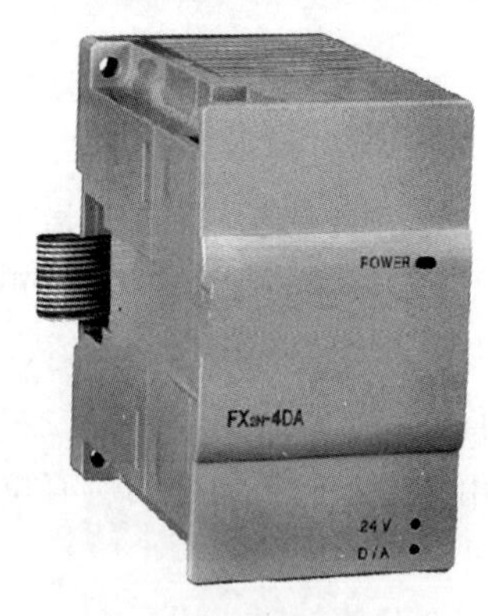

图 8-11　模拟量输出模块 FX2N-4DA

8.3.1　外形

模拟量输出模块 FX2N-4DA 的实物外形如图 8-11 所示。

8.3.2　接线

FX2N-4DA 模块有 CH1～CH4 4 个模拟量输出通道，可以将模块内部特定的 BFM 中的数字量（由 PLC 使用 TO 指令写入）转换成模拟量输出。FX2N-4DA 模块的接线如图 8-12 所示，每个通道内部电路均相同。

FX2N-4DA 模块的每个通道均可设为电压型模拟量输出或电流型模拟量输出。当某通道设为电压型模拟量输出时，电压输出线接该通道的 V＋、VI－端子，可输出－10～10V 范围的电压；当某通道设为电流型模拟量输出时，电流输出线接该通道的 I＋、VI－端子，可输出－20～20mA 范围的电流。

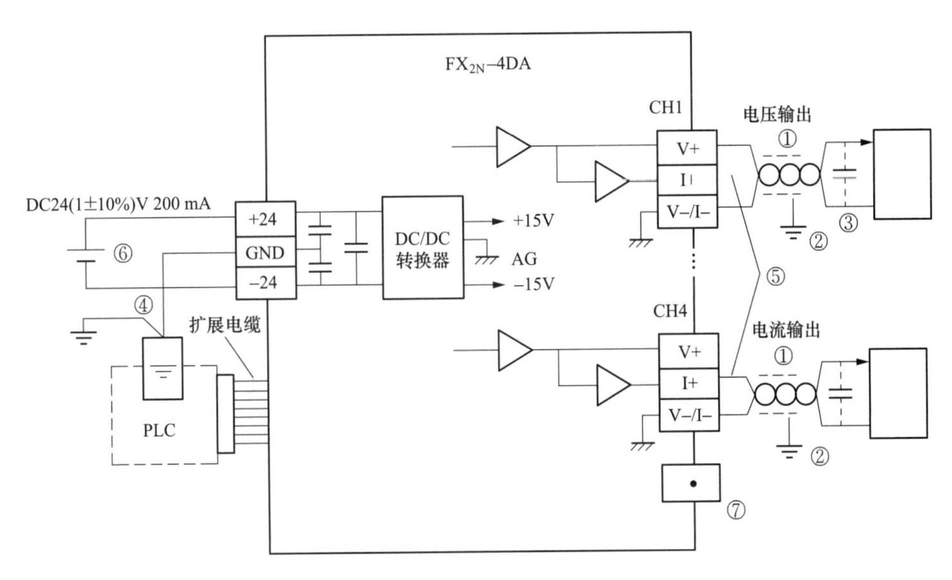

注：① 双绞屏蔽电缆，应远离干扰源。

② 输出电缆的负载端使用单点接地。

③ 若有噪音或干扰可以连接一个平滑电位器。

④ FX2N-4DA与PLC基本单元的地应连接在一起。

⑤ 电压输出端或电流输出端，若短接，可能会损坏FX2N-4DA。

⑥ 24V电源，电流200nmA外接或用PLC的24V电源。

⑦ 不使用的端子，不要在这些端子上连接任何单元。

图 8-12 FX2N-4DA 模块的接线

8.3.3 性能指标

FX2N-4DA 模块的性能指标见表 8-4 。

表 8-4 FX2N-4DA 模块的性能指标

项目	输 出 电 压	输 出 电 流
模拟量输出范围	－10～＋10V（外部负载阻抗 2kΩ～1MΩ）	0～20mA（外部负载阻抗 500Ω）
数字输出	12 位	
分辨率	5mV	20μA
总体精度	±1%（满量程 10V）	±1%（满量程 20mA）
转换速度	4 个通道：2.1ms	
隔离	模数电路之间采用光电隔离	
电源规格	主单元提供 5V/30mA 直流，外部提供 24V/200mA 直流	
适用 PLC	FX2N/FX1N/FX2NC	

8.3.4 输入输出曲线

FX2N-4DA 模块可以将内部 BFM 中的数字量转换成输出电压或输出电流，其转换关系曲线如图 8-13 所示。当某通道设为电压输出时，DA 模块可以将－2000～＋2000 范围的数字量转换成－10～＋10V范围的电压输出。

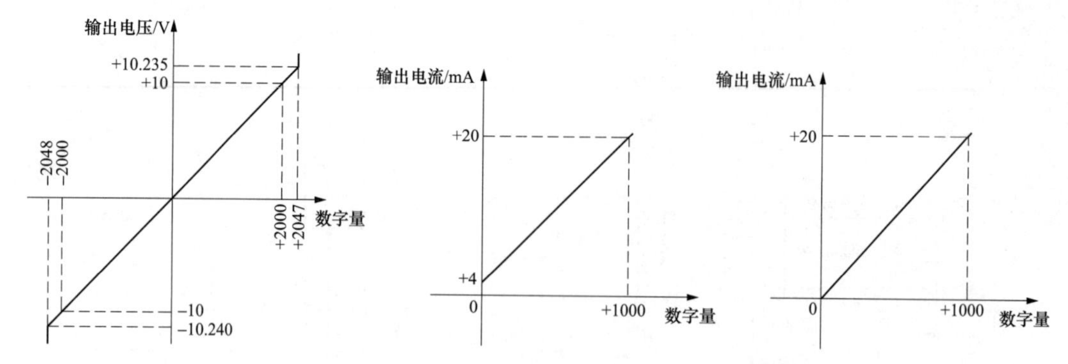

图 8-13 FX2N-4DA 模块的输入/输出转换关系曲线

8.3.5 增益和偏移说明

与 FX2N-4AD 模块一样，FX2N-4DA 模块也可以调整增益和偏移量。

1. 增益

增益指数字量为 1000 时对应的模拟量输出值。增益说明如图 8-14 所示。当 DA 模块某通道设为−10～+10V 电压输出时，其默认增益值为 5000（即+5V），数字量 1000 对应的输出电压为+5V，增益值为 5000 时的输入/输出关系如图 8-14（a）中 A 线所示，如果将增益值设为 2500，则数字量 1000 对应的输出电压为+2.5V，其输入/输出关系如图 8-14（a）中 B 线所示。电流输入时同理，如图 8-14（b）所示。

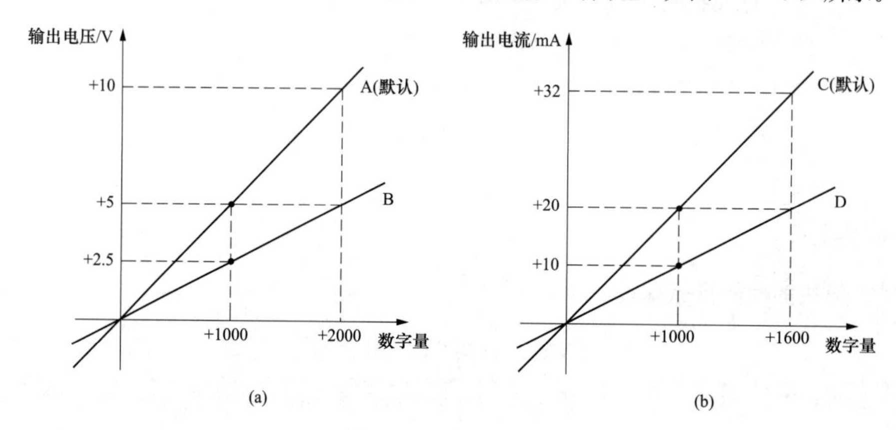

图 8-14 增益说明图

（a）电压输出时；（b）电流输出时

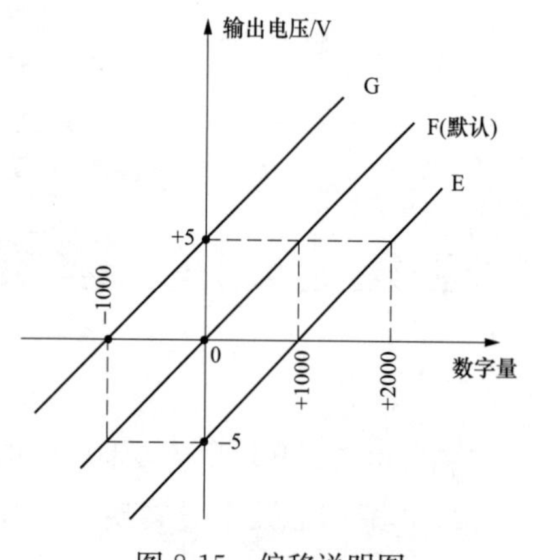

图 8-15 偏移说明图

2. 偏移

偏移量指数字量为 0 时对应的模拟量输出值。偏移说明如图 8-15 所示，当 DA 模块某通道设为−10～+10V 电压输出时，其默认偏移量为 0（即 0V），它能将数字量 0000 转换成 0V 输出，偏移量为 0 时的输入/输出关系如图 8-15 中 F 线所示，如果将偏移量设为−5000（即−5V），它能将数字量 0000 转换成−5V 电压输出，偏移量为−5V 时的输入/输出关系如图 8-15 中 E 线所示，偏移量为+5V 时的输入/输出关系如图 8-15 中 G 线所示。

8.3.6 缓冲存储器（BFM）功能说明

FX2N-4DA 模块内部也有 32 个 16 位 BFM（缓冲存储器），这些 BFM 的编号为 #0～#31，FX2N-4DA 模块的各个 BFM 功能见表 8-5。

表 8-5　　FX2N-4DA 模块的 BFM 功能表

BFM	内　容
* #0	输出模式选择，出厂设置 H0000
#1	CH1、CH2、CH3、CH4 待转换的数字量
#2	
#3	
#4	
#5	数据保持模式，出厂设置 H0000
#6～#7	保留
* #8	CH1、CH2 偏移/增益设定命令，出厂设置 H0000
* #9	CH3、CH4 偏移/增益设定命令，出厂设置 H0000
#10	CH1 偏移数据
#11	CH1 增益数据
#12	CH2 偏移数据
#13	CH2 增益数据
#14	CH3 偏移数据
#15	CH3 增益数据
#16	CH4 偏移数据
#17	CH4 增益数据
#18～#19	保留
#20	初始化，初始值=0
#21	禁止调整 I/O 特性（初始值=1）
#22～#28	保留
#29	错误状态
#30	K3020 识别码
#31	保留

下面对表 8-5 中 BFM 功能做进一步的说明。

1. #0 BFM

#0 BFM 用来设置 CH1～CH4 通道的模拟量输出形式，该 BFM 中的数据用 H□□□□表示，每个□用来设置一个通道，最高位的□设置 CH4 通道，最低位的□设置 CH1 通道。

当□=0 时，通道设为－10～＋10V 电压输出。

当□=1 时，通道设为＋4～＋20mA 电流输出。

当□=2 时，通道设为 0～＋20mA 电流输出。

当□=3 时，通道关闭，无输出。

如 #0 BFM 中的值为 H3310 时，CH1 通道设为－10～＋10V 电压输出，CH2 通道设为＋4～＋20mA 电流输出，CH3、CH4 通道关闭。

2. ＃1～＃4 BFM

＃1～＃4 BFM分别用来存储CH1～CH2通道的待转换的数字量。这些BFM中的数据由PLC用TO指令写入。

3. ＃5 BFM

＃5 BFM用来设置CH1～CH4通道在PLC由RUN→STOP时的输出数据保持模式。当某位为0时，RUN模式下对应通道最后输出值将被保持输出，当某位为1时，对应通道最后输出值为偏移值，

如＃5 BFM＝H0011，CH1、CH2通道输出变为偏移值，CH3、CH4通道输出值保持为RUN模式下的最后输出值不变。

4. ＃8、＃9 BFM

＃8 BFM用来允许/禁止调整CH1、CH2通道增益和偏移量。＃8 BFM的数据格式为H $G_2O_2G_1O_1$，当某位为0时，表示禁止调整，为1时允许调整，＃10～＃13 BFM中设定CH1、CH2通道的增益或偏移值才有效。

＃9 BFM用来允许/禁止调整CH3、CH4通道增益和偏移量。＃9 BFM的数据格式为H $G_4O_4G_3O_3$，当某位为0时，表示禁止调整，为1时允许调整，＃14～＃17 BFM中设定CH3、CH4通道的增益或偏移值才有效。

5. ＃10～＃17 BFM

＃10、＃11 BFM用来保存CH1通道的偏移值和增益值，＃12、＃13 BFM用来保存CH2通道的偏移值和增益值，＃14、＃15 BFM用来保存CH3通道的偏移值和增益值，＃16、＃17 BFM用来保存CH4通道的偏移值和增益值。

6. ＃20 BFM

＃20 BFM用来初始化所有BFM。当＃20 BFM＝1时，所有BFM中的值都恢复到出厂设定值，当设置出现错误时，常将＃20 BFM设为1来恢复到初始状态。

7. ＃21 BFM

＃21 BFM用来禁止/允许I/O特性（增益和偏移值）调整。当＃21 BFM＝1时，允许增益和偏移值调整，当＃21 BFM＝2时，禁止增益和偏移值调整。

8. ＃29 BFM

＃29 BFM以位的状态来反映模块的错误信息。＃29 BFM各位错误定义见表8-6。如＃29 BFM的b2位为ON（即1）时，表示模块的DC24V电源出现故障。

表8-6　　＃29 BFM各位错误定义

＃29 BFM的位	名称	ON（1）	OFF（0）
b0	错误	b1～b4任何一位为ON	错误无错
b1	O/G错误	EEPROM中的偏移/增益数据不正常或者发生设置错误	偏移/增益数据正常
b2	电源错误	24VDC电源故障	电源正常
b3	硬件错误	D/A转换器故障或者其他硬件故障	没有硬件缺陷
b10	范围错误	数字输入或模拟输出值超出指定范围	输入或输出值在规定范围内
b12	G/O调整禁止状态	BFM＃21没有设为1	可调整状态（BFM＃21＝1）

注　位b4到b9，b11，b13到b15未定义。

9. ＃30 BFM

＃30 BFM存放FX2N-4DA模块的ID号（身份标识号码），FX2N-4DA模块的ID号为3020，PLC通过读取＃30 BFM中的值来判别该模块是否为FX2N-4DA模块。

8.3.7 实例程序

在使用 FX2N-4DA 模块时，除了要对模块进行硬件连接外，还需给 PLC 编写有关的程序，用来设置模块的工作参数和写入需转换的数字量及读取模块的操作状态。

1. 基本使用程序

图 8-16 所示程序用来设置 DA 模块的基本工作参数，并将 PLC 中的数据送入 DA 模块，让它转换成模拟量输出。

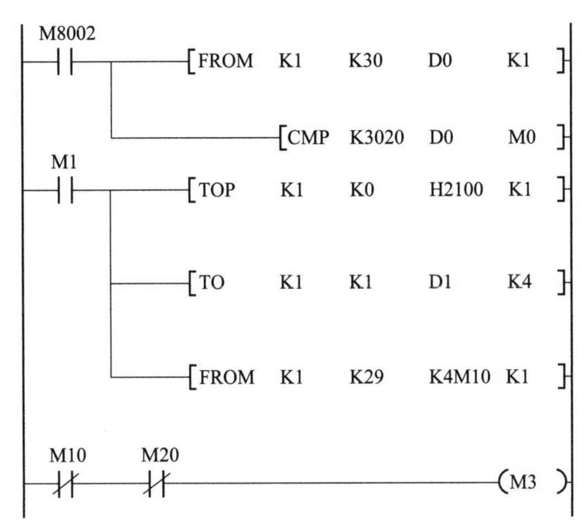

图 8-16 设置 FX2N-4DA 模块并使之输出模拟量的 PLC 程序

程序工作原理说明如下：当 PLC 运行开始时，M8002 触点接通一个扫描周期，首先 FROM 指令执行，将 1 号模块＃30 BFM 中的 ID 值读入 PLC 的数据存储器 D0，然后 CMP 指令（比较指令）执行，将 D0 中的数值与数值 3020 进行比较，若两者相等，表明当前模块为 FX2N-4DA 模块，则将辅助继电器 M1 置 1。M1 常开触点闭合，从上往下执行 TO、FROM 指令，第一个 TOP（TOP 为脉冲型 TO 指令）执行，让 PLC 往 1 号模块的＃0 BFM 中写入 H2100，将 CH1、CH2 通道设为－10～＋10V 电压输出，将 CH3 通道设为 4～20mA 输出，将 CH4 通道设为 0～20mA 输出，然后第二个 TO 执行，将 PLC 的 D1～D4 中的数据分别写入 1 号模块的＃1～＃4 BFM 中，让模块将这些数据转换成模拟量输出，接着 FROM 指令执行，将 1 号模块的＃29 BFM 中的操作状态值读入 PLC 的 M10～M25，若模块工作无错误，并且输入数字量或输出模拟量范围正常，则 M10 继电器为 0，M10 常闭触点闭合，M20 继电器也为 0，M20 常闭触点闭合，M3 线圈得电为 1。

2. 增益和偏移量的调整程序

如果在使用 FX2N-4DA 模块时需要调整增益和偏移量，可以在图 8-16 程序之后增加图 8-17 所示的程序，当 PLC 的 X011 端子外接开关闭合时，可启动该程序的运行。

程序工作原理说明如下：当按下 PLC X010 端子外接开关时，程序中的 X010 常开触点闭合，指令 SET M30 执行，继电器 M30 被置 1，M30 常开触点闭合，2 个 TOP 指令从上往下执行（TOP 为脉冲型 TO 指令）。第一个 TOP 执行时，PLC 往 1 号模块的＃0 BFM 中写入 H0010，将 CH2 通道设为＋4mA～＋20mA 电流输出，其他均设为－10～＋10V 电压输出；第二个 TOP 执行时，PLC 往 1 号模块的＃21 BFM 中写入 1，允许增益/偏移量调整，然后定时器 T0 开始 3s 计时。

3s 后，T0 常开触点闭合，3 个 TOP 指令从上往下执行。第一个 TOP 执行时，PLC 往 1 号模块的＃12 BFM 中写入 7000，将偏移量设为 7mA；第二个 TOP 执行时，PLC 往 1 号模块的＃13 BFM 中写入 20000，将增益值设为 20mA；第三个 TO 执行时，PLC 往 1 号模块的＃8 BFM 中写入 H1100，允许

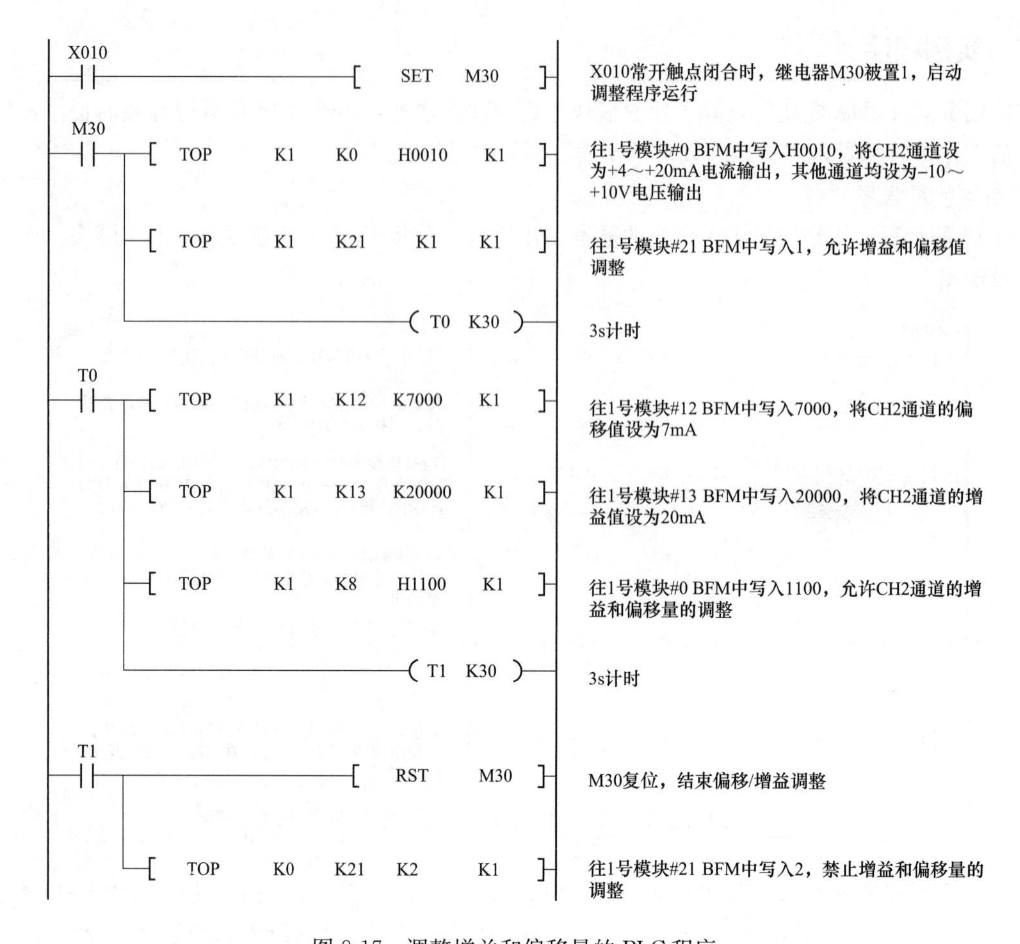

图 8-17　调整增益和偏移量的 PLC 程序

CH2 通道的偏移/增益调整，然后定时器 T1 开始 3s 计时。

3s 后，T1 常开触点闭合，首先 RST 指令执行，M30 复位，结束偏移/增益调整，接着 TOP 执行，往 1 号模块的＃21 BFM 中写入 2，禁止增益/偏移量调整。

8.4　温度模拟量输入模块

温度模拟量输入模块的功能是将温度传感器送来的反映温度高低的模拟量转换成数字量。三菱 FX 系列常用温度模拟量模块有 FX2N-4AD-PT 型和 FX2N-4AD-TC 型，两者最大区别在于前者连接 PT100 型温度传感器，而后者使用热电偶型温度传感器。本节以 FX2N-4AD-PT 型模块为例来介绍温度模拟量输入模块。

8.4.1　外形

FX2N-4AD-PT 型温度模拟量输入模块的实物外形如图 8-18 所示。

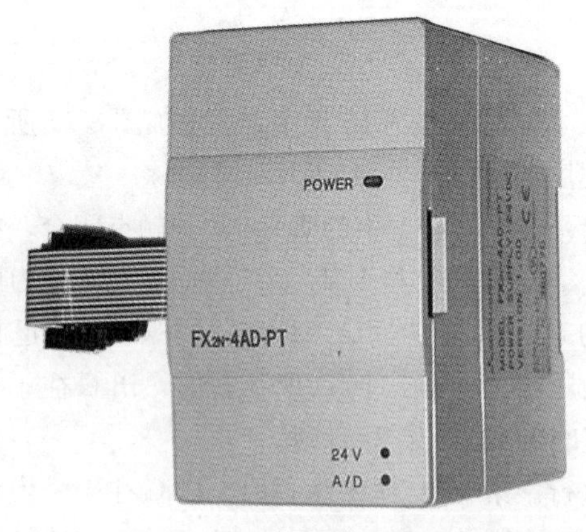

图 8-18　FX2N-4AD-PT 型温度模拟量输入模块

8.4.2 PT100 型温度传感器与模块的接线

1. PT100 型温度传感器

PT100 型温度传感器的核心是铂热电阻，其电阻会随着温度的变化而改变。PT 后面的“100”表示其阻值在 0℃时为 100Ω，当温度升高时其阻值线性增大，在 100℃时阻值约为 138.5Ω。PT100 型温度传感器的外形和温度—电阻曲线如图 8-19 所示。

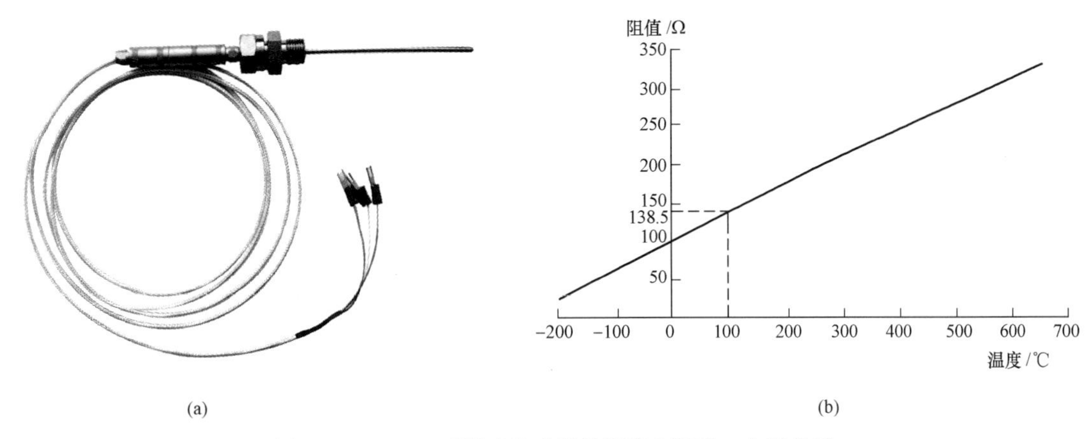

图 8-19　PT100 型温度传感器的外形和温度—电阻曲线

(a) 外形；(b) 温度—电阻曲线

2. 模块的接线

FX2N-4AD-PT 模块有 CH1～CH4 4 个温度模拟量输入通道，可以同时将 4 路 PT100 型温度传感器送来的模拟量转换成数字量，存入模块内部相应的缓冲存储器（BFM）中，PLC 可使用 FROM 指令读取这些存储器中的数字量。FX2N-4AD-PT 模块接线方式如图 8-20 所示，每个通道内部电路均相同。

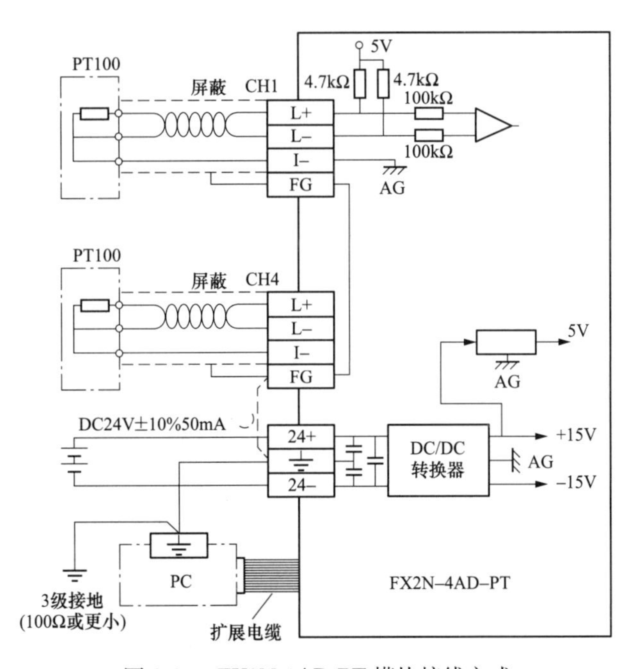

图 8-20　FX2N-4AD-PT 模块接线方式

8.4.3 性能指标

FX2N-4AD-PT 模块的性能指标见表 8-7。

表 8-7 FX2N-4AD-PT 模块的性能指标

项目	摄氏度	华氏度
	通过读取适当的缓冲区，可以得到℃和℉两种可读数据	
模拟输入信号	箔温度 PT100 传感器（100Ω），3 线，4 通道（CH1、CH2、CH3、CH4）、3850PPM/℃（DIN43760，JIS C1604—1989）	
传感器电流	1mA 传感器：100ΩPT100	
补偿范围	−100～+600℃	−148～+1112℉
数字输出	−1000～6000	−1480～+11120
	12 位转换 11 数据位+1 符号位	
最小可测温度	0.2～0.3℃	0.36～0.54℉
总精度	全范围的±1%（补偿范围）参考第 7.0 节的特殊 EMC 考虑	
转换速度	4 通道 15ms	
适用的 PLC 型号	FX1N/FX2N/FX2NC	

8.4.4 输入输出曲线

FX2N-4AD-PT 模块可以将 PT100 型温度传感器送来的反映温度高低的模拟量转换成数字量，其输入/输出转换关系曲线如图 8-21 所示。

FX2N-4AD-PT 模块可接受摄氏温度（℃）和华氏温度（°F）。**对于摄氏温度，水的冰点时温度定为 0℃，沸点为 100℃，对于华氏温度，水的冰点温度定为 32°F，沸点为 212°F，**摄氏温度与华氏温度的换算关系式为：

$$℃ = 5/9\times(℉ - 32)$$

$$℉ = 9/5\times ℃ + 32$$

图 8-21（a）为摄氏温度与数字量转换关系，当温度为+600℃时，转换成的数字量为+6000；图 8-21（b）为华氏温度与数字量转换关系，当温度为+1112°F 时，转换成的数字量为+11120。

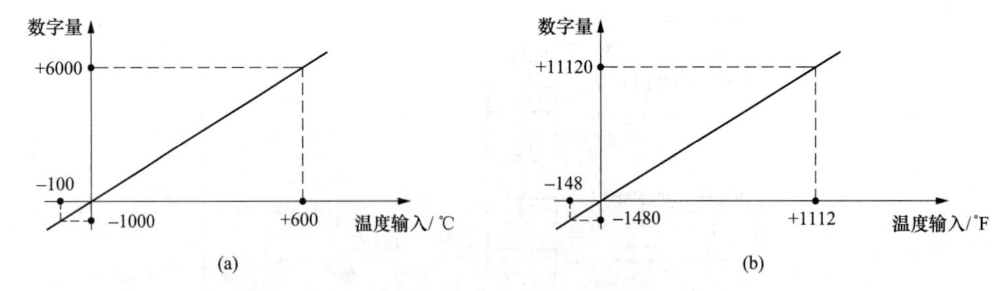

图 8-21 FX2N-4AD-PT 模块输入/输出转换关系曲线
（a）摄氏温度输入时；（b）华氏温度输入时

8.4.5 缓冲存储器（BFM）功能说明

FX2N-4AD-PT 模块的各个 BFM 功能见表 8-8。

表 8-8　　FX2N-4AD-PT 模块的 BFM 功能表

BFM 编号	内容	BFM 编号	内容
* #1～#4	CH1～CH4 的平均采样次数（1～4096）默认值=8	* #21～#27	保留
* #5～#8	CH1～CH4 在 0.1℃单位下的平均温度	* #28	数字范围错误锁存
* #9～#12	CH1～CH4 在 0.1℃单位下的当前温度	#29	错误状态
* #13～#16	CH1～CH4 在 0.1℉单位下的平均温度	#30	识别码 K2040
* #17～#20	CH1～CH4 在 0.1℉单位下的当前温度	#31	保留

下面对表 8-8 中 BFM 功能做进一步的说明。

1. #1～#4 BFM

#1～#4 BFM 分别用来设置 CH1～CH4 通道的平均采样次数，如#1 BFM 中的次数设为 3 时，CH1 通道需要对输入的模拟量转换 3 次，再将得到 3 个数字量取平均值，数字量平均值存入#5 BFM 中。#1～#4 BFM 中的平均采样次数越大，得到平均值的时间越长，如果输入的模拟量变化较快，平均采样次数值应设小一些。

2. #5～#8 BFM

#5～#8 BFM 分别用存储 CH1～CH4 通道的摄氏温度数字量平均值。

3. #9～#12 BFM

#9～#12 BFM 分别用存储 CH1～CH4 通道在当前扫描周期转换来的摄氏温度数字量。

4. #13～#16 BFM

#13～#16 BFM 分别用存储 CH1～CH4 通道的华氏温度数字量平均值。

5. #17～#20 BFM

#17～#20 BFM 分别用存储 CH1～CH4 通道在当前扫描周期转换来的华氏温度数字量。

6. #28 BFM

#28 BFM 以位状态来反映 CH1～CH4 通道的数字量范围是否在允许范围内。#28 BFM 的位定义如下：

b15～b8	b7	b6	b5	b4	b3	b2	b1	b0
未用	高	低	高	低	高	低	高	低
	CH4		CH3		CH2		CH1	

当某通道对应的高位为 1 时，表明温度数字量高于最高极限值或温度传感器开路，低位为 1 时则说明温度数字量低于最低极限值，为 0 表明数字量范围正常。例如#28 BFM 的 b7、b6 分别为 1、0，则表明 CH4 通道的数字量高于最高极限值，也可能是该通道外接的温度传感器开路。

FX2N-4AD-PT 模块采用#29 BFM b10 位的状态来反映数字量是否错误（超出允许范围），更具体的错误信息由#28 BFM 的位来反映。#28 BFM 的位指示出错后，即使数字量又恢复到正常范围，位状态也不会复位，需要用 TO 指令写入 0 或关闭电源进行错误复位。

7. #29 BFM

#29 BFM 以位的状态来反映模块的错误信息。#29 BFM 各位错误定义见表 8-9。

表 8-9　　#29 BFM 各位错误定义

#29 BFM 的位	ON（1）	OFF（0）
b0：错误	如果 b1 到 b3 中任何一个为 ON，出错通道的 A/D 转换停止	无错误
b1：保留	保留	保留

续表

#29 BFM 的位	ON (1)	OFF (0)
b2：电源故障	24V DC 电源故障	电源正常
b3：硬件错误	A/D 转换器或其他硬件故障	硬件正常
b4～b9：保留	保留	保留
b10：数字范围错误	数字输出/模拟输入值超出指定范围	数字输出值正常
b11：平均错误	所选平均结果的数值超出可用范围参考 BFM#1～#4	平均正常 (在 1～4096 之间)
b12～b15 保留	保留	保留

8. #30 BFM

#30 BFM 存放 FX2N-4AD-PT 模块的 ID 号（身份标识号码），FX2N-4AD-PT 模块的 ID 号为 2040， PLC 通过读取 #30 BFM 中的值来判别该模块是否为 FX2N-4AD-PT 模块。

8.4.6 实例程序

图 8-22 所示为设置和读取 FX2N-4AD-PT 模块的 PLC 程序。

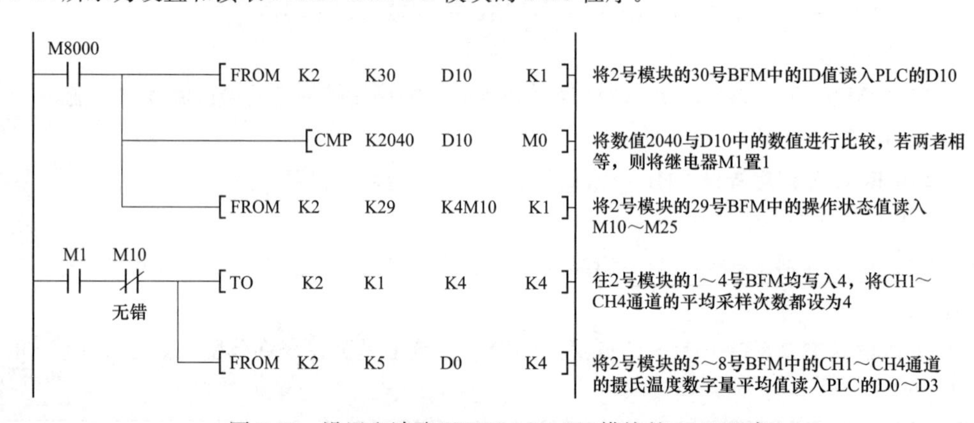

图 8-22 设置和读取 FX2N-4AD-PT 模块的 PLC 程序

程序工作原理说明如下：当 PLC 运行开始时，M8000 触点始终闭合，首先 FROM 指令执行，将 2 号模块 #30 BFM 中的 ID 值读入 PLC 的数据存储器 D10，然后执行 CMP（比较）指令，将 D10 中的数值与数值 2040 进行比较，若两者相等，表明当前模块为 FX2N-4AD-PT 模块，则将辅助继电器 M1 置 1，接着又执行 FROM 指令，将 2 号模块的 #29 BFM 中的操作状态值读入 PLC 的 M10～M25。

如果 2 号模块为 FX2N-4AD-PT 模块，并且模块工作无错误码，M1 常开触点闭合，M10 常闭触点闭合，TO、FROM 指令先后执行，在执行 TO 指令时，往 2 号模块 #1～#4 BFM 均写入 4，将CH1～CH4 通道的平均采样次数都设为 4，在执行 FROM 指令时，将 2 号模块 #5～#8 BFM 中的 CH1～CH4 通道的摄氏温度数字量平均值读入 PLC 的 D0～D3。

第9章 PLC通信

9.1 通信基础知识

通信是指一地与另一地之间的信息传递。PLC 通信是指 PLC 与计算机、PLC 与 PLC、PLC 与人机界面（触摸屏）和 PLC 与其他智能设备之间的数据传递。

9.1.1 通信方式

1. 有线通信和无线通信

有线通信是指以导线、电缆、光缆、纳米材料等看得见的材料为传输媒质的通信。无线通信是指以看不见的材料（如电磁波）为传输媒质的通信，常见的无线通信有微波通信、短波通信、移动通信和卫星通信等。

2. 并行通信与串行通信

（1）并行通信。**同时传输多位数据的通信方式称为并行通信。**并行通信如图 9-1（a）所示，计算机中的 8 位数据 10011101 通过 8 条数据线同时送到外部设备中。并行通信的特点是数据传输速度快，它由于需要的传输线多，故成本高，只适合近距离的数据通信。PLC 主机与扩展模块之间通常采用并行通信。

（2）串行通信。**逐位传输数据的通信方式称为串行通信。**串行通信如图 9-1（b）所示，计算机中的 8 位数据 10011101 通过一条数据逐位传送到外部设备中。串行通信的特点是数据传输速度慢，但由于只需要一条传输线，故成本低，适合远距离的数据通信。PLC 与计算机、PLC 与 PLC、PLC 与人机界面之间通常采用串行通信。

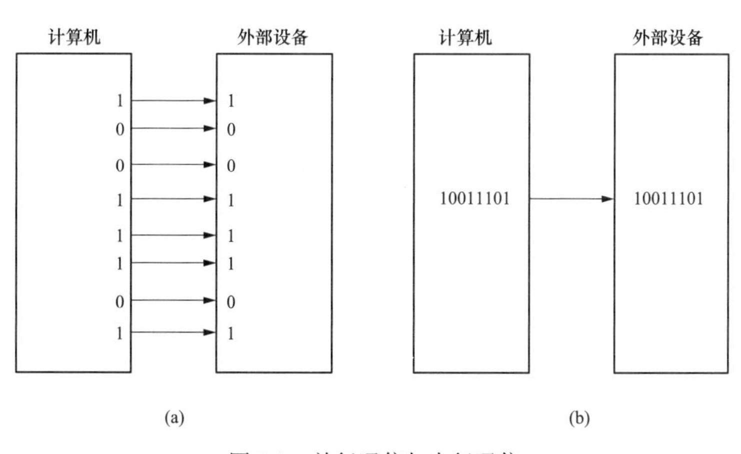

图 9-1　并行通信与串行通信

（a）并行通信；（b）串行通信

3. 异步通信和同步通信

串行通信又可分为异步通信和同步通信。PLC与其他设备通主要采用串行异步通信方式。

(1) 异步通信。**在异步通信中，数据是一帧一帧地传送的。**异步通信如图9-2所示，**这种通信是以帧为单位进行数据传输，一帧数据传送完成后，可以接着传送下一帧数据，也可以等待，等待期间为空闲位（高电平）。**

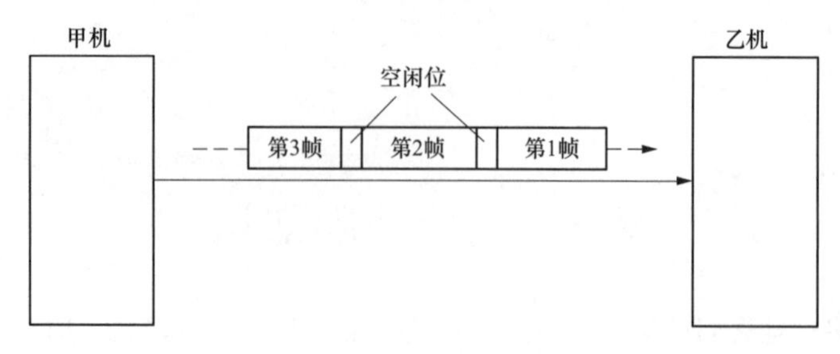

图9-2 异步通信

串行通信时，数据是以帧为单位传送的，帧数据有一定的格式。帧数据格式如图9-3所示，从图9-3中可以看出，**一帧数据由起始位、数据位、奇偶校验位和停止位组成。**

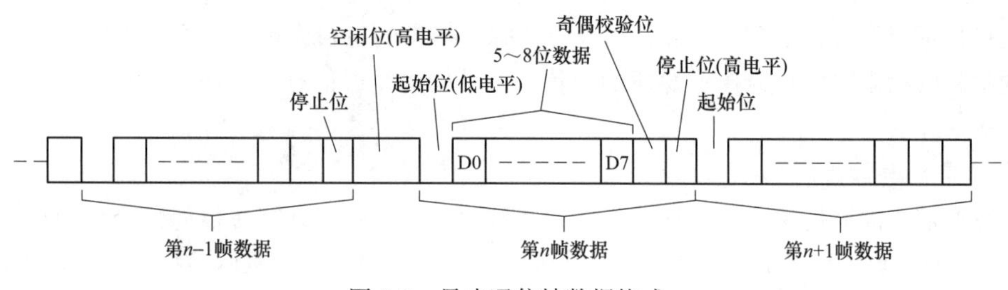

图9-3 异步通信帧数据格式

1) **起始位。起始位表示一帧数据的开始，起始位一定为低电平。**当甲机要发送数据时，先送一个低电平（起始位）到乙机，乙机接收到起始信号后，马上开始接收数据。

2) **数据位。数据位是要传送的数据，紧跟在起始位后面。**数据位的数据为5～8位，传送数据时是从低位到高位逐位进行的。

3) **奇偶校验位。奇偶校验位用于检验传送的数据有无错误。**奇偶校验是检查数据传送过程中有无发生错误的一种校验方式，它分为奇校验和偶校验。奇校验是指数据和校验位中1的总个数为奇数，偶校验是指数据和校验位中1的总个数为偶数。以奇校验为例，如果发送设备传送的数据中有偶数个1，为保证数据和校验位中1的总个数为奇数，奇偶校验位应为1，如果在传送过程中数据产生错误，其中一个1变为0，那么传送到接收设备的数据和校验位中1的总个数为偶数，外部设备就知道传送过来的数据发生错误，会要求重新传送数据。数据传送采用奇校验或偶校验均可，但要求发送端和接收端的校验方式一致。在帧数据中，奇偶校验位也可以不用。

4) **停止位。停止位表示一帧数据的结束。**停止位可以1位、1.5位或2位，但一定为高电平。一帧数据传送结束后，可以接着传送第二帧数据，也可以等待，等待期间数据线为高电平（空闲位）。如果要传送下一帧，只要让数据线由高电平变为低电平（下一帧起始位开始），接收器就开始接收下一帧数据。

(2) 同步通信。在异步通信中，每一帧数据发送前要用起始位，在结束时要用停止位，这样会占用一定的时间，导致数据传输速度较慢。为了提高数据传输速度，在计算机与一些高速设备数据通信时，常采用同步通信。同步通信的数据格式如图9-4所示。

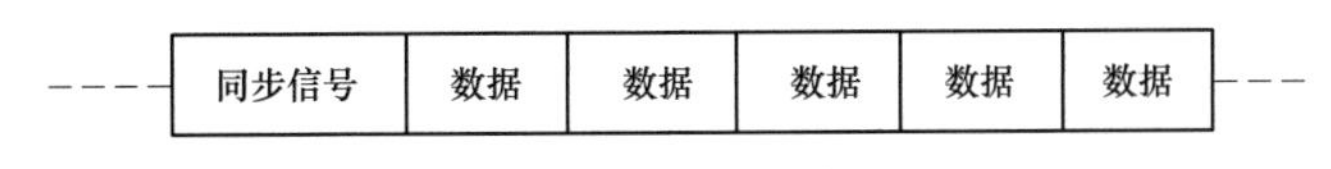

图 9-4 同步通信的数据格式

从图 9-4 中可以看出，同步通信的数据后面取消了停止位，前面的起始位用同步信号代替，在同步信号后面可以跟很多数据，所以同步通信传输速度快，但由于同步通信要求发送端和接收端严格保持同步，这需要用复杂的电路来保证，所以 PLC 不采用这种通信方式。

4. 单工通信和双工通信

在串行通信中，根据数据的传输方向不同，可分为单工通信、半双工通信和全双工通信 3 种。这 3 种通信方式如图 9-5 所示。

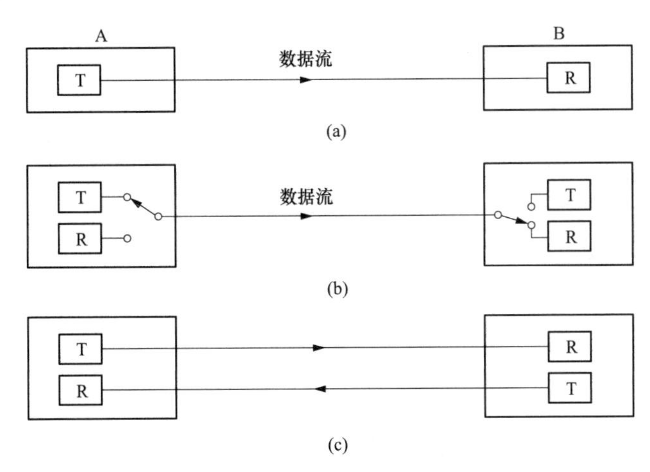

图 9-5 3 种通信方式

（a）单工；（b）半双工；（c）全双工

（1）单工通信。**单工通信方式下，数据只能往一个方向传送。**单工通信如图 9-5（a）所示，数据只能由发送端（T）传输给接收端（R）。

（2）半双工通信。**半双工通信方式下，数据可以双向传送，但同一时间内，只能往一个方向传送，只有一个方向的数据传送完成后，才能往另一个方向传送数据。**半双工通信如图 9-5（b）所示，通信的双方都有发送器和接收器，一方发送时，另一方接收，由于只有一条数据线，所以双方不能在发送数据时同时进行接收数据。

（3）全双工通信。**全双工通信方式下，数据可以双向传送，通信的双方都有发送器和接收器，由于有两条数据线，所以双方在发送数据的同时可以接收数据。**全双工通信如图 9-5（c）所示。

9.1.2 通信传输介质

有线通信采用传输介质主要有双绞线、同轴电缆和光缆，如图 9-6 所示。

（1）双绞线。双绞线是将两根导线扭绞在一起，以减少电磁波的干扰，如果再加上屏蔽套层，则抗干扰能力更好。双绞线的成本低、安装简单，RS-232C、RS-422 和 RS-485 等接口多用双绞线电缆进行通信连接。

（2）同轴电缆。同轴电缆的结构是从内到外依次为内导体（芯线）、绝缘线、屏蔽层及外保护层。由于从截面看这 4 层构成了 4 个同心圆，故称为同轴电缆。根据通频带不同，同轴电缆可分为基带（50Ω）和宽带（75Ω）两种，其中基带同轴电缆常用于 Ethernet（以太网）中。同轴电缆的传送速率高、传输距离远，但价格较双绞线高。

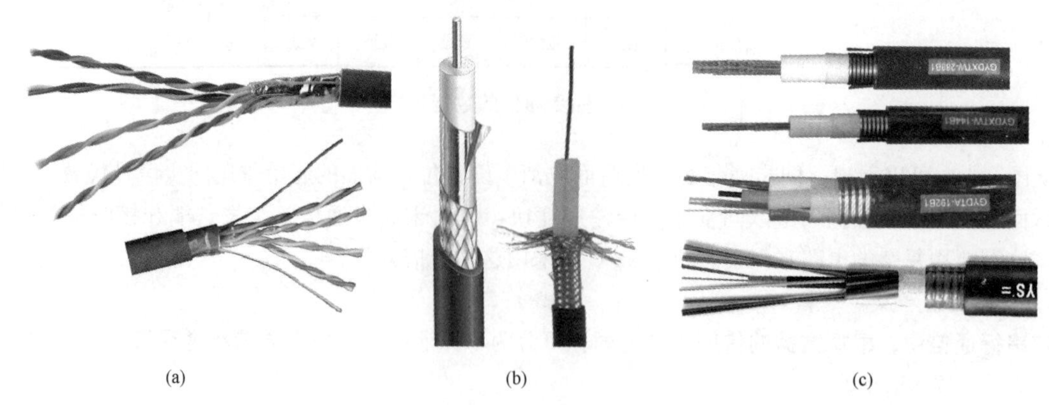

(a) (b) (c)

图 9-6 3 种通信传输介质

(a) 双绞线；(b) 同轴电缆；(c) 光缆

(3) 光缆。光缆是由石英玻璃经特殊工艺拉成细丝结构，这种细丝的直径比头发丝还要细，一般直径在 8～95μm（单模光纤）及 50/62.5μm（多模光纤，50μm 为欧洲标准，62.5μm 为美国标准），但它能传输的数据量却是巨大的。光纤是以光的形式传输信号的，其优点是传输的为数字的光脉冲信号，不会受电磁干扰，不怕雷击，不易被窃听，数据传输安全性好，传输距离长，且带宽宽、传输速度快。但由于通信双方发送和接收的都是电信号，因此通信双方都需要价格昂贵光纤设备进行光电转换，另外光纤连接头的制作与光纤连接需要专门工具和专门的技术人员。

双绞线、同轴电缆和光缆参数特性见表 9-1。

表 9-1　双绞线、同轴电缆和光缆参数特性

特性	双绞线	同轴电缆		光缆
		基带（50Ω）	宽带（75Ω）	
传输速率	1～4Mbit/s	1～10Mbit/s	1～450Mbit/s	10～500Mbit/s
网络段最大长度	1.5km	1～3km	10km	50km
抗电磁干扰能力	弱	中	中	强

9.2 通信接口设备

PLC 通信接口主要有 RS-232C、RS-422 和 RS-485 3 种标准。在 PLC 和其他设备通信时，如果所用的 PLC 自身无相关的通信接口，就需要安装带相应接口的通信板或通信模块。三菱 FX 系列 PLC 常用的通信板有 FX-232-BD、FX-48-BD 和 FX-422-BD。

9.2.1 FX-232-BD 通信板

利用 FX-232-BD 通信板，PLC 可与具有 RS-232C 接口的设备（如个人电脑、条码阅读器和打印机等）进行通信。

1. 外形

FX-232-BD 通信板如图 9-7 所示，FX2N-232-BD、FX3U-232-BD 和 FX3G-232-BD 分别适合安装在 FX2N、FX3U 和 FX3G 基本单元上，在安装通信板时，拆下基本单元相应位置的盖子，再将通信板上的连接器插入 PLC 电路板的连接器插槽内。

2. RS-232C 接口的电气特性

FX-232-BD 通信板上有一个 RS-232C 接口。**RS-232C 接口又称 COM 接口，**是美国 1969 年公布的

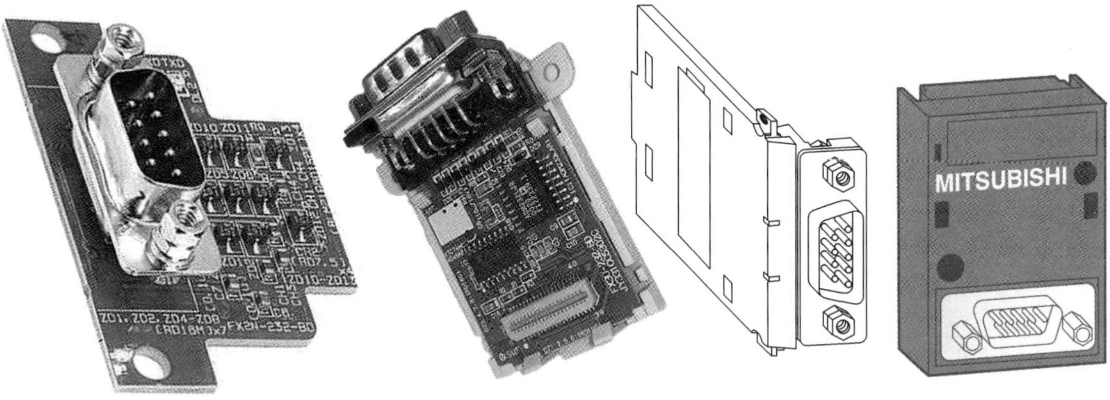

(a) (b) (c)

图 9-7 FX-232-BD 通信板

（a）FX2N-232-BD；（b）FX3U-232-BD；（c）FX3G-232-BD

串行通信接口，至今在计算机和 PLC 等工业控制中还广泛使用。**RS-232C 标准有以下特点。**

（1）**采用负逻辑，用＋5～＋15V 表示逻辑“0”，用－5～－15V 表示逻辑“1”。**

（2）**只能进行一对一方式通信，最大通信距离为 15m，最高数据传输速率为 20kbit/s。**

（3）**该标准有 9 针和 25 针两种类型的接口，9 针接口使用更广泛，PLC 采用 9 针接口。**

（4）**该标准的接口采用单端发送、单端接收电路。**RS-232C 接口的结构如图 9-8 所示，这种电路的抗干扰性较差。

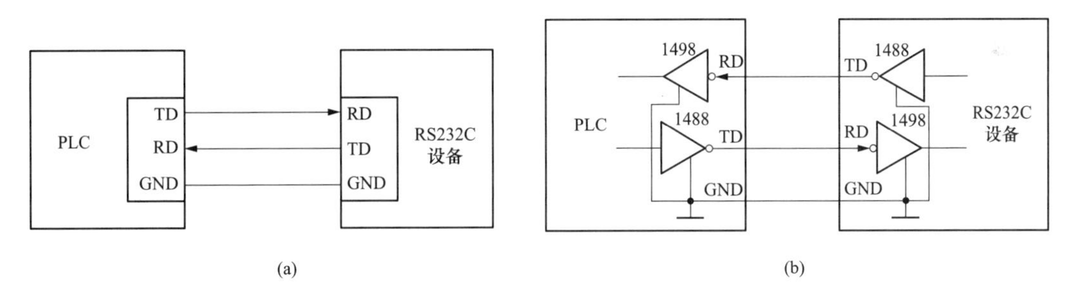

(a) (b)

图 9-8 RS-232C 接口的结构

（a）信号连接；（b）电路结构

3. RS-232C 接口的针脚功能定义

FX-232-BD 通信板上有一个 9 针的 RS-232C 接口，如图 9-9 所示。各针脚功能定义见表 9-2。

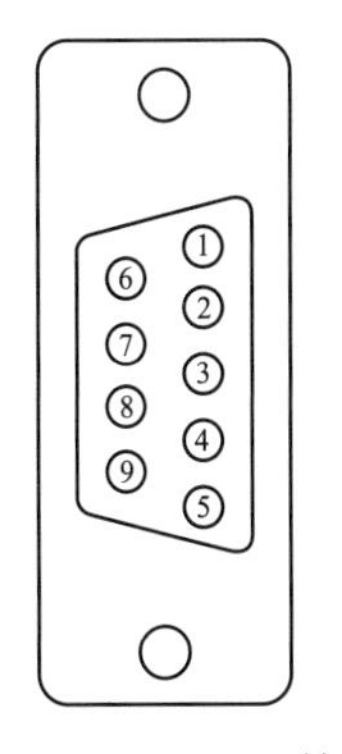

图 9-9 RS-232C 接口

表 9-2 各针脚功能定义

针脚号	信号	意义	功　能
1	CD(DCD)	载波检测	当检测到数据接收载波时，为 ON
2	RD(RXD)	接收数据	接收数据（RS-232C 设备到 232BD）
3	SD(TXD)	发送数据	发送数据（232BD 到 RS-232C 设备）
4	ER（DTR）	发送请求	数据发送到 RS-232C 设备的信号请求准备
5	SG(GND)	信号地	信号地
6	DR(DSR)	发送使能	表示 RS-232C 设备准备好接收
7～9	NC	不接	

4. 通信接线

PLC 要通过 FX-232-BD 通信板与 RS-232C 设备通信，必须使用电缆将通信板的 RS-232C 接口与 RS-232C 设备的 RS-232C 接口连接起来，根据 RS-232C 设备特性不同，电缆接线主要有两种方式。

（1）通信板与普通特性的 RS-232C 设备的接线。FX-232-BD 通信板与普通特性 RS-232C 设备的接线方式如图 9-10 所示，这种连接方式不是将同名端连接，而是将一台设备的发送端与另一台设备的接收端连接。

普通的RS232C设备					
使用ER,DR*			使用RS,CS		
意义	25针 D-SUB	9针 D-SUB	意义	25针 D-SUB	9针 D-SUB
RD(RXD)	③	②	RD(RXD)	③	②
SD(TXD)	②	③	SD(TXD)	②	③
ER(DTR)	⑳	④	RS(RTS)	④	⑦
SG(GND)	⑦	⑤	SG(GND)	⑦	⑤
DR(DSR)	⑥	⑥	CS(CTS)	⑤	⑧

*使用ER和DR信号时，根据RS232C设备的特性，检查是否需要RS和CS信号。

FX2N-232-BD通信板	PLC基本单元
9针D-SUB	
② RD(RXD)	
③ SD(TXD)	
④ ER(DTR)	
⑤ SG(GND)	
⑥ DR(DSR)	

图 9-10 FX-232-BD 通信板与普通特性 RS-232C 设备的接线方式

（2）通信板与调制解调器特性的 RS-232C 设备的接线。**RS-232C 接口之间的信号传输距离最大不能超过 15m**，如果需要进行远距离通信，可以给通信板 RS-232C 接口接上调制解调器（MODEM），这样 PLC 可通过 MODEM 和电话线将与遥远的其他设备通信。FX-232-BD 通信板与调制解调器特性 RS-232C 设备的接线方式如图 9-11 所示。

调制解调器特性的RS232C设备					
使用ER,DR*			使用RS,CS		
意义	25针 D-SUB	9针 D-SUB	意义	25针 D-SUB	9针 D-SUB
CD(DCD)	⑧	①	CD(DCD)	⑧	①
RD(RXD)	③	②	RD(RXD)	③	②
SD(TXD)	②	③	SD(TXD)	②	③
ER(DTR)	⑳	④	RS(RTS)	④	⑦
SG(GND)	⑦	⑤	SG(GND)	⑦	⑤
DR(DSR)	⑥	⑥	CS(CTS)	⑤	⑧

*使用ER和DR信号时，根据RS232C设备的特性，检查是否需要RS和CS信号。

FX2N-232-BD通信板	PLC基本单元
9针D-SUB	
① CD(DCD)	
② RD(RXD)	
③ SD(TXD)	
④ ER(DTR)	
⑤ SG(GND)	
⑥ DR(DSR)	

图 9-11 FX-232-BD 通信板与调制解调器特性 RS-232C 设备的接线方式

9.2.2 FX-422-BD 通信板

利用 FX-422-BD 通信板，PLC 可与编程器（手持编程器或编程计算机）通信，也可以与 DU 单元（文本显示器）通信。三菱 FX 基本单元自身带有一个 422 接口，如果再使用 FX-422-BD 通信板，可同时连接两个 DU 单元或连接一个 DU 单元与一个编程工具。由于基本单元只有一个相关的连接插槽，故基本单元只能连接一个通信板，即 FX-422-BD、FX-485-BD、FX-2322-BD 通信板无法同时安装在基本单元上。

1. 外形

FX-422-BD 通信板如图 9-12 所示，FX2N-422-BD、FX3U-422-BD 和 FX3G-422-BD 分别适合安装在 FX2N、FX3U 和 FX3G 基本单元上，FX-422-BD 通信板安装方法与 FX-232-BD 通信板相同。

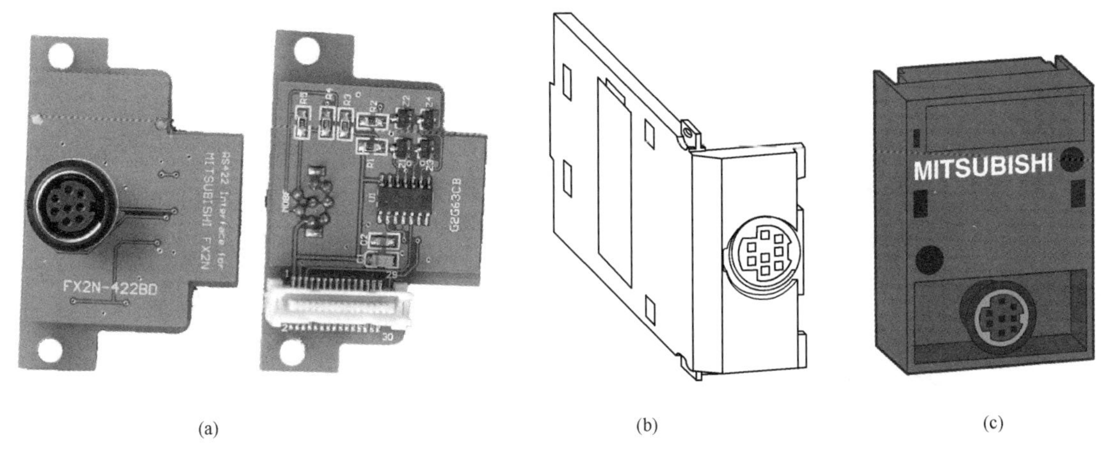

(a) (b) (c)

图 9-12 FX-422-BD 通信板的外形

(a) FX2N-422-BD；(b) FX3U-422-BD；(c) FX3G-422-BD

2. RS-422 接口的电气特性

FX-422-BD 通信板上有一个 RS—422 接口。**RS-422 接口采用平衡驱动差分接收电路，**如图 9-13 所示，该电路采用极性相反的两根导线传送信号，这两根线都不接地，当 B 线电压较 A 线电压高时，规定传送的为“1”电平，当 A 线电压较 B 线电压高时，规定传送的为“0”电平，A、B 线的电压差可从零点几伏到近十伏。采用平衡驱动差分接收电路作接口电路，可使 RS-422 接口有较强的抗干扰性。

RS-422 接口采用发送和接收分开处理，数据传送采用 4 根导线，如图 9-14 所示，**由于发送和接收独立，两者可同时进行，故 RS-422 通信是全双工方式。**与 RS-232C 接口相比，RS-422 接口的通信速率和传输距离有了很大的提高，在最高通信速率 10Mbit/s 时最大通信距离为 12m，在通信速率为 100kbit/s 时最大通信距离可达 1200m，一台发送端可接 12 个接收端。

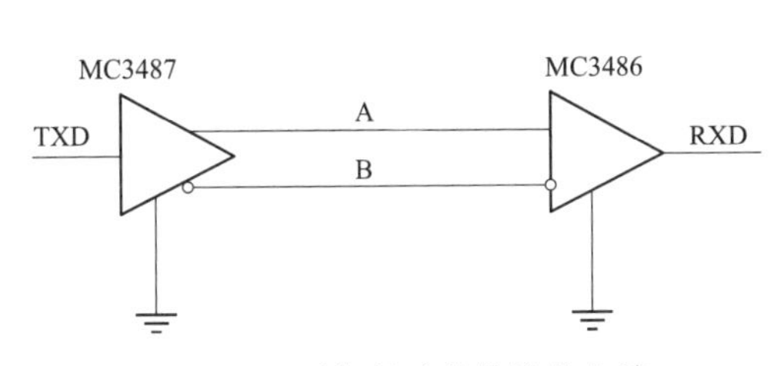

图 9-13 平衡驱动差分接收电路

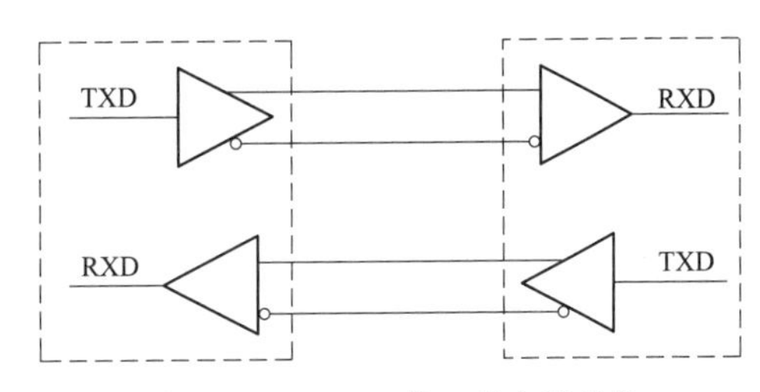

图 9-14 RS-422 接口的电路结构

3. RS-422 接口的针脚功能定义

RS-422 接口没有特定的形状，FX-422-BD 通信板上有一个 8 针的 RS-422 接口，各针脚功能定义如图 9-15 所示。

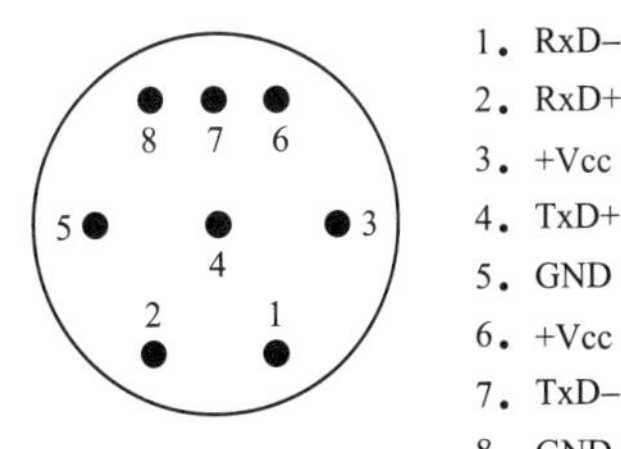

图 9-15 RS-422 接口针脚功能定义

9.2.3 FX-485-BD 通信板

利用 FX-485-BD 通信板，可让两台 PLC 连接通信，也可以进行多台 PLC 的 N：N 通信，如果使用 RS-485/RS-232C 转换器，PLC 还可以与具有 RS-232C 接口的设备（如个人电脑、条码阅读器和打印机等）进行通信。

1. 外形与安装

FX-485-BD 通信板如图 9-16 所示，FX2N-485-BD、FX3U-485-BD 和 FX3G-485-BD 分别适合安装在

FX2N、FX3U和FX3G基本单元上，FX-485-BD通信板安装方法与FX-232-BD通信板相同。

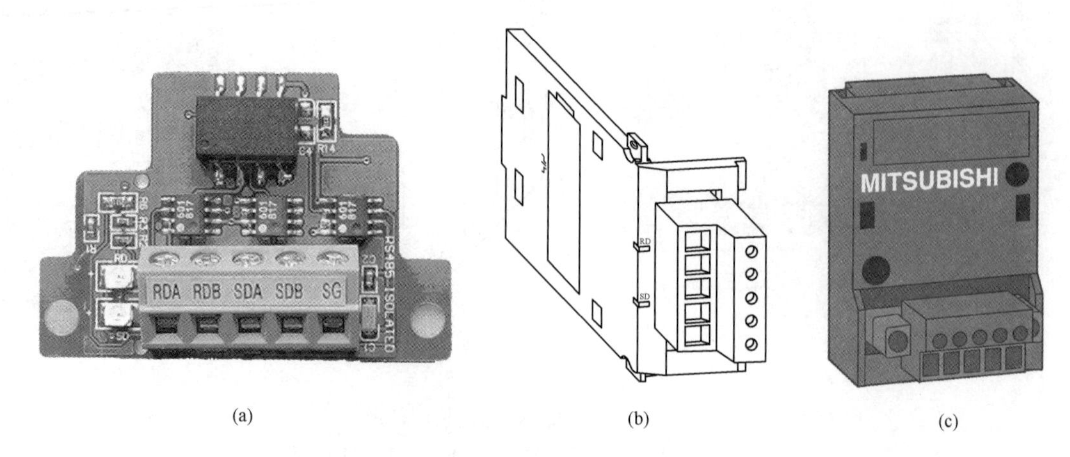

图 9-16　FX-485-BD 通信板

（a）FX2-485-BD；（b）FX3U-485-BD；（c）FX3G-485-BD

2. RS-485 接口的电气特性

RS-485 是 RS-422A 的变形，RS-485 接口可使用一对平衡驱动差分信号线。RS-485 接口的电路结构如图 9-17 所示，**发送和接收不能同时进行，属于半双工通信方式**。使用 RS-485 接口与双绞线可以组成分布式串行通信网络，如图 9-18 所示，网络中最多可接 32 个站。

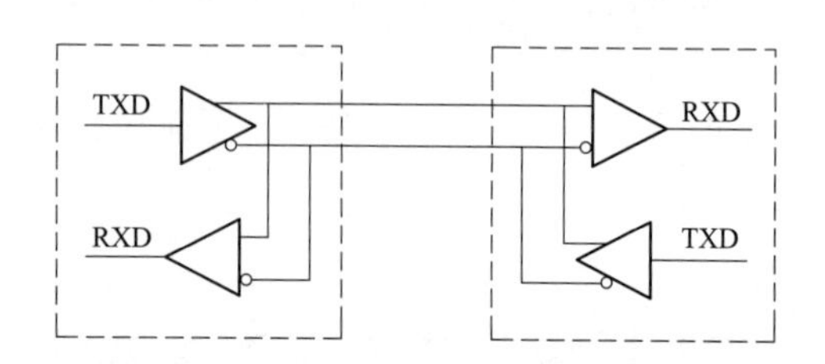

图 9-17　RS-485 接口的电路结构

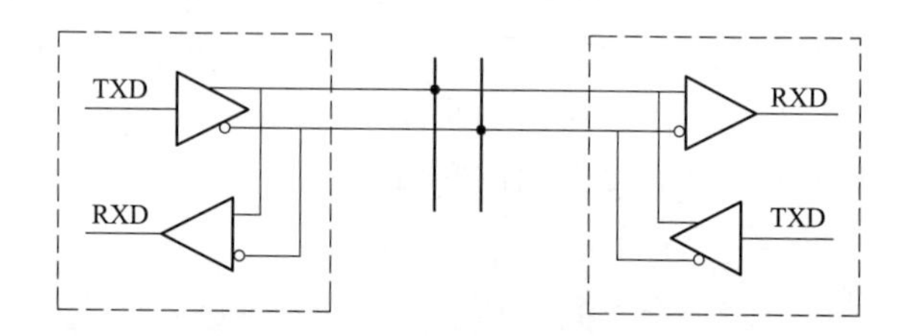

图 9-18　RS-485 与双绞线组成分布式串行通信网络

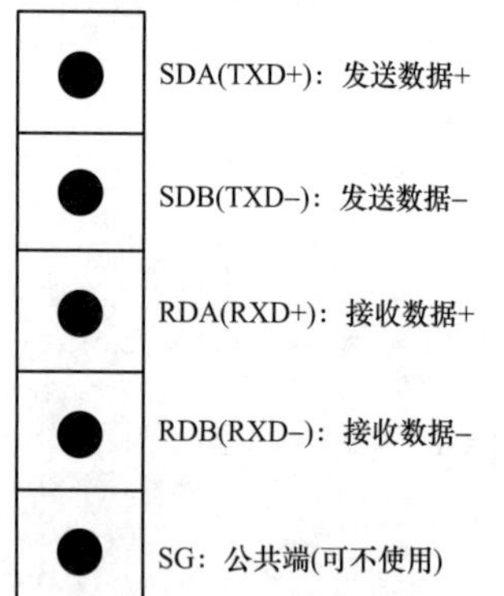

图 9-19　RS-485 接口的针脚功能定义

3. RS-485 接口的针脚功能定义

RS-485 接口没有特定的形状，FX-485-BD 通信板上有一个 5 针的 RS-485 接口，各针脚功能定义如图 9-19 所示。

4. RS-485 通信接线

RS-485 设备之间的通信接线有 1 对和 2 对两种方式，当使用 1 对接线方式时，设备之间只能进行半双工通信。当使用 2 对接线方式时，设备之间可进行全双工通信。

（1）1 对接线方式。RS-485 设备的 1 对接线方式如图 9-20 所示。在使用 1 对接线方式时，需要将各设备的 RS-485 接口的发送端和接收端并接起来，设备之间使用 1 对线接各接口的同名端，另外要在始端和终端设备的 RDA、RDB 端上接上 110Ω 的终端电阻，提高数据传输质量，减小干扰。

（2）2 对接线方式。RS-485 设备的 2 对接线方式如图 9-21 所示。在使用 2 对接线方式时，需要用 2 对线将主设备接口的发送端、接收端分别和从设备的接收端、发送端连接，从设备之间之间用 2 对线将同名端连接起来，另外要在始端和终端设备的 RDA、RDB 端上接上 330Ω 的终端电阻，提高数据传输质量，减小干扰。

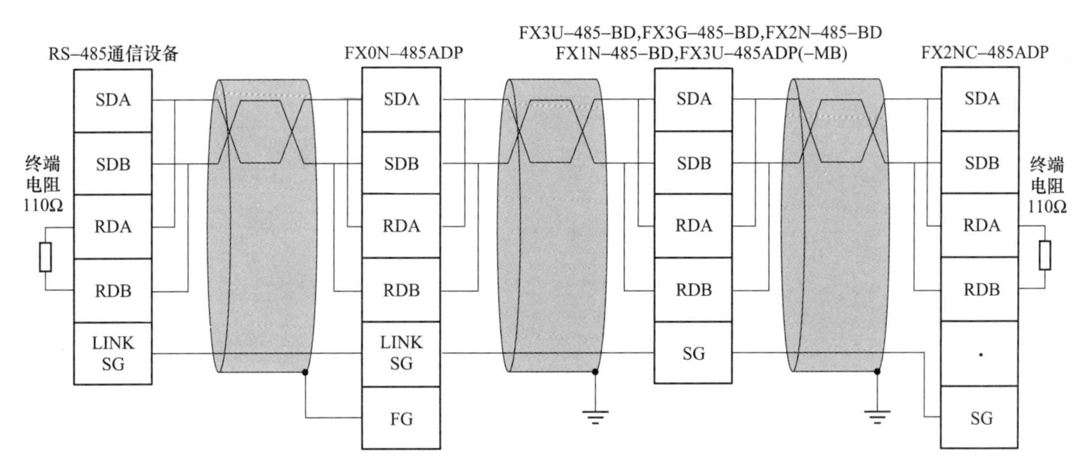

图 9-20　RS-485 设备的 1 对接线方式

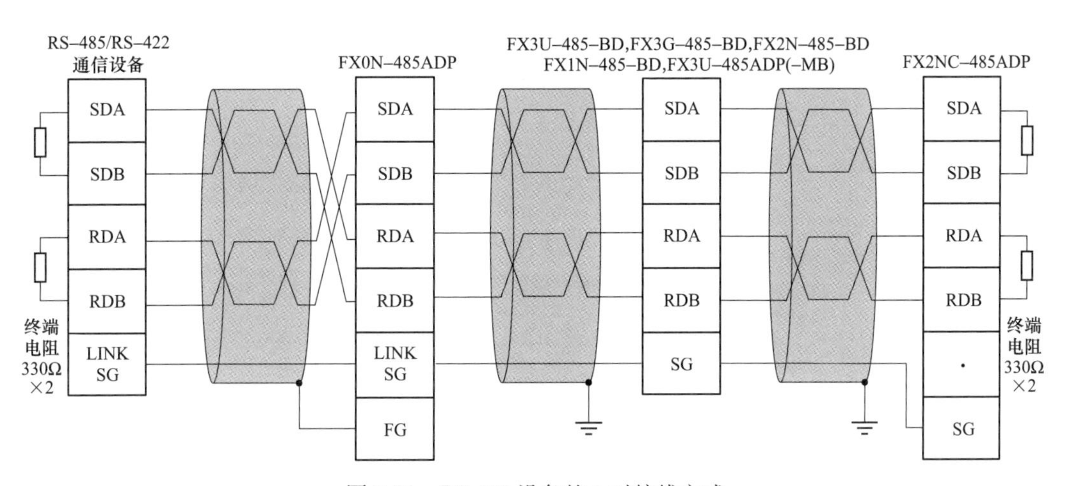

图 9-21　RS-485 设备的 2 对接线方式

9.3　PLC 通信实例

9.3.1　PLC 与打印机通信（无协议通信）

1. 通信要求

用一台三菱 FX3U 型 PLC 与一台带有 RS-232C 接口的打印机通信，PLC 往打印机发送字符“0ABCDE”，打印机将接收的字符打印出来。

2. 硬件接线

三菱 FX3U 型 PLC 自身带有 RS-422 接口，而打印机的接口类型为 RS-232C，由于接口类型不一致，故两者无法直接通信，给 PLC 安装 FX3U-232-BD 通信板则可解决这个问题。三菱 FX3U 型 PLC 与打印机的通信连接如图 9-22 所示，其中 RS-232 通信电缆需要用户自己制作，电缆的接线方法见图 9-10。

3. 通信程序

PLC 的无协议通信一般使用 RS（串行数据传送）指令来编写。PLC 与打印机的通信程序如图 9-23 所示。

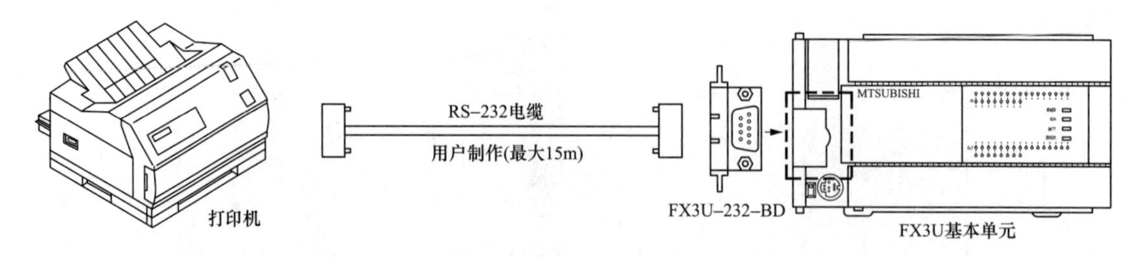

图 9-22　三菱 FX3U 型 PLC 与打印机的通信连接

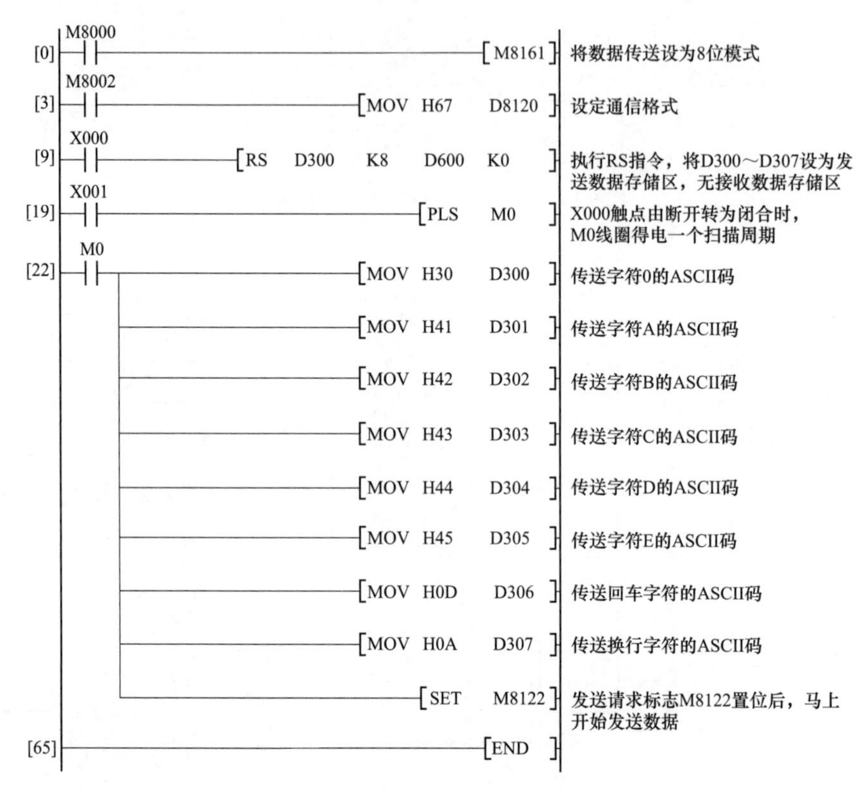

图 9-23　PLC 与打印机的通信程序

程序工作原理说明如下：PLC 运行期间，M8000 触点始终闭合，M8161 继电器（数据传送模式继电器）为 1，将数据传送设为 8 位模式。PLC 运行时，M8002 触点接通一个扫描周期，往 D8120 存储器（通信格式存储器）写入 H67，将通信格式设为：数据长＝8 位，奇偶校验＝偶校验，停止位＝1 位，通信速率＝2400bit/s。当 PLC 的 X000 端子外接开关闭合时，程序中的 X000 常开触点闭合，RS 指令执行，将 D300～D307 设为发送数据存储区，无接收数据存储区。当 PLC 的 X001 端子外接开关闭合时，程序中的 X001 常开触点由断开转为闭合，产生一个上升沿脉冲，M0 线圈得电一个扫描周期（即 M0 继电器在一个扫描周期内为 1），M0 常开触点接通一个扫描周期，8 个 MOV 指令从上往下依次执行，分别将字符 0、A、B、C、D、E、回车、换行的 ASCII 码送入 D300～D307，再执行 SET 指令，将 M8122 继电器（发送请求继电器）置 1，PLC 马上将 D300～D307 中的数据通过通信板上的 RS-232C 接口发送给打印机，打印机则将这样字符打印出来。

4. 与无协议通信有关的特殊功能继电器和数据寄存器

在图 9-23 程序中用到了特殊功能继电器 M8161、M8122 和特殊功能数据存储器 D8120，在使用 RS 指令进行无协议通信时，可以使用表 9-3 中的特殊功能继电器和表 9-4 中的特殊功能数据存储器。

表 9-3　　与无协议通信有关的特殊功能继电器

特殊功能继电器	名称	内　容	R/W
N8063	串行通信错误（通道 1）	发生通信错误时置 ON； 当串行通信错误（N8063）为 ON 时，在 D8063 中保存错误代码	R
M8120	保持通信设定用	保持通信设定状态（FXON 可编程控制器用）	W
M8121	等待发送标志位	等待发送状态时置 ON	R
M8122	发送请求	设计发送请求后，开始发送	R/W
M8123	接收结束标志位	接收结束时置 ON； 当接收结束标志位（M8123）为 ON 时，不能再接收数据	R/W
M8124	载波检测标志位	与 CD 信号同步置 ON	R
M8129 *	超时判定标志位	当接收数据中断，在超时时间设定（D8129）中设定的时间内，没有收到要接收的数据时置 ON	R/W
M8161	8 位处理模式	在 16 位数据和 8 位数据之间切换发送接收数据； ON：8 位模式； OFF：16 位模式	W

*　FX0N/FX2(FX)/FX2C/FX2N(版本 2.00 以下）尚未对应。

表 9-4　　与无协议通信有关的特殊功能数据存储器

特殊功能存储器	名称	内　容	R/W
D8063	显示错误代码	当串行通信错误（M8063）为 ON 时，在 D8063 中保存错误代码	R/W
D8120	通信格式设定	可以通信格式设定	R/W
D8122	发送数据的剩余点数	保存要发送的数据的剩余点数	R
D8123	接收点数的监控	保存已接收到的数据点数	R
D8124	报头	设定报头，初始值：STX(H02)	R/W
D8125	报尾	设定报尾，初始值：ETX(H03)	R/W
D8129 *	超时时间设定	设定超时的时间	R/W
D8405 * *	显示通信参数	保存在可编程控制器中设定的通信参数	R
D8419 * *	动作方式显示	保存正在执行的通信功能	R

*　FX0N/FX2(FX)/FX2C/FX2N（版本 2.00 以下）尚未对应。

* *　仅 FX3G，FX3U，FX3UC 可编程控制器对应。

9.3.2　两台 PLC 通信（并联连接通信）

并联连接通信是指两台同系列 PLC 之间的通信。不同系列的 PLC 不能采用这种通信方式。两台 PLC 并联连接通信如图 9-24 所示。

1. 并联连接的两种通信模式及功能

当两台 PLC 进行并联通信时，可以将一方特定区域的数据传送入对方特定区域。并联连接通信有普通连接和高速连接两种模式。

（1）普通并联连接通信模式。普通并联连接通信模式如图 9-25 所示。当某 PLC 中的 M8070 继电器为 ON 时，该 PLC 规定为主站，当某 PLC 中的 M8071 继电器为 ON 时，该 PLC 则被设为从站，在该模式下，只要主、从站已设定，并且两者之间已接好通信电缆，主站的 M800～M899 继电器的状态会自动通过通信电缆传送给从站的 M800～M899 继电器，主站的 D490～D499 数据寄存器中的数据会自动送入从站的 D490～D499，与此同时，从站的 M900～M999 继电器状态会自动传送给主站的 M900～M990 继电器，从站的 D500～D509 数据寄存器中的数据会自动传入主站的 D500～D509。

图 9-24 两台 PLC 并联连接通信示意图

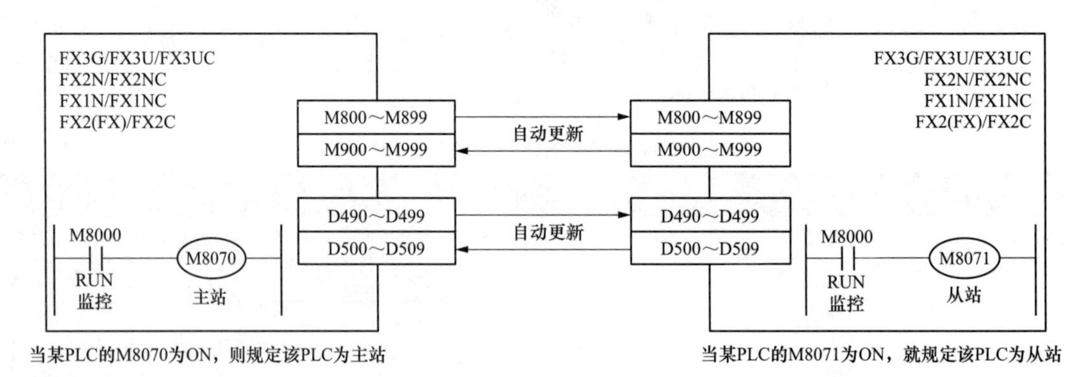

图 9-25 普通并联连接通信模式

(2) 高速并联连接通信模式。高速并联连接通信模式如图 9-26 所示。PLC 中的 M8070、M8071 继电器的状态分别用来设定主、从站，M8162 继电器的状态用来设定通信模式为高速并联连接通信，在该模式下，主站的 D490、D491 中的数据自动高速送入从站的 D490、D491 中，而从站的 D500、D501 中的数据自动高速送入主站的 D500、D501 中。

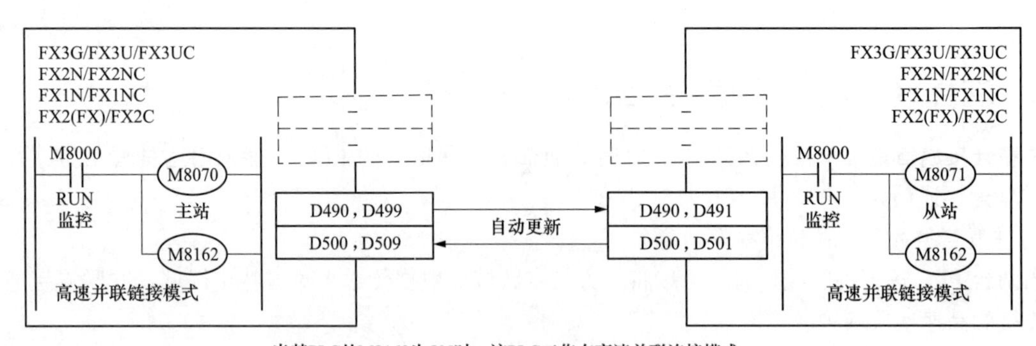

图 9-26 高速并联连接通信模式

2. 与并联连接通信有关的特殊功能继电器

在图 9-26 中用到了特殊功能继电器 M8070、M8071 和 M8162，与并联连接通信模式有关的特殊继电器见表 9-5。

表 9-5　　与并联连接通信模式有关的特殊继电器

特殊功能继电器		名称	内　　容
通信设定	M8070	设定为并联连接的主站	置 ON 时，作为主站连接
	M8071	设定为并联连接的从站	置 ON 时，作为从站连接
	M8162	高速并联连接模式	使用高速并联连接模式时置 ON
	M8178	通道的设定	设定要使用的通信口的通道 （使用 FX3G，FX3U，FX3UC 时） OFF：通道 1；ON：通道 2
	D8070	判断为错误的时间（ms）	设定判断并列连接数据通信错误的时间［初始值：500］
通信错误判断	M8072	并联连接运行中	并联连接运行中置 ON
	M8073	主站/从站的设定异常	主站或是从站的设定内容中有误时置 ON
	M8063	连接错误	通常错误时置 ON

3. 通信接线

并联连接通信采用 485 端口通信，如果两台 PLC 都采用安装 RS-485-BD 通信卡的方式进行通信连接，通信距离不能超过 50m，如果两台 PLC 都采用安装 485ADP 通信模块进行通信连接，通信最大距离可达 500m。并联连接通信的 485 端口之间有 1 对接线和 2 对接线两种方式。

（1）1 对接线方式。并联连接通信 485 端口 1 对接线方式如图 9-27 所示。

（2）2 对接线方式。并联连接通信 485 端口 2 对接线方式如图 9-28 所示。

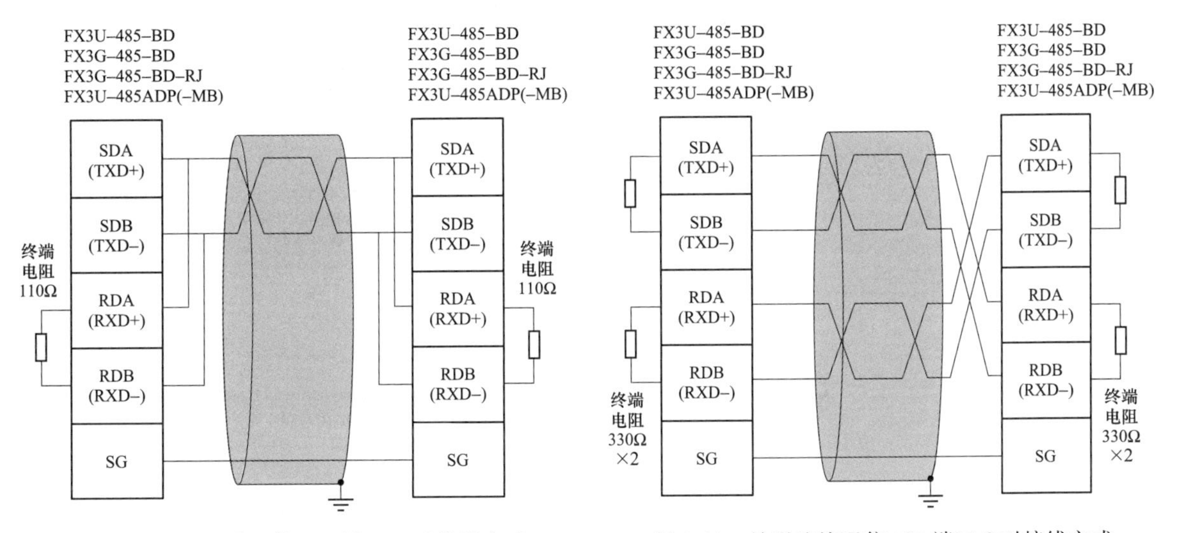

图 9-27　并联连接通信 485 端口 1 对接线方式　　图 9-28　并联连接通信 485 端口 2 对接线方式

4. 两台 PLC 并联连接通信实例

（1）通信要求。两台 PLC 并联连接通信要求如下。

1）将主站 X000～X007 端子的输入状态传送到从站的 Y000～Y007 端子输出，如主站的 X000 端子输入为 ON，通过通信使从站的 Y000 端子输出为 ON。

2）将主站的 D0、D2 中的数值进行加法运算，如果结果大于 100，则让从站的 Y010 端子输出 OFF。

3）将从站的 M0～M7 继电器的状态传送到主站的 Y000～Y007 端子输出。

4）当从站的 X010 端子输入为 ON 时，将从站 D10 中的数值送入主站，当主站的 X010 端子输入为 ON 时，主站以从站 D10 送来的数值作为计时值开始计时。

（2）通信程序。通信程序由主站程序和从站程序组成，主站程序写入作为主站的 PLC，从站程序写入作为从站的 PLC。两台 PLC 并联连接通信的主、从站程序如图 9-29 所示。

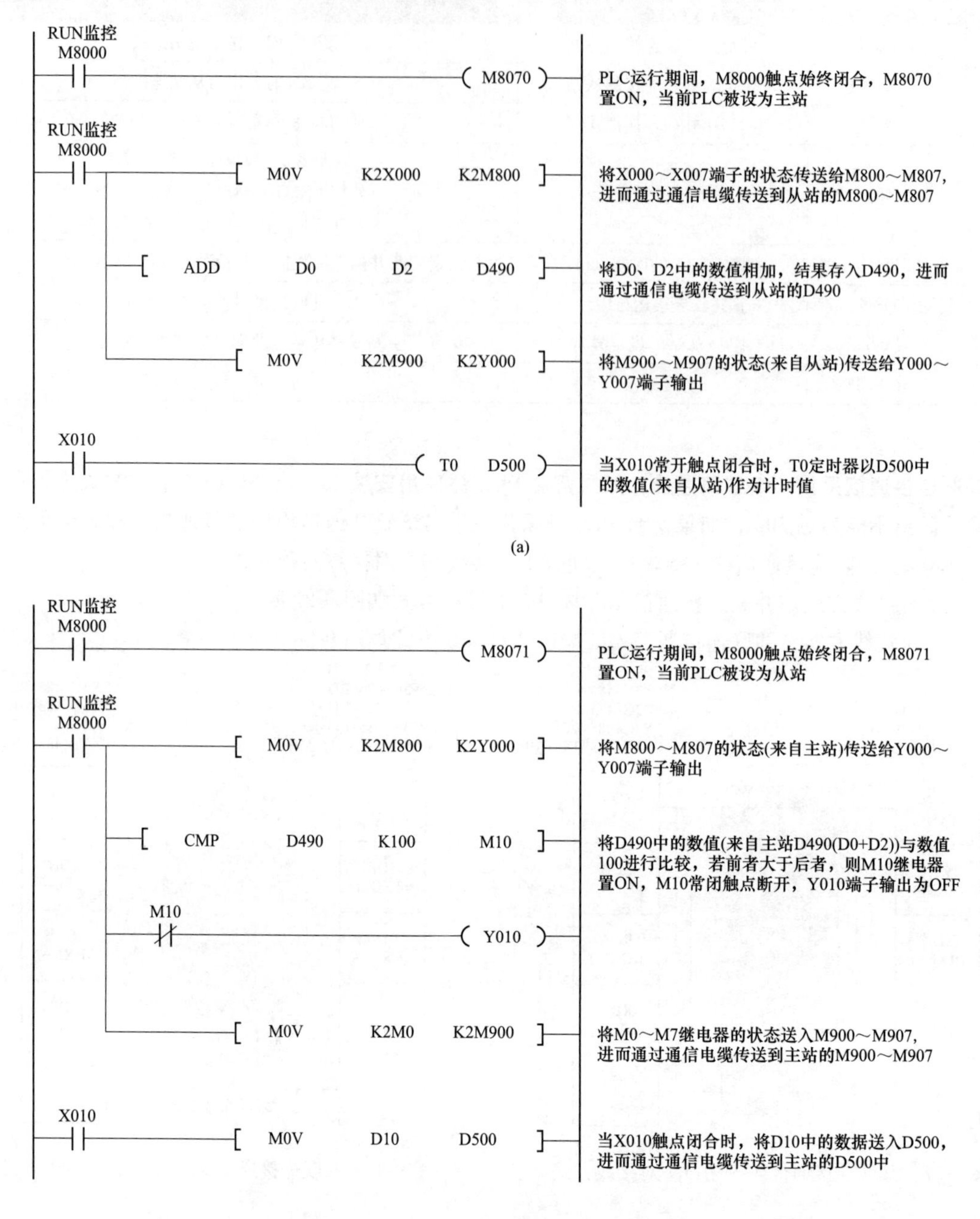

图 9-29　两台 PLC 并联连接通信的程序

（a）主站程序；（b）从站程序

1）主站→从站方向的数据传送途径。

①主站的 X000～X007 端子→主站的 M800～M807→从站的 M800～M807→从站的 Y000～Y007 端子。

②在主站中进行 D0、D2 加运算，其和值→主站的 D490→从站的 D490，在从站中将 D490 中的值与数值 100 比较，如果 D490 值＞100，则让从站的 Y010 端子输出为 OFF。

2）从站→主站方向的数据传送途径。

①从站的 M0～M7→从站的 M900～M907→主站的 M900～M907→主站的 Y000～Y007 端子。

②从站的 D10 值→从站的 D500→主站的 D500，主站以 D500 值（即从站的 D10 值）作为定时器计时值计时。

9.3.3 多台 PLC 通信（N：N 网络通信）

N：N 网络通信是指最多 8 台 FX 系列 PLC 通过 RS-485 端口进行的通信。图 9-30 所示为 N：N 网络通信示意图，**在通信时，如果有一方使用 RS-485 通信板，通信距离最大为 50m，如果通信各方都使用 485ADP 模块，通信距离则可达 500m。**

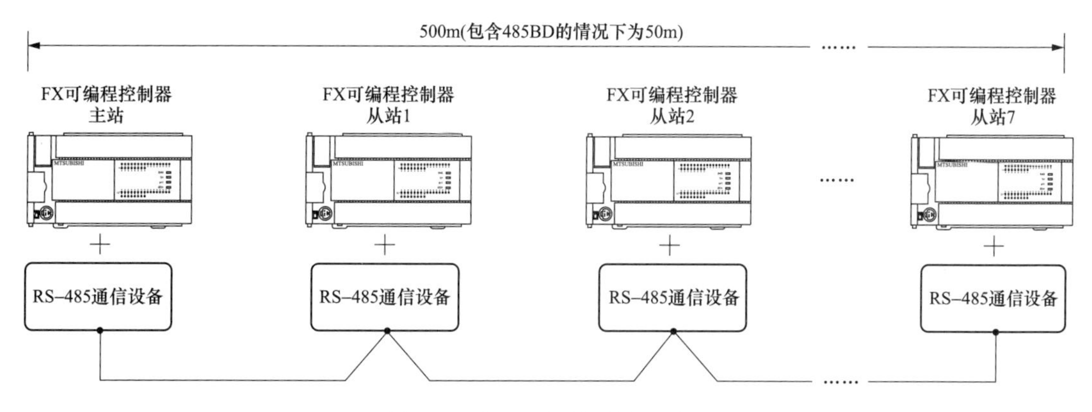

图 9-30 N：N 网络通信示意图

1. N：N 网络通信的 3 种模式

N：N 网络通信有 3 种模式，分别是模式 0、模式 1 和模式 2，这些模式的区别在于允许传送的点数不同。

（1）模式 2 说明。当 N：N 网络使用模式 2 进行通信时，其传送点数如图 9-31 所示，在该模式下，主站的 M1000～M1063（64 点）的状态值和 D0～D7（7 点）的数据传送目标为从站 1～从站 7 的 M1000～M1063 和 D0～D7，从站 1 的 M1064～M1127（64 点）的状态值和 D10～D17（8 点）的数据传送目标为主站、从站 2～从站 7 的 M1064～M1127 和 D10～D17，以此类推，从站 7 的 M1448～M1511（64 点）的状态值和 D70～D77（8 点）的数据传送目标为主站、从站 2～从站 8 的 M1448～M1511 和 D70～D77。

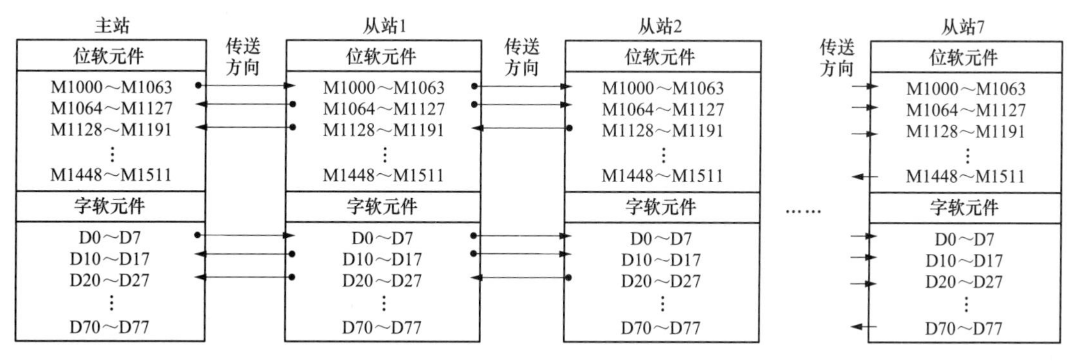

图 9-31 N：N 网络在模式 2 通信时的传送点数

（2）3 种模式传送的点数。在 N：N 网络通信时，不同的站点可以往其他站点传送自身特定软元件中的数据。在 N：N 网络通信时，3 种模式下各站点分配用作发送数据的软元件见表 9-6，在不同的通信模式下，各个站点都分配不同的软元件来发送数据。如在模式 1 时主站只能将自己的 M1000～M1031（32 点）和 D0～D3（4 点）的数据发送给其他站点相同编号的软元件中，主站的 M1064～M1095、D10～D13 等软元件只能接收其他站点传送来的数据。**在 N：N 网络中，如果将 FX1S、FX0N 系列的 PLC 用作工作站，则通信不能使用模式 1 和模式 2。**

表 9-6　　N：N 网络通信 3 种模式下各站点分配用作发送数据的软元件

站号		模式 0		模式 1		模式 2	
		位软元件（M）	字软元件（D）	位软元件（M）	字软元件（D）	位软元件（M）	字软元件（D）
		0 点	各站 4 点	各站 32 点	各站 4 点	各站 64 点	各站 8 点
主站	站号 0	—	D0～D3	M1000～M1031	D0～D3	M1000～M1063	D0～D7
从站	站号 1	—	D10～D13	M1064～M1095	D10～D13	M1061～M1127	D10～D17
	站号 2	—	D20～D23	M1128～M1159	D20～D23	M1128～M1191	D20～D27
	站号 3	—	D30～D33	M1192～M1223	D30～D33	M1192～M1255	D30～D37
	站号 4	—	D40～D43	M1256～M1287	D40～D43	M1256～M1319	D40～D47
	站号 5	—	D50～D53	M1320～M1351	D50～D53	M1320～M1383	D50～57
	站号 6	—	D60～D63	M1384～M1415	D60～D63	M1384～M1447	D60～D67
	站号 7	—	D70～D73	M1448～M1479	D70～D73	M1448～M1511	D70～D77

2. 与 N：N 网络通信有关的特殊功能元件

在 N：N 网络通信时，需要使用一些特殊功能的元件来设置通信和反映通信状态信息，与 N：N 网络通信有关的特殊功能元件见表 9-7。

表 9-7　　与 N：N 网络通信有关的特殊功能元件

软元件		名称	内　容	设定值
通信设定	M8038	设定参数	设定通信参数用的标志位； 也可以作为确认有无 N：N 网络程序用的标志位； 在顺控程序中请勿置 ON	
	M8179	通道的设定	设定所使用的通信口的通道（使用 FX3G，FX3U，FX3UC 时）； 请在顺控程序中设定： 无程序：通道 1；有 OUT M8179 的程序：通道 2	
	D8176	相应站号的设定	N：N 网络设定使用时的站号： 主站设定为 0；从站设定为 1～7［初始值 0］	0～7
	D8177	从站总数设定	设定从站的总站数： 从站的可编程控制中无需设计［初始值：7］	1～7
	D8178	刷新范围的设定	选择要相互进行通信的软元件点数的模式： 从站的可编程控制器中无需设定，［初始值＝0］当混合有； FX0N，FX1S 系列时，仅可以设定模式 0	0～2
	D8179	重试次数	即使重复指定次数的通信也没有响应的情况下，可以确认错误，以及其他站的错误； 从站的可编程控制器中无需设定［初始值：3］	0～10
	D8180	监视时间	设定用于判断通信异常的时间（50ms～2550ms）； 以 10ms 为单位进行设定。从站的可编程控制器中无需设定［初始值 5］	5～255

续表

软元件		名称	内　容	设定值
反映通信错误	M8183	主站的数据传送	当主站中发生数据传送序列错误时置 ON	
	M8184～M8190	从站的数据传送序列错误	当各从站发生数据传送序列错误时置 ON	
	M8191	正在执行数据传送序列	执行 $N:N$ 网络时置 ON	

3. 通信接线

$N:N$ 网络通信采用 485 端口通信，通信采用 1 对接线方式。$N:N$ 网络通信接线如图 9-32 所示。

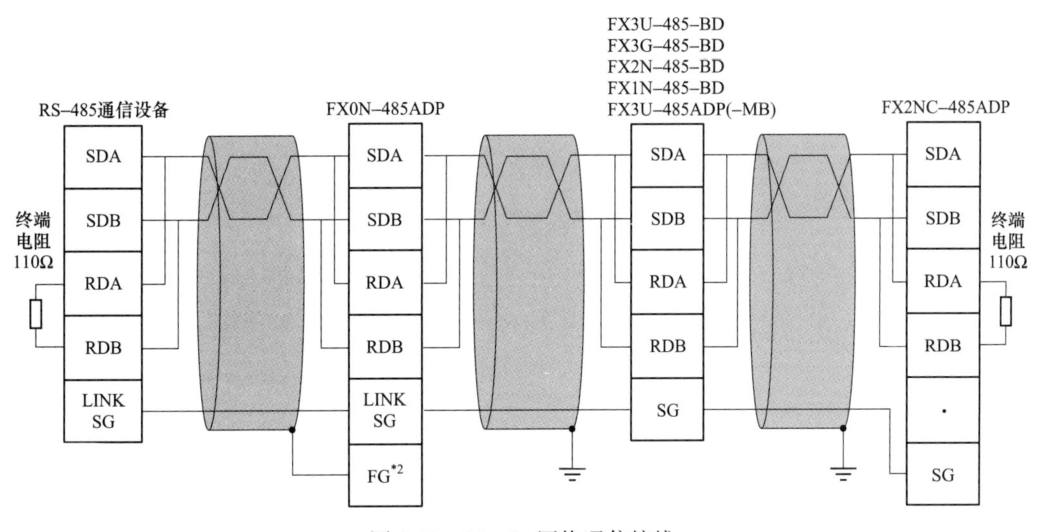

图 9-32　$N:N$ 网络通信接线

4. 3 台 PLC 的 $N:N$ 网络通信实例

下面以 3 台 FX3U 型 PLC 通信来说明 $N:N$ 网络通信，3 台 PLC 进行 $N:N$ 网络通信的连接如图 9-33 所示。

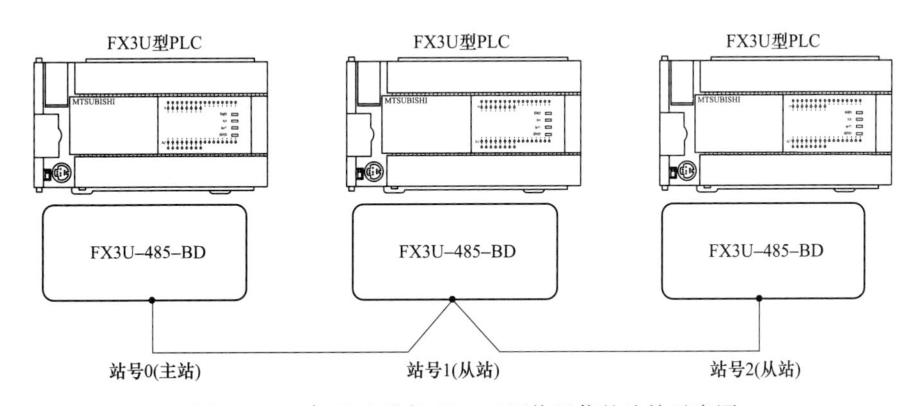

图 9-33　3 台 PLC 进行 $N:N$ 网络通信的连接示意图

(1) 通信要求。3 台 PLC 并联连接通信要求实现的功能如下：

1) 将主站 X000～X003 端子的输入状态分别传送到从站 1、从站 2 的 Y010～Y013 端子输出，例如主站的 X000 端子输入为 ON，通过通信使从站 1、从站 2 的 Y010 端子输出均为 ON。

2）在主站将从站 1 的 X000 端子输入 ON 的检测次数设为 10，当从站 1 的 X000 端子输入 ON 的次数达到 10 次时，让主站、从站 1 和从站 2 的 Y005 端子输出均为 ON。

3）在主站将从站 2 的 X000 端子输入 ON 的检测次数也设为 10，当从站 2 的 X000 端子输入 ON 的次数达到 10 次时，让主站、从站 1 和从站 2 的 Y006 端子输出均为 ON。

4）在主站将从站 1 的 D10 值与从站 2 的 D20 值相加，结果存入本站的 D3。

5）将从站 1 的 X000～X003 端子的输入状态分别传送到主站、从站 2 的 Y014～Y017 端子输出。

6）在从站 1 将主站的 D0 值与从站 2 的 D20 值相加，结果存入本站的 D11。

7）将从站 2 的 X000～X003 端子的输入状态分别传送到主站、从站 1 的 Y020～Y023 端子输出。

8）在从站 2 将主站的 D0 值与从站 1 的 D10 值相加，结果存入本站的 D21。

（2）通信程序。3 台 PLC 并联连接通信的程序由主站程序、从站 1 程序和从站 2 程序组成，主站程序写入作为主站 PLC，从站 1 程序写入作为从站 1 的 PLC，从站 2 程序写入作为从站 2 的 PLC。3 台 PLC 通信的主站程序、从站 1 程序和从站 2 程序如图 9-34 所示。

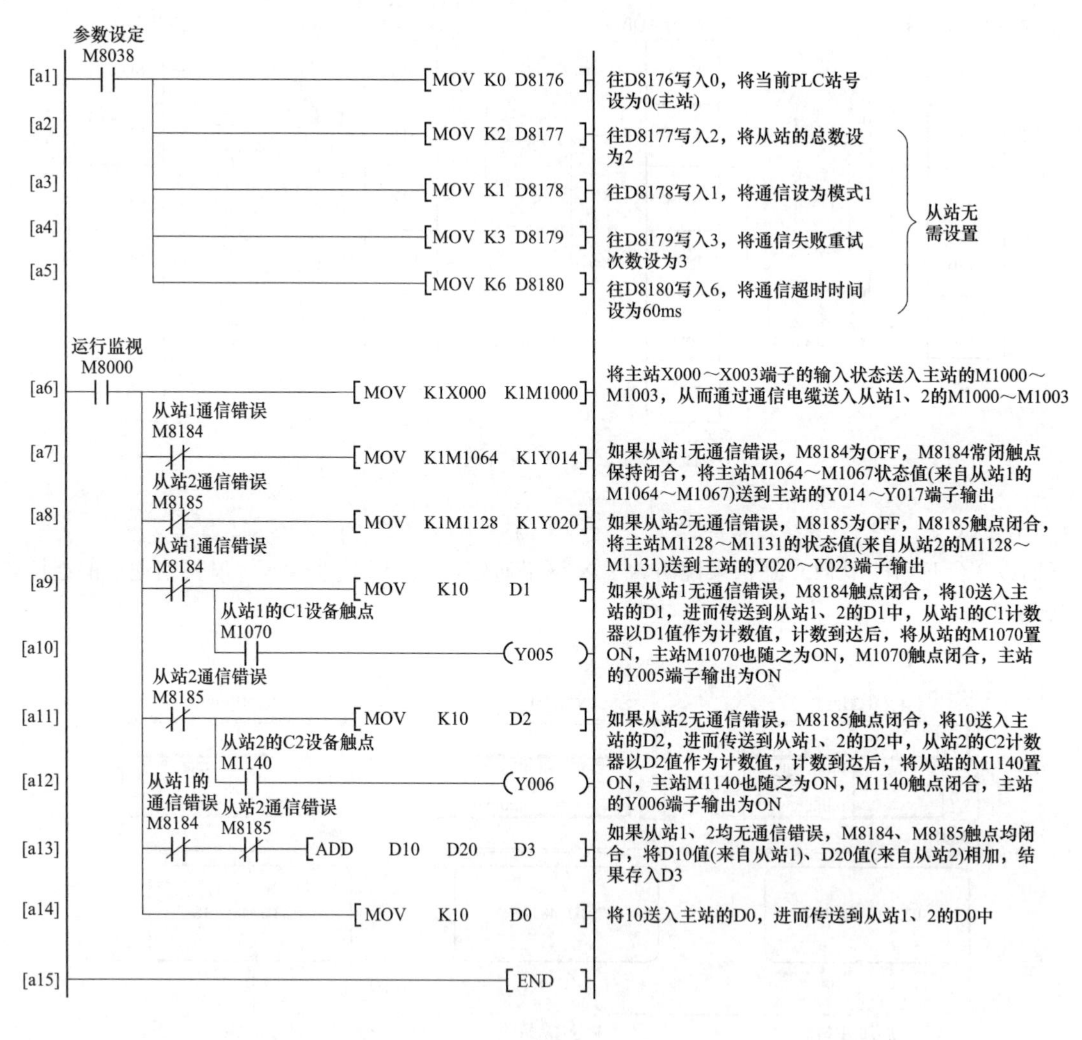

(a)

图 9-34　3 台 PLC 通信程序（一）

（a）主站

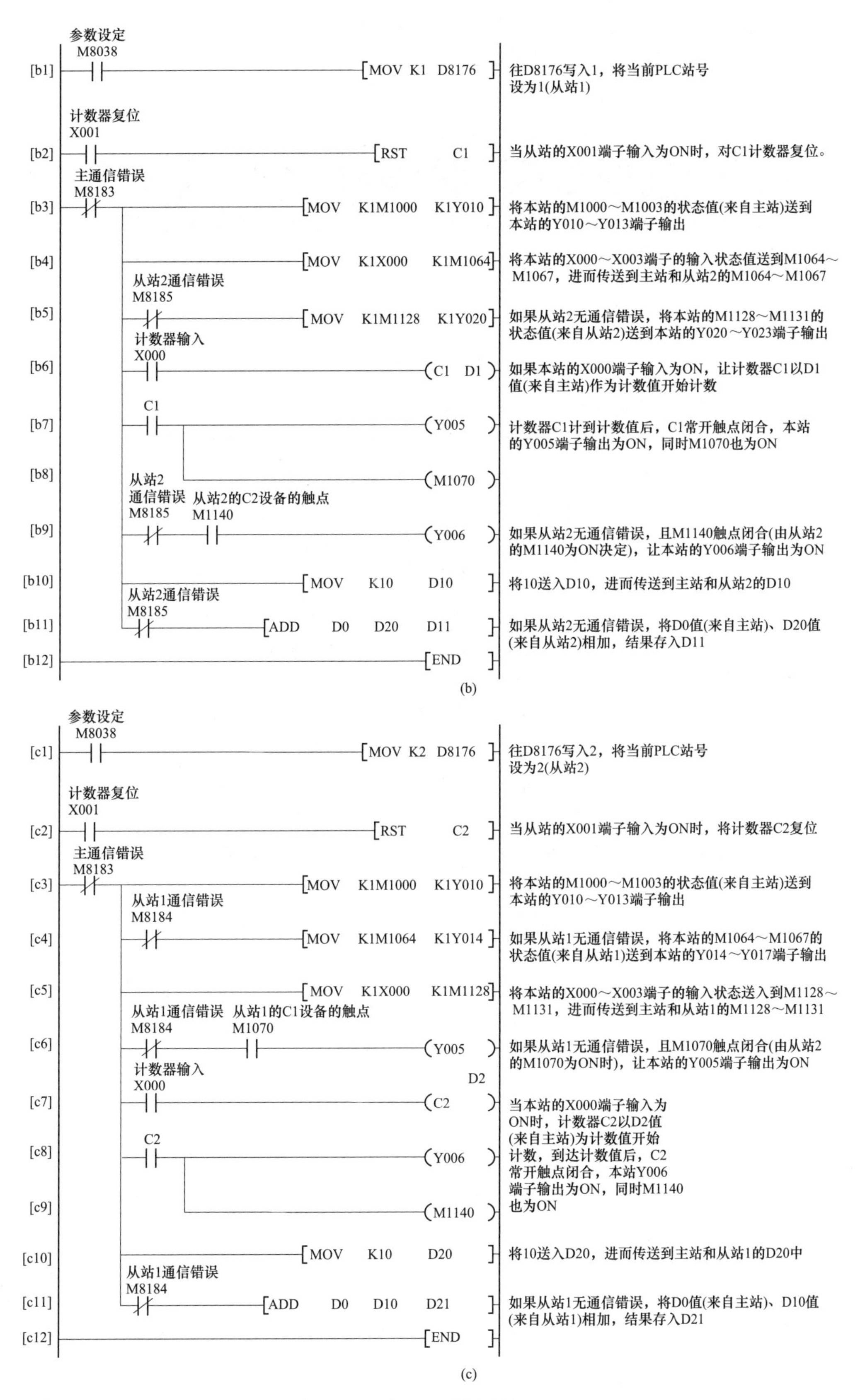

图 9-34　3 台 PLC 通信程序（二）

(b) 从站 1；(c) 从站 2

主站程序中的［a1］～［a5］程序用于设 N：N 网络通信，包括将当前站点设为主站，设置通信网络站点总数为 3、通信模式为模式 1、通信失败重试次数为 3、通信超时时间为 60ms。在 N：N 网络通信时，3 个站点在模式 1 时分配用作发送数据的软元件见表 9-8。

表 9-8　　3 个站点在模式 1 时分配用作发送数据的软元件

软元件 \ 站号	0 号站（主站）	1 号站（主站 1）	2 号站（主站 2）
位软元件（各 32 点）	M1000～M1031	M1064～M1095	M1128～M1159
字软元件（各 1 点）	D0～D3	D10～D13	D20～D23

下面逐条来说明通信程序实现 8 个功能的过程。

1）在主站程序中，［a6］MOV 指令将主站 X000～X0003 端子的输入状态送到本站的 M1000～M1003，再通过电缆发送到从站 1、从站 2 的 M1000～M1003 中。在从站 1 程序中，［b3］MOV 指令将从站 1 的 M1000～M1003 状态值送到本站 Y010～Y013 端子输出。在从站 2 程序中，［c3］MOV 指令将从站 2 的 M1000～M1003 状态值送到本站 Y010～Y013 端子输出。

2）在从站 1 程序中，［b4］MOV 指令将从站 1 的 X000～X003 端子的输入状态送到本站的 M1064～M1067，再通过电缆发送到主站 1、从站 2 的 M1064～M1067 中。在主站程序中，［a7］MOV 指令将本站的 M1064～M1067 状态值送到本站 Y014～Y017 端子输出。在从站 2 程序中，［c4］MOV 指令将从站 2 的 M1064～M1067 状态值送到本站 Y014～Y017 端子输出。

3）在从站 2 程序中，［c5］MOV 指令将从站 2 的 X000～X003 端子的输入状态送到本站的 M1128～M1131，再通过电缆发送到主站 1、从站 1 的 M1128～M1131 中。在主站程序中，［a8］MOV 指令将本站的 M1128～M1131 状态值送到本站 Y020～Y023 端子输出。在从站 1 程序中，［b5］MOV 指令将从站 1 的 M1128～M1131 状态值送到本站 Y020～Y023 端子输出。

4）在主站程序中，［a9］MOV 指令将 10 送入 D1，再通过电缆送入从站 1、从站 2 的 D1 中。在从站 1 程序中，［b6］计数器 C1 以 D1 值（10）计数，当从站 1 的 X000 端子闭合达到 10 次时，C1 计数器动作，［b7］C1 常开触点闭合，本站的 Y005 端子输出为 ON，同时本站的 M1070 为 ON，M1070 的 ON 状态值通过电缆传送给主站、从站 2 的 M1070。在主站程序中，主站的 M1070 为 ON，［a10］M1070 常开触点闭合，主站的 Y005 端子输出为 ON。在从站 2 程序中，从站 2 的 M1070 为 ON，［c6］M1070 常开触点闭合，从站 2 的 Y005 端子输出为 ON。

5）在主站程序中，［a11］MOV 指令将 10 送入 D2，再通过电缆送入从站 1、从站 2 的 D2 中。在从站 2 程序中，［c7］计数器 C2 以 D2 值（10）计数，当从站 2 的 X000 端子闭合达到 10 次时，C2 计数器动作，［c8］C2 常开触点闭合，本站的 Y006 端子输出为 ON，同时本站的 M1140 为 ON，M1140 的 ON 状态值通过电缆传送给主站、从站 1 的 M1140。在主站程序中，主站的 M1140 为 ON，［a12］M1140 常开触点闭合，主站的 Y006 端子输出为 ON。在从站 1 程序中，从站 1 的 M1140 为 ON，［b9］M1140 常开触点闭合，从站 1 的 Y006 端子输出为 ON。

6）在主站程序中，［a13］ADD 指令将 D10 值（来自从站 1 的 D10）与 D20 值（来自从站 2 的 D20），结果存入本站的 D3。

7）在从站 1 程序中，［b11］ADD 指令将 D0 值（来自主站的 D0，为 10）与 D20 值（来自从站 2 的 D20，为 10），结果存入本站的 D11。

8）在从站 2 程序中，［c11］ADD 指令将 D0 值（来自主站的 D0，为 10）与 D10 值（来自从站 1 的 D10，为 10），结果存入本站的 D21。

附录 A：三菱 FX3 系列 PLC 的硬件资源异同比较

三菱 FX3 系列 PLC 的硬件资源异同比较见表 A-1。

表 A-1 **三菱 FX3 系列 PLC 的硬件资源异同比较**

	项目	内容		FX3SA FX3S	FX3GA FX3G	FX3GE	FX3U	FX3GC	FX3UC
硬件	I/O 点数	输入输出点数量大 30 点		√	★	★	★	★	★
		输入输出点数量大 128 点			√	√	★	√	★
		输入输出点数最大 256 点					√		√
		包括连接点数最大 256 点			√	√	★	√	★
		包括连接点数是大 384 点					√		√
	电源	AC 电源		√	√	√	√		
		DC 电源		√	√	√	√	√	√
	输入形式	AC100V					√		
		DC24V		√	√	√	√	√	√
	输出形式	继电器输出		√	√	√	√		√
		晶体管输出		√	√	√	√	√	√
		双向晶闸管输出					√		
	运算速度	标准速度运算		√	√	√	★	√	★
		高速运算					√		√
	通信端口	USB		√	√	√		√	
		RS-422		√	√	√	√	√	√
选件	模拟量输入/输出（电流/电压）	最大 4 通道		√	√	√	√	√	√
		最大 8 通道			√	√	★	√	★
		最大 16 通道					√		√
		最大 64 通道			√	√	√	√	√
	温度传感器输入	输入最大 4 通道		√	√	√	√	√	√
		输入最大 8 通道			√	√	★	√	★
		输入最大 16 通道					√		√
		输入最大 64 通道			√	√	√	√	√
		温度控制			√	√	√	√	√
	网络	CC-Link（主站/从站）			√	√	√	√	√
		Ethernet		√	√	√	√	√	√
	通信	简易 PC 间连接（N：N 连接）/并联连接		√	√	√	√	√	√
		计算机连接通信（RS-232C/RS-485）		√	√	√	√	√	√
		无协议通信	1ch（RS-232C/RS-485）	√	★	★	★	★	★
			多 ch（RS-232C）		√	√	√	√	√
			多 ch（RS-485）		√	√	√	√	√
		通信端口扩展	RS-485	√	√	√	√	√	√
			RS-232C	√	√	√	√	√	√
			USB				√		
		MODBUS		√	√	√	√	√	√

续表

	项目	内容	FX3SA FX35	FX3GA FX3G	FX3GE	FX3U	FX3GC	FX3UC
选件	变频器控制	模拟量控制	√	√	√	√	√	√
		脉冲宽度调制	√	√	√	√	√	√
		RS-485 通信	√	√	√	√	√	√
	定位	1～2 轴（100kHz）的内置定位	√	√	√	★	√	★
		最大 3 轴（100kHz）的内置定位		√	√	√		√
		最大 4 轴（200kHz）的高速输出适配器的扩展				√		
		最大 8 轴（1MHz）的特殊扩展模块的扩展				√		√
		最大 16 轴的 SSCNETⅢ特殊扩展模块的扩展				√		√
		角度控制				√		√
	高速计数	最大 6 点/最高 60kHz	√	√	√	★	√	★
		最大 8 点/最高 100kHz				√		√
		最大 8 点/200kHz 高速计数器适配器的扩展				√		
		高速计数器模块的扩展				√		√
	数据收集	CF 卡适配器				√		√

注 √表示具备要求功能的产品系列；★表示具备更高性能或者扩展性的产品系列。

①只适用于 FX3S。

②只适用于 FX3G。

③14 点/24 点机型的基本单元最大可达 4ch。

④14 点/24 点机型的基本单元最大可达 2 轴。

附录 B：三菱 FX3 系列 PLC 的软件资源异同比较

三菱 FX3 系列 PLC 的软件资源异同比较见表 B-1。

表 B-1　　　　三菱 FX3 系列 PLC 的软件资源异同比较

项目	FX3SA/FX3S	FX3G 系列	FX3U/FX3UC
I/O 点数	合计 30 点	合计 128 点 （与 CC-Link 远程 I/O 并用时最大可达到 256 点）	合计 256 点 （与 CC-Link 远程 I/O 并用时最大可达到 384 点）
控制范围	最大 30 点（不可扩展）	实际 I/O 最大 128 点和远程 I/O 最大 128 点	实际 I/O 最大 256 点和远程 I/O 是大 256 点
内存容量	内置 16000 步 EEPROM （程序容量 4000 步）	内置 32000 步 EEPROM 可安装 EEPROM 存储器盒①	内置 64000 步 RAM 可安装闪存存储器盒
运算处理速度	0.21μs（基本指令）/ 0.5～数百μs（应用指令）	0.21μs（基本指令/标准模式时）/ 0.5～数百μs（应用指令/标准模式时）	0.065μs（基本指令）/ 0.642～数百μs（应用指令）
指令的种类	顺序指令：29 个 步进梯形图指令：2 个 应用指令：116 种	顺序指令：29 个 步进梯形图指令：2 个 应用指令：124 种	顺序指令：29 个 步进梯形图指令：2 个 应用指令：218 种
编程语言	步进梯形图、指令表、SFC 步进顺控功能图		
程序控制方法	循环运算方式、刷新模式处理		
程序保护	最大 16 字的关键字登录		
辅助继电器	一般用 1408 点（M0～M383）（M512～M1535） EEPROM 保持用（M384～M511） 合计 1536 点	一般用 384 点（M0～M383） EEPROM 保持用 1154 点（M384～M1535） 一般用（可变更）6144 点（M1536～M7679） 合计 7680 点	一般用（可变更）500 点（M0～M499） 保持用（可变更）524 点（M500～M1023） 保持用（固定）6656 点（M1024～M7679） 合计 7680 点
特殊辅助继电器	512 点（M8000～M8511）		
状态	EEPROM 保持用 128 点（S0～S127） 一般用 128 点（S128～S255） 合计 256 点	EEPROM 保持…1000 点（S0～S999） 一般用（使用电池时变更）…3.096 点 （S1000～S4095） 合计 4096 点	保持用（可变更）…1000 点（S0～S999） 保持用…3096 点（S1000～S4095） 合计 4096 点
计时器	100ms 计时器…69 点（T0～T62）（T132～T137） 10ms/100ms 切换…31 点（T32～T62） 1ms 计时器…69 点（T63～T131） 合计 169 点	100ms 计时器…206 点（T0～T199）（T250～T255） 10ms 计时器…46 点（T200～T245） 1ms 计时器…68 点（T246～T249）（T256～T319） 合计 320 点	100ms 计时器…206 点 （T0～T191）（T192～T199）（T250～T255） 10ms 计时器…46 点（T200～T245） 1ms 计时器…260 点（T246～T249）（T256～T511） 合计 512 点

续表

项目	FX3SA/FX3S	FX3G系列	FX3U/FX3UC
内置模拟量电位器	2点①		—
计数器	一般用51点（C0～C15）（C200～C234） EEPROM保持用16点（C16～C31） 合计67点（1位/32位）	一般用36点（C0～C15）（C200～C219） EEPROM保持199点（C16～C199）（C220～C234） 合计235点（1位/32位）	一般用120点（C0～C99）（C200～C219） 保持用115点（C100～C199）（C220～C234） 合计235点（1位/32位）
高速计数器	1相16点（C235～C250） 2相5点（C251～C255） 合计21点		
高速计数器处理速度	1相（最大6点）60kHz×2点 10kHz×4点 2相（最大2点）30kHz×1点 5kHz×1点	1相（最大6点）60kHz×4点 10kHz×2点② 2相（最大3点）30kHz×2点 5kHz×1点②	1相（最大8点）100kHz×6点 10kHz×2点 2相（最大2点）50kHz×2点
实时时钟	年、月、日、小时、分、秒、星期		
数据寄存器	一般用2872点（D0～D127）（D256～2999） EEPROM保持用…128点（D128～D255） 合计3000点	一般用128点（D0～D127） EEPROM保持用972点（D128～D1099） 一般用（使用电池时可变更）6900点（D1100～D7999） 合计8000点	一般用200点（D0～D199） 保持用（可变更）…312点（D200～D511） 保持用…7488点（D512～D7999） 合计8000点
扩展寄存器	—	24000点（R0～R23999）	32768点（R0～R32767）
扩展文件寄存器	—	24000点（R0～R23999） FX3G/FX3GA/FX3GE（存储在EEPROM内、使用存储器盒时存储在存储器盒内EEPROM） FX3GC（存储在主机内置EEP-ROM内）	32768点（R0～R32767） 只有在安装存储器盒时可使用
变址寄存器	16点		
特殊数据寄存器	512点（D8000～D8511）		
指针	256点	2048点	4096点
嵌套	8点		
输入中断	6点		
常数	1位：十进制（K）－32768～＋32767 十六进制（H）0～FFFF 32位：十进制（K）－2147483648～＋2147483647 十六进制（H）0～FFFFFFFF		

①FX3GC不可。

②FX3GA：1相（最大6点）…60kHz×2点　10kHz×4点、2相（最大3点）…30kHz×1点　5kHz×2点。

附录 C：三菱 FX1/FX2/FX3 系列 PLC 的扩展设备及附件

1. 扩展/周边设备/电池/其他

三菱 FX1/FX2/FX3 系列 PLC 的扩展/周边设备/电池/其他见表 C-1。

表 C-1　　　三菱 FX1/FX2/FX3 系列 PLC 的扩展/周边设备/电池/其他

型　号	规格		对应 PLC							
	输入	输出	FX3SA	FX3S	FX3GA	FX3G	FX3GE	FX3GC	FX3U	FX3UC
◆扩展单元										
FX2N-32ER-ES/UL	16 点	16 点	—	—	○	○	○	—	○	—
FX2N-32ET-ESS/UL			—	—	○	○	○	—	○	—
FX2N-32ER			—	—	○	○	○	—	○	—
FX2N-32ET			—	—	○	○	○	—	○	—
FX2N-32ES			—	—	○	○	○	—	○	—
FX2N-48ER-ES/UL	24 点	24 点	—	—	○	○	○	—	○	—
FX2N-48ET-ESS/UL			—	—	○	○	○	—	○	—
FX2N-48ER			—	—	○	○	○	—	○	—
FX2N-48ET			—	—	○	○	○	—	○	—
FX2N-48ER-D5			—	—	—	○	○	—	○	—
FX2N-48ET-D55			—	—	—	○	○	—	○	—
FX2N-48ER-D			—	—	—	○	○	—	○	—
FX2N-48ET-D			—	—	—	○	○	—	○	—
FX2N-48ER-UA1/UL			—	—	○	○	○	—	○	—
◆输入/输出混合模块										
FX2N-8ER-ES/UL	4 点	4 点	—	—	○	○	○	◇	○	◇
FX2N-8ER			—	—	○	○	○	◇	○	◇
FX2NC-64ET	32 点	32 点	—	—	—	—	—	○	—	○
◆输入模块										
FX2N-8EX-ES/UL	8 点	—	—	—	○	○	○	◇	○	◇
FX2N-8EX			—	—	○	○	○	◇	○	◇
FX2N-8EX-UA1/UL			—	—	○	○	○	◇	○	◇
FX2N-16EX-ES/UL	16 点	—	—	—	○	○	○	◇	○	◇
FX2N-16EX			—	—	○	○	○	◇	○	◇
FX2N-16EX-C			—	—	○	○	○	◇	○	◇
FX2N-16EXL-C			—	—	○	○	○	◇	○	◇
FX2NC-16EX-T-DS			—	—	—	—	—	○	—	○
FX2NC-16EX-DS			—	—	—	—	—	○	—	○
FX2NC-16EX			—	—	—	—	—	○	—	○
FX2NC-16EX-T			—	—	—	—	—	○	—	○
FX2NC-32EX	32 点	—	—	—	—	—	—	○	—	○
FX2NC-32EX-DS			—	—	—	—	—	○	—	○

续表

型　号	规格		对应 PLC							
	输入	输出	FX3SA	FX3S	FX3GA	FX3G	FX3GE	FX3GC	FX3U	FX3UC
◆输出模块										
FX2N-8EYR-ES/UL	—	8 点	—	—	○	○	○	◇	○	◇
FX2N-8EYR-S-ES/UL			—	—	○	○	○	◇	○	◇
FX2N-8EYT-ESS/UL			—	—	○	○	○	◇	○	◇
FX2N-8EYR			—	—	○	○	○	◇	○	◇
FX2N-8EYT			—	—	○	○	○	◇	○	◇
FX2N-8EYT-H			—	—	○	○	○	◇	○	◇
FX2N-16EYR-ES/UL	—	16 点	—	—	○	○	○	◇	○	◇
FX2N-16EYT-ESS/UL					○	○	○	◇	○	◇
FX2N-16EYR			—	—	○	○	○	◇	○	◇
FX2N-16EYT			—	—	○	○	○	◇	○	◇
FX2N-16EYT-C			—	—	○	○	○	◇	○	◇
FX2N-16EYS			—	—	○	○	○	◇	○	◇
FX2NC-16EYR-T			—	—	—	—	—	○	—	○
FX2NC-16EYR-T-DS			—	—	—	—	—	○	—	○
FX2NC-16EYT			—	—	—	—	—	○	—	○
FX2NC-16EYT-DSS			—	—	—	—	—	○	—	○
FX2NC-32EYT	—	32 点	—	—	—	—	—	○	—	○
FX2NC-32EYT-DSS			—	—	—	—	—	○	—	○
◆模拟量输入输出										
FX2N-5A	4ch	1ch	—	—	○	○	○	◇	○	◇
FX3U-4DA	—	4ch	—	—	○	○	○	◇	○	◇
FX3U-4AD	4ch	—	—	—	○	○	○	◇	○	◇
FX3UC-4AD	4ch	—	—	—	—	—	—	○	—	○
FX2N-8AD	8ch	—	—	—	○	○	○	◇	○	◇
◆温度传感器输入模块										
FX3U-4LC	4ch 温度调节		—	—	○	○	○	◇	○[①]	◇[①]
◆高速计数模块										
FX3U-2HC	2ch 2 相 200kHz		—	—	—	—	—	—	○[①]	◇[①]
FX2NC-1HC	1ch2 相 50kHz		—	—	—	—	—	—	—	○
◆定位相关单元/模块										
FX3U-1PG	1 轴 200kHz		—	—	—	—	—	—	○[①]	◇[①]
FX2N-10PG	1 轴 1MHz		—	—	—	—	—	—	○	◇
FX2N-10GM	1 轴 200kHz		—	—	—	—	—	—	○	◇
FX2N-20GM	2 轴 200kHz		—	—	—	—	—	—	○	◇
FX3U-20SSC-H	2 轴 SSCNETⅢ		—	—	—	—	—	—	○	◇
FX2N-1RM-E-SET	凸轮开关		—	—	—	—	—	—	○	◇

续表

型号	规格		对应 PLC							
	输入	输出	FX3SA	FX3S	FX3GA	FX3G	FX3GE	FX3GC	FX3U	FX3UC
◆通信用模块										
FX-485PC-IF-SET	信号转换		○	○	○	○	○	○	○	○
FX2N-232IF	1ch232 通信		—	—	—	—	—	—	○	◇
FX3U-ENET-L	Ethernet		—	—	—	—	—	—	○②	◇②
FX3U-16CCL-M	CC-Link 主站		—	—	○	○	○	◇	○	◇
FX3U-64CCL	智能设备站		—	—	○	○	○	◇	○	◇
FX2N-64CL-M	CC-Link/LT 主站		—	—	○	○	○	◇	○	◇
◆通信用适配器										
FX3U-232ADP-MB	1ch RS-232C 通信		★	★	☆	☆	○	○	●	○
FX3U-485ADP-MB	1ch RS-485 通信		★	★	☆	☆	○	○	●	○
FX3U-ENET-ADP⑨	Ethernet		★	★	☆③	☆③	—	○⑤	●④	○④
◆模拟量输入输出、温度传感器输入适配器										
FX3U-3A-ADP	2ch	1ch	★	★	☆⑤	☆⑤	○⑤	○	●⑥	○⑥
FX3U-4DA-ADP	—	4ch	★	★	☆	☆	○	○	●	○
FX3U-4DA-ADP	4ch	—	★	★	☆	☆	○	○	●	○
FX3U-4DA-PT-ADP	4ch	—	★	★	☆	☆	○	○	●	○
FX3U-4AD-PTW-ADP	4ch	—	★	★	☆	☆	○	○	●	○
FX3U-4AD-TC-ADP	4ch	—	★	★	☆	☆	○	○	●	○
FX3U-4AD-PNK-ADP	4ch	—	★	★	☆	☆	○	○	●	○
◆高速输入输出适配器										
FX3U-4HSX-ADP	4ch	—	—	—	—	—	—	—	○	—
FX3U-2HSY-ADP	—	2ch	—	—	—	—	—	—	○	—
◆CF 卡特殊适配器										
FX3U-CF-ADP	连接 CF 用		—	—	—	—	—	—	●⑧	○⑧
◆用于连接 FX3U 特殊适配器的 FX3S（A）用适配器										
FX3S-CNV-ADP	用于连接 FX3U 适配器		○	○	—	—	—	—	—	—
◆用于连接 FX3U 特殊适配器的 FX3G（A）用适配器										
FX3G-CNV-ADP	用于连接 FX3U 适配器		—	—	○	○	—	—	—	—
◆FX3G（A/E），FX3S（A）用功能扩展板										
FX3G-4EX-8D	扩展输入用（4 点）		○⑦	○⑦	○①	○①	○①	—	—	—
FX3G-2EYT-BD	扩展输出用（2 点）		○⑦	○⑦	○①	○①	○①	—	—	—
FX3G-485-BD-RJ	RS-485 通信（RJ-45 连接器）		○	○	○	○	○	—	—	—
FX3G-8AV-8D	8 点电位器		○	○	○⑦	○⑦	○⑦	—	—	—
FX3G-232-BD	1ch RS-232C 通信		○	○	○	○	○	—	—	—
FX3G-422-BD	1ch RS-422 通信		○	○	○	○	○	—	—	—
FX3G-485-BD	1ch RS-485 通信		○	○	○	○	○	—	—	—
FX3G-2AD-BD	2ch	—	○	○	○⑦	○⑦	○⑦	—	—	—
FX3G-1DA-BD	—	1ch	○	○	○⑦	○⑦	○⑦	—	—	—

续表

型号	规格		对应 PLC							
	输入	输出	FX3SA	FX3S	FX3GA	FX3G	FX3GE	FX3GC	FX3U	FX3UC
◆FX3U、FX3UC用功能扩展板										
FX3U-8AV-BD	8点电位器		—	—	—	—	—	—	○⑧	—
FX3U-232-BD	1ch RS-232C 通信		—	—	—	—	—	—	○	—
FX3U-422-BD	1ch RS-422 通信		—	—	—	—	—	—	○	—
FX3U-485-BD	1ch RS-485 通信		—	—	—	—	—	—	○	—
FX3U-USB-BD	连接 1ch USB		—	—	—	—	—	—	○	—
FX3U-CNV-BD	连接适配器		—	—	—	—	—	—	○	—
◆电池										
FX3U-32BL	FX33（C） FX3U（C）其他用途		—	—	—	○	○	○	○	○

注 ◇表示需要 FX2NC-CNV-IF 或 FX3UC-1PS-5V；☆表示需要 FX3G-CNV-ADP；★表示需要 FX3S-CNV-ADP；●表示需要功能扩展板。

①基本单元版本 2.20 以上可对应。

②基本单元版本 2.21 以上可对应。

③基本单元版本 2.00 以上可对应。

④基本单元版本 3.10 以上可对应。

⑤基本单元版本 1.20 以上可对应。

⑥基本单元版本 2.61 以上可对应。

⑦基本单元版本 1.10 以上可对应。

⑧基本单元版本 2.70 以上可对应。

⑨适配器左端只能安装 1 台。

2. 扩展/周边设备/PLC 软件/其他

三菱 FX1/FX2/FX3 系列 PLC 的扩展/周边设备/PLC 软件/其他见表 C-2。

表 C-2　三菱 FX1/FX2/FX3 系列 PLC 的扩展/周边设备/PLC 软件/其他

型号		规格		对应 PLC							
		输入	输出	FX3SA	FX3S	FX3GA	FX3G	FX3GE	FX3GC	FX3U	FX3UC
◆电源扩展单元											
FX3UC-1PS-SV		FX3GC、FX3UC 用扩展用电源		—	—	—	—	—	○	—	○
FX3U-1PSU-5V		FX3G、FX3U 用扩展用电源		—	—	○	○	○	—	○	—
◆扩展模块延长电缆											
FX0N-30EC	30cm	延长扩展模块		—	—	○	○	○	◇	○	◇
FX0N-65EC	65cm	延长扩展模块		—	—	○	○	○	◇	○	◇
◆连接器转换											
FX2N-CNV-BC		延长电缆中继		—	—	○	○	○	◇	○	◇
FX2NC-CNV-IF		FX2N、FX3U 扩展用		—	—	—	—	—	○	—	○

续表

型 号	规格		对应 PLC							
	输入	输出	FX3SA	FX3S	FX3GA	FX3G	FX3GE	FX3GC	FX3U	FX3UC
◆显示模块										
FX3S-5DM①	设定显示器		○	○	—	—	—	—	—	—
FX3G-5DM②	设定显示器		—	—	○	○	○	—	—	—
FX3U-7DM	设定显示器		—	—	—	—	—	—	○	—
FX3U-7DM-HLD	外部安装用支架		—	—	—	—	—	—	○	—
◆存储器盒										
FX3G-EEPROM-32L	带 32k 程序传送功能		○	○	○	○	○	—	—	—
FX3U-FLROM-16	16k 步		—	—	—	—	—	—	○	○
FX3U-FLROM-64	64k 步		—	—	—	—	—	—	○	○
FX3U-FLROM-64L	带 64k 程序传送功能		—	—	—	—	—	—	○	○
FX3U-FLROM-1M	64k 源信息 1.3MB		—	—	—	—	—	—	○③	○③
◆电源电缆										
FX2NC-100MPCB	基本单元用		—	—	—	—	—	○	—	○
FX2NC-100BPCB	扩展用		—	—	—	—	—	○	—	○
FX2NC-10BPCB1	扩展传送用		—	—	—	—	—	○	—	○
◆输入输出矿展单元										
FX-16E-TB	根据连接源		—	—	○	○	○	○	○	○
FX-32E-TB	根据连接源		—	—	○	○	○	○	○	○
FX-16EYR-TB	—	16 点	—	—	○	○	○	○	○	○
FX-16EYS-TB	—	16 点	—	—	○	○	○	○	○	○
FX-16EYT-TB	—	16 点	—	—	○	○	○	○	○	○
FX-16EX-A1-TB	16 点	—	—	—	○	○	○	○	○	○
FX-16E-TB/UL	根据连接源		—	—	○	○	○	○	○	○
FX-32E-TB/UL	根据连接源		—	—	○	○	○	○	○	○
FX-16EYR-ES-TB/UL	—	16 点	—	—	○	○	○	○	○	○
FX-16EYS-ES-TB/UL	—	16 点	—	—	○	○	○	○	○	○
FX-16EYT-ES-TB/UL	—	16 点	—	—	○	○	○	○	○	○
FX-16EYT-ESS-TB/UL	—	16 点	—	—	○	○	○	○	○	○
◆输入输出连接电缆										
FX-16E-150CAB 1.5m	TB-FX 之间圆形电缆		—	—	○④	○④	○④	○	○④	○
FX-16E-300CAB 3.0m	TB-FX 之间圆形电缆		—	—	○④	○④	○④	○	○④	○
FX-16E-500CAB 5.0m	TB-FX 之间圆形电缆		—	—	○④	○④	○④	○	○④	○
FX-32E-150CAB 1.5m	TB-FX 之间圆形电缆		—	—	—	—	—	○⑤	—	○⑤
FX-32E-300CAB 3.0m	TB-FX 之间圆形电缆		—	—	—	—	—	○⑤	—	○⑤
FX-32E-500CAB 5.0m	TB-FX 之间圆形电缆		—	—	—	—	—	○⑤	—	○⑤
FX-16E-500CAB-S 5.0m	FX 侧连接器散线		—	—	○④	○④	○④	○	○④	○
FX-16E-150CAB-R 1.5m	TB-FX 之间圆形电缆		—	—	○④	○④	○④	○	○④	○

续表

型号		规格		对应 PLC							
		输入	输出	FX3SA	FX3S	FX3GA	FX3G	FX3GE	FX3GC	FX3U	FX3UC
FX-16E-300CAB-R	3.0m	TB-FX 之间圆形电缆		—	—	○④	○④	○④	○	○④	○
FX-16E-500CAB-R	5.0m	TB-FX 之间圆形电缆		—	—	○④	○④	○④	○	○④	○
FX-A32E-150CAB	1.5m	A 系列 TB-FX 之间		—	—	○④	○④	○④	○	○④	○
FX-A32E-300CAB	3.0m	A 系列 TB-FX 之间		—	—	○④	○④	○④	○	○④	○
FX-A32E-500CAB	5.0m	A 系列 TB-FX 之间		—	—	○④	○④	○④	○	○④	○
◆输入输出连接器											
FXX-I/O-CON	20 针	排线扁平电缆 用配套 10 套连接器		—	—	○④	○④	○④	○	○④	○
RXX-I/O-CON-S	20 针	散线用连接器 5 套（0.3mm 2 用）		—	—	○④	○④	○④	○	○④	○
FXX-I/O-CON-SA	20 针	散线用连接器 5 套（0.5mm 2 用）		—	—	○④	○④	○④	○	○④	○
FX-I/O-CON2⑤	40 针	排线扁平电缆 用配套 2 套连接器		—	—	—	—	—	○	—	○
FX-I/O-CON2-5⑥	40 针	散线用连接器 2 套（0.3mm 2 用）		—	—	—	—	—	○	○	○
FX-I/O-CON2-5A⑥	40 针	散线用连接器 2 套（0.5mm 2 用）		—	—	—	—	—	○	○	○
◆MELSOFT GX 系列编程软件											
SW1DNC-GXW2-E		GX Works2 标准许可证		○	○	○	○	○	○	○	○
◆MELSOFT MX 系列合并版的数据链接软件											
SW1DSC-ACT-E		MX Component		○	○	○	○	○	○	○	○
SW1DSC-SHEET-E		MX Sheet		○	○	○	○	○	○	○	○
SW1DSC-SHEETSET-E		MX Works		○	○	○	○	○	○	○	○
◆电脑用 RS-232C 电缆											
F2-232CAB-1	3m	D-sub 9 针（母） ⇔D-sub 25 针（公）		○	○	○	○	○	○	○	○
FX-232CAB-1	3m	D-sub 9 针（母） ⇔D-sub 9 针（母）		○	○	○	○	○	○	○	○
F2-232CAB	3m	D-sub 25 针（公） ⇔D-sub 25 针（公）		○	○	○	○	○	○	○	○
F2-232CAB-2	3m	半间距 14 针 ⇔D-sub 25 针（公）		○	○	○	○	○	○	○	○
FX-232CAB-2	3m	半间距 14 针 ⇔D-sub 9 针（母）		○	○	○	○	○	○	○	○

续表

型号		规格		对应 PLC							
		输入	输出	FX3SA	FX3S	FX3GA	FX3G	FX3GE	FX3GC	FX3U	FX3UC
◆PLC 用 RS-422 电缆											
FX-422CAB0	1.5m	FX 圆形连接器⇔FFX-232AWC-H 之间		○	○	○	○	○	○	○	○
◆RS-232C/RS-422 转换器											
FX-232AWC-H		FX-电脑之间		○	○	○	○	○	○	○	○
◆USB/RS-422 转换器											
FX-USB-AW		FX-电脑之间		—	—	—	—		—	○	○
◆手持可编程控制器（HPP）											
FX-30P		HPP 主机，电缆		○	○	○	○	○	○	○	○
◆FX-30P 用（可使用 FX-10P/FX-20P）连接 PLC 电缆											
FX-20P-CAB0	1.5m	FX 圆形连接器		○	○	○	○	○	○	○	○
FX20P-CADP	0.3m	FX 圆形连接器⇔FX 方形连接器		○	○	○	○	○	○	○	○

注 ◇表示需要 FX2NC-CNV-IF 或 FX3UC-1PS-5V

①适用于基本单元版本 1.20 以上。

②适用于基本单元版本 1.10 以上。

③适用于基本单元版本 3.00 以上。

④扩展 FX2N-16E□□-C 时可使用。

⑤扩展 FX2NC-64ET 时可使用。

⑥扩展 FX2NC-64ET 或 FX3U-2HC 时可使用。